建筑表格填写范例及资料归档系列丛书

建筑表格填写范例及资料归档手册（细部版）

——机电安装工程

主编单位　北京土木建筑学会

北　京
冶金工业出版社
2016

内 容 提 要

建筑工程资料是在工程建设过程中形成的各种形式的信息记录，是城市建设档案的重要组成部分。工程资料的管理与归档工作，是建筑工程施工的重要组成部分。

本书依据资料管理规程、文件归档以及质量验收系列规范等最新的标准规范要求，并结合机电安装工程专业特点，以分项工程为对象进行精心编制，整理出每个分项工程应形成的技术资料清单，对各分项工程涉及的资料表格进行了填写范例以及填写说明，极大的方便了读者的使用。本书适用于工程技术人员、检测试验人员、监理单位及建设单位人员应用，也可作为大中专院校、继续教育等培训教材应用。

图书在版编目(CIP)数据

建筑表格填写范例及资料归档手册 ：细部版．机电安装工程 / 北京土木建筑学会编．— 北京 ：冶金工业出版社，2016.1

（建筑表格填写范例及资料归档系列丛书）

ISBN 978-7-5024-7153-8

Ⅰ．①建… Ⅱ．①北… Ⅲ．①机电设备－建筑安装－表格－范例－手册②机电设备－建筑安装－技术档案－档案管理－手册 Ⅳ．①TU7-62②G275.3-62

中国版本图书馆 CIP 数据核字（2016）第 010658 号

出 版 人　谭学余
地　　址　北京市东城区嵩祝院北巷 39 号　邮编　100009　电话　(010)64027926
网　　址　www.cnmip.com.cn　电子信箱　yjcbs@cnmip.com.cn
责任编辑　肖　放　美术编辑　杨秀秀　版式设计　李连波
责任校对　齐丽香　责任印制　李玉山
ISBN 978-7-5024-7153-8
冶金工业出版社出版发行；各地新华书店经销；三河市双峰印刷装订有限公司印刷
2016 年 1 月第 1 版，2016 年 1 月第 1 次印刷
787mm×1092mm　1/16；46.75 印张；1252 千字；735 页
98.00 元

冶金工业出版社　投稿电话　(010)64027932　投稿信箱　tougao@cnmip.com.cn
冶金工业出版社营销中心　电话　(010)64044283　传真　(010)64027893
冶金书店　地址　北京市东四西大街 46 号(100010)　电话　(010)65289081(兼传真)
冶金工业出版社天猫旗舰店　yjgycbs.tmall.com

建筑表格填写范例及资料归档手册（细部版）
——机电安装工程
编　委　会　名　单

前　言

建筑工程资料是在工程建设过程中形成的各种形式的信息记录。它既是反映工程质量的客观见证，又是对工程建设项目进行过程检查、竣工验收、质量评定、维修管理的依据，是城市建设档案的重要组成部分。工程资料实现规范化、标准化管理，可以体现企业的技术水平和管理水平，是展现企业形象的一个窗口，进而提升企业的市场竞争能力，是适应我国工程建设质量管理改革形势的需要。

北京土木建筑学会组织建筑施工经验丰富的一线技术人员、专家学者，根据建筑工程现场施工实际以及工程资料表格的填写、收集、整理、组卷和归档的管理工作程序和要求，编制的《建筑表格填写范例及资料归档系列丛书》，包括《细部版．地基与基础工程》、《细部版．主体结构工程》、《细部版．装饰装修工程》和《细部版．机电安装工程》4 个分册，丛书自 2005 年首次出版以来，经过了数次的再版和重印，极大程度地推动了工程资料的管理工作标准化、规范化，深受广大读者和工程技术人员的欢迎。

随着最新的《建筑工程资料管理规程》（JGJ/T 185－2009）、《建设工程文件归档规范》（GB 50328－2014）以及《建筑工程施工质量验收统一标准》（GB 50300－2013）和系列质量验收规范的修订更新，对工程资料管理与归档工作提出了更新、更严、更高的要求。为此，北京土木建筑学会组织专家、学者和一线工程技术人员，按照最新标准规范的要求和资料管理与归档规定，重新编写了这套适用于各专业的资料表格填写及归档丛书。

本套丛书的编制，依据资料管理规程、文件归档以及质量验收系列规范等最新的标准规范要求，并结合建筑工程专业特点，以分项工程为对象进行精心编制，整理出每个分项工程应形成的技术资料清单，对各分项工程涉及的资料表格进行了填写范例以及填写说明，极大的方便了读者的使用，解决了实际工作中资料杂乱、划分不清楚的问题。

本书《建筑表格填写范例及资料归档手册（细部版）——机电安装工程》，主要涵盖了如下分部工程：建筑给水排水及供暖工程、通风与空调工程、建筑电气工程，本次编制出版，重点对以下内容进行了针对性的阐述：

（1）每个子分部工程增加了施工资料清单，以方便读者对相关资料的齐全性进行核实。

（2）按《建筑工程施工质量验收统一标准》（GB 50300－2013）的要求对分部、分项、检验批的质量验收记录做了详细说明。

（3）依据最新国家标准规范对全书相关内容进行了更新。

本次新版的编制过程中，得到了广大一线工程技术人员、专家学者的大力支持和辛苦劳作，在此一并致以深深谢意。

由于编者水平有限，书中内容难免会有疏漏和错误，敬请读者批评和指正，以便再版修订更新。

编　者

2016 年 1 月

目 录

第1篇 建筑给水排水及供暖工程

第2篇 通风与空调工程

第3篇 建筑电气工程

第1篇

建筑给水排水及供暖工程

第1章　建筑给水排水及供暖工程资料综述

1.1　施工资料管理

施工资料是施工单位在工程施工过程中收集或形成的，由参与工程建设各相关方提供的各种记录和资料。主要包括施工、设计(勘察)、试(检)验、物资供应等单位协同形成的各种记录和资料。

1.1.1　施工资料管理的特点

施工资料管理是一项贯穿工程建设全过程的管理，在管理过程中，存在上下级关系、协作关系、约束关系、供求关系等多重关联关系。需要相关单位或部门通利配合与协作，具有综合性、系统化、多元化的特点。

1.1.2　施工资料管理的原则

(1)同步性原则。

施工资料应保证与工程施工同步进行，随工程进度收集整理。

(2)规范性原则。

施工资料所反映的内容要准确，符合现行国家有关工程建设相关规范、标准及行业、地方等规程的要求。

(3)时限性原则。

施工资料的报验报审及验收应有时限的要求。

(4)有效性原则。

施工资料内容应真实有效，签字盖章完整齐全，严禁随意修改。

1.1.3　施工资料的分类

1. 单位工程施工资料按专业划分。

(1)建筑与结构工程

(2)基坑支护与桩基工程

(3)钢结构与预应力工程

(4)幕墙工程

(5)建筑给水排水及采暖工程

(6)建筑电气工程

(7)智能建筑工程

(8)建筑通风与空调工程

(9)电梯工程

(10)建筑节能工程

2. 单位工程施工资料按类别划分。

单位工程施工资料按类别划分，如图1-1所示。

3. 施工管理资料是在施工过程中形成的反映施工组织及监理审批等情况资料的统称。主要内容有：施工现场质量管理检查记录、施工过程中报监理审批的各种报验报审表、施工试验计

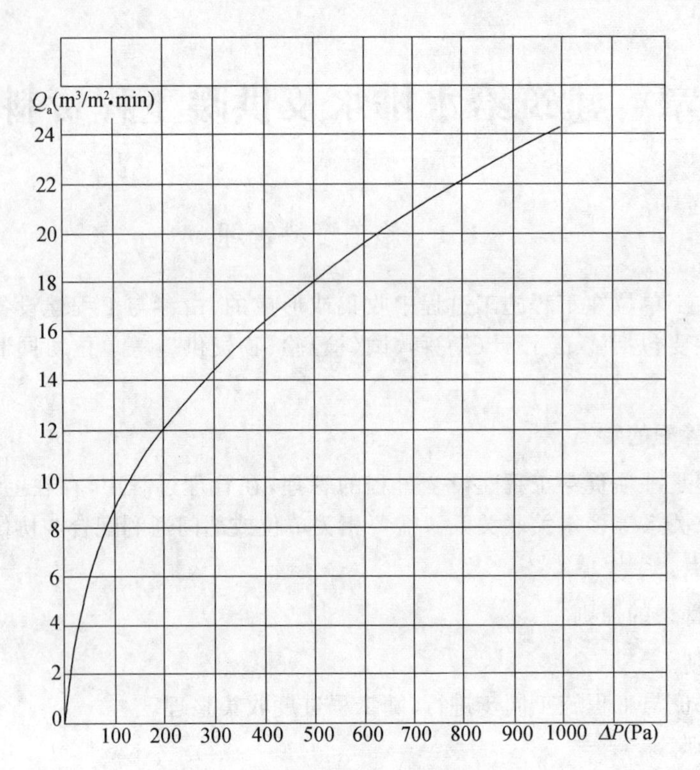

图 1-1　施工资料分类(按类别分)

划及施工日志等。

4. 施工技术资料是在施工过程中形成的,用以指导正确、规范、科学施工的技术文件及反映工程变更情况的各种资料的总称。主要内容有:施工组织设计及施工方案、技术交底记录、图纸会审记录、设计变更通知单、工程变更洽商记录等。

5. 施工测量资料是在施工过程中形成的确保建筑物位置、尺寸、标高和变形量等满足设计要求和规范规定的各种测量成果记录的统称。主要内容有:工程定位测量记录、基槽平面标高测量记录、楼层平面放线及标高抄测记录、建筑物垂直度及标高测量记录、变形观测记录等。

6. 施工物资资料是指反映工程施工所用物资质量和性能是否满足设计和使用要求的各种质量证明文件及相关配套文件的统称。主要内容有:各种质量证明文件、材料及构配件进场检验记录、设备开箱检验记录、设备及管道附件试验记录、设备安装使用说明书、各种材料的进场复试报告、预拌混凝土(砂浆)运输单等。

7. 施工记录资料是施工单位在施工过程中形成的,为保证工程质量和安全的各种内部检查记录的统称。主要内容有:隐蔽工程验收记录、交接检查记录、地基验槽检查记录、地基处理记录、桩施工记录、混凝土浇灌申请书、混凝土养护测温记录、构件吊装记录、预应力筋张拉记录等。

8. 施工试验资料是指按照设计及国家规范标准的要求,在施工过程中所进行的各种检测及测试资料的统称。主要内容有:土工、基桩性能、钢筋连接、埋件(植筋)拉拔、混凝土(砂浆)性能、施工工艺参数、饰面砖拉拔、钢结构焊缝质量检测及水暖、机电系统运转测试报告或测试记录。

9. 过程验收资料是指参与工程建设的有关单位根据相关标准、规范对工程质量是否达到合格做出确认的各种文件的统称。主要内容有：检验批质量验收记录、分项工程质量验收记录、分部（子分部）工程质量验收记录、结构实体检验等。

10. 工程竣工质量验收资料是指工程竣工时必须具备的各种质量验收资料。主要内容有：单位工程竣工预验收报验表、单位（子单位）工程质量竣工验收记录、单位（子单位）工程质量控制资料核查记录、单位（子单位）工程安全和功能检验资料核查及主要功能抽查记录、单位（子单位）工程观感质量检查记录、室内环境检测报告、建筑节能工程现场实体检验报告、工程竣工质量报告、工程概况表等。

1.1.4　施工资料编号

1. 工程准备阶段文件、工程竣工文件宜按《建筑工程资料管理规程》（JGJ/T 185－2009）附录 A 表 A. 2. 1 中规定的类别和形成时间顺序编号。

2. 监理资料宜按《建筑工程资料管理规程》（JGJ/T 185－2009）附录 A 表 A. 2. 1 中规定的类别和形成时间顺序编号。

3. 施工资料编号宜符合下列规定：

（1）施工资料编号可由分部、子分部、分类、顺序号 4 组代号组成，组与组之间应用横线隔开（图 1-2）：

××－××－××－×××

①　②　③　④

图 1-2　施工资料分类（按类别分）

注：①为分部工程代号，按《建筑工程质量验收统一标准》GB 50300－2013 附录 B 的规定执行。

②为子分部工程代号，按《建筑工程质量验收统一标准》GB 50300－2013 附录 B 的规定执行。

③为资料的类别编号，按《建筑工程资料管理规程》（JGJ/T 185－2009）附录 A 表 A. 2. 1 的规定执行。

④为顺序号，可根据相同表格、相同检查项目，按形成时间顺序填写。

（2）属于单位工程整体管理内容的资料，编号中的分部、子分部工程代号可用“00”代替；

（3）同一厂家、同一品种、同一批次的施工物资用在两个分部、子分部工程中时，资料编号中的分部、子分部工程代号可按主要使用部位填写。

4. 竣工图宜按《建筑工程资料管理规程》（JGJ/T 185－2009）附录 A 表 A. 2. 1 中规定的类别和形成时间顺序编号。

5. 工程资料的编号应及时填写，专用表格的编号应填写在表格右上角的编号栏中；非专用表格应在资料右上角的适当位置注明资料编号。

1.2　施工资料的形成

1. 施工技术及管理资料的形成(图1-3)。

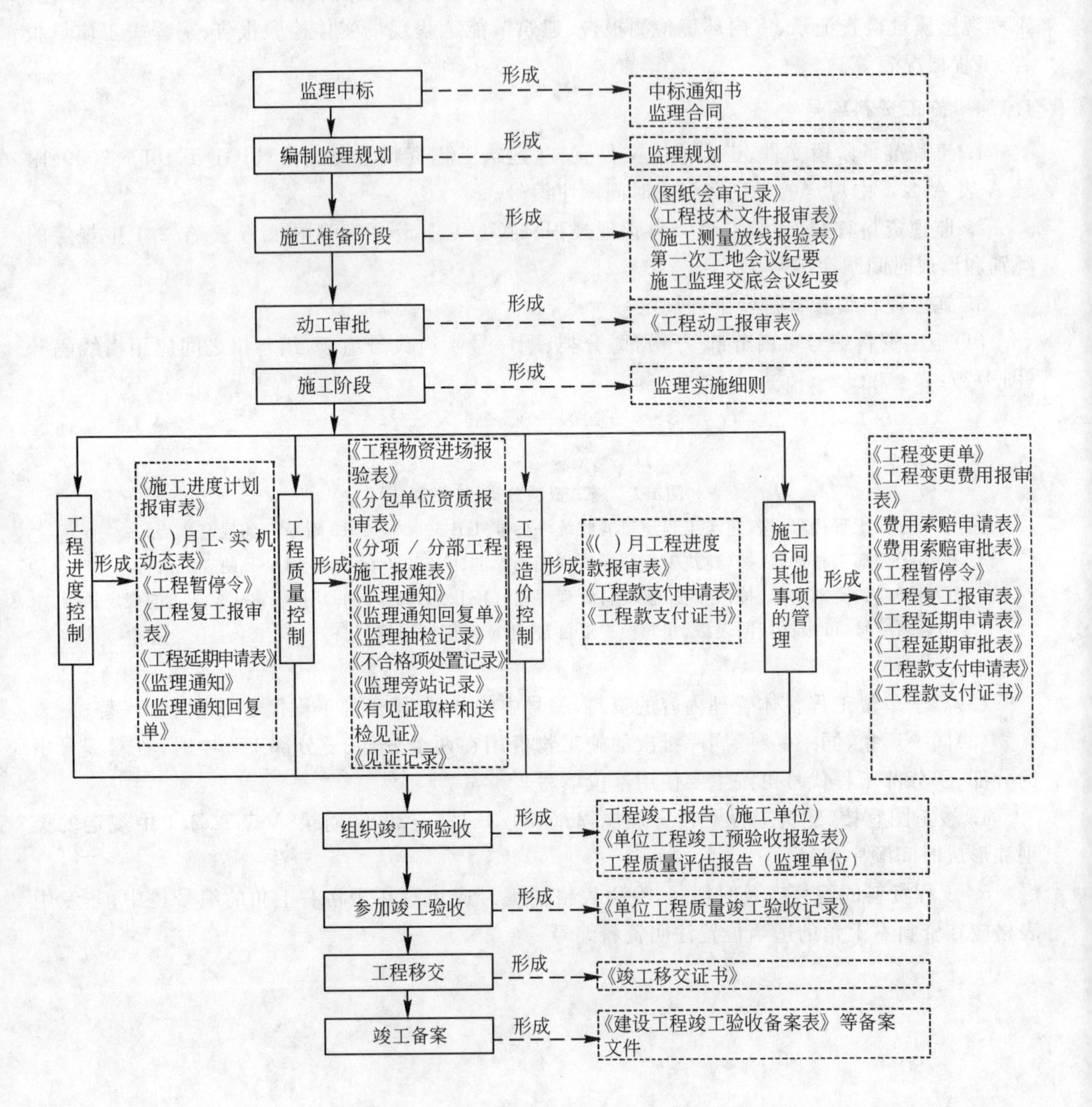

图1-3　施工技术及管理资料的形成流程

2. 施工物资及管理资料的形成(图 1-4)。

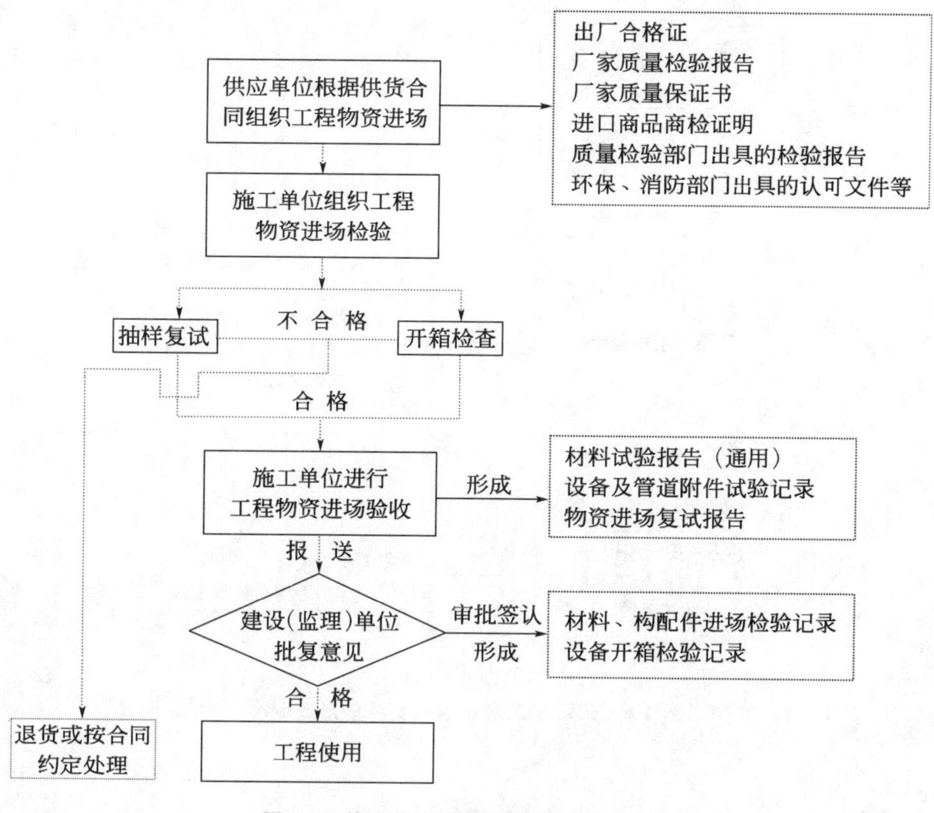

图 1-4　施工物资及管理资料的形成流程

3. 施工测量、施工记录、施工试验、过程验收及管理资料的形成(图 1-5)。

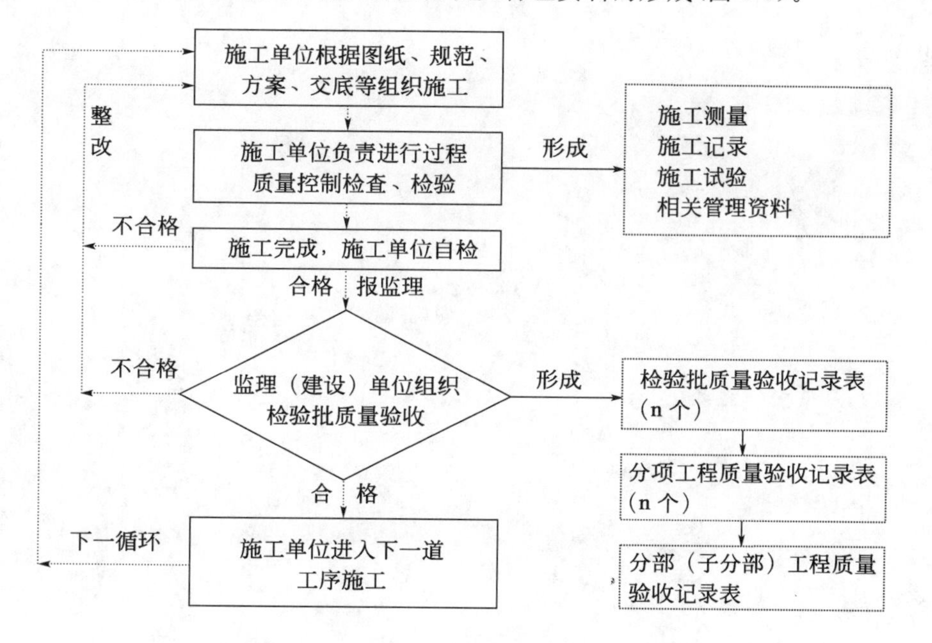

图 1-5　施工测量、施工记录、施工试验、过程验收及管理资料的形成流程

4. 工程竣工质量验收资料的形成(图 1-6)。

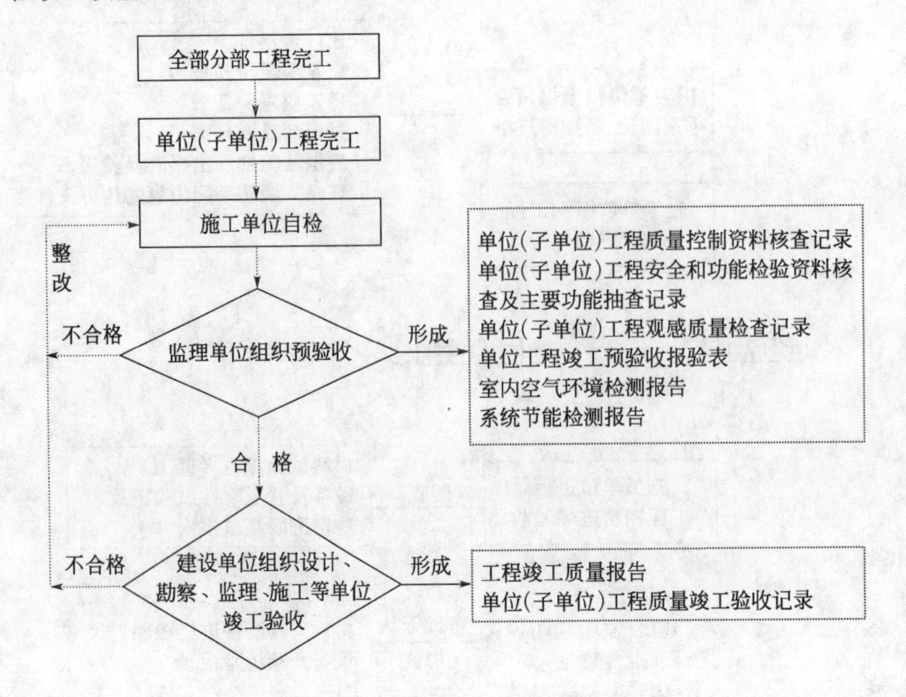

图 1-6　工程竣工质量验收资料的形成流程

1.3　建筑给水排水及供暖工程资料形成与管理图解

1. 室内给水系统工程资料管理流程(图 1-7)

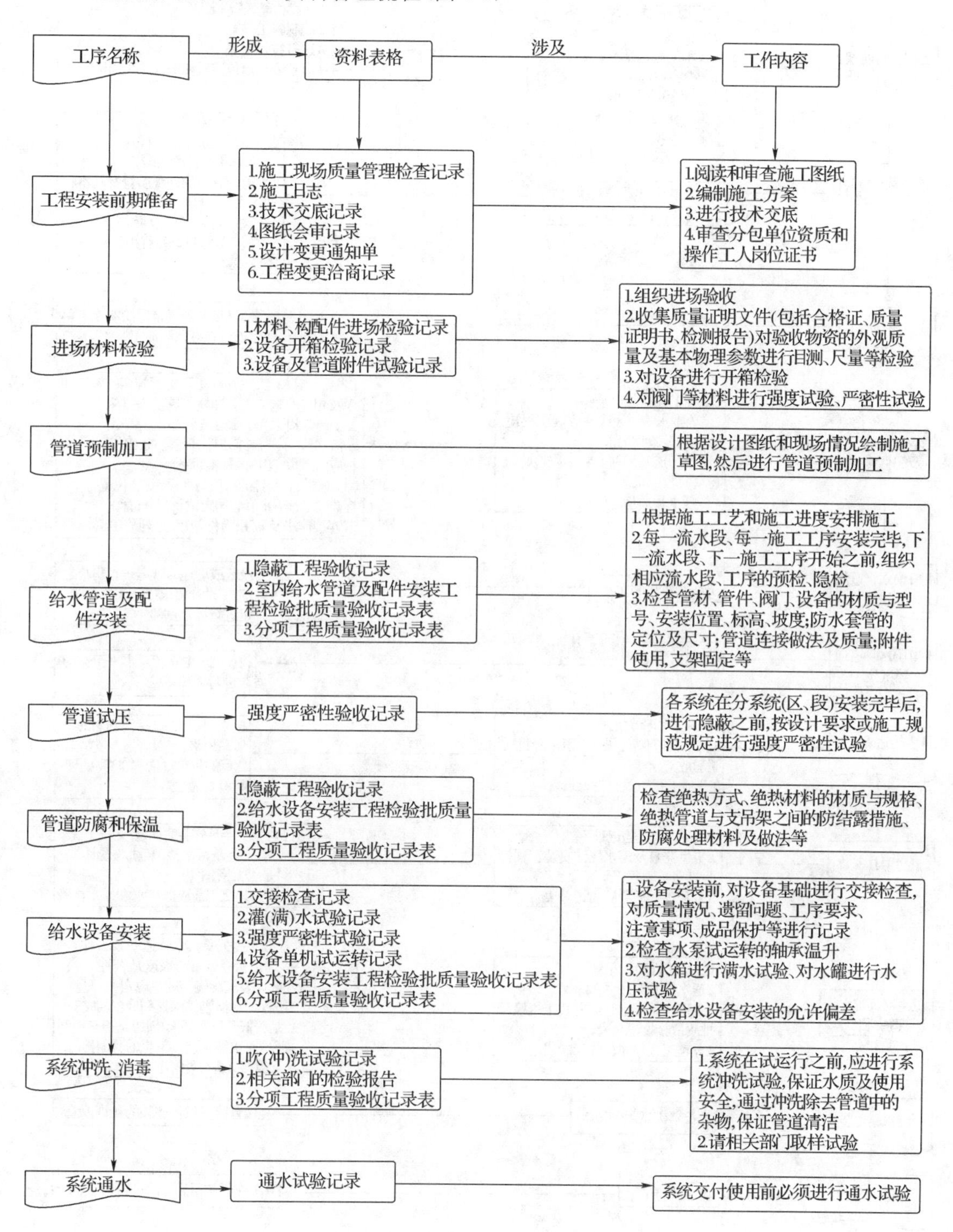

图 1-7　室内给水系统工程资料管理流程

2. 室内排(雨)水系统工程资料管理流程(图 1-8)

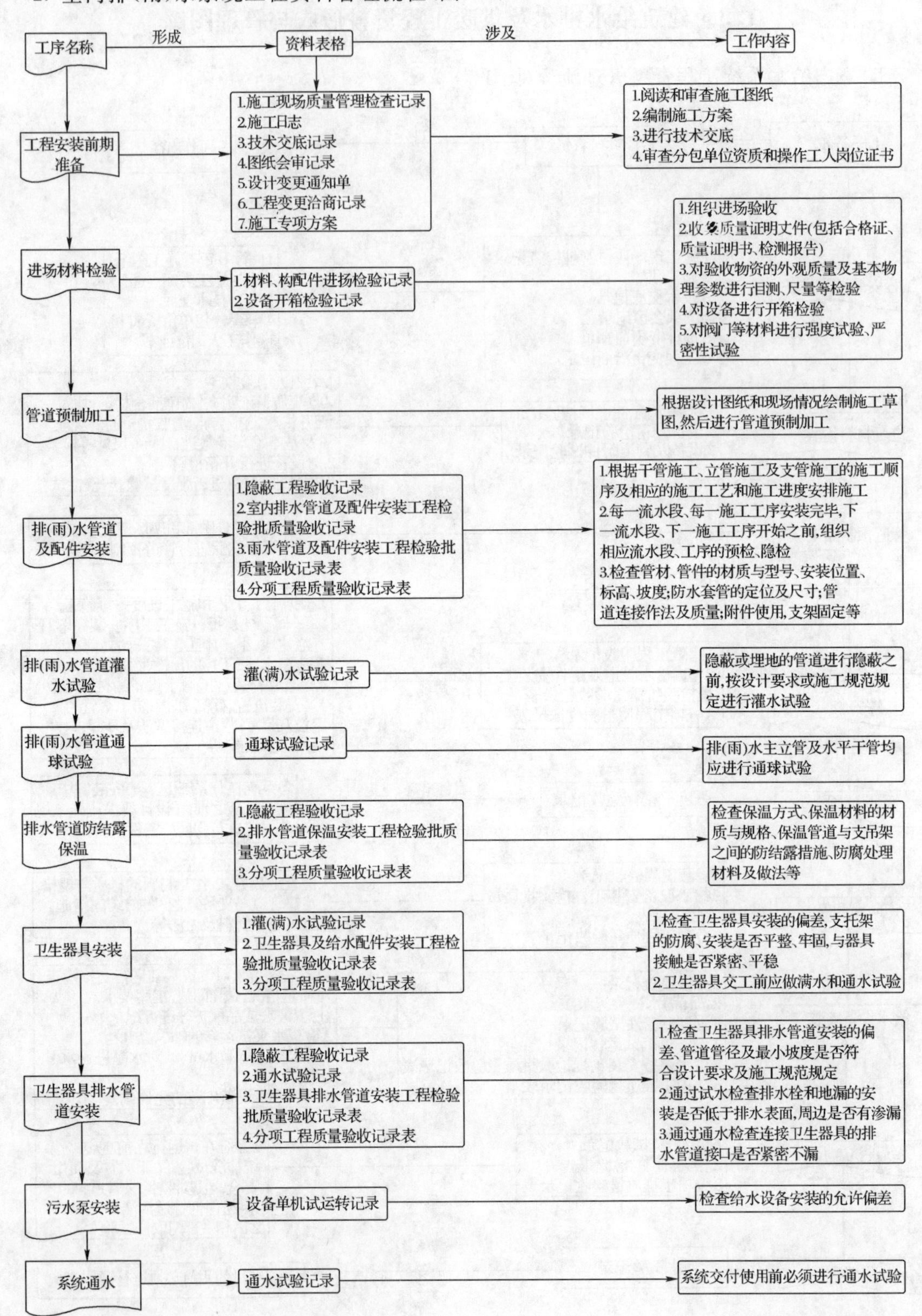

图 1-8 室内排(雨)水系统工程资料管理流程

一册在手 表格全有 贴近现场 资料无忧

1.4　建筑给水排水及供暖工程资料应参考的标准及规范清单

1.《建筑工程施工质量验收统一标准》(GB 50300—2013)
2.《建筑给水排水及采暖工程施工质量验收规范》(GB 50242—2002)
3.《建筑给水排水设计规范》(GB 50015—2003)(2009 年版)
4.《预制组合立管技术规范》(GB 50682—2011)
5.《室外消火栓》(GB 4452—2011)
6.《风机、压缩机、泵安装工程施工及验收规范》(GB 50275—2010)
7.《泡沫灭火系统设计规范》(GB 50151—2010)
8.《锅炉安装工程施工及验收规范》(GB 50273—2009)
9.《太阳能供热采暖工程技术规范》(GB 50495—2009)
10.《固定消防炮灭火系统施工与验收规范》(GB 50498—2009)
11.《给水排水管道工程施工及验收规范》(GB 50268—2008)
12.《气体灭火系统施工及验收规范》(GB 50263—2007)
13.《建筑节能工程施工质量验收规范》(GB 50411—2007)
14.《泡沫灭火系统施工及验收规范》(GB 50281—2006)
15.《民用建筑太阳能热水系统应用技术规范》(GB 50364—2005)
16.《自动喷水灭火系统施工及验收规范》(GB 50261—2005)
17.《干粉灭火系统设计规范》(GB 50347—2004)
18.《建筑中水设计规范》(GB 50336—2002)
19.《建筑给水聚丙烯管道工程技术规范》(GB/T 50349—2005)
20.《采暖通风与空气调节工程检测技术规程》(JGJ/T 260—2011)
21.《干粉灭火装置技术规程》(CECS 322:2012)
22.《特殊单立管排水系统技术规程》(CECS 79:2011)
23.《建筑给水排水薄壁不锈钢管连接技术规程》(CECS 277:2010)
24.《大空间智能型主动喷水灭火系统技术规程》(CECS 263:2009)
25.《自动喷水灭火系统 CPVC 管管道工程技术规程》(CECS 234:2008)
26.《自动水灭火系统薄壁不锈钢管管道工程技术规程》(CECS 229:2008)
27.《自动消防炮灭火系统技术规程》(CECS 245:2008)
28.《建筑同层排水系统技术规程》(CECS 247:2008)
29.《建筑铜管管道工程连接技术规程》(CECS228:2007)
30.《简易自动喷水灭火系统应用技术规程》(CECS 219:2007)
31.《建筑给水铜管管道工程技术规程》(CECS171:2004)
32.《建筑给水硬聚氯乙烯管管道工程技术规程》(CECS 41:2004)
33.《建筑给水薄壁不锈钢管管道工程技术规程》(CECS 153:2003)
34.《建筑给水超薄壁不锈钢塑料复合管管道工程技术规程》(CECS 135:2002)
35.《建筑给水钢塑复合管管道工程技术规程》(CECS 125:2001)
36.《建筑给水铝塑复合管管道工程技术规程》(CECS 105:2000)
37.《埋地塑料排水管道工程技术规范》(CJJ 143—2010)
38.《建筑排水金属管道工程技术规程》(CJJ 127—2009)

39.《管道直饮水系统技术规程》(CJJ 110－2006)
40.《建筑给水聚乙烯类管道工程技术规程》(CJJ/T 98－2003)
41.《建筑给水金属管道工程技术规程》(CJJ/T 154－2011)
42.《建筑排水复合管道工程技术规程》(CJJ/T 165－2011)
43.《建筑给水排水及采暖工程施工工艺标准》(DBJ/T 61－38－2005)
44.《给水涂塑复合钢管》CJ/T 120－2008
45.《建筑材料放射性核素限量》GB 6566－2010
46.《消防水泵接合器》GB 3446－2013
47.《混凝土和钢筋混凝土排水管试验方法》GB/T 16752－2006
48.《混凝土和钢筋混凝土排水管》GB/T 11836－2009
49.《建筑地基基础工程施工质量验收规范》GB 50202－2002
50.《建筑地基处理技术规范》JGJ 79－2002
51.《土工试验方法标准》GB/T 50123－1999
52.《建筑砂浆基本性能试验方法》JGJ 70－2009
53.《砌体工程施工质量验收规范》GB 50203－2011
54.《建筑工程资料管理规程》JGJT 185－2009

第2章　室内给水系统

2.1　给水管道及配件安装

2.1.1　给水管道及配件安装资料列表

(1)施工技术资料

1)技术交底记录

①室内金属给水管道及配件安装技术交底记录

②室内复合管给水管道及配件安装技术交底记录

③室内塑料管给水管道及配件安装技术交底记录

2)设计变更、工程洽商记录

(2)施工物资资料

1)给水铸铁管、镀锌钢管、焊接钢管、无缝钢管、螺旋钢管、铝塑复合管、钢塑复合管、超薄壁不锈钢塑料复合管、给水硬聚氯乙烯管(PVC－U)、给水用改性聚丙烯(PP－R)管、铜管等及其配套管件的出厂合格证及质量证明文件;给水管道材料卫生检验报告。

2)辅材出厂合格证及材质证明报告,水表产品合格证、计量检定证书

3)材料、构配件进场检验记录

4)设备及管道附件试验记录

5)工程物资进场报验表

(3)施工记录

1)隐蔽工程验收记录

2)施工检查记录

(4)施工试验记录及检测报告

1)强度严密性试验记录

2)通水试验记录

3)冲(吹)洗试验记录

4)室内生活给水管道消毒试验记录

(5)施工质量验收记录

1)给水管道及配件安装工程检验批质量验收记录

2)室内给水管道及配件安装分项工程质量验收记录

3)分项/分部工程施工报验表

(6)住宅工程质量分户验收记录表

室内给水管道及配件安装质量分户验收记录表

2.1.2　给水管道及配件安装资料填写范例及说明

材料、构配件进场检验记录					编　号	×××	
工程名称	××工程				检验日期	2015年×月×日	
序号	名　称	规格型号	进场数量	生产厂家 合格证号	检验项目	检验结果	备注
1	涂塑复合钢管	*DN* 100	60m	××公司 合格证：××	外观、质量 证明文件	合格	
2	涂塑复合钢管	*DN* 70	24m	××公司 合格证：××	外观、质量 证明文件	合格	
3	涂塑复合钢管	*DN* 50	36m	××公司 合格证：××	外观、质量 证明文件	合格	
4	涂塑三通	*DN* 100×70 *DN* 70×50	36个	××公司 合格证：××	外观、质量 证明文件	合格	
5	涂塑弯头	*DN* 100～ *DN* 50	50个	××公司 合格证：××	外观、质量 证明文件	合格	
6	铸钢截止阀	*DN* 100	6个	××公司 合格证：××	外观、质量 证明文件	合格	
7	铸钢截止阀	*DN* 70	4个	××公司 合格证：××	外观、质量 证明文件	合格	
8	全铜截止阀	*DN* 100	5个	××公司 合格证：××	外观、质量 证明文件	合格	
9	全铜截止阀	*DN* 70	10个	××公司 合格证：××	外观、质量 证明文件	合格	

检验结论

以上材料、构配件经外观检查合格。材质、规格型号及数量经复检符合设计、规范要求，产品质量证明文件齐全。同意验收。

签字栏	建设(监理)单位	施工单位	××机电工程有限公司	
		专业质检员	专业工长	检验员
	×××	×××	×××	×××

本表由施工单位填写并保存。

材料、构配件进场检验记录填写说明

【相关规定及要求】

1. 材料、构配件进场后，应由建设(监理)单位会同施工单位共同对进场物资进行检查验收，填写《材料、构配件进场检验记录》。

2. 主要检验内容包括：

(1) 物资出厂质量证明文件及检验(测)报告是否齐全。

(2) 实际进场物资数量、规格和型号等是否满足设计和施工计划要求。

(3) 物资外观质量是否满足设计要求或规范规定。

(4) 按规定需进行抽检的材料、构配件是否及时抽检，检验结果和结论是否齐全。

3. 按规定应进场复试的工程物资，必须在进场检查验收合格后取样复试。

【填写要点】

1. “工程名称”栏与施工图纸标签栏内名称相一致。

2. “检验日期”栏按实际日期填写，一般为物资进场日期。

3. “名称”栏填写物资的名称。

4. “规格型号”栏按材料、构配件铭牌填写。

5. “进场数量”栏填写物资的数量，且应有计量单位。

6. “生产厂家、合格证号”栏应填写物资的生产厂家，合格证编号。

7. “检验项目”栏应包括物资的质量证明文件、外观质量、数量、规格型号等。

8. “检验结果”栏填写该物资的检验情况。

9. “检验结论”栏是对所有物资从外观质量、材质、规格型号、数量做出的综合评价。

10. “专业质检员”为现场质量检查员。

11. “专业工长”为材料使用部门的主管负责人。

12. “检验员”为物资接收部门的主管负责人。

合 格 证

产品名称:给水涂塑复合钢管(冷水用)
规　　格:DN65
数　　量:180m
出厂日期:2015 年 月 27 日
检 验 员:×××

××市××钢管厂

合 格 证

产品名称:给水涂塑复合钢管(热水用)
规　　格:DN50
数　　量:120m
出厂日期:2015 年 月 30 日
检 验 员:×××

××市××钢管厂

合 格 证

产品名称:焊接钢管
规　　格:DN80
数　　量:18 根×6m
出厂日期:2015 年 月 18 日
检 验 员:×××

××市××钢管厂

合 格 证

产品名称:涂塑三通
规　　格:DN50×50
数　　量:35 个
出厂日期:2015 年 月 1 日
检 验 员:×××

××市××钢管厂

合 格 证

产品名称:涂塑变径管箍
规　　格:DN40×25
数　　量:80 个
出厂日期:2015 年 月 1 日
检 验 员:×××

××市××钢管厂

合 格 证

产品名称:涂塑变径弯头
规　　格:DN20×15
数　　量:60 个
出厂日期:2015 年 月 1 日
检 验 员:×××

××市××钢管厂

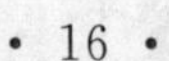

<table>
<tr><td colspan="3">设备及管道附件试验记录</td><td colspan="2">资料编号</td><td colspan="2">×××</td></tr>
<tr><td colspan="2">工程名称</td><td>××办公楼工程</td><td colspan="2">系统名称</td><td colspan="2">室内给水系统</td></tr>
<tr><td colspan="2">设备/管道
附件名称</td><td>蝶阀、平衡阀</td><td colspan="2">试验日期</td><td colspan="2">2015 年 8 月 16 日</td></tr>
<tr><td colspan="7">试验要求：
蝶阀公称压力为 1MPa，金属密封；强度试验压力为公称压力的 1.5 倍，严密性试验压力为公称压力的 1.1 倍；试验压力在试验持续时间内应保持不变，且壳体填料及阀瓣密封面无渗漏</td></tr>
<tr><td colspan="2">型号、材质</td><td>D73F－10C
金属复合</td><td></td><td></td><td></td><td></td></tr>
<tr><td colspan="2">规格</td><td>DN100</td><td></td><td></td><td></td><td></td></tr>
<tr><td colspan="2">总数量</td><td>××</td><td></td><td></td><td></td><td></td></tr>
<tr><td colspan="2">试验数量</td><td>××</td><td></td><td></td><td></td><td></td></tr>
<tr><td colspan="2">公称或工作压力(MPa)</td><td>0.6</td><td></td><td></td><td></td><td></td></tr>
<tr><td rowspan="5">强度试验</td><td>试验压力(MPa)</td><td>0.9</td><td></td><td></td><td></td><td></td></tr>
<tr><td>试验持续时间(s)</td><td>600</td><td></td><td></td><td></td><td></td></tr>
<tr><td>试验压力降(MPa)</td><td>0.01</td><td></td><td></td><td></td><td></td></tr>
<tr><td>渗漏情况</td><td>无渗漏</td><td></td><td></td><td></td><td></td></tr>
<tr><td>试验结论</td><td>合格</td><td></td><td></td><td></td><td></td></tr>
<tr><td rowspan="5">严密性试验</td><td>试验压力(MPa)</td><td>1.1</td><td></td><td></td><td></td><td></td></tr>
<tr><td>试验持续时间(s)</td><td>3.0</td><td></td><td></td><td></td><td></td></tr>
<tr><td>试验压力降(MPa)</td><td>0</td><td></td><td></td><td></td><td></td></tr>
<tr><td>渗漏情况</td><td>无渗漏</td><td></td><td></td><td></td><td></td></tr>
<tr><td>试验结论</td><td>合格</td><td></td><td></td><td></td><td></td></tr>
<tr><td rowspan="3">签字栏</td><td rowspan="2">施工单位</td><td rowspan="2" colspan="2">××建设集团有限公司</td><td>专业技术负责人</td><td>专业质检员</td><td>专业工长</td></tr>
<tr><td>×××</td><td>×××</td><td>×××</td></tr>
<tr><td>监理(建设)单位</td><td colspan="3">××工程建设监理有限公司</td><td>专业工程师</td><td>×××</td></tr>
</table>

本表由施工单位填写。

工程物资进场报验表		编　号	×××
工 程 名 称	××工程	日　期	2015年×月×日

现报上关于＿室内给水系统＿工程的物资进场检验记录，该批物资经我方检验符合设计、规范及合约要求，请予以批准使用。

物资名称	主要规格	单　位	数　量	选样报审表编号	使用部位
涂塑复合钢管	*DN*100	m	160	/	低区给水系统1～4层
镀锌钢管	*DN*70～*DN*25	m	500	/	低区给水系统1～4层

附件：

	名　称	页　数	编　号
1.☑	出厂合格证	×　页	×××
2.☑	厂家质量检验报告	×　页	×××
3.☐	厂家质量保证书	页	
4.☐	商检证	页	
5.☑	进场检验记录	1　页	×××
6.☐	进场复试报告	页	
7.☐	备案情况	页	
8.☐		页	

申报单位名称：××机电工程有限公司　　　申报人（签字）：×××

施工单位检验意见：

报验的工程材料的质量证明文件齐全，同意报项目监理部审批。

☑有 / ☐无 附页

施工单位名称：××建设工程有限公司　　技术负责人（签字）：×××　　审核日期：2015年×月×日

验收意见：

1.物资质量控制资料齐全、有效。

2.材料检验合格。

审定结论：　☑同意　☐补报资料　☐重新检验　☐退场

监理单位名称：××建设监理有限公司　　监理工程师（签字）：×××　　验收日期：2015年×月×日

本表由施工单位填报，建设单位、监理单位、施工单位各存一份。

工程物资进场报验表填写说明

【相关规定及要求】

1. 工程物资进场后，施工单位应进行检查(外观、数量及质量证明文件等)，自检合格后填写《工程物资进场报验表》，报请监理单位验收，监理工程师签署审查结论。

2. 施工单位和监理单位应约定涉及结构安全、使用功能、建筑外观、环保要求的主要物资的进场报验范围和要求。

3. 物资进场报验须附资料，应根据具体情况(合同、规范、施工方案等要求)由施工单位和物资供应单位预先协商确定。应附出厂合格证、商检证、进场复试报告等相关资料。

4. 工程物资进场报验应有时限要求，施工单位和监理单位均须按照施工合同的约定完成各自的报送和审批工作。

5. 当工程采用总承包，分包单位的进场物资必须先报送与其签约的施工单位审核通过后，再报送建设(监理)单位审批。

6. 对未经监理人员验收或验收不合格的工程材料、构配件、设备，监理人员应拒绝签认，并应签发《监理通知》，书面通知承包单位限期将不合格的物资撤出现场。

【填写要点】

1. 承包单位填写：

(1)“关于____工程”栏应填写专业工程名称，表中“物资名称、主要规格、单位、数量、选样报审表编号、使用部位”应按实际发生材料、设备项目填写，要明确、清楚，与附件中质量证明文件及进场检验和复试资料相一致。

(2)“附件”栏应在相应选择框处画“√”并写明页数、编号。

(3)“申报单位名称”应为施工单位名称，并由申报人签字。

(4)“施工单位检验意见”栏应由项目技术负责人填写具体的检验内容和检验结果，并签字确认。

2. 监理单位填写：

“验收意见”栏由监理工程师填写并签字，验收意见应明确。如验收合格，可填写：质量控制资料齐全、有效；材料试验合格。并在“审定结论”栏下相应选择框处画“√”。

隐蔽工程验收记录		编　号	×××
工程名称	××工程		
预检项目	给水出外墙防水套管安装	隐检日期	2015年×月×日
隐检部位	地下一层　①～③/Ⓕ～Ⓚ　轴线　－1.85m标高		

隐检依据：施工图图号（　　水施××　　），设计变更/洽商（编号　　/　　）及有关国家现行标准等。

主要材料名称规格/型号：　刚性防水套管、$DN80$

隐检内容：

1. 防水套管的材质为焊接钢管，防水翼环壁厚为5mm，翼环高度为50mm。
2. 防水套管安装在地下一层（①～③/Ⓕ～Ⓚ）外墙上，标高为－1.85m。
3. 套管固定采用附加筋的形式，安装牢固。翼环焊缝均匀，表面无裂纹。
4. 套管断面及管内壁涂刷樟丹油，防腐良好。

隐检内容已做完，请予以检查。

申报人：×××

检查意见：

经检查，防水套管的制作、安装位置、固定方式等均符合设计要求和《建筑给水排水及采暖工程施工质量验收规范》(GB 50242—2002)的规定。

检查结论：　☑同意隐蔽　　□不同意，修改后进行复查

复查意见：

复查人：　　　　**复查日期：**

签字栏	建设(监理)单位	施工单位	××机电工程有限公司	
		专业技术负责人	专业质检员	专业工长
	×××	×××	×××	×××

本表由施工单位填写，建设单位、施工单位、城建档案馆各保存一份。

隐蔽工程验收记录		编　　号	×××
工程名称	××工程		
预检项目	低区冷水导管安装	隐检日期	2015 年×月×日
隐检部位	地下一层　⑪～⑰/Ⓖ～Ⓜ轴线　－1.90m 标高		

隐检依据:施工图图号(　水施 1、水施 3　**),设计变更/洽商(编号**　/　**)及有关国家现行标准等。**

主要材料名称规格/型号:　给水涂塑复合钢管　*DN*50　*DN*40　*DN*25

隐检内容:

1. 本层低区冷水导管采用给水涂塑复合钢管,管径为 *DN* 50～*DN* 25,采用丝扣连接,管件使用应正确,丝扣合格,接口应严密。
2. 导管安装在地下一层⑪～⑰轴交Ⓖ～Ⓜ轴顶板下,标高为－0.80m,进户管道标高为－1.90m,坡度为 2‰。
3. 管道位置合理,管道使用 ϕ10 圆钢吊架固定,吊架间距不大于 0.7m。
4. 管道及支吊架防腐没有遗漏,无脱皮、起泡现象。
5. 阀门安装位置、方向应正确。
6. 强度试验结果合格。

隐检内容已做完,请予以检查。

申报人:×××

检查意见:

经检查,管道安装使用的材质、连接方式、安装位置、坡度、固定方式、阀门安装、管道及支吊架防腐以及单项水压试验结果等符合设计要求和《建筑给水排水及采暖工程施工质量验收规范》(GB 50242—2002)的规定。

检查结论:　☑同意隐蔽　　□不同意,修改后进行复查

复查意见:

复查人:　　　　**复查日期:**

签字栏	建设(监理)单位	施工单位	××机电工程有限公司	
		专业技术负责人	专业质检员	专业工长
	×××	×××	×××	×××

本表由施工单位填写,建设单位、施工单位、城建档案馆各保存一份。

<table>
<tr><td colspan="2">强度严密性试验记录</td><td>资料编号</td><td>×××</td></tr>
<tr><td>工程名称</td><td>××办公楼工程</td><td>试验日期</td><td>2015年8月18日</td></tr>
<tr><td>试验项目</td><td>室内给水系统支管单向试压</td><td>试验部位</td><td>五层①～⑬/Ⓓ～Ⓕ轴冷水支管</td></tr>
<tr><td>材　质</td><td>PB管</td><td>规　格</td><td>De20</td></tr>
<tr><td colspan="4">试验要求：
给水支管采用PB管，工作压力为0.3MPa，试验压力为0.6MPa，在试验压力下稳压1h，压力不降，然后降至工作压力的1.15倍0.35MPa，稳压2h，各连接处不渗不漏为合格。</td></tr>
<tr><td colspan="4">试验记录：
试验压力表设在本层支管末端上，从8:00开始对干管进行上水并加压，至8:30表压试验值升至0.6MPa，关闭供水阀门，至9:30观察1h，压力没有下降，9:40将压力降为0.35MPa，稳压2h至11:40，压力没有下降，同时检查管道各连接处不渗不漏。</td></tr>
<tr><td colspan="4">试验结论：
经检查，试验方式、过程及结果均符合设计要求和《建筑给水排水及采暖工程施工质量验收规范》(GB 50242)的规定，合格。</td></tr>
</table>

<table>
<tr><td rowspan="3">签字栏</td><td rowspan="2">施工单位</td><td rowspan="2">××建设集团有限公司</td><td>专业技术负责人</td><td>专业质检员</td><td>专业工长</td></tr>
<tr><td>×××</td><td>×××</td><td>×××</td></tr>
<tr><td>监理(建设)单位</td><td colspan="2">××工程建设监理有限公司</td><td>专业工程师</td><td>×××</td></tr>
</table>

本表由施工单位填写。

一册在手　表格全有　贴近现场　资料无忧

<table>
<tr><td colspan="2">强度严密性试验记录</td><td>资料编号</td><td>×××</td></tr>
<tr><td>工程名称</td><td>××办公楼工程</td><td>试验日期</td><td>2015 年 1 月 20 日</td></tr>
<tr><td>试验项目</td><td>室内给水系统综合试压</td><td>试验部位</td><td>地下一层～十一层</td></tr>
<tr><td>材　　质</td><td>PB 管</td><td>规　　格</td><td>De20</td></tr>
<tr><td colspan="4">试验要求：
给水系统管道采用 PB 管，系统工作压力为 0.3MPa，试验压力为 0.6MPa，在试验压力下稳压 1h，压力降不得超过 0.05MPa，然后在工作压力的 1.15 倍（即 0.35MPa）状态下稳压 2h，压力降不得超过 0.03MPa，同时检查各连接处不渗不漏为合格。</td></tr>
<tr><td colspan="4">试验记录：
试验用压力表设在一层管道末端上，用手动加压泵缓慢升压，8:30 系统压力升至试验压力 0.6MPa，至 9:30观察 1h，表压降至 0.58MPa（压力降为 0.02MPa），9:40 将压力降为 0.35MPa，稳压 2h 至 11:40，表压降至 0.34MPa（压力降为 0.01MPa），同时检查管道各连接处不渗不漏。</td></tr>
<tr><td colspan="4">试验结论：
经检查，试验符合设计要求和《建筑给水排水及采暖工程施工质量验收规范》（GB 50242）的规定，合格。</td></tr>
</table>

<table>
<tr><td rowspan="3">签字栏</td><td rowspan="2">施工单位</td><td rowspan="2">××建设集团有限公司</td><td>专业技术负责人</td><td>专业质检员</td><td>专业工长</td></tr>
<tr><td>×××</td><td>×××</td><td>×××</td></tr>
<tr><td>监理（建设）单位</td><td colspan="2">××工程建设监理有限公司</td><td>专业工程师</td><td>×××</td></tr>
</table>

本表由施工单位填写。

强度严密性试验记录		编　号	×××
工程名称	××工程	试验日期	2015年×月×日
试验项目	室内给水系统	试验部位	低区给水立管阀门
材　质	铜闸阀	规　格	*DN*40

试验要求：

阀门公称压力为1.6MPa，非金属密封；强度试验压力为公称压力的1.5倍，严密性试验压力为公称压力的1.1倍；强度试验时间为60s，严密性试验时间为15s；试验压力在试验时间内应保持不变，且壳体填料及阀瓣密封面无渗漏。

试验记录：

试验从13:30分开始。低区立管控制阀门共8只，逐一试验。先将闸板紧闭，从阀的一端引入压力，升压至严密度试验压力1.76MPa，试验时间15s，从另一端引入压力，反方向的一端检查其严密性，压力无变化、无渗漏；封堵一端口，全部打开闸板，从另一端引入压力，升压至试验压力2.4MPa，进行观察，壳体填料及阀瓣密封面无渗漏，没有压降。试验至14:30结束。

试验结论：

阀门强度及严密性水压试验符合设计要求和《建筑给水排水及采暖工程施工质量验收规范》(GB 50242—2002)的规定，合格。

签字栏	建设(监理)单位	施工单位	××机电工程有限公司	
		专业技术负责人	专业质检员	专业工长
	×××	×××	×××	×××

本表由施工单位填写，建设单位、施工单位、城建档案馆各保存一份。

强度严密性试验记录填写说明

【相关规定及要求】

1. 项目的划分：

一般按规范和设计要求分部位、分系统进行。

2. 试验的内容：

(1) 室内外输送各种介质的承压管道、设备、阀门、密闭水箱(罐)、成组散热器及其他散热设备等应进行强度严密性试验并做记录。

(2) 室内给水管道的水压试验必须符合设计要求。当设计未注明时，各种材质的给水管道系统试验压力均为工作压力的 1.5 倍，但不得小于 0.6MPa。金属及复合管给水管道系统在试验压力下观测 10min，压力降不应大于 0.02MPa，然后降至工作压力进行检查，应不渗不漏；塑料管给水系统应在试验压力下稳压 1h，压力降不得超过 0.05MPa，然后在工作压力的 1.15 倍状态下稳压 2h，压力降不得超过 0.03MPa，同时检查各连接处不得渗漏。

(3) 热水供应系统安装完毕，管道保温之前应进行水压试验。试验压力应符合设计要求。当设计未注明时，热水供应系统水压试验压力应为系统顶点的工作压力加 0.1MPa，同时在系统顶点的试验压力不小于 0.3MPa。钢管或复合管道系统试验压力下 10min 内压力降不大于 0.02MPa，然后降至工作压力进行检查，压力应不降，且不渗不漏；塑料管道系统在试验压力下稳压 1h，压力降不得超过 0.05MPa，然后在工作压力的 1.15 倍状态下稳压 2h，压力降不得超过 0.03MPa，连接处不得渗漏。

(4) 低温热水地板辐射采暖系统：地面下敷设的盘管隐蔽前必须进行水压试验，试验压力为工作压力的 1.5 倍，但不小于 0.6MPa。稳压 1h 内压力降不大于 0.05MPa 且不渗不漏。

(5) 采暖系统安装完毕，管道保温之前应进行水压试验。试验压力应符合设计要求。当设计未注明时，应符合下列规定：

1) 蒸汽、热水采暖系统，应以系统顶点工作压力加 0.1MPa 做水压试验，同时在系统顶点的试验压力不小于 0.3MPa。

2) 高温热水采暖系统，试验压力应为系统顶点工作压力加 0.4MPa。

3) 使用塑料管及复合管的热水采暖系统，应以系统顶点工作压力加 0.2MPa 做水压试验，同时在系统顶点的试验压力不小于 0.4MPa。

4) 检验方法：

①使用钢管及复合管的采暖系统应在试验压力下 10min 内压力降不大于 0.02MPa，降至工作压力后检查，不渗、不漏；

②使用塑料管的采暖系统应在试验压力下 1h 内压力降不大于 0.05MPa，然后降压至工作压力的 1.15 倍，稳压 2h，压力降不大于 0.03MPa，同时各连接处不渗、不漏。

(6) 采暖系统低点如大于散热器所承受的最大试验压力，则应分区做水压试验。

(7) 室外给水管网必须进行水压试验，试验压力为工作压力的 1.5 倍，但不得小于 0.6MPa。管材为钢管、铸铁管时，试验压力下 10min 内压力降不应大于 0.05MPa，然后降至工作压力进行检查，压力应保持不变，不渗不漏；管材为塑料管时，试验压力下稳压 1h 压力降不大于0.05MPa，然后降至工作压力进行检查，压力应保持不变，不渗不漏。

(8) 消防水泵接合器及室外消火栓系统必须进行水压试验，试验压力为工作压力的 1.5 倍，但不得小于0.6MPa。试验压力下10min内压力降不应大于0.05MPa，然后降至工作压力进行检查，压力应保持不变，不渗不漏。

(9) 室外供热管网必须进行水压试验，试验压力为工作压力的1.5倍，但不得小于0.6MPa。在试验压力下10min内压力降不应大于0.05MPa，然后降至工作压力进行检查，应不渗不漏。

(10) 消火栓管道应在系统安装完毕后做全系统的静水压试验，试验压力为工作压力加0.4MPa，最低不小于1.4MPa，2h无渗漏为合格。如在冬季结冰季节，不能用水进行试验时，可采用0.3MPa压缩空气进行试压，其压力应保持24h不降为合格。

(11) 锅炉的汽、水系统安装完毕后，必须进行水压试验。

1) 水压试验的压力应符合表2-1的规定。

表2-1　水压试验压力规定

项次	设备名称	工作压力 P(MPa)	试验压力(MPa)
1	锅炉本体	$P<0.59$	$1.5P$ 但不小于0.2
		$0.59\leqslant P\leqslant 1.18$	$P+0.3$
		$P>1.18$	$1.25P$
2	可分式省煤器	P	$1.25P+0.5$
3	非承压锅炉	大气压力	0.2

注：①工作压力 P 对蒸汽锅炉指锅筒工作压力，对热水锅炉指锅炉额定出水压力；

②铸铁锅炉水压试验同热水锅炉；

③非承压锅炉水压试验压力为0.2MPa，试验期间压力应保持不变。

2) 检验方法：

①在试验压力下10min内压力降不超过0.02MPa；然后降至工作压力进行检查，压力不降，不渗、不漏；

②观察检查，不得有残余变形，受压元件金属壁和焊缝上不得有水珠和水雾。

(12) 连接锅炉及辅助设备的工艺管道安装完毕后，必须进行系统的水压试验，试验压力为系统中最大工作压力的1.5倍。在试验压力10min内压力降不超过0.05MPa，然后降至工作压力进行检查，不渗不漏。

<table>
<tr><td colspan="2">通水试验记录</td><td>编　　号</td><td>×××</td></tr>
<tr><td>工程名称</td><td>××工程</td><td>试验日期</td><td>2015 年×月×日</td></tr>
<tr><td>试验项目</td><td>室内给水系统</td><td>试验部位</td><td>1～4 层低区供水</td></tr>
<tr><td>通水压力(MPa)</td><td>0.35</td><td>通水流量(m^3/h)</td><td></td></tr>
<tr><td colspan="4">试验系统简述：
低区供水系统 1～4 层由市政自来水直接供给，分两个进户，由地下一层导管供各立管，每户设铜截止阀 1 只、DN20 水表 1 只。每层 16 个坐便器、16 个洗脸盆水嘴、8 个浴缸水嘴、8 个淋浴器用水器具、8 个洗衣机水嘴、8 个洗菜盆水嘴。</td></tr>
<tr><td colspan="4">试验记录：
通水试验从上午 8:30 开始，与排水系统同时进行。开启全部分户截止阀，打开全部给水水嘴，供水流量正常，最高点 4 层各水嘴出水均畅通，水嘴及阀门启闭灵活。至 11:30 结束。</td></tr>
<tr><td colspan="4">试验结论：
1～4 层低区供水系统通水试验符合设计要求和《建筑给水排水及采暖工程施工质量验收规范》(GB 50242—2002)的规定，合格。</td></tr>
</table>

<table>
<tr><td rowspan="3">签字栏</td><td rowspan="2">建设(监理)单位</td><td>施工单位</td><td colspan="2">××机电工程有限公司</td></tr>
<tr><td>专业技术负责人</td><td>专业质检员</td><td>专业工长</td></tr>
<tr><td>×××</td><td>×××</td><td>×××</td><td>×××</td></tr>
</table>

本表由施工单位填写并保存。

通水试验记录填写说明

【相关规定及要求】

室内外给水(冷、热)、中水及游泳池水系统、卫生器具、地漏、地面清扫口及室内外排水系统应分部位、分系统进行通水试验,并做记录。通水试验应在工程设备、管道安装完成后进行。

各系统通水试验的具体要求和内容如下:

1. 给水系统的通水试验。给水系统的通水试验主要是检查水嘴和阀门开启、关闭是否灵活,其他附件(如减压阀)工作是否正常,水流是否畅通,管路无异常现象,管道接口无渗漏。检查配水点的水压情况是否满足设计要求。给水系统通水试验:多层建筑可以按楼门单元进行,高层建筑可以按不同的区域分别进行。

2. 排水管道系统的通水试验。排水管道系统的通水试验主要是检验排水管道的通水能力以及管道是否畅通,每个卫生间或厨房内都要进行通水,应逐层从下往上进行试验;检查各管道接口不漏水后再按给水系统的1/3配水点同时开放,以检验排水系统的通水能力。如果是初装修,不安装卫生器具,虽然不能具备同时开放1/3配水点由卫生器具放水的条件,排水管道的通水试验应根据实际情况进行,但必须要做通水试验。用什么容器(或临时胶皮管)往排水管道灌水(要达到1/3配水点开放的水量)都要表述清楚,检查管道是否畅通,管道接口是否渗漏。根据系统情况分系统或分层、分区域进行。

3. 室内雨水管道通水试验。试验时往屋面放水,使排水管满流排放,检查雨水管道排水能力是否及时、流畅,屋面不能有积水。按段进行填写。

4. 卫生器具的通水试验。卫生器具通水试验应给、排水畅通。卫生器具通水试验如条件限制达不到规定流量时必须进行100%满水排泄试验,满水试验水量必须达到器具溢水口处,再进行排放。并检查器具的溢水口通畅能力及排水点的通畅情况,管路设备无堵塞及渗漏现象为合格。分单元、层、段,应单独进行记录。

5. 地漏及地面的清扫口的排水试验。地漏及地面的清扫口的排水试验要单独记录。检查地漏的排水能力和功能的情况,是不是在房间最低处,排水是否通畅,周边是否有渗漏现象。对于初装修的情况,地漏应高出地面15mm,做试验时应往地漏里面灌水,检查其通水情况。分单元、段、层填写记录。

<table>
<tr><td colspan="3">吹(冲)洗试验记录</td><td>资料编号</td><td colspan="2">×××</td></tr>
<tr><td colspan="2">工程名称</td><td>××办公楼工程</td><td>试验日期</td><td colspan="2">2015 年 7 月 28 日</td></tr>
<tr><td colspan="2">试验项目</td><td>地下一层～十一层
给水管道系统</td><td>试验介质</td><td colspan="2">自来水</td></tr>
<tr><td colspan="6">试验要求：
管道冲洗应采用设计提供的最大流量或不小于 1.0m/s 的流速连续进行，直至出水口处浊度、色度与入水口处冲洗水浊度、色度相同且无杂质为合格。冲洗时应保证排水管路畅通安全。</td></tr>
<tr><td colspan="6">试验记录：
管道进行冲洗，先从室外水表井接入临时冲洗管道和加压水泵，关闭立管阀门，从导管末端(管径 DN50)立管泄水口接 DN40 排水管道，引至室外污水井。9:00 时用加压泵往管道内加压进行冲洗，流速为1.8m/s，从排放处观察水质情况，目测排水水质与供水水质一样，无杂质。然后拆掉临时排水管道，打开各立管阀门，所有水表位置用一短管代替，用加压泵往系统加压，分别打开各层给水阀门，从支管末端放水，直至无杂质，水色透明。至 12:10 冲洗结束。</td></tr>
<tr><td colspan="6">试验结论：
经检查，管道冲洗试验符合设计要求和《建筑给水排水及采暖工程施工质量验收规范》(GB 50242)的规定，试验合格。</td></tr>
<tr><td rowspan="3">签字栏</td><td rowspan="2">施工单位</td><td rowspan="2">××建设集团
有限公司</td><td>专业技术负责人</td><td>专业质检员</td><td>专业工长</td></tr>
<tr><td>×××</td><td>×××</td><td>×××</td></tr>
<tr><td>监理(建设)单位</td><td colspan="2">××工程建设监理有限公司</td><td>专业工程师</td><td>×××</td></tr>
</table>

本表由施工单位填写。

吹(冲)洗(脱脂)试验记录填写说明

【相关规定及要求】

1. 室内外给水(冷、热)、中水及游泳池水系统、采暖、空调、消防管道及设计有要求的管道应在使用前做冲洗试验;介质为气体的管道系统应按有关设计要求及规范规定做吹洗试验。设计有要求时还应做脱脂处理。

2. 生活饮用水管道冲洗、消毒后须经有关部门取样检验并出具检测报告,符合国家《生活饮用水标准》方可使用。

3. 采暖管道冲洗前,应将管道上安装流量孔板、过滤网、温度计等阻碍污物通过的设施临时拆除,待冲洗合格后再按原样安装好。

4. 管道冲洗应采用设计提供的最大流量或不小于 1.5m/s 的流速连续进行,直到出水口处浊度、色度与入水口处冲洗水温度、色度相同为止。冲洗时应保证排水管路畅通安全。

5. 蒸汽系统宜用蒸汽吹洗,吹洗前应缓慢升温暖管,恒温 1h 后再进行吹洗。吹洗后降至环境温度。一般应进行不少于 3 次的吹扫,直到管内无铁锈、无污物为合格。

室内生活给水管道消毒试验记录

<table>
<tr><td>工程名称</td><td>××工程</td><td>施工单位</td><td colspan="3">××机电工程有限公司</td></tr>
<tr><td>监理单位</td><td>××建设监理有限公司</td><td>消毒部位</td><td colspan="3">一～六层生活给水管道</td></tr>
<tr><td>消毒剂名称</td><td>漂白粉</td><td>消毒日期</td><td colspan="3">2015 年×月×日</td></tr>
<tr><td colspan="6">试验要求：
按含氯为 20～30mg/L 的浓度向水中加入漂白粉，充满管道浸泡 24h 以上，然后放水再用饮用水冲洗。</td></tr>
<tr><td colspan="6">试验记录：
利用适配器，按 20～30mg/L 含氯量加漂白粉配制溶液，然后用加压泵向室内生活给水管冲注该溶液，从上午 9:10 开始，至 10:50 止，通过排气，管道充满水，入口处压力为 0.46MPa，停止注水，至次日 10:50 浸泡近 26h，把消毒液泄净，用饮用水冲洗一遍。</td></tr>
<tr><td>结论</td><td colspan="5">给水系统消毒符合设计要求和《建筑给水排水及采暖工程施工质量验收规范》(GB 50242－2002)的规定。</td></tr>
</table>

<table>
<tr><td rowspan="3">参加人员签字</td><td rowspan="2">建设单位</td><td rowspan="2">监理单位</td><td colspan="4">施　工　单　位</td></tr>
<tr><td>技术负责人</td><td>质检员</td><td>操作人员</td><td>资料员</td></tr>
<tr><td>×××</td><td>×××</td><td>×××</td><td>×××</td><td>×××</td><td>×××</td></tr>
</table>

给水管道及配件安装检验批质量验收记录

05010101 001

单位（子单位）工程名称	××大厦	分部（子分部）工程名称	建筑给水排水及供暖/室内给水系统	分项工程名称	给水管道及配件
施工单位	××建筑有限公司	项目负责人	赵斌	检验批容量	48m
分包单位	/	分包单位项目负责人	/	检验批部位	2～4层给水管道
施工依据	室内管道安装施工方案		验收依据	《建筑给排水及采暖工程施工质量验收规范》GB50242-2002	

		验收项目			设计要求及规范规定	最小/实际抽样数量	检查记录	检查结果
主控项目	1	给水管道水压试验			设计要求	/	试验合格，报告编号××××	√
	2	给水系统通水试验			第4.2.2条	/	/	
	3	生活给水系统管道冲洗和消毒			第4.2.3条	/	/	
	4	直埋金属给水管道防腐			第4.2.4条	/	/	
一般项目	1	给排水管铺设的平行、垂直净距			第4.2.5条	10/10	检查10处，合格10处	100%
	2	金属给水管道及管件焊接			第4.2.6条	/	/	
	3	给水水平管道坡度坡向			第4.2.7条	10/10	检查10处，合格10处	100%
	4	管道支、吊架			第4.2.9条	全/15	检查15处，合格15处	100%
	5	水表安装			第4.2.10条	/	/	
	6	水平管道纵、横方向弯曲允许偏差	钢管	每米	1mm	10/10	检查10处，合格10处	100%
				全长25m以上	≯25mm	/	/	
			塑料管复合管	每米	1.5mm	/	/	
				全长25m以上	≯25mm	/	/	
			铸铁管	每米	2mm	/	/	
				全长25m以上	≯25mm	/	/	
		立管垂直度允许偏差	钢管	每米	3mm	10/10	检查10处，合格9处	90%
				5m以上	≯8mm	/	/	
			塑料管复合管	每米	2mm	/	/	
				5m以上	≯8mm	/	/	
			铸铁管	每米	3mm	/	/	
				5m以上	≯10mm	/	/	
		成排管段和成排阀门		在同一平面上间距	3mm	/	/	
	7	管道及设备保温	厚度		+0.1δ -0.05δ	10/10	检查10处，合格9处	90%
			表面平整度	卷材	5mm	10/10	检查10处，合格9处	90%
				涂抹	10mm	10/10	检查10处，合格9处	90%

施工单位检查结果	符合要求 专业工长：刘大力 项目专业质量检查员：李春雨 2015年××月××日
监理单位验收结论	合格 专业监理工程师：洪金宝 2015年××月××日

给水管道及配件安装检验批质量验收记录填写说明

1. 填写依据

(1)《建筑给水排水及采暖工程质量验收规范》GB 50242－2002。

(2)《建筑工程施工质量验收统一标准》GB 50300－2013。

2. 规范摘要

以下内容摘自《建筑给水排水及采暖工程质量验收规范》GB 50242－2002。

主控项目

(1)室内给水管道的水压试验必须符合设计要求。当设计未注明时，各种材质的给水管道系统试验压力均为工作压力的 1.5 倍，但不得小于 0.6MPa。

检验方法：金属及复合管给水管道系统在试验压力下观测 10min，压力降不应大于 0.02MPa，后降到工作压力进行检查，应不渗不漏；塑料管给水系统应在试验压力下稳压 1h，压力降不得超过 0.05MPa，然后在工作压力的 1.15 倍状态下稳压 2h，压力降不得超过 0.03MPa，同时检查各连接处不得渗漏。

(2)给水系统交付使用前必须进行通水试验并做好记录。

检验方法：观察和开启阀门、水嘴等放水。

(3)生产给水系统管道在交付使用前必须冲洗和消毒，并经有关部门取样检验，符合国家《生活饮用水标准》方可使用。

检验方法：检查有关部门提供的检测报告。

(4)室内直埋给水管道(塑料管道和复合管道除外)应做防腐处理。埋地管道防腐层材质和结构应符合设计要求。

检验方法：观察或局部解剖检查。

一般项目

(1)给水引入管与排水排出管的水平净距不得小于 1m。室内给水与排水管道平行敷设时，两管间的最小水平净距不得小于 0.5m；交叉铺设时、垂直净距不得小于 0.15m。给水管应铺在排水管上面，若给水管必须铺在排水管的下面时，给水管应加套管，其长度不得小于排水管管径的 3 倍。

检验方法：尺量检查。

(2)管道及管件焊接的焊缝表面质量应符合下列要求：

1)焊缝外形尺寸应符合图纸和工艺文件的规定，焊缝高度不得低于母材表面，焊缝与母材应圆滑过渡。

2)焊缝及热影响区表面应无裂纹、未熔合、未焊透、夹渣、弧坑和气孔等缺陷。

检验方法：观察检查。

(3)给水水平管道应有 2‰～5‰的坡度坡向泄水装置。

检验方法：水平尺和尺量检查。

(4)给水管道和阀门安装的允许偏差应符合表 2-2 的规定。

表 2-2　　　　管道和阀门安装的允许偏差和检验方法

项次	项目			允许偏差(mm)	检验方法
1	水平管道纵横方向弯曲	钢管	每米 全长25m以上	1 ≯25	用水平尺、直尺、拉线和尺量检查
		塑料管 复合管	每米 全长25m以上	1.5 ≯25	
		铸铁管	每米 全长25m以上	2 ≯25	
2	立管垂直度	钢管	每米 5m以上	3 ≯8	吊线和尺量检查
		塑料管 复合管	每米 5m以上	2 ≯8	
		铸铁管	每米 5m以上	3 ≯10	
3	成排管段和成排阀门		在同一平面上间距	3	尺量检查

(5)管道的支、吊架安装应平整牢固,其间距应符合《建筑给水排水及采暖工程质量验收规范》GB 50242—2002 第1.4.3条的规定。

检验方法:观察、尺量及手扳检查。

(6)水表应安装在便于检修、不受曝晒、污染和冻结的地方。安装螺翼式水表,表前与阀门应有不小于8倍水表接口直径的直线管段。表外壳距墙表面净距为10～30mm;水表进水口中心标高按设计要求,允许偏差为±10mm。

检验方法:观察和尺量检查。

给水管道及配件安装 分项工程质量验收记录

<table>
<tr><td colspan="2">单位(子单位)工程名称</td><td colspan="2">××工程</td><td>结构类型</td><td>框架剪力墙</td></tr>
<tr><td colspan="2">分部(子分部)工程名称</td><td colspan="2">室内给水系统</td><td>检验批数</td><td>9</td></tr>
<tr><td>施工单位</td><td colspan="3">××建设工程有限公司</td><td>项目经理</td><td>×××</td></tr>
<tr><td>分包单位</td><td colspan="3">××机电工程有限公司</td><td>分包项目经理</td><td>×××</td></tr>
<tr><td>序号</td><td colspan="2">检验批名称及部位、区段</td><td>施工单位检查评定结果</td><td colspan="2">监理(建设)单位验收结论</td></tr>
<tr><td>1</td><td colspan="2">地下一层给水导管(管道编号:××、××)</td><td>√</td><td colspan="2" rowspan="13">验收合格</td></tr>
<tr><td>2</td><td colspan="2">一层给水导管(管道编号:××、××)</td><td>√</td></tr>
<tr><td>3</td><td colspan="2">二层给水导管(管道编号:××、××)</td><td>√</td></tr>
<tr><td>4</td><td colspan="2">三层给水导管(管道编号:××、××)</td><td>√</td></tr>
<tr><td>5</td><td colspan="2">四层给水导管(管道编号:××、××)</td><td>√</td></tr>
<tr><td>6</td><td colspan="2">五～八层给水导管(管道编号:××、××)</td><td>√</td></tr>
<tr><td>7</td><td colspan="2">九～十一层给水导管(管道编号:××、××)</td><td>√</td></tr>
<tr><td>8</td><td colspan="2">十二～十五层给水导管(管道编号:××、××)</td><td>√</td></tr>
<tr><td>9</td><td colspan="2">十六层、屋顶层给水导管(管道编号:××、××)</td><td>√</td></tr>
<tr><td></td><td colspan="2"></td><td></td></tr>
<tr><td></td><td colspan="2"></td><td></td></tr>
<tr><td></td><td colspan="2"></td><td></td></tr>
<tr><td></td><td colspan="2"></td><td></td></tr>
<tr><td colspan="6">说明:</td></tr>
<tr><td>检查结论</td><td colspan="2">地下一层至屋顶层给水管道及配件安装施工质量符合《建筑给水排水及采暖工程施工质量验收规范》(GB 50242－2002)的要求,给水管道及配件安装分项工程合格。

项目专业技术负责人:×××
2015 年×月×日</td><td>验收结论</td><td colspan="2">同意施工单位检查结论,验收合格。

监理工程师:×××
(建设单位项目专业技术负责人)
2015 年×月×日</td></tr>
</table>

注:地基基础、主体结构工程的分项工程质量验收不填写“分包单位”、“分包项目经理”。

分项/分部工程施工报验表		编　号	×××
工程名称	××工程	日　期	2015年×月×日

现我方已完成＿＿/＿＿（层）＿＿/＿＿轴（轴线或房间）＿＿＿/＿＿＿（高程）＿＿/＿＿（部位）的＿室内给水管道及配件安装＿工程，经我方检验符合设计、规范要求，请予以验收。

附件：名　称　页　数　编　号

1. □质量控制资料汇总表＿＿页＿＿＿
2. □隐蔽工程验收记录＿＿页＿＿＿
3. □预检记录＿＿页＿＿＿
4. □施工记录＿＿页＿＿＿
5. □施工试验记录＿＿页＿＿＿
6. □分部（子分部）工程质量验收记录＿＿页＿＿＿
7. ☑分项工程质量验收记录＿1＿页＿××＿
8. □＿＿＿＿＿＿＿＿页＿＿＿
9. □＿＿＿＿＿＿＿＿页＿＿＿
10. □＿＿＿＿＿＿＿＿页＿＿＿

质量检查员（签字）：×××

施工单位名称：××建设集团有限公司　　技术负责人（签字）：×××

审查意见：

1. 所报附件材料真实、齐全、有效。
2. 所报分项工程实体工程质量符合规范和设计要求。

审查结论：　☑合格　□不合格

监理单位名称：××建设监理有限公司　（总）监理工程师（签字）：×××　审查日期：2015年×月×日

本表由施工单位填报，监理单位、施工单位各存一份。分项、分部工程不合格，应填写《不合格项处置记录》，分部工程应由总监理工程师签字。

分项/分部工程施工报验表填写说明

【相关规定及要求】

1. 分项/分部工程施工报验文件可包括：隐蔽工程验收记录、预检记录、施工记录、施工试验记录、检验批质量验收记录、分项工程质量验收记录和分部(子分部)工程质量验收记录等。

2. 施工单位在完成一个检验批的施工，经过自检和施工试验合格后，报监理工程师查验，监理工程师应对该检验批进行验收，并在《检验批质量验收记录》上签字，施工单位可以不再填写《分项/分部工程施工报验表》。

当分项工程中检验批数量过大时，监理单位可与施工单位协商，约定报验次数，并在监理交底时予以明确。

3. 在完成分项工程后，施工单位应按分项工程进行报验，填写《分项/分部工程施工报验表》并附《____分项工程质量验收记录》和相关附件。

4. 施工单位在完成分部工程施工，经过自检合格后，应填写《分项/分部工程施工报验表》并附《____分部(子分部)工程质量验收记录》和相关附件，报项目监理部，总监理工程师应组织验收并签署意见。

5. 分项/分部工程施工报验表中附件所列各项，监理单位应视报验的具体内容进行选项，凡在检验批验收中已查验过的各种记录可不列入，凡未经查验的记录应作为本表的附件。

【填写要点】

1. 承包单位填写：

(1) 当进行分项/分部工程报验时，《分项/分部工程施工报验表》第一栏中前四个空格(____层、____轴线或房间、____高程、____部位)可画“/”。

(2) 报验时所附附件，应在相应选择框处画“√”，并填写页数及编号，随同本表一同报验。

(3) 分包单位的资料，必须通过承包单位审核后，方可向监理单位报验，因此，质量检查员和技术负责人签字均应由承包单位的相应人员进行。

2. 监理单位填写：

(1) 监理单位在接到报验表后，应审查承包单位所报材料是否齐全，检查所报分项/分部工程实体质量是否符合设计和规范要求。

(2) 分项、分部工程不合格，应填写《不合格项处置记录》，分部工程应由总监理工程师签字。

室内给水管道及配件安装质量分户验收记录表

单位工程名称	××小区2#高层住宅楼	结构类型	全现浇剪力墙	层数	地下2层 地上24层
验收部位(房号)	4单元2室	户型	三室二厅	检查日期	2015年×月×日
建设单位	××房地产开发有限公司	参检人员姓名	×××	职务	建房单位代表
总包单位	××建设工程有限公司	参检人员姓名	×××	职务	质量检查员
分包单位	××机电工程有限公司	参检人员姓名	×××	职务	质量检查员
监理单位	××建设监理有限公司	参检人员姓名	×××	职务	给排水监理工程师
施工执行标准名称及编号	建筑给水排水及采暖工程施工工艺标准(QB ×××—2005)				

施工质量验收规范的规定(GB 50242—2002)					施工单位检查评定记录												监理(建设)单位验收记录
主控项目	1	给水管道水压试验		设计要求	/												/
主控项目	2	给水系统通水试验		第4.2.2条	给水系统经通水试验,符合设计要求												合格
主控项目	3	生活给水系统管冲洗和消毒		第4.2.3条	给水系统经冲洗消毒试验,经检测合格												合格
主控项目	4	直埋金属给水管道防腐		第4.2.4条	/												/
一般项目	1	给排水管铺设的平行、垂直净距		第4.2.5条	/												/
一般项目	2	金属给水管道及管件焊接		第4.2.6条	/												/
一般项目	3	给水平管道坡度坡向		第4.2.7条	管道坡度最大为4‰,最小为3‰												合格
一般项目	4	管道支、吊架		第4.2.9条	管道支吊架安装符合规范要求												合格
一般项目	5	水表安装		第4.2.10条	水表安装符合规范要求												合格
一般项目	6	水平管道纵、横方向弯曲允许偏差	钢管	1mm	0.3	0.5	0.8	0.6	0.4								
一般项目	6	水平管道纵、横方向弯曲允许偏差	钢管	≯25mm	/	/	/	/	/	/	/	/	/	/	/	/	/
一般项目	6	水平管道纵、横方向弯曲允许偏差	塑料管复合管	1.5mm	0.5	0.5	1	1	1								合格
一般项目	6	水平管道纵、横方向弯曲允许偏差	塑料管复合管	≯25mm	/	/	/	/	/	/	/	/	/	/	/	/	/
一般项目	6	水平管道纵、横方向弯曲允许偏差	铸铁管	2mm	/	/	/	/	/	/	/	/	/	/	/	/	/
一般项目	6	水平管道纵、横方向弯曲允许偏差	铸铁管	≯25mm	/	/	/	/	/	/	/	/	/	/	/	/	/
一般项目	6	立管垂直度允许偏差	钢管	3mm	/	/	/	/	/	/	/	/	/	/	/	/	/
一般项目	6	立管垂直度允许偏差	钢管	≯8mm	/	/	/	/	/	/	/	/	/	/	/	/	/
一般项目	6	立管垂直度允许偏差	塑料管复合管	2mm	1	1	1	1	1								合格
一般项目	6	立管垂直度允许偏差	塑料管复合管	≯8mm	/	/	/	/	/	/	/	/	/	/	/	/	/
一般项目	6	立管垂直度允许偏差	铸铁管	3mm	/	/	/	/	/	/	/	/	/	/	/	/	/
一般项目	6	立管垂直度允许偏差	铸铁管	≯10mm	/	/	/	/	/	/	/	/	/	/	/	/	/
一般项目	6	成排管段和成排阀门		3mm	2	1	3	1	2								

复查记录	监理工程师(签章):　　年　月　日 建设单位专业技术负责人(签章):　　年　月　日
施工单位检查评定结果	经检查,主控项目、一般项目均符合设计和《建筑给水排水及采暖工程施工质量验收规范》(GB 50242—2002)的规定。 总包单位质量检查员(签章):×××　2015年×月×日 分包单位质量检查员(签章):×××　2015年×月×日
监理单位验收结论	验收合格。 监理工程师(签章):×××　2015年×月×日
建设单位验收结论	验收合格。 建设单位专业技术负责人(签章):×××　2015年×月×日

2.2　给水设备安装

2.2.1　给水设备安装资料列表

(1)施工技术资料

1)给水设备安装技术交底记录

2)设计变更、工程洽商记录

(2)施工物资资料

1)水泵的出厂合格证、厂家技术手册、检测报告

2)水箱的卫生检测报告、试验记录、合格证

3)稳压罐的产品合格证、厂家技术手册、检测报告

4)各种金属管材、管件、型钢、仪表阀门等的产品质量证明文件

5)材料、构配件进场检验记录

6)设备开箱检验记录

7)工程物资进场报验表

(3)施工记录

1)隐蔽工程验收记录

2)施工检查记录

3)交接检查记录

(4)施工试验记录及检测报告

1)设备单机试运转记录

2)满水试验记录

3)强度严密性试验记录

4)安全阀调试记录

(5)施工质量验收记录

1)给水设备安装检验批质量验收记录

2)室内给水设备安装分项工程质量验收记录

3)分项/分部工程施工报验表

(6)住宅工程质量分户验收记录表

室内给水设备系统安装质量分户验收记录表

2.2.2　给水设备安装资料填写范例及说明

<table>
<tr><td colspan="4">设备开箱检验记录</td><td colspan="2">编　　号</td><td colspan="2">×××</td></tr>
<tr><td colspan="2">设备名称</td><td colspan="2">离心式水泵</td><td colspan="2">检查日期</td><td colspan="2">2015年×月×日</td></tr>
<tr><td colspan="2">规格型号</td><td colspan="2">65DL×7</td><td colspan="2">总 数 量</td><td colspan="2">4台</td></tr>
<tr><td colspan="2">装箱单号</td><td colspan="2">××</td><td colspan="2">检验数量</td><td colspan="2">4台</td></tr>
<tr><td rowspan="5">检验记录</td><td>包装情况</td><td colspan="6">包装完好、无损坏，标识明确</td></tr>
<tr><td>随机文件</td><td colspan="6">出厂合格证、安装使用说明书、装箱单、检验报告、保修卡</td></tr>
<tr><td>备件与附件</td><td colspan="6">法兰4套、单流阀4个</td></tr>
<tr><td>外观情况</td><td colspan="6">泵体表面无损坏、无锈蚀、漆面完好</td></tr>
<tr><td>测试情况</td><td colspan="6"></td></tr>
<tr><td rowspan="8">检验结果</td><td colspan="7">缺、损附备件明细表</td></tr>
<tr><td>序号</td><td>名称</td><td>规格</td><td>单位</td><td>数量</td><td colspan="2">备注</td></tr>
<tr><td></td><td></td><td></td><td></td><td></td><td colspan="2"></td></tr>
<tr><td></td><td></td><td></td><td></td><td></td><td colspan="2"></td></tr>
<tr><td></td><td></td><td></td><td></td><td></td><td colspan="2"></td></tr>
<tr><td></td><td></td><td></td><td></td><td></td><td colspan="2"></td></tr>
<tr><td></td><td></td><td></td><td></td><td></td><td colspan="2"></td></tr>
<tr><td></td><td></td><td></td><td></td><td></td><td colspan="2"></td></tr>
<tr><td colspan="8">结论：
检查包装、随机文件齐全，外观良好，符合设计及规范要求，同意验收。</td></tr>
<tr><td rowspan="2">签字栏</td><td colspan="3">建设(监理)单位</td><td colspan="2">施工单位</td><td colspan="2">供应单位</td></tr>
<tr><td colspan="3">×××</td><td colspan="2">×××</td><td colspan="2">×××</td></tr>
</table>

本表由施工单位填写并保存。

设备开箱检验记录填写说明

【相关规定及要求】

建筑工程所使用的设备进场后，应由施工单位、建设(监理)单位、供货单位共同开箱检验，并填写《设备开箱检验记录》。

1. 设备开箱检验的主要内容：

检验项目主要包括：设备的产地、品种、规格、外观、数量、附件情况、标识和质量证明文件、相关技术文件等。

2. 设备开箱时应具备的质量证明文件、相关技术要求如下：

(1) 各类设备均应有产品质量合格证，其生产日期、规格型号、生产厂家等内容应与实际进场的设备相符。

(2) 对于国家及地方所规定的特定设备，应有相应资质等级检测单位的检测报告，如锅炉(压力容器)的焊缝无损伤检验报告、卫生器具的环保检测报告、水表、热量表的计量检测证书等。

(3) 主要设备、器具应有安装使用说明书。

(4) 成品补偿器应有预拉伸证明书。

(5) 进口设备应有商检证明(国家认证委员会公布的强制性认证[CCC 认证]产品除外)和中文版的质量证明文件、性能检测报告以及中文版的安装、使用、维修和试验要求等技术文件。

3. 所有设备进场时包装应完好，表面无划痕及外力冲击破损。应按照相关的标准和采购合同的要求对所有设备的产地、规格、型号、数量、附件等项目进行检测，符合要求方可接收。

4. 水泵、锅炉、热交换器、罐类等设备上应有金属材料印制的铭牌，铭牌的标注内容应准确，字迹应清楚。

5. 对有异议的设备应由相应资质等级检测单位进行抽样检测，并出具检测报告。异议是指：

(1) 近期该产品因质量低劣而被曝光的。

(2) 经了解在其他工程使用中发生过质量问题的。

(3) 进场后经观察与同类产品有明显差异，有可能不符合有关标准的。

交接检查记录		编　号	×××
工程名称	××工程		
移交单位名称	××建设工程有限公司	接收单位名称	××机电工程有限公司
交接部位	地下一层水泵基础	检查日期	2015 年×月×日

交接内容：

检查××建设工程有限公司(移交单位)施工的地下一层水泵房内水泵基础的坐标、标高、几何尺寸、预留螺栓孔的尺寸情况、基础混凝土强度等项目。

检查结果：

经双方检查，水泵基础坐标、标高均符合设计和施工质量验收规范的要求；基础长 1500mm、宽 700mm、高 350mm，符合产品说明书的要求；预留螺栓孔的深度、大小符合产品要求；基础混凝土强度已达到设计要求。

双方同意移交。由××机电工程有限公司(接收单位)接收并进行成品保护，可以进行水泵稳装的施工。

复查意见：

复查人：　　　　　　　　复查日期：

见证单位意见：

移交单位及接收单位检查结果情况属实，该项工程正常移交。

见证单位名称：××建设监理有限公司

签字栏	移交单位	接收单位	见证单位
	×××	×××	×××

1. 本表由移交、接收和见证单位各保存一份。
2. 见证单位应根据实际检查情况，并汇总移交和接收单位意见形成见证单位意见。

设备单机试运转记录		编　　号	×××
工程名称	××工程	试运转时间	2015 年×月×日

设备部位图号	水施 4	设备名称	变频泵 2#	规格型号	65DL×7
试验单位	××公司	设备所在系统	给水系统	额定数据	$30m^3/h$　108m

序号	试验项目	试验记录	试验结论
1	叶轮旋转方向	与箭头所指方向一致	合格
2	运转过程中有无异常噪音	无异常噪音	合格
3	额定工况下运转时间	连续运转 2h 无异常	合格
4	轴承温度	运行 2h 后测量轴承温度 65℃	合格
5			
6			
7			
8			
9			
10			
11			
12			
13			
14			

试运转结论：

水泵运转正常、平稳，叶轮旋转方向、轴承温升等均符合产品说明书及设计要求和《建筑给水排水及采暖工程施工质量验收规范》(GB 50242—2002)的规定。

签字栏	建设(监理)单位	施工单位	××机电工程有限公司	
		专业技术负责人	专业质检员	专业工长
	×××	×××	×××	×××

本表由施工单位填写，建设单位、施工单位、城建档案馆各保存一份。

设备单机试运转记录填写说明

【相关规定及要求】

1. 为保证系统的安全、正常运行，设备在安装中应进行必要的单机试运转试验。

2. 项目的划分：一般按规范和设计要求，分部位、分系统进行。

3. 设备单机试运转试验应由施工单位报请建设(监理)单位共同进行。

4. 试验的内容：给水系统设备、热水系统设备、机械排水系统设备、消防系统设备、采暖系统设备、水处理系统设备，以及通风与空调系统的各类水泵、风机、冷水机组、冷却塔、空调机组、新风机组等设备在安装完毕后，应进行单机试运转，并做记录。

5. 记录的主要内容应包括：设备名称、规格型号、所在系统、额定数据、试验项目、试验记录、试验结论、试运转结果等。

【填写要点】

1. 试验记录应根据试验的项目，按照实际情况及时、认真填写，不得漏项，填写内容要齐全、清楚、准确，结论应明确。各项内容的填写应符合设计及规范的要求，签字应齐全。

2. 表格中除签字栏必须亲笔签字外，其余项目栏均须打印。

<table>
<tr><td colspan="2">灌(满)水试验记录</td><td>编　　号</td><td>×××</td></tr>
<tr><td>工程名称</td><td>××工程</td><td>试验日期</td><td>2015 年×月×日</td></tr>
<tr><td>试验项目</td><td>室内给水系统</td><td>试验部位</td><td>水箱间</td></tr>
<tr><td>材　　质</td><td>玻璃钢</td><td>规　　格</td><td>3000×2000×2000mm</td></tr>
<tr><td colspan="4">试验要求：
满水后静置 24h，不渗不漏，水箱不变形。</td></tr>
<tr><td colspan="4">试验记录：
试验从 9 月 18 日 8:00 开始，将水箱泄水阀关闭，将进水管、溢流管进行封堵，开始向水箱注水至 18 日 9:50注满，于 19 日 10:00，对水箱进行观察，未发现水箱及配管接口处渗漏。水箱未变形，液面未下降。</td></tr>
<tr><td colspan="4">试验结论：
经检查，屋顶消防水箱满水试验符合设计要求和《建筑给水排水及采暖工程施工质量验收规范》(GB 50242—2002)的规定，合格，可以连接管道。</td></tr>
</table>

<table>
<tr><td rowspan="3">签
字
栏</td><td rowspan="2">建设(监理)单位</td><td>施工单位</td><td colspan="2">××机电工程有限公司</td></tr>
<tr><td>专业技术负责人</td><td>专业质检员</td><td>专业工长</td></tr>
<tr><td>×××</td><td>×××</td><td>×××</td><td>×××</td></tr>
</table>

本表由施工单位填写并保存。

灌(满)水试验记录填写说明

【相关规定及要求】

1. 非承压管道系统和设备,包括开式水箱、卫生器具、安装在室内的雨水管道、暗装、直埋或有隔热层的室内外排水管道进行隐蔽前,均应进行灌(满)水试验,并做记录。

2. 隐蔽或埋地的排水管道在隐蔽前必须做灌水试验,其灌水高度不应低于底层卫生器具的上边缘或底层地面高度。满水15min水面下降后,再灌满观察5min,液面不降,管道及接口无渗漏为合格。

3. 安装在室内的雨水管道安装后应做灌水试验,灌水高度必须到每根立管上部的雨水斗。灌水试验应持续1h,不渗不漏。

4. 开式水箱应在管道、附件开口均完成后,将甩口临时封闭,满水试验静置24h观察,不渗不漏为合格。

5. 卫生器具交工前应做满水试验。满水后各连接件应不渗不漏。

6. 室外排水管道埋设前必须做灌水试验,应按排水检查井分段进行,试验水头应以试验段上游管顶加1m,试验时间不少于30min,逐段观察,管接口无渗漏。

【填写要点】

1. 工程名称:与施工图纸中一致。
2. 试验日期:按实际试验时间填写。
3. 试验项目:按实际试验项目填写,如开式水箱、卫生器具、排水系统等。
4. 试验部位:按实际试验部位填写。
5. 材质:按实际发生材料、设备项目填写,如UPVC管、ABS管、排水铸铁管、钢管等。
6. 规格:按实际发生材料、设备各规格型号填写。
7. 试验要求:应按照设计要求或施工规范提出的具体要求填写,要表述清楚。
8. 试验记录:对试验过程中的试验情况进行记录,具体内容描述清楚。
9. 试验结论:应根据设计和施工规范要求,对试验结果做出明确评价。
10. 表格实行"计算机打印、手写签名",各责任方签认齐全。

强度严密性试验记录		编　号	×××
工程名称	××工程	试验日期	2015年×月×日
试验项目	给水系统	试验部位	地下密闭水箱
材　质	钢制水箱	规　格	1500×2000

试验要求：

按设计要求，试验压力为0.6MPa，在试验压力下10min压力不降，不渗不漏，水箱无变形。

试验记录：

对地下室内已安装完毕的密闭水箱基础、配管、配件及阀门等进行检查，安装符合要求，开始向水箱注水，水箱液位显示已经注满，检查水箱无渗漏。关闭水箱出水管阀门，用加压泵向水箱加压，压力达到0.46MPa，观察水箱及配管处无渗漏，继续加压至0.60MPa，关闭加压泵阀门，停止加压，观察10min，压力读数仍为0.60MPa，水箱未发现渗漏现象，水箱未变形。

试验结论：

密闭水箱压力试验符合设计要求和《建筑给水排水及采暖工程施工质量验收规范》(GB 50242－2002)的规定。

签字栏	建设(监理)单位	施工单位	××机电工程有限公司	
		专业技术负责人	专业质检员	专业工长
	×××	×××	×××	×××

本表由施工单位填写，建设单位、施工单位、城建档案馆各保存一份。

安全阀调试记录

工程名称	××工程			施工单位	××机电工程有限公司	
监理单位	××建设监理有限公司			试验日期	2015年×月×日	
设计压力	0.80MPa					
序　号	安装部位	规格型号	制造厂家	合格证编号	起座压力(MPa)	回座压力(MPa)
1	一层变频泵出口	A27W－10－15	×××	×××	0.82	0.80
2						
3						
4						
5						
6						
7						
8						
9						
10						
11						
结论	经调试当压力达到0.80MPa时，安全阀能够自动启闭，动作灵敏，符合要求。					

参加人员签字	建设单位	监理单位	施　工　单　位		
			技术负责人	质检员	操作人员
	×××	×××	×××	×××	×××

给水设备安装检验批质量验收记录

05010201 001

单位（子单位）工程名称	××大厦	分部（子分部）工程名称	建筑给水排水及供暖/室内给水系统	分项工程名称	给水设备
施工单位	××建筑有限公司	项目负责人	赵斌	检验批容量	2 台
分包单位	/	分包单位项目负责人	/	检验批部位	给水机房
施工依据	室内管道安装施工方案		验收依据	《建筑给排水及采暖工程施工质量验收规范》GB50242-2002	

		验收项目			设计要求及规范规定	最小/实际抽样数量	检查记录	检查结果
主控项目	1	水泵基础			设计要求	/	基础外观尺寸符合要求，强度检查试验合格，报告编号××××	√
	2	水泵试运转的轴承温升			设计要求	/	试验合格，报告编号××××	√
	3	敞口水箱满水试验和密闭水箱(罐)水压试验			第 4.4.3 条	/	/	
一般项目	1	水箱支架或底座安装			第 4.4.4 条	1/1	检查 1 处，合格 1 处	100%
	2	水箱溢流管和泄放管设置			第 4.4.5 条	1/1	检查 1 处，合格 1 处	100%
	3	立式水泵减振装置			第 4.4.6 条	2/2	检查 2 处，合格 2 处	100%
	4	安装允许偏差	静置设备	坐标	15mm	1/1	检查 1 处，合格 1 处	100%
				标高	±5mm	1/1	检查 1 处，合格 1 处	100%
				垂直度(每米)	5mm	1/1	检查 1 处，合格 1 处	100%
			离心式水泵	立式垂直度(每米)	0.1mm	/	/	
				卧式水平度(每米)	0.1mm	/	/	
				联轴器同心度 轴向倾斜(每米)	0.8mm	/	/	
				联轴器同心度 径向位移	0.1mm	/	/	
	5	保温层允许偏差	允许偏差	厚度 δ	+0.1δ -0.05δ	/	/	
			表面平整度(mm)	卷材	5	/	/	
				涂抹	10	/	/	

施工单位检查结果	符合要求 专业工长： 项目专业质量检查员： 2015 年××月××日
监理单位验收结论	合格 专业监理工程师： 2015 年××月××日

给水设备安装检验批质量验收记录填写说明

1. 填写依据

(1)《建筑给水排水及采暖工程质量验收规范》GB 50242－2002。

(2)《建筑工程施工质量验收统一标准》GB 50300－2013。

2. 规范摘要

以下内容摘自《建筑给水排水及采暖工程质量验收规范》GB 50242－2002。

主控项目

(1)水泵就位前的基础混凝土强度、坐标、标高、尺寸和螺栓孔位置必须符合设计规定。

检验方法:对照图纸用仪器和尺量检查。

(2)水泵试运转的轴承温升必须符合设备说明书的规定。

检验方法:温度计实测检查。

(3)敞口水箱的满水试验和密闭水箱(罐)的水压试验必须符合设计与本细则的规定。

检验方法:满水试验静置24h观察,不渗不漏;水压试验在试验压力下10min压力不降,不渗不漏。

一般项目

(1)水箱支架或底座安装,其尺寸及位置应符合设计规定,埋设平整牢固。

检验方法:对照图纸,尺量检查。

(2)水箱溢流管和泄放管应设置在排水地点附近但不得与排水管直接连接。

检验方法:观察检查。

(3)立式水泵的减振装置不应采用弹簧减振器。

检验方法:观察检查。

(4)室内给水设备安装的允许偏差应符合表2-3的规定。

表 2-3　室内给水设备安装的允许偏差和检验方法

序号	项目			允许偏差(mm)	检验方法
1	静置设备	坐标		15	经纬仪或拉线、尺量
		标高		±5	用水准仪、拉线和尺量检查
		垂直度(每米)		5	吊线和尺量检查
2	离心式水泵	立式泵体垂直度(每米)		0.1	水平尺和塞尺检查
		卧式泵体水平度(每米)		0.1	水平尺和塞尺检查
		联轴器同心度	轴向倾斜(每米)	0.8	在联轴器互相垂直的四个位置上用水准仪、百分表或测微螺钉和塞尺检查
			径向位移	0.1	

(5)管道及设备保温层的厚度和平整度的允许偏差应符合表2-4的规定。

表 2-4　管道及设备保温的允许偏差和检验方法

项次	项目		允许偏差(mm)	检验方法
1	厚度		$+0.1\delta$ -0.05δ	用钢针刺入
2	表面平整度	卷材	5	用2m靠尺和楔形塞尺检查
		涂抹	10	

注:δ为保温层厚度。

室内给水设备安装 分项工程质量验收记录

单位(子单位)工程名称	××工程	结构类型	框架剪力墙
分部(子分部)工程名称	室内给水系统	检验批数	1
施工单位	××建设工程有限公司	项目经理	×××
分包单位	××消防工程有限公司	分包项目经理	×××

序号	检验批名称及部位、区段	施工单位检查评定结果	监理(建设)单位验收结论
1	地下二层泵房、水箱间	√	验收合格

说明：

检查结论	地下二层泵房、水箱间室内给水设备安装施工质量符合《建筑给水排水及采暖工程施工质量验收规范》(GB 50242—2002)的要求，室内给水设备安装分项工程合格。 项目专业技术负责人：××× 2015年×月×日	验收结论	同意施工单位检查结论，验收合格。 监理工程师：××× (建设单位项目专业技术负责人) 2015年×月×日

注：地基基础、主体结构工程的分项工程质量验收不填写“分包单位”、“分包项目经理”。

分项/分部工程施工报验表		编　号	×××
工 程 名 称	××工程	日　期	2015年×月×日

现我方已完成＿＿/＿＿(层)＿＿/＿＿轴(轴线或房间)＿＿/＿＿(高程)＿＿/＿＿(部位)的＿＿给水设备安装＿＿工程，经我方检验符合设计、规范要求，请予以验收。

附件：　名　称　　　页　数　　　编　号

1. □质量控制资料汇总表　＿＿页　＿＿
2. □隐蔽工程验收记录　＿＿页　＿＿
3. □预检记录　＿＿页　＿＿
4. □施工记录　＿＿页　＿＿
5. □施工试验记录　＿＿页　＿＿
6. □分部(子分部)工程质量验收记录　＿＿页　＿＿
7. ☑分项工程质量验收记录　1 页　××
8. □＿＿　＿＿页　＿＿
9. □＿＿　＿＿页　＿＿
10. □＿＿　＿＿页　＿＿

质量检查员(签字)：×××

施工单位名称：××建设集团有限公司　　技术负责人(签字)：×××

审查意见：

1. 所报附件材料真实、齐全、有效。
2. 所报分项工程实体工程质量符合规范和设计要求。

审查结论：　☑合格　□不合格

监理单位名称：××建设监理有限公司　(总)监理工程师(签字)：×××　审查日期：2015年×月×日

本表由施工单位填报，监理单位、施工单位各存一份。分项、分部工程不合格，应填写《不合格项处置记录》，分部工程应由总监理工程师签字。

2.3　室内消火栓系统安装

2.3.1　室内消火栓系统安装资料列表

(1)施工管理资料

1)工程概况表

2)施工现场质量管理检查记录

3)专业承包单位资质证明文件及专业人员岗位证书

4)分包单位资质报审表

5)施工日志

(2)施工技术资料

1)工程技术文件报审表

2)室内消火栓系统施工方案

3)技术交底记录

①室内消火栓系统施工方案技术交底记录

②室内消火栓系统分项工程技术交底记录

4)设计变更、工程洽商记录

(3)施工物资资料

1)管材(碳素钢管、钢塑复合管或无缝钢管等)、配套管件、阀门、室内消火栓、消火栓箱、水龙带、水枪等的产品合格证、检测报告,消防专用设备及附件的“CCC”认证证件

2)主要器具和设备的安装使用说明书

3)材料、构配件进场检验记录

4)设备开箱检验记录

5)设备及管道附件试验记录

6)工程物资进场报验表

(4)施工记录

1)隐蔽工程验收记录

2)施工检查记录

(5)施工试验记录及检测报告

1)设备单机试运转记录

2)系统调试试验记录

3)强度严密性试验记录

4)冲洗试验记录

5)消火栓试射记录

(6)施工质量验收记录

1)室内消火栓系统安装检验批质量验收记录

2)室内消火栓系统安装分项工程质量验收记录

3)分项/分部工程施工报验表

(7)住宅工程质量分户验收记录表

室内消火栓系统安装质量分户验收记录表

2.3.2　室内消火栓系统安装资料填写范例及说明

设备及管道附件试验记录					编　号		×××	
工程名称	××工程				使用部位		消火栓系统	
设备/管道附件名称	型号	规格	编号	介质	强度试验		严密性试验(MPa)	试验结果
					压力(MPa)	停压时间		
碟阀	D71X-16	*DN*150	1	水	2.4	60s	1.76	合格
碟阀	D71X-10	*DN*65	2	水	1.5	60s	1.10	合格
碟阀	D71X-16	*DN*100	3	水	2.4	60s	1.76	合格
碟阀	D71X-10	*DN*80	4	水	1.5	60s	1.10	合格
止回阀		*DN*40	5	水	1.5	15s	1.10	合格
止回阀		*DN*150	6	水	2.4	60s	1.76	合格
闸阀	Z11W-11T	*DN*150	7	水	2.4	60s	1.76	合格
消火栓	SN65	*DN*65	8	水	1.5	60s	1.10	合格
施工单位	××消防工程有限公司		试验	×××	试验日期		2015 年×月×日	

本表由施工单位填写，建设单位、施工单位各保存一份。

工程物资进场报验表				编　号	×××
工 程 名 称	××工程			日　期	2015 年×月×日

现报上关于　室内消火栓系统安装　工程的物资进场检验记录，该批物资经我方检验符合设计、规范及合约要求，请予以批准使用。

物资名称	主要规格	单　位	数　量	选样报审表编号	使用部位
碟阀	D71X-16 *DN*150	个	××	/	消火栓系统
消火栓	SN65　*DN*65	个	××	/	消火栓系统

附件：　名　称　　页　数　　编　号

1. ☑ 出厂合格证　× 页　×××
2. ☑ 厂家质量检验报告　× 页　×××
3. ☐ 厂家质量保证书　____ 页　____
4. ☐ 商检证　____ 页　____
5. ☑ 进场检验记录　1 页　×××
6. ☐ 进场复试报告　____ 页　____
7. ☐ 备案情况　____ 页　____
8. ☑ CCC 认证证件　1 页　×××

申报单位名称：××机电工程有限公司　　申报人(签字)：×××

施工单位检验意见：

报验的碟阀、消火栓的质量证明文件齐全，同意报项目监理部审批。

☑有 / ☐无 附页

施工单位名称：××建设集团有限公司　技术负责人(签字)：×××　审核日期：2015 年×月×日

验收意见：

物资质量控制资料齐全、有效。检验合格

审定结论：　☑同意　☐补报资料　☐重新检验　☐退场

监理单位名称：××建设监理有限公司　监理工程师(签字)：×××　验收日期：2015 年×月×日

本表由施工单位填报，建设单位、监理单位、施工单位各存一份。

<table>
<tr><td colspan="3">隐蔽工程验收记录</td><td>资料编号</td><td colspan="2">×××</td></tr>
<tr><td>工程名称</td><td colspan="5">××办公楼工程</td></tr>
<tr><td>隐检项目</td><td colspan="2">消火栓系统管道安装</td><td>隐检日期</td><td colspan="2">2015年8月26日</td></tr>
<tr><td>隐检部位</td><td colspan="5">地下一层～三层 ①～⑬/Ⓐ～Ⓖ 轴线 标高 －4.800～9.400m</td></tr>
<tr><td colspan="6">隐检依据：施工图图号 水施－15～水施－18 ，设计变更/洽商(编号 /)及有关国家现行标准等。
主要材料名称及规格/型号： 热镀锌焊接钢管 DN100～DN65</td></tr>
<tr><td colspan="6">隐检内容：
1.管材、管件产品合格证、质量证明书、检测报告齐全、有效，合格；其品种、规格符合设计要求。
2.管材及管件安装的位置、标高、坡度符合设计要求。消防管道 DN≥100 采用沟槽连接，DN<100 采用丝扣连接，外露丝扣做防锈处理。
3.管道变径位置、管道支架规格、位置及固定形式符合设计及规范要求。
4.管道水压试压结果符合设计及规范要求。
影像资料的部位、数量：
隐检内容已做完，请予以检查。 申报人：×××</td></tr>
<tr><td colspan="6">检查意见：
经检查，符合设计要求及《建筑给水排水及采暖工程施工质量验收规范》(GB 50242)的规定。
检查结论： ☑同意隐蔽 □不同意，修改后进行复查</td></tr>
<tr><td colspan="6">复查结论：
复查人： 复查日期：</td></tr>
<tr><td rowspan="3">签字栏</td><td rowspan="2">施工单位</td><td rowspan="2">××消防工程有限公司(专业分包)
××建设集团有限公司(总包)</td><td>专业技术负责人</td><td>专业质检员</td><td>专业工长</td></tr>
<tr><td>×××(专业分包)
×××(总包)</td><td>×××(专业分包)
×××(总包)</td><td>×××(专业分包)
×××(总包)</td></tr>
<tr><td>监理(建设)</td><td colspan="2">××工程建设监理有限公司</td><td>专业工程师</td><td>×××</td></tr>
</table>

本表由施工单位填写。

<table>
<tr><td colspan="3">设备单机试运转记录</td><td colspan="2">编　　号</td><td colspan="2">×××</td></tr>
<tr><td colspan="2">工程名称</td><td colspan="2">××工程</td><td>试运转时间</td><td colspan="2">2015 年×月×日</td></tr>
<tr><td colspan="2">设备部位图号</td><td>水施 2</td><td>设备名称</td><td>消防泵</td><td>规格型号</td><td>XBD6.1/25-100DL20</td></tr>
<tr><td colspan="2">试验单位</td><td>××机电工程有限公司</td><td>设备所在系统</td><td>消火栓系统</td><td>额定数据</td><td>3L/s、15m</td></tr>
<tr><td>序号</td><td colspan="3">试验项目</td><td colspan="2">试验记录</td><td>试验结论</td></tr>
<tr><td>1</td><td colspan="3">叶轮旋转方向</td><td colspan="2">与箭头所指方向一致</td><td>合格</td></tr>
<tr><td>2</td><td colspan="3">运转过程中有无异常噪音</td><td colspan="2">无异常噪音</td><td>合格</td></tr>
<tr><td>3</td><td colspan="3">额定工况下运转时间</td><td colspan="2">连续运转 2h 无异常</td><td>合格</td></tr>
<tr><td>4</td><td colspan="3">轴承温度</td><td colspan="2">运行 2h 后测量轴承温度 65℃</td><td>合格</td></tr>
<tr><td>5</td><td colspan="3"></td><td colspan="2"></td><td></td></tr>
<tr><td>6</td><td colspan="3"></td><td colspan="2"></td><td></td></tr>
<tr><td>7</td><td colspan="3"></td><td colspan="2"></td><td></td></tr>
<tr><td>8</td><td colspan="3"></td><td colspan="2"></td><td></td></tr>
<tr><td>9</td><td colspan="3"></td><td colspan="2"></td><td></td></tr>
<tr><td>10</td><td colspan="3"></td><td colspan="2"></td><td></td></tr>
<tr><td>11</td><td colspan="3"></td><td colspan="2"></td><td></td></tr>
<tr><td>12</td><td colspan="3"></td><td colspan="2"></td><td></td></tr>
<tr><td>13</td><td colspan="3"></td><td colspan="2"></td><td></td></tr>
<tr><td>14</td><td colspan="3"></td><td colspan="2"></td><td></td></tr>
<tr><td colspan="7">试运转结论：
消防泵运转正常、平稳，叶轮旋转方向、轴承温度等均符合产品说明书及设计要求和《建筑给水排水及采暖工程施工质量验收规范》(GB 50242—2002)的规定，试验合格。</td></tr>
<tr><td rowspan="3">签字栏</td><td colspan="2" rowspan="2">建设(监理)单位</td><td>施工单位</td><td colspan="3">××机电工程有限公司</td></tr>
<tr><td>专业技术负责人</td><td colspan="2">专业质检员</td><td>专业工长</td></tr>
<tr><td colspan="2">×××</td><td>×××</td><td colspan="2">×××</td><td>×××</td></tr>
</table>

本表由施工单位填写，建设单位、施工单位、城建档案馆各保存一份。

<table>
<tr><td colspan="2">强度严密性试验记录</td><td>编　号</td><td>×××</td></tr>
<tr><td>工程名称</td><td>××工程</td><td>试验日期</td><td>2015年×月×日</td></tr>
<tr><td>预检项目</td><td>消火栓导管</td><td>试验部位</td><td>地下一层</td></tr>
<tr><td>材　质</td><td>焊接钢管</td><td>规　格</td><td>DN100、DN65</td></tr>
<tr><td colspan="4">试验要求：
消防导管采用焊接钢管，工作压力为1.0MPa，试验压力为工作压力加0.4MPa为1.4MPa，稳压2h，目测导管无泄漏和变形，且压力不下降。</td></tr>
<tr><td colspan="4">试验记录：
将导管一端封堵，另一端引出临时试压管，并安装压力表，系统注满水后，用手动加压泵缓慢升压，14:00系统压力升至试验压力1.4MPa，稳压2h至16:00，压力没有下降，同时检查管道接口及各阀件无渗漏现象。</td></tr>
<tr><td colspan="4">试验结论：
经检查，试验方式、过程及结果均符合设计要求及《建筑给水排水及采暖工程施工质量验收规范》(GB 50242—2002)的规定，试验合格。</td></tr>
</table>

签字栏	建设(监理)单位	施工单位	××机电工程有限公司	
		专业技术负责人	专业质检员	专业工长
	×××	×××	×××	×××

本表由施工单位填写，建设单位、施工单位、城建档案馆各保存一份。

强度严密性试验记录		编　　号	×××
工程名称	××工程	试验日期	2015年×月×日
预检项目	消火栓系统综合试压	试验部位	全系统
材　　质	焊接钢管	规　　格	*DN*150～*DN*65

试验要求：

系统工作压力为1.0MPa，试验压力为工作压力加0.4MPa为1.4MPa，稳压2h，目测导管无泄漏和变形，且压力降不大于0.05MPa。

试验记录：

将各进户阀门关闭，封闭水泵结合器连接管，引出临时试压管，并安装压力表。系统注满水后，用手动加压泵缓慢升压，9:00压力升至试验压力1.4MPa，稳压2h至11:00，压力下降0.02MPa，同时检查管道接口及各阀件无渗漏现象。

试验结论：

经检查，试验过程及结果符合设计要求《建筑给水排水及采暖工程施工质量验收规范》(GB 50242—2002)的规定，试验合格。

签字栏	建设(监理)单位	施工单位	××机电工程有限公司	
		专业技术负责人	专业质检员	专业工长
	×××	×××	×××	×××

本表由施工单位填写，建设单位、施工单位、城建档案馆各保存一份。

<table>
<tr><td colspan="2">强度严密性试验记录</td><td>编　号</td><td>×××</td></tr>
<tr><td>工程名称</td><td>××工程</td><td>试验日期</td><td>2015 年×月×日</td></tr>
<tr><td>预检项目</td><td>室内给水系统</td><td>试验部位</td><td>高区消防管道系统</td></tr>
<tr><td>材　质</td><td>无缝钢管、焊接钢管</td><td>规　格</td><td>DN150～DN70</td></tr>
<tr><td colspan="4">试验要求：

系统设计最低点工作压力为 1.2MPa，水压强度试验压力应为该工作压力加 0.4MPa；在强度试验压力下稳压 30min，目测管网应无泄漏和变形，且压力不应大于 0.05MPa。消火栓的严密性试验在强度试验合格的基础上降至工作压力后，稳压 24h，应无渗漏现象。</td></tr>
<tr><td colspan="4">试验记录：

先将屋顶稳压水泵和地下加压水泵阀门关闭，封堵消防结合器连接管，并引出试压临时管道，安装一压力表。待系统充满水后，从 30 日上午 9:30 开始缓慢加压，至 10:00 表压升至 1.2MPa，检查管道系统无渗漏。至 10:30 再继续加压至试验压力 1.6MPa，关闭加压阀门，持续稳压至 11:10 后，检查管道、阀件及各接口无渗漏，表压降至 1.58MPa（压降0.02MPa），然后泄压至 1.2MPa。31 日 11:00 再对管道及各接口检查，没有发现管道及各接口有渗漏现象。</td></tr>
<tr><td colspan="4">试验结论：

高区消火栓系统强度及严密度水压试验符合设计要求和《建筑给水排水及采暖工程施工质量验收规范》（GB 50242－2002）的规定，试验合格。</td></tr>
</table>

<table>
<tr><td rowspan="3">签字栏</td><td rowspan="2">建设（监理）单位</td><td>施工单位</td><td colspan="2">××机电工程有限公司</td></tr>
<tr><td>专业技术负责人</td><td>专业质检员</td><td>专业工长</td></tr>
<tr><td>×××</td><td>×××</td><td>×××</td><td>×××</td></tr>
</table>

本表由施工单位填写，城建档案馆、建设单位、施工单位各保存一份。

<table>
<tr><td colspan="2">吹(冲)洗(脱脂)试验记录</td><td>编　　号</td><td>×××</td></tr>
<tr><td>工程名称</td><td>××工程</td><td>试验日期</td><td>2015 年×月×日</td></tr>
<tr><td>试验项目</td><td>消火栓系统</td><td>试验部位</td><td>全系统</td></tr>
<tr><td>试验介质</td><td>自来水</td><td>试验方式</td><td>水冲洗</td></tr>
<tr><td colspan="4">试验记录：
消防管道为 DN150～DN65 进行冲洗，关闭消防立管阀门，从室外水泵接合器接入临时冲洗管道和加压水泵，从导管末端立管 DN50 泄水口进行泄水，引至污水井。9:00 时用加压泵往管道内加压进行冲洗，流速 2.0m/s，从排放处观察水质情况，无杂质，导管冲洗干净；然后分别逐个打开立管阀门，用屋顶水箱水对立管进行冲洗，从导管末端放水。目测排水水质与供水水质一样，至 12:10 冲洗结束。</td></tr>
<tr><td colspan="4">试验结论：
经检查，试验方式、过程及结果均符合设计要求和《建筑给水排水及采暖工程施工质量验收规范》(GB 50242—2002)的规定，试验合格。</td></tr>
</table>

<table>
<tr><td rowspan="3">签字栏</td><td rowspan="2">建设(监理)单位</td><td>施工单位</td><td colspan="2">××机电工程有限公司</td></tr>
<tr><td>专业技术负责人</td><td>专业质检员</td><td>专业工长</td></tr>
<tr><td>×××</td><td>×××</td><td>×××</td><td>×××</td></tr>
</table>

本表由施工单位填写并保存。

消火栓试射记录		编　　号	×××
工程名称	××工程	试射日期	2015 年×月×日
试射消火栓位置	屋顶消火栓	启泵按钮	☑合格　□不合格
消火栓组件	☑合格　□不合格	栓口安装	☑合格　□不合格
栓口水枪型号	☑合格　□不合格	卷盘间距、组件	☑合格　□不合格
栓口静压(MPa)	0.20	栓口动压(MPa)	0.35

试验要求：

取屋顶消火栓进行试射试验，观察压力表读数不应大于 0.5MPa，射出的密集水柱长度不应小于 10m，屋顶消火栓静压不小于 0.07MPa。

试验情况记录：

试验从 14:00 开始。打开屋顶消火栓箱，按下消防泵启动按钮，取下消防水龙带迅速接好栓口和水枪，打开消火栓阀门，拉到平屋顶上水平向上倾角 30°～45°试射，同时观察压力表读数为 0.35MPa，射出的密集水柱约 20m。检查屋顶消火栓静压为 0.20MPa。试验至 14:30 结束。

试验结论：

屋顶消火栓试射试验符合设计要求。

签字栏	建设(监理)单位	施工单位	××机电工程有限公司	
		专业技术负责人	专业质检员	专业工长
	×××	×××	×××	×××

本表由施工单位填写，建设单位、施工单位、城建档案馆各保存一份。

<table>
<tr><td colspan="2">消火栓试射记录</td><td>编　　号</td><td colspan="2">×××</td></tr>
<tr><td>工程名称</td><td>××工程</td><td>试射日期</td><td colspan="2">2015 年×月×日</td></tr>
<tr><td>试射消火栓位置</td><td>首层消火栓</td><td>启泵按钮</td><td colspan="2">☑合格　□不合格</td></tr>
<tr><td>消火栓组件</td><td>☑合格　□不合格</td><td>栓口安装</td><td colspan="2">☑合格　□不合格</td></tr>
<tr><td>栓口水枪型号</td><td>☑合格　□不合格</td><td>卷盘间距、组件</td><td colspan="2">☑合格　□不合格</td></tr>
<tr><td>栓口静压(MPa)</td><td>0.65</td><td>栓口动压(MPa)</td><td colspan="2">0.40</td></tr>
<tr><td colspan="5">试验要求：
首层同时取两处消火栓进行试射试验，观察压力表读数不应大于 0.50MPa，射出的密集水柱不散花，应同时到达最远点，首层的消火栓静压不大于 0.80MPa。</td></tr>
<tr><td colspan="5">试验情况记录：
试验从 14:45 开始，至 15:15 结束。打开首层两处消火栓箱，按下其中一个消防泵启动按钮，取下消防水龙带迅速接好栓口和水枪，分别接到 109 号房和 101 号房，分别从窗户向外水平倾角向上 30°～45°进行试射，同时观察两个消火栓出口压力均为 0.40MPa，两股水柱密集，没有散花，水柱达到的最远点一样。检查首层消火栓静压均为 0.65MPa。</td></tr>
<tr><td colspan="5">试验结论：
首层两处消火栓试射试验符合设计要求。</td></tr>
<tr><td rowspan="3">签字栏</td><td rowspan="2">建设(监理)单位</td><td>施工单位</td><td colspan="2">××机电工程有限公司</td></tr>
<tr><td>专业技术负责人</td><td>专业质检员</td><td>专业工长</td></tr>
<tr><td>×××</td><td>×××</td><td>×××</td><td>×××</td></tr>
</table>

本表由施工单位填写，建设单位、施工单位、城建档案馆各保存一份。

室内消火栓系统安装检验批质量验收记录

05010301 001

单位（子单位）工程名称	××大厦	分部（子分部）工程名称	建筑给水排水及供暖/室内给水系统	分项工程名称	室内消火栓
施工单位	××建筑有限公司	项目负责人	赵斌	检验批容量	1套
分包单位	/	分包单位项目负责人	/	检验批部位	1～3层
施工依据	室内管道安装施工方案		验收依据	《建筑给水排水及采暖工程质量验收 规范》GB50242-2002	

		验收项目	设计要求及规范规定	最小/实际抽样数量	检查记录	检查结果
主控项目	1	室内消火栓试射试验	设计要求	/	/	/
一般项目	1	室内消火栓水龙带在箱内安放	第4.3.2条	10/10	抽查10处，合格10处	100%
	2	栓口朝外，并不应安装在门轴侧	第4.3.3条	10/10	抽查10处，合格10处	100%
		栓口中心距地面1.1m允许偏差	±20mm	10/10	抽查10处，合格9处	90%
		阀门中心距箱侧面允许偏差 140mm，距箱后内表面100mm，允许偏差	±5mm	10/10	抽查10处，合格9处	90%
		消火栓箱体安装的垂直度	3mm	10/10	抽查10处，合格9处	90%
施工单位检查结果	符合要求 专业工长： 项目专业质量检查员： 2015年××月××日					
监理单位验收结论	合格 专业监理工程师： 2015年××月××日					

室内消火栓系统安装检验批质量验收记录

1. 填写依据

(1)《建筑给水排水及采暖工程质量验收规范》GB 50242－2002。

(2)《建筑工程施工质量验收统一标准》GB 50300－2013。

2. 规范摘要

以下内容摘自《建筑给水排水及采暖工程质量验收规范》GB 50242－2002。

主控项目

室内消火栓系统安装完成后应取屋顶层(或水箱间内)试验消火栓和首层取二处消火栓做试射试验,达到设计要求为合格。

检验方法:实地试射检查。

一般项目

(1)安装消火栓水龙带,水龙带与水枪和快速接头绑扎好后,应根据箱内构造将水龙带挂放在箱内的挂钉、托盘或支架上。

检验方法:观察检查。

(2)箱式消火栓的安装应符合下列规定:

1)栓口应朝外,并不应安装在门轴侧。

2)栓口中心距地面为 1.1m,允许偏差±20mm 。

3)阀门中心距箱侧面为 140 mm,距箱后内表面为 100 mm,允许偏差±5mm。

4)消火栓箱体安装的垂直度允许偏差为 3mm。

检验方法:观察和尺量检查。

室内消火栓系统安装分项工程质量验收记录

<table>
<tr><td colspan="2">单位(子单位)工程名称</td><td colspan="2">××工程</td><td>结构类型</td><td>框架剪力墙</td></tr>
<tr><td colspan="2">分部(子分部)工程名称</td><td colspan="2">室内给水系统</td><td>检验批数</td><td>4</td></tr>
<tr><td>施工单位</td><td colspan="3">××建设工程有限公司</td><td>项目经理</td><td>×××</td></tr>
<tr><td>分包单位</td><td colspan="3">××消防工程有限公司</td><td>分包项目经理</td><td>×××</td></tr>
<tr><td>序号</td><td colspan="2">检验批名称及部位、区段</td><td>施工单位检查评定结果</td><td colspan="2">监理(建设)单位验收结论</td></tr>
<tr><td>1</td><td colspan="2">XL-1 消火栓系统</td><td>√</td><td colspan="2" rowspan="13">验收合格</td></tr>
<tr><td>2</td><td colspan="2">XL-2 消火栓系统</td><td>√</td></tr>
<tr><td>3</td><td colspan="2">XL-3 消火栓系统</td><td>√</td></tr>
<tr><td>4</td><td colspan="2">XL-4 消火栓系统</td><td>√</td></tr>
<tr><td></td><td colspan="2"></td><td></td></tr>
<tr><td></td><td colspan="2"></td><td></td></tr>
<tr><td></td><td colspan="2"></td><td></td></tr>
<tr><td></td><td colspan="2"></td><td></td></tr>
<tr><td></td><td colspan="2"></td><td></td></tr>
<tr><td></td><td colspan="2"></td><td></td></tr>
<tr><td></td><td colspan="2"></td><td></td></tr>
<tr><td></td><td colspan="2"></td><td></td></tr>
<tr><td></td><td colspan="2"></td><td></td></tr>
<tr><td colspan="6">说明：</td></tr>
<tr><td>检查结论</td><td colspan="2">XL-1～XL-4 消火栓系统安装施工质量符合《建筑给水排水及采暖工程施工质量验收规范》(GB 50242—2002)的要求，室内消火栓系统安装分项工程合格。

项目专业技术负责人：×××
2015年×月×日</td><td>验收结论</td><td colspan="2">同意施工单位检查结论，验收合格。

监理工程师：×××
(建设单位项目专业技术负责人)
2015年×月×日</td></tr>
</table>

注：地基基础、主体结构工程的分项工程质量验收不填写“分包单位”、“分包项目经理”。

分项/分部工程施工报验表		编　号	×××
工 程 名 称	××工程	日　期	2015 年×月×日

现我方已完成____/____(层)____/____轴(轴线或房间)____/____(高程)____/____(部位)的____室内消火栓系统安装____工程，经我方检验符合设计、规范要求，请予以验收。

附件：　　名　称　　　　　　　　　页　数　　　　　　编　号

1. □质量控制资料汇总表　　　　____页　　　　____
2. □隐蔽工程验收记录　　　　____页　　　　____
3. □预检记录　　　　____页　　　　____
4. □施工记录　　　　____页　　　　____
5. □施工试验记录　　　　____页　　　　____
6. □分部(子分部)工程质量验收记录　　　　____页　　　　____
7. ☑分项工程质量验收记录　　　　__1__页　　　　__××__
8. □____________　　　　____页　　　　____
9. □____________　　　　____页　　　　____
10. □____________　　　　____页　　　　____

质量检查员(签字)：×××

施工单位名称：××建设集团有限公司　　　　技术负责人(签字)：×××

审查意见：

1. 所报附件材料真实、齐全、有效。
2. 所报分项实体工程质量符合规范和设计要求。

审查结论：　　　☑合格　　　　□不合格

监理单位名称：××建设监理有限公司　　(总)监理工程师(签字)：×××　　审查日期：2015 年×月×日

本表由施工单位填报，监理单位、施工单位各存一份。分项、分部工程不合格，应填写《不合格项处置记录》，分部工程应由总监理工程师签字。

第3章　室内排水系统

3.1　排水管道及配件安装

3.1.1　排水管道及配件安装资料列表

(1)施工技术资料

1)技术交底记录

①室内金属排水管道及配件安装技术交底记录

②室内非金属排水管道及配件安装技术交底记录

2)设计变更、工程洽商记录

(2)施工物资资料

1)管材、管件(塑料管、铸铁管、混凝土管、镀锌钢管及配套管件)的出厂合格证、检验报告

2)接口材料、防腐、保温材料的产品合格证等质量证明文件,其中,防火套管、阻火圈应有测试报告

3)材料、构配件进场检验记录

4)工程物资进场报验表

(3)施工记录

1)隐蔽工程验收记录

2)施工检查记录

(4)施工试验记录及检测报告

1)灌水试验记录

2)通水试验记录

3)通球试验记录

(5)施工质量验收记录

1)排水管道及配件安装检验批质量验收记录

2)室内排水管道及配件安装分项工程质量验收记录

3)分项/分部工程施工报验表

(6)住宅工程质量分户验收记录表

室内排水管道及配件安装质量分户验收记录表

3.1.2　排水管道及配件安装资料填写范例及说明

工程物资进场报验表				编　号	×××
工 程 名 称	××工程			日　期	2015 年×月×日

现报上关于＿室内排水系统＿工程的物资进场检验记录，该批物资经我方检验符合设计、规范及合约要求，请予以批准使用。

物资名称	主要规格	单　位	数　量	选样报审表编号	使用部位
机制铸铁排水管	*DN* 100、*DN* 50	m	160	/	1～3 层排水管道
地漏	××	个	××	/	1～3 层排水管道

附件：　名　称　　页　数　　编　号

1. ☑ 出厂合格证　＿×＿页　＿×××＿
2. ☑ 厂家质量检验报告　＿×＿页　＿×××＿
3. ☐ 厂家质量保证书　＿＿页　＿＿＿
4. ☐ 商检证　＿＿页　＿＿＿
5. ☐ 进场检验记录　＿＿页　＿＿＿
6. ☑ 进场复试报告　＿×＿页　＿×××＿
7. ☐ 备案情况　＿＿页　＿＿＿
8. ☐ 　＿＿页　＿＿＿

申报单位名称：××建设集团有限公司　　申报人(签字)：×××

施工单位检验意见：

报验的工程管材及配件的质量证明文件齐全，同意报项目监理部审批。

☑有 / ☐无 附页

施工单位名称：××建设集团有限公司　技术负责人(签字)：×××　审核日期：2015 年×月×日

验收意见：

1. 物资质量控制资料齐全、有效。
2. 材料试验合格。

审定结论：　☑同意　☐补报资料　☐重新检验　☐退场

监理单位名称：××建设监理有限公司　监理工程师(签字)：×××　验收日期：2015 年×月×日

本表由施工单位填报，建设单位、监理单位、施工单位各存一份。

<table>
<tr><td colspan="3">隐蔽工程验收记录</td><td>编　号</td><td>×××</td></tr>
<tr><td>工程名称</td><td colspan="4">××工程</td></tr>
<tr><td>隐检项目</td><td colspan="2">污水托吊立、支管</td><td>隐检日期</td><td>2015年×月×日</td></tr>
<tr><td>隐检部位</td><td colspan="4">1～3层　①～⑳/Ⓐ～Ⓗ　轴　0.300mm～8.700mm 标高</td></tr>
<tr><td colspan="5">隐检依据：施工图图号　设施4、设施6　，设计变更/洽商（编号　/　）及有关国家现行标准等。
主要材料名称及规格/型号：　排水铸铁管　DN 100～DN 50　。</td></tr>
<tr><td colspan="5">隐检内容：
检查污水托吊立、支管安装：各器具排水口尺寸、安装位置正确，立管采用法兰承口柔性连接，法兰螺栓为镀锌螺栓，支管采用普通铸铁管，捻口连接，水泥捻口饱满；立管与横支管连接采用TY三通，立管垂直度不大于2mm/m，支管坡度不小于25‰；地漏水封不小于50mm，立管根部设置地坪卡子；管道及支吊架进行防腐处理，有闭水试验记录。
隐检内容已做完，请予以检查。
申报人：×××</td></tr>
<tr><td colspan="5">检查意见：
经检查，污水立管、支管安装使用的材质、连接方式、安装位置、坡度、固定方式、管道及支吊架防腐以及闭水试验结果等符合设计要求和《建筑给水排水及采暖工程施工质量验收规范》(GB 50242—2002)的规定。地漏水封均大于50mm，标高正确。
检查结论：　☑同意隐蔽　　□不同意，修改后进行复查</td></tr>
<tr><td colspan="5">复查结论：
复查人：　　复查日期：</td></tr>
<tr><td rowspan="3">签字栏</td><td rowspan="2">建设（监理）单位</td><td>施工单位</td><td colspan="2">××机电工程有限公司</td></tr>
<tr><td>专业技术负责人</td><td>专业质检员</td><td>专业工长</td></tr>
<tr><td>×××</td><td>×××</td><td>×××</td><td>×××</td></tr>
</table>

本表由施工单位填写，建设单位、施工单位、城建档案馆各保存一份。

<table>
<tr><td colspan="2">隐蔽工程验收记录</td><td>编　　号</td><td>×××</td></tr>
<tr><td>工程名称</td><td colspan="3">××工程</td></tr>
<tr><td>预检项目</td><td>卫生间排水导、支管安装</td><td>隐检日期</td><td>2015 年×月×日</td></tr>
<tr><td>隐检部位</td><td colspan="3">地下一层　①～⑫/Ⓐ～Ⓖ轴线　－1.80m　标高</td></tr>
</table>

隐检依据：施工图图号（　设施 9　），设计变更/洽商（编号　/　）及有关国家现行标准等。

主要材料名称规格/型号：　灰口铸铁机制管　*DN*100、*DN*50　。

隐检内容：

1. 管道为灰口铸铁机制管，管径为 *DN*100、*DN*50，水泥捻口连接。
2. 地下埋设安装，标高为－1.80m，坡度为 15‰。
3. 管道外刷防锈漆一遍，沥青防腐两道。
4. 管道使用砖砌墩水泥固定，间距为 1.2m。
5. 卫生间地漏标高低于实际地面 5mm。
6. 灌水试验结果合格。

申报人：×××

检查意见：

经检查，排水导、支管安装符合设计要求及《建筑给水排水及采暖工程施工质量验收规范》（GB 50242—2002）的规定。

检查结论：　☑同意隐检　　☐不同意，修改后进行复查

复查意见：

复查人：　　　　复查日期：

<table>
<tr><td rowspan="3">签字栏</td><td rowspan="2">建设（监理）单位</td><td>施工单位</td><td colspan="2">××机电工程有限公司</td></tr>
<tr><td>专业技术负责人</td><td>专业质检员</td><td>专业工长</td></tr>
<tr><td>×××</td><td>×××</td><td>×××</td><td>×××</td></tr>
</table>

本表由施工单位填写，建设单位、施工单位、城建档案馆各保存一份。

<table>
<tr><td colspan="2">灌(满)水试验记录</td><td>编　号</td><td>×××</td></tr>
<tr><td>工程名称</td><td>××工程</td><td>试验日期</td><td>2015年×月×日</td></tr>
<tr><td>试验项目</td><td>室内排水系统</td><td>试验部位</td><td>10层污水立支管</td></tr>
<tr><td>材　质</td><td>机制铸铁排水管</td><td>规　格</td><td>D100、D50</td></tr>
<tr><td colspan="4">试验要求：
灌水高度以本层地面高度为标准。满水15min，液面下降后再灌满，延续5min，液面不下降，管道各连接处不渗不漏为合格。</td></tr>
<tr><td colspan="4">试验记录：
十层污水立支管灌水试验，用橡胶皮球封堵下一层立管检查口上部，灌水到本层地漏上边沿高度，满水后过15min进行检查，液面下降为5mm，然后再从地漏灌满水5min后检查，各液面均无下降，管道各连接处不渗不漏。</td></tr>
<tr><td colspan="4">试验结论：
经检查，试验符合设计要求和《建筑给水排水及采暖工程施工质量验收规范》(GB 50242—2002)的规定，合格。</td></tr>
</table>

<table>
<tr><td rowspan="3">签字栏</td><td rowspan="2">建设(监理)单位</td><td>施工单位</td><td colspan="2">××机电工程有限公司</td></tr>
<tr><td>专业技术负责人</td><td>专业质检员</td><td>专业工长</td></tr>
<tr><td>×××</td><td>×××</td><td>×××</td><td>×××</td></tr>
</table>

本表由施工单位填写并保存。

通水试验记录		编　　号	×××
工程名称	××工程	试验日期	2015 年×月×日
试验项目	室内排水系统	试验部位	1～9 层污水管道
通水压力(MPa)	0.3	通水流量(m^3/h)	50

试验系统简述：

本楼地上共 27 层，为了满足同时开放 1/3 配水点进行放水，分 3 次通水试验，本次记录的是 1～9 层通水试验。每层 8 个厨房，16 个卫生间。主卫生间设有坐便器、洗脸盆、浴盆，次卫生间设有坐便器、洗脸盆，厨房设有洗菜盆和洗衣机排水口，卫生间和厨房污水立管均为 $D100$，设专用透气立管。1～4 层为市政自来水直接供给，5 层以上为变频泵加压供水。

试验记录：

通水试验从 8:30 开始。按每个污水导管出户所对应的立管进行通水试验，然后开卫生间和厨房，1～9层同时从卫生器具排水。检查各管道排水情况，均畅通无堵塞，能及时排到室外污水检查井，管道及各接口无渗漏现象。至 11:30 结束。

试验结论：

经检查，1～9 层污水管道通水试验符合设计要求和《建筑给水排水及采暖工程施工质量验收规范》(GB 50242—2002)的规定，合格。

签字栏	建设(监理)单位	施工单位	××机电工程有限公司	
		专业技术负责人	专业质检员	专业工长
	×××	×××	×××	×××

本表由施工单位填写并保存。

<table>
<tr><td colspan="2">通球试验记录</td><td>编 号</td><td>×××</td></tr>
<tr><td>工程名称</td><td>××工程</td><td>试验日期</td><td>2015年×月×日</td></tr>
<tr><td>试验项目</td><td>室内排水系统</td><td>试验部位</td><td>4/P排导管</td></tr>
<tr><td>管径(mm)</td><td>DN 150</td><td>球径(mm)</td><td>100</td></tr>
<tr><td colspan="4">试验要求：
从导管端头检查口把管径不小于2/3管内径的塑料球放入管内，向系统内灌水，将球从室外检查井内排出，为合格。</td></tr>
<tr><td colspan="4">试验记录：
将塑料球放入4/P排水导管起始端的检查口内，同时从一层立管检查口灌水冲洗，用隔栅网封住检查井排水导管的出口，接到球后放入第二个，试验重复三次，均畅通无阻。</td></tr>
<tr><td colspan="4">试验结论：
经检查，试验符合设计要求和《建筑给水排水及采暖工程施工质量验收规范》(GB 50242—2002)规定，合格。</td></tr>
</table>

<table>
<tr><td rowspan="3">签字栏</td><td rowspan="2">建设(监理)单位</td><td>施工单位</td><td colspan="2">××机电工程有限公司</td></tr>
<tr><td>专业技术负责人</td><td>专业质检员</td><td>专业工长</td></tr>
<tr><td>×××</td><td>×××</td><td>×××</td><td>×××</td></tr>
</table>

本表由施工单位填写，建设单位、施工单位各保存一份。

<table>
<tr><td colspan="2">通球试验记录</td><td>编　　号</td><td colspan="2">×××</td></tr>
<tr><td>工程名称</td><td>××工程</td><td>试验日期</td><td colspan="2">2015 年×月×日</td></tr>
<tr><td>试验项目</td><td>室内排水系统</td><td>试验部位</td><td colspan="2">8# 污水立管</td></tr>
<tr><td>管径(mm)</td><td>DN 150</td><td>球径(mm)</td><td colspan="2">100</td></tr>
<tr><td colspan="5">试验要求：
从立管最上部屋顶透气帽把管径不小于 2/3 管内径球径的塑料球放入立管内，向系统内灌水，将球从室外检查井内排出，为合格。</td></tr>
<tr><td colspan="5">试验记录：
8# 污水立管经横干管均汇总到 4/P 号排水出户，从 9:45 开始分别打开立管屋面透气帽，依次隔 5min 放入编号的塑料球 3 只，在首层检查口处接到球后放入第二个，同时往立管内灌水冲洗，对应 4/P 号排水出户的室外污水检查井，用隔栅网封住检查口出口，至 10:00，3 只球分别被冲入检查井，8# 污水立管及所对应的污水导管均畅通无阻。</td></tr>
<tr><td colspan="5">试验结论：
经检查，试验符合设计要求和《建筑给水排水及采暖工程施工质量验收规范》(GB 50242—2002)规定，合格。</td></tr>
<tr><td rowspan="3">签字栏</td><td rowspan="2">建设(监理)单位</td><td>施工单位</td><td colspan="2">××机电工程公司</td></tr>
<tr><td>专业技术负责人</td><td>专业质检员</td><td>专业工长</td></tr>
<tr><td>×××</td><td>×××</td><td>×××</td><td>×××</td></tr>
</table>

本表由施工单位填写，建设单位、施工单位各保存一份。

通球试验记录填写说明

【相关规定及要求】

1. 排水水平干管、主立管应进行100%通球试验，并做记录。

2. 通球试验后必须填写《通球试验记录》。凡需进行通球试验而未进行试验的，该分项工程为不合格。

3. 通球试验应在室内排水及卫生器具等安装全部完毕，通水检查合格后进行。

4. 管道试球直径应不小于排水管道管径的2/3，应采用体轻、易击碎的空心球体进行，通球率必须达到100%。

5. 主要试验方法：

(1) 排水立管应自立管顶部将试球投入，在立管底部引出管的出口处进行检查，通水将试球从出口冲出。

(2) 横干管及引出管应将试球在检查管管段的始端投入，通水冲至引出管末端排出。室外检查井(结合井)处需加临时网罩，以便将试球截住取出。

6. 通球试验以试球通畅无阻为合格。若试球不通的，要及时清理管道的堵塞物并重新试验，直到合格为止。

排水管道及配件安装检验批质量验收记录

05020101 001

单位（子单位）工程名称	××大厦	分部（子分部）工程名称	建筑给水排水及供暖/室内排水系统	分项工程名称	排水管道及配件
施工单位	××建筑有限公司	项目负责人	赵斌	检验批容量	48m
分包单位	/	分包单位项目负责人	/	检验批部位	1～3 层排水管道
施工依据	室内管道安装施工方案		验收依据	《建筑给排水及采暖工程施工质量验收规范》GB50242-2002	

	序号	验收项目				设计要求及规范规定	最小/实际抽样数量	检查记录	检查结果
主控项目	1	排水管道灌水试验				第 5.2.1 条	/	试验合格，报告编号××××	√
	2	生活污水铸铁管坡度				第 5.2.2 条	全/10	检查 10 处，合格 10 处	√
	3	生活污水塑料管坡度				第 5.2.3 条	/	/	
	4	排水塑料管安装伸缩节				设计要求	/	/	
	5	排水主立管及水平干管通球试验				第 5.2.5 条	/	试验合格，报告编号××××	√
一般项目	1	生活污水管道上设检查口和清扫口				第 5.2.6 条	全/2	检查 2 处，合格 2 处	100%
	2	地下或地板下排水管道的检查口				第 5.2.7 条	全/1	检查 1 处，合格 1 处	100%
	3	金属管支、吊架安装				第 5.2.8 条	全/3	检查 3 处，合格 3 处	100%
	4	塑料管支、吊架安装				第 5.2.9 条	/	/	
	5	排水通气管安装				第 5.2.10 条	/	/	
	6	医院污水需消毒处理				第 5.2.11 条	/	/	
	7	饮食业工艺排水				第 5.2.12 条	/	/	
	8	通向室外排水管安装				第 5.2.13 条	/	/	
	9	室内向室外排水检查井的管道安装				第 5.2.14 条	/	/	
	10	室内排水管道连接				第 5.2.15 条	/	/	
	11	排水管安装允许偏差	坐标			15mm	全/19	检查 19 处，合格 19 处	100%
			标高			±15mm	全/19	检查 19 处，合格 19 处	100%
			横管纵横方向弯曲	铸铁管	每 1m	≯1mm	全/19	检查 19 处，合格 19 处	100%
					全长(25m 以上)	≯25mm	/	/	
				钢管	每 1m 管径≤100mm	1mm	/	/	
					每 1m 管径＞100mm	1.5mm	/	/	
					全长25m以上 管径≤100mm	≯25mm	/	/	
					全长25m以上 管径＞100mm	≯38mm	/	/	
				塑料管	每 1m	1.5mm	/	/	
					全长(25m 以上)	≯38mm	/	/	
				钢筋混凝土管	每 1m	3mm	/	/	
					全长(25m 以上)	≯75mm	/	/	
			立管垂直度	铸铁管	每 1m	3mm	全/10	检查 10 处，合格 9 处	90%
					全长(25m 以上)	≯15mm	/	/	
				钢管	每 1m	3mm	/	/	
					全长(25m 以上)	≯10mm	/	/	
				塑料管	每 1m	3mm	/	/	
					全长(25m 以上)	≯15mm	/	/	

施工单位检查结果	符合要求 专业工长：[signature] 项目专业质量检查员：[signature] 2015 年××月××日
监理单位验收结论	合格 专业监理工程师：[signature] 2015 年××月××日

排水管道及配件安装检验批质量验收记录填写说明

1. 填写依据

(1)《建筑给水排水及采暖工程质量验收规范》GB 50242－2002。

(2)《建筑工程施工质量验收统一标准》GB 50300－2013。

2. 规范摘要

以下内容摘自《建筑给水排水及采暖工程质量验收规范》GB 50242－2002。

主控项目

(1)隐蔽或埋地的排水管道在隐蔽前必须做灌水试验,其灌水高度应不低于底层卫生器具的上边缘或底层地面高度。

检验方法:满水 15min 水面下降后,再灌满观察 5min,液面不降,管道及接口无渗漏为合格。

(2)生活污水铸铁管道的坡度必须符合设计或表 3-1 的规定。

表 3-1　　生活污水铸铁管道的坡度

项次	管径(mm)	标准坡度(‰)	最小坡度(‰)
1	50	35	25
2	75	25	15
3	100	20	12
4	125	15	10
5	150	10	7
6	200	8	5

检验方法:水平尺、拉线尺量检查。

(3)生活污水塑料管道的坡度必须符合设计或表 3-2 的规定。

表 3-2　　生活污水塑料管道的坡度

项次	管径(mm)	标准坡度(‰)	最小坡度(‰)
1	50	25	12
2	75	15	8
3	100	12	6
4	125	10	5
5	160	7	4

检验方法:水平尺、拉线尺量检查。

(4)排水塑料管必须按设计要求及位置装设伸缩节。如设计无要求时,伸缩节间距不得大于 4m。

高层建筑中明设排水塑料管道应按设计要求设置阻火圈或防火套管。

检验方法:观察检查。

(5)排水主立管及水平干管管道均应做通球试验，通球球径不小于排水管道管径的 2/3，通球率必须达到 100％。

检查方法：通球检查。

一般项目

(1)在生活污水管道上设置的检查口或清扫口，当设计无要求时应符合下列规定：

1)在立管上应每隔一层设置一个检查口，但在最底层和有卫生器具的最高层必须设置。如为两层建筑时，可仅在底层设置立管检查口；如有乙字弯管时，则在该层乙字弯管的上部设置检查口。检查口中心高度距操作地面一般为 1m，允许偏差±20mm；检查口的朝向应便于检修。暗装立管，在检查口处应安装检修门。

2)在连接 2 个及 2 个以上大便器或 3 个及 3 个以上卫生器具的污水横管上应设置清扫口。当污水管在楼板下悬吊敷设时，可将清扫口设在上一层楼地面上，污水管起点的清扫口与管道相垂直的墙面距离不得小于 200mm；若污水管起点设置堵头代替清扫口时，与墙面距离不得小于 400mm。

3)在转角小于 135°的污水横管上，应设置检查口或清扫口。

4)污水横管的直线管段，应按设计要求的距离设置检查口或清扫口。

检验方法：观察和尺量检查。

(2)埋在地下或地板下的排水管道的检查口，应设在检查井内。井底表面标高与检查口的法兰相平，井底表面应有 5％坡度，坡向检查口。

检验方法：尺量检查。

(3)金属排水管道上的吊钩或卡箍应固定在承重结构上。固定件间距：横管不大于 2m；立管不大于 3m。楼层高度小于或等于 4m，立管可安装 1 个固定件。立管底部的弯管处应设支墩或采取固定措施。

检验方法：观察和尺量检查。

(4)排水塑料管道支、吊架间距应符合表 3-3 的规定。

表 3-3　排水塑料管道支吊架最大间距(单位：m)

管径(mm)	50	75	110	125	160
立管	1.2	1.5	2.0	2.0	2.0
横管	0.5	0.75	1.10	1.30	1.6

检验方法：尺量检查。

(5)排水通气管不得与风道或烟道连接，且应符合下列规定：

1)通气管应高出屋面 300 mm，但必须大于最大积雪厚度。

2)在通气管出口 4m 以内有门、窗时，通气管应高出门、窗顶 600mm 或引向无门、窗一侧。

3)在经常有人停留的平屋顶上，通气管应高出屋面 2m，并应根据防雷要求设置防雷装置。

4)屋顶有隔热层应从隔热层板面算起。

检验方法：观察和尺量检查。

(6)安装未经消毒处理的医院含菌污水管道，不得与其他排水管道直接连接。

检验方法：观察检查。

(7)饮食业工艺设备引出的排水管及饮用水水箱的溢流管，不得与污水管道直接连接，并应留出不小于100mm的隔断空间。

检验方法:观察和尺量检查。

(8)通向室外的排水管,穿过墙壁或基础必须下返时,应采用45°三通和45°弯头连接,并应在垂直管段顶部设置清扫口。

检验方法:观察和尺量检查。

(9)由室内通向室外排水检查井的排水管,井内引入管应高于排出管或两管顶相平,并有不小于90°的水流转角,如跌落差大于300 mm可不受角度限制。

检验方法:观察和尺量检查。

(10)用于室内排水的水平管道与水平管道、水平管道与立管的连接,应采用45°三通或45°四通和90°斜三通或90°斜四通。立管与排出管端部的连接,应采用两个45°弯头或曲率半径不小于4倍管径的90°弯头。

检验方法:观察和尺量检查。

(11)室内排水管道安装的允许偏差应符合表3-4的相关规定。

表3-4　室内排水和雨水管道安装的允许偏差和检验方法

<table>
<tr><th>项次</th><th colspan="4">项目</th><th>允许偏差(mm)</th><th>检验方法</th></tr>
<tr><td>1</td><td colspan="4">坐标</td><td>15</td><td rowspan="12">用水准仪(水平尺)、有尺、拉线和尺量检查</td></tr>
<tr><td>2</td><td colspan="4">标高</td><td>±15</td></tr>
<tr><td rowspan="10">3</td><td rowspan="10">横管纵横方向弯曲</td><td rowspan="2">铸铁管</td><td colspan="2">每1m</td><td>≯1</td></tr>
<tr><td colspan="2">全长(25m以上)</td><td>≯25</td></tr>
<tr><td rowspan="4">钢管</td><td rowspan="2">每1m</td><td>管径小于或等于100mm</td><td>1</td></tr>
<tr><td>管径大于100mm</td><td>1.5</td></tr>
<tr><td rowspan="2">全长(25m以上)</td><td>管径小于或等于100mm</td><td>≯25</td></tr>
<tr><td>管径大于100mm</td><td>≯308</td></tr>
<tr><td rowspan="2">塑料管</td><td colspan="2">每1m</td><td>1.5</td></tr>
<tr><td colspan="2">全长(25m以上)</td><td>≯38</td></tr>
<tr><td rowspan="2">钢肋混凝土管、混凝土管</td><td colspan="2">每1m</td><td>3</td></tr>
<tr><td colspan="2">全长(25m以上)</td><td>≯75</td></tr>
<tr><td rowspan="6">4</td><td rowspan="6">立管垂直度</td><td rowspan="2">铸铁管</td><td colspan="2">每1m</td><td>3</td><td rowspan="6">吊线和尺量检查</td></tr>
<tr><td colspan="2">全长(5m以上)</td><td>≯15</td></tr>
<tr><td rowspan="2">钢管</td><td colspan="2">每1m</td><td>3</td></tr>
<tr><td colspan="2">全长(5m以上)</td><td>≯10</td></tr>
<tr><td rowspan="2">塑料管</td><td colspan="2">每1m</td><td>3</td></tr>
<tr><td colspan="2">全长(5m以上)</td><td>≯15</td></tr>
</table>

室内排水管道及配件安装 分项工程质量验收记录

<table>
<tr><td colspan="2">单位(子单位)工程名称</td><td colspan="2">××工程</td><td>结构类型</td><td>框架剪力墙</td></tr>
<tr><td colspan="2">分部(子分部)工程名称</td><td colspan="2">室内排水系统</td><td>检验批数</td><td>13</td></tr>
<tr><td>施工单位</td><td colspan="3">××建设工程有限公司</td><td>项目经理</td><td>×××</td></tr>
<tr><td>分包单位</td><td colspan="3">××机电工程有限公司</td><td>分包项目经理</td><td>×××</td></tr>
<tr><td>序号</td><td colspan="2">检验批名称及部位、区段</td><td>施工单位检查评定结果</td><td colspan="2">监理(建设)单位验收结论</td></tr>
<tr><td>1</td><td colspan="2">地下一层卫生间排水导、支管</td><td>√</td><td colspan="2" rowspan="13">验收合格</td></tr>
<tr><td>2</td><td colspan="2">地下夹层卫生间排水导、支管</td><td>√</td></tr>
<tr><td>3</td><td colspan="2">一层卫生间排水导、支管</td><td>√</td></tr>
<tr><td>4</td><td colspan="2">二层卫生间排水导、支管</td><td>√</td></tr>
<tr><td>5</td><td colspan="2">三层卫生间排水导、支管</td><td>√</td></tr>
<tr><td>6</td><td colspan="2">四层卫生间排水导、支管</td><td>√</td></tr>
<tr><td>7</td><td colspan="2">五层卫生间排水导、支管</td><td>√</td></tr>
<tr><td>8</td><td colspan="2">六层卫生间排水导、支管</td><td>√</td></tr>
<tr><td>9</td><td colspan="2">七、八层卫生间排水导、支管</td><td>√</td></tr>
<tr><td>10</td><td colspan="2">九、十层卫生间排水导、支管</td><td>√</td></tr>
<tr><td>11</td><td colspan="2">十一～十二层卫生间排水导、支管</td><td>√</td></tr>
<tr><td>12</td><td colspan="2">十四、十五层卫生间排水导、支管</td><td>√</td></tr>
<tr><td>13</td><td colspan="2">十八层卫生间排水导、支管</td><td>√</td></tr>
<tr><td colspan="6">说明：</td></tr>
<tr><td>检查结论</td><td colspan="2">地下一层至十八层室内排水管道及配件安装符合《建筑给水排水及采暖工程施工质量验收规范》(GB 50242－2002)的要求，室内排水管道及配件安装分项工程合格。
项目专业技术负责人：×××
2015 年×月×日</td><td>验收结论</td><td colspan="2">同意施工单位检查结论，验收合格。
监理工程师：×××
(建设单位项目专业技术负责人)
2015 年×月×日</td></tr>
</table>

注：地基基础、主体结构工程的分项工程质量验收不填写“分包单位”、“分包项目经理”。

室内排水管道及配件安装质量分户验收记录表

单位工程名称	××住宅楼	结构类型	框架剪力墙	层数	地下1层　地上12层
验收部位(房号)	1单元601室	户型	三室二厅一卫	检查日期	2015年×月×日
建设单位	××房地产开发有限公司	参检人员姓名	×××	职务	建设单位代表
总包单位	××建设工程有限公司	参检人员姓名	×××	职务	质量检查员
分包单位	××机电工程有限公司	参检人员姓名	×××	职务	质量检查员
监理单位	××建设监理有限公司	参检人员姓名	×××	职务	给排水监理工程师
施工执行标准名称及编号	建筑给水排水及采暖工程施工工艺标准(QB ×××－2005)				

施工质量验收规范的规定(GB 50242－2002)							施工单位检查评定记录	监理(建设)单位验收记录
主控项目	1	排水管道灌水试验				第5.2.1条	/	/
	2	生活污水铸铁管,塑料管坡度				第5.2.2、5.2.3条	抽查3处,均大于最小坡度值	合格
	3	排水塑料管安装伸缩节				第5.2.4条	伸缩节安装位置、数量符合设计要求	合格
	4	排水立管及水平干管通球试验				第5.2.5条	/	/
一般项目	1	生活污水管道上设检查口和清扫口				第5.2.6、5.2.7条	检查口的设置符合规范要求	合格
	2	金属和塑料管支、吊架安装				第5.2.8、5.2.9条	支吊架安装位置、构造合理符合要求	合格
	3	排水通气管安装				第5.2.10条	/	/
	4	医院污水和饮食业工艺排水				第5.2.11、5.2.12条	/	合格
	5	室内排水管道安装				第5.2.13、5.2.14、5.2.15条	管道安装拐弯以及采用的管件符合规范要求	合格
	6	排水管安装允许偏差(mm)	坐标			15	9 8 7 11 12 14	合格
			标高			±15	9 -4 -7 -3 -2 6	合格
			横管纵横方向弯曲	铸铁管	每1m	15		
					全长(25m)以上	±15		
				钢管	每1m 管径小于或等于100mm	≯1		
						≯25		
					每1m 管径大于100mm	1		
					全长(25m)以上 管径小于或等于100mm	1.5	1 0 1 1	合格
					全长(25m)以上 管径大于100mm	≯25		
				塑料管	每1m	≯38		
					全长(25m)以上	1.5		
				钢筋砼管、砼管	每1m	≯38		
					全长(25m)以上	3	2 1 2 2	合格
						≯75		
			立管垂直度	铸铁管	每1m	3		
					全长(25m)以上	≯15		
				钢管	每1m	3		
					全长(25m)以上	≯10		
				塑料管	每1m	3		
					全长(25m)以上	≯15		

复查记录	监理工程师(签章):　　年　月　日 建设单位专业技术负责人(签章):　　年　月　日
施工单位检查评定结果	经检查,主控项目、一般项目均符合设计和《建筑给水排水及采暖工程施工质量验收规范》(GB 50242－2002)的规定。 总包单位质量检查员(签章):×××　2015年×月×日 分包单位质量检查员(签章):×××　2015年×月×日
监理单位验收结论	验收合格。 监理工程师(签章):×××　2015年×月×日
建设单位验收结论	验收合格。 建设单位专业技术负责人(签章):×××　2015年×月×日

3.2　雨水管道及配件安装

3.2.1　雨水管道及配件安装资料列表

(1)施工技术资料

1)技术交底记录

①室内金属雨水管道及配件安装技术交底记录

②室内非金属雨水管道及配件安装技术交底记录

2)设计变更、工程洽商记录

(2)施工物资资料

1)管材、管件(塑料管、铸铁管、钢管及配套管件)的出厂合格证、检验报告

2)接口材料、防腐、保温材料的产品合格证等质量证明文件

3)材料、构配件进场检验记录

4)工程物资进场报验表

(3)施工记录

1)隐蔽工程验收记录

2)施工检查记录

(4)施工试验记录及检测报告

1)灌水试验记录

2)通水试验记录

(5)施工质量验收记录

1)雨水管道及配件安装检验批质量验收记录

2)室内雨水管道及配件安装分项工程质量验收记录

3)分项/分部工程施工报验表

(6)住宅工程质量分户验收记录表

雨水管道及配件安装质量分户验收记录表

3.2.2　雨水管道及配件安装资料填写范例及说明

<table>
<tr><td colspan="2">隐蔽工程验收记录</td><td>编　号</td><td>×××</td></tr>
<tr><td>工程名称</td><td colspan="3">××工程</td></tr>
<tr><td>隐检项目</td><td>室内排水系统(雨水干管)</td><td>隐检日期</td><td>2015年×月×日</td></tr>
<tr><td>隐检部位</td><td colspan="3">地下一层　⑯～㉔/Ⓑ～Ⓕ轴线　－3.540～0.640m标高</td></tr>
<tr><td colspan="4">隐检依据:施工图图号　水施8　,设计变更/洽商(编号　/　)及有关国家现行标准等。
主要材料名称及规格/型号:　铸铁管　DN150</td></tr>
<tr><td colspan="4">隐检内容:
1. 管材的规格、质量、安装位置准确,管道的固定牢固。
2. 管道及管道支座下的土质情况。
3. 检查雨水管道的坡度,接口结构和所用填料符合设计和规范要求。
4. 管道支(吊、托)架及管座(墩)构造正确,埋设平正牢固,排列整齐,支架与管道接触紧密。
5. 管道漆膜厚度均匀,色泽一致,无流淌及污染现象。
申报人:×××</td></tr>
<tr><td colspan="4">检查意见:
经检查,上述项目均符合设计要求及《建筑给水排水及采暖工程施工质量验收规范》(GB 50242—2002)的规定。
检查结论:　☑同意隐蔽　□不同意,修改后进行复查</td></tr>
<tr><td colspan="4">复查结论:
复查人:　　　　复查日期:</td></tr>
</table>

<table>
<tr><td rowspan="3">签字栏</td><td rowspan="2">建设(监理)单位</td><td>施工单位</td><td colspan="2">××机电工程有限公司</td></tr>
<tr><td>专业技术负责人</td><td>专业质检员</td><td>专业工长</td></tr>
<tr><td>×××</td><td>×××</td><td>×××</td><td>×××</td></tr>
</table>

本表由施工单位填写,建设单位、施工单位、城建档案馆各保存一份。

<table>
<tr><td colspan="2">灌(满)水试验记录</td><td>编　号</td><td>×××</td></tr>
<tr><td>工程名称</td><td>××工程</td><td>试验日期</td><td>2015 年×月×日</td></tr>
<tr><td>试验项目</td><td>室内排水系统</td><td>试验部位</td><td>Y_1～Y_6 雨水立管</td></tr>
<tr><td>材　质</td><td>钢　管</td><td>规　格</td><td>DN 100</td></tr>
<tr><td colspan="4">试验要求：
灌水至立管上部雨水斗处，灌水时间 1h 后，管道及接口不渗不漏。</td></tr>
<tr><td colspan="4">试验记录：
用盲板分别封堵 Y_1～Y_6 雨水地下管出口，从屋面收水口处向各管内注水，30min 后水满停止灌水，2h 后对各封堵口及管道接口进行检查，Y_1～Y_6 地下管出口及各接口均无渗漏现象。</td></tr>
<tr><td colspan="4">试验结论：
Y_1～Y_6 雨水管灌水试验符合设计要求和《建筑给水排水及采暖工程施工质量验收规范》(GB 50242—2002)的规定。</td></tr>
</table>

<table>
<tr><td rowspan="3">签字栏</td><td rowspan="2">建设(监理)单位</td><td>施工单位</td><td colspan="2">××机电工程有限公司</td></tr>
<tr><td>专业技术负责人</td><td>专业质检员</td><td>专业工长</td></tr>
<tr><td>×××</td><td>×××</td><td>×××</td><td>×××</td></tr>
</table>

本表由施工单位填写并保存。

<table>
<tr><td colspan="4">灌(满)水试验记录</td><td>编　　号</td><td colspan="2">×××</td></tr>
<tr><td colspan="2">工程名称</td><td colspan="2">××工程</td><td>试验日期</td><td colspan="2">2015 年×月×日</td></tr>
<tr><td colspan="2">试验项目</td><td colspan="2">室内排水系统</td><td>试验部位</td><td colspan="2">1～4 号雨水立管</td></tr>
<tr><td colspan="2">材　　质</td><td colspan="2">铸铁管</td><td>规　　格</td><td colspan="2">DN 150～DN 100</td></tr>
<tr><td colspan="7">试验要求：

灌水高度为雨水排出口至屋面。从屋面灌水直至满水，持续时间为 1h，管道及接口不渗不漏为合格。</td></tr>
<tr><td colspan="7">试验记录：

用盲板堵分别封堵各雨水排水口弯头处，封闭好导管上的检查口。上午 9：00 开始从屋面各雨水排水口往下灌水，15min 后水满停止灌水。持续检查各封堵口以及检查口、各管道接口，至 10：15 满水 1h，1～4 号雨水排水管道以及各接口均无渗漏现象。</td></tr>
<tr><td colspan="7">试验结论：

1～4 号雨水排水系统灌水试验符合设计要求和《建筑给水排水及采暖工程施工质量验收规范》(GB 50242－2002)的规定，合格。</td></tr>
<tr><td rowspan="3">签
字
栏</td><td colspan="2" rowspan="2">建设(监理)单位</td><td>施工单位</td><td colspan="3">××机电工程有限公司</td></tr>
<tr><td>专业技术负责人</td><td colspan="2">专业质检员</td><td>专业工长</td></tr>
<tr><td colspan="2">×××</td><td>×××</td><td colspan="2">×××</td><td>×××</td></tr>
</table>

本表由施工单位填写并保存。

雨水管道及配件安装检验批质量验收记录

05020201 001

单位（子单位）工程名称	××大厦	分部（子分部）工程名称	建筑给水排水及供暖/室内排水系统	分项工程名称	雨水管道及配件安装
施工单位	××建筑有限公司	项目负责人	赵斌	检验批容量	300m
分包单位	/	分包单位项目负责人	/	检验批部位	2～4 层雨水管道
施工依据	室内管道安装施工方案		验收依据	《建筑给排水及采暖工程施工质量验收规范》GB50242-2002	

		验收项目				设计要求及规范规定	最小/实际抽样数量	检查记录	检查结果
主控项目	1	室内雨水管道灌水试验				第 5.3.1 条	/	/	
	2	塑料雨水管安装伸缩节				第 5.3.2 条	10/10	检查 10 处，合格 10 处	√
	3	地下埋设雨水管道最小坡度				第 5.3.3 条	/	/	
一般项目	1	雨水管不得与生活污水管相连接				第 5.3.4 条	10/10	检查 10 处，合格 10 处	100%
	2	雨水斗安装				第 5.3.5 条	/	/	
	3	悬吊式雨水管道检查口间距	管径≤150			≯15m	/	/	
			管径≥200			≯20m	/	/	
	4	排水管安装允许偏差	坐标			15mm	/	/	
			标高			±15mm	/	/	
			横管纵横方向弯曲	铸铁管	每 1m	≯1mm	/	/	
					全长(25m 以上)	≯25mm	/	/	
				钢管	每 1m　管径≤100mm	1mm	/	/	
					每 1m　管径＞100mm	1.5mm	/	/	
					全长 25m 以上　管径≤100mm	≯25mm	/	/	
					全长 25m 以上　管径＞100mm	≯38mm	/	/	
				塑料管	每 1m	1.5mm	/	/	
					全长(25m 以上)	≯38mm	/	/	
				钢筋混凝土管	每 1m	3mm	/	/	
					全长(25m 以上)	≯75mm	/	/	
			立管垂直度	铸铁管	每 1m	3mm	/	/	
					全长(25m 以上)	≯15mm	/	/	
				钢管	每 1m	3mm	/	/	
					全长(25m 以上)	≯10mm	/	/	
				塑料管	每 1m	3mm	10/10	检查 10 处，合格 10 处	100%
					全长(25m 以上)	≯15mm	10/10	检查 10 处，合格 10 处	100%
	5	焊缝允许偏差	焊口平直度	管壁厚 10mm 以内		管壁厚 1/4	/	/	
			焊缝加强面	高度		+1mm	/	/	
				宽度			/	/	
			咬边	深度		小于 0.5mm	/	/	
				长度	连续长度	25mm	/	/	
					总长度(两侧)	小于焊缝长度的 10%	/	/	

施工单位检查结果	符合要求 专业工长：刘大力 项目专业质量检查员：[illegible] 2015 年××月××日
监理单位验收结论	合格 专业监理工程师：洪金[illegible] 2015 年××月××日

雨水管道及配件安装检验批质量验收记录填写说明

1. 填写依据

(1)《建筑给水排水及采暖工程质量验收规范》GB 50242－2002。

(2)《建筑工程施工质量验收统一标准》GB 50300－2013。

2. 规范摘要

以下内容摘自《建筑给水排水及采暖工程质量验收规范》GB 50242－2002。

主控项目

(1)安装在室内的雨水管道安装后应做灌水试验,灌水高度必须到每根立管上部的雨水斗。

检验方法:灌水试验持续1h,不渗不漏。

(2)雨水管道如采用塑料管,其伸缩节安装应符合设计要求。

检验方法:对照图纸检查。

(3)悬吊式雨水管道的敷设坡度不得小于5‰;埋地雨水管道的最小坡度,应符合表3-5的规定。

表3-5　　地下埋设雨水排水管道的最小坡度

项次	管径(mm)	最小坡度(‰)
1	50	20
2	75	15
3	100	8
4	125	6
5	150	5
6	200～400	4

检验方法:水平尺、拉线尺量检查。

一般项目

(1)雨水管道不得与生活污水管道相连接。

检验方法:观察检查。

(2)雨水斗管的连接应固定在屋面承重结构上。雨水斗边缘与屋面相连处应严密不漏。连接管管径当设计无要求时,不得小于100mm。

检验方法:观察和尺量检查。

(3)悬吊式雨水管道的检查口或带法兰堵口的三通的间距不得大于表3-6的规定。

表3-6　　悬吊管检查口间距

项次	悬吊管直径(mm)	检查口间距(m)
1	≤150	≯15
2	≥200	≯20

检验方法:拉线、尺量检查。

(4)雨水管道安装的允许偏差应符合《建筑给水排水及采暖工程质量验收规范》GB 50242—2002 表 5.2.16 的规定。

(5)雨水钢管管道焊接的焊口允许偏差应符合表 3-7 的规定。

表 3-7　　钢管管道焊口允许偏差和检验方法

<table>
<tr><th>项次</th><th colspan="3">项目</th><th>允许偏差</th><th>检验方法</th></tr>
<tr><td>1</td><td>焊口平直度</td><td colspan="2">管壁厚 10mm 以内</td><td>管壁厚 1/4</td><td rowspan="3">焊接检验尺
和游标卡尺检查</td></tr>
<tr><td rowspan="2">2</td><td rowspan="2">焊缝加强面</td><td colspan="2">高度</td><td rowspan="2">+1mm</td></tr>
<tr><td colspan="2">宽度</td></tr>
<tr><td rowspan="3">3</td><td rowspan="3">咬边</td><td colspan="2">深度</td><td>小于 0.5mm</td><td rowspan="3">直尺检查</td></tr>
<tr><td rowspan="2">长度</td><td>连续长度</td><td>25mm</td></tr>
<tr><td>总长度(两侧)</td><td>小于焊缝长度的 10%</td></tr>
</table>

室内雨水管道及配件安装　分项工程质量验收记录

单位(子单位)工程名称	××工程	结构类型	框架剪力墙
分部(子分部)工程名称	室内排水系统	检验批数	5
施工单位	××建设工程有限公司	项目经理	×××
分包单位	××机电工程有限公司	分包项目经理	×××

序号	检验批名称及部位、区段	施工单位检查评定结果	监理(建设)单位验收结论
1	YL_1 雨水立支管	√	验收合格
2	YL_2 雨水立支管	√	
3	YL_3 雨水立支管	√	
4	YL_4 雨水立支管	√	
5	YL_5 雨水立支管	√	
说明：			

检查结论	验收结论
YL_1～YL_5 雨水立支管室内排水管道及配件安装符合《建筑给水排水及采暖工程施工质量验收规范》(GB 50242－2002)的要求，室内排水管道及配件安装分项工程合格。 项目专业技术负责人：××× 2015年×月×日	同意施工单位检查结论，验收合格。 监理工程师：××× (建设单位项目专业技术负责人) 2015年×月×日

注：地基基础、主体结构工程的分项工程质量验收不填写“分包单位”、“分包项目经理”。

第4章　室内热水系统

4.1　管道及配件安装

4.1.1　管道及配件安装资料列表

(1)施工技术资料

1)室内热水管道及配件安装技术交底记录

2)设计变更、工程洽商记录

(2)施工物资资料

1)主材(管材、管件、阀门等)产品质量合格证和材质检测报告

2)辅材(型钢、圆钢、电气焊条等)产品合格证、检测报告、材质证明书

3)材料、构配件进场检验记录

4)工程物资进场报验表

(3)施工记录

1)隐蔽工程验收记录

2)施工检查记录

(4)施工试验记录及检测报告

1)强度严密性试验记录

2)通水试验记录

3)冲(吹)洗试验记录

4)补偿器安装记录

5)安全阀调试记录

(5)施工质量验收记录

1)室内热水系统管道及配件安装检验批质量验收记录

2)室内热水系统管道及配件安装分项工程质量验收记录

3)分项/分部工程施工报验表

(6)住宅工程质量分户验收记录表

室内热水系统管道及配件安装质量分户验收记录表

4.1.2　管道及配件安装资料填写范例及说明

工程物资进场报验表		编　号	×××
工 程 名 称	××工程	日　期	2015 年×月×日

现报上关于　室内热水供应系统　工程的物资进场检验记录，该批物资经我方检验符合设计、规范及合约要求，请予以批准使用。

物资名称	主要规格	单　位	数　量	选样报审表编号	使用部位
镀锌碳素钢管	DN 100	m	××	/	地下热水供应管道
铝塑复合管	D_e 50～D_e 32	m	××	/	1～4 层热水供应管道

附件：

	名　称	页　数	编　号
1. ☑	出厂合格证	×　页	×××
2. ☑	厂家质量检验报告	×　页	×××
3. ☐	厂家质量保证书	页	
4. ☐	商检证	页	
5. ☑	进场检验记录	1　页	×××
6. ☐	进场复试报告	页	
7. ☐	备案情况	页	
8. ☐		页	

申报单位名称：××机电工程有限公司　　　申报人(签字)：×××

施工单位检验意见：

报验的工程材料的质量证明文件齐全，同意报项目监理部审批。

☑有 / ☐无 附页

施工单位名称：××建设集团有限公司　技术负责人(签字)：×××　审核日期：2015 年×月×日

验收意见：

物资质量控制资料齐全、有效。材料检验合格。

审定结论：　☑同意　☐补报资料　☐重新检验　☐退场

监理单位名称：××建设监理有限公司　　监理工程师(签字)：×××　　验收日期：2015 年×月×日

本表由施工单位填报，建设单位、监理单位、施工单位各存一份。

<table>
<tr><td colspan="2">隐蔽工程验收记录</td><td>编　　号</td><td>×××</td></tr>
<tr><td>工程名称</td><td colspan="3">××工程</td></tr>
<tr><td>预检项目</td><td>卫生间热水支管安装</td><td>隐检日期</td><td>2015 年×月×日</td></tr>
<tr><td>隐检部位</td><td colspan="3">三层　①～⑥/Ⓒ～Ⓙ轴线　－0.2m　标高</td></tr>
<tr><td colspan="4">隐检依据:施工图图号(　水施 5、水施 8　),设计变更/洽商(编号　/　)及有关国家现行标准等。
主要材料名称规格/型号:　PP-R 管 D_e25、D_e20　。</td></tr>
<tr><td colspan="4">隐检内容:
1. 支管采用 PP-R 管,管径为 D_e25、D_e20,标高为－0.2m,热熔连接。
2. 管道使用专用管卡固定,管卡间距为 600mm。
3. 各器具甩口尺寸、安装位置符合设计要求。
4. 强度严密性试验结果合格。
申报人:×××</td></tr>
<tr><td colspan="4">检查意见:
经检查,热水支管管材、规格及安装技术要求均符合设计要求及《建筑给水排水及采暖工程施工质量验收规范》(GB 50242—2002)的规定。
检查结论:　☑同意隐蔽　　□不同意,修改后进行复查</td></tr>
<tr><td colspan="4">复查意见:
复查人:　　　　复查日期:</td></tr>
</table>

签字栏	建设(监理)单位	施工单位	××机电工程有限公司	
		专业技术负责人	专业质检员	专业工长
	×××	×××	×××	×××

本表由施工单位填写,建设单位、施工单位、城建档案馆各保存一份。

隐蔽工程验收记录		**编　号**	×××
工程名称	××工程		
隐检项目	室内热水供应系统刚性套管安装	**隐检日期**	2015年×月×日
隐检部位	四层　顶板①～⑨/Ⓔ～Ⓗ　**轴线**　12.900m　**标高**		

隐检依据:施工图图号　水施7　**,设计变更/洽商(编号**　/　**)及有关国家现行标准等。**

主要材料名称规格/型号:　钢套管

隐检内容:

1. 根据楼板厚度及管径尺寸确定套管规格、长度,下料后套管端面及套管内刷防锈漆两道。

2. 该部位刚性套管有30处,其中直径为D_e50的15处,直径为D_e40的15处,套管安装位置准确,符合施工图纸要求。

3. 套管与管道之间的环形缝用C15细石混凝土分两次嵌缝,第一次嵌缝至板厚的2/3高度,待达到50%强度后进行第二次嵌缝至板面平,并用M10水泥砂浆抹高、宽不小于25mm的三角灰。

申报人:×××

检查意见:

经检查:符合设计要求及《建筑给水排水及采暖工程施工质量验收规范》(GB 50242—2002)的规定。

检查结论:　☑同意隐蔽　　□不同意,修改后进行复查

复查结论:

复查人:　　**复查日期:**

<table>
<tr><td rowspan="3">签字栏</td><td rowspan="2">建设(监理)单位</td><td>施工单位</td><td colspan="2">××机电工程有限公司</td></tr>
<tr><td>专业技术负责人</td><td>专业质检员</td><td>专业工长</td></tr>
<tr><td>×××</td><td>×××</td><td>×××</td><td>×××</td></tr>
</table>

本表由施工单位填写,建设单位、施工单位、城建档案馆各保存一份。

<table>
<tr><td colspan="2">强度严密性试验记录</td><td>编　　号</td><td colspan="2">×××</td></tr>
<tr><td>工程名称</td><td>××工程</td><td>试验日期</td><td colspan="2">2015 年×月×日</td></tr>
<tr><td>预检项目</td><td>热水供应系统综合试压</td><td>试验部位</td><td colspan="2">地下 1～9 层</td></tr>
<tr><td>材　　质</td><td>PP-R 管</td><td>规　　格</td><td colspan="2">D_e 50～D_e 15</td></tr>
<tr><td colspan="5">试验要求：

热水系统管道采用 PP-R 管，系统顶点工作压力为 0.4MPa，试验压力为系统顶点的工作压力加 0.1MPa 为 0.5MPa，在试验压力下稳压 1h 压力下降不得超过 0.05MPa，然后在工作压力的 1.15 倍 0.46MPa 状态下稳压 2h，压力下降不得超过 0.03MPa，同时检查各连接处不渗不漏为合格。</td></tr>
<tr><td colspan="5">试验记录：

用手动打压泵，压力表设在九层，量程为 1.6MPa，8:30 系统压力升至试验压力 0.5MPa，至9:30，压力下降 0.03MPa，9:40 将压力降为工作压力的 1.15 倍 0.46MPa，至 11:40 压力下降 0.01MPa，同时检查管道各连接处不渗不漏。</td></tr>
<tr><td colspan="5">试验结论：

经检查，试验符合设计要求及《建筑给水排水及采暖工程施工质量验收规范》(GB 50242—2002)的规定，合格。</td></tr>
<tr><td rowspan="3">签字栏</td><td rowspan="2">建设(监理)单位</td><td>施工单位</td><td colspan="2">××机电工程有限公司</td></tr>
<tr><td>专业技术负责人</td><td>专业质检员</td><td>专业工长</td></tr>
<tr><td>×××</td><td>×××</td><td>×××</td><td>×××</td></tr>
</table>

本表由施工单位填写，建设单位、施工单位、城建档案馆各保存一份。

一册在手　表格全有　贴近现场　资料无忧

<table>
<tr><td colspan="2">通水试验记录</td><td>编　　号</td><td>×××</td></tr>
<tr><td>工程名称</td><td>××工程</td><td>试验日期</td><td>2015年×月×日</td></tr>
<tr><td>预检项目</td><td>室内热水供应系统</td><td>试验部位</td><td>1～9层(低区)</td></tr>
<tr><td>通水压力(MPa)</td><td>0.3MPa</td><td>通水流量(m³/h)</td><td>50</td></tr>
<tr><td colspan="4">试验系统简述：
1～9层低区热水供应系统由外网热力站供给。供水导管设在九层，回水导管在地下一层。每户设全铜截止阀1个。每层设11个脸盆、7个淋浴、4个浴盆、7个洗菜盆水嘴甩口。</td></tr>
<tr><td colspan="4">试验记录：
热水系统通水试验在给水和排水通水试验后进行，通水试验从15:30开始，打开回水总阀门，使系统充满水后逐渐打开供水阀门，系统正常循环后，逐层开启分户截止阀，打开热水水嘴，检查供水流量正常，各配水点出水畅通，阀门启闭灵活，至17:00结束。</td></tr>
<tr><td colspan="4">试验结论：
经检查，试验符合设计要求及《建筑给水排水及采暖工程施工质量验收规范》(GB 50242—2002)的规定，合格。</td></tr>
</table>

<table>
<tr><td rowspan="3">签字栏</td><td rowspan="2">建设(监理)单位</td><td>施工单位</td><td colspan="2">××机电工程有限公司</td></tr>
<tr><td>专业技术负责人</td><td>专业质检员</td><td>专业工长</td></tr>
<tr><td>×××</td><td>×××</td><td>×××</td><td>×××</td></tr>
</table>

本表由施工单位填写并保存。

吹(冲)洗(脱脂)试验记录		编　　号	×××
工程名称	××工程	试验日期	2015 年×月×日
预检项目	热水系统	试验部位	全系统
试验介质	自来水	试验方式	水冲洗

试验记录：

热水为供回水系统，管道为 DN 70～DN 40，进行冲洗，先从室外水表井接入临时冲洗管道和加压水泵，关闭立管阀门，从导管末端（管径 DN 50）立管泄水口接 DN 40 排水管道，引至室外污水井。冲洗流速 1.8m/s。从排放处观察水质情况，目测排水水质与供水水质一样，无杂质。然后拆掉临时排水管道，打开各立管阀门，所有水表位置用一短管代替，用加压泵以工作压力往系统加压，分别打开各户给水阀门，从支管末端放水，直至无杂质，水色透明。至 12:10 冲洗结束。

试验结论：

经检查，试验方式及结果均符合设计要求和《建筑给水排水及采暖工程施工质量验收规范》（GB 50242—2002）的规定，合格。

<table>
<tr><td rowspan="3">签字栏</td><td rowspan="2">建设(监理)单位</td><td>施工单位</td><td colspan="2">××机电工程有限公司</td></tr>
<tr><td>专业技术负责人</td><td>专业质检员</td><td>专业工长</td></tr>
<tr><td>×××</td><td>×××</td><td>×××</td><td>×××</td></tr>
</table>

本表由施工单位填写并保存。

补偿器安装记录		编 号	×××
工程名称	××工程	日 期	2015年×月×日
设计压力(MPa)	1.6	补偿器安装部位	一层热水立管
补偿器规格型号	0.6RFS150×16 0.6RFS100×20	补偿器材质	不锈钢
固定支架间距(m)	30	管内介质温度(℃)	60℃水
计算预拉值(mm)	20	实际预拉值(mm)	20

补偿器安装记录及说明：

补偿器的安装及预拉值示意图和说明均由厂家完成，如下图所示安装：

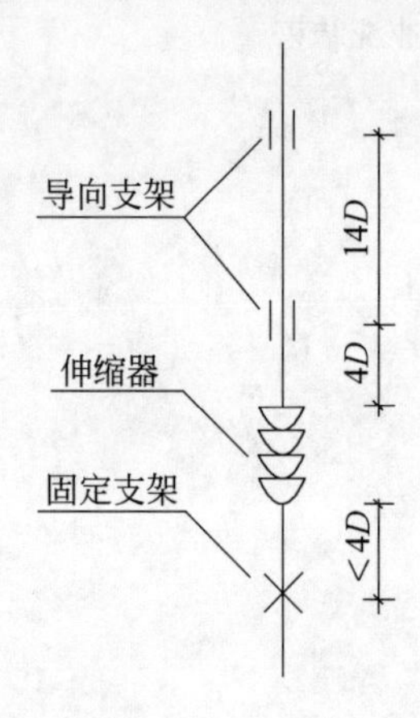

结论：

补偿器安装符合设计要求及《建筑给水排水及采暖工程施工质量验收规范》(GB 50242—2002)的规定，同意验收。

签字栏	建设(监理)单位	施工单位	××机电工程有限公司	
		专业技术负责人	专业质检员	专业工长
	×××	×××	×××	×××

本表由施工单位填写并保存。

补偿器安装记录填写说明

【相关规定及要求】

1. 热水供应管道应尽量利用自然弯补偿热伸缩，直线段过长则应设置补偿器。

2. 各类补偿器安装时，应按要求进行补偿器安装记录。

3. 补偿器的型号、安装位置及预拉伸和固定支架的构造及安装位置应符合设计要求。

4. 方形补偿器制作时，应用整根无缝钢管煨制，如需要接口，其接口应设在垂直臂的中间位置，且接口必须焊接。

5. 方形补偿器应水平安装，并与管道的坡度一致；如其臂长方向垂直安装，必须设排气及泄水装置。

室内热水系统管道及配件安装检验批质量验收记录

05030101_001

单位（子单位）工程名称	××大厦	分部（子分部）工程名称	建筑给水排水及供暖/室内热水系统	分项工程名称	管道及配件安装
施工单位	××建筑有限公司	项目负责人	赵斌	检验批容量	48m
分包单位	/	分包单位项目负责人	/	检验批部位	1～3层室内热水系统管道
施工依据	室内管道安装施工方案		验收依据	《建筑给排水及采暖工程施工质量验收规范》GB50242-2002	

		验收项目				设计要求及规范规定	最小/实际抽样数量	检查记录	检查结果
主控项目	1	热水供应系统管道水压试验				设计要求	/	/	
	2	热水供应系统管道安装补偿器				第6.2.2条	全/2	检查2处，合格2处	√
	3	热水供应系统管道冲洗				第6.2.3条	/	/	
一般项目	1	管道安装坡度				设计规定	10/10	检查10处，合格10处	100%
	2	温度控制器和阀门安装				第6.2.5条	10/10	检查10处，合格10处	100%
	3	管道安装偏差	水平管道纵横方向弯曲	钢管	每米	1mm	10/10	检查10处，合格9处	90%
					全长25m以上	≯25mm	/	/	
				塑料管复合管	每米	1.5mm	/	/	
					全长25m以上	≯25mm	/	/	
			立管垂直度	钢管	每米	3mm	10/10	检查10处，合格9处	90%
					5m以上	≯8mm	/	/	
				塑料管复合管	每米	2mm	/	/	
					全长25m以上	≯8mm	/	/	
			成排管道和成排阀门		在同一平面上间距	3mm	10/10	检查10处，合格9处	90%
	4	保温层允许偏差	厚度			+0.1δ -0.05δ	/	/	
			表面平整度		卷材	5mm	/	/	
					涂抹	10mm	/	/	

施工单位检查结果	符合要求 专业工长： 项目专业质量检查员： 2015年××月××日
监理单位验收结论	合格 专业监理工程师： 2015年××月××日

室内热水系统管道及配件安装检验批质量验收记录填写说明

1. 填写依据

(1)《建筑给水排水及采暖工程质量验收规范》GB 50242－2002。

(2)《建筑工程施工质量验收统一标准》GB 50300－2013。

2. 规范摘要

以下内容摘自《建筑给水排水及采暖工程质量验收规范》GB 50242－2002。

主控项目

(1)热水供应系统安装完毕，管道保温之前应进行水压试验。试验压力应符合设计要求。当设计未注明时，热水供应系统水压试验压力应为系统顶点的工作压力加0.1MPa，同时在系统顶点的试验压力不小于0.3MPa。

检验方法：钢管和复合管道系统试验压力下10min内压力降不大于0.02MPa，然后降至工作压力检查，压力应不降，且不渗不漏；塑料管道系统啊试验压力下稳压1h，压力降不得超过0.03MPa，连接处不得漏渗。

(2)热水供应管道应尽量利用自然弯补偿热伸缩，直线段过长则应设置补偿器。补偿器型式、规格、位置应符合设计要求，并按有关规定进行预拉伸。

检验方法：对照设计图纸检查。

(3)热水供应系统竣工后必须进行冲洗。

检验方法：现场观察检查。

一般项目

(1)管道安装坡度应符合设计规定。

检验方法：水平尺、拉线尺量检查。

(2)温度控制器及阀门应安装在便于观察和维护的位置。

检验方法：观察检查。

(3)热水供应管道和阀门安装的允许值偏差应符合《建筑给水排水及采暖工程质量验收规范》GB 50242－2002表4.2.8的规定。

(4)热水供应小系统管道应保温(浴室内明装管道除外)，保温材料、厚度、保护壳等应符合设计规定。保温层厚度和平整度的允许偏差应符合《建筑给水排水及采暖工程质量验收规范》GB 50242－2002表4.4.8的规定。

室内热水管道及配件安装　分项工程质量验收记录

单位(子单位)工程名称	××工程	结构类型	框架剪力墙
分部(子分部)工程名称	室内排水系统	检验批数	12
施工单位	××建设工程有限公司	项目经理	×××
分包单位	××机电工程有限公司	分包项目经理	×××

序号	检验批名称及部位、区段	施工单位检查评定结果	监理(建设)单位验收结论
1	地下一层热水导管	√	验收合格
2	一层热水导管	√	
3	二层热水导管	√	
4	三层热水导管	√	
5	四层热水导管	√	
6	五层热水导管	√	
7	六层热水导管	√	
8	七、八层热水导管	√	
9	九、十层热水导管	√	
10	十一～十三层热水导管	√	
11	十四、十五层热水导管	√	
12	十六层热水导管	√	

说明：

检查结论	验收结论
地下一层至十六层热水导管室内热水管道及配件安装符合《建筑给水排水及采暖工程施工质量验收规范》(GB 50242－2002)的要求，室内热水管道及配件安装分项工程合格。 项目专业技术负责人：××× 2015年×月×日	同意施工单位检查结论，验收合格。 监理工程师：××× (建设单位项目专业技术负责人) 2015年×月×日

注：地基基础、主体结构工程的分项工程质量验收不填写“分包单位”、“分包项目经理”。

分项/分部工程施工报验表		编　号	×××
工 程 名 称	××工程	日　期	2015 年×月×日

现我方已完成＿＿/＿＿（层）＿＿/＿＿轴（轴线或房间）＿＿/＿＿（高程）＿＿/＿＿（部位）的＿室内热水管道及配件安装＿工程，经我方检验符合设计、规范要求，请予以验收。

附件：

名　称	页　数	编　号
1. □质量控制资料汇总表	＿页	
2. □隐蔽工程验收记录	＿页	
3. □预检记录	＿页	
4. □施工记录	＿页	
5. □施工试验记录	＿页	
6. □分部（子分部）工程质量验收记录	＿页	
7. ☑分项工程质量验收记录	1 页	××
8. □	＿页	
9. □	＿页	
10. □	＿页	

质量检查员（签字）：×××

施工单位名称：××建设集团有限公司　　技术负责人（签字）：×××

审查意见：

1. 所报附件材料真实、齐全、有效。
2. 所报分项工程实体工程质量符合规范和设计要求。

审查结论：　☑合格　　□不合格

监理单位名称：××建设监理有限公司　（总）监理工程师（签字）：×××　审查日期：2015 年×月×日

本表由施工单位填报，监理单位、施工单位各存一份。分项、分部工程不合格，应填写《不合格项处置记录》，分部工程应由总监理工程师签字。

室内热水管道及配件安装质量分户验收记录表

单位工程名称	××小区 3# 高层住宅楼	结构类型	全现浇剪力墙	层数	地下 2 层，地上 24 层
验收部位(房号)	5 单元 901 室	户型	三室二厅一卫	检查日期	2015 年×月×日
建设单位	××房地产开发有限公司	参检人员姓名	×××	职务	建设单位代表
总包单位	××建设工程有限公司	参检人员姓名	×××	职务	质量检查员
分包单位	××机电工程有限公司	参检人员姓名	×××	职务	质量检查员
监理单位	××建设监理有限公司	参检人员姓名	×××	职务	给排水监理工程师
施工执行标准名称及编号	建筑给水排水及采暖工程施工工艺标准(QB ×××－2005)				

施工质量验收规范的规定(GB 50242－2002)							施工单位检查评定记录	监理(建设)单位验收记录
主控项目	1	热水器供应系统管道水压试验				设计要求	/	/
	2	热水器供应系统管道安装补偿器				第 6.2.2 条	/	/
	3	热水供应系统管道冲洗				第 6.2.3 条	已进行冲洗，冲洗结果符合要求	合格
一般项目	1	管道安装坡度				设计要求	管道安装坡度符合设计要求	合格
	2	温度控制器和阀门安装				第 6.2.5 条	阀门安装位置正确	合格
	3	管道安装偏差(mm)	水平管道纵横方向弯曲	钢管	每 m	1	1 1 1 △2 1	合格
					全长 25m 以上	≯25	/ / / / / / / / / / / /	/
				塑料管复合管	每 m	1.5	/ / / / / / / / / / / /	/
					全长 25m 以上	≯25	/ / / / / / / / / / / /	/
			立管垂直度	钢管	每 m	3	2 1 2 2 1	合格
					5mm 以上	≯8	/ / / / / / / / / / / /	/
				塑料管复合管	每 m	2	/ / / / / / / / / / / /	/
					全长 25m 以上	≯8	/ / / / / / / / / / / /	/
			成排管道和成排阀门		在同一平面上间距	3	2 2 1 2 2 1	合格
	4	保温层允许偏差	厚度			+0.1δ、－0.05δ	/ / / / / / / / / / / /	/
			表面平整度	卷材		5mm	/ / / / / / / / / / / /	/
				涂抹		10mm	/ / / / / / / / / / / /	/

复查记录	监理工程师(签章)：　　年　月　日 建设单位专业技术负责人(签章)：　　年　月　日
施工单位检查评定结果	经检查，主控项目、一般项目均符合设计和《建筑给水排水及采暖工程施工质量验收规范》(GB 50242－2002)的规定。 总包单位质量检查员(签章)：×××　2015 年×月×日 分包单位质量检查员(签章)：×××　2015 年×月×日
监理单位验收结论	验收合格。 监理工程师(签章)：×××　2015 年×月×日
建设单位验收结论	验收合格。 建设单位专业技术负责人(签章)：×××　2015 年×月×日

4.2　辅助设备安装

4.2.1　辅助设备安装资料列表

(1)施工技术资料

1)室内热水辅助设备安装技术交底记录

2)设计变更、工程洽商记录

(2)施工物资资料

1)设备(热水泵、热水箱、热交换器等)出厂合格证和相关检测报告、设备技术文件

2)辅料(型钢、油漆、电焊条等)产品合格证、性能检测报告、材质证明书

3)材料、构配件进场检验记录

4)设备开箱检验记录

5)工程物资进场报验表

(3)施工记录

1)隐蔽工程验收记录

2)交接检查记录

(4)施工试验记录及检测报告

1)水泵单机试运转记录

2)水箱满水试验记录

3)强度严密性试验记录

4)安全阀调试记录

(5)施工质量验收记录

1)室内热水系统辅助设备安装检验批质量验收记录

2)室内热水系统辅助设备安装分项工程质量验收记录

3)分项/分部工程施工报验表

4.2.2　辅助设备安装资料填写范例及说明

<table>
<tr><td colspan="2">强度严密性试验记录表</td><td>编　　号</td><td>×××</td></tr>
<tr><td>工程名称</td><td>××工程</td><td>试验日期</td><td>2015年×月×日</td></tr>
<tr><td>预检项目</td><td>热交换器压力试验</td><td>试验部位</td><td>1～6层</td></tr>
<tr><td>材　　质</td><td>钢铝复合</td><td>规　　格</td><td>LRH1800×1000×800</td></tr>
<tr><td colspan="4">试验要求：
试验压力为工作压力的1.5倍做水压试验，观察10min，压力不下降，且不渗不漏。</td></tr>
<tr><td colspan="4">试验记录：
热交换器安装就位后，在没有连接管道前，对其进行试验。封闭换热器的热媒回水口，从供水口连接加压泵，对热交换器进行充水、排气、加压，压力表读数值为0.80MPa时，观察10min，压力未下降，外观检查无渗漏，再封堵换热器冷媒出水口，从冷媒进水口注水，加压，压力升至0.80MPa时，观察12min，压力未降，不渗不漏。</td></tr>
<tr><td colspan="4">试验结论：
经检查，热交换器压力试验符合设计要求和《建筑给水排水及采暖工程施工质量验收规范》(GB 50242—2002)的规定。</td></tr>
</table>

<table>
<tr><td rowspan="3">签字栏</td><td rowspan="2">建设(监理)单位</td><td>施工单位</td><td colspan="2">××机电工程有限公司</td></tr>
<tr><td>专业技术负责人</td><td>专业质检员</td><td>专业工长</td></tr>
<tr><td>×××</td><td>×××</td><td>×××</td><td>×××</td></tr>
</table>

本表由施工单位填写，建设单位、施工单位、城建档案馆各保存一份。

<table>
<tr><td colspan="3">安全阀调试记录</td><td>编　　号</td><td colspan="2">×××</td></tr>
<tr><td>工程名称</td><td colspan="5"></td></tr>
<tr><td>施工单位</td><td colspan="2"></td><td>监理(建设单位)</td><td colspan="2"></td></tr>
<tr><td>安全阀安装地点</td><td colspan="5"></td></tr>
<tr><td>安全阀规格型号</td><td colspan="5"></td></tr>
<tr><td>工作介质</td><td colspan="2"></td><td>设计开启压力</td><td colspan="2">MPa</td></tr>
<tr><td>试验介质</td><td colspan="2"></td><td>试验开启压力</td><td colspan="2">MPa</td></tr>
<tr><td>试验次数</td><td colspan="2">次</td><td>试验回座压力</td><td colspan="2">MPa</td></tr>
<tr><td colspan="6">调试情况及结论:</td></tr>
<tr><td>批准</td><td></td><td>审核</td><td></td><td>试验</td><td></td></tr>
<tr><td>调试单位(章)</td><td colspan="5"></td></tr>
<tr><td>试验日期</td><td colspan="5">年　　月　　日</td></tr>
</table>

本表由施工单位填写,建设单位、施工单位保存。

室内热水系统辅助设备安装检验批质量验收记录

05030201_001

单位（子单位）工程名称	××大厦	分部（子分部）工程名称	建筑给水排水及供暖/室内热水系统	分项工程名称	辅助设备安装
施工单位	××建筑有限公司	项目负责人	赵斌	检验批容量	8台
分包单位	/	分包单位项目负责人	/	检验批部位	热水机房
施工依据	室内管道安装施工方案		验收依据	《建筑给排水及采暖工程施工质量验收规范》GB50242-2002	

		验收项目	设计要求及规范规定	最小/实际抽样数量	检查记录	检查结果
主控项目	1	集热排管及上、下集管作水压试验	第6.3.1条	/	试验合格，报告编号	√
		热交换器以工作压力的1.5倍作水压试验	第6.3.2条	/	试验合格，报告编号××××	√
		敞口水箱的满水试验和密闭水箱（罐）的水压试验	第6.3.5条	/	试验合格，报告编号××××	√
	2	水泵基础	第6.3.3条	/	/	
	3	水泵试运转温升	第6.3.4条	/	/	
一般项目	1	太阳能热水器的安装	第6.3.6条	/	/	
	2	太阳能热水器上、下集箱的循环管道坡度	第6.3.7条	/	/	
	3	水箱底部与上集水管间距	第6.3.8条	全/4	检查4处，合格4处	100%
	4	集热排管安装紧固	第6.3.9条	/	/	
	5	热水器最低处安泄水装置	第6.3.10条	/	/	
	6	热水箱及上、下集管等循环管道均应保温	第6.3.11条	全/4	检查4处，合格4处	100%
		以水作介质的太阳能热水器，在0℃以下地区使用，应采取防冻措施	第6.3.12条	/	/	
	7	设备安装允许偏差　静置设备　坐标	15	全/10	检查10处，合格9处	90%
		设备安装允许偏差　静置设备　标高	±5	全/10	检查10处，合格9处	90%
		设备安装允许偏差　静置设备　垂直度（每米）	5	全/10	检查10处，合格9处	90%
		设备安装允许偏差　离心式水泵　立式泵体垂直度（每米）	0.1	/	/	
		设备安装允许偏差　离心式水泵　卧式泵体水平度（每米）	0.1	/	/	
		设备安装允许偏差　离心式水泵　联轴器同心度　轴向倾斜（每米）	0.8	/	/	
		设备安装允许偏差　离心式水泵　联轴器同心度　径向位移	0.1	/	/	
	8	热水器安装允许偏差　标高　中心线距地（mm）	±20	/	/	
		热水器安装允许偏差　朝向　最大偏移角	不大于15°	/	/	
施工单位检查结果		符合要求 专业工长： 项目专业质量检查员： 2015年××月××日				
监理单位验收结论		合格 专业监理工程师： 2015年××月××日				

室内热水系统辅助设备安装检验批质量验收记录填写说明

1. 填写依据

(1)《建筑给水排水及采暖工程质量验收规范》GB 50242－2002。

(2)《建筑工程施工质量验收统一标准》GB 50300－2013。

2. 规范摘要

以下内容摘自《建筑给水排水及采暖工程质量验收规范》GB 50242－2002。

主控项目

(1)在安装太阳能集热器玻璃前，应对集热排管和上、下集管作水压试验，试验压力为工作压力的 1.5 倍。

检验方法：试验压力下 10min 内压力不降，不渗不漏。

(2)热交换器应以工作压力的 1.5 倍作水压试验。蒸汽部分应不低于蒸汽供汽压力加 0.3MPa；热水部分应不低于 0.4MPa。

检验方法：试验压力下 10min 内压力不降，不渗不漏。

(3)水泵就位前的基础混凝土强度、坐标、标高、尺寸和螺栓孔位置必须符合设计要求。

检验方法：对照图纸用仪器和尺量检查。

(4)水泵试运转的轴承温升必须符合设备说明书的规定。

检验方法：温度计实测检查。

(5)敞口水箱的满水试验和密闭水箱(罐)的水压试验必须符合设计与《建筑给水排水及采暖工程质量验收规范》GB 50242－2002 的规定。

检验方法：满水试验静置 24h，观察不渗不漏；水压试验在试验压力下 10min 压力不降，不渗不漏。

一般项目

(1)安装固定式太阳能热水器，朝向应正南。如受条件限制时，其偏移角不得大于 15°。集热器的倾角，对于春、夏、秋三个季节使用的，应采用当地维度为倾角；若以夏季为主，可比当地维度减少 10°。

检验方法：观察和分度仪检查。

(2)由集热器上、下集管接往热水箱的循环管道，应有不小于 5%的坡度。

检验方法：尽量检查。

(3)自然循环的热水箱底部与集热器上集管之间的距离为 0.3～1.0m。

检验方法：尺量检查。

(4)制作吸热钢板凹槽时，其圆度应准确，间距应一致。安装集热排管时，应用卡箍和钢丝紧固在钢板凹槽内。

检验方法：手板和尺量检查。

(5)太阳能热水器的最低处应安装泄水装置。

检验方法：观察检查。

(6)热水箱及上、下集管等循环管道均应保温。

检验方法：观察检查。

(7)凡以水作介质的太阳能热水器，在 0℃以下地区使用，应采取防冻措施。

检验方法：观察检查。

(8)热水供应辅助设备安装的允许偏差应符合《建筑给水排水及采暖工程质量验收规范》GB 50242—2002 表 4.4.7 的规定。

(9)太阳能热水器安装的允许偏差应符合表 4-1 的规定。

表 4-1　　太阳能热水器安装的允许偏差和检验方法

项目			允许偏差	检验方法
板式直管太阳能热水器	标高	中心线距地面(mm)	±20	尺量
	固定安装朝向	最大偏移角	不大于 15°	分度仪检查

第5章　卫生器具

5.1　卫生器具安装

5.1.1　卫生器具安装资料列表

(1)施工技术资料

1)技术交底记录

卫生器具安装技术交底记录

2)设计变更、工程洽商记录

(2)施工物资资料

1)卫生器具产品质量合格证、环保检测报告、安装使用说明书

2)材料、构配件进场检验记录

3)设备开箱检验记录

4)工程物资进场报验表

(3)施工记录

1)隐蔽工程验收记录

2)施工检查记录

(4)施工试验记录及检测报告

1)灌(满)水试验记录

2)通水试验记录

(5)施工质量验收记录

1)卫生器具安装检验批质量验收记录

2)卫生器具安装分项工程质量验收记录

3)分项/分部工程施工报验表

(6)住宅工程质量分户验收记录表

卫生器具安装质量分户验收记录表

5.1.2　卫生器具安装资料填写范例及说明

工程物资进场报验表		编　号	×××
工程名称	××工程	日　期	2015年×月×日

现报上关于　卫生器具安装　工程的物资进场检验记录，该批物资经我方检验符合设计、规范及合约要求，请予以批准使用。

物资名称	主要规格	单　位	数　量	选样报审表编号	使用部位
台式洗脸盆	490×415	台	××	/	1～8层卫生间
洗涤盆	350×260×200	个	××	/	1～8层卫生间
浴盆	TYP-1013	个	××	/	1～8层卫生间
坐式大便器	460×350×390	台	××	/	1～8层卫生间

附件：

	名　称	页　数	编　号
1. ☑	出厂合格证	× 页	×××
2. ☑	厂家质量检验报告	× 页	×××
3. ☐	厂家质量保证书	页	
4. ☐	商检证	页	
5. ☑	进场检验记录	1 页	×××
6. ☐	进场复试报告	页	
7. ☐	备案情况	页	
8. ☑	安装使用说明	1 页	×××

申报单位名称：××机电工程有限公司　　申报人(签字)：×××

施工单位检验意见：

报验的卫生器具的质量证明文件齐全，同意报项目监理部审批。

☑有 / ☐无 附页

施工单位名称：××建设集团有限公司　技术负责人(签字)：×××　审核日期：2015年×月×日

验收意见：

物资质量控制资料齐全、有效。进场检验合格。

审定结论：　☑同意　☐补报资料　☐重新检验　☐退场

监理单位名称：××建设监理有限公司　监理工程师(签字)：×××　验收日期：2015年×月×日

本表由施工单位填报，建设单位、监理单位、施工单位各存一份。

(2008)量认(国)字(R0233)号

(2008)建材质监认字(01)号

检　验　报　告

TEST REPORT

报告编号(N o):201550599

样品名称　　卫生陶瓷

Sample Description

委托单位　　××洁具制造有限公司

Applicant

检验类别　　抽样检验

Test Type

国家建筑材料工业放射性及有害物质监督检验测试中心

National Supervising & Testing Center for Radioactivity & harmful sub. of B. *M*

一册在手
表格全有
贴近现场
资料无忧

国家建筑材料工业放射性及有害物质监督检验测试中心

National Supervising & Testing Center for Radioactivity & harmful sub. of B. *M*

CNAL

No.L0690

放射性检验报告

Test Report For Radioactivity

报告编号(No):201550599　　　　共 2 页　第 1 页

样品名称	卫生陶瓷	规格型号	—
		商　　标	××
委托单位	××洁具制造有限公司		
生产单位	××洁具制造有限公司		
样品编号	—	样品等级	—
生产日期	2015 年 7 月	样品形态	成品
样品数量	3kg	送样日期	2015 年 7 月 18 日
送样人	×××	检验类别	委托检验
检验依据	GB 6566	检验项目	^{226}Ra、^{232}Th、^{40}K 的比活度
检验结论	所送样品检验结果参照 GB 6566《建筑材料放射性核素限量》标准，符合 A 类装修材料要求，其产销与使用范围不受限制。 签发日期：2015 年 7 月 25 日 （检测专用章）		
备注	本报告自签发日期起壹年内有效。过期作废。		

国家建筑材料工业放射性及有害物质监督检验测试中心 检测专用章

批准：×××　　　审核：×××　　　报告人：×××

检验单位地址：北京市××区××路××号　　电话：　　邮编：

国家建筑材料工业放射性及有害物质监督检验测试中心

National Supervising & Testing Center for Radioactivity & harmful sub. of B. M

No.L0690

放射性检验报告

Test Report For Radioactivity

报告编号(No):201550599 共2页 第2页

样品检验结果			
放射性核素比活度(Bq/kg)			产品类别
^{226}Ra	^{232}Th	^{40}K	装修材料
51.2	111.2	831.4	

标准判定			
产品类别	标准技术要求	检测值	单项结论
A类产品	内照射指数≤1.0	0.3	合格
	外照射指数≤1.3	0.8	合格
B类产品	内照射指数≤1.3	—	—
	外照射指数≤1.9	—	—
C类产品	外照射指数≤2.8	—	—
备注	外照射指数=$C_{Ra}/370+C_{Th}/260+C_K/4200$,内照射指数=$C_{Ra}/200$;测量结果的不确定度(1σ)≤20%		

审核:×××

检验单位地址:北京市××区××路××号 电话: 邮编:

<table>
<tr><td colspan="2">灌(满)水试验记录</td><td>编 号</td><td>×××</td></tr>
<tr><td>工程名称</td><td>××工程</td><td>试验日期</td><td>2015年×月×日</td></tr>
<tr><td>试验项目</td><td>卫生器具</td><td>试验部位</td><td>P_1 排水系统卫生器具</td></tr>
<tr><td>材 质</td><td>陶瓷</td><td>规 格</td><td></td></tr>
<tr><td colspan="4">试验要求:

卫生器具满水后,各连接件不渗不漏。浴缸、洗脸盆、蹲便器、坐便器、水箱、洗涤盆满水高度均为溢水口下边缘。</td></tr>
<tr><td colspan="4">试验记录:

卫生器具满水试验与卫生器具通水试验同时进行。分别灌满水后,进行检查,所有卫生器具和各连接件及接口处,均未发现渗漏。</td></tr>
<tr><td colspan="4">试验结论:

P_1 排水系统所带的卫生器具满水试验符合设计要求和《建筑给水排水及采暖工程施工质量验收规范》(GB 50242—2002)的规定。</td></tr>
</table>

<table>
<tr><td rowspan="3">签字栏</td><td rowspan="2">建设(监理)单位</td><td>施工单位</td><td colspan="2">××机电工程有限公司</td></tr>
<tr><td>专业技术负责人</td><td>专业质检员</td><td>专业工长</td></tr>
<tr><td>×××</td><td>×××</td><td>×××</td><td>×××</td></tr>
</table>

本表由施工单位填写并保存。

灌(满)水试验记录		编　号	×××
工程名称	××工程	试验日期	2015年×月×日
试验项目	卫生器具	试验部位	P_1 排水系统卫生器具
材　质	陶瓷	规　格	

试验要求：

按设计流量放水或满水后放水，排水通畅，接口无渗漏。

试验记录：

卫生器具通水试验与排水管道通水试验同时进行。P_1 排水系统共带有24个蹲便、6个拖布池、16个洗脸盆、12个小便器、4个浴盆，逐个做通水试验。首先把浴盆、洗脸盆及大便器水箱放满水观察溢流水排放情况，溢流管均能溢流，再打开卫生器具排水栓，坐便器、蹲便器水箱满水排水。检查各连接管道排水均通畅无渗漏，各器具溢流口全部排水畅通。

试验结论：

P_1 排水系统所带有的卫生器具通水试验符合设计要求和《建筑给水排水及采暖工程施工质量验收规范》(GB 50242—2002)的规定。

<table>
<tr><td rowspan="3">签字栏</td><td rowspan="2">建设(监理)单位</td><td>施工单位</td><td colspan="2">××机电工程有限公司</td></tr>
<tr><td>专业技术负责人</td><td>专业质检员</td><td>专业工长</td></tr>
<tr><td>×××</td><td>×××</td><td>×××</td><td>×××</td></tr>
</table>

本表由施工单位填写并保存。

通水试验记录		编　　号	×××
工程名称	××工程	试验日期	2015年×月×日
试验项目	卫生器具	试验部位	P_1 系统地漏及清扫口
通水压力(MPa)		通水流量(m^3/h)	

试验系统简述：

地漏在排水表面最低处，清扫口与地面齐平。地漏坡向正确，收水能力强，地漏、清扫口排水通畅，地面无积水。地漏水封高度≥50mm，地漏及清扫口周边无渗漏。

试验记录：

卫生间内分别从脸盆、拖布池水龙头上用软管接出，在不同位置向地面放水，进行观察，水向地漏处流动迅速，地漏排水畅通，地面无积水，打开地漏篦子进行水封高度测量，水封高度均≥50mm。套间里打开淋浴喷头向地面喷水，地面无积水，地漏水封高度≥50mm。将地面清扫口盖打开，直接用两个水头通过软管向内放水，无溢水现象，畅通2h后检查，地漏及清扫口周边无渗漏。

试验结论：

地漏及清扫口排水畅通，排水试验符合设计要求和《建筑给水排水及采暖工程施工质量验收规范》(GB 50242－2002)的规定。

签字栏	建设(监理)单位	施工单位	××机电工程有限公司	
		专业技术负责人	专业质检员	专业工长
	×××	×××	×××	×××

本表由施工单位填写并保存。

卫生器具安装检验批质量验收记录

05040101 001

单位（子单位）工程名称	××大厦	分部（子分部）工程名称	建筑给水排水及供暖/卫生器具	分项工程名称	卫生器具安装
施工单位	××建筑有限公司	项目负责人	赵斌	检验批容量	22 件
分包单位	/	分包单位项目负责人	/	检验批部位	1～3 层
施工依据	室内管道安装施工方案		验收依据	《建筑给排水及采暖工程施工质量验收规范》GB50242-2002	

	验收项目				设计要求及规范规定	最小/实际抽样数量	检查记录	检查结果
主控项目	1	排水栓与地漏安装			第 7.2.1 条	全/22	检查 22 处，合格 22 处	√
	2	卫生器具满水试验和通水试验			第 7.2.2 条	/	试验合格，报告编号××××	√
一般项目	1	卫生器具安装允许偏差	坐标	单独器具	10mm	10/10	检查 10 处，合格 9 处	90%
				成排器具	5mm	/	/	
			标高	单独器具	±15mm	10/10	检查 10 处，合格 9 处	90%
				成排器具	±10mm	/	/	
			器具水平度		2mm	10/10	检查 10 处，合格 9 处	90%
			器具垂直度		3mm	10/10	检查 10 处，合格 9 处	90%
	2	饰面浴盆，应留有通向浴盆口的检修门			第 7.2.4 条	10/10	检查 10 处，合格 10 处	100%
		小便槽冲洗管，采用镀锌钢管或硬质塑料管，冲洗管应斜向下方安装			第 7.2.5 条	10/10	检查 10 处，合格 10 处	100%
	3	卫生器具的支、托架			第 7.2.6 条	10/10	检查 10 处，合格 10 处	100%

施工单位检查结果	符合要求 专业工长：刘大力 项目专业质量检查员：李春丽 2015 年××月××日
监理单位验收结论	合格 专业监理工程师：洪金宝 2015 年××月××日

卫生器具安装检验批质量验收记录填写说明

1. 填写依据

(1)《建筑给水排水及采暖工程质量验收规范》GB 50242－2002。

(2)《建筑工程施工质量验收统一标准》GB 50300－2013。

2. 规范摘要

以下内容摘自《建筑给水排水及采暖工程质量验收规范》GB 50242－2002。

(1)一般规定

1)本章适用于室内污水盆、洗涤盆、洗脸(手)盆、盥洗槽、浴盆、淋浴器、大便器、小便器、小便槽、大便冲洗槽、妇女卫生盆、化验盆、排水栓、地漏、加热器、煮沸消毒器和饮水器等卫生器具安装工程。

2)卫生器具的安装应采用预埋螺栓或膨胀螺栓安装固定。

3)卫生器具安装高度如设计无要求时,应符合表 5-1 的规定。

表 5-1　卫生器具的安装高度

项次	卫生器具名称			卫生器具安装高度		备注
				居住和公共建筑	幼儿园	
1	污水盆(池)	架空式		800	800	自地面至器具上边缘
		落地式		500	500	
2	洗涤盆(池)			800	800	
3	洗脸盆、洗手盆(有塞、无塞)			800	500	
4	盥洗槽			800	500	
5	浴盆			≯520	—	
6	蹲式大便器	高水箱		1800	1800	自台阶面至高水箱底
		低水箱		900	900	自台阶面至低水箱底
7	坐式大便器	高水箱		1800	1800	自地面至高水相底
		低水箱	外露排水管式	510	—	自地面至低水箱底
			虹吸喷射式	470	370	
8	小便器	挂式		600	450	自地面至下边缘
9	小便槽			200	150	自地面至台阶面
10	大便槽冲洗水箱			≮2000	—	自台阶面至水箱底
11	妇女卫生盆			360	—	自地面至器具上边缘
12	化验盆			800	—	自地面至器具上边缘

4)卫生器具给水配件的安装高度,如设计无要求时,应符合表 5-2 的规定。

表 5-2　　**卫生器具给水配件的安装高度**

项次	给水配件名称		配件中心距地面高度（mm）	冷热水龙头距离（mm）
1	架空式污水盆(池)		1000	—
2	落地式污水盆(池)水龙头		800	
3	洗涤盆(池)水龙头		1000	150
4	住宅集中给水龙头		1000	—
5	洗手盆水龙头		1000	—
6	洗脸盆	水龙头（上配水）	1000	150
		水龙头（下配水）	800	150
		角阀(下配水)	450	—
7	盥洗槽	水龙头	1000	150
		冷热水管 上下并行其中热水龙头	1100	150
8	浴盆	水龙头（上配水）	670	150
9	淋浴器	截止阀	1150	95
		混合阀	1150	
		淋浴喷头下沿	2100	
10	蹲式大便器（台阶面算起）	高水箱角阀及截止阀	2040	—
		低水箱角阀	250	
		手动式自闭冲洗阀	600	—
		脚踏式自闭冲洗阀	150	—
		拉管式冲洗网(从地面算起)	1600	—
		带防污助冲器阀门(从地面算起)	900	—
11	坐式大便器	高水箱角阀及截止阀	2040	—
		低水箱角阀	150	—
12	大便槽冲洗水箱截止阀(从台阶面算起)		≮2400	—
13	立式小便器角阀		1130	—
14	挂式小便器角阀及截止阀		1050	—
15	小便槽多孔冲洗管		1100	—
16	实验室化验水龙头		1000	—
17	妇女卫生盆混合阀		360	—

注:装设在幼儿园内的洗手盆、洗脸盆和盥洗槽水嘴中心离地面安装高度应为 700mm;其他卫生器具给水配件的安装高度,应按卫生器具实际尺寸相应减少。

(2)卫生器具安装

主控项目

1)排水栓和地漏的安装应平正、牢固,低于排水表面,周边无渗漏。地漏水封高度不得小于50mm。

检验方法:试水观察检查。

2)卫生器具交工前应做满水和通水试验。

检验方法:满水后各连接件不渗不漏;通水试验给、排水畅通。

一般项目

1)卫生器具安装的允许偏差应符合表5-3的规定。

表5-3　　卫生器具安装的允许偏差和检验方法

<table>
<tr><th>项次</th><th colspan="2">项目</th><th>允许偏差
(mm)</th><th>检验方法</th></tr>
<tr><td rowspan="2">1</td><td rowspan="2">坐标</td><td>单独器具</td><td>10</td><td rowspan="4">拉线、吊线和尺量检查</td></tr>
<tr><td>成排器具</td><td>5</td></tr>
<tr><td rowspan="2">2</td><td rowspan="2">标高</td><td>单独器具</td><td>±15</td></tr>
<tr><td>成排器具</td><td>±10</td></tr>
<tr><td>3</td><td colspan="2">器具水平度</td><td>2</td><td>用水平尺和尺量检查</td></tr>
<tr><td>4</td><td colspan="2">器具垂直度</td><td>3</td><td>吊线和尺量检查</td></tr>
</table>

2)有饰面的浴盆,应留有通向浴盆排水口的检修门。

检验方法:观察检查。

3)小便槽冲洗管,应采用镀锌钢管或硬质塑料管。冲洗孔应斜向下方安装,冲洗水流同墙面成45°角。镀锌钢管钻孔后应进行二次镀锌。

检验方法:观察检查。

4)卫生器具的支、托架必须防腐良好,安装平整、牢固,与器具接触紧密、平稳。

检验方法:观察和手扳检查。

卫生器具安装　分项工程质量验收记录

<table>
<tr><td colspan="2">单位(子单位)工程名称</td><td>××工程</td><td>结构类型</td><td>框架剪力墙</td></tr>
<tr><td colspan="2">分部(子分部)工程名称</td><td>卫生器具安装</td><td>检验批数</td><td>13</td></tr>
<tr><td>施工单位</td><td colspan="2">××建设工程有限公司</td><td>项目经理</td><td>×××</td></tr>
<tr><td>分包单位</td><td colspan="2">××机电工程有限公司</td><td>分包项目经理</td><td>×××</td></tr>
<tr><td>序号</td><td>检验批名称及部位、区段</td><td>施工单位检查评定结果</td><td colspan="2">监理(建设)单位验收结论</td></tr>
<tr><td>1</td><td>地下一层卫生间</td><td>√</td><td colspan="2" rowspan="13">验收合格</td></tr>
<tr><td>2</td><td>一层卫生间</td><td>√</td></tr>
<tr><td>3</td><td>二层卫生间</td><td>√</td></tr>
<tr><td>4</td><td>三层卫生间</td><td>√</td></tr>
<tr><td>5</td><td>四层卫生间</td><td>√</td></tr>
<tr><td>6</td><td>五层卫生间</td><td>√</td></tr>
<tr><td>7</td><td>六层卫生间</td><td>√</td></tr>
<tr><td>8</td><td>七层卫生间</td><td>√</td></tr>
<tr><td>9</td><td>八层卫生间</td><td>√</td></tr>
<tr><td>10</td><td>九层卫生间</td><td>√</td></tr>
<tr><td>11</td><td>十层卫生间</td><td>√</td></tr>
<tr><td>12</td><td>十一层卫生间</td><td>√</td></tr>
<tr><td>13</td><td>十二层卫生间</td><td>√</td></tr>
<tr><td colspan="5">说明：</td></tr>
<tr><td>检查结论</td><td colspan="2">地下一层至十二层卫生器具安装施工质量符合《建筑给水排水及采暖工程施工质量验收规范》(GB 50242－2002)的要求，卫生器具安装分项工程合格。

项目专业技术负责人：×××
2015 年×月×日</td><td>验收结论</td><td>同意施工单位检查结论，验收合格。

监理工程师：×××
(建设单位项目专业技术负责人)
2015 年×月×日</td></tr>
</table>

注：地基基础、主体结构工程的分项工程质量验收不填写“分包单位”、“分包项目经理”。

<table>
<tr><td colspan="2">分项/分部工程施工报验表</td><td>编　号</td><td>×××</td></tr>
<tr><td>工程名称</td><td>××工程</td><td>日　期</td><td>2015年×月×日</td></tr>
<tr><td colspan="4">
现我方已完成____/____(层)____/____轴(轴线或房间)____/____(高程)____/____(部位)的__卫生器具安装__工程，经我方检验符合设计、规范要求，请予以验收。
附件：　名　称　　　页　数　　　编　号
1.□质量控制资料汇总表　____页　____
2.□隐蔽工程验收记录　____页　____
3.□预检记录　____页　____
4.□施工记录　____页　____
5.□施工试验记录　____页　____
6.□分部(子分部)工程质量验收记录　____页　____
7.☑分项工程质量验收记录　__×__页　__×××__
8.□____　____页　____
9.□____　____页　____
10.□____　____页　____

质量检查员(签字)：×××
施工单位名称：××建设集团有限公司　　技术负责人(签字)：×××
</td></tr>
<tr><td colspan="4">
审查意见：
1.所报附件材料真实、齐全、有效。
2.所报分项工程实体工程质量符合规范和设计要求。

审查结论：　☑合格　　□不合格

监理单位名称：××建设监理有限公司　(总)监理工程师(签字)：×××　审查日期：2015年×月×日
</td></tr>
</table>

本表由施工单位填报，监理单位、施工单位各存一份。分项、分部工程不合格，应填写《不合格项处置记录》，分部工程应由总监理工程师签字。

一册在手　表格全有　贴近现场　资料无忧

5.2　卫生器具给水配件安装

5.2.1　卫生器具给水配件安装资料列表

(1)施工技术资料

1)技术交底记录

卫生器具给水配件安装技术交底记录

2)设计变更、工程洽商记录

(2)施工物资资料

1)卫生器具配件出厂产品合格证

2)材料、构配件进场检验记录

3)设备开箱检验记录

4)工程物资进场报验表

(3)施工记录

1)隐蔽工程验收记录

2)施工检查记录

(4)施工试验记录及检测报告

1)灌(满)水试验记录

2)通水试验记录

(5)施工质量验收记录

1)卫生器具给水配件安装检验批质量验收记录

2)卫生器具给水配件安装分项工程质量验收记录

3)分项/分部工程施工报验表

(6)住宅工程质量分户验收记录表

卫生器具给水配件安装质量分户验收记录表

5.2.2 卫生器具给水配件安装资料填写范例及说明

卫生器具给水配件安装检验批质量验收记录

05040201_001

<table>
<tr><td colspan="2">单位（子单位）工程名称</td><td colspan="2">××大厦</td><td>分部（子分部）工程名称</td><td>建筑给水排水及供暖/卫生器具</td><td>分项工程名称</td><td>卫生器具给水配件安装</td></tr>
<tr><td colspan="2">施工单位</td><td colspan="2">××建筑有限公司</td><td>项目负责人</td><td>赵斌</td><td>检验批容量</td><td>22 件</td></tr>
<tr><td colspan="2">分包单位</td><td colspan="2">/</td><td>分包单位项目负责人</td><td>/</td><td>检验批部位</td><td>1～3 层</td></tr>
<tr><td colspan="2">施工依据</td><td colspan="3">室内管道安装施工方案</td><td>验收依据</td><td colspan="2">《建筑给排水及采暖工程施工质量验收规范》GB50242-2002</td></tr>
<tr><td rowspan="2">主控项目</td><td colspan="3">验收项目</td><td>设计要求及规范规定</td><td>最小/实际抽样数量</td><td>检查记录</td><td>检查结果</td></tr>
<tr><td>1</td><td colspan="2">卫生器具给水配件</td><td>第 7.3.1 条</td><td>22/22</td><td>检查 22 处，合格 22 处</td><td>√</td></tr>
<tr><td rowspan="4">一般项目</td><td rowspan="3">1</td><td rowspan="3">给水配件安装允许偏差</td><td>高、低水箱、阀角及截止阀水嘴</td><td>±10mm</td><td>16/16</td><td>检查 16 处，合格 15 处</td><td>93.8%</td></tr>
<tr><td>淋浴器喷头下沿</td><td>±15mm</td><td>3/3</td><td>检查 3 处，合格 3 处</td><td>100%</td></tr>
<tr><td>浴盆软管淋浴器挂钩</td><td>±20mm</td><td>3/3</td><td>检查 3 处，合格 3 处</td><td>100%</td></tr>
<tr><td>2</td><td colspan="2">器具水平度</td><td>2mm</td><td>3/22</td><td>检查 22 处，合格 22 处</td><td>100%</td></tr>
<tr><td colspan="2">施工单位检查结果</td><td colspan="6">符合要求
专业工长：刘大力
项目专业质量检查员：李春丽
2015 年××月××日</td></tr>
<tr><td colspan="2">监理单位验收结论</td><td colspan="6">合格
专业监理工程师：洪金宝
2015 年××月××日</td></tr>
</table>

卫生器具给水配件安装检验批质量验收记录填写说明

1. 填写依据

(1)《建筑给水排水及采暖工程质量验收规范》GB 50242－2002。

(2)《建筑工程施工质量验收统一标准》GB 50300－2013。

2. 规范摘要

以下内容摘自《建筑给水排水及采暖工程质量验收规范》GB 50242－2002。

主控项目

卫生器具给水配件应完好无损伤,接口严密,启闭部分灵活。

检验方法:观察及手扳检查。

一般项目

(1)卫生器具给水配件安装标高的允许偏差应符合表5-4的规定。

表5-4　　卫生器具给水配件安装标高的允许偏差和检验方法

项次	项目	允许偏差(mm)	检验方法
1	大便器高、低水箱角阀及截止阀	±10	尺量检查
2	水嘴	±10	
3	淋浴器喷头下沿	±15	
4	浴盆软管淋浴器挂钩	±20	

(2)浴盆软管淋浴器挂钩的高度,如设计无要求,应距地面1.8m。

检验方法:尺量检查。

5.3　卫生器具排水管道安装

5.3.1　卫生器具排水管道安装资料列表

(1)施工技术资料

1)技术交底记录

卫生器具排水管道安装技术交底记录

2)设计变更、工程洽商记录

(2)施工物资资料

1)卫生器具管材等产品质量证明文件

2)材料、构配件进场检验记录

3)工程物资进场报验表

(3)施工记录

1)隐蔽工程验收记录

2)施工检查记录

(4)施工试验记录及检测报告

1)灌(满)水试验记录

2)通水试验记录

(5)施工质量验收记录

1)卫生器具排水管道安装检验批质量验收记录

2)卫生器具排水管道安装分项工程质量验收记录

3)分项/分部工程施工报验表

(6)住宅工程质量分户验收记录表

卫生器具排水管道安装质量分户验收记录表

5.3.2　卫生器具排水管道安装资料填写范例及说明

<table>
<tr><td colspan="2">交接检查记录</td><td>资料编号</td><td>×××</td></tr>
<tr><td>工程名称</td><td colspan="3">××办公楼工程</td></tr>
<tr><td>移交单位名称</td><td>××建设集团有限公司</td><td>接收单位名称</td><td>××装饰装修工程有限公司</td></tr>
<tr><td>交接部位</td><td>6～11 层卫生间给水、排水管道</td><td>检查日期</td><td>2015 年 8 月 23 日</td></tr>
<tr><td colspan="4">交接内容：
检查××建设集团有限公司(移交单位)施工的 6～11 层卫生间给水、排水管道各甩口坐标、标高是否正确；给水系统的试压情况；排水系统的灌水试验情况；排水系统的临时通水试验情况；各甩口的临时封堵情况；各管道、甩口的完整性等。</td></tr>
<tr><td colspan="4">检查结果：
经双方检查，6～11 层卫生间给水、排水管道各甩口坐标、标高正确，符合设计要求；给水系统试压合格；排水管道系统畅通，无渗漏，符合施工质量验收规范要求；各甩口齐全无遗漏、封堵良好；地漏位置和标高正确。
双方同意移交。由××装饰装修工程有限公司(接收单位)接收并进行成品保护，可以进行卫生间吊顶等装饰工序的施工。</td></tr>
<tr><td colspan="4">复查意见：
复查人：　　　　复查日期：</td></tr>
<tr><td rowspan="2">签字栏</td><td>移交单位</td><td colspan="2">接收单位</td></tr>
<tr><td>×××</td><td colspan="2">×××</td></tr>
</table>

本表由移交单位填写

通水试验记录		资料编号	×××
工程名称	××办公楼工程	试验日期	2015年9月10日
试验项目	地漏、排水管道通水试验	试验部位	F03层1～4号卫生间

试验系统简述及试验要求：

F03层共4个卫生间，4个淋浴器、16个地漏，排污地漏的污水以重力流方式直排入室外污水管内，淋浴废水地漏的淋浴废水以重力流方式直排入中水处理站。

检查地漏的排水能力和功能的情况，是不是在房间地面最低处，排水是否通畅，周边是否有渗漏现象。

试验记录：

上午8时，打开F03层所有淋浴器向地面放水10min，地面所有的水能分别流入地面最低处的地漏内，地面没有积水，排水畅通，地漏排水管道接口无渗漏，污水能及时排到室外污水检查井，废水能及时排到中水处理站，排水管道均通畅无渗漏。9时通水试验结束。

试验结论：

经检查，通水试验符合设计要求及《建筑给水排水及采暖工程施工质量验收规范》(GB 50242)的规定，合格

签字栏	施工单位	××建设集团有限公司	专业技术负责人	专业质检员	专业工长
			×××	×××	×××
	监理(建设)单位	××工程建设监理有限公司		专业工程师	×××

本表由施工单位填写。

卫生器具排水管道安装检验批质量验收记录

05040301_001

单位（子单位）工程名称	××大厦	分部（子分部）工程名称	建筑给水排水及供暖/卫生器具	分项工程名称	卫生器具排水管道安装
施工单位	××建筑有限公司	项目负责人	赵斌	检验批容量	22 处
分包单位	/	分包单位项目负责人	/	检验批部位	3～6 层卫生排水管道
施工依据	室内管道安装施工方案		验收依据	《建筑给排水及采暖工程施工质量验收规范》GB50242-2002	

		验收项目				设计要求及规范规定	最小/实际抽样数量	检查记录	检查结果
主控项目	1	器具受水口与立管，管道与楼板接合				第 7.4.1 条	22/22	检查 22 处，合格 22 处	√
	2	连接排水管应严密，其支托架安装				第 7.4.2 条	50/50	检查 50 处，合格 50 处	√
一般项目	1	安装允许偏差	横管弯曲度	每 1m 长		2	22/22	检查 22 处，合格 22 处	100%
				横管长度≤10m，全长		＜8	/	/	
				横管长度＞10m，全长		10	/	/	
			卫生器具的排水管口及横支管的纵横坐标	单独器具		10	19/19	检查 19 处，合格 18 处	94.7%
				成排器具		5	/	/	
			卫生器具的接口标高	单独器具		±10	19/19	检查 19 处，合格 19 处	100%
				成排器具		±5	/	/	
	2	排水管最小坡度	污水盆(池)		50mm	25‰	1/1	检查 1 处，合格 1 处	100%
			单、双格洗涤分(池)		50mm	25‰	/	/	
			洗手盆、洗脸盆		32～50mm	20‰	2/2	检查 2 处，合格处	100%
			浴盆		50mm	20‰	/	/	
			淋浴器		50mm	20‰	/	/	
			大便器	高低水箱	100mm	12‰	/	/	
				自闭式冲洗阀	100mm	12‰	/	/	
				拉管式冲洗阀	100mm	12‰	/	/	
			小便器	冲洗阀	40～50mm	20‰	/	/	
				自动冲洗水箱	40～50mm	20‰	/	/	
			化验盆(无塞)		40～50mm	25‰	/	/	
			净身器		40～50mm	20‰	/	/	
			饮水器		20～50mm	10～20‰	/	/	

施工单位检查结果	符合要求 专业工长：刘大力 项目专业质量检查员：李素丽 2015 年××月××日
监理单位验收结论	合格 专业监理工程师：洪金斌 2015 年××月××日

卫生器具排水管道安装检验批质量验收记录填写说明

1. 填写依据

(1)《建筑给水排水及采暖工程质量验收规范》GB 50242－2002。

(2)《建筑工程施工质量验收统一标准》GB 50300－2013。

2. 规范摘要

以下内容摘自《建筑给水排水及采暖工程质量验收规范》GB 50242－2002。

主控项目

(1)与排水横管连接的各卫生器具的受水口和立管均应采取妥善可靠的固定措施;管道与楼板的接合部位应采取牢固可靠的防渗、防漏措施。

检验方法:观察和手扳检查。

(2)连接卫生器具的排水管道接口应紧密不漏,其固定支架、管卡等支撑位置应正确、牢固,与管道的接触应平整。

检验方法:观察及通水检查。

一般项目

(1)卫生器具排水管道安装的允许偏差应符合表5-5的规定。

表5-5　卫生器具排水管道安装的允许偏差及检验方法

项次	检查项目		允许偏差(mm)	检验方法
1	横管弯曲度	每1m长	2	用水平尺量检查
		横管长度≤10m,全长	<8	
		横管长度>10m,全长	10	
2	卫生器具的排水管口及横支管的纵横坐标	单独器具	10	用尺量检查
		成排器具	5	
3	卫生器具的接口标高	单独器具	±10	用水平尺和尺量检查
		成排器具	±5	

(2)连接卫生器具的排水管管径和最小坡度,如设计无要求时,应符合表5-6的规定。

表5-6　连接卫生器具的排水管管径和最小坡度

项次	卫生器具名称	排水管管径	管道的最小坡度
1	污水盆(池)	50	25
2	单、双格洗涤盆(池)	50	25
3	洗手盆、洗脸盆	32～50	20
4	浴盆	50	20
5	淋浴器	50	20

续表

项次	卫生器具名称		排水管管径	管道的最小坡度
6	大便器	高、低水箱	100	12
		自闭式冲洗阀	100	12
		拉管式冲洗阀	100	12
7	小便器	手动、自闭式冲洗阀	40～50	12
		自动冲洗水箱	40～50	20
8	化验盆(无塞)		40～50	25
9	净身器		40～50	20
10	饮水器		20～250	10～20
11	家用洗衣机		50(软管为30)	

检验方法:用水平尺和尺量检查。

卫生器具排水管道安装质量分户验收记录表

单位工程名称	××小区3#高层住宅楼	结构类型	全现浇剪力墙	层数	地下2层,地上24层
验收部位(房号)	5单元901室	户型	三室二厅一卫	检查日期	2015年×月×日
建设单位	××房地产开发有限公司	参检人员姓名	×××	职务	建设单位代表
总包单位	××建设工程有限公司	参检人员姓名	×××	职务	质量检查员
分包单位	××机电工程有限公司	参检人员姓名	×××	职务	质量检查员
监理单位	××建设监理有限公司	参检人员姓名	×××	职务	给排水监理工程师
施工执行标准名称及编号	《建筑给水排水及采暖工程施工工艺标准》(QB ×××－2005)				

施工质量验收规范的规定(GB 50242－2002)							施工单位检查评定记录										监理(建设)单位验收记录
主控项目	1	器具受水口与立管,管道与楼板接合				第7.4.1条	器具受水口的连接固定牢靠,与楼板接触严密无渗漏										合格
主控项目	2	连接排水管应严密,其托架安装				第7.4.2条	排水管道接口严密无渗漏,固定牢固										合格
一般项目	1	安装允许偏差(mm)	横管弯曲度	每1m长		2	1	2	2	1	2						合格
				横管长度≤10m,全长		2											
				横管长度>10m,全长		10	8	9	4	3	2						合格
			卫生器具排水管口及横支管纵横坐标	单独器具		10											
				成排器具		5											
			卫生器具的接口标高	单独器具		±10	-5	4	7	6	-2						合格
				成排器具		±5											
	2	排水管最小坡度	污水盆(池)		50mm	25‰											
			单、双格洗涤盆(池)		50mm	25‰	26										合格
			洗水盆、洗脸盆		32～50mm	20‰	22										合格
			淋浴器		50mm	20‰	21										合格
			大便器	高低水箱	100mm	20‰											
				自闭式冲洗阀	100mm	12‰	13										合格
				拉管式冲洗阀	100mm	12‰											
			小便器	冲洗阀	40～50mm	20‰											
				自动冲洗水箱	40～50mm	20‰											
			化验盆(无塞)		40～50mm	25‰											
			净身器		40～50mm	20‰											
			饮水器		20～50mm	10‰～20‰											

复查记录	监理工程师(签章): 年 月 日 建设单位专业技术负责人(签章): 年 月 日
施工单位检查评定结果	经检查,主控项目、一般项目均符合设计和《建筑给水排水及采暖工程施工质量验收规范》(GB 50242－2002)的规定。 总包单位质量检查员(签章):×××2015年×月×日 分包单位质量检查员(签章):×××2015年×月×日
监理单位验收结论	验收合格。 监理工程师(签章):×××2015年×月×日
建设单位验收结论	验收合格。 建设单位专业技术负责人(签章):×××2015年×月×日

第6章　室内供暖系统

6.1　管道及配件安装

6.1.1　管道及配件安装资料列表

(1)施工技术资料

1)室内供暖管道及配件安装技术交底记录

2)设计变更、工程洽商记录

(2)施工物资资料

1)管材、管件、配件、阀门等产品质量合格证及相关检验报告、材质证明文件、热量表计量检定证书

2)材料、构配件进场检验记录

3)工程物资进场报验表

(3)施工记录

1)隐蔽工程验收记录

2)焊缝外观质量检查记录

(4)施工试验记录及检测报告

1)强度严密性试验记录

2)冲洗试验记录

3)补偿器安装记录

4)减压阀调试记录

(5)施工质量验收记录

1)室内供暖系统管道及配件安装检验批质量验收记录

2)室内供暖系统管道及配件安装分项工程质量验收记录

3)分项/分部工程施工报验表

(6)住宅工程质量分户验收记录表

室内供暖系统管道及配件安装质量分户验收记录表

6.1.2　管道及配件安装资料填写范例及说明

<table>
<tr><td colspan="3">工程变更洽商记录</td><td>资料编号</td><td>×××</td></tr>
<tr><td colspan="2">工程名称</td><td>××办公楼工程</td><td>专业名称</td><td>建筑给水排水供暖</td></tr>
<tr><td colspan="2">提出单位名称</td><td>××建设集团有限公司</td><td>日　期</td><td>2015 年 8 月 20 日</td></tr>
<tr><td colspan="2">内容摘要</td><td colspan="3">五层、二层、四层暖气及暖气立管位置变更等</td></tr>
<tr><td>序号</td><td>图　号</td><td colspan="3">洽　商　内　容</td></tr>
<tr><td>1</td><td>暖施－7</td><td colspan="3">依据土建工程洽商（编号：××），五层①～⑪/Ⓓ轴外墙向南平移 250mm，导致暖气及暖气立管位置距墙尺寸变大，现需将暖气及暖气立管位置根据外墙位置向南平移，暖气立管穿楼板处需重新开洞，洞口尺寸为 DN50×200mm（板厚）。</td></tr>
<tr><td>2</td><td>暖施－4</td><td colspan="3">二层②～③/Ⓕ～Ⓖ轴办公房间内暖气立管距墙远，应甲方要求，现更改该部分暖气立管位置，具体详见下图。
②　③　Ⓖ　Ⓕ
办公　办公
DN25　DN25　DN25　DN25
3.050
DN20　DN20　DN20　DN20
6.10　6.10
需开 DN75×150mm（墙厚）的穿墙洞 2 个
需在顶板开 DN75×200mm（板厚）的洞 4 个
说明：图中红色部分为变更部分。</td></tr>
<tr><td>3</td><td>暖施－1</td><td colspan="3">采暖管道采用高压聚乙烯（PEF）保温，外缠玻璃布保护层，改为外缠难燃塑料白乳膜两道。</td></tr>
<tr><td>4</td><td>暖施－6</td><td colspan="3">四层⑨～⑪/Ⓓ～Ⓔ轴办公房间内暖气与电气专业电盒及插座打架，将暖气移至南墙居中的位置，暖气立管处需重新开洞 8 个，洞口尺寸为 DN50×200mm（板厚）。</td></tr>
<tr><td rowspan="2">签字栏</td><td>建设单位</td><td>监理单位</td><td>设计单位</td><td>施工单位</td></tr>
<tr><td>×××</td><td>×××</td><td>×××</td><td>×××</td></tr>
</table>

本表由变更提出单位填写。

隐蔽工程验收记录		编　号	×××
工程名称	××工程		
隐检项目	采暖导管安装	隐检日期	2015 年×月×日
隐检部位	地下一层　①～㉑/Ⓐ～Ⓖ轴　－3.420m 标高		

隐检依据：施工图图号 暖施 1、暖施 3 ，设计变更/洽商(编号 /)及有关国家现行标准等。

主要材料名称及规格/型号： 焊接钢管 $DN125 \sim DN40$，截止阀 $DN125 \sim DN80$

隐检内容：

地下采暖导管采用焊接钢管，安装位置正确，焊接、焊缝饱满、圆滑，无夹渣、气孔，无错口；导管坡度为3‰；导管与导管连接采用"羊角"连接，变径采用上平偏心变径；穿墙时设置的套管大管道两号，管道在套管的中心位置，填料、密封严密；固定支架以及活动支吊架制作按 91SB 施工图集，固定支架安装位置按图示，其他支吊架间距按规范要求，安装位置距焊口或分支路大于 50mm 以上；管道及支吊架防腐没有遗漏，无脱皮、起泡现象；阀门安装位置、方向正确；采暖导管单项水压试验符合要求。

隐检内容已做完，请予以检查。

申报人：×××

检查意见：

经检查，采暖导管安装使用的材质、连接方式、安装位置、坡度、固定方式、阀门安装、管道及支吊架防腐以及单项水压试验结果等符合设计要求和《建筑给水排水及采暖工程施工质量验收规范》(GB 50242—2002)的规定。

检查结论：　☑同意隐蔽　　□不同意，修改后进行复查

复查结论：

复查人：　　　　**复查日期：**

签字栏	建设(监理)单位	施工单位	××机电工程有限公司	
		专业技术负责人	专业质检员	专业工长
	×××	×××	×××	×××

本表由施工单位填写，建设单位、施工单位、城建档案馆各保存一份。

隐蔽工程验收记录		编　号	×××
工程名称	××工程		
预检项目	采暖支管安装	隐检日期	2015年×月×日
隐检部位	二层　①～⑩/Ⓒ～Ⓙ轴线　4.500m　标高		

隐检依据：施工图图号（　暖施××　），设计变更/洽商（编号　/　）及有关国家现行标准等。

主要材料名称规格/型号：　PB管 D_e25、D_e20

隐检内容：

1. 本层采暖支管采用PB管，管径为 D_e25、D_e20，热熔连接。
2. 敷设于垫层中，标高为4.500m。
3. 管道使用专用管卡固定，间距为600mm。
4. 散热器甩口尺寸、位置符合设计要求。
5. 检查管道的弯曲倍数不小于 $8D_e$；
6. 单项水压试验结果合格。

申报人：×××

检查意见：

经检查，采暖支管的管材、规格、敷设位置、固定卡、单项水压试验等均符合设计要求及《建筑给水排水及采暖工程施工质量验收规范》(GB 50242—2002)的规定。

检查结论：　☑同意隐蔽　　□不同意，修改后进行复查

复查意见：

复查人：　　　　复查日期：

签字栏	建设（监理）单位	施工单位	××机电工程有限公司	
		专业技术负责人	专业质检员	专业工长
	×××	×××	×××	×××

本表由施工单位填写，建设单位、施工单位、城建档案馆各保存一份。

<table>
<tr><td colspan="2">隐蔽工程验收记录</td><td>编　　号</td><td colspan="2">×××</td></tr>
<tr><td>工程名称</td><td colspan="4">××工程</td></tr>
<tr><td>隐检项目</td><td>埋地采暖管道</td><td>隐检日期</td><td colspan="2">2015 年×月×日</td></tr>
<tr><td>隐检部位</td><td colspan="4">1～3 层　①～⑳/Ⓐ～Ⓖ轴　　0.300m～8.700m　标高</td></tr>
<tr><td colspan="5">隐检依据：施工图图号　暖施 2、暖施 3　，设计变更/洽商（编号　/　）及有关国家现行标准等。
主要材料名称及规格/型号：　铝塑复合管　D_e20　。</td></tr>
<tr><td colspan="5">隐检内容：
埋地铺设采暖管道采用 D_e20 铝塑复合管，铺设在预留沟槽内，无接头，整根管道铺设，管道弯曲半径大于 100mm，采用半圆形金属卡子固定，中间加胶皮，间距不大于 300mm；水压试验合格。
隐检内容已做完，请予以检查。
申报人：×××</td></tr>
<tr><td colspan="5">检查意见：
经检查，埋地铺设的铝塑复合管材质、规格、弯曲半径倍数、固定方式、安装位置以及水压试验结果符合设计要求和《建筑给水排水及采暖工程施工质量验收规范》（GB 50242—2002）的规定。
检查结论：　☑同意隐蔽　　□不同意，修改后进行复查</td></tr>
<tr><td colspan="5">复查结论：
复查人：　　　　复查日期：</td></tr>
<tr><td rowspan="3">签字栏</td><td rowspan="2">建设（监理）单位</td><td>施工单位</td><td colspan="2">××机电工程有限公司</td></tr>
<tr><td>专业技术负责人</td><td>专业质检员</td><td>专业工长</td></tr>
<tr><td>×××</td><td>×××</td><td>×××</td><td>×××</td></tr>
</table>

本表由施工单位填写，建设单位、施工单位、城建档案馆各保存一份。

<table>
<tr><td colspan="3">隐蔽工程验收记录</td><td>编　号</td><td colspan="2">×××</td></tr>
<tr><td>工程名称</td><td colspan="5">××工程</td></tr>
<tr><td>隐检项目</td><td colspan="2">采暖管道保温</td><td>隐检日期</td><td colspan="2">2015 年×月×日</td></tr>
<tr><td>隐检部位</td><td colspan="5">地下一层　　①～⑳/Ⓐ～Ⓖ轴　　－3.460m 标高</td></tr>
<tr><td colspan="6">隐检依据:施工图图号　暖施 6、暖施 8　,设计变更/洽商(编号　/　)及有关国家现行标准等。
主要材料名称及规格/型号:　聚乙烯发泡管壳 D125～D50,玻璃丝布,防火涂料</td></tr>
<tr><td colspan="6">隐检内容:
采暖导管采用 40mm 厚聚乙烯发泡管壳进行保温,保温管厚度偏差在＋4mm～－2mm 范围内;保温管缝错开安装,接缝严密,绑扎牢固,阀门单独保温;保温管外缠两道玻璃丝布,压接密实,表面平整,无凹陷;防火涂料涂刷均匀,无遗漏。
隐检内容已做完,请予以检查。
申报人:×××</td></tr>
<tr><td colspan="6">检查意见:
采暖管道保温的材质、规格以及做法、防火涂料的涂刷等符合设计要求和《建筑给水排水及采暖工程施工质量验收规范》(GB 50242—2002)的规定。
检查结论:　☑同意隐蔽　　□不同意,修改后进行复查</td></tr>
<tr><td colspan="6">复查结论:
复查人:　　　　复查日期:</td></tr>
<tr><td rowspan="3">签字栏</td><td rowspan="2">建设(监理)单位</td><td colspan="2">施工单位</td><td colspan="2">××机电工程有限公司</td></tr>
<tr><td colspan="2">专业技术负责人</td><td>专业质检员</td><td>专业工长</td></tr>
<tr><td>×××</td><td colspan="2">×××</td><td>×××</td><td>×××</td></tr>
</table>

本表由施工单位填写,建设单位、施工单位、城建档案馆各保存一份。

一册在手　表格全有　贴近现场　资料无忧

<table>
<tr><td colspan="2">强度严密性试验记录</td><td>编　　号</td><td>×××</td></tr>
<tr><td>工程名称</td><td>××工程</td><td>试验日期</td><td>2015 年×月×日</td></tr>
<tr><td>试验项目</td><td>室内采暖系统</td><td>试验部位</td><td>采暖进户控制阀门</td></tr>
<tr><td>材　　质</td><td>铸钢截止阀</td><td>规　　格</td><td>DN125</td></tr>
<tr><td colspan="4">试验要求：
阀门公称压力为 1.6MPa，非金属密封；强度试验压力为公称压力的 1.5 倍，严密性试验压力为公称压力的 1.1 倍；强度试验时间为 60s，严密性试验时间为 15s；试验压力在试验时间内应保持不变，且壳体填料及阀瓣密封面无渗漏。</td></tr>
<tr><td colspan="4">试验记录：
试验从 9:00 开始，至 9:30 结束。控制阀门共 2 只，分别试验。关闭阀门，从阀孔低处的一端引入压力，升压至严密度试验压力 1.76MPa，试验时间 15s，从另一端检查，阀体无渗漏，无压降；封闭该检查端口，打开阀瓣，再升压至强度试验压力 2.4MPa，试验时间 60s，观察壳体填料及阀瓣密封面无渗漏。</td></tr>
<tr><td colspan="4">试验结论：
阀门强度及严密性水压试验符合设计要求和《建筑给水排水及采暖工程施工质量验收规范》(GB 50242—2002)的规定，合格。</td></tr>
</table>

<table>
<tr><td rowspan="3">签
字
栏</td><td rowspan="2">建设(监理)单位</td><td>施工单位</td><td colspan="2">××机电工程有限公司</td></tr>
<tr><td>专业技术负责人</td><td>专业质检员</td><td>专业工长</td></tr>
<tr><td>×××</td><td>×××</td><td>×××</td><td>×××</td></tr>
</table>

本表由施工单位填写，建设单位、施工单位、城建档案馆各保存一份。

一册在手 表格全有 贴近现场 资料无忧

强度严密性试验记录		编　号	×××
工程名称	××工程	试验日期	2015年×月×日
试验项目	采暖单项试压	试验部位	地下一层采暖导管
材　质	焊接钢管	规　格	*DN* 150

试验要求：

地下一层采暖导管为焊接钢管。系统工作压力为0.6MPa，试验压力为工作压力的1.5倍即0.9MPa，稳压10min，压力不下降，然后降至工作压力后检查，不渗不漏为合格。

试验记录：

采暖导管设在地下一层①～⑳/Ⓐ～Ⓗ轴顶板下，压力表设置在导管进户处，末端安装放气阀。用手动加压泵缓慢升压，8:40系统压力升至试验压力0.9MPa，稳压10min至8:50，压力没有下降，再将试验压力降至工作压力0.6MPa，同时检查管道及各接口，没有渗漏现象。

试验结论：

经检查，采暖单项试压试验符合设计要求和《建筑给水排水及采暖工程施工质量验收规范》(GB 50242—2002)的规定，合格。

签字栏	建设(监理)单位	施工单位	××机电工程有限公司	
		专业技术负责人	专业质检员	专业工长
	×××	×××	×××	×××

本表由施工单位填写，建设单位、施工单位、城建档案馆各保存一份。

<table>
<tr><td colspan="2">强度严密性试验记录</td><td>编　　号</td><td colspan="2">×××</td></tr>
<tr><td>工程名称</td><td>××工程</td><td>试验日期</td><td colspan="2">2015年×月×日</td></tr>
<tr><td>试验项目</td><td>采暖支管单向试压</td><td>试验部位</td><td colspan="2">9层地埋管</td></tr>
<tr><td>材　　质</td><td>PB管</td><td>规　　格</td><td colspan="2">D_e25、D_e20</td></tr>
<tr><td colspan="5">试验要求：
户内采暖系统的支管采用PB管地埋安装。系统工作压力为0.6MPa，设计要求试验压力为0.8MPa，在试验压力下稳压1h，压力不降，然后降至工作压力的1.15倍0.69MPa，稳压2h，各连接处不渗不漏为合格。</td></tr>
<tr><td colspan="5">试验记录：
试验压力表设在本层支管上，用手动加压泵缓慢升压，14:10系统压力升至试验的压力0.8MPa，至15:10观察1h，压力没有下降，15:20将压力降为0.69MPa，稳压2h至17:20，压力没有下降。同时检查管道各连接处不渗不漏。</td></tr>
<tr><td colspan="5">试验结论：
经检查，试验符合设计要求和《建筑给水排水及采暖工程施工质量验收规范》(GB 50242—2002)的规定，合格。</td></tr>
<tr><td rowspan="3">签
字
栏</td><td rowspan="2">建设(监理)单位</td><td>施工单位</td><td colspan="2">××机电工程有限公司</td></tr>
<tr><td>专业技术负责人</td><td>专业质检员</td><td>专业工长</td></tr>
<tr><td>×××</td><td>×××</td><td>×××</td><td>×××</td></tr>
</table>

本表由施工单位填写，建设单位、施工单位、城建档案馆各保存一份。

一册在手　表格全有　贴近现场　资料无忧

补偿器安装记录		编　　号	×××
工程名称	××工程	日　　期	2015 年×月×日
设计压力 (MPa)	1.6	补偿器 安装部位	一层采暖立管
补偿器规 格型号	0.6RFS150×16 0.6RFS100×20	补偿器材质	不锈钢
固定支架间距 (m)	30	管内介质温度 (℃)	60℃水
计算预拉值 (mm)	20	实际预拉值 (mm)	20

补偿器安装记录及说明：

补偿器的安装及预拉值示意图和说明均由厂家完成，如下图所示安装：

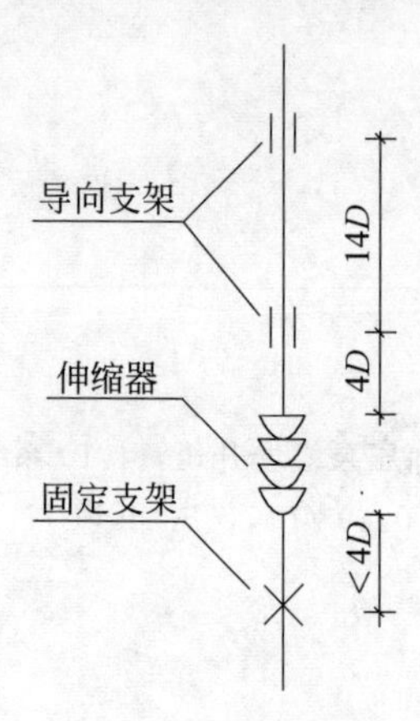

结论：

经检查，补偿器的安装位置、导向支架、固定支架的位置等均符合设计要求及《建筑给水排水及采暖工程施工质量验收规范》(GB 50242—2002)的规定，同意验收。

签字栏	建设(监理)单位	施工单位	××机电工程有限公司	
		专业技术负责人	专业质检员	专业工长
	×××	×××	×××	×××

本表由施工单位填写并保存。

减压阀调试记录

工程名称		施工单位	
监理单位		试验日期	

序　号	安装部位	型号规格	公称压力(MPa)	阀前压力(MPa)	阀后压力(MPa)

结论	

签字栏	建设(监理)单位	施　工　单　位		
		专业技术负责人	专业质检员	操作人员

室内供暖系统管道及配件安装检验批质量验收记录

05050101 001

单位（子单位）工程名称	××大厦	分部（子分部）工程名称	建筑给水排水及供暖/室内供暖系统	分项工程名称	管道及配件安装
施工单位	××建筑有限公司	项目负责人	赵斌	检验批容量	48m
分包单位	/	分包单位项目负责人	/	检验批部位	1～3层
施工依据	室内管道安装施工方案		验收依据	《建筑给水排水及采暖工程质量验收规范》GB50242-2002	

		验收项目	设计要求及规范规定	最小/实际抽样数量	检查记录	检查结果
主控项目	1	管道安装坡度	设计要求	全/6	检查6处，合格6处	√
	2	补偿器的型号、安装位置及预拉伸和固定支架的构造及安装位置	第8.2.2条	全/2	检查2处，合格2处	√
	3	平衡阀及调节阀型号、规格、公称压力及安装位置	设计要求	全/3	检查3处，合格3处	√
		调试及标志	第8.2.3条	/	/	
	4	蒸汽减压阀和管道及设备上安全阀的型号、规格、公称压力及安装位置	设计要求	/	/	
		调试及标志	第8.2.4条	/	/	
	5	方形补偿器制作	第8.2.5条	/	/	
	6	方形补偿器安装	第8.2.6条	/	/	
一般项目	1	热量表、疏水器、除污器、过滤器及阀门的型号、规格、公称压力及安装位置	第8.2.7条	10/10	检查10处，合格10处	100%
	2	钢管焊接	第8.2.8条	10/10	检查10处，合格10处	100%
	3	采暖入口及分户计量入户装置安装	第8.2.9条	10/10	检查10处，合格10处	100%
	4	散热器支管长度超过1.5m时，应在支管上安装管卡	第8.2.10条	/	/	
	5	变径连接	第8.2.11条	/	/	
	6	管道干管上焊接垂直或水平分支管道	第8.2.12条	10/10	检查10处，合格10处	100%
	7	膨胀水箱的膨胀管及循环管上不得安装阀门	第8.2.13条	/	/	
	8	当采暖热媒为110～130℃的高温水时，管道可拆卸件应使用法兰	第8.2.14条	/	/	
	9	管道转弯	第8.2.15条	/	/	
	10	管道安装允许偏差 横管道纵、横方向弯曲（mm） 每1m 管径≤100mm	1	10/10	检查10处，合格9处	90%
		横管道纵、横方向弯曲（mm） 每1m 管径＞100mm	1.5	/	/	
		横管道纵、横方向弯曲（mm） 全长（25m以上） 管径≤100mm	≯13	/	/	
		横管道纵、横方向弯曲（mm） 全长（25m以上） 管径＞100mm	≯25	/	/	
		立管垂直度（mm） 每1m	2	10/10	检查10处，合格9处	90%
		立管垂直度（mm） 全长（5m）	≯10	/	/	
		弯管 椭圆率 管径≤100mm	10%	/	/	
		弯管 椭圆率 管径＞100mm	8%	/	/	
		弯管 折皱不平度mm 管径≤100mm	4	/	/	
		弯管 折皱不平度mm 管径＞100mm	5	/	/	

施工单位检查结果	符合要求 专业工长：（签名） 项目专业质量检查员：（签名） 2015年××月××日
监理单位验收结论	合格 专业监理工程师：（签名） 2015年××月××日

室内供暖系统管道及配件安装检验批质量验收记录填写说明

1. 填写依据

(1)《建筑给水排水及采暖工程质量验收规范》GB 50242－2002。

(2)《建筑工程施工质量验收统一标准》GB 50300－2013。

2. 规范摘要

以下内容摘自《建筑给水排水及采暖工程质量验收规范》GB 50242－2002。

管道及配件安装

主控项目

(1)管道安装坡度，当设计未注明时，应符合下列规定：

1)气、水同向流动的热水采暖管道和汽、水同向流动的蒸汽管道及凝结水管道，坡度应为3‰，不得小于2‰；

2)气、水逆向流动的热水采暖管道和汽、水逆向流动的蒸汽管道，坡度不应小于5‰；

3)散热器支管的坡度应为1％，坡向应利于排气和泄水。

检验方法：观察，水平尺、拉线、尺最检查。

(2)补偿器的型号、安装位置及预拉伸和固定支架的构造及安装位置应符合设计要求。

检验方法：对照图纸，现场观察，并查验预拉伸记录。

(3)平衡阀及调节阀型号、规格、公称压力及安装位置应符合设计要求。安装完后应根据系统平衡要求进行调试并作出标志。

检验方法：对照图纸查验产品合格证，并现场查看。

(4)蒸汽减压阀和管道及设备上安全阀的型号、规格、公称压力及安装位置应符合设计要求。安装完毕后应根据系统工作压力进行调试，并做出标志。

检验方法：对照图纸查验产品合格证及调试结果证明书。

(5)方形补偿器制作时，应用整根无缝钢管根制，如需要接口，其接口应设在垂直臂的中间位置，且接口必须焊接。

检验方法：观察检查。

(6)方形补偿器应水平安装，并与管道的坡度一致；如其臂长方向垂直安装必须设排气及泄水装置。

检验方法：观察检查。

一般项目

(1)热量表、疏水器、除污器、过滤器及阀门的型号、规格、公称压力及安装位置应符合设计要求。

检验方法：对照图纸查验产品合格证。

(2)钢管管道焊口尺寸的允许偏差应符合表6－2的规定。

(3)采暖系统入口装置及分户热计量系统入户装置，应符合设计要求。安装位置应便于检修、维护和观察。

检验方法：现场观察。

(4)散热器支管长度超过1.5m时，应在支管上安装管卡。

检验方法：尺量和观察检查。

(5)上供下回式系统的热水干管变径应顶平偏心连接，蒸汽干管变径应底平偏心连接。

检验方法：观察检查。

(6)在管道干管上焊接垂直或水平分支管道时，干管开孔所产生的钢渣及管壁等废弃物不得残留管内，且分支管道在焊接时不得插入干管内。

检验方法：观察检查。

(7)膨胀水箱的膨胀管及循环管上不得安装阀门。

检验方法：观察检查。

检验方法：观察和查验进料单。

(8)当采暖热媒为110～130℃的高温水时，管道可拆卸件应使用法兰，不得使用长丝和活接头。法兰垫料应使用耐热橡胶板。

检验方法：观察和查验进料单。

(9)焊接钢管管径大于32mm的管道转弯，在作为自然补偿时应使用喂弯。塑料管及复合管除必须使用直角弯头的场合外应使用管道直接弯曲转弯。

检验方法：观察检查。

(10)管道、金属支架和设备的防腐和涂漆应附着良好，无脱皮、起泡、流淌和漏涂缺陷。

检验方法：现场观察检查。

(11)管道和设备保温的允许偏差应符合《建筑给水排水及采暖工程质量验收规范》GB 50242－2002表4.4.8的规定。

(12)采暖管道安装的允许偏差应符合表6-1的规定。

表6-1 采暖管道安装的允许偏差和检验方法

<table>
<tr><th>项次</th><th colspan="3">项目</th><th>允许偏差</th><th>检验方法</th></tr>
<tr><td rowspan="4">1</td><td rowspan="4">横管道方向弯曲(mm)</td><td rowspan="2">每1m</td><td>管径≤100mm</td><td>1</td><td rowspan="4">用水平尺、直尺、拉线和尺量检查</td></tr>
<tr><td>管径>100mm</td><td>1.5</td></tr>
<tr><td rowspan="2">全长(25m以上)</td><td>管径≤100mm</td><td>≯13</td></tr>
<tr><td>管径>100mm</td><td>≯25</td></tr>
<tr><td rowspan="2">2</td><td rowspan="2">立管垂直度(mm)</td><td colspan="2">每1m</td><td>2</td><td rowspan="2">吊线和尺量检查</td></tr>
<tr><td colspan="2">全长(5m以上)</td><td>≯10</td></tr>
<tr><td rowspan="4">3</td><td rowspan="4">弯管</td><td rowspan="2">椭圆率 $\frac{D_{max}-D_{min}}{D_{max}}$</td><td>管径≤100mm</td><td>10%</td><td rowspan="4">用外卡钳和尺量检查</td></tr>
<tr><td>管径>100mm</td><td>8%</td></tr>
<tr><td rowspan="2">折皱不平度(mm)</td><td>管径≤100mm</td><td>4</td></tr>
<tr><td>管径>100mm</td><td>5</td></tr>
</table>

室内供暖管道及配件安装 分项工程质量验收记录

单位(子单位)工程名称	××工程	结构类型	框架剪力墙
分部(子分部)工程名称	卫生器具安装	检验批数	11
施工单位	××建设工程有限公司	项目经理	×××
分包单位	××机电工程有限公司	分包项目经理	×××

序号	检验批名称及部位、区段	施工单位检查评定结果	监理(建设)单位验收结论
1	地下一层供暖导、支管	√	验收合格
2	一层供暖导、支管	√	
3	二层供暖导、支管	√	
4	三层供暖导、支管	√	
5	四层供暖导、支管	√	
6	五层供暖导、支管	√	
7	六层供暖导、支管	√	
8	七层供暖导、支管	√	
9	八层供暖导、支管	√	
10	九层供暖导、支管	√	
11	十层采暖导、支管	√	

说明：

检查结论	地下一层至十层室内供暖管道及配件安装施工质量符合《建筑给水排水及采暖工程施工质量验收规范》(GB 50242－2002)的要求，室内供暖管道及配件安装分项工程合格。 项目专业技术负责人：××× 2015 年×月×日	验收结论	同意施工单位检查结论，验收合格。 监理工程师：供暖××× (建设单位项目专业技术负责人) 2015 年×月×日

注：地基基础、主体结构工程的分项工程质量验收不填写“分包单位”、“分包项目经理”。

室内供暖系统管道及配件安装质量分户验收记录表

单位工程名称	××小区3#高层住宅楼	结构类型	全现浇剪力墙	层数	地下2层,地上24层
验收部位(房号)	5单元901室	户型	三室二厅一卫	检查日期	2015年×月×日
建设单位	××房地产开发有限公司	参检人员姓名	×××	职务	建设单位代表
总包单位	××建设工程有限公司	参检人员姓名	×××	职务	质量检查员
分包单位	××机电工程有限公司	参检人员姓名	×××	职务	质量检查员
监理单位	××建设监理有限公司	参检人员姓名	×××	职务	给排水监理工程师
施工执行标准名称及编号	《建筑给水排水及采暖工程施工工艺标准》(QB ×××—2005)				

		施工质量验收规范的规定(GB 50242—2002)					施工单位检查评定记录												监理(建设)单位验收记录
主控项目	1	管道安装坡度				第8.2.1条	抽查30处,最大值35‰,最小值32‰												合格
	2	采暖系统水压试验				第8.6.1条	/												/
	3	采暖系统冲洗、试运行和调试				第8.6.2条 第8.6.3条	冲洗合格,已调试完毕,试运行正常												合格
	4	补偿的制作、安装及预拉伸				第8.2.2条 第8.2.5条 第8.2.6条	/												/
	5	平衡阀、调节阀、减压阀安装				第8.2.3条 第8.2.4条	平衡阀、调节阀型号位置正确,已进行调试												合格
一般项目	1	热量表、疏水器、除污器等				第8.2.7条	符合规范要求												合格
	2	钢管焊接				第8.2.8条	管道焊口均符合规扶要求												合格
	3	采暖入口及分户计量入户装置安装				第8.2.9条	安装位置便于检修和观察												合格
	4	管道连接及散热器支管安装				第8.2.10条、第8.2.11条 第8.2.12条、第8.2.13条 第8.2.14条、第8.2.15条	管道连接及散热器支管安装均符合规范要求												合格
	5	管道及金属支架防腐				第8.2.16条	防腐良好,无脱皮、起泡、流淌和漏涂现象												合格
	6	管道安装允许偏差	横管道纵、横方向弯曲(mm)	每1mm	管径≤100mm	1	0	0	0	0.2	0								合格
					管径>100mm	1.5	/	/	/	/	/	/	/	/	/	/	/	/	
				全长(5s以上)	管径≤100mm	≯13	4	9	12										合格
					管径>100mm	≯25	/	/	/	/	/	/	/	/	/	/	/	/	
			立管垂直度(mm)	每1m		2	1	1	1	0	1								合格
				全长(5mm)		≯10	3	2	9										合格
			弯管	每1mm	管径≤100mm	10%	4	3	5	7	6								合格
					管径>100mm	8%	/	/	/	/	/	/	/	/	/	/	/	/	
				全长(5s以上)	管径≤100mm	4	3	2	2	1	3								合格
					管径>100mm	5	/	/	/	/	/	/	/	/	/	/	/	/	
	7	管道保温允许偏差		厚度		+0.01δ −0.05δ	0	0	0	0	0								合格
				表面平整度(mm)	卷材	5	2	3	4	3	2								合格
					涂抹	10	/	/	/	/	/	/	/	/	/	/	/	/	/

复查记录	监理工程师(签章): 年 月 日 建设单位专业技术负责人(签章): 年 月 日
施工单位检查评定结果	经检查,主控项目、一般项目均符合设计和《建筑给水排水及采暖工程施工质量验收规范》(GB 50242—2002)的规定。 总包单位质量检查员(签章):××× 2015年×月×日 分包单位质量检查员(签章):××× 2015年×月×日
监理单位验收结论	验收合格。 监理工程师(签章):××× 2015年×月×日
建设单位验收结论	验收合格。 建设单位专业技术负责人(签章):××× 2015年×月×日

6.2　辅助设备安装

6.2.1　辅助设备安装资料列表

(1)施工技术资料

1)辅助设备安装技术交底记录

2)设计变更、工程洽商记录

(2) 施工物资资料

1)辅助设备的合格证;辅材(圆钢、角钢、油漆等)质量证明文件

2)材料、构配件进场检验记录

3)设备开箱检验记录

4)设备及管道附件试验记录

5)工程物资进场报验表

(3)施工试验记录及检测报告

强度严密性试验记录

(4)施工质量验收记录

1)室内供暖系统辅助设备安装检验批质量验收记录

2)室内供暖系统辅助设备安装分项工程质量验收记录

3)分项/分部工程施工报验表

(5)住宅工程质量分户验收记录表

室内供暖系统辅助设备安装质量分户验收记录表

6.2.2　辅助设备安装资料填写范例及说明

室内供暖系统辅助设备安装检验批质量验收记录

05050201_001

单位（子单位）工程名称	××大厦	分部（子分部）工程名称	建筑给水排水及供暖/室内供暖系统	分项工程名称	辅助设备安装
施工单位	××建筑有限公司	项目负责人	赵斌	检验批容量	8 台
分包单位	/	分包单位项目负责人	/	检验批部位	地下 1 层
施工依据	采暖设备安装方案		验收依据	《建筑给水排水及采暖工程质量验收规范》GB50242-2002	

		验收项目	设计要求及规范规定	最小/实际抽样数量	检查记录	检查结果
主控项目	1	水泵基础	设计要求	全/5	基础外观尺寸符合要求，强度检查试验合格，报告编号××××	√
	2	水泵试运转的轴承温升	设备说明书规定	/	/	
	3	敞口水箱满水试验和密闭水箱(罐)水压试验	第 4.4.3 条	/	/	
	4	热交换器水压试验	第 13.6.1 条	/	/	
	5	高温水循环泵与换热器相对位置	第 13.6.2 条	全/5	检查 5 处，合格 5 处	√
	6	壳管式热交换器距离墙及屋顶距离	第 13.6.3 条	/	/	
一般项目	1	水箱支架或底座安装	设计要求	3/3	检查 3 处，合格 3 处	100%
	2	水箱溢流管和泄放管安装	第 4.4.5 条	3/3	检查 3 处，合格 3 处	100%
	3	立式水泵减振装置	第 4.4.6 条	5/5	检查 5 处，合格 5 处	100%
	4	安装允许偏差 静置设备 坐标	15mm	3/3	检查 3 处，合格 3 处	100%
		安装允许偏差 静置设备 标高	±5mm	3/3	检查 3 处，合格 3 处	100%
		安装允许偏差 静置设备 垂直度(每米)	2mm	3/3	检查 3 处，合格 3 处	100%
		安装允许偏差 离心式水泵 立式垂直度(每米)	0.1mm	/	/	
		安装允许偏差 离心式水泵 卧式水平度(每米)	0.1mm	/	/	
		安装允许偏差 离心式水泵 联轴器同心度 轴向倾斜(每米)	0.8mm	/	/	
		安装允许偏差 离心式水泵 联轴器同心度 径向移位	0.1mm	/	/	
施工单位检查结果		符合要求 专业工长：刘大力 项目专业质量检查员： 2015 年××月××日				
监理单位验收结论		合格 专业监理工程师： 2015 年××月××日				

室内供暖系统辅助设备安装检验批质量验收记录填写说明

1. 填写依据

(1)《建筑给水排水及采暖工程质量验收规范》GB 50242－2002。

(2)《建筑工程施工质量验收统一标准》GB 50300－2013。

2. 规范摘要

以下内容摘自《建筑给水排水及采暖工程质量验收规范》GB 50242－2002。

(1)辅助设备及散热器安装

主控项目

水泵、水箱、热交换器等辅助设备安装的质量检验与验收应按《建筑给水排水及采暖工程质量验收规范》GB 50242－2002 第 4.4 节和第 13.6 节的相关规定执行。

(2)给水设备安装

主控项目

1)水泵就位前的基础混凝土强度、坐标、标高、尺寸和螺栓孔位置必须符合设计规定。

检验方法:对照图纸用仪器和尺量检查。

2)水泵试运转的轴承温升必须符合设备说明书的规定。

检验方法:温度计实测检查。

3)敞口水箱的满水试验和密闭水箱(罐)的水压试验必须符合设计与本细则的规定。

检验方法:满水试验静置 24h 观察,不渗不漏;水压试验在试验压力下 10min 压力不降,不渗不漏。

一般项目

1)水箱支架或底座安装,其尺寸及位置应符合设计规定,埋设平整牢固。

检验方法:对照图纸,尺量检查。

2)水箱溢流管和泄放管应设置在排水地点附近但不得与排水管直接连接。

检验方法:观察检查。

3)立式水泵的减振装置不应采用弹簧减振器。

检验方法:观察检查。

4)室内给水设备安装的允许偏差应符合表 6-2 的规定。

表 6-2　　室内给水设备安装的允许偏差和检验方法

序号	项目			允许偏差(mm)	检验方法
1	静置设备	坐标		15	经纬仪或拉线、尺量
		标高		±5	用水准仪、拉线和尺量检查
		垂直度(每米)		5	吊线和尺量检查
2	离心式水泵	立式泵体垂直度(每米)		0.1	水平尺和塞尺检查
		卧式泵体水平度(每米)		0.1	水平尺和塞尺检查
		联轴器同心度	轴向倾斜(每米)	0.8	在联轴器互相垂直的四个位置上用水准仪、百分表或测微螺钉和塞尺检查
			径向位移	0.1	

5)管道及设备保温层的厚度和平整度的允许偏差应符合表6-3的规定。

表6-3　**管道及设备保温的允许偏差和检验方法**

项次	项目		允许偏差(mm)	检验方法
1	厚度		$+0.1\delta$ -0.05δ	用钢针刺入
2	表面平整度	卷材	5	用2m靠尺和楔形塞尺检查
		涂抹	10	

注:δ为保温层厚度。

6.3　散热器安装

6.3.1　散热器安装资料列表

(1)施工技术资料

1)散热器安装技术交底记录

2)设计变更、工程洽商记录

(2) 施工物资资料

1)散热器出厂检验报告和合格证;散热器连接的主要配件(阀门、三通调节阀等)出厂合格证;辅材(圆钢、角钢、油漆等)质量证明文件

2)材料、构配件进场检验记录

3)设备开箱检验记录

4)设备及管道附件试验记录

5)工程物资进场报验表

(3)施工试验记录及检测报告

强度严密性试验记录

(4)施工质量验收记录

1)室内供暖系统散热器安装检验批质量验收记录

2)室内供暖系统散热器安装分项工程质量验收记录

3)分项/分部工程施工报验表

(5)住宅工程质量分户验收记录表

室内供暖系统散热器安装质量分户验收记录表

6.3.2 散热器安装资料填写范例及说明

设备及管道附件试验记录						编号		×××
工程名称	××工程				使用部位		3层样板间	
设备/管道附件名称	型号	规格	编号	介质	强度试验		严密性试验(MPa)	试验结果
					压力(MPa)	停压时间		
钢制散热器		8B	1	水	0.9	3min		合格
钢制散热器		11A	2	水	0.9	3min		合格
钢制散热器		9B	3	水	0.9	3min		合格
钢制散热器		20A	4	水	0.9	3min		合格
钢制散热器		14C	5	水	0.9	3min		合格
钢制散热器		6B	6	水	0.9	3min		合格
施工单位	××机电工程有限公司	试验	×××	试验日期	2015年×月×日			

本表由施工单位填写，建设单位、施工单位各保存一份。

工程物资进场报验表				编 号	×××
工 程 名 称	××工程			日 期	2015年×月×日

现报上关于 室内采暖系统 工程的物资进场检验记录，该批物资经我方检验符合设计、规范及合约要求，请予以批准使用。

物资名称	主要规格	单 位	数 量	选样报审表编号	使用部位
散热器	TC0.28/5-4	台	××	×××	1～4层

附件： 名 称 页 数 编 号

1. ☑ 出厂合格证 × 页 ×××
2. ☑ 厂家质量检验报告 × 页 ×××
3. □ 厂家质量保证书 ____ 页 ____
4. □ 商检证 ____ 页 ____
5. ☑ 进场检验记录 × 页 ×××
6. □ 进场复试报告 ____ 页 ____
7. □ 备案情况 ____ 页 ____
8. □ ____ 页

申报单位名称：××建设集团有限公司 申报人(签字)：×××

施工单位检验意见：

报验的采暖设备的质量证明文件齐全，同意报项目监理部审批。

☑有 / □无 附页

施工单位名称：××建设集团有限公司 技术负责人(签字)：××× 审核日期：2015年×月×日

验收意见：

物资质量控制资料齐全、有效。进场检验合格。

审定结论： ☑同意 □补报资料 □重新检验 □退场

监理单位名称：××建设监理有限公司 监理工程师(签字)：××× 验收日期：2015年×月×日

本表由施工单位填报，建设单位、监理单位、施工单位各存一份。

(2009)量认(国)字(L0170)号

(2008)国认监认字(219)号

No:TJX－2015151

检 验 报 告

产品名称　内腔无粘砂灰铸铁椭四柱760型散热器

委托单位　××散热器股份有限公司

检验类别　委托检验

国家散热器质量监督检验中心

国家散热器质量监督检验中心检验报告

No：TJX－2015151　　　　　　　　　　　　　　　　共2页　第1页

产品名称	内腔无粘砂灰铸铁椭四柱760型散热器	型号规格	SC(WS) TTZ4－6－6(760)
		商　标	××
受检单位	××散热器股份有限公司	检验类别	委托检验
生产单位	××散热器股份有限公司	样品等级	合格品
经销单位	/	抽样日期	2015年4月10日
抽样地点	企业成品库	抽样者	×××、×××
样品数量	8片	生产日期	2015年4月
抽样基数	240片	检验项目	全项
检验依据	Q/JN 01－2004		
检验结论	该产品按Q/JN 01－2004标准检验合格。 检验专用章 签发日期：2015年4月　日 （印章：国家散热器质量监督检验中心 检验专用章）		
备注			

批准：×××　　　　　　审核：×××　　　　　　主检：×××

国家散热器质量监督检验中心检验报告

检　测　结　果　汇　总

No：TJX－2015151　　　　共2页　第2页

序号	检验项目	技术要求	检验结果	单项评价	备注
1	压力试验(MPa)	试验压力 0.9MPa，稳压1min，无渗漏	符合要求	合格	
2	同侧进出口中心距(mm)	600±0.38	599.70～600.34	合格	
3	螺纹孔轴线与其端面垂直度(mm)	≤0.5	符合要求	合格	
4	螺纹精度	符合 JG/T 6－1999 表2规定	符合要求	合格	
5	每片质量(kg)	5.1±0.31	4.83～5.08	合格	
6	同侧进出口平面度(mm)	≤0.45	符合要求	合格	
7	螺纹孔轴线与凸缘端面轴线同轴度(mm)	≤2.0	符合要求	合格	
8	螺纹完整性	由端面向里保证3.5扣完整，不得有缺陷	符合要求	合格	
9	螺纹孔端面凹心量(mm)	不得凸心，凹心量不超过0.2	符合要求	合格	
10	螺纹端面铸造质量	凸缘端面上直径深度小于3mm的砂眼、气孔不得多于2个，相邻两气孔砂眼边缘最小距离应大于20mm，砂眼、气孔距离螺纹边缘大于3.5mm	符合要求	合格	
11	外形尺寸(mm)	高度 H=682±2.80	681.55～683.32	合格	
		宽度 B=143±1.80	142.48～144.36	合格	
		长度 L=60±0.70	59.42～60.32	合格	
12	铸造质量	散热器上不应有面积大于4×4mm深1.0mm的窝坑。不得有裂纹、疏松等缺陷	符合要求	合格	
13	错箱(mm)	≤1.0	符合要求	合格	
14	内腔粘砂	50号筛筛余芯砂残留量≤3g/片	符合要求	合格	
15	粗糙度	Ra≤50μm	符合要求	合格	

<table>
<tr><td colspan="2">强度严密性试验记录</td><td>资料编号</td><td>×××</td></tr>
<tr><td>工程名称</td><td>××办公楼工程</td><td>试验日期</td><td>2015 年 8 月 10 日</td></tr>
<tr><td>试验项目</td><td>散热器水压试验</td><td>试验部位</td><td>二层①～⑬/Ⓐ～Ⓖ轴散热器</td></tr>
<tr><td>材　　质</td><td>铸铁、钢制散热器</td><td>规　　格</td><td>TTZ4－6－6(760)、
TYZ5－230－6(375)、3067 型</td></tr>
</table>

试验要求：

采暖系统最低处的散热器工作压力为 0.6MPa，水压试验压力为最大工作压力的 1.5 倍即 0.9MPa，试验时间 3min，试验压力在试验时间内应压力不降且不渗不漏为合格。

试验记录：

散热器水压试验压力为 0.9MPa，试验从 7:30 开始，全数试验，共计××组。分两个试验台同时逐一试验。试验时均从散热器一端引入压力，升压至试验压力 0.9MPa，散热器稳压均在 3～5min 范围内。检查结果：试验压力不降，散热器各接口均无渗漏现象。试验至 10:40 结束。

试验结论：

经检查，散热器水压试验符合设计要求及《建筑给水排水及采暖工程施工质量验收规范》(GB 50242)的规定，合格。

<table>
<tr><td rowspan="3">签字栏</td><td rowspan="2">施工单位</td><td rowspan="2">××建设集团有限公司</td><td>专业技术负责人</td><td>专业质检员</td><td>专业工长</td></tr>
<tr><td>×××</td><td>×××</td><td>×××</td></tr>
<tr><td>监理(建设)单位</td><td colspan="2">××工程建设监理有限公司</td><td>专业工程师</td><td>×××</td></tr>
</table>

本表由施工单位填写。

室内供热系统散热器安装检验批质量验收记录

05050301 001

<table>
<tr><td colspan="2">单位（子单位）工程名称</td><td>××大厦</td><td>分部（子分部）工程名称</td><td>建筑给水排水及供暖/室内供暖系统</td><td>分项工程名称</td><td>散热器安装</td></tr>
<tr><td colspan="2">施工单位</td><td>××建筑有限公司</td><td>项目负责人</td><td>赵斌</td><td>检验批容量</td><td>22 组</td></tr>
<tr><td colspan="2">分包单位</td><td>/</td><td>分包单位项目负责人</td><td>/</td><td>检验批部位</td><td>1～3 层</td></tr>
<tr><td colspan="2">施工依据</td><td colspan="2">采暖工程施工组织设计</td><td>验收依据</td><td colspan="2">《建筑给水排水及采暖工程质量验收规范》GB50242-2002</td></tr>
<tr><td rowspan="2">主控项目</td><td colspan="2">验收项目</td><td>设计要求及规范规定</td><td>最小/实际抽样数量</td><td>检查记录</td><td>检查结果</td></tr>
<tr><td>1</td><td>散热器水压试验</td><td>第 8.3.1 条</td><td>/</td><td>水压试验合格，试验单编号××××</td><td>√</td></tr>
<tr><td rowspan="7">一般项目</td><td>1</td><td>散热器组对</td><td>第 8.3.3 条</td><td>全/22</td><td>检查 22 处，合格 22 处</td><td>100%</td></tr>
<tr><td>2</td><td>组对散热器的垫片</td><td>第 8.3.4 条</td><td>全/22</td><td>检查 22 处，合格 22 处</td><td>100%</td></tr>
<tr><td>3</td><td>散热器安装</td><td>第 8.3.5 条</td><td>全/22</td><td>检查 22 处，合格 22 处</td><td>100%</td></tr>
<tr><td>4</td><td>散热器背面与装饰后的墙内表面安装距离</td><td>第 8.3.6 条</td><td>全/22</td><td>检查 22 处，合格 22 处</td><td>100%</td></tr>
<tr><td rowspan="3">5 散热器安装允许偏差</td><td>散热器背面与墙内表面距离</td><td>3mm</td><td>全/22</td><td>检查 22 处，合格 22 处</td><td>100%</td></tr>
<tr><td>与窗中心线或设计定位尺寸</td><td>20mm</td><td>全/22</td><td>检查 22 处，合格 22 处</td><td>100%</td></tr>
<tr><td>散热器垂直度</td><td>3mm</td><td>全/22</td><td>检查 22 处，合格 22 处</td><td>100%</td></tr>
<tr><td colspan="2">施工单位检查结果</td><td colspan="5">符合要求
专业工长：刘大力
项目专业质量检查员：
2015 年××月××日</td></tr>
<tr><td colspan="2">监理单位验收结论</td><td colspan="5">合格
专业监理工程师：
2015 年××月××日</td></tr>
</table>

室内供暖系统散热器安装检验批质量验收记录填写说明

1. 填写依据

(1)《建筑给水排水及采暖工程质量验收规范》GB 50242－2002。

(2)《建筑工程施工质量验收统一标准》GB 50300－2013。

2. 规范摘要

以下内容摘自《建筑给水排水及采暖工程质量验收规范》GB 50242－2002。

主控项目

(1)散热器组对后,以及整组出厂的散热器在安装之前应作水压试验。试验压力如设计无要求时应为工作压力的 1.5 倍,但不小于 0.6MPa。

检验方法:试验时间为 2～3min,压力不降且不渗不漏。

(2)水泵、水箱、热交换器等辅助设备安装的质量检验与验收应按《建筑给水排水及采暖工程质量验收规范》GB 50242－2002 第 4.4 节和第 13.6 节的相关规定执行。

一般项目

(1)散热器组对应平直紧密,组对后的平直度应符合表 6-4 规定。

检验方法:拉线和尺量。

表 6-4　组对后的散热器平直度允许偏差

项次	散热器类型	片数	允许偏差(mm)
1	长翼型	2～4	4
		5～7	6
2	铸铁片式 钢制片式	3～15	4
		16～25	6

(2)组对散热器的垫片应符合下列规定:

1)组对散热器垫片应使用成品,组对后垫片外露不应大于 1mm。

2)散热器垫片材质当设计无要求时,应采用耐热橡胶。

检验方法:观察和尺量检查。

(3)散热器支架、托架安装,位置应准确,埋设牢固。散热器支架、托架数量,应符合设计或产品说明书要求。如设计未注时,则应符合表 6-5 的规定。

检验方法:现场清点检查。

表 6-5　散热器托架或卡架数量表

项次	散热器形式	安装方式	每组片数	上部托钩或卡架数	下部托钩或卡架数	总计
1	长翼型	挂墙	2～4	1	2	3
			5	2	2	4
			6	2	3	5
			7	2	4	6

续表

项次	散热器形式	安装方式	每组片数	上部托钩或卡架数	下部托钩或卡架数	总计
2	柱型 柱翼型	挂墙	3～8	1	2	3
			9～12	1	3	4
			13～16	2	4	6
			17～20	2	5	7
			21～25	2	6	8
3	柱型 柱翼型	带足片落地	3～8	1	—	1
			9～12	1	—	1
			13～16	2	—	2
			17～20	2	—	2
			21～25	2	—	2

(4)散热器背面与装饰后的墙内表面安装距离，应符合设计或产品说明书要求。如设计未注明，应为30mm。

检验方法：尺量检查。

(5)散热器安装允许偏差应符合表6-6的规定。

表6-6　散热器安装允许偏差和检验方法

项次	项目	允许偏差(mm)	检验方法
1	散热器背面与墙内表面距离	3	尺量
2	与窗中心线或设计定位尺寸	20	
3	散热器垂直度	3	吊线和尺量

(6)铸铁或钢制散热器表面的防腐及面漆应附着良好，色泽均匀，无脱落、起泡、流淌和漏涂缺陷。

检验方法：现场观察。

6.4　低温热水地板辐射供暖系统安装

6.4.1　低温热水地板辐射供暖系统安装资料列表

(1)施工技术资料

1)低温热水地板辐射供暖系统安装技术交底记录

2)设计变更、工程洽商记录

(2)施工物资资料

1)主要管材、管件出厂合格证、检验证明、使用说明书,进口材料的商检证明

2)绝热材料产品质量合格证、检测报告

3)辅材出厂合格证及材质证明报告

4)材料、构配件进场检验记录

5)工程物资进场报验表

(3)施工记录

1)隐蔽工程验收记录

2)施工检查记录

(4)施工试验记录及检测报告

1)强度严密性试验记录

2)冲(吹)洗试验记录

3)管道系统内带压观测记录

(5)施工质量验收记录

1)室内供暖系统低温热水地板辐射供暖系统安装检验批质量验收记录

2)室内供暖系统低温热水地板辐射供暖系统安装分项工程质量验收记录

3)分项/分部工程施工报验表

(6)住宅工程质量分户验收记录表

室内供暖系统低温热水地板辐射供暖系统安装质量分户验收记录表

6.4.2　低温热水地板辐射供暖系统安装资料填写范例及说明

<table>
<tr><td colspan="2">强度严密性试验记录</td><td>编　　号</td><td>×××</td></tr>
<tr><td>工程名称</td><td>××工程</td><td>试验日期</td><td>2015 年×月×日</td></tr>
<tr><td>试验项目</td><td>低温热水地板盘管压力</td><td>试验部位</td><td>一层大厅</td></tr>
<tr><td>材　　质</td><td>FEX</td><td>规　　格</td><td>ϕ20</td></tr>
<tr><td colspan="4">试验要求：
盘管铺设完毕隐蔽前必须进行水压试验，试验压力为工作压力的 1.5 倍，但不得小于 0.60MPa，本工程为 0.70MPa，试压稳压 1h 内压力降不大于 0.05MPa，且不渗不漏。</td></tr>
<tr><td colspan="4">试验记录：
8:30，对连接好的地热盘管进行检查，从分集水器处接上压力表及加压泵，关闭分、集水器的供回管阀门，对地热盘管进行注水、排气、打压，至 9:10，压力表读数升至 0.70MPa，停止加压，对地热盘管及集水器进行检查，没有发现盘管有破损漏水现象，分集水器接口处亦无渗漏。观察至 10:10，压力表读数为 0.68MPa。然后拆除加压泵泄压至 0.46MPa，开始做填充层进行隐蔽。</td></tr>
<tr><td colspan="4">试验结论：
一层大厅内热水地板盘管水压试验符合设计要求和《建筑给水排水及采暖工程施工质量验收规范》(GB 50242—2002)的规定，合格。</td></tr>
</table>

<table>
<tr><td rowspan="3">签字栏</td><td rowspan="2">建设(监理)单位</td><td>施工单位</td><td colspan="2">××机电工程有限公司</td></tr>
<tr><td>专业技术负责人</td><td>专业质检员</td><td>专业工长</td></tr>
<tr><td>×××</td><td>×××</td><td>×××</td><td>×××</td></tr>
</table>

本表由施工单位填写，建设单位、施工单位、城建档案馆各保存一份。

室内供暖系统低温热水地板辐射供暖系统安装检验批质量验收记录

05050401 001

单位（子单位）工程名称	××大厦	分部（子分部）工程名称	建筑给水排水及供暖/室内供暖系统	分项工程名称	低温热水地板辐射供暖系统安装
施工单位	××建筑有限公司	项目负责人	赵斌	检验批容量	1 套
分包单位	/	分包单位项目负责人	/	检验批部位	1 层
施工依据	采暖工程施工组织设计		验收依据	《建筑给水排水及采暖工程质量验收规范》GB50242-2002	

		验收项目	设计要求及规范规定	最小/实际抽样数量	检查记录	检查结果
主控项目	1	加热盘管埋地	第 8.5.1 条	全/10	检查 10 处，格 10 处	√
	2	加热盘管水压试验	第 8.5.2 条	/	/	
	3	加热盘管弯曲的曲率半径	第 8.5.3 条	全/10	检查 10 处，合格 10 处	√
一般项目	1	分、集水器规格及安装	设计要求	3/3	检查 3 处，合格 3 处	100%
	2	加热盘管安装	第 8.5.5 条	10/10	检查 10 处，合格 10 处	100%
	3	防潮层、防水层、隔热层、伸缩缝	设计要求	10/10	检查 10 处，合格 10 处	100%
	4	填充层混凝土强度	设计要求 C35	/	强度试验合格，报告编号××××	√
施工单位检查结果	符合要求 专业工长：（签名） 项目专业质量检查员：（签名） 2015 年××月××日					
监理单位验收结论	合格 专业监理工程师：（签名） 2015 年××月××日					

室内供暖系统低温热水地板辐射供暖系统安装检验批质量验收记录填写说明

1. 填写依据

(1)《建筑给水排水及采暖工程质量验收规范》GB 50242—2002。

(2)《建筑工程施工质量验收统一标准》GB 50300—2013。

2. 规范摘要

以下内容摘自《建筑给水排水及采暖工程质量验收规范》GB 50242—2002。

主控项目

(1)地面下敷设的盘管埋地部分不应有接头。

检验方法:隐蔽前现场查看。

(2)盘管隐蔽前必须进行水压试验,试验压力为工作压力的1.5倍,但不小于0.6MPa。

检验方法:稳压1h内压力降不大于0.05MPa且不渗不漏。

(3)加热盘管弯曲部分不得出现硬折弯现象,曲率半径应符合下列规定:

1)塑料管:不应小于管道外径的8倍。

2)复合管:不应小于管道外径的5倍。

检验方法:尺量检查

一般项目

(1)分、集水器型号、规格、公称压力及安装位置、高度等应符合设计要求。

检验方法:对照图纸及产品说明书,尺量检查。

(2)加热盘管管径、间距和长度应符合设计要求。间距偏差不大于±10mm。

检验方法:拉线和尺量检查。

(3)防潮层、防水层、隔热层及伸缩缝应符合设计要求。

检验方法:填充层浇灌前观察检查。

(4)填充层强度标号应符合设计要求。

检验方法:作试块抗压试验。

6.5　试验与调试

6.5.1　室内供暖系统水压试验与调试资料列表

(1)施工技术资料

1)室内采暖系统水压试验及调试技术交底记录

2)设计变更、工程洽商记录

(2)施工试验记录及检测报告

1)强度严密性试验记录

2)冲(吹)洗试验记录

3)系统试运转调试记录

4)房间温度测试平面图

(3)施工质量验收记录

1)室内供暖系统试验与调试检验批质量验收记录

2)室内供暖系统试验与调试分项工程质量验收记录

3)分项/分部工程施工报验表

(4)住宅工程质量分户验收记录表

室内供暖系统试验与调试质量分户验收记录表

6.5.2　室内供暖系统水压试验与调试资料填写范例及说明

强度严密性试验记录		编　号	×××
工程名称	××工程	试验日期	2015年×月×日
试验项目	室内采暖系统综合试压	试验部位	低区采暖系统(1～6层)
材　质	焊接钢管、铝塑复合管	规　格	DN125～DN25，D_e20

试验要求：

本系统为钢管系统。试验压力应为系统顶点工作压力加0.1MPa水压试验，同时在系统顶点的试验压力不小于0.3MPa。应在试验压力下10min内压力降不大于0.02MPa，降至工作压力后检查，不渗不漏。

试验记录：

试验压力表设在采暖入口处一块，手摇加压泵亦设在入口。因本次试压为地下采暖回水干管试压，按设计给出的试验压力进行试压，即入口处试验压力为0.70MPa。首先用自来水向管道充水，待管道充满水后，在下午2:40在入口处缓慢加压，至3:20压力升至工作压力0.46MPa，检查管道无渗漏。继续加压，至3:59压力升至0.70MPa，观察10min，压力降至0.693MPa(压降0.007MPa)。再把压力降至0.46MPa，持续检查管道至5:10，管道及各连接处不渗不漏。

试验结论：

低区采暖系统水压试验符合设计要求和《建筑给水排水及采暖工程施工质量验收规范》(GB 50242—2002)的规定，合格。

签字栏	建设(监理)单位	施工单位	××机电工程有限公司	
		专业技术负责人	专业质检员	专业工长
	×××	×××	×××	×××

本表由施工单位填写，建设单位、施工单位、城建档案馆各保存一份。

<table>
<tr><td colspan="2">强度严密性试验记录</td><td>资料编号</td><td>×××</td></tr>
<tr><td>工程名称</td><td>××办公楼工程</td><td>试验日期</td><td>2015 年 12 月 20 日</td></tr>
<tr><td>试验项目</td><td>采暖系统综合试压</td><td>试验部位</td><td>一层至屋顶水箱间（西区）采暖系统</td></tr>
<tr><td>材　　质</td><td>焊接钢管</td><td>规　　格</td><td>DN100、DN80、DN70、DN50、DN40、DN32、DN25、DN20、DN15</td></tr>
<tr><td colspan="4">试验要求：
试验用压力表设在一层手压泵出口处和系统顶点各一个。首层水压试验值为 0.6MPa，系统顶点水压试验值为 0.4MPa，在试验压力下观测 10min，压力降不大于 0.02MPa，然后将系统顶点试验压力降至工作压力 0.3MPa 后检查，不渗不漏为合格。</td></tr>
<tr><td colspan="4">试验记录：
试验用压力表设在一层手压泵出口处和系统顶点各一个。从 14:00 开始对系统管道进行上水并加压，同时排汽，至 14:30，首层表压试验值升至 0.6MPa，系统顶点表压试验值升至 0.4MPa。关闭供水阀门后进行观测，至 14:40，首层压力表降至 0.59MPa（压力降 0.01MPa），系统顶点压力表降至 0.39MPa（压力降 0.01MPa），然后将系统顶点试验压力降至工作压力 0.3MPa，同时检查管道及各接口，没有渗漏现象。</td></tr>
<tr><td colspan="4">试验结论：
经检查，试验方式、过程及结果均符合设计要求和《建筑给水排水及采暖工程施工质量验收规范》（GB 50242）的规定，合格。</td></tr>
</table>

<table>
<tr><td rowspan="3">签字栏</td><td rowspan="2">施工单位</td><td rowspan="2">××建设集团有限公司</td><td>专业技术负责人</td><td>专业质检员</td><td>专业工长</td></tr>
<tr><td>×××</td><td>×××</td><td>×××</td></tr>
<tr><td>监理（建设）单位</td><td colspan="2">××工程建设监理有限公司</td><td>专业工程师</td><td>×××</td></tr>
</table>

本表由施工单位填写。

<table>
<tr><td colspan="2">吹(冲)洗(脱脂)试验记录</td><td>编　　号</td><td>×××</td></tr>
<tr><td>工程名称</td><td>××工程</td><td>试验日期</td><td>2015 年×月×日</td></tr>
<tr><td>预检项目</td><td>采暖系统</td><td>试验部位</td><td>1～6 层低区系统</td></tr>
<tr><td>试验介质</td><td>自来水</td><td>试验方式</td><td>水冲洗</td></tr>
<tr><td colspan="4">试验记录：
采暖系统为上供下回系统，管道为 DN100～DN15 进行冲洗，接入临时冲洗管道和加压水泵。先进行供水导管和供水主立管的冲洗，然后按照供暖的热水循环水流方向进行系统的冲洗。水流速度 1.7m/s。以工作压力用加压泵往管道内加压进行冲洗，从回水导管排放观察水质情况，目测排水水质与供水水质一样，无杂质，冲洗结束。</td></tr>
<tr><td colspan="4">试验结论：
经检查，冲洗试验符合设计要求和《建筑给水排水及采暖工程施工质量验收规范》(GB 50242—2002)的规定，合格。</td></tr>
</table>

<table>
<tr><td rowspan="3">签字栏</td><td rowspan="2">建设(监理)单位</td><td>施工单位</td><td colspan="2">××机电工程有限公司</td></tr>
<tr><td>专业技术负责人</td><td>专业质检员</td><td>专业工长</td></tr>
<tr><td>×××</td><td>×××</td><td>×××</td><td>×××</td></tr>
</table>

本表由施工单位填写并保存。

系统试运转调试记录		编　　号	×××
工程名称	××工程	试运转 调试时间	2015 年×月×日
试运转 调试项目	采暖系统调试	试运转 调试部位	1～6 层低区系统

试运转、调试内容：

系统所有的阀门、自动放风阀等附件全部安装完毕；压力试验、冲洗试验均已合格。

关闭总供水阀门，开启总回水阀门，使水充满系统的立支管后开启总供水阀门，关闭循环管阀门，使系统正常循环运行。

正常供暖 0.5h 后检查系统，没有发现管道不热的现象；供暖 24h 后，采暖入户的供、回水参数符合设计要求，住户逐屋进行室温测量，遇到温度不符合设计要求的，调节温控阀，重新测量室内温度，直至所有室内温度均符合设计要求。

试运转、调试结论：

经检查，系统调试符合设计要求和《建筑给水排水及采暖工程施工质量验收规范》(GB 50242—2002)的规定，同意验收。

建设单位	监理单位	施工单位
×××	×××	×××

本表由施工单位填写并保存。

<table>
<tr><td colspan="2">系统试运转调试记录</td><td>资料编号</td><td>×××</td></tr>
<tr><td>工程名称</td><td>××办公楼工程</td><td>试运转
调试时间</td><td>2015.2.25.9时～
2015.2.26.12时</td></tr>
<tr><td>试运转
调试项目</td><td>采暖系统调试</td><td>试运转
调试部位</td><td>一层至屋顶水箱间
(西区)采暖系统</td></tr>
<tr><td colspan="4">试运转、调试内容：

本工程采暖系统为上供下回单管异程式供暖系统，供回水干管分别设于顶层F11层及B01层，末端高点设有集气罐。系统管道采用焊接钢管，散热器采用铸铁、钢制散热器。
西区于2月25日9时开始正式通暖，至2月26日12时，西区供热管道及散热器受热情况基本均匀，各阀门开启灵活，管道、设备、散热器等接口处均不渗不漏。
经进行室温测量，办公室内温度均在18℃～20℃内，卫生间及走道温度在12℃～16℃之间。设计温度为办公室内温度18℃，卫生间及走道温度15℃。</td></tr>
<tr><td colspan="4">试运转、调试结论：

经检查，采暖系统调试符合设计要求和《建筑给水排水及采暖工程施工质量验收规范》(GB 50242)的规定，调试合格。</td></tr>
</table>

签字栏	建设单位	监理单位	施工单位
	×××	×××	×××

本表由施工单位填写。

室内供暖系统试验与调试检验批质量验收记录

05050901_001_

<table>
<tr><td>单位（子单位）工程名称</td><td colspan="2">××大厦</td><td>分部（子分部）工程名称</td><td>建筑给水排水及供暖/室内供暖系统</td><td>分项工程名称</td><td>试验与调试</td></tr>
<tr><td>施工单位</td><td colspan="2">××建筑有限公司</td><td>项目负责人</td><td>赵斌</td><td>检验批容量</td><td>1 套</td></tr>
<tr><td>分包单位</td><td colspan="2">/</td><td>分包单位项目负责人</td><td>/</td><td>检验批部位</td><td>1～3 层</td></tr>
<tr><td>施工依据</td><td colspan="3">采暖工程施工组织设计</td><td>验收依据</td><td colspan="2">《建筑给水排水及采暖工程质量验收规范》GB50242-2002</td></tr>
<tr><td rowspan="4">主控项目</td><td colspan="2">验收项目</td><td>设计要求及规范规定</td><td>最小/实际抽样数量</td><td>检查记录</td><td>检查结果</td></tr>
<tr><td>1</td><td>系统水压试验</td><td>第 8.6.1 条</td><td>/</td><td>水压试验合格，试验单编号××××</td><td>√</td></tr>
<tr><td>2</td><td>冲洗系统，清扫过滤器及除污器</td><td>第 8.6.2 条</td><td>10/10</td><td>检查 10 处，合格 10 处</td><td>√</td></tr>
<tr><td>3</td><td>系统试运行和调试</td><td>设计要求</td><td>/</td><td>系统试运行合格，调试单编号××××</td><td>√</td></tr>
<tr><td>施工单位检查结果</td><td colspan="6">符合要求
专业工长：
项目专业质量检查员：
2015 年××月××日</td></tr>
<tr><td>监理单位验收结论</td><td colspan="6">合格
专业监理工程师：
2015 年××月××日</td></tr>
</table>

室内供暖系统试验与调试检验批质量验收记录填写说明

1. 填写依据

(1)《建筑给水排水及采暖工程质量验收规范》GB 50242－2002。

(2)《建筑工程施工质量验收统一标准》GB 50300－2013。

2. 规范摘要

以下内容摘自《建筑给水排水及采暖工程质量验收规范》GB 50242－2002。

系统水压试验及调试

主控项目

(1)采暖系统安装完毕,管道保温之前应进行水压试验。试验压力应符合设计要求。当设计未注明时,应符合下列规定:

1)蒸汽、热水采暖系统,应以系统顶点工作压力加 0.1MPa 作水压试验,同时在系统顶点的试验压力不小于 0.3MPa。

2)高温热水采暖系统,试验压力应为系统顶点工作压力加 0.4MPa。

3)使用塑料管及复合管的热水采暖系统,应以系统顶点工作压力加 0.2MPa 作水压试验,同时在系统顶点的试验压力不小于 0.4MPa。

检验方法:使用钢管及复合管的采暖系统应在试验压力下 10min 内压力降不大于 0.02MPa,降至工作压力后检查,不渗、不漏;

使用塑料管的采暖系统应在试验压力下 1h 内压力降不大于 0.05MPa,然后降压至工作压力的 1.15 倍,稳压 2h,压力降不大于 0.03MPa,同时各连接处不渗、不漏。

(2)系统试压合格后,应对系统进行冲洗并清扫过滤器及除污器。

检验方法:现场观察,直至排出水不含泥沙、铁屑等杂质,且水色不浑浊为合格。

(3)系统冲洗完毕应充水、加热,进行试运行和调试。

检验方法:观察、测量室温应满足设计要求。

6.6　防腐

室内供暖系统防腐检验批质量验收记录

05051001_001

单位（子单位）工程名称	××大厦	分部（子分部）工程名称	建筑给水排水及供暖/室内供暖系统	分项工程名称	防腐
施工单位	××建筑有限公司	项目负责人	赵斌	检验批容量	1 套
分包单位	/	分包单位项目负责人	/	检验批部位	1 单元
施工依据	采暖工程施工组织设计		验收依据	《建筑给水排水及采暖工程质量验收规范》GB50242-2002	

		验收项目	设计要求及规范规定	最小/实际抽样数量	检查记录	检查结果
一般项目	1	管道、金属支架和设备的防腐和涂漆	应附着良好，无脱皮、起泡、流淌和漏涂缺陷	10/10	检查 10 处，合格 10 处	√
	2	铸铁或钢制散热器表面的防腐及面漆	应附着均匀，无脱落、起泡、流淌和漏涂缺陷	10/10	检查 10 处，合格 10 处	√

施工单位检查结果	符合要求 专业工长： 项目专业质量检查员： 2015 年××月××日
监理单位验收结论	合格 专业监理工程师： 2015 年××月××日

室内供暖系统防腐检验批质量验收记录填写说明

1. 填写依据

(1)《建筑给水排水及采暖工程质量验收规范》GB 50242－2002。

(2)《建筑工程施工质量验收统一标准》GB 50300－2013。

2. 规范摘要

以下内容摘自《建筑给水排水及采暖工程质量验收规范》GB 50242－2002。

(1)管道、金属支架和设备的防腐和涂漆应附着良好,无脱皮、起泡、流淌和漏涂缺陷。

检验方法:现场观察检查。

(2)铸铁或钢制散热器表面的防腐及面漆应附着良好,色泽均匀,无脱落、起泡、流淌和漏涂缺陷。

检验方法:现场观察。

6.7　绝热

室内供暖系统绝热检验批质量验收记录

05051101_001

<table>
<tr><td>单位（子单位）工程名称</td><td colspan="3">××大厦</td><td>分部（子分部）工程名称</td><td>建筑给水排水及供暖/室内供暖系统</td><td>分项工程名称</td><td>绝热</td></tr>
<tr><td>施工单位</td><td colspan="3">××建筑有限公司</td><td>项目负责人</td><td>赵斌</td><td>检验批容量</td><td>1 套</td></tr>
<tr><td>分包单位</td><td colspan="3">/</td><td>分包单位项目负责人</td><td>/</td><td>检验批部位</td><td>1～3 层</td></tr>
<tr><td>施工依据</td><td colspan="4">采暖工程施工组织设计</td><td>验收依据</td><td colspan="2">《建筑给水排水及采暖工程质量验收规范》GB50242-2002</td></tr>
<tr><td rowspan="4">一般项目</td><td colspan="4">验收项目</td><td>设计要求及规范规定</td><td>最小/实际抽样数量</td><td>检查记录</td><td>检查结果</td></tr>
<tr><td rowspan="3">1</td><td rowspan="3">保温层允许偏差</td><td colspan="2">厚度δ</td><td>+0.1δ
-0.05δ</td><td>10/10</td><td>检查 10 处，合格 9 处</td><td>90%</td></tr>
<tr><td rowspan="2">表面平整度</td><td>卷材</td><td>5mm</td><td>10/10</td><td>检查 10 处，合格 9 处</td><td>90%</td></tr>
<tr><td>涂料</td><td>10mm</td><td>/</td><td>/</td><td></td></tr>
<tr><td colspan="2">施工单位检查结果</td><td colspan="7">符合要求
专业工长：
项目专业质量检查员：
2015 年××月××日</td></tr>
<tr><td colspan="2">监理单位验收结论</td><td colspan="7">合格
专业监理工程师：
2015 年××月××日</td></tr>
</table>

室内供暖系统绝热检验批质量验收记录填写说明

1. 填写依据

(1)《建筑给水排水及采暖工程质量验收规范》GB 50242－2002。

(2)《建筑工程施工质量验收统一标准》GB 50300－2013。

2. 规范摘要

以下内容摘自《建筑给水排水及采暖工程质量验收规范》GB 50242－2002。

管道及设备保温层的厚度和平整度的允许偏差应符合表6-7的规定。

表6-7　　管道及设备保温的允许偏差和检验方法

项次	项目		允许偏差(mm)	检验方法
1	厚度		$+0.1\delta$ -0.05δ	用钢针刺入
2	表面平整度	卷材	5	用2m靠尺和楔形塞尺检查
		涂抹	10	

注：δ为保温层厚度。

第7章 室外给水管网

7.1 给水管道安装

7.1.1 给水管道安装资料列表

(1)施工管理资料

开工报告

(2)施工技术资料

1)室外给水管道安装技术交底记录

2)图纸会审记录、设计变更、工程洽商记录

(3)施工物资资料

1)金属管材、管件出厂合格证、质量证明书、检测报告;塑料管、复合管等管材、管件、接口密封材料出厂合格证、卫生检验部门的材料卫生检测报告和认证文件

2)阀门、法兰及其他设备的产品质量合格证、检测报告。水表出厂合格证、计量检定证书

3)材料、构配件进场检验记录

4)设备开箱检验记录

5)工程物资进场报验表

(4)施工记录

1)隐蔽工程验收记录

2)施工检查记录

(5)施工试验记录及检测报告

1)室外给水管道水压试验记录

2)管道冲(吹)洗试验记录

3)饮用水管道系统消毒试验记录

(6)施工质量验收记录

1)室外给水管网给水管道安装检验批质量验收记录

2)室外给水管网给水管道安装分项工程质量验收记录

3)分项/分部工程施工报验表

7.1.2　给水管道安装资料填写范例及说明

<table>
<tr><td colspan="5">室外给水管道水压试验记录</td><td>编　　号</td><td>×××</td></tr>
<tr><td colspan="3">工程名称</td><td colspan="4">××供水管道工程</td></tr>
<tr><td colspan="3">施工单位</td><td colspan="4">××供水工程有限公司</td></tr>
<tr><td colspan="3">桩号及地段</td><td colspan="2">1＋928.6～2＋605.3</td><td>试验日期</td><td>2015年×月×日</td></tr>
<tr><td colspan="3">管道内径(mm)</td><td colspan="2">管道材质</td><td>接口种类</td><td>试验段长度(m)</td></tr>
<tr><td colspan="3">DN 600</td><td colspan="2">球墨铸铁管</td><td>膨胀水泥承插接口</td><td>676.7</td></tr>
<tr><td colspan="3">设计最大工作压力(MPa)</td><td colspan="2">试验压力(MPa)</td><td>10min降压值(MPa)</td><td>允许渗水量L/(min)·(km)</td></tr>
<tr><td colspan="3">0.48</td><td colspan="2">0.96</td><td>0.035</td><td>2.4</td></tr>
<tr><td rowspan="12">试验方法</td><td rowspan="4">注水法</td><td>次数</td><td>达到试验压力的时间(t_1)</td><td>恒压结束时间(t_2)</td><td>恒压时间内注入的水量W(L)</td><td>渗水量q(L/min)</td></tr>
<tr><td>1</td><td>9:25</td><td>11:35</td><td>222</td><td>0.002416</td></tr>
<tr><td>2</td><td>14:40</td><td>16:45</td><td>138</td><td>0.001562</td></tr>
<tr><td>3</td><td></td><td></td><td></td><td></td></tr>
<tr><td colspan="3">折合平均渗水量</td><td>1.989</td><td colspan="2">L(min)·(km)</td></tr>
<tr><td rowspan="4">放水法</td><td>次数</td><td>由试验压力降压0.1MPa的时间t_1(min)</td><td>由试验压力放水下降0.1MPa的时间t_2(min)</td><td>由试验压力放水下降0.1MPa的放水量W(L)</td><td>渗水量q(Lomin)</td></tr>
<tr><td>1</td><td></td><td></td><td></td><td></td></tr>
<tr><td>2</td><td></td><td></td><td></td><td></td></tr>
<tr><td>3</td><td></td><td></td><td></td><td></td></tr>
<tr><td colspan="3">折合平均渗水量</td><td></td><td colspan="2">L(min)·(km)</td></tr>
<tr><td colspan="2">外　观</td><td colspan="5">管道压力升至试验压力,恒压10min,管道无破损、无可见变形、无渗漏</td></tr>
<tr><td colspan="2">试验结论</td><td>强度试验</td><td>合格</td><td>严密性试验</td><td colspan="2">合格</td></tr>
<tr><td colspan="3" rowspan="2">监理(建设)单位</td><td rowspan="2">设计单位</td><td colspan="3">施 工 单 位</td></tr>
<tr><td colspan="2">技术负责人</td><td>质 检 员</td></tr>
<tr><td colspan="3">×××</td><td>×××</td><td colspan="2">×××</td><td>×××</td></tr>
</table>

本表由施工单位填写,城建档案馆、建设单位、施工单位保存。

室外给水管道水压试验记录			编　　号	×××
工程名称	××供水管道工程			
施工单位	××供水工程有限公司			
桩号及地段	1＋928.6～2＋605.3		试验日期	2015年×月×日
管道内径（mm）	管道材质	接口种类		试验段长度(m)
DN 600	球墨铸铁管	膨胀水泥承插接口		676.7
工作压力（MPa）	试验压力（MPa）	10min降压值（MPa）		允许渗水量 L/(min)·(km)
0.48	0.96	0.035		2.4

试验方法		次数	达到试验压力的时间(t_1)	恒压结束时间(t_2)	恒压时间内注入的水量*W*(L)	渗水量*q*(L/min)
	注水法					
		折合平均渗水量		L/(min)·(km)		
	放水法	次数	由试验压力降压0.1MPa的时间 t_1(min)	由试验压力放水下降0.1MPa的时间 t_2(min)	由试验压力放水下降0.1MPa的放水量*W*(L)	渗水量*q*(L/min)
		1	36.7	5.2	38.6	0.001734
		2				
		3				
		折合平均渗水量	1.734	L/(min)·(km)		

外观	管道压力升至试验压力，恒压10min，管道无破损、无可见变形、无渗漏			
试验结论	强度试验	合格	严密性试验	合格
监理(建设)单位	设计单位	施工单位		
		技术负责人	质检员	
×××	×××	×××	×××	

本表由施工单位填写，城建档案馆、建设单位、施工单位保存。

室外给水管网给水管道安装检验批质量验收记录

05060101 001

单位（子单位）工程名称	××大厦	分部（子分部）工程名称	建筑给水排水及供暖/室外给水管网	分项工程名称	给水管道安装
施工单位	××建筑有限公司	项目负责人	赵斌	检验批容量	150m
分包单位	/	分包单位项目负责人	/	检验批部位	给水管道
施工依据	室外管道安装施工组织设计	验收依据	《建筑给水排水及采暖工程质量验收规范》GB50242-2002		

		验收项目	设计要求及规范规定	最小/实际抽样数量	检查记录	检查结果
主控项目	1	埋地管道覆土深度	第 9.2.1 条	全/5	检查 5 处，合格 5 处	√
	2	给水管道不得直接穿越污染源	第 9.2.2 条	/	/	
	3	管道上可拆和易腐件，不埋在土中	第 9.2.3 条	全/3	检查 3 处，合格 3 处	√
	4	管井内安装与井壁的距离	第 9.2.4 条	全/3	检查 3 处，合格 3 处	√
	5	管道的水压试验	第 9.2.5 条	/	/	
	6	埋地管道的防腐	第 9.2.6 条	全/5	检查 5 处，合格 5 处	√
	7	管道的冲洗与消毒	第 9.2.7 条	全/5	检查 5 处，合格 5 处	√
一般项目	1	管道和支架的涂漆	第 9.2.9 条	/	/	
	2	阀门、水表安装位置	第 9.2.10 条	全/3	检查 3 处，合格 3 处	100%
	3	给水与污水管平行铺设的最小间距	第 9.2.11 条	全/2	检查 2 处，合格 2 处	100%
	4	铸铁管承插捻口连接的对口间隙	第 9.2.12 条	/	/	
		铸铁管沿直线敷设，承插捻口连接的环型间隙	第 9.2.13 条	/	/	
		捻口用的油麻填料必须清洁，填塞后应捻实	第 9.2.14 条	/	/	
		捻口用水泥强度应不低于 32.5MPa，接口水泥应密实饱满	第 9.2.15 条	/	/	
		采用水泥捻口的给水铸铁管，在安装地点有侵蚀性的地下水时，应在接口处涂抹沥清防腐层	第 9.2.16 条	/	/	
		橡胶圈接口的埋地给水管道	第 9.2.17 条	/	/	
	5	管道安装允许偏差 坐标 铸铁管 埋地	100mm	/	/	
		管道安装允许偏差 坐标 铸铁管 敷设在沟槽内	50mm	/	/	
		管道安装允许偏差 坐标 钢管、塑料管、复合管 埋地	100mm	全/10	检查 10 处，合格 10 处	100%
		管道安装允许偏差 坐标 钢管、塑料管、复合管 敷沟内或架空	40mm	/	/	
		管道安装允许偏差 标高 铸铁管 埋地	±50mm	/	/	
		管道安装允许偏差 标高 铸铁管 敷设地沟内	±30mm	/	/	
		管道安装允许偏差 标高 钢管、塑料管、复合管 埋地	±50mm	全/10	检查 10 处，合格 10 处	100%
		管道安装允许偏差 标高 钢管、塑料管、复合管 敷沟内或架空	±30mm	/	/	
		管道安装允许偏差 水平管纵向横向弯曲 铸铁管 直段(25m 以上)起点～终点	40mm	/	/	
		管道安装允许偏差 水平管纵向横向弯曲 钢管、塑料管、复合管 直段(25m 以上)起点～终点	30mm	全/5	检查 5 处，合格 5 处	100%

施工单位检查结果	符合要求　　专业工长：[签名]　　项目专业质量检查员：[签名]　　2015 年××月××日
监理单位验收结论	合格　　专业监理工程师：[签名]　　2015 年××月××日

室外给水管网给水管道安装检验批质量验收记录填写说明

1. 填写依据

(1)《建筑给水排水及采暖工程质量验收规范》GB 50242－2002。

(2)《建筑工程施工质量验收统一标准》GB 50300－2013。

2. 规范摘要

以下内容摘自《建筑给水排水及采暖工程质量验收规范》GB 50242－2002。

主控项目

(1)给水管道在埋地敷设时，应在当地的冰冻线以下，如必须在冰冻线以上铺设时，应做可靠的保温防潮措施。在无冰冻地区，埋地敷设时，管顶的覆土埋深不得小于 500 mm，穿越道路部位的埋深不得小于 700mm。

检验方法：现场观察检查。

(2)给水管道不得直接穿越污水井、化粪池、公共厕所等污染源。

检验方法：观察检查。

(3)管道接口法兰、卡扣、卡箍等应安装在检查井或地沟内，不应埋在土壤中。

检验方法：观察检查。

(4)给水系统各种井室内的管道安装，如设计无要求，井壁距法兰或承口的距离：管径小于或等于 450mm 时，不得小于 250mm；管径大于 450mm 时，不得小于 350 mm。

检验方法：尺量检查。

(5)管网必须进行水压试验，试验压力为工作压力的 1.5 倍，但不得小于 0.6MPa。

检验方法：管材为钢管、铸铁管时，试验压力下 10min 内压力降不应大于 0.05MPa，然后降至工作压力进行检查，压力应保持不变，不渗不漏；管材为塑料管时，试验压力下，稳压 1h 压力降不大于 0.05MPa，然后降至工作压力进行检查，压力应保持不变，不渗不漏。

(6)镀锌钢管、钢管的埋地防腐必须符合设计要求，如设计无规定时，可按表 7-1 的规定执行。卷材与管材间应粘贴牢固，无空鼓、滑移、接口不严等。

检验方法：观察和切开防腐层检查。

表 7-1　　管理防腐层种类

防腐层层次	正常防腐层	加强防腐层	特加强防腐层
(从金属表面起) 1	冷底子油	冷底子油	冷底子油
2	沥青涂层	加强包扎层	加强保护层
3	外包保护层	加强包扎层	加强保护层
		(封闭层)	(封闭层)
4		沥青涂层	沥青涂层
5		外保护层	加强包扎层
6			(封闭层)
			沥青涂层
7			外包保护层
防腐层厚度不小于(mm)	3	6	9

(7)给水管道在竣工后,必须对管道进行冲洗,饮用水管道还要在冲洗后进行消毒,满足饮用水卫生要求。

检验方法:观察冲洗水的浊度,查看有关部门提供的检验报告。

一般项目

(1)管道的坐标、标高、坡度应符合设计要求,管道安装的允许偏差应符合表7-2的规定。

表7-2　室外给水管道安装的允许偏差和检验方法

<table>
<tr><th>项次</th><th colspan="3">项目</th><th>允许偏差(mm)</th><th>检验方法</th></tr>
<tr><td rowspan="4">1</td><td rowspan="4">坐标</td><td rowspan="2">铸铁管</td><td>埋地</td><td>100</td><td rowspan="4">拉线和尺量检查</td></tr>
<tr><td>敷设在沟槽内</td><td>50</td></tr>
<tr><td rowspan="2">钢管、塑料管、复合管</td><td>埋地</td><td>100</td></tr>
<tr><td>敷设在沟槽内或架空</td><td>40</td></tr>
<tr><td rowspan="4">2</td><td rowspan="4">标高</td><td rowspan="2">铸铁管</td><td>埋地</td><td>±50</td><td rowspan="4">拉线和尺量检查</td></tr>
<tr><td>敷设在沟槽内</td><td>±30</td></tr>
<tr><td rowspan="2">钢管、塑料管、复合管</td><td>埋地</td><td>±50</td></tr>
<tr><td>敷设在沟槽内或架空</td><td>±30</td></tr>
<tr><td rowspan="2">3</td><td rowspan="2">水平管纵横向弯曲</td><td>铸铁管</td><td>直段(25m以上)起点～终点</td><td>40</td><td rowspan="2">拉线和尺量检查</td></tr>
<tr><td>钢管、塑料管、复合管</td><td>直段(25m以上)起点～终点</td><td>30</td></tr>
</table>

检验方法:现场观察检查。

(2)管道和金属支架的涂漆应附着良好,无脱皮、起泡、流淌和漏涂等缺陷。

检验方法:现场观察检查。

(3)管道连接应符合工艺要求,阀门、水表等安装位置应正确。塑料给水管道上的水表、阀门等设施其重量或启闭装置的扭矩不得作用于管道上,当管径≥50mm时必须设独立的支承装置。

(4)给水管道与污水管道在不同标高平行敷设,其垂直间距在500mm以内时,给水管管径小于或等于200mm的,管壁水平间距不得小于1.5m;管径大于200mm的,不得小于3m。

检验方法:观察和尺量检查。

(5)铸铁管承插捻口连接的对口间隙应不小于3mm,最大间隙不得大于表7-3的规定。

表7-3　铸铁管承插捻口的对口最大间隙

管径(mm)	沿直线敷设(mm)	沿曲线敷设(mm)
75	4	5
100～250	5	7～13
300～500	6	14～22

检验方法:尺量检查。

(6)铸铁管沿直线敷设,承插捻口连接的环型间隙应符合表7-4的规定;沿曲线敷设,每个接口允许有 2°转角。

检验方法：尺量检查。

表 7-4　　铸铁管承插捻口的环型间隙

管径(mm)	标准环型间隙(mm)	允许偏差(mm)
75～200	10	+3 −2
250～450	11	+4 −2
500	12	+4 −2

(8)捻口用的油麻填料必须清洁，填塞后应捻实，其深度应占整个环型间隙深度的 1/3。

检验方法：观察和尺量检查。

(9)捻口用水泥强度应不低于 32.5MPa，接口水泥应密实饱满，其接口水泥面凹入承口边缘的深度不得大于 2mm 。

检验方法：观察和尺量检查。

(10)采用水泥捻口的给水铸铁管，在安装地点有侵蚀性的地下水时，应在接口处涂抹沥清防腐层。

检验方法：观察检查。

(11)采用橡胶圈接口的埋地给水管道，在土壤或地下水对橡胶圈有腐蚀的地段，在回填土前应用沥青胶泥、沥青麻丝或沥青锯末等材料封闭橡胶圈接口。橡胶圈接口的管道，每个接口的最大偏转角不得超过表 7-5 的规定。

表 7-5　　橡胶圈接口最大允许偏转角

公称直径(mm)	100	125	150	200	250	300	350	400
允许偏转角度	5°	5°	5°	5°	4°	4°	4°	3°

检验方法：观察和尺量检查。

7.2　室外消火栓系统安装

7.2.1　室外消火栓系统安装资料列表

(1)施工技术资料

1)室外消火栓系统安装技术交底记录

2)设计变更、工程洽商记录

(2)施工物资资料

1)消火栓、消防水泵接合器、止回阀、安全阀、截止阀等出厂合格证及相关检测报告

2)三通、弯头、法兰连接短管等出厂合格证

3)材料、构配件进场检验记录

4)设备开箱检验记录

5)设备及管道附件试验记录

6)工程物资进场报验表

(3)施工记录

隐蔽工程验收记录

(4)施工试验记录及检测报告

1)水压试验记录

2)冲洗试验记录

3)消火栓系统测试记录

(5)施工质量验收记录

1)室外消火栓系统安装检验批质量验收记录

2)室外消火栓系统安装分项工程质量验收记录

3)分项/分部工程施工报验表

7.2.2 室外消火栓系统安装资料填写范例及说明

消防水泵接合器产品合格证(略)

No. 100276

检 验 报 告

受检单位名称　××消防设备制造有限公司

产品型号名称　SQX100－1.6　消防水泵接合器

检 验 类 别　型式检验

国家消防装备质量监督检验中心

检　验　报　告

No. 100276　　　　　　　　　　　　　　　　　　　　　　　　　　　共 2 页　第 1 页

产品名称	消防水泵接合器
型号规格	SQX100－1.6
商　　标	×××
委托单位	××消防设备制造有限公司
生产单位	××消防设备制造有限公司
受检单位	××消防设备制造有限公司
抽 样 者	国家消防装备质量监督检验中心
抽样地点	成品库
抽样基数	22 具
抽样日期	2015 年 3 月 6 日
送 样 者	×××
送样日期	2015 年 3 月 8 日
样品数量	3 具
检验类别	型式检验
检验依据	《消防水泵接合器产品型式认可补充细则》　GB 3446《消防水泵接合器》
检验项目	全项
检验日期	2015 年 3 月 15 日
检验地点	本中心内
检验结论	××消防设备制造有限公司送检的 SQX100－1.6 消防水泵接合器，经按《消防水泵接合器产品型式认可补充细则》和 GB 3446《消防水泵接合器》进行检验，综合判定合格。 （以下空白） （检验专用章） 签发日期：2[illegible]年 4 月[illegible]日 国家消防装备质量监督检验中心 检验专用章
备　注	

批准：×××　　　　　　审核：×××　　　　　　编制：×××

一册在手 表格全有 贴近现场 资料无忧

国家消防装备质量监督检验中心
消防水泵接合器检验结果汇总表

生产单位：××消防设备制造有限公司　　　　　　No. 100276

型号规格：SQX100－1.6　　　　　　共 2 页　第 2 页

序号	检验项目		标准要求	检验结果			综合评定
1	外观质量		铸铁件表面应光滑，除锈后上部外露部分应涂红色漆、漆膜色泽应均匀，无龟裂、无明显的划痕和碰伤。铸铜件表面应无严重的砂眼、气孔、渣孔、缩松、氧化夹渣、裂纹、冷隔和穿透性缺陷	合格			合格
2	标志		在明显处清晰铸出型号规格、商标或厂名	合格			
3	连接尺寸(mm)	D	220±2.80	218.0	218.0	218.5	
		D_1	180±0.50	180.0	180.0	180.0	
		d_0	$17.5_{0}^{0.43}$	17.73	17.69	17.70	
		n(个)	8	8	8	8	
4	密封性能	连接部位	在 1.6MPa 水压下，保压 2min，不得有渗漏现象	合格			
		截止阀	在 1.6MPa 水压下，保压 2min，不得有渗漏现象	合格			
		止回阀	在 1.6MPa 水压下，保压 2min，不得有渗漏现象	合格			
		安全阀	在 1.6MPa 水压下，保压 2min，不得有渗漏现象	合格			
		排放余水阀	在 1.6MPa 水压下，保压 2min，不得有渗漏现象	合格			
5	安全阀	开启压力(MPa)	1.70±0.05	1.69	1.68	1.70	
		启闭压差(%)	≤20	14.2			
		通径(mm)	≥20	32.0			
6	水压强度		在 2.4MPa 水压下，所有铸件不得有渗漏现象及影响正常使用的损伤	合格			
7	消防接口		应选用 GB 3265 规定的 KWA 65 外螺纹固定接口	合格			

室外消火栓系统安装检验批质量验收记录

05060201_001

单位（子单位）工程名称	××大厦	分部（子分部）工程名称	建筑给水排水及供暖/室外给水管网	分项工程名称	室外消火栓系统安装
施工单位	××建筑有限公司	项目负责人	赵斌	检验批容量	1 套
分包单位	/	分包单位项目负责人	/	检验批部位	室外消防系统
施工依据	室外管道安装施工组织设计		验收依据	《建筑给水排水及采暖工程质量验收规范》GB50242-2002	

		验收项目	设计要求及规范规定	最小/实际抽样数量	检查记录	检查结果
主控项目	1	系统水压试验	第 9.3.1 条	/	/	
	2	管道冲洗	第 9.3.2 条	/	/	
	3	消防水泵结合器和室外消火栓位置标识	第 9.3.3 条	10/10	检查 10 处，合格 10 处	√
一般项目	1	地下式消防水泵接合器、消火栓安装	第 9.3.5 条	10/10	检查 10 处，合格 10 处	100%
	2	阀门安装应方向正确，启闭灵活	第 9.3.6 条	10/10	检查 10 处，合格 10 处	100%
	3	室外消火栓和消防水泵结合器安装尺寸，栓口安装高度允许偏差	±20mm	10/10	检查 10 处，合格 9 处	90%

施工单位检查结果	符合要求 专业工长： 项目专业质量检查员： 2015 年××月××日
监理单位验收结论	合格 专业监理工程师： 2015 年××月××日

室外消火栓系统安装检验批质量验收记录填写说明

1. 填写依据

(1)《建筑给水排水及采暖工程质量验收规范》GB 50242－2002。

(2)《建筑工程施工质量验收统一标准》GB 50300－2013。

2. 规范摘要

以下内容摘自《建筑给水排水及采暖工程质量验收规范》GB 50242－2002。

主控项目

(1)系统必须进行水压试验,试验压力为工作压力的1.5倍,但不得小于0.6MPa。

检验方法:试验压力下,10min内压力降不大于0.05MPa,然后降至工作压力进行检查,住力保持不变,不渗不漏。

(2)消防管道在竣工前,必须对管道进行冲洗。

检验方法:观察冲洗出水的浊度。

(3)消防水泵接合器和消火栓的位置标志应明显,栓口的位置应方便操作。消防水泵接合器和室外消火栓当采用墙壁式时,如设计未要求,进、出水栓口的中心安装高度距地面应为1.10m,其上方应设有防坠落物打击的措施。

检验方法:观察和尺量检查。

一般项目

(1)室外消火栓和消防水泵接合器的各项安装尺寸应符合设计要求,栓口安装高度允许偏差为±20mm。

检验方法三尺量检查。

(2)地下式消防水泵接合器顶部进水口或地下式消火栓的顶部出水口与消防井盖底面的距离不得大于400mm,井内应有足够的操作空间,并设爬梯。寒冷地区井内应做防冻保护。

检验方法:观察和尺量检查。

(3)消防水泵接合器的安全阀及止回阀安装位置和方向应正确,阀门启闭应灵活。

检验方法:现场观察和手扳检查。

第8章　室外排水管网

8.1　排水管道安装

8.1.1　室外排水管道安装资料列表

(1)施工技术资料

1)室外排水管道安装技术交底记录

2)设计变更、工程洽商记录

(2)施工物资资料

1)铸铁管、混凝土管、钢筋混凝土管、新型塑料管等管材、管件出厂合格证、质量检测证明

2)原材料(水泥、砂、碎石、外加剂等)质量证明文件及试验报告

3)材料试验报告

4)材料、构配件进场检验记录

5)工程物资进场报验表

(3)施工记录

1)隐蔽工程验收记录

2)地基验槽检查记录

3)地基处理记录

4)地基钎探记录

5)混凝土浇灌申请书

(4)施工试验记录及检测报告

1)土工击实试验报告

2)回填土试验报告

3)砂浆配合比申请单、通知单

4)砂浆抗压强度试验报告

5)砌筑砂浆试块强度统计、评定记录

6)混凝土配合比申请单、通知单

7)混凝土抗压强度试验报告

8)混凝土试块强度统计、评定记录

9)排水管道灌水试验记录

10)通水试验记录

11)通球试验记录

(5)施工质量验收记录

1)室外排水管网排水管道安装检验批质量验收记录

2)室外排水管网排水管道安装分项工程质量验收记录

3)分项/分部工程施工报验表

8.1.2　室外排水管道安装资料填写范例及说明

材料试验报告(通用)				编　　号	×××
				试验编号	2015－××
				委托编号	2015－××
工程名称及部位	××工程			试样编号	002
委托单位	××机电工程有限公司			委托人	×××
材料名称	钢筋混凝土管 ϕ1200×100×2500　Ⅱ级			产地、厂别	××混凝土制品有限公司
代表数量	取样 1 块	来样日期	2015 年×月×日	试验日期	2015 年×月×日

试验项目及说明：

1. 内、外压试验。
2. 此试验在施工单位、监理单位、试验室共同监督下，在该公司试验场地完成。

试验日期：2015 年×月×日

试验结果：

1. 产品依据《混凝土和钢筋混凝土排水管试验方法》(GB/T 16752—2006)试验，加压至《混凝土和钢筋混凝土排水管》(GB/T 11836—2009)规定裂缝荷载值 100%(81kN)时，管内壁混凝土裂缝开展宽度 0.03mm。
2. 产品依据《混凝土和钢筋混凝土排水管试验方法》(GB/T 16752—2006)试验，内水压加压至 0.06MPa，恒压 5min，继续加压至 0.10MPa，恒压至 10min，管体表面无潮片、无水珠流淌。

结论：

依据《混凝土和钢筋混凝土排水管》(GB/T 11836—2009)标准，该批抽检符合Ⅱ级合格品要求。

批　准	×××	审　核	×××	试　验	×××
试验单位	××公司试验室(单位章)				
报告日期	2015 年×月×日				

本表由试验单位提供，建设单位、施工单位各保存一份。

<table>
<tr><td colspan="3">地基验槽检查记录</td><td>编　号</td><td colspan="2">×××</td></tr>
<tr><td>工程名称</td><td colspan="2">××工程　室外排水工程</td><td>验槽日期</td><td colspan="2">2015年×月×日</td></tr>
<tr><td>验槽部位</td><td colspan="5">室外管道沟槽①～⑩轴</td></tr>
<tr><td colspan="6">依据:施工图纸(施工图纸号　水施××　)、设计变更/洽商(编号　/　)及有关规范、规程。</td></tr>
<tr><td colspan="6">验槽内容:
1.基槽开挖至勘探报告第　×　层,持力层为　×　层。
2.基底绝对高程和相对标高　绝对高程38.25m,相对标高－3.20m　。
3.土质情况　基底为亚黏土,均匀密实　。
(附:☑钎探记录及钎探点平面布置图)
4.桩位置　/　、桩类型　/　、数量　/　,承载力满足设计要求。(附:□施工记录、□桩检测记录)

注:若建筑工程无桩基或人工支护,则相应在第4条填写处画"/"。

申报人:　×××</td></tr>
<tr><td colspan="6">检查意见:
经检查,沟槽土质均匀密实,与地质勘探报告(编号××)相符,沟槽平面位置、开槽宽度、深度等符合设计要求。槽底无地下水,地下水情况:槽底在地下水位上1m,无坑、穴洞。

检查结论:☑无异常,可进行下道工序　　　□需要地基处理</td></tr>
<tr><td rowspan="2">签字公章栏</td><td>建设单位</td><td>监理单位</td><td>设计单位</td><td>勘察单位</td><td>施工单位</td></tr>
<tr><td>×××</td><td>×××</td><td>×××</td><td>×××</td><td>×××</td></tr>
</table>

本表由施工单位填写,建设单位、施工单位、城建档案馆各保存一份。

<table>
<tr><td colspan="2">地基处理记录</td><td>编　号</td><td>×××</td></tr>
<tr><td>工程名称</td><td>××工程　室外排水工程</td><td>日　期</td><td>2015年×月×日</td></tr>
<tr><td colspan="4">处理依据及方式：
处理依据：1.《建筑地基基础工程施工质量验收规范》(GB 50202－2002)。2.《建筑地基处理技术规范》(JGJ 79－2012)。3.室外排水工程施工方案。4.设计变更通知单(编号：××)。5.室外排水施工图(水施××)。
方式：槽底地基土壤含水量较大，槽底局部超挖，换土回填。</td></tr>
<tr><td colspan="4">处理部位及深度(或用简图表示)
处理部位：室外排水管道沟槽③～⑤轴
超挖深度：300mm
□有　/　☑无　附页(图)</td></tr>
<tr><td colspan="4">处理结果：
设计要求采用换土方案，按要求清槽，并经检查合格进行换土回填。回填材料为石灰土；操作方法及质量要求符合设计规定。施工前委托××检测中心做击实试验。确定最大干密度及最佳含水率。采用蛙式打夯机夯实，虚铺厚度每层不大于200mm，分两层铺设夯实，每层夯实4～6遍。
每层夯实完成，做土壤干密度试验，结果压实系数均在于0.95，符合设计要求。</td></tr>
<tr><td colspan="4">检查意见：
经检查，地基处理后的沟槽质量符合设计及规范要求。
检查日期：2015年×月×日</td></tr>
</table>

<table>
<tr><td rowspan="3">签字栏</td><td rowspan="2">监理单位</td><td rowspan="2">设计单位</td><td rowspan="2">勘察单位</td><td>施工单位</td><td colspan="2">××建设集团有限公司</td></tr>
<tr><td>专业技术负责人</td><td>专业质检员</td><td>专业工长</td></tr>
<tr><td>×××</td><td>×××</td><td>×××</td><td>×××</td><td>×××</td><td>×××</td></tr>
</table>

本表由施工单位填写，建设单位、施工单位、城建档案馆各保存一份。

地基钎探记录					编　号		×××	
工程名称		××工程　室外排水工程			钎探日期		2015年×月×日	
套锤重		10kg	自由落距	50cm	钎径		25mm	
顺序号	各步锤击数							备注
	0～30cm	30～60cm	60～90cm	90～120cm	120～150cm	150～180cm	180～210cm	
1	15	28	37	47	56			
2	18	16	45	60	72			
3	10	32	50	32	46			
4	27	17	43	70	65			
5	20	29	40	42	37			
6	35	27	22	60	53			
7	14	40	32	34	54			
8	15	21	47	38	63			
9	21	25	34	58	49			
10	12	33	54	32	63			
11	22	21	38	43	32			
12	19	37	30	56	67			
13	35	23	45	55	68			
14	11	17	36	57	49			
15	22	41	32	45	65			
16	13	31	35	54	38			
17	27	20	46	64	51			
18	21	38	53	32	64			
施工单位			××建设集团有限公司					
专业技术负责人			专业工长			记录人		
×××			×××			×××		

附：钎探点布置图。

本表由施工单位填写，建设单位、施工单位、城建档案馆各保存一份。

<table>
<tr><td colspan="2">混凝土浇灌申请书</td><td>编　号</td><td colspan="2">×××</td></tr>
<tr><td>工程名称</td><td>××工程　室外排水工程</td><td>申请浇灌日期</td><td colspan="2">2015 年 3 月 26 日 8 时</td></tr>
<tr><td>申请浇灌部位</td><td>管座</td><td>申请方量(m^3)</td><td colspan="2">40</td></tr>
<tr><td>技术要求</td><td>坍落度 40mm,初凝时间 2h</td><td>强度等级</td><td colspan="2">C20</td></tr>
<tr><td>搅拌方式
(搅拌站名称)</td><td>××混凝土有限公司</td><td>申请人</td><td colspan="2">×××</td></tr>
<tr><td colspan="5">依据:施工图纸(施工图纸号＿＿＿水施××＿＿＿)、
设计变更/洽商(编号＿＿＿/＿＿＿)和有关规范、规程。</td></tr>
<tr><td colspan="2">施 工 准 备 检 查</td><td colspan="2">专业工长
(质量员)签字</td><td>备　注</td></tr>
<tr><td colspan="2">1. 隐检情况:☑ 已　☐ 未完成隐检。</td><td colspan="2">×××</td><td></td></tr>
<tr><td colspan="2">2. 预检情况:☑ 已　☐ 未完成预检。</td><td colspan="2">××</td><td></td></tr>
<tr><td colspan="2">3. 水电预埋情况:☐已　☐ 未完成并未经检查。</td><td colspan="2">×××</td><td></td></tr>
<tr><td colspan="2">4. 施工组织情况:☑ 已　☐ 未完备。</td><td colspan="2">×××</td><td></td></tr>
<tr><td colspan="2">5. 机械设备准备情况:☑ 已　☐ 未准备。</td><td colspan="2">××</td><td></td></tr>
<tr><td colspan="2">6. 保温及有关准备:☐ 已　☐ 未完备。</td><td colspan="2">×××</td><td></td></tr>
<tr><td colspan="2"></td><td colspan="2"></td><td></td></tr>
<tr><td colspan="2"></td><td colspan="2"></td><td></td></tr>
<tr><td colspan="5">审批意见:
原材料、机械设备及施工人员已就位。
施工方案及技术交底工作已落实。
计量设备已准备完毕。
各种隐预检工作已完成。

审批结论:　☑同意浇筑　☐ 整改后自行浇筑　☐ 不同意,整改后重新申请

审批人:　×××　　审批日期:　2015 年 3 月 25 日

施工单位名称:××建设集团有限公司</td></tr>
</table>

1. 本表由施工单位填报并保存,并交给监理一份备案。
2. “技术要求”栏应依据混凝土合同的具体要求填写。

<table>
<tr><td colspan="2" rowspan="3">土工击实试验报告</td><td>编　　号</td><td>×××</td></tr>
<tr><td>试验编号</td><td>2015－0010</td></tr>
<tr><td>委托编号</td><td>2015－01460</td></tr>
<tr><td>工程名称及部位</td><td>××工程　室外排水管道沟槽</td><td>试样编号</td><td>001</td></tr>
<tr><td>委托单位</td><td>××建设工程有限公司第×项目部</td><td>试验委托人</td><td>×××</td></tr>
<tr><td>结构类型</td><td></td><td>填土部位</td><td>室外排水管道沟槽</td></tr>
<tr><td>要求压实系数（λ_C）</td><td>0.90</td><td>土样种类</td><td>亚黏土</td></tr>
<tr><td>来样日期</td><td>2015 年 4 月 29 日</td><td>试验日期</td><td>2015 年 4 月 29 日</td></tr>
<tr><td rowspan="3">试验结果</td><td colspan="3">最优含水率（ω_{op}）＝16.3％</td></tr>
<tr><td colspan="3">最大干密度（ρ_{dmax}）＝1.76g/cm^3</td></tr>
<tr><td colspan="3">控制指标（控制干密度）
最大干密度×要求压实系数＝1.58g/cm^3</td></tr>
<tr><td colspan="4">结论：
依据 GB/T 50123－1999 标准，最佳含水率为 16.3％，最大干密度为 1.76g/cm^3，控制干密度为1.58g/cm^3。</td></tr>
</table>

批　准	×××	审　核	×××	试　验	×××
试验单位	××公司试验室（单位章）				
报告日期	2015 年 4 月 30 日				

本表由建设单位、施工单位、城建档案馆各保存一份。

回填土试验报告	编　　号	×××
	试验编号	2015－0013
	委托编号	2015－01736

工程名称及施工部位	××工程　室外排水管道沟槽		
委托单位	××建设工程有限公司项目部	试验委托人	×××
要求压实系数（λc）	0.90	回填土种类	亚黏土
控制干密度（ρ_d）	1.55g/cm^3	试验日期	2015 年×月×日

点号 / 项目 / 步数	1	2								
	实测干密度(g/cm^3)									
	实测压实系数									
1	1.58	1.58								
	0.92	0.92								
2	1.60	1.59								
	0.93	0.92								

取样位置简图(附图)

(略)。

结论

亚黏土干密度符合设计要求。

批　　准	×××	审　核	×××	试　验	×××
试验单位	××公司试验室(单位章)				
报告日期	2015 年 5 月 2 日				

本表由建设单位、施工单位、城建档案馆各保存一份。

砂浆配合比申请单				编　　号	×××
				委托编号	2015－01370
工程名称	××工程　室外排水工程管道接口				
委托单位	××建设工程有限公司第×项目部			试验委托人	×××
砂浆种类	水泥砂浆			强度等级	M7.5
水泥品种	P·O 42.5			厂别	××水泥厂集团公司
水泥进场日期	2015 年 3 月 9 日			试验编号	2015C－0059
砂产地	卢沟桥	粗细级别	中砂	试验编号	2015S－0065
掺合料种类	/			外加剂种类	/
申请日期	2015 年 4 月 14 日			要求使用日期	2015 年 4 月 18 日

砂浆配合比通知单				配合比编号	2015－0082
				试配编号	037
强度等级	M7.5		试验日期	2004 年 4 月 14 日	
配　合　比					
材料名称	水泥	砂	白灰膏	掺合料	外加剂
每立方米用量（kg/m³）	254	635			
比例	1	2.5			
注：砂浆稠度为 70mm～100mm，白灰膏稠度为 120mm±5mm。					
批　准	×××	审　核	×××	试　验	×××
试验单位	××公司试验室（单位章）				
报告日期	2015 年 4 月 16 日				

本表由施工单位保存。

<table>
<tr><td colspan="6" rowspan="3">砂浆抗压强度试验报告</td><td>编　　号</td><td colspan="2">×××</td></tr>
<tr><td>试验编号</td><td colspan="2">2015－0039</td></tr>
<tr><td>委托编号</td><td colspan="2">2015－01375</td></tr>
<tr><td colspan="2">工程名称及部位</td><td colspan="4">××工程　室上排水工程管道接口</td><td>试件编号</td><td colspan="2">001</td></tr>
<tr><td colspan="2">委托单位</td><td colspan="4">××建设工程有限公司第×项目部</td><td>试验委托人</td><td colspan="2">×××</td></tr>
<tr><td colspan="2">砂浆种类</td><td>水泥砂浆</td><td>强度等级</td><td colspan="2">M7.5</td><td>稠　度</td><td colspan="2">70mm</td></tr>
<tr><td colspan="2">水泥品种及强度等级</td><td colspan="4">P·O　42.5</td><td>试验编号</td><td colspan="2">2015－0017</td></tr>
<tr><td colspan="2">砂产地及种类</td><td colspan="4">潮白河 中砂</td><td>试验编号</td><td colspan="2">2015－0012</td></tr>
<tr><td colspan="2">掺合料种类</td><td colspan="4">/</td><td>外加剂种类</td><td colspan="2">/</td></tr>
<tr><td colspan="2">配合比编号</td><td colspan="7">2015－0206</td></tr>
<tr><td colspan="2">试件成型日期</td><td>2015 年 9 月 4 日</td><td>要求龄期</td><td>28 天</td><td>要求试验日期</td><td colspan="3">2015 年 10 月 2 日</td></tr>
<tr><td colspan="2">养护方法</td><td>标准养护</td><td>试件收到日期</td><td>2015 年 9 月 8 日</td><td>试件制作人</td><td colspan="3">×××</td></tr>
<tr><td rowspan="8">试验结果</td><td rowspan="2">试压日期</td><td rowspan="2">实际龄期(d)</td><td rowspan="2">试件边长(mm)</td><td rowspan="2">受压面积(mm^2)</td><td colspan="2">荷载(kN)</td><td rowspan="2">抗压强度(MPa)</td><td rowspan="2">达设计强度等级(%)</td></tr>
<tr><td>单块</td><td>平均</td></tr>
<tr><td rowspan="6">2015 年 10 月 2 日</td><td rowspan="6">28</td><td rowspan="6">70.7</td><td rowspan="6">5000</td><td>46.9</td><td rowspan="6">49.4</td><td rowspan="6">9.9</td><td rowspan="6">132</td></tr>
<tr><td>41.5</td></tr>
<tr><td>60.0</td></tr>
<tr><td>49.3</td></tr>
<tr><td>59.4</td></tr>
<tr><td>39.5</td></tr>
<tr><td colspan="9">结论：
符合《建筑砂浆基本性能试验方法》(JGJ 70－2009)的要求，合格。</td></tr>
<tr><td colspan="2">批　准</td><td>×××</td><td>审　核</td><td colspan="2">×××</td><td>试　验</td><td colspan="2">×××</td></tr>
<tr><td colspan="2">试验单位</td><td colspan="7">××公司试验室(单位章)</td></tr>
<tr><td colspan="2">报告日期</td><td colspan="7">2015 年 10 月 2 日</td></tr>
</table>

本表由建设单位、施工单位各保存一份。

砌筑砂浆试块强度统计、评定记录				编　号	×××
工程名称	××工程　室外排水工程			强度等级	M7.5
施工单位	××建设工程有限公司第×项目部			养护方法	标准养护
统计期	2015 年 4 月 5 日至 2015 年 4 月 12 日			结构部位	排水管道接口
试块组数 n	强度标准值 f_2 (MPa)	平均值 $f_{2,m}$ (MPa)	最小值 $f_{2,min}$ (MPa)		$0.75f_2$
1	7.5	9.1	9.1		5.6

每组强度值 MPa										
	9.1									

判定式	$f_{2,m} \geqslant f_2$	$f_{2,min} \geqslant 0.75f_2$
结果	9.1>7.5	9.1>5.6

结论：

依据《砌体工程施工质量验收规范》(GB 50203－2011)第 4.0.12 条，评定为合格。

批　准	审　核	统　计
×××	×××	×××
报告日期	2015 年 4 月 13 日	

本表由建设单位、施工单位、城建档案馆各保存一份。

混凝土配合比申请单				编　　号	×××
				委托编号	2015－01560
工程名称及部位	××工程　室外排水管道工程　管座				
委托单位	××建设工程有限公司第×项目部			试验委托人	×××
设计强度等级	C20			要求坍落度	30mm～50mm
其他技术要求	/				
搅拌方法	机械	浇捣方法	机械	养护方法	标准养护
水泥品种及强度等级	P·O　42.5	厂别牌号	琉璃河　长城	试验编号	2015－0143
砂产地及种类	龙凤山　中砂			试验编号	2015－0065
石子产地及种类	三河　碎石	最大粒径	31.5mm	试验编号	2015－0060
外加剂名称	/			试验编号	/
掺合料名称	/			试验编号	/
申请日期	2015年7月15日	使用日期	2015年7月18日	联系电话	××××××××

混凝土配合比通知单					配合比编号		2015－0082
					试配编号		2015－128
强度等级	C20	水胶比	0.49	水灰比	0.46	砂率	42%
项目 \ 材料名称	水泥	水	砂	石	外加剂	掺合料	其　他
每 m^3 用量（kg/m^3）	357	175	710	1158			
比例	1.00	0.49	1.99	3.24			
混凝土碱含量（kg/m^3）							
说明：本配合比所使用材料均为干材料，使用单位应根据材料含水情况随时调整。							
批　准		审　核			试　验		
×××		×××			×××		
报告日期	2015年7月18日						

本表由施工单位保存。

混凝土抗压强度试验报告		编　号	×××
		试验编号	2015－0017
		委托编号	2015－02450
工程名称及部位	××工程　室外排水管道工程　管座	试件编号	001
委托单位	××建设工程有限公司第×项目部	试验委托人	×××
设计强度等级	C20	实测坍落度	40mm
水泥品种及强度等级	P·O　42.5	试验编号	2015－0123
砂种类	中砂	试验编号	2015－0065
石种类、公称直径	碎石　5mm～31.5mm	试验编号	2015－0059
外加剂名称	/	试验编号	/
掺合料名称	/	试验编号	/
配合比编号	2015－0082		

成型日期	2015年4月6日	要求龄期	28天	要求试验日　期	2015年5月4日
养护方法	标准养护	收到日期	2015年4月9日	试块制作人	×××

试验结果	试验日期	实际龄期(天)	试件边长(mm)	受压面积(mm^2)	荷载(kN) 单块值	荷载(kN) 平均值	平均抗压强度(MPa)	折合150mm立方体抗压强度(MPa)	达到设计强度等级(%)
	2015年5月4日	28	150	22500	580 656 658	631	28.1	28.1	141

结论：

符合《混凝土强度检验评定标准》(GB/T 50107－2010)的要求，合格。

批　准	×××	审　核	×××	试　验	×××
试验单位	××公司试验室(单位章)				
报告日期	2015年5月4日				

本表由建设单位、施工单位各保存一份。

混凝土试块强度统计、评定记录		编　号	×××
工程名称	××工程　室外排水工程	强度等级	C20
施工单位	××建设工程有限公司第×项目部	养护方法	标准养护
统计期	2015 年×月×日至 2015 年×月×日	管座	主体结构

试块组 n	强度标准值 $f_{cu,k}$ (MPa)	平均值 m_{fcu} (MPa)	标准差 S_{fcu} (MPa)	最小值 $f_{cu,min}$ (MPa)	合格判定系数	
					λ_1	λ_2
3	20	27.5		26.9		

每组强度值 MPa										
	28.1	27.5	26.9							

评定界限	☐ 统计方法(二)			☑ 非统计方法	
	$0.90f_{cu,k}$	$m_{fcu}-\lambda_1\times S_{fcu}$	$\lambda_2\times f_{cu,k}$	$1.15f_{cu,k}$	$0.95f_{cu,k}$
				23.0	19.0

判定式	$m_{fcu}-\lambda_1\times S_{fcu}\geqslant 0.90f_{cu,k}$	$f_{cu,min}\geqslant\lambda_2\times f_{cu,k}$	$m_{fcu}\geqslant 1.15f_{cu,k}$	$f_{cu,min}\geqslant 0.95f_{cu,k}$
结果			27.5>23.0	29.9>19.0

结论：

符合《混凝土强度检验评定标准》(GB/T 50107－2010)要求，合格。

批　准	审　核	试　验
×××	×××	×××
报告日期	2015 年×月×日	

本表由建设单位、施工单位、城建档案馆各保存一份。

室外排水管网排水管道安装检验批质量验收记录

05070101_001

<table>
<tr><td>单位（子单位）工程名称</td><td>××大厦</td><td>分部（子分部）工程名称</td><td>建筑给水排水及供暖/室外排水管网</td><td>分项工程名称</td><td>排水管道安装</td></tr>
<tr><td>施工单位</td><td>××建筑有限公司</td><td>项目负责人</td><td>赵斌</td><td>检验批容量</td><td>48m</td></tr>
<tr><td>分包单位</td><td>/</td><td>分包单位项目负责人</td><td>/</td><td>检验批部位</td><td>室外排水管道</td></tr>
<tr><td>施工依据</td><td colspan="2">室外管道安装施工组织设计</td><td>验收依据</td><td colspan="2">《建筑给水排水及采暖工程质量验收规范》GB50242-2002</td></tr>
</table>

<table>
<tr><td rowspan="3">主控项目</td><td colspan="4">验收项目</td><td>设计要求及规范规定</td><td>最小/实际抽样数量</td><td>检查记录</td><td>检查结果</td></tr>
<tr><td>1</td><td colspan="3">管道坡度符合设计要求、严禁无坡和倒坡</td><td>设计要求</td><td>10/10</td><td>检查 10 处，合格 10 处</td><td>√</td></tr>
<tr><td>2</td><td colspan="3">灌水和通水试验</td><td>第 10.2.2 条</td><td>/</td><td>/</td><td></td></tr>
<tr><td rowspan="10">一般项目</td><td>1</td><td colspan="3">排水铸铁管的水泥捻口</td><td>第 10.2.4 条</td><td>10/10</td><td>检查 10 处，合格 10 处</td><td>100%</td></tr>
<tr><td>2</td><td colspan="3">排水铸铁管，除锈、涂漆</td><td>第 10.2.5 条</td><td>10/10</td><td>检查 10 处，合格 10 处</td><td>100%</td></tr>
<tr><td>3</td><td colspan="3">承插接口安装方向</td><td>第 10.2.6 条</td><td>10/10</td><td>检查 10 处，合格 10 处</td><td>100%</td></tr>
<tr><td>4</td><td colspan="3">砼管或钢筋砼管抹带接口的要求</td><td>第 10.2.7 条</td><td>/</td><td>/</td><td></td></tr>
<tr><td rowspan="6">5</td><td rowspan="6">允许偏差</td><td rowspan="2">坐标</td><td>埋地</td><td>100mm</td><td>10/10</td><td>检查 10 处，合格 9 处</td><td>90%</td></tr>
<tr><td>敷设在沟槽内</td><td>50mm</td><td>/</td><td>/</td><td></td></tr>
<tr><td rowspan="2">标高</td><td>埋地</td><td>±20mm</td><td>10/10</td><td>检查 10 处，合格 9 处</td><td>90%</td></tr>
<tr><td>敷设在沟槽内</td><td>±20mm</td><td>/</td><td>/</td><td></td></tr>
<tr><td rowspan="2">水平管道纵横向弯曲</td><td>每 5m 长</td><td>10mm</td><td>10/10</td><td>检查 10 处，合格 9 处</td><td>90%</td></tr>
<tr><td>全长（两井间）</td><td>30mm</td><td>10/10</td><td>检查 10 处，合格 9 处</td><td>90%</td></tr>
</table>

<table>
<tr><td>施工单位检查结果</td><td>符合要求
专业工长：
项目专业质量检查员：
2015 年××月××日</td></tr>
<tr><td>监理单位验收结论</td><td>合格
专业监理工程师：
2015 年××月××日</td></tr>
</table>

室外排水管网排水管道安装检验批质量验收记录填写说明

1. 填写依据

(1)《建筑给水排水及采暖工程质量验收规范》GB 50242－2002。

(2)《建筑工程施工质量验收统一标准》GB 50300－2013。

2. 规范摘要

以下内容摘自《建筑给水排水及采暖工程质量验收规范》GB 50242－2002。

(1)一般规定

1)本章适用于民用建筑群(住宅小区)及厂区的室外排水管网安装工程。

2)室外排水管道应采用棍凝土管、钢筋混凝土管、排水铸铁管或塑料管。其规格及质量必须符合现行国家标准及设计要求。

3)排水管沟及井池的土方工程、沟底的处理、管道穿井壁处的处理、管沟及井池周围的回填要求等,均参照给水管沟及井室的规定执行。

4)各种排水井、池应按设计给定的标准图施工,各种排水井和化粪池均应用混凝土做底板(雨水井除外),厚度不小于100mm。

(2)排水管道安装

主控项目

1)排水管道的坡度必须符合设计要求,严禁无坡或倒坡。

检验方法:用水准仪、拉线和尺最检查。

2)管道埋设前必须做灌水试验和通水试验,排水应畅通,无堵塞,管接口无渗漏。

检验方法:按排水检查井分段试验,试验水头应以试验段上游管顶加1m,时间不少于30min,逐段观察。

一般项目

1)管道的坐标和标高应符合设计要求,安装的允许偏差应符合表8-1的规定。

表8-1　室外排水管道安装的允许偏差和检验方法

项次	项目		允许偏差(mm)	检验方法
1	坐标	埋地	100	拉线尺量
		敷设在沟槽内	50	
2	标高	埋地	±20	用水平仪、拉线和尺量
		敷设在沟槽内	±20	
3	水平管道纵横向弯曲	每5m长	10	拉线尺量
		全长(两井间)	30	

2)排水铸铁管采用水泥捻口时,油麻填塞应密实,接口水泥应密实饱满,其接口面凹入承口边缘且深度不得大于2mm。

检验方法:观察和尺量检查。

3)排水铸铁管外壁在安装前应除锈,涂二遍石油沥青漆。

检验方法:观察检查。

4)承插接口的排水管道安装时,管道和管件的承口应与水流方向相反。

检验方法:观察检查。

5)混凝土管或钢筋混凝土管采用抹带接口时,应符合下列规定:

①抹带前应将管口的外壁凿毛,扫净,当管径小于或等于 500 mm 时,抹带可一次完成;当管径大于 500 mm 时,应分二次抹成,抹带不得有裂纹。

②钢丝网应在管道就位前放入下方,抹压砂浆时应将钢丝网抹压牢固,钢丝网不得外露。

③抹带厚度不得小于管壁的厚度,宽度宜为 80～100 mm。

检验方法:观察和尺量检查。

8.2　排水管沟与井池

8.2.1　室外排水管沟与井池资料列表

(1)施工技术资料

1)室外排水管沟及与井池技术交底记录

2)设计变更、工程洽商记录

(2)施工物资资料

1)原材料(水泥、砂、碎石、钢材、砖或砌块、外加剂等)、半成品的出厂合格证、质量证明书和试验报告

2)材料、构配件进场检验记录

3)工程物资进场报验表

(3)施工记录

1)隐蔽工程验收记录

2)地基验槽检查记录

3)地基处理记录

4)地基钎探记录

5)混凝土浇灌申请书

(4)施工试验记录及检测报告

1)土工击实试验报告

2)回填土试验报告

3)砂浆配合比申请单、通知单

4)砂浆抗压强度试验报告

5)砌筑砂浆试块强度统计、评定记录

6)混凝土配合比申请单、通知单

7)混凝土抗压强度试验报告

8)混凝土试块强度统计、评定记录

9)灌水试验记录

10)通水试验记录

(5)施工质量验收记录

1)室外排水管网排水管沟与井池检验批质量验收记录

2)室外排水管网排水管沟与井池分项工程质量验收记录

3)分项/分部工程施工报验表

8.2.2　室外排水管沟与井池资料填写范例及说明

室外排水管网排水管沟与井池检验批质量验收记录

05070201_001

单位（子单位）工程名称	××大厦	分部（子分部）工程名称	建筑给水排水及供暖/室外排水管网	分项工程名称	排水管沟与井池
施工单位	××建筑有限公司	项目负责人	赵斌	检验批容量	48m
分包单位	/	分包单位项目负责人	/	检验批部位	室外管沟及井池
施工依据	室外管道安装施工组织设计		验收依据	《建筑给水排水及采暖工程质量验收规范》GB50242-2002	

		验收项目	设计要求及规范规定	最小/实际抽样数量	检查记录	检查结果
主控项目	1	沟基的处理和井池的底板	设计要求	10/10	检查 10 处，合格 10 处	√
	2	检查井、化粪池的底板及进、出口水管标高	设计要求	10/10	检查 10 处，合格 10 处	√
一般项目	1	井池的规格、尺寸和位置砌筑、抹灰	第 10.3.3 条	10/10	检查 10 处，合格 10 处	100%
	2	井盖标志、选用正确	第 10.3.4 条	10/10	检查 10 处，合格 10 处	100%

施工单位检查结果	符合要求 专业工长： 项目专业质量检查员：刘大力 2015 年××月××日
监理单位验收结论	合格 专业监理工程师： 2015 年××月××日

室外排水管网排水管沟与井池检验批质量验收记录填写说明

1. 填写依据

(1)《建筑给水排水及采暖工程质量验收规范》GB 50242—2002。

(2)《建筑工程施工质量验收统一标准》GB 50300—2013。

2. 规范摘要

以下内容摘自《建筑给水排水及采暖工程质量验收规范》GB 50242—2002。

主控项目

(1)沟基的处理和井池的底板强度必须符合设计要求。

检验方法:现场观察和尺量检查,检查混凝土强度报告。

(2)排水检查井、化粪池的底板及进、出水管的标高,必须符合设计,其允许偏差为±15mm。

检查方法:用水准仪及尺量检查。

一般项目

(1)井、池的规格、尺寸和位置应正确、砌筑和抹灰符合要求。

检查方法:观察及尺量检查。

(2)井盖选用应正确,标志应明显,标高应符合设计要求。

检验方法:观察、尺量检查。

第9章　室外供热管网

9.1　管道及配件安装

9.1.1　管道及配件安装资料列表

(1)施工技术资料

1)室外供热管网管道及配件安装技术交底记录

2)设计变更、工程洽商记录

(2)施工物资资料

1)主要材料、成品、半成品、配件的合格证、质量证明书、检测报告;设备的产品合格证、检测报告及说明书

2)材料、构配件进场检验记录

3)设备开箱检验记录

4)工程物资进场报验表

(3)施工记录

1)隐蔽工程验收记录

2)施工检查记录

(4)施工试验记录及检测报告

1)强度严密性试验记录(管道、阀门)

2)冲(吹)洗试验记录

3)补偿器(伸缩器)安装记录

(5)施工质量验收记录

1)室外供热管网管道及配件安装检验批质量验收记录

2)室外供热管网管道及配件安装分项工程质量验收记录

3)分项/分部工程施工报验表

9.1.2　管道及配件安装资料填写范例及说明

室外供热管网管道及配件安装检验批质量验收记录

05080101 001

单位（子单位）工程名称	××大厦	分部（子分部）工程名称	建筑给水排水及供暖/室外供热管网	分项工程名称	管道及配件安装
施工单位	××建筑有限公司	项目负责人	赵斌	检验批容量	48m
分包单位	/	分包单位项目负责人	/	检验批部位	室外给水管道
施工依据	室外管道安装施工组织设计		验收依据	《建筑给水排水及采暖工程质量验收规范》GB50242-2002	

类别	序号	验收项目				设计要求及规范规定	最小/实际抽样数量	检查记录	检查结果
主控项目	1	平衡阀与调节阀安装位置及调试				设计要求	/	/	/
	2	直埋无补偿供热管道预热伸长及三通加固				设计要求	10/10	抽查10处，合格10处	√
	3	补偿器位置、予拉伸，支架位置和构造				设计要求	10/10	抽查10处，合格10处	√
	4	检查井、入口管道布置方便操作维修				第11.2.4条	10/10	抽查10处，合格10处	√
	5	直埋管道及接口现场发泡保温处理				第11.2.5条	10/10	抽查10处，合格10处	√
	6	供热管道的水压试验				第11.3.1条、	/	/	/
		供热管道作水压试验时，试验管道上的阀门应开启，试验管道与非试验管道应隔断				第11.3.4条	/	/	/
	7	管道冲洗				第11.3.2条	/	/	/
	8	通热试运行调试				第11.3.3条	/	/	/
一般项目	1	管道的坡度				设计要求	10/10	抽查10处，合格10处	100%
	2	除污器构造、安装位置				第11.2.7条	10/10	抽查10处，合格10处	100%
	3	管道的焊接				第11.2.9条	10/10	抽查10处，合格10处	100%
		管道及管件焊接的焊缝表面质量				第11.2.10条	10/10	抽查10处，合格10处	100%
	4	供热管道的供水管或蒸汽管，如设计无规定时，应敷设在载热介质前进方向的右侧或上方				第11.2.11条	10/10	抽查10处，合格10处	100%
		地沟内的管道安装位置				第11.2.12条	10/10	抽查10处，合格10处	100%
		架空敷设的供热管道安装高度				第11.2.13条	10/10	抽查10处，合格10处	100%
	5	管道防腐应符合规范				第11.2.14条	10/10	抽查10处，合格10处	100%
	6	安装允许偏差	坐标（mm）	敷设在沟槽内及架空		20	10/10	抽查10处，合格9处	90%
				埋地		50	/	/	/
			标高（mm）	敷设在沟槽内及架空		±10	10/10	抽查10处，合格9处	90%
				埋地		±15	/	/	/
			水平管道纵、横方向弯曲（mm）	每m	管径≤100mm	1	10/10	抽查10处，合格9处	90%
					管径>100mm	1.5	/	/	/
				全长（25m以上）	管径≤100mm	≯13	10/10	抽查10处，合格9处	90%
					管径>100mm	≯25	/	/	/
			椭圆率	管径≤100mm		8%	10/10	抽查10处，合格9处	90%
				管径>100mm		5%	/	/	/
			褶皱不平度（mm）	管径≤100mm		4	/	/	/
				管径125～200mm		5	10/10	抽查10处，合格9处	90%
				管径250～400mm		7	/	/	/
	7	管道保温允许偏差	厚度			+0.1δ，0.05δ	10/10	抽查10处，合格9处	90%
			表面平整度	卷材		5	10/10	抽查10处，合格9处	90%
				涂抹		10	10/10	抽查10处，合格9处	90%

施工单位检查结果	符合要求 专业工长：刘大力 项目专业质量检查员：李春丽 2015年××月××日
监理单位验收结论	合格 专业监理工程师：洪金宝 2015年××月××日

室外供热管网管道及配件安装检验批质量验收记录填写说明

1. 填写依据

(1)《建筑给水排水及采暖工程质量验收规范》GB 50242－2002。

(2)《建筑工程施工质量验收统一标准》GB 50300－2013。

2. 规范摘要

以下内容摘自《建筑给水排水及采暖工程质量验收规范》GB 50242－2002。

主控项目

(1)平衡阀及调节阀型号、规格及公称压力应符合设计要求。安装后应根据系统要求进行调试、并作出标志。

检验方法：对照设计图纸及产品合格证，并现场观察调试结果。

(2)直埋无补偿热管道预热伸长及三通加固应符合设计要求。回填前应注意检查预制保温层外壳及接口的完好性。回填应按设计要求进行。

检验方法：回填前现场验核和观察。

(3)补偿器的位置必须符合设计要求，并应按设计要求或产品说明书进行预拉伸。管道固定支架的位置和构造必须符合设计要求。

检验方法：对照图红，并查验预拉伸记录。

(4)检查井室、用永入口处管道布置应便于操作及维修，支、吊、托架稳固，并满足设计要求。

检验方法：对照图纸，观察检查。

(5)直埋管道的保温应符合设计要求，接口在现场发泡时，接头处厚度应与管道保温层厚度一致，接头处保护层必须与管道保护层成一体，符合防潮防水要求。

检验方法：对照图纸，观察检查。

一般项目

(1)管道水平敷设其坡度应符合设计要求。

检验方法：对照图纸，用水准仪(水平尺)、拉线和尺量检查。

(2)除污器构造应符合设计要求，安装位置和方向正确。管网冲洗后应清除内部污物。

检验方法：打开清扫口检查。

(3)室外供热管道安装的允许偏差应符合表9-1的规定。

表9-1　室外供热管道安装的允许偏差和检验方法

项次	项目			允许偏差	检验方法
1	坐标(mm)		敷设在沟槽内及架空	20	用水准仪(水平尺)、直尺、拉线
			埋地	50	
2	标高(mm)		敷设在沟槽内及架空	±10	尺量检查
			埋地	±15	
3	水平管道纵、横方向弯曲(mm)	每1m	DN≤100mm	1	用水准仪(水平尺)直尺、拉线和尺量检查
			DN>100mm	1.5	
		全长(25m以上)	DN≤100mm	≯13	
			DN>100mm	≯2	

续表

项次	项目			允许偏差	检验方法
4	弯管	椭圆率 $\frac{D_{max}-D_{min}}{D_{max}}$	DN≤100mm	8%	用外卡钳和尺量检查
			DN＞100mm	5%	
		折皱不平度（mm）	DN≤100mm	4	
			DN125～200mm	5	
			DN250～400mm	7	

注：D_{max}和 D_{min}分别为管子的最大外径和最小外径。

(4)管道焊口的允许偏差应符合表 9-2 的规定。

表 9-2　钢管管道焊口允许偏差和检验方法

项次	项目			允许偏差	检验方法
1	焊口平直度	管壁厚 10mm 以内		管壁厚 1/4	焊接检验尺和游标卡尺检查
2	焊缝加强面	高度		＋1mm	
		宽度			
3	咬边	深度		小于 0.5mm	直尺检查
		长度	连续长度	25mm	
			总长度（两侧）	小于焊缝长度的 10%	

(5)管道及管件焊接的焊缝表面质量应符合下列规定：

1)焊缝外形尺寸应符合图纸和工艺文件的规定，焊缝高度不得低于母材表面，焊接与母材应圆滑过渡；

2)焊缝及热影响区表面应无裂纹、未熔合、未焊透、夹渣、弧坑和气孔等缺陷。

检验方法：观察检查。

(6)供热管道的供水管或蒸汽管，如设计无规定时，应敷设在载热介质前进方向的右侧或上方。

检验方法：对照图纸，观察检查。

(7)地沟内的管道安装位置，其净距(保温层外表面)应符合下列规定：

与沟壁　　　　100～150mm；

与沟底　　　　100～200mm；

与沟顶(不通行地沟)　　200～300mm。

检验方法：尽量检查。

(8)架空敷设的供热管道安装高度，如设计无规定时，应符合下列规定(以保温层外表面计算)；

1)人行地区，不小于 2.5m。

2) 通行车辆地区，不小于 4.5m。

3)跨越铁路，距轨顶不小于 6m。

检验方法：尺量检查。

(9)防锈漆的厚度应均匀，不得有脱皮、起泡、流淌和漏涂等缺陷。

检验方法：保温前观察检查。

(10)管道保温层的厚度和平整度的允许偏差应符合《建筑给水排水及采暖工程质量验收规范》GB 50242－2002 表 4.4.8 的规定。

9.2　系统水压试验

室外供热管网系统水压试验及调试检验批质量验收记录

05080201 001

单位（子单位）工程名称	××大厦	分部（子分部）工程名称	建筑给水排水及供暖/室外供热管网	分项工程名称	系统水压试验及调试
施工单位	××建筑有限公司	项目负责人	赵斌	检验批容量	1 套
分包单位	/	分包单位项目负责人	/	检验批部位	给水系统
施工依据	室外管道安装施工组织设计		验收依据	《建筑给水排水及采暖工程质量验收规范》GB50242-2002	

		验收项目	设计要求及规范规定	最小/实际抽样数量	检查记录	检查结果
主控项目	1	系统水压试验	第 11.3.1 条	/	水压强度试验合格，报告编号××××	√
	2	管道冲洗	第 11.3.2 条	/	管道冲洗试验合格，报告编号××××	√
	3	系统试运行和调试	第 11.3.3 条	/	系统试运行合格，报告编号××××	√
	4	开启和关闭阀门	第 11.3.4 条	10/10	抽查 10 处，合格 10 处	√

施工单位检查结果	符合要求 专业工长： 项目专业质量检查员： 2015 年××月××日
监理单位验收结论	合格 专业监理工程师： 2015 年××月××日

室外供热管网系统水压试验及调试检验批质量验收记录填写说明

1. 填写依据

(1)《建筑给水排水及采暖工程质量验收规范》GB 50242－2002。

(2)《建筑工程施工质量验收统一标准》GB 50300－2013。

2. 规范摘要

以下内容摘自《建筑给水排水及采暖工程质量验收规范》GB 50242－2002。

主控项目

(1)供热管道的水压试验压力应为工作压力的1.5倍,但不得小于0.6MPa。

检验方法:在试验压力下10min内压力降不大于0.05MPa,然后降至工作压力下检查,不渗不漏。

(2)管道试压合格后,应进行冲洗。

检验方法:现场观察,以水色不浑浊为合格。

(3)管道冲洗完毕应通水、加热,进行试运行和调试。当不具备加热条件时,应延期进行。

检验方法:测最各建筑物热力入口处供回水温度及压力。

(4)供热管道作水压试验时,试验管道上的阀门应开启,试验管道与非试验管道应隔断。

检验方法:开启和关闭阀门检查。

第10章 建筑中水、游泳池及公共浴池水系统

10.1 建筑中水系统

10.1.1 建筑中水系统资料列表

(1)施工技术资料

1)建筑中水系统管道及辅助设备安装技术交底记录

2)设计变更、工程洽商记录

(2)施工物资资料

1)主材(镀锌钢管、铸铁排水管、塑料管、复合管等及其配件)产品质量合格证、材质检测证明或检测报告

2)主要设备(格栅、变频水泵、补水设备等)产品质量合格证、检测报告、设备使用说明书

3)辅料(各种管卡、粘结剂、焊条等)产品合格证;水泥产品合格证、出厂检验报告、复试报告

4)材料、构配件进场检验记录

5)设备开箱检验记录

6)工程物资进场报验表

(3)施工记录

1)隐蔽工程验收记录

2)设备基础交接检查记录

3)管道支、吊架安装记录

4)管道保温检查记录

5)设备安装记录

6)钢管伸缩器预拉伸安装记录

7)塑料排水管伸缩器预留伸缩量记录

(4)施工试验记录及检测报告

1)设备单机试运转记录

2)系统试运行调试记录

3)给水管道系统、设备、阀门强度和严密性水压试验记录

4)给水管道系统通水试验记录

5)给水管道系统冲洗试验记录

6)楼板(屋面)立管洞盛水试验记录

7)非承压管道灌水试验记录

8)敞口水箱满水试验记录

9)卫生器具满水试验记录

10)排水管道通球试验记录

11)地漏排水试验记录

12)排水系统及卫生器具通水试验记录

13)安全阀及报警系统联动系统动作测试记录

14)管道焊接检验记录

(5)施工质量验收记录

1)建筑中水系统检验批质量验收记录

2)建筑中水系统分项工程质量验收记录

3)分项/分部工程施工报验表

(6)住宅工程质量分户验收记录表

建筑中水系统安装质量分户验收记录表

10.1.2　建筑中水系统资料填写范例及说明

隐蔽工程验收记录

施工单位:××建设集团有限公司

<table>
<tr><td colspan="3">工程名称</td><td>××办公室工程</td><td colspan="2">分项工程名称</td><td>建筑中水系统</td></tr>
<tr><td colspan="3">施工图名称及编号</td><td>水施－01、水施－04</td><td colspan="2">项目经理</td><td>×××</td></tr>
<tr><td colspan="3">施工标准名称及编号</td><td>《建筑给水排水及及暖工程施工质量验收规范》(GB 50242－2002)</td><td colspan="2">专业技术负责人</td><td>×××</td></tr>
<tr><td colspan="2">隐蔽工程部位</td><td>B01～F11层2号卫生间管井内⑨～⑬/Ⓔ～Ⓕ轴中水立管安装</td><td colspan="2">质量要求</td><td>施工单位自查情况</td><td>监理(建设)单位验收情况</td></tr>
<tr><td rowspan="7">检验内容</td><td colspan="2">管道坐标、标高</td><td colspan="2">B01～F11层高区给水ZW－2立管管道的坐标、标高均符合设计要求和施工规范规定</td><td>符合设计及规范要求</td><td>符合设计及规范要求</td></tr>
<tr><td colspan="2">管道材质、规格</td><td colspan="2">材质采用内筋嵌入式涂塑钢管,规格:DN40、DN50</td><td>符合设计及规范要求</td><td>符合设计及规范要求</td></tr>
<tr><td colspan="2">连接方式</td><td colspan="2">法兰或卡环式管件连接</td><td>符合设计及规范要求</td><td>符合设计及规范要求</td></tr>
<tr><td colspan="2">支架形式、安装位置、数量</td><td colspan="2">支架采用角钢、U型卡固定牢靠,其制作形式、安装位置、数量均符合设计和施工规范要求</td><td>符合设计及规范要求</td><td>符合设计及规范要求</td></tr>
<tr><td colspan="2">支架防锈处理</td><td colspan="2">支吊架刷防锈漆两道,灰色调合漆两道</td><td>符合设计及规范要求</td><td>符合设计及规范要求</td></tr>
<tr><td colspan="2">阀门试压及安装</td><td colspan="2">阀门均采用铜质截止阀,强度和严密性试验结果均合格,安装位置符合设计要求,启闭灵活</td><td>符合设计及规范要求</td><td>符合设计及规范要求</td></tr>
<tr><td colspan="2">管道强度严密性试验</td><td colspan="2">管道已做强度严密性试验,试验结果符合设计及施工规范规定</td><td>符合设计及规范要求</td><td>符合设计及规范要求</td></tr>
<tr><td colspan="3">施工单位自查结论</td><td colspan="4">经检查,符合设计要求、《建筑给水排水及采暖工程施工质量验收规范》(GB 50242－2002)的规定

施工单位项目技术负责人:×××　　2015 年 10 月 3 日</td></tr>
<tr><td colspan="3">监理(建设)单位验收结论</td><td colspan="4">同意隐蔽,可进行下道工序

监理工程师(建设单位项目负责人):×××　　2015 年 10 月 3 日</td></tr>
<tr><td colspan="3">备　注</td><td colspan="4"></td></tr>
</table>

建筑中水系统检验批质量验收记录

05100101_001

<table>
<tr><td>单位（子单位）工程名称</td><td>××大厦</td><td>分部（子分部）工程名称</td><td>建筑给水排水及供暖/建筑中水系统及雨水利用系统</td><td>分项工程名称</td><td>建筑中水系统</td></tr>
<tr><td>施工单位</td><td>××建筑有限公司</td><td>项目负责人</td><td>赵斌</td><td>检验批容量</td><td>1 套</td></tr>
<tr><td>分包单位</td><td>/</td><td>分包单位项目负责人</td><td>/</td><td>检验批部位</td><td>1～3 层</td></tr>
<tr><td>施工依据</td><td colspan="2">室内管道安装施工组织设计</td><td>验收依据</td><td colspan="2">《建筑给水排水及采暖工程质量验收规范》GB50242-2002</td></tr>
</table>

<table>
<tr><td rowspan="5">主控项目</td><td colspan="2">验收项目</td><td>设计要求及规范规定</td><td>最小/实际抽样数量</td><td>检查记录</td><td>检查结果</td></tr>
<tr><td>1</td><td>中水水箱设置</td><td>第 12.2.1 条</td><td>10/10</td><td>检查 10 处，合格 10 处</td><td>√</td></tr>
<tr><td>2</td><td>中水管道上装设用水器</td><td>第 12.2.2 条</td><td>10/10</td><td>检查 10 处，合格 10 处</td><td>√</td></tr>
<tr><td>3</td><td>中水管道严禁与生活饮用水管道连接</td><td>第 12.2.3 条</td><td>10/10</td><td>检查 10 处，合格 9 处</td><td>√</td></tr>
<tr><td>4</td><td>管道暗装时的要求</td><td>第 12.2.4 条</td><td>10/10</td><td>检查 10 处，合格处</td><td>√</td></tr>
<tr><td rowspan="2">一般项目</td><td>1</td><td>中水管道及配件材质</td><td>第 12.2.5 条</td><td>10/10</td><td>检查 10 处，合格 10 处</td><td>100%</td></tr>
<tr><td>2</td><td>中水管道与其他管道平行交叉铺设的净距</td><td>第 12.2.6 条</td><td>10/10</td><td>检查 10 处，合格 10 处</td><td>100%</td></tr>
<tr><td colspan="2">施工单位检查结果</td><td colspan="5">符合要求
专业工长：
项目专业质量检查员：
2015 年××月××日</td></tr>
<tr><td colspan="2">监理单位验收结论</td><td colspan="5">合格
专业监理工程师：
2015 年××月××日</td></tr>
</table>

建筑中水系统检验批质量验收记录填写说明

1. 填写依据

(1)《建筑给水排水及采暖工程质量验收规范》GB 50242－2002。

(2)《建筑工程施工质量验收统一标准》GB 50300－2013。

2. 规范摘要

以下内容摘自《建筑给水排水及采暖工程质量验收规范》GB 50242－2002。

主控项目

(1)中水高位水箱应与生活高位水箱分设在不同的房间内，如条件不允许只能设在同一房间时，与生活高位水箱的净距离应大于 2m。

检验方法：观察和尺量检查。

(2)中水给水管道不得装设取水水嘴。便器冲洗宜采用密闭型设备和器具。绿化、浇洒、汽车冲洗宜采用壁式或地下式的给水栓。

检验方法：观察检查。

(3)中水供水管道严禁与生活饮用水给水管道连接，并应采取下列措施：

1)中水管道外壁应涂浅绿色标志；

2)中水池(箱)、阀门、水表及给水栓均应有"中水"标志。

检验方法：观察检查。

(4)中水管道不宜暗装于墙体和楼板内。如必须暗装于墙槽内时，必须在管道上有明显且不会脱落的标志。

检验方法：观察检查。

一般项目

(1)中水给水管道管材及配件应采用耐腐蚀的给水管管材及附件。

检验方法：观察检查。

(2)中水管道与生活饮用水管道、排水管道平行埋设时，其水平净距离不得小于 0.5m；交叉埋设时，中水管道应位于生活饮用水管道下面，排水管道的上面，其净距离不应小于 0.15m。

检验方法：观察和尺量检查。

10.2　游泳池及公共浴池水系统管道及配件系统安装

10.2.1　管道及配件系统安装资料列表

(1)施工技术资料

1)游泳池及公共浴池水系统管道及配件安装技术交底记录

2)设计变更、工程洽商记录

(2)施工物资资料

1)材料、设备出厂合格证、检测报告

2)材料、构配件进场检验记录

3)工程物资进场报验表

(3)施工记录

隐蔽工程验收记录

(4) 施工试验记录及检测报告

1)回水管道灌水试验记录

2)供水管道水压试验记录

3)通水试验记录

4)冲洗试验记录

(5)施工质量验收记录

1)游泳池及公共浴池水系统管道及配件系统安装检验批质量验收记录

2)游泳池及公共浴池水系统管道及配件系统安装分项工程质量验收记录

3)分项/分部工程施工报验表

(6)住宅工程质量分户验收记录表

游泳池及公共浴池水系统管道及配件系统安装质量分户验收记录表

10.2.2　管道及配件系统安装资料填写范例及说明

游泳池及公共浴池水系统管道及配件系统安装检验批质量验收记录

05110101＿001

<table>
<tr><td colspan="2">单位（子单位）工程名称</td><td>××大厦</td><td>分部（子分部）工程名称</td><td>建筑给水排水及供暖/游泳池及公共浴池水系统</td><td>分项工程名称</td><td>管道及配件系统安装</td></tr>
<tr><td colspan="2">施工单位</td><td>××建筑有限公司</td><td>项目负责人</td><td>赵斌</td><td>检验批容量</td><td>48m</td></tr>
<tr><td colspan="2">分包单位</td><td>/</td><td>分包单位项目负责人</td><td>/</td><td>检验批部位</td><td>游泳池管道及配件</td></tr>
<tr><td colspan="2">施工依据</td><td colspan="2">室内管道安装施工组织设计</td><td>验收依据</td><td colspan="2">《建筑给水排水及采暖工程质量验收规范》GB50242-2002</td></tr>
<tr><td colspan="3">验收项目</td><td>设计要求及规范规定</td><td>最小/实际抽样数量</td><td>检查记录</td><td>检查结果</td></tr>
<tr><td rowspan="3">主控项目</td><td>1</td><td>游泳池给水配件材质</td><td>第 12.3.1 条</td><td>10/10</td><td>检查 10 处，合格 10 处</td><td>√</td></tr>
<tr><td>2</td><td>游泳池毛发聚集器过滤网</td><td>第 12.3.2 条</td><td>10/10</td><td>检查 10 处，合格 10 处</td><td>√</td></tr>
<tr><td>3</td><td>游泳池池面应采取措施防止冲洗排水流入池内</td><td>第 12.3.3 条</td><td>10/10</td><td>检查 10 处，合格 10 处</td><td>√</td></tr>
<tr><td rowspan="2">一般项目</td><td rowspan="2">1</td><td>游泳池循环水系统加药(混凝剂)的药品溶解池、溶液池及定量投加设备应采用耐腐蚀材料制作</td><td>第 12.3.4 条</td><td>10/10</td><td>检查 10 处，合格 10 处</td><td>100%</td></tr>
<tr><td>游泳池的浸脚、浸腰消毒池的给水管、投药管、溢流管、循环管和泄空管应采用耐腐蚀材料制成</td><td>第 12.3.5 条</td><td>10/10</td><td>检查 10 处，合格 10 处</td><td>100%</td></tr>
<tr><td colspan="2">施工单位检查结果</td><td colspan="5">符合要求
专业工长：
项目专业质量检查员：刘大力
2015 年××月××日</td></tr>
<tr><td colspan="2">监理单位验收结论</td><td colspan="5">合格
专业监理工程师：
2015 年××月××日</td></tr>
</table>

游泳池及公共浴池水系统管道及配件系统安装检验批质量验收记录填写说明

1. 填写依据

(1)《建筑给水排水及采暖工程质量验收规范》GB 50242－2002。

(2)《建筑工程施工质量验收统一标准》GB 50300－2013。

2. 规范摘要

以下内容摘自《建筑给水排水及采暖工程质量验收规范》GB 50242－2002。

主控项目

(1)游泳池的给水口、回水口、泄水口应采用耐腐蚀的铜、不锈钢、塑料等材料制造。溢流槽、格栅应为耐腐蚀材料制造，并为组装型。安装时其外表面应与池壁或池底面相平。

检验方法：观察检查。

(2)游泳池的毛发聚集器应采用铜或不锈钢等耐腐蚀材料制造，过滤筒(网)的孔径应不大于3mm，其面积应为连接管截面积的1.5～2倍。

检验方法：观察和尺量计算方法。

(3)游泳池地面，应采取有效措施防止冲洗排水流入池内。

检验方法：观察检查。

一般项目

(1)游泳池循环水系统加药(混凝剂)的药品溶解池、溶液池及定量投加设备应采用耐腐蚀材料制作。输送溶液的管道应采用塑料管、胶管或铜管。

检验方法：观察检查。

(2)游泳池的浸脚、浸腰消毒池的给水管、投药管、溢流管、循环管和泄空管应采用耐腐蚀材料制成。

检验方法：观察检查。

管道及配件系统安装　分项工程质量验收记录

单位(子单位)工程名称	××工程	结构类型	框架剪力墙
分部(子分部)工程名称	游泳池及公共浴池水系统	检验批数	1
施工单位	××建设工程有限公司	项目经理	×××
分包单位	××机电工程有限公司	分包项目经理	×××
序号	检验批名称及部位、区段	施工单位检查评定结果	监理(建设)单位验收结论
1	地下一层游泳池	√	验收合格
说明:			
检查结论	地下一层游泳池管道及配件系统安装施工质量符合《建筑给水排水及采暖工程施工质量验收规范》(GB 50242－2002)的要求,管道及配件系统安装分项工程合格。 项目专业技术负责人:××× 2015年×月×日	验收结论	同意施工单位检查结论,验收合格。 监理工程师:××× (建设单位项目专业技术负责人) 2015年×月×日

注:地基基础、主体结构工程的分项工程质量验收不填写"分包单位"、"分包项目经理"。

分项/分部工程施工报验表		编　号	×××
工程名称	××工程	日　期	2015年×月×日

现我方已完成＿＿/＿＿(层)＿＿/＿＿轴(轴线或房间)＿＿/＿＿(高程)＿＿/＿＿(部位)的＿游泳池及公共浴池水系统管道及配件系统安装＿工程，经我方检验符合设计、规范要求，请予以验收。

附件：　名　称　　　页　数　　　编　号

1. □质量控制资料汇总表　＿＿页　＿＿＿＿
2. □隐蔽工程验收记录　＿＿页　＿＿＿＿
3. □预检记录　＿＿页　＿＿＿＿
4. □施工记录　＿＿页　＿＿＿＿
5. □施工试验记录　＿＿页　＿＿＿＿
6. □分部(子分部)工程质量验收记录　＿＿页　＿＿＿＿
7. ☑分项工程质量验收记录　1页　×××
8. □＿＿＿＿　＿＿页　＿＿＿＿
9. □＿＿＿＿　＿＿页　＿＿＿＿
10. □＿＿＿＿　＿＿页

质量检查员(签字)：×××

施工单位名称：××建设工程有限公司　　技术负责人(签字)：×××

审查意见：

1. 所报附件材料真实、齐全、有效。
2. 所报分项工程实体工程质量符合规范和设计要求。

审查结论：　☑合格　　□不合格

监理单位名称：××建设监理有限公司　(总)监理工程师(签字)：×××　审查日期：2015年×月×日

本表由施工单位填报，监理单位、施工单位各存一份。分项、分部工程不合格，应填写《不合格项处置记录》，分部工程应由总监理工程师签字。

第11章　热源及辅助设备

11.1　锅炉安装

11.1.1　锅炉安装资料列表

(1)施工管理资料

1)工程概况表

2)施工现场质量管理检查记录

3)施工单位的安装执照、安装许可证、焊工的压力容器上岗证号和技术质量监督局的准允安装的批文

4)分包单位资质报审表

5)施工日志

(2)施工技术资料

1)工程技术文件报审表

2)施工方案

3)技术交底记录

①施工方案技术交底记录

②整装、组装锅炉安装技术交底记录

4)图纸会审、设计变更、工程洽商记录

(3)施工物资资料

1)锅炉制造资料

①锅炉设计图纸(包括总图、安装图和主要受压部件图)

②受压元件的强度计算书或计算结果汇总表

③受压元件重大设计更改资料

④安全阀排放量的计算书或计算结果汇总表

⑤安全阀调试报告及定压合格证书

⑥锅炉质量证明书(包括出厂合格证、金属材料证明、焊缝无损探伤检测报告和水压试验证明)

⑦锅炉安装说明书和使用说明书

⑧技术监督部门的质量监检证书

⑨厂家的生产许可证

2)材料、构配件进场检验记录

3)设备开箱检验记录

4)工程物资进场报验表

(4)施工记录

1)隐蔽工程验收记录

2)设备基础交接检查记录

3)设备基础检查记录
4)预检记录
5)锅炉本体安装记录
(5)施工试验记录及检测报告
1)设备单机试运转记录
2)锅炉本体和省煤器水压试验记录
3)炉排冷态试运行记录
4)锅炉封闭及烘炉(烘干)记录
5)锅炉煮炉试验记录
6)锅炉试运行记录
7)安全阀调试记录
8)管道焊接检验记录
9)焊缝的探伤记录及返修记录
(6)施工质量验收记录
1)锅炉安装检验批质量验收记录
2)锅炉安装分项工程质量验收记录
3)分项/分部工程施工报验表

11.1.2　锅炉安装资料填写范例及说明

锅炉封闭及烘炉(烘干)记录				**编　号**	×××
工程名称	××工程			安装位号	5#
锅炉型号	WNS 2.8－1.0/95/70－YQ			试验日期	2015 年×月×日

需要说明的事项：

1. 设备/管道内部封闭前情况：设备、管道内部已无任何杂物。

烘干方法	木柴火焰	烘炉时间	起始时间 2015 年 9 月 3 日 10 时 0 分
			终止时间 2015 年 9 月 7 日 18 时 0 分

温度区间（℃）	升降温度速度（℃/h）	所用时间（h）
14～44	1.5	20
44～84	2	20
84～100	1	16
100～140	2	20
140	0	18
140	0	10

2. 封闭方法：按人孔、手孔和燃烧器接口的先后顺序逐个进行封闭。
3. 试验结论　☑合格　□不合格
4. 附件　烘炉曲线图(包括计划曲线及实际曲线)

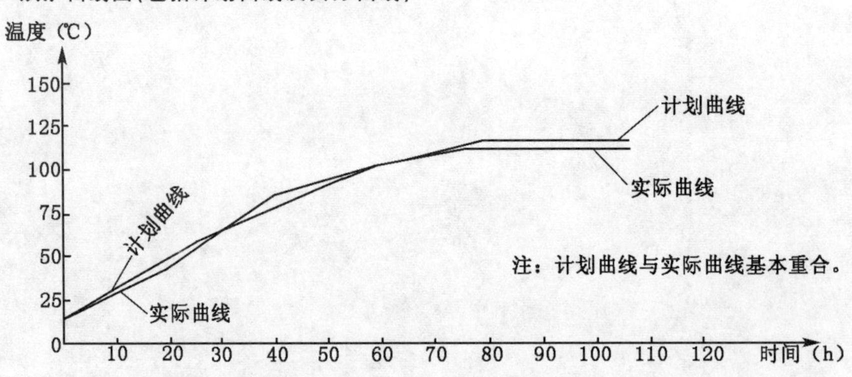

结论	☑ 合格		□ 不合格	
签字栏	建设(监理)单位	施工单位	××机电工程有限公司	
		专业技术负责人	专业质检员	专业工长
	×××	×××	×××	×××

本表由施工单位填写，建设单位、施工单位、城建档案馆各保存一份。

锅炉封闭及烘炉(烘干)记录填写说明

【相关规定及要求】

1. 锅炉安装完成后，在试运行前，应进行封闭和烘炉试验(非砌筑和浇注保温材料保温的锅炉可不做烘炉)，并做记录。

2. 烘炉前，应制订烘炉方案，并应具备下列条件：

(1) 锅炉及其水处理、汽水、排污、输煤、除渣、送风、除尘、照明、循环冷却水等系统均应安装完毕，并经试运转合格。

(2) 炉体砌筑和绝热工程应结束，并经炉体漏风试验合格。

(3) 水位表、压力表、测温仪表等烘炉需用的热工和电气仪表均应安装和试验完毕。

(4) 锅炉给水应符合现行国家标准《低压锅炉水质标准》的规定。

(5) 锅筒和集箱上的膨胀指示器应安装完毕，在冷状态下应调整到零位。

(6) 炉墙上的测温点或灰浆取样点应设置完毕。

(7) 应有烘炉升温曲线图。

(8) 管道、风道、烟道、灰道、阀门及挡板均应标明介质流向、开启方向和开度指示。

(9) 炉内外及各通道应全部清理完毕。

3. 锅炉火焰烘炉应符合下列规定：

(1) 火焰应在炉膛中央燃烧，不应直接烧烤炉墙及炉拱。烘炉初期宜采用文火烘焙，初期以后的火势应均匀，并逐日缓慢加大。

(2) 烘炉时间应根据锅炉类型、砌体湿度和自然通风干燥程度确定，一般不少于 4d，升温应缓慢，后期炉温不应高于 160℃，且持续时间不应少于 24h。

(3) 当炉墙特别潮湿时，应适当减慢升温速度延长烘炉时间。

(4) 链条炉排在烘炉过程中应定期转动。

(5) 烘炉的中、后期应根据锅炉水水质情况排污。

4. 烘炉结束后应符合下列规定：

(1) 炉墙经烘烤后没有变形、裂纹及塌落现象。

(2) 炉墙砌筑砂浆含水率达到 7%以下。

5. 锅炉在烘炉、煮炉合格后，应进行 48h 的带负荷连续试运行，同时应进行安全阀的热状态定压检验和调整。

6. 烘炉试验及记录除应按《建筑给水排水及采暖工程施工质量验收规范》(GB 50242－2002)第十三章的要求以外，尚应符合《工业锅炉安装工程施工及验收规范》(GB 50273－2009)等现行国家有关规范、规程、标准的规定及产品样本、使用说明书的要求。

7. 试验应由施工单位报请建设(监理)单位共同进行。

【填写要点】

1. 记录的内容应包括锅炉型号、位号、封闭前观察的情况、封闭方法、烘干方法、烘炉时间、温度变化情况、烘炉(烘干)曲线图及结论等。

2. 试验记录应根据试验的项目，按照实际情况及时、认真填写，不得漏项，填写内容要齐全、清楚、准确，结论应明确。各项内容的填写应符合设计及规范的要求，签字应齐全。

锅炉煮炉试验记录		编　号	×××
工程名称	××工程	安装位号	3#
锅炉型号	WNS 2.8－1.0/95/70－YQ	煮炉日期	2015年×月×日

试验要求：

1. 根据煮炉前的污垢厚度，确定锅炉加药配方。
2. 检查煮炉后受热面内部清洁程度，记录煮炉时间、压力。

试验记录：

9月20日上午8:00，根据锅内的污垢厚度和产品技术文件的规定，按1:1的比例配成氢氧化钠（NaOH）和磷酸三钠（$Na_3PO_4 \cdot 12H_2O$）的混合药液，并稀释成20%的溶液，从安全阀座口处投入锅内。药水溶液加至炉水的最低水位，然后将锅炉封闭，点火加热。逐步升高水温至90℃，保持水温煮炉至21日13:00。然后逐步升高炉内压力至0.7MPa并保持压力继续煮炉至22日15:00，煮炉结束。待水温自然降至40℃时，放净炉水，并用清水进行清洗，清除与药液接触过的阀门和锅筒的污物。至22日18:00对锅筒内壁进行检查，内壁无油污和锈斑，阀门无堵塞现象。

试验结论：

符合设计和施工规范要求，试验结果合格。

签字栏	建设（监理）单位	施工单位	××机电工程有限公司	
		专业技术负责人	专业质检员	专业工长
	×××	×××	×××	×××

本表由施工单位填写，建设单位、施工单位、城建档案馆各保存一份。

锅炉煮炉试验记录填写说明

【相关规定及要求】

1. 锅炉安装完成后，在烘炉末期，应进行煮炉试验，并做记录。非砌筑或浇注保温材料的锅炉，安装后可直接进行煮炉。

2. 煮炉时间一般应为 2～3d。煮炉的最后 24h 宜使压力保持在额定工作压力的 75%。如蒸汽压力较低，可适当延长煮炉时间。

3. 一般采用碱性溶液煮炉，加药量根据锅炉锈蚀、油污情况及锅炉水容量而定。如锅炉出厂说明未做规定时，可按表 11-1 确定加药量。

表 11-1　　每吨炉水加药量　　单位：kg

药品名称	铁锈较薄	铁锈较厚
氢氧化钠(NaOH)	2～3	3～4
磷酸三钠($Na_3PO_4 \cdot 12H_2O$)	2～3	2～3

注：表中药品用量按 100%纯度计算；无磷酸三钠时，可用碳酸钠(Na_2CO_3)代替，用量为磷酸三钠的 1.5 倍。

4. 药品应溶解成溶液后方可加入炉内。

5. 加药时，炉水应在低水位。

6. 煮炉期间，应定期取水样进行水质分析。当炉水碱度低于 45mol/L 时，应补充加药。

7. 煮炉结束后，锅筒和集箱内壁应无油垢，擦去附着物后金属表面应无锈斑。

8. 记录的内容应包括锅炉型号、位号、煮炉的药量及成分、加药程序、升降温控制、煮炉时间、煮后的清洗、除垢等试验内容及结论等。

9. 煮炉试验及记录除应按《建筑给水排水及采暖工程施工质量验收规范》(GB 50242－2002)第十三章的要求以外，尚应符合《工业锅炉安装工程施工及验收规范》(GB 50273－2009)等现行国家有关规范、规程、标准的规定及产品样本、使用说明书的要求。

10. 试验应由施工单位报请建设(监理)单位共同进行。

【填写要点】

1. 试验记录应根据试验的项目，按照实际情况及时、认真填写，不得漏项，填写内容要齐全、清楚、准确，结论应明确。各项内容的填写应符合设计及规范的要求，签字应齐全。

2. 表格中凡需要填空的地方，且实际已发生的，应如实填写；未发生的，则应在空白处画“/”。

<table>
<tr><td colspan="2">锅炉试运行记录</td><td>编　　号</td><td>×××</td></tr>
<tr><td>工程名称</td><td colspan="3">××工程</td></tr>
<tr><td>施工单位</td><td colspan="3">××机电工程有限公司</td></tr>
<tr><td colspan="4">本锅炉在安全附件校验合格后，由 建设 单位组织，经共同验收，自 2015 年 9 月 28 日 8 时至 2015 年 9 月 30 日 8 时试运行，运行情况正常，符合规程及设计文件要求，试运行合格，可以投入使用。</td></tr>
<tr><td colspan="4">试运行情况记录：
锅炉烘炉、煮炉和严密性试验合格后，按《工业锅炉安装工程施工及验收规范》(GB 50273－2009)相关规定分别进行安全阀最终调整，即热状态定压检验和调整。安全阀调整后，锅炉带负荷连续试运行 48h，运行全过程未出现异常，合格。
符合设计和施工规范要求。
记录人：×××</td></tr>
</table>

建设单位（签章）	监理单位（签章）	管理单位（签章）	施工单位（签章）
×××	××	×××	×××

本表由施工单位填写，建设单位、施工单位、城建档案馆各保存一份。

一册在手　表格全有　贴近现场　资料无忧

锅炉试运行记录填写说明

【相关规定及要求】

1. 锅炉在烘炉、煮炉合格后，必须进行 48h 的带负荷连续运行，同时应进行安全阀的热状态定压检验和调整，并做记录，以运行正常为合格。

2. 锅炉和省煤器安全阀的定压和调整应符合表 11-2 的规定。锅炉上装有两个安全阀时，其中的一个按表中较高值定压，另一个按较低值定压。装有一个安全阀时，应按较低值定压。调整后安全阀应立即加锁或铅封。

表 11-2　　安全阀定压规定

项　次	工作设备	安全阀开启压力(MPa)
1	蒸汽锅炉	工作压力+0.02MPa
		工作压力+0.04MPa
2	热水锅炉	1.12 倍工作压力，但不少于工作压力+0.07MPa
		1.14 倍工作压力，但不少于工作压力+0.10MPa
3	省煤器	1.1 倍工作压力

3. 锅炉试运行及记录除应按《建筑给水排水及采暖工程施工质量验收规范》(GB 50242－2002)第十三章的要求以外，尚应符合《工业锅炉安装工程施工及验收规范》(GB 50273－2009)等现行国家有关规范、规程、标准的规定及产品样本、使用说明书的要求。

4. 试验应由施工单位组织、建设单位、监理单位、管理单位共同进行验收。

【填写要点】

记录的内容应包括试运行时间、参加人员、运行情况及结果等。

锅炉安装检验批质量验收记录

05130101_001

单位（子单位）工程名称	××大厦	分部（子分部）工程名称	建筑给水排水及供暖/热源及辅助设备	分项工程名称	锅炉安装
施工单位	××建筑有限公司	项目负责人	赵斌	检验批容量	1台
分包单位	/	分包单位项目负责人	/	检验批部位	锅炉房
施工依据	锅炉安装施工方案		验收依据	《建筑给水排水及采暖工程质量验收规范》GB50242-2002	

		验收项目			设计要求及规范规定	最小/实际抽样数量	检查记录	检查结果
主控项目	1	锅炉基础验收			设计要求	/	基础外观尺寸符合要求，强度检查试验合格，报告编号××××	√
	2	燃油、燃汽及非承压锅炉安装			第13.2.2条 第13.2.3条 第13.2.4条	10/10	检查10处，合格10处	√
	3	锅炉烘炉和试运行			第13.5.1条 第13.5.2条 第13.5.3条	/	/	
	4	排污管和排污阀安装			第13.2.5条	10/10	检查10处，合格10处	√
	5	锅炉和省煤器的水压试验			第13.2.6条	/	/	
	6	机械炉排冷态试运行			第13.2.7条	/	/	
	7	本体管道焊接			第13.2.8条	10/10	检查10处，合格10处	√
一般项目	1	锅炉煮炉			第13.5.4条	/	/	
	2	铸铁省煤器肋片破损数			第13.2.12条	10/10	检查10处，合格10处	100%
	3	锅炉本体安装的坡度			第13.2.13条	10/10	检查10处，合格10处	100%
	4	锅炉炉底风室			第13.2.14条	10/10	检查10处，合格10处	100%
	5	省煤器出入口管道及阀门			第13.2.15条	10/10	检查10处，合格10处	100%
	6	电动调节阀安装			第13.2.16条	10/10	检查10处，合格10处	100%
	7	锅炉安装允许偏差	坐标		10mm	10/10	检查10处，合格9处	90%
			坐高		±5mm	10/10	检查10处，合格9处	90%
			中心线垂直度	立式锅炉炉体全高	4mm	10/10	检查10处，合格9处	90%
				卧式锅炉炉体全高	3mm	/	/	
	8	链条炉排安装允许偏差	炉排中心位置		2mm	10/10	检查10处，合格9处	90%
			前后中心线的相对标高差		5mm	10/10	检查10处，合格9处	90%
			前轴、后轴的水平度(每米)		1mm	10/10	检查10处，合格9处	90%
			墙壁板间两对角线长度之差		5mm	10/10	检查10处，合格9处	90%
	9	往复炉排安装允许偏差	炉排片间隙	纵向	1mm	10/10	检查10处，合格9处	90%
				两侧	2mm	10/10	检查10处，合格9处	90%
				两侧板对角线长度之差	5mm	10/10	检查10处，合格9处	90%
	10	省煤器支架安装允许偏差	支承架的水平方向位置		3mm	10/10	检查10处，合格9处	90%
			支承架的标高		0，-5mm	10/10	检查10处，合格9处	90%
			支承架纵横水平度(每米)		Lmm	10/10	检查10处，合格9处	90%
施工单位检查结果		符合要求 专业工长： 项目专业质量检查员： 2015年××月××日						
监理单位验收结论		合格 专业监理工程师： 2015年××月××日						

锅炉安装检验批质量验收记录填写说明

1. 填写依据

(1)《建筑给水排水及采暖工程质量验收规范》GB 50242－2002。

(2)《建筑工程施工质量验收统一标准》GB 50300－2013。

2. 规范摘要

以下内容摘自《建筑给水排水及采暖工程质量验收规范》GB 50242－2002。

主控项目

(1)锅炉设备基础的混凝土强度必须达到设计要求，基础的坐标、标高、几何尺寸和螺栓孔位置应符合表 11-3 的规定。

表 11-3　　锅炉及辅助设备基础的允许偏差和检验方法

项次	项目		允许偏差(mm)	检验方法
1	基础坐标位置		20	经纬仪、拉线和尺量
2	基础各不同平面的标高		0,－20	水准仪、拉线尺量
3	基础平面外形尺寸		20	尺量检查
4	凸台上平面尺寸		0,－20	
5	凹穴尺寸		＋20,0	
6	基础上平面水平度	每米	5	水平仪(水平尺)和楔形塞尺检查
		全长	10	
7	坚向偏差	每米	5	经纬仪和吊线和尺量
		全高	10	
8	预埋地脚螺栓	标高(顶端)	＋20,0	水准仪、拉线和尺量
		中心距(根部)	2	
9	预留地脚螺栓孔	中心位置	10	尺量
		深度	－20,0	
		孔壁垂直度	10	吊线和尺量
10	预埋活动地脚螺栓锚板	中心位置	5	拉线和尺量
		标高	＋20,0	
		水平度(带槽锚板)	5	水平尺和楔形塞尺检查
		水平度(带螺纹孔锚板)	2	

(2)非承压锅炉，应严格按设计或产品说明书的要求施工。锅筒顶部必须敞口或装设大气连通管，连通管上不得安装阀门。

检验方法：对照设计图纸或产品说明书检查。

(3)以天然气为燃料的锅炉的天然气释放管或大气排放管不得直接通向大气，应通向贮存或处理装置。

检验方法：对照设计图纸检查。

(4)两台或两台以上燃油锅炉共用一个烟囱时，每一台锅炉的烟道上均应配备风阀或挡板装置，并应具有操作调节和闭锁功能。

检验方法：观察和手扳检查。

(5)锅炉的锅筒和水冷壁的下集箱及后棚管的后集箱的最低处排污阀及排污管道不得采用螺纹连接。

检验方法：观察检查。

(6)锅炉的汽、水系统安装完毕后，必须进行水压试验。水压试验的压力应符合表11-4的规定。

表11-4 水压试验压力规定

项次	设备名称	工作压力 P(MPa)	试验压力(MPa)
1	锅炉本体	$P<0.59$	$1.5P$ 但不小于0.2
		$0.59\leqslant P\leqslant 1.18$	$P+0.3$
		$P>1.18$	$1.25P$
2	可分式省煤器	P	$1.25P+0.5$
3	非承压锅炉	大气压力	0.2

注：1 工作压力 P 对蒸汽锅炉指锅筒工作压力，对热水锅炉指锅炉额定出水压力；
2 铸铁锅炉水压试验同热水锅炉；
3 非承压锅炉水压试验压力为0.2MPa，试验期间压力应保持不变。

检验方法：

1)在试验压力下10min内压力降不超过0.02MPa；然后降至工作压力进行检查，压力不降，不渗、不漏；

2)观察检查，不得有残余变形，受压元件金属壁和焊缝上不得有水珠和水雾。

(7)机械炉排安装完毕后应做冷态运转试验，连续运转时间不应少于8h。

检验方法：观察运转试验全过程。

(8)锅炉本体管道及管件焊接的焊缝质量应符合下列规定：

1)焊缝表面质量应符合《建筑给水排水及采暖工程质量验收规范》GB 50242－2002第11.2.10条的规定。

2)管道焊口尺寸的允许偏差应符合表5.3.8的规定。

3)无损探伤的检测结果应符合锅炉本体设计的相关要求。

检验方法：观察和检验无损探伤检测报告。

一般项目

(1)锅炉安装的坐标、标高、中心线和垂直度的允许偏差应符合表11-5的规定。

表11-5 锅炉安装的允许偏差和检验方法

项次	项目		允许偏差(mm)	检验方法
1	坐标		10	经纬仪、拉线和尺量
2	标高		±5	水准仪、拉线和尺量
3	中心线垂直度	卧式锅炉炉体全高	3	吊线和尺量
		立式锅炉炉体全高	4	吊线和尺量

(2)组装链条炉排安装的允许偏差应符合表 11-6 的规定。

表 11-6　组装链条炉排安装的允许偏差和检验方法

项次	项目		允许偏差(mm)	检验方法
1	炉排中心位置		2	经纬仪、拉线和尺量
2	墙板的标高		±5	水准仪、拉线和尺量
3	墙板的垂直度,全高		3	吊线和尺量
4	墙板间两对角线的长度之差		5	钢丝线和尺量
5	墙板框的纵向位置		5	经纬仪、拉线和尺量
6	墙板顶面的纵向水平度		长度 1/1000,且≯5	拉线、水平尺和尺量
7	墙板间的距离	跨距≤2m	+3 0	钢丝线和尺量
		跨距>2m	+5 0	
8	两墙板的顶面在同一水平面上相对高差		5	水准仪、吊线和尺量
9	前轴、后轴的水平度		长度 1/1000	拉线、水平尺和尺量
10	前轴和后轴的轴心线相对标高差		5	水准仪、吊线和尺量
11	各轨道在同一水平面上的相对高差		5	水准仪、吊线和尺量
12	相邻两轨道间的距离		±2	钢丝线和尺量

(3)往复炉排安装的允许偏差应符合表 11-7 的规定。

表 11-7　往复炉排安装的允许偏差和检验方法

项次	项目		允许偏差(mm)	检验方法
1	两侧板的相对标高		3	水准仪、吊线和尺量
2	两侧板间距离	跨距≤2m	+30	钢丝线和尺量
		跨距>2m	+4 0	
3	两侧板的垂直度,全高		3	吊线和尺量
4	两侧板间对角线的长度之差		5	钢丝线和尺量
5	炉排片的纵向间隙		1	钢板尺量
6	炉排两侧的间隙		2	

(4)铸铁省煤器破损的肋片数不应大于总肋片数的 5%,有破损肋片的根数不应大于总根数的 10%。铸铁省煤器支承架安装的允许偏差应符合表 11-8 的规定。

(5)锅炉本体安装应按设计或产品说明书要求布置坡度并坡向排污阀。

检验方法:用水平尺或水准仪检查。

表11-8　　铸铁省煤器支承架安装的允许偏差和检验方法

项次	项目	允许偏差(mm)	检验方法
1	支承架的位置	3	经纬仪、拉线和尺量
2	支承架的标高	0 −5	水准仪、吊线和尺量
3	支承架的纵、横向水平度(每米)	1	水平尺和塞尺检查

(6)锅炉由炉底送风的风室及锅炉底座与基础之间必须封、堵严密。

检验方法:观察检查。

(7)省煤器的出口处(或入口处)应按设计或锅炉图纸要求安装阀门和管道。

检验方法:对照设计图纸检查。

(8)电动调节阀门的调节机构与电动执行机构的转臂应在同一平面内动作,传动部分应灵活、无空行程及卡阻现象,其行程及伺服时间应满足使用要求。

检验方法:操作时观察检查。

锅炉安装 分项工程质量验收记录

单位(子单位)工程名称	××工程		结构类型	框架剪力墙
分部(子分部)工程名称	热源及辅助设备安装		检验批数	1
施工单位	××建设工程有限公司		项目经理	×××
分包单位	××机电工程有限公司		分包项目经理	×××
序号	检验批名称及部位、区段	施工单位检查评定结果	监理(建设)单位验收结论	
1	锅炉机房	√	验收合格	
说明：				
检查结论	锅炉机房锅炉安装施工质量符合《建筑给水排水及采暖工程施工质量验收规范》(GB 50242—2002)的要求，锅炉安装分项工程合格。 项目专业技术负责人：××× 2015 年×月×日	验收结论	同意施工单位检查结论，验收合格。 监理工程师：××× (建设单位项目专业技术负责人) 2015 年×月×日	

注：地基基础、主体结构工程的分项工程质量验收不填写“分包单位”、“分包项目经理”。

<table>
<tr><td colspan="2">分项/分部工程施工报验表</td><td>编　号</td><td>×××</td></tr>
<tr><td>工程名称</td><td>××工程</td><td>日　期</td><td>2015年×月×日</td></tr>
<tr><td colspan="4">
现我方已完成 / (层) / 轴(轴线或房间) / (高程) / (部位)的 锅炉安装 工程，经我方检验符合设计、规范要求，请予以验收。
附件：　名　称　　　页　数　　　编　号
1.☐质量控制资料汇总表 ____页 ____
2.☐隐蔽工程验收记录 ____页 ____
3.☐预检记录 ____页 ____
4.☐施工记录 ____页 ____
5.☐施工试验记录 ____页 ____
6.☐分部(子分部)工程质量验收记录 ____页 ____
7.☑分项工程质量验收记录 1 页 ×××
8.☐____ ____页 ____
9.☐____ ____页 ____
10.☐____ ____页 ____

质量检查员(签字)：×××
施工单位名称：××建设集团有限公司　　技术负责人(签字)：×××
</td></tr>
<tr><td colspan="4">
审查意见：
1.所报附件材料真实、齐全、有效。
2.所报分项工程实体工程质量符合规范和设计要求。

审查结论：　☑合格　　☐不合格

监理单位名称：××建设监理有限公司　(总)监理工程师(签字)：×××　审查日期：2015年×月×日
</td></tr>
</table>

本表由施工单位填报，监理单位、施工单位各存一份。分项、分部工程不合格，应填写《不合格项处置记录》，分部工程应由总监理工程师签字。

11.2　辅助设备及管道安装

11.2.1　辅助设备及管道安装资料列表

(1)施工技术资料

锅炉辅助设备及管道安装技术交底记录

(2)施工物资资料

1)锅炉辅助设备出厂合格证、检测报告、使用说明书。分汽缸等压力容器质量证明文件(包括产品合格证、材质证明、无损探伤、水压试验和图纸等资料)

2)各种金属管材、型钢、阀门及管件的产品质量合格证、质量证明书及相关检测报告。

3)材料、构配件进场检验记录

4)设备开箱检验记录

5)工程物资进场报验表

(3)施工记录

1)隐蔽工程验收记录

2)设备基础交接检查记录

3)设备基础检查记录

4)设备安装记录

5)管道保温检查记录

(4)施工试验记录及检测报告

1)设备单机试运转记录(水泵、风机)

2)敞口箱、罐满水试验记录

3)分汽缸(分水器、集水器)水压试验记录

4)密闭箱、罐水压试验记录

5)工艺管道系统水压试验记录

6)地下直埋油罐气密性试验记录

7)管道焊接检验记录

(5)施工质量验收记录

1)辅助设备及管道安装检验批质量验收记录

2)辅助设备及管道安装分项工程质量验收记录

3)分项/分部工程施工报验表

11.2.2　辅助设备及管道安装资料填写范例及说明

辅助设备及管道安装检验批质量验收记录

05130201＿001

单位（子单位）工程名称	××大厦	分部（子分部）工程名称	建筑给水排水及供暖/热源及辅助设备	分项工程名称	辅助设备及管道安装
施工单位	××建筑有限公司	项目负责人	赵斌	检验批容量	10台
分包单位	/	分包单位项目负责人	/	检验批部位	锅炉房
施工依据	锅炉安装施工方案		验收依据	《建筑给水排水及采暖工程质量验收规范》GB50242-2002	

		验收项目	设计要求及规范规定	最小/实际抽样数量	检查记录	检查结果
主控项目	1	辅助设备基础验收	设计要求	10/10	外观尺寸符合要求，强度检查试验合格，报告编号××××	√
	2	风机试运转	第13.3.2条	/	/	
	3	分汽缸、分水器、集水器水压试验	第13.3.3条	/	/	
	4	敞口水箱、密闭水箱、满水或压力试验	第13.3.4条	/	/	
	5	地下直埋油罐气密性试验	第13.3.5条	/	/	
	6	工艺管道水压试验	第13.3.6条	/	/	
	7	各种设备的操作通道	第13.3.7条	10/10	检查10处，合格10处	√
	8	仪表、阀门的安装	第13.3.8条	10/10	检查10处，合格10处	√
	9	管道焊接	第13.3.9条	10/10	检查10处，合格10处	√
一般项目	1	单斗式提升机安装	第13.3.12条	10/10	检查10处，合格10处	100%
	2	风机传动部位安全防护装置	第13.3.13条	10/10	检查10处，合格10处	100%
	3	手摇泵、注水器安装高度	第13.3.15条 第13.3.17条	10/10	检查10处，合格10处	100%
	4	水泵安装及试运转	第13.3.14条 第13.3.16条	/	/	
	5	除尘器安装	第13.3.18条	10/10	检查10处，合格10处	100%
	6	除氧器排汽管	第13.3.19条	10/10	检查10处，合格10处	100%
	7	软化水设备安装	第13.3.20条	10/10	检查10处，合格10处	100%
	8	管道及设备表面涂漆	第13.3.22条	10/10	检查10处，合格10处	100%
	9	安装允许偏差　送、引风机　坐标	10mm	10/10	检查10处，合格9处	90%
		安装允许偏差　送、引风机　标高	±5mm	10/10	检查10处，合格9处	90%
		安装允许偏差　各种静置设备　坐标	15mm	10/10	检查10处，合格9处	90%
		安装允许偏差　各种静置设备　标高	±5mm	10/10	检查10处，合格9处	90%
		安装允许偏差　各种静置设备　垂直度（每米）	2mm	10/10	检查10处，合格9处	90%
		安装允许偏差　离心式水泵　泵体水平度（每米）	0.1mm	10/10	检查10处，合格9处	90%
		安装允许偏差　离心式水泵　联轴器同心度　轴向倾斜（每米）	0.8mm	10/10	检查10处，合格9处	90%
		安装允许偏差　离心式水泵　联轴器同心度　径向位移	0.1mm	10/10	检查10处，合格9处	90%
	10	链条炉排安装　炉排中心位置	2mm	10/10	检查10处，合格9处	90%
		链条炉排安装　前后中心线的相对标高差	5mm	10/10	检查10处，合格9处	90%
		链条炉排安装　前轴、后轴的水平度（每米）	1mm	10/10	检查10处，合格9处	90%
		链条炉排安装　墙壁板间两对角线长度之差	5mm	10/10	检查10处，合格9处	90%
	11	往复炉排安装允许偏差　炉排片间隙　纵向	1mm	10/10	检查10处，合格9处	90%
		往复炉排安装允许偏差　炉排片间隙　两侧	2mm	10/10	检查10处，合格9处	90%
		往复炉排安装允许偏差　两侧板对角线长度之差	5mm	10/10	检查10处，合格9处	90%
	12	省煤器支架安装允许偏差　支承架的水平方向位置	3mm	10/10	检查10处，合格9处	90%
		省煤器支架安装允许偏差　支承架的标高	0，-5mm	10/10	检查10处，合格9处	90%
		省煤器支架安装允许偏差　支承架纵横水平度（每米）	Lmm	10/10	检查10处，合格9处	90%

施工单位检查结果	符合要求　　专业工长： 项目专业质量检查员： 2015年××月××日
监理单位验收结论	合格　　专业监理工程师： 2015年××月××日

辅助设备及管道安装检验批质量验收记录填写说明

1. 填写依据

(1)《建筑给水排水及采暖工程质量验收规范》GB 50242—2002。

(2)《建筑工程施工质量验收统一标准》GB 50300—2013。

2. 规范摘要

以下内容摘自《建筑给水排水及采暖工程质量验收规范》GB 50242—2002。

主控项目

(1)辅助设备基础的混凝土强度必须达到设计要求，基础的坐标、标高、几何尺寸和螺栓孔位置必须符合《建筑给水排水及采暖工程质量验收规范》GB 50242—2002表13.2.1的规定。

(2)风机试运转，轴承温升应符合下列规定：

1)滑动轴承温度最高不得超过60℃

2)滚动轴承温度最高不得超过80℃

检验方法：用温度计检查。

轴承径向单振幅应符合下列规定：

1)风机转速小于1000r/min时，不应超过0.10mm；

2)风机转速为1000～1450r/min时，不应超过0.08mm。

检验方法：用测振仪表检查。

(3)分气缸(分水器、集水器)安装前应进行水压试验，试验压力的1.5倍，但不得小于0.6MPa。

检验方法：试验压力下10min内无压降、无渗漏。

(4)敞口箱、罐安装前应做满水试验；密闭箱、罐应以工作压力的1.5倍作水压试验，但不得小于0.4MPa。

检验方法：满水试验满水后静置24h不渗不漏；水压试验在试验压力下10min内无压降，不渗不漏。

(5)地下直埋油罐在埋地前应做气密性试验，试验压力降不应小于0.03MPa。

检验方法：试验压力下观察30min不渗、不漏，无压降。

(6)连接锅炉及辅助设备的工艺管道安装完毕后，必须进行系统的水压试验，试验压力为系统中最大工作压力的1.5倍。

检验方法：在试验压力10min内压力降不超过0.05MPa，然后降至工作压力进行检查，不渗不漏。

(7)各种设备的主要操作通道的净距如设计不明确时不应小于1.5m，辅助的操作通道净距不应小于0.8m。

检验方法：尺量检查。

(8)管道连接的法兰、焊缝和连接管件以及管道上的仪表、阀门的安装位置应便于检修，并不得紧贴墙壁、楼板或管架。

检验方法：观察检查。

(9)管道焊接质量应符合《建筑给水排水及采暖工程质量验收规范》GB 50242—2002第11.2.10条的要求和表5.3.8的规定。

一般项目

(1)锅炉辅助设备安装的允许偏差应符合表11-9的规定。

表11-9　锅炉辅助设备安装的允许偏差和检验方法

项次	项目			允许偏差(mm)	检验方法
1	送、引风机	坐标		10	经纬仪、拉线和尺量
		标高		±5	水准仪、拉线和尺量
2	各种静置设备（各种容器、箱、罐等）	坐标		15	经纬仪、拉线和尺量
		标高		±5	水准仪、拉线和尺量
		垂直度(1m)		2	吊线和尺量
3	离心式水泵	泵体水平度(1m)		0.1	水平尺和塞尺检查
		泵体水平度(1m)		0.8	水准仪、百分表（测微螺钉）和塞尺检查
		联轴器同心度	轴向倾斜(1 m)	0.1	
			径向位移		

(2)连接锅炉及辅助设备的工艺管道安装的允许偏差应符合表11-10的规定。

表11-10　工艺管道安装的允许偏差和检验方法

项次	项目		允许偏差(mm)	检验方法
1	坐标	架空	15	水准仪、拉线和尺量
		地沟	10	
2	标高	架空	±15	水准仪、拉线和尺量
		地沟	±10	
3	水平管道纵、横方向弯曲	$DN \leqslant 100$mm	2‰，最大50	直尺和拉线检查
		$DN > 100$mm	3‰，最大70	
4	立管垂直		2‰，最大15	吊线和尺量
5	成排管道间距		3	直尺尺量
6	交叉管的外壁或绝热层间距		10	

(3)单斗式提升机安装应符合下列规定：

1)导轨的间距偏差不大于2mm。

2)垂直式导轨的垂直度偏差不大于1‰；倾斜式导轨的倾斜度偏差不大于2‰。

3)料斗的吊点与料斗垂心在同一垂线上，重合度偏差不大于10mm。

4)行程开关位置应准确，料斗运行平稳，翻转灵活。

检验方法：吊线坠、拉线及尺量检查。

(4)安装锅炉送、引风机，转动应灵活无卡碰等现象；送、引风机的传动部位，应设置安全防护装置。

检验方法；观察和启动检查。

(5)水泵安装的外观质量检查：泵壳不应有裂纹、砂眼及凹凸不平等缺陷；多级泵的平衡管路应无损伤或折陷现象；蒸汽往复泵的主要部件、活塞及活动轴必须灵活。

检验方法：观察和启动检查。

(6)手摇泵应垂直安装。安装高度如设计无要求时，泵中心距地面为 800mm。

检验方法：吊线和尺量检查。

(7)水泵试运转，叶轮与泵壳不应相碰，进、出口部位的阀门应灵活。轴承温升应符合产品说明书的要求。

检验方法：通电、操作和测温检查。

(8)注水器安装高度，如设计无要求时，中心距地面为 1.0～1.2m。

检验方法：尺量检查。

(9)除尘器安装应平稳牢固，位置和进、出口方向应正确。烟管与引风机连接时应采用软接头，不得将烟管重量压在风机上。

检验方法：观察检查。

(10)热力除氧器和真空除氧器的排汽管应通向室外，直接排入大气。

检验方法；观察检查。

(11)软化水设备罐体的视镜应布置在便于观察的方向。树脂装填的高度应按设备说明书要求进行。

检验方法：对照说明书，观察检查。

(12)管道及设备保温层的厚度和平整度的允计偏差应符合《建筑给水排水及采暖工程质量验收规范》GB 50242－2002 表 4.4.8 的规定。

(13)在涂刷油漆前，必须清除管道及设备表面的灰尘、污垢、锈斑、焊渣等物。涂漆的厚度应均匀，不得有脱皮、起泡、流淌和漏涂等缺陷。

检验方法：现场观察检查。

11.3 安全附件安装

11.3.1 安全附件安装资料列表

(1)施工技术资料

锅炉安全附件安装技术交底记录

(2)施工物资资料

1)安全附件产品质量证明文件。安全阀产品合格证、安全阀调试报告及定压合格证书;压力表产品合格证、计量检定证书

2)材料、构配件进场检验记录

3)工程物资进场报验表

(3)施工记录

安全附件及管道安装记录

(4)施工试验记录及检测报告

1)安全附件安装检查记录

2)安全阀调试记录

(5)施工质量验收记录

1)安全附件安装检验批质量验收记录

2)安全附件安装分项工程质量验收记录

3)分项/分部工程施工报验表

11.3.2　安全附件安装资料填写范例及说明

安全附件安装检查记录		编　　号	×××
工程名称	××工程	安装位号	3#
锅炉型号	WNS 2.8－1.0/95/70－YQ	工作介质	水
设计(额定)压力(MPa)	1.0	最大工作压力(MPa)	0.6
检 查 项 目		检 查 结 果	
压力表	量程及精度等级	0～1.6MPa;　1.5 级	
	校验日期	2015 年×月×日	
	在最大工作压力处应划红线	☑ 已划	□未划
	旋塞或针型阀是否灵活	☑ 灵活	□不灵活
	蒸汽压力表管是否设存水弯管	☑ 已设	□未设
	铅封是否完好	☑ 完好	□不完好
安全阀	开启压力范围	0.54MPa～0.57MPa	
	校验日期	2015 年×月×日	
	铅封是否完好	☑ 完好	□不完好
	安全阀排放管应引至安全地点	☑ 是	□不是
	锅炉安全阀应有泄水管	☑ 有	□没有
水位计(液位计)	锅炉水位计应有泄水管	☑ 有	□没有
	水位计应划出高、低水位红线	☑ 已划	□未划
	水位计旋塞(阀门)是否灵活	☑ 灵活	□不灵活
报警装置	校验日期	2015 年×月×日	
	报警高低限(声、光报警)	☑ 灵敏、准确	□不合格
	联锁装置工作情况	☑ 动作迅速、灵敏	□不合格
说明： 安全附件安装符合设计和施工规范要求。			
结论：	☑ 合格	□ 不合格	

签字栏	建设(监理)单位	施工单位	××机电工程有限公司	
		专业技术负责人	专业质检员	专业工长
	×××	×××	×××	×××

本表由施工单位填写，建设单位、施工单位、城建档案馆各保存一份。

安全附件安装检查记录填写说明

【相关规定及要求】

1. 锅炉和省煤器安全阀的定压和调整应符合表11-11的规定。锅炉上装有两个安全阀时，其中的一个按表中较高值定压，另一个按较低值定压。装有一个安全阀时，应按较低值定压。

表11-11　　安全阀定压规定

项次	工作设备	安全阀开启压力(MPa)
1	蒸汽锅炉	工作压力+0.02MPa
		工作压力+0.04MPa
2	热水锅炉	1.12倍工作压力，但不少于工作压力+0.07MPa
		1.14倍工作压力，但不少于工作压力+0.10MPa
3	省煤器	1.1倍工作压力

2. 压力表的刻度极限值，应大于或等于工作压力的1.5倍，表盘直径不得小于100mm。

3. 安装水位表应符合下列规定：

(1) 水位表应有指示最高、最低安全水位的明显标志，玻璃板(管)的最低可见边缘应比最低安全水位低25mm；最高可见边缘应比最高安全水位高25mm。

(2) 玻璃管式水位表应有防护装置。

(3) 电接点式水位表的零点应与锅筒正常水位重合。

(4) 采用双色水位表时，每台锅炉只能装设一个，另一个装设普通水位表。

(5) 水位表应有放水旋塞(或阀门)和接到安全地点的放水管。

4. 锅炉的高、低水位报警器和超温、超压报警器及联锁保护装置必须按设计要求安装齐全和有效，并进行启动、联动试验并做好试验记录。

5. 蒸汽锅炉安全阀应安装通向室外的排气管。热水锅炉安全阀泄水管应接到安全地点。在排气管和泄水管上不得装设阀门。

6. 检查项目主要包括压力表、安全阀、水位计(液位计)、报警装置等附件的安装、校验和工作情况。

7. 安装检查及记录除应按《建筑给水排水及采暖工程施工质量验收规范》(GB 50242－2002)第十三章的要求以外，尚应符《工业锅炉安装工程施工及验收规范》(GB 50273－2009)等现行国家有关规范、规程、标准的规定及产品样本、使用说明书的要求。

8. 安全附件安装检查应由施工单位报请建设(监理)单位共同进行。

【填写要点】

1. 记录的内容应包括锅炉型号、工作介质、设计(额定)压力、最大工作压力、各检查项目的检查结果、必要的说明及结论等。

2. 对于选择框，符合的在选择框处画“√”，不符合的可空着，不必画“×”。

安全附件安装检验批质量验收记录

05130301_001

<table>
<tr><td>单位（子单位）工程名称</td><td colspan="2">××大厦</td><td>分部（子分部）工程名称</td><td>建筑给水排水及供暖/热源及辅助设备</td><td>分项工程名称</td><td>安全附件安装</td></tr>
<tr><td>施工单位</td><td colspan="2">××建筑有限公司</td><td>项目负责人</td><td>赵斌</td><td>检验批容量</td><td>10 件</td></tr>
<tr><td>分包单位</td><td colspan="2">/</td><td>分包单位项目负责人</td><td>/</td><td>检验批部位</td><td>锅炉房</td></tr>
<tr><td>施工依据</td><td colspan="3">锅炉安装施工方案</td><td>验收依据</td><td colspan="2">《建筑给水排水及采暖工程质量验收规范》GB50242-2002</td></tr>
<tr><td rowspan="6">主控项目</td><td colspan="2">验收项目</td><td>设计要求及规范规定</td><td>最小/实际抽样数量</td><td>检查记录</td><td>检查结果</td></tr>
<tr><td>1</td><td>锅炉和省煤器安全阀定压</td><td>13.4.1 条</td><td>10/10</td><td>检查 10 处，合格 10 处</td><td>√</td></tr>
<tr><td>2</td><td>压力表刻度极限、表盘直径</td><td>13.4.2 条</td><td>10/10</td><td>检查 10 处，合格 10 处</td><td>√</td></tr>
<tr><td>3</td><td>水位表安装</td><td>13.4.3 条</td><td>10/10</td><td>检查 10 处，合格 10 处</td><td>√</td></tr>
<tr><td>4</td><td>锅炉的超温、超压及高低水位报警装置</td><td>13.4.4 条</td><td>10/10</td><td>检查 10 处，合格 10 处</td><td>√</td></tr>
<tr><td>5</td><td>安全阀排气和、泄水管安装</td><td>13.4.5 条</td><td>10/10</td><td>检查 10 处，合格 10 处</td><td>√</td></tr>
<tr><td rowspan="4">一般项目</td><td>1</td><td>压力表安装</td><td>13.4.6 条</td><td>10/10</td><td>检查 10 处，合格 10 处</td><td>100%</td></tr>
<tr><td>2</td><td>测压仪表取源部件安装</td><td>13.4.7 条</td><td>10/10</td><td>检查 10 处，合格 10 处</td><td>100%</td></tr>
<tr><td>3</td><td>温度计安装</td><td>13.4.8 条</td><td>10/10</td><td>检查 10 处，合格 10 处</td><td>100%</td></tr>
<tr><td>4</td><td>压力表与温度计在管道上相对位置</td><td>13.4.9 条</td><td>10/10</td><td>检查 10 处，合格 10 处</td><td>100%</td></tr>
<tr><td colspan="2">施工单位检查结果</td><td colspan="5">符合要求
专业工长：刘大力
项目专业质量检查员：李春雨
2015 年××月××日</td></tr>
<tr><td colspan="2">监理单位验收结论</td><td colspan="5">合格
专业监理工程师：洪金益
2015 年××月××日</td></tr>
</table>

一册在手　表格全有　贴近现场　资料无忧

安全附件安装检验批质量验收记录填写说明

1. 填写依据

(1)《建筑给水排水及采暖工程质量验收规范》GB 50242－2002。

(2)《建筑工程施工质量验收统一标准》GB 50300－2013。

2. 规范摘要

以下内容摘自《建筑给水排水及采暖工程质量验收规范》GB 50242－2002。

主控项目

(1)锅炉和省煤器安全阀的定压和调整应符合表 11-12 的规定。锅炉上装有两个安全阀时，其中的一个按表中较高值定另一个按较低值定压。装有一个安全阀时，应按较低值定压。

表 11-12　安全阀定压规定

项次	工作设备	安全阀开启压力(MPa)
1	蒸汽锅炉	工作压力＋0.02MPa
		工作压力＋0.04MPa
2	热水锅炉	1.12 倍工作压力，但不少于工作压力＋0.07MPa
		1.14 倍工作压力，但不少于工作压力＋0.10MPa
3	省煤器	1.1 倍工作压力

(2)压力表的刻度极限值，应大于或等于工作压力的 1.5 倍，表盘直径不得小于 100mm。

检验方法：现场观察和尺量检查。

(3)安装水位表应符合下列规定：

1)水位表应有指示最高、最低安全水位的明显标志，玻璃板(管)的最低可见边缘应比最低安全水位低 25mm；

最高可见边缘应比最高安全水位高 25mm。

2)玻璃管式水位表应有防护装置。

3)电接点式水位表的零点应与锅筒正常水位重合。

4)采用双色水位表时，每台锅炉只能装设一个，另一个装设普通水位表。

5)水位表应有放水旋塞(或阀门)和接到安全地点的放水管。

检验方法：现场观察和尺量检查。

(4)锅炉的高低水位报警器和超温、超压报警器及联锁保护装置必须按设计要求安装齐全和有效。

检验方法；启动、联动试验并作好试验记录。

(5)蒸汽锅炉安全阀应安装通向室外的排汽管。热水锅炉安全阀泄水管应接到安全地点。在排汽管和泄水管上不得装设阀门。

检验方法：观察检查。

一般项目

(1)安装压力表必须符合下列规定：

1)压力表必须安装在便于观察和吹洗的位置，并防止受高温、冰冻和振动的影响，同时要有足够的照明。

2)压力表必须设有存水弯管。存水弯管采用钢管煨制时,内径不应小于 10mm;采用铜管煨制时,内径不应小于 6mm。

3)压力表与存水弯管之间应安装三通旋塞。

检验方法:观察和尺量检查。

(2)测压仪表取源部件在水平工艺管道上安装时,取压口的方位应符合下列规定:

1)测量液体压力的,在工艺管道的下半部与管道的水平中心线成 0～45°夹角范围内。

2)测量蒸汽压力的,在工艺管道的上半部或下半部与管道水平中心线成 0～45°夹角范围内。

3)测量气体压力的,在工艺管道的上半部。

检验方法:观察和尺量检查。

(3)安装温度计应符合下列规定:

1)安装在管道和设备上的套管温度计,底部应插入流动介质内,不得装在引出的管段上或死角处。

2)压力式温度计的毛细管应固定好并有保护措施,其转弯处的弯曲半径不应小于 50mm,温包必须全部浸入介质内;

3)热电偶温度计的保护套管应保证规定的插入深度。

检验方法:观察和尺量检查。

(4)温度计与压力表在同一管道上安装时,按介质流动方向温度计应在压力表下游处安装,如温度计需在压力表的上游安装时,其间距不应小于 300mm 。

检验方法:观察和尺量检查。

11.4 换热站安装

11.4.1 热换站安装资料列表

(1)施工技术资料

1)工程技术文件报审表

2)换热站试运行方案

3)技术交底记录

①换热站试运行方案技术交底记录

②换热站安装技术交底记录

4)设计变更、工程洽商记录

(2)施工物资资料

1)热交换器、闭式膨胀水罐等设备的产品合格证、检测报告、制造图、强度计算书、材质、焊接、水压试验等合格证明、安装使用说明书等

2)安全阀产品合格证、安全阀调试报告及定压合格证书;压力表产品合格证、计量检定证书

3)材料、构配件进场检验记录

4)设备开箱检验记录

5)工程物资进场报验表

(3)施工记录

1)隐蔽工程验收记录

2)交接检查记录

3)基础检查记录

4)设备安装记录(热交换器、闭式膨胀水罐装置、水处理设备等)

5)管道保温检查记录

(4)施工试验记录及检测报告

1)设备单机试运转记录

2)热交换站带负荷联合试运转记录

3)热交换器水压试验记录

4)闭式膨胀水罐本体水压试验记录

5)管道系统水压试验记录

6)管道系统冲洗试验记录

(5)施工质量验收记录

1)换热站安装检验批质量验收记录

2)换热站安装分项工程质量验收记录

3)分项/分部工程施工报验表

11.4.2　热换站安装资料填写范例及说明

换热站安装检验批质量验收记录

05130401_001

单位（子单位）工程名称	××大厦	分部（子分部）工程名称	建筑给水排水及供暖/热源及辅助设备	分项工程名称	换热站安装
施工单位	××建筑有限公司	项目负责人	赵斌	检验批容量	1 组
分包单位	/	分包单位项目负责人	/	检验批部位	低区热换系统
施工依据	锅炉安装施工方案		验收依据	《建筑给水排水及采暖工程质量验收规范》GB50242-2002	

		验收项目			设计要求及规范规定	最小/实际抽样数量	检查记录	检查结果
主控项目	1	热交换器水压试验			13.6.1 条	/	/	
	2	高温水循环泵与换綮器相对位置			13.6.2 条	10/10	检查 10 处，合格 10 处	√
	3	壳管热换器距离墙及屋顶距离			13.6.3 条	10/10	检查 10 处，合格 10 处	√
一般项目	1	设备、阀门及仪表安装			13.6.5 条	10/10	检查 10 处，合格 10 处	100%
	2	静置设备允许偏差	坐标		15mm	10/10	检查 10 处，合格 9 处	90%
			标高		±5mm	10/10	检查 10 处，合格 9 处	90%
			垂直度(1m)		2mm	10/10	检查 10 处，合格 9 处	90%
		离心式水泵允许偏差	泵体水平度(1m)		0.1mm	10/10	检查 10 处，合格 9 处	90%
			联轴器同心度	轴向倾斜(1m)	0.8mm	10/10	检查 10 处，合格 9 处	90%
				径向位移	0.1mm	10/10	检查 10 处，合格 9 处	90%
	3	管道允许偏差	坐标	架空	15mm	10/10	检查 10 处，合格 9 处	90%
				地沟	10mm	/	/	
			标高	架空	±15mm	10/10	检查 10 处，合格 9 处	90%
				地沟	±10mm	/	/	
			水平管道纵、横方向弯曲	DN≤100mm	2‰，最大 50	10/10	检查 10 处，合格 9 处	90%
				DN＞100mm	3‰，最大 70	10/10	检查 10 处，合格 9 处	90%
			立管垂直(每米)		2‰，最大 15	10/10	检查 10 处，合格 9 处	90%
			成排管道间距		3mm	10/10	检查 10 处，合格 9 处	90%
			交叉管的外壁或绝热层间距		10mm	10/10	检查 10 处，合格 9 处	90%
	4	管道设备保温允许偏差	厚度		+0.1δ -0.05δ	10/10	检查 10 处，合格 9 处	90%
			表面平整度	卷材	5mm	10/10	检查 10 处，合格 9 处	90%
				涂抹	10mm	10/10	检查 10 处，合格 9 处	90%

施工单位检查结果	符合要求 专业工长： 项目专业质量检查员： 2015 年××月××日
监理单位验收结论	合格 专业监理工程师： 2015 年××月××日

换热站安装检验批质量验收记录填写说明

1. 填写依据

(1)《建筑给水排水及采暖工程质量验收规范》GB 50242－2002。

(2)《建筑工程施工质量验收统一标准》GB 50300－2013。

2. 规范摘要

以下内容摘自《建筑给水排水及采暖工程质量验收规范》GB 50242－2002。

换热站安装

主控项目

(1)热交换器应以最大工作压力的1.5倍作水压试验，蒸汽部分应不低于蒸汽供汽压力加0.3MPa；热水部分应不低于队检验方法：在试验压力下，保持10min压力不降。

(2)高温水系统中，循环水泵和换热器的相对安装位置应按设计文件施工。

检验方法：对照设计图纸检查。

(3)壳管式热交换器的安装，如设计无要求时，其封头与墙壁或屋顶的距离不得小于换热管的长度。

检验方法：观察和尺量检查。

一般项目

(1)换热站内设备安装的允许偏差应符合《建筑给水排水及采暖工程质量验收规范》GB 50242－2002表13.3.10的规定。

(2)换热站内的循环泵、调节阀、减压器、疏水器、除污器、流量计等安装应符合《建筑给水排水及采暖工程质量验收规范》GB 50242－2002的相关规定。

(3)换热站内管道安装的允许偏差应符合《建筑给水排水及采暖工程质量验收规范》GB 50242－2002表13.3.11的规定。

(4)管道及设备保温层的厚度和平整度的允许偏差应符合《建筑给水排水及采暖工程质量验收规范》GB 50242－2002表4.4.8的规定。

换热站安装　分项工程质量验收记录

单位(子单位)工程名称	××工程	结构类型	框架剪力墙
分部(子分部)工程名称	热源及辅助设备安装	检验批数	1
施工单位	××建设工程有限公司	项目经理	×××
分包单位	××机电工程有限公司	分包项目经理	×××

序号	检验批名称及部位、区段	施工单位检查评定结果	监理(建设)单位验收结论
1	屋面	√	验收合格
说明：			

检查结论	屋面换热站安装施工质量符合《建筑给水排水及采暖工程施工质量验收规范》(GB 50242—2002)的要求，换热站安装分项工程合格。 项目专业技术负责人：××× 2015 年×月×日	验收结论	同意施工单位检查结论，验收合格。 监理工程师：××× (建设单位项目专业技术负责人) 2015 年×月×日

注：地基基础、主体结构工程的分项工程质量验收不填写“分包单位”、“分包项目经理”。

分项/分部工程施工报验表		编　号	×××
工程名称	××工程	日　期	2015年×月×日

现我方已完成＿＿/＿＿(层)＿＿/＿＿轴(轴线或房间)＿＿/＿＿(高程)＿＿/＿＿(部位)的＿换热站安装＿工程，经我方检验符合设计、规范要求，请予以验收。

附件：　名　称　　　页　数　　　编　号

1. □质量控制资料汇总表　＿＿页　＿＿
2. □隐蔽工程验收记录　＿＿页　＿＿
3. □预检记录　＿＿页　＿＿
4. □施工记录　＿＿页　＿＿
5. □施工试验记录　＿＿页　＿＿
6. □分部(子分部)工程质量验收记录　＿＿页　＿＿
7. ☑分项工程质量验收记录　＿1＿页　＿×××＿
8. □＿＿　＿＿页　＿＿
9. □＿＿　＿＿页　＿＿
10. □＿＿　＿＿页　＿＿

质量检查员(签字)：×××

施工单位名称：××建设集团有限公司　　技术负责人(签字)：×××

审查意见：

1. 所报附件材料真实、齐全、有效。
2. 所报分项工程实体工程质量符合规范和设计要求。

审查结论：　☑合格　　□不合格

监理单位名称：××建设监理有限公司　(总)监理工程师(签字)：×××　审查日期：2015年×月×日

本表由施工单位填报，监理单位、施工单位各存一份。分项/分部工程不合格，应填写《不合格项处置记录》，分部工程应由总监理工程师签字。

11.5　绝热

热源及辅助设备绝热检验批质量验收记录

05130601 001

<table>
<tr><td colspan="3">单位（子单位）工程名称</td><td colspan="2">××大厦</td><td>分部（子分部）工程名称</td><td>建筑给水排水及供暖/热源及辅助设备</td><td>分项工程名称</td><td>绝热</td></tr>
<tr><td colspan="3">施工单位</td><td colspan="2">××建筑有限公司</td><td>项目负责人</td><td>赵斌</td><td>检验批容量</td><td>10 台</td></tr>
<tr><td colspan="3">分包单位</td><td colspan="2">/</td><td>分包单位项目负责人</td><td>/</td><td>检验批部位</td><td>锅炉房</td></tr>
<tr><td colspan="3">施工依据</td><td colspan="3">锅炉安装施工方案</td><td>验收依据</td><td colspan="2">《建筑给水排水及采暖工程质量验收规范》GB50242-2002</td></tr>
<tr><td></td><td colspan="4">验收项目</td><td>设计要求及规范规定</td><td>最小/实际抽样数量</td><td>检查记录</td><td>检查结果</td></tr>
<tr><td rowspan="3">一般项目</td><td rowspan="3">1</td><td rowspan="3">保温层允许偏差</td><td colspan="2">厚度δ</td><td>+0.1δ
-0.05δ</td><td>10/10</td><td>抽查 10 处，合格 9 处</td><td>90%</td></tr>
<tr><td rowspan="2">表面平整度</td><td>卷　材</td><td>5mm</td><td>10/10</td><td>抽查 10 处，合格 9 处</td><td>90%</td></tr>
<tr><td>涂　料</td><td>10mm</td><td>/</td><td>/</td><td>/</td></tr>
<tr><td colspan="3">施工单位检查结果</td><td colspan="6">符合要求
专业工长：
项目专业质量检查员：
2015 年××月××日</td></tr>
<tr><td colspan="3">监理单位验收结论</td><td colspan="6">合格
专业监理工程师：
2015 年××月××日</td></tr>
</table>

热源及辅助设备绝热检验批质量验收记录填写说明

参见“室内供暖系统绝热检验批质量验收记录”填写说明。

11.6　试验与调试

热源及辅助设备试验与调试检验批质量验收记录

05130701 001

<table>
<tr><td colspan="2">单位（子单位）工程名称</td><td>××大厦</td><td>分部（子分部）工程名称</td><td>建筑给水排水及供暖/热源及辅助设备</td><td>分项工程名称</td><td>试验与调试</td></tr>
<tr><td colspan="2">施工单位</td><td>××建筑有限公司</td><td>项目负责人</td><td>赵斌</td><td>检验批容量</td><td>4 台</td></tr>
<tr><td colspan="2">分包单位</td><td>/</td><td>分包单位项目负责人</td><td>/</td><td>检验批部位</td><td>锅炉房</td></tr>
<tr><td colspan="2">施工依据</td><td colspan="2">锅炉安装施工方案</td><td>验收依据</td><td colspan="2">《建筑给水排水及采暖工程质量验收规范》GB50242-2002</td></tr>
<tr><td colspan="3">验收项目</td><td>设计要求及规范规定</td><td>最小/实际抽样数量</td><td>检查记录</td><td>检查结果</td></tr>
<tr><td rowspan="3">主控项目</td><td>1</td><td>锅炉火焰烘炉</td><td>第 13.5.1 条</td><td>/</td><td>共 10 处，全部检查，合格 10 处</td><td>√</td></tr>
<tr><td>2</td><td>烘烤后炉墙</td><td>第 13.5.2 条</td><td>/</td><td>共 10 处，全部检查，合格 10 处</td><td>√</td></tr>
<tr><td>3</td><td>带负荷试运行和定压检验</td><td>第 13.5.3 条</td><td>/</td><td>共 10 处，全部检查，合格 10 处</td><td>√</td></tr>
<tr><td>一般项目</td><td>1</td><td>煮炉</td><td>第 13.5.4 条</td><td>/</td><td>共 10 处，全部检查，合格 10 处</td><td>100%</td></tr>
<tr><td colspan="2">施工单位检查结果</td><td colspan="5">符合要求
专业工长：
项目专业质量检查员：
2015 年××月××日</td></tr>
<tr><td colspan="2">监理单位验收结论</td><td colspan="5">合格
专业监理工程师：
2015 年××月××日</td></tr>
</table>

热源及辅助设备试验与调试检验批质量验收记录填写说明

1. 填写依据

(1)《建筑给水排水及采暖工程质量验收规范》GB 50242－2002。

(2)《建筑工程施工质量验收统一标准》GB 50300－2013。

2. 规范摘要

以下内容摘自《建筑给水排水及采暖工程质量验收规范》GB 50242－2002。

主控项目

(1)锅炉火焰烘炉应符合下列规定：

1)火焰应在炉膛中央燃烧，不应直接烧烤炉墙及炉拱。

2)烘炉时间一般不少于 4d，升温应缓慢，后期烟温不应高于 160℃，且持续时间不应少于 24h。

3)链条炉排在烘炉过程中应定期转动。

4)烘炉的中、后期应根据锅炉水水质情况排污。

检验方法：计时测温、操作观察检查。

(2)烘炉结束后应符合下列规定：

1)炉墙经烘烤后没有变形、裂纹及塌落现象。

2)炉墙砌筑砂浆含水率达到 7%以下。

检验方法：测试及观察检查。

(3)锅炉在烘炉、煮炉合格后，应进行 48h 的带负荷连续试运行，同时应进行安全阀的热状态定压检验和调整。

检验方法：检查烘炉、煮炉及试运行全过程。

一般项目

(1)煮炉时间一般应为 2～3d，如蒸汽压力较低，可适当延长煮炉时间。非砌筑或浇注保温材料保温的锅炉，安装后可直接进行煮炉。煮炉结束后，锅筒和集箱内壁应无油垢，擦去附着物后金属表面应无锈斑。

检验方法：打开锅筒和集箱检查孔检查。

第 2 篇

通风与空调工程

第1章　通风与空调工程资料综述

1.1　施工资料管理

参见“第1篇　建筑给水排水及供暖工程第1章　建筑给水排水及供暖工程资料综述”。

1.2　施工资料的形成

参见“第1篇　建筑给水排水及供暖工程第1章　建筑给水排水及供暖工程资料综述”。

1.3　通风与空调工程资料形成与管理图解

1. 空调风系统工程资料管理流程(图 1-1)

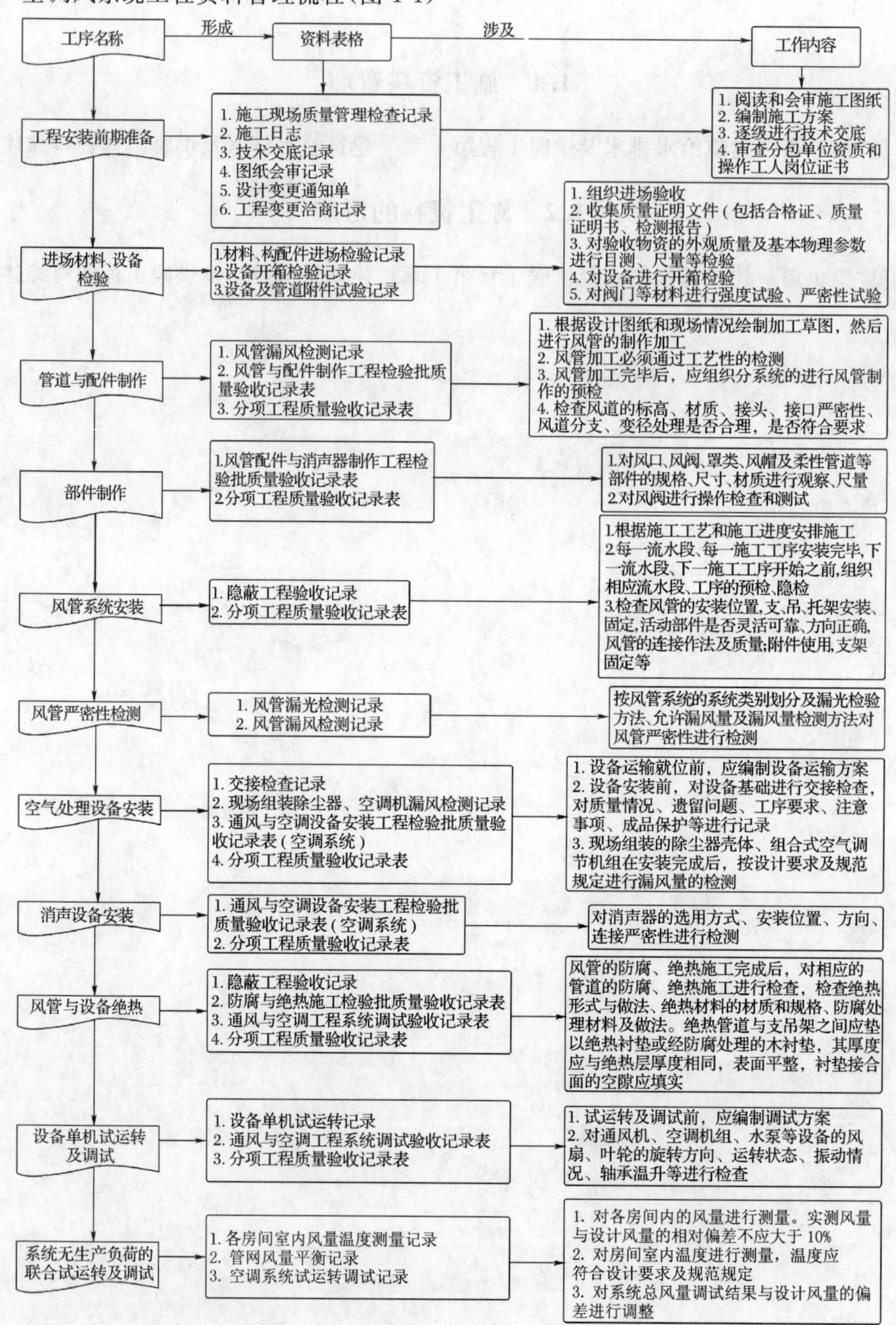

图 1-1　空调风系统工程资料管理流程

2. 空调水系统工程资料管理流程(图 1-2)

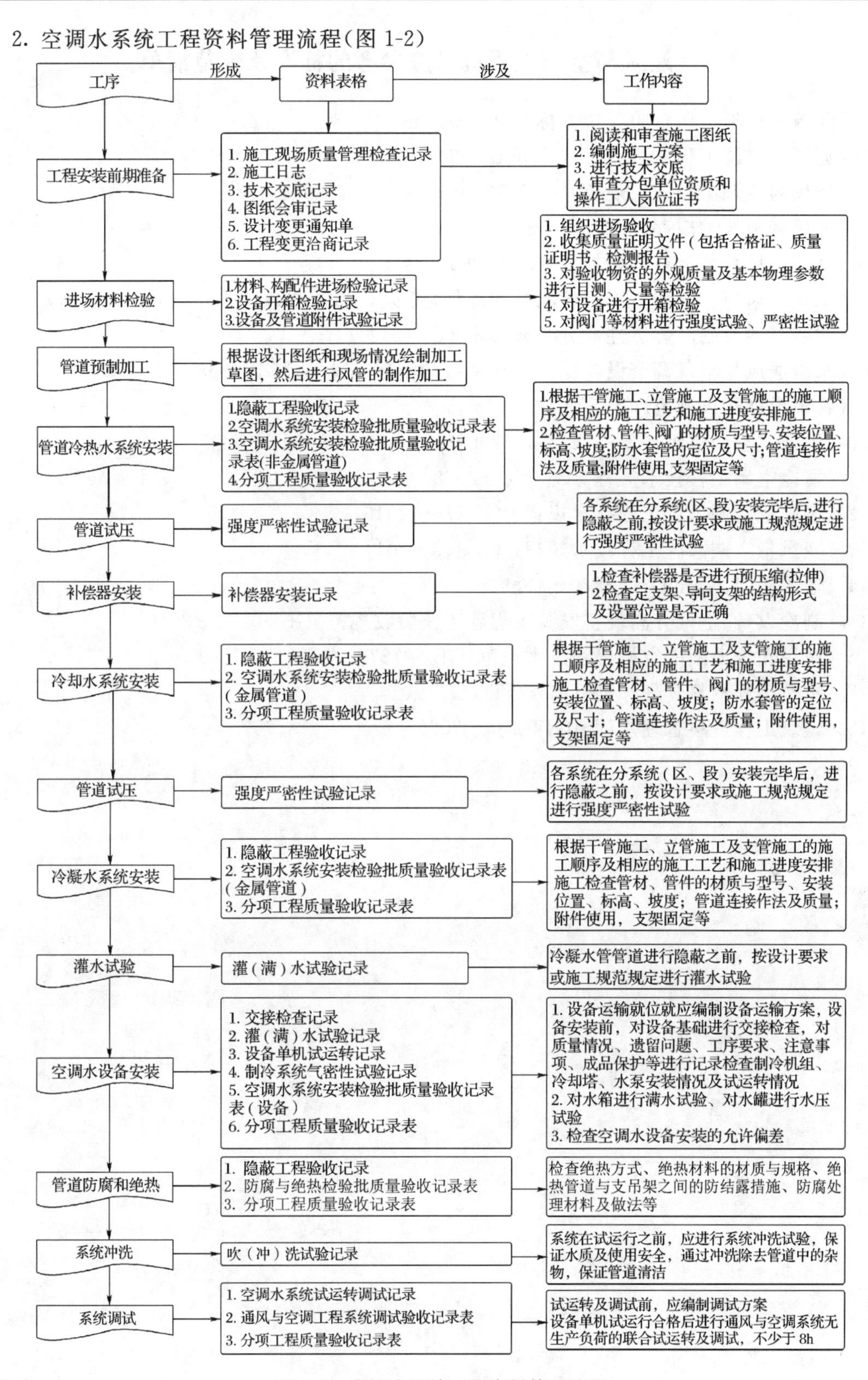

图 1-2　空调水系统工程资料管理流程

1.4　通风与空调工程资料应参考的标准及规范清单

1.《建筑工程施工质量验收统一标准》GB 50300－2013

2.《通风与空调工程质量验收规范》GB 50243－2002。

3.《通风与空调工程施工规范》GB 50738－2011

4.《通风管道技术规程》JGJ 141－2004

5.《空调通风系统运行管理规范》GB 50365－2005

6.《采暖通风与空气调节工程检测技术规程》JGJ/T 260－2011

7.《建筑材料及制品燃烧性能分级》GB 8624－2012

8.《采暖通风与空气调节设备噪声声功率级的测定 工程法》GB 9068

9.《建筑设计防火规范》GB 50016－2014

10.《组合式空调机组》GB/T 14294－2008

11.《蓄冷空调工程技术规程》JGJ 158－2008

12.《多联机空调系统工程技术规程》JGJ 174－2010

13.《变风量空调系统工程技术规程》JGJ 343－2014

14.《通用阀门 标志》GB 12220－1989

15.《制冷设备、空气分离设备安装工程施工及验收规范》GB 50274－2010

16.《民用建筑太阳能空调工程技术规范》GB 50787－2012

17.《建筑工程资料管理标准》DB22/JT 127－2014

18.《建筑工程资料管理规程》JGJT 185－2009

第2章　送风系统

2.1　风管与配件制作

2.1.1　风管与配件制作资料列表

(1)施工管理资料

施工日志;合格焊工登记表及其特种作业资格证书

(2)施工技术资料

1)技术交底记录

①风管与配件制作(金属风管)技术交底记录

②风管与配件制作(非金属、复合材料风管)技术交底记录

2)图纸会审记录、设计变更、工程洽商记录

(3)施工物资资料

1)板材、型材等主要材料、成品的出厂合格证、质量证明及检测报告

2)材料、构配件进场检验记录

3)工程物资进场报验表

(4)施工记录

1)隐蔽工程验收记录

2)风管与配件制作检查记录

(5)施工试验记录及检测报告

强度严密性试验记录

(6)施工质量验收记录

1)风管与配件制作检验批质量验收记录(Ⅰ)(金属风管)

2)风管与配件制作检验批质量验收记录(Ⅱ)(非金属、复合材料风管)

3)风管与配件制作分项工程质量验收记录

4)分项/分部工程施工报验表

(7)住宅工程质量分户验收记录表

1)金属风管与配件制作质量分户验收记录表

2)非金属、复合材料风管与配件制作质量分户验收记录表

2.1.2　风管与配件制作资料填写范例及说明

材料、构配件进场检验记录					编　　号		×××
工程名称	××工程				检验日期	2015年×月×日	
序号	名称	规格型号 (mm)	进场数量 (t)	生产厂家 合格证号	检验项目	检验结果	备注
1	镀锌钢板	1000×2000 δ=0.75	2	××有限公司 L12Z0209	目测、尺量 规格及型号	合　格	
2	镀锌钢板	1000×2000 δ=0.8	4	××有限公司 L1CZ0348	目测、尺量 规格及型号	合　格	
3	镀锌钢板	1000×2000 δ=1.0	2.5	××有限公司 L1CZ0374	目测、尺量 规格及型号	合　格	
4	镀锌钢板	1000×2000 δ=1.2	1.5	××有限公司 L1CZ0375	目测、尺量 规格及型号	合　格	
5	角　钢	∟30×30	4.5	××有限公司 02-010	目测、尺量 规格及型号	合　格	
6	角　钢	∟40×40	4.5	××有限公司 02-011	目测、尺量 规格及型号	合　格	

检验结论：

经外观目测、尺量游标卡尺量镀锌钢板厚度规格符合要求，锌层附着好、光滑、明亮、无划痕、型钢无裂纹、无锈、光滑、无砂眼。

签字栏	建设(监理)单位	施工单位	××机电工程有限公司	
		专业质检员	专业工厂	检 验 员
	×××	×××	×××	×××

本表由施工单位填写，监理、施工单位各保存一份。

材料、构配件进场检验记录填写说明

【相关规定及要求】

1. 材料、构配件进场后，应由建设（监理）单位会同施工单位共同对进场物资进行检查验收，填写《材料、构配件进场检验记录》。

2. 主要检验内容包括：

(1) 物资出厂质量证明文件及检验（测）报告是否齐全。

(2) 实际进场物资数量、规格和型号等是否满足设计和施工计划要求。

(3) 物资外观质量是否满足设计要求或规范规定。

(4) 按规定需进行抽检的材料、构配件是否及时抽检，检验结果和结论是否齐全。

3. 按规定应进场复试的工程物资，必须在进场检查验收合格后取样复试。

【填写要点】

1. “工程名称”栏与施工图纸标签栏内名称相一致。

2. “检验日期”栏按实际日期填写，一般为物资进场日期。

3. “名称”栏填写物资的名称。

4. “规格型号”栏按材料、构配件铭牌填写。

5. “进场数量”栏填写物资的数量，且应有计量单位。

6. “生产厂家、合格证号”栏应填写物资的生产厂家，合格证编号。

7. “检验项目”栏应包括物资的质量证明文件、外观质量、数量、规格型号等。

8. “检验结果”栏填写该物资的检验情况。

9. “检验结论”栏是对所有物资从外观质量、材质、规格型号、数量做出的综合评价。

10. “专业质检员”为现场质量检查员。

11. “专业工长”为材料使用部门的主管负责人。

12. “检验员”为物资接收部门的主管负责人。

<table>
<tr><td colspan="4">工程物资进场报验表</td><td>编　号</td><td colspan="2">×××</td></tr>
<tr><td>工 程 名 称</td><td colspan="3">××工程</td><td>日　期</td><td colspan="2">2015年×月×日</td></tr>
<tr><td colspan="7">现报上关于　送排风系统　工程的物资进场检验记录，该批物资经我方检验符合设计、规范及合约要求，请予以批准使用。</td></tr>
<tr><td>物资名称</td><td>主要规格</td><td>单　位</td><td>数　量</td><td>选样报审表编号</td><td colspan="2">使用部位</td></tr>
<tr><td>镀锌钢板</td><td>δ=0.5</td><td>片</td><td>300</td><td>/</td><td colspan="2">各层</td></tr>
<tr><td>镀锌钢板</td><td>δ=0.75</td><td>片</td><td>900</td><td>/</td><td colspan="2">各层</td></tr>
<tr><td></td><td></td><td></td><td></td><td></td><td colspan="2"></td></tr>
<tr><td></td><td></td><td></td><td></td><td></td><td colspan="2"></td></tr>
<tr><td colspan="7">附件：　名　称　　页　数　　编　号
1. ☑ 出厂合格证　× 页　×××
2. ☑ 厂家质量检验报告　× 页　×××
3. ☐ 厂家质量保证书　页
4. ☐ 商检证　页
5. ☑ 进场检验报告　× 页　×××
6. ☐ 进场复试报告　页
7. ☐ 备案情况　页
8. ☐ 　页

申报单位名称：××建设集团有限公司　　申报人(签字)：×××</td></tr>
<tr><td colspan="7">施工单位检验意见：
报验的工程材料的质量证明文件齐全，同意报项目监理部审批。

☑有 / ☐无 附页
施工单位名称：××建设集团有限公司　技术负责人(签字)：×××　审核日期：2015年×月×日</td></tr>
<tr><td colspan="7">验收意见：
1. 物资质量控制资料齐全、有效。
2. 材料检验合格。

审定结论：　☑同意　☐补报资料　☐重新检验　☐退场
监理单位名称：××建设监理有限公司　监理工程师(签字)：×××　验收日期：2015年×月×日</td></tr>
</table>

本表由施工单位填报，建设单位、监理单位、施工单位各存一份。

风管与配件制作检验批质量验收记录（Ⅰ）（金属风管）

06010101_001_

<table>
<tr><td colspan="2">单位（子单位）工程名称</td><td>××大厦</td><td>分部（子分部）工程名称</td><td>通风与空调/送风系统</td><td>分项工程名称</td><td colspan="2">风管与配件制作</td></tr>
<tr><td colspan="2">施工单位</td><td>××建筑有限公司</td><td>项目负责人</td><td>赵斌</td><td>检验批容量</td><td colspan="2">20 件</td></tr>
<tr><td colspan="2">分包单位</td><td>/</td><td>分包单位项目负责人</td><td>/</td><td>检验批部位</td><td colspan="2">二层 1～6/A～C 轴</td></tr>
<tr><td colspan="2">施工依据</td><td colspan="2">《通风与空调工程施工规范》GB50738-2011</td><td>验收依据</td><td colspan="3">《通风与空调工程施工质量验收规范》GB50243-2002</td></tr>
<tr><td></td><td colspan="2">验收项目</td><td>设计要求及规范规定</td><td>最小/实际抽样数量</td><td colspan="2">检查记录</td><td>检查结果</td></tr>
<tr><td rowspan="7">主控项目</td><td>1</td><td>材质种类、性能及厚度</td><td>第 4.2.1 条</td><td>/</td><td colspan="2">质量证明文件齐全，通过进场验收</td><td>√</td></tr>
<tr><td>2</td><td>防火风管材料及密封垫材料</td><td>第 4.2.3 条</td><td>5/5</td><td colspan="2">抽查 5 处做点燃试验，试验合格，资料齐全</td><td>√</td></tr>
<tr><td>3</td><td>风管强度及严密性、工艺性检测</td><td>第 4.2.5 条</td><td>/</td><td colspan="2">试验合格，报告编号××××</td><td>√</td></tr>
<tr><td>4</td><td>风管的连接</td><td>第 4.2.6 条</td><td>5/5</td><td colspan="2">抽查 5 处，合格 5 处</td><td>√</td></tr>
<tr><td>5</td><td>风管的加固</td><td>第 4.2.10 条</td><td>5/5</td><td colspan="2">抽查 5 处，合格 5 处</td><td>√</td></tr>
<tr><td>6</td><td>矩形弯管制作及导流片</td><td>第 4.2.12 条</td><td>4/4</td><td colspan="2">抽查 4 处，合格 4 处</td><td>√</td></tr>
<tr><td>7</td><td>净化空调风管</td><td>第 4.2.13 条</td><td>/</td><td colspan="2">/</td><td></td></tr>
<tr><td rowspan="9">一般项目</td><td>1</td><td>圆形弯管制作</td><td>第 4.3.1-1 条</td><td>/</td><td colspan="2">/</td><td></td></tr>
<tr><td>2</td><td>风管外观质量和外形尺寸</td><td>第 4.3.1-2、3 条</td><td>5/5</td><td colspan="2">1 处明显不合格，均已整改并复查合格；抽查 5 处，合格 5 处</td><td>100%</td></tr>
<tr><td>3</td><td>焊接风管</td><td>第 4.3.1-4 条</td><td>/</td><td colspan="2">/</td><td></td></tr>
<tr><td>4</td><td>法兰风管制作</td><td>第 4.3.2 条</td><td>5/5</td><td colspan="2">抽查 5 处，合格 5 处</td><td>100%</td></tr>
<tr><td>5</td><td>铝板或不锈钢板风管</td><td>第 4.3.2-4 条</td><td>/</td><td colspan="2">/</td><td></td></tr>
<tr><td>6</td><td>无法兰圆形风管制作</td><td>第 4.3.3 条</td><td>/</td><td colspan="2">/</td><td></td></tr>
<tr><td>7</td><td>无法兰矩形风管制作</td><td>第 4.3.3 条</td><td>/</td><td colspan="2">/</td><td></td></tr>
<tr><td>8</td><td>风管的加固</td><td>第 4.3.4 条</td><td>5/5</td><td colspan="2">1 处明显不合格，均已整改并复查合格；共 5 处，全部检查，合格 5 处</td><td>100%</td></tr>
<tr><td>9</td><td>净化空调风管</td><td>第 4.3.11 条</td><td>/</td><td colspan="2">/</td><td></td></tr>
<tr><td colspan="3">施工单位检查结果</td><td colspan="5">符合要求
专业工长：
项目专业质量检查员：王彬
2015 年××月××日</td></tr>
<tr><td colspan="3">监理单位验收结论</td><td colspan="5">合格
专业监理工程师：周明
2015 年××月××日</td></tr>
</table>

风管与配件制作检验批质量验收记录(Ⅰ)(金属风管)填写说明

1. 填写依据

(1)《通风与空调工程质量验收规范》GB 50243－2002。

(2)《建筑工程施工质量验收统一标准》GB 50300－2013。

2. 规范摘要

以下内容摘自《通风与空调工程质量验收规范》GB 50243－2002。

主控项目

(1)金属风管的材料品种、规格、性能与厚度等应符合设计和现行国家产品标准的规定。当设计无规定时,应按《通风与空调工程质量验收规范》GB 50243－2002 执行。钢板或镀锌钢板的厚度不得小于表 2-1 的规定;不锈钢板的厚度不得小于表 2-2 的规定;铝板的厚度不得小于表 2-3 的规定。

表 2-1　　钢板风管板材厚度(mm)

类别 风管直径 D 或长边尺寸 b	圆形风管	矩形风管		除尘系统风管
		中、低压系统	高压系统	
$D(b)\leqslant 320$	0.5	0.5	0.75	1.5
$320<D(b)\leqslant 450$	0.6	0.6	0.75	1.5
$450<D(b)\leqslant 630$	0.75	0.6	0.75	2.0
$630<D(b)\leqslant 1000$	0.75	0.75	1.0	2.0
$1000<D(b)\leqslant 1250$	1.0	1.0	1.0	2.0
$1250<D(b)\leqslant 2000$	1.2	1.0	1.2	按设计
$2000<D(b)\leqslant 4000$	按设计	1.2	按设计	

注:1. 螺旋风管的钢板厚度可适当减小 10%～15%。
2. 排烟系统给风管钢板厚度可按高压系统。
3. 特殊除尘系统风管钢板厚度应符合设计要求。
4. 不适用于地下人防与防火隔墙的预埋管。

表 2-2　　高、中、低压系统不锈钢板风管板材厚度(mm)

风管直径或长边尺寸 b	不锈钢板厚度
$b\leqslant 500$	0.5
$500<b\leqslant 1120$	0.75
$1120<b\leqslant 2000$	1.0
$2000<b\leqslant 4000$	1.2

表 2-3　　中、低压系统铝板风管板材厚度(mm)

风管直径或长边尺寸 b	铝板厚度
$b\leqslant 320$	1.0
$320<b\leqslant 630$	1.5
$630<b\leqslant 2000$	2.0
$2000<b\leqslant 4000$	按设计

检查数量:按材料与风管加工批数量抽查 10%,不得少于 5 件。

检查方法:查验材料质量合格证明文件、性能检测报告,尺量、观察检查。

(2)非金属风管的材料品种、规格、性能与厚度等应符合设计和现行国家产品标准的规定。当设计无规定时,应按《通风与空调工程质量验收规范》GB 50243－2002 执行。硬聚氯乙烯风管板材的厚度,不得小于表 2-4 或表 2-5 的规定;有机玻璃钢风管板材的厚度,不得小于表 2-6 的规定;无机玻璃钢风管板材的厚度应符合表 2-7 的规定,相应的玻璃布层数不应少于表 2-8 的规定,其表面不得出现泛卤或严重泛霜。用于高压风管系统的非金属风管厚度应按设计规定。

表 2-4　　中、低压系统硬聚氯乙烯圆形风管板材厚度(mm)

风管直径 D	板材厚度
$D \leqslant 320$	3.0
$320 < D \leqslant 630$	4.0
$630 < D \leqslant 1000$	5.0
$1000 < D \leqslant 2000$	6.0

表 2-5　　中、低压系统硬聚氯乙烯矩形风管板材厚度(mm)

风管长边尺寸 b	板材厚度
$b \leqslant 320$	3.0
$320 < b \leqslant 500$	4.0
$500 < b \leqslant 800$	5.0
$800 < b \leqslant 1250$	6.0
$1250 < b \leqslant 2000$	8.0

表 2-6　　中、低压系统有机玻璃钢风管板材厚度(mm)

圆形风管直径 D 矩形风管长边尺寸 b	壁厚
$D(b) \leqslant 200$	2.5
$200 < D(b) \leqslant 400$	3.2
$400 < D(b) \leqslant 630$	4.0
$630 < D(b) \leqslant 1000$	4.8
$1000 < D(b) \leqslant 2000$	6.2

表 2-7　　中、低压系统无机玻璃钢风管板材厚度(mm)

圆形风管直径 D 或矩形风管长边尺寸 b	壁厚
$D(b) \leqslant 300$	2.5～3.5
$300 < D(b) \leqslant 500$	3.5～4.5
$500 < D(b) \leqslant 1000$	4.5～5.5
$1000 < D(b) \leqslant 1500$	5.5～6.5

续表

圆形风管直径 D 或矩形风管长边尺寸 b	壁厚
$1500<D(b)\leqslant 2000$	6.5～7.5
$D(b)>2000$	7.5～8.5

表 2-8　中、低压系统无机玻璃钢风管玻璃纤维布厚度与层数(mm)

圆形风管直径 D 或矩形风管长边 b	风管管体玻璃纤维布厚度		风管法兰玻璃纤维布厚度	
	0.3	0.4	0.3	0.4
	玻璃布层数			
$D(b)\leqslant 300$	5	4	8	7
$300<D(b)\leqslant 500$	7	5	10	8
$500<D(b)\leqslant 1000$	8	6	13	9
$1000<D(b)\leqslant 1500$	9	7	14	10
$1500<D(b)\leqslant 2000$	12	8	16	14
$D(b)>2000$	14	9	20	16

检查数量:按材料与风管加工批数量抽查10%,不得少于5件。

检查方法:查验材料质量合格证明文件、性能检测报告,尺量、观察检查。

(3)防火风管的本体、框架与固定材料、密封垫料必须为不燃材料,其耐火等级应符合设计的规定。

检查数量:按材料与风管加工批数量抽查10%,不应少于5件。

检查方法:查验材料质量合格证明文件、性能检测报告,观察检查与点燃试验。

(4)复合材料风管的覆面材料必须为不燃材料,内部的绝热材料应为不燃或难燃B1级,且对人体无害的材料。

检查数量:按材料与风管加工批数量抽查10%,不应少于5件。

检查方法:查验材料质量合格证明文件、性能检测报告,观察检查与点燃试验。

(5)风管必须通过工艺性的检测或验证,其强度和严密性要求应符合设计或下列规定:

1)风管的强度应能满足在1.5倍工作压力下接缝处无开裂;

2)矩形风管的允许漏风量应符合以下规定:

低压系统风管 $Q_L\leqslant 0.1056P^{0.65}$

中压系统风管 $Q_M\leqslant 0.0352P^{0.65}$

高压系统风管 $Q_H\leqslant 0.0117P^{0.65}$

式中:Q_L、Q_M、Q_H——系统风管在相应工作压力下,单位面积风管单位时间内的允许漏风量[m/(h·m²)];

P——指风管系统的工作压力(Pa)。

3)低压、中压圆形金属风管、复合材料风管以及采用非法兰形式的非金属风管的允许漏风量,应为矩形风管规定值的50%;

4)砖、混凝土风道的允许漏风量不应大于矩形低压系统风管规定值的1.5倍;

5)排烟、除尘、低温送风系统按中压系统风管的规定,1～5级净化空调系统按高压系统风管的规定。

检查数量：按风管系统的类别和材质分别抽查，不得少于 3 件及 15m^2。

检查方法：检查产品合格证明文件和测试报告，或进行风管强度和漏风量测试(见《通风与空调工程质量验收规范》GB 50243－2002 附录 A)。

(6)金属风管的连接应符合下列规定：

1)风管板材拼接的咬口缝应错开，不得有十字型拼接缝。

2)金属风管法兰材料规格不应小于表 2-9 或表 2-10 的规定。中、低压系统风管法兰的螺栓及铆钉孔的孔距不得大于 150mm；高压系统风管不得大于 100mm。矩形风管法兰的四角部位应设有螺孔。当采用加固方法提高了风管法兰部位的强度时，其法兰材料规格相应的使用条件可适当放宽。无法兰连接风管的薄钢板法兰高度应参照金属法兰风管的规定执行。

表 2-9　　金属圆形风管法兰及螺栓规格(mm)

风管直径 D	法兰材料规格		螺栓规格
	扁钢	角钢	
$D\leqslant 140$	20×4		M6
$140<D\leqslant 280$	25×4	—	
$280<D\leqslant 630$	—	25×3	
$630<D\leqslant 1250$	—	30×4	M8
$1250<D\leqslant 2000$	—	40×4	

表 2-10　　金属矩形风管法兰及螺栓规格(mm)

风管长边尺寸 b	法兰材料规格(角钢)	螺栓规格
$b\leqslant 630$	25×3	M6
$630<b\leqslant 1500$	30×3	M8
$1500<b\leqslant 2500$	40×4	
$2500<b\leqslant 4000$	50×5	M10

(7)非金属(硬聚氯乙烯、有机、无机玻璃钢)风管的连接还应符合下列规定：

1)法兰的规格应分别符合表 2-11、表 2-12、表 2-13 的规定，其螺栓孔的间距不得大于 120mm；矩形风管法兰的四角处，应设有螺孔；

表 2-11　　硬聚氯乙烯圆形风管法兰规格(mm)

风管直径 D	材料规格(宽×厚)	连接螺栓	风管直径 D	材料规格(宽×厚)	连接螺栓
$D\leqslant 180$	35×6	M6	$800<D\leqslant 1400$	45×12	M10
$180<D\leqslant 400$	35×8	M8	$1400<D\leqslant 1600$	50×15	
$400<D\leqslant 500$	35×10		$1600<D\leqslant 2000$	60×15	
$500<D\leqslant 800$	40×10		$D>2000$	按设计	

表 2-12　　硬聚氯乙烯矩形风管法兰规格(mm)

风管边长 b	材料规格（宽×厚）	连接螺栓	风管边长 b	材料规格（宽×厚）	连接螺栓
$b \leqslant 160$	35×6	M6	$800 < b \leqslant 1250$	45×12	M10
$160 < b \leqslant 400$	35×8	M8	$1250 < b \leqslant 1600$	50×15	
$400 < b \leqslant 500$	35×10		$1600 < b \leqslant 2000$	60×18	
$500 < b \leqslant 800$	40×10	M10	$b > 2000$	按设计	

表 2-13　　有机玻璃钢风管法兰规格(mm)

风管直径 D 或风管边长 b	材料规格（宽×厚）	连接螺栓
$D(b) \leqslant 400$	30×4	M8
$400 < D(b) \leqslant 1000$	40×6	
$1000 < D(b) \leqslant 2000$	50×8	M10

2)采用套管连接时，套管厚度不得小于风管板材厚度。

检查数量：按加工批数量抽查5%，不得少于5件。

检查方法：尺量、观察检查。

(8)复合材料风管采用法兰连接时，法兰与风管板材的连接应可靠，其绝热层不得外露，不得采用降低板材强度和绝热性能的连接方法。

检查数量：按加工批数量抽查5%，不得少于5件。

检查方法：尺量、观察检查。

(9)砖、混凝土风道的变形缝，应符合设计要求，不应渗水和漏风。

检查数量：全数检查。

检查方法：观察检查。

(10)金属风管的加固应符合下列规定：

1)圆形风管(不包括螺旋风管)直径大于等于800mm，且其管段长度大于1250mm或总表面积大于4m^{2}均应采取加固措施；

2)矩形风管边长大于630mm、保温风管边长大于800mm，管段长度大于1250mm或低压风管单边平面积大于1.2m^2、中、高压风管大于1.0m^2，均应采取加固措施；

3)非规则椭圆风管的加固，应参照矩形风管执行。

检查数量：按加工批抽查5%，不得少于5件。

检查方法：尺量、观察检查。

(11)非金属风管的加固，除应符合《通风与空调工程质量验收规范》GB 50243－2002第4.2.10条的规定外还应符合下列规定：

1)硬聚氯乙烯风管的直径或边长大于500mm时，其风管与法兰的连接处应设加强板，且间距不得大于450mm；

2)有机及无机玻璃钢风管的加固，应为本体材料或防腐性能相同的材料，并与风管成一整体。

检查数量：按加工批抽查5%，不得少于5件。

检查方法：尺量、观察检查。

(12)矩形风管弯管的制作，一般应采用曲率半径为一个平面边长的内外同心弧形弯管。当采用其他形式的弯管，平面边长大于500mm时，必须设置弯管导流片。

检查数量：其他形式的弯管抽查20%，不得少于2件。

检查方法：观察检查。

(13)净化空调系统风管还应符合下列规定：

1)矩形风管边长小于或等于900mm时，底面板不应有拼接缝；大于900mm时，不应有横向拼接缝；

2)风管所用的螺栓、螺母、垫圈和铆钉均应采用与管材性能相匹配、不会产生电化学腐蚀的材料，或采取镀锌或其他防腐措施，并不得采用抽芯铆钉；

3)不应在风管内设加固框及加固筋，风管无法兰连接不得使用S形插条、直角形插条及立联合角形插条等形式；

4)空气洁净度等级为1～5级的净化空调系统风管不得采用按扣式咬口；

5)风管的清洗不得用对人体和材质有危害的清洁剂；

6)镀锌钢板风管不得有镀锌层严重损坏的现象，如表层大面积白花、锌层粉化等。

检查数量：按风管数抽查20%，每个系统不得少于5个。

检查方法：查阅材料质量合格证明文件和观察检查，白绸布擦拭。

一般项目

(1)金属风管的制作应符合下列规定：

1)圆形弯管的曲率半径(以中心线计)和最少分节数量应符合表2-14的规定。圆形弯管的弯曲角度及圆形三通、四通支管与总管夹角的制作偏差不应大于3°；

表2-14　圆形弯管曲率半径和最少节数

弯管直径 D(mm)	曲率半径 R	弯曲角度和最少节数							
		90°		60°		45°		30°	
		中节	端节	中节	端节	中节	端节	中节	端节
80～220	≥1.5D	2	2	1	2	1	2	—	2
220～450	D～1.5D	3	2	2	2	1	2	—	2
450～800	D～1.5D	4	2	2	2	1	2	1	2
800～1400	D	5	2	3	2	2	2	1	2
1400～2000	D	8	2	5	2	3	2	2	2

2)风管与配件的咬口缝应紧密、宽度应一致；折角应平直，圆弧应均匀；两端面平行。风管无明显扭曲与翘角；表面应平整，凹凸不大于10mm；

3)风管外径或外边长的允许偏差：当小于或等于300mm时，为2mm；当大于300mm时，为3mm。管口平面度的允许偏差为2mm，矩形风管两条对角线长度之差不应大于3mm圆形法兰任意正交两直径之差不应大于2mm；

4)焊接风管的焊缝应平整，不应有裂缝、凸瘤、穿透的夹渣、气孔及其他缺陷等，焊接后板材的变形应矫正，并将焊渣及飞溅物清除干净。

检查数量：通风与空调工程按制作数量10%抽查，不得少于5件；净化空调工程按制作数量抽查 20%，不得少于 5 件。

检查方法：查验测试记录，进行装配试验，尺量、观察检查。

(2)金属法兰连接风管的制作还应符合下列规定：

1)风管法兰的焊缝应熔合良好、饱满，无假焊和孔洞；法兰平面度的允许偏差为 2mm，同一批量加工的相同规格法兰的螺孔排列应一致，并具有互换性。

2)风管与法兰采用铆接连接时，铆接应牢固、不应有脱铆和漏铆现象；翻边应平整、紧贴法兰，其宽度应一致，且不应小于 6mm；咬缝与四角处不应有开裂与孔洞。

3)风管与法兰采用焊接连接时，风管端面不得高于法兰接口平面。除尘系统的风管，宜采用内侧满焊、外侧间断焊形式，风管端面距法兰接口平面不应小于 5mm。当风管与法兰采用点焊固定连接时，焊点应融合良好，间距不应大于 100mm；法兰与风管应紧贴，不应有穿透的缝隙或孔洞。

4)当不锈钢板或铝板风管的法兰采用碳素钢时，其规格应符合《通风与空调工程质量验收规范》GB 50243－2002 表 4.2.6－1、4.2.6－2 的规定，并应根据设计要求做防腐处理；铆钉应采用与风管材质相同或不产生电化学腐蚀的材料。

检查数量：通风与空调工程按制作数量抽查 10%，不得少于 5 件；净化空调工程按制作数量抽查 20%，不得少于 5 件。

检查方法：查验测试记录，进行装配试验，尺量、观察检查。

(3)无法兰连接风管的制作还应符合下列规定：

1)无法兰连接风管的接口及连接件，应符合表 2-15、表 2-16 的要求。圆形风管的芯管连接应符合表 2-17 的要求；

表 2-15　　圆形风管无法兰连接形式

无法兰连接形式		附件板厚(mm)	接口要求	使用范围
承插连接	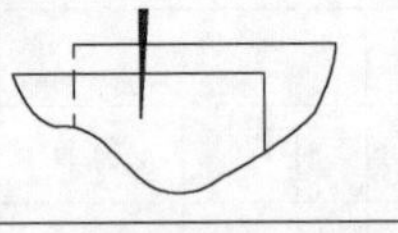	—	插入深度≥30mm，有密封要求	低压风管直径<700mm
带加强筋承插	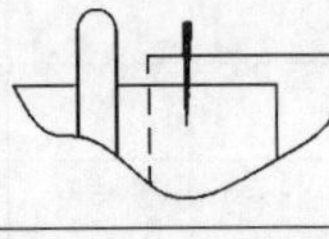	—	插入深度≥20mm，有密封要求	中、低压风管
角钢加固承插	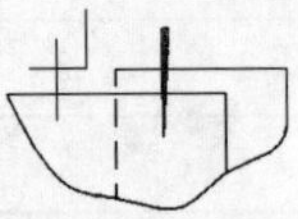	—	插入深度≥20mm，有密封要求	中、低压风管
芯管连接	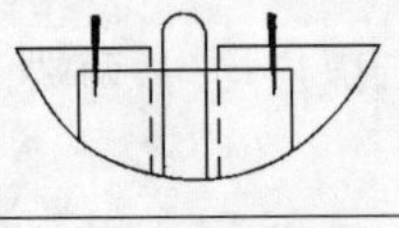	≥管板厚	插入深度≥20mm，有密封要求	中、低压风管
立筋抱箍连接	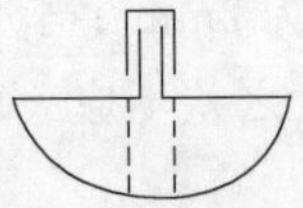	≥管板厚	翻边与楞筋匹配一致，紧固严密	中、低压风管
抱箍连接	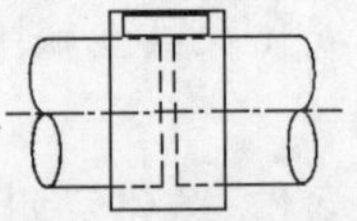	≥管板厚	对口尽量靠近不重叠，抱箍应居中	中、低压风管宽度≥100mm

表 2-16　　矩形风管无法兰连接形式

无法兰连接形式		附件板厚(mm)	接口要求
S形插条	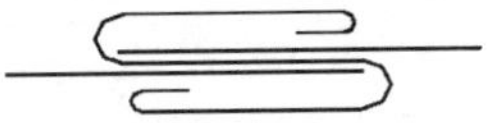	≥0.7	低压风管单独使用连接处必须有固定措施
C形插条		≥0.7	中、低压风管
立插条		≥0.7	中、低压风管
立咬口	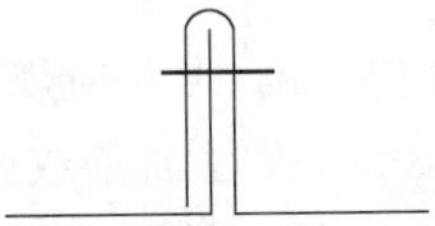	≥0.7	中、低压风管
包边立咬口	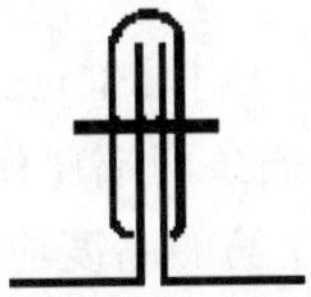	≥0.7	中、低压风管
薄钢板法兰插条	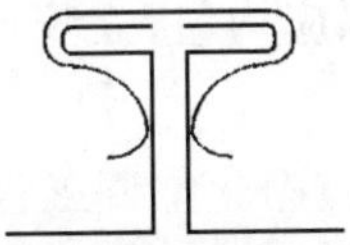	≥1.0	中、低压风管
薄钢板法兰弹簧夹	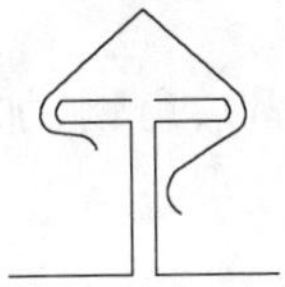	≥1.0	中、低压风管
直角形平插条	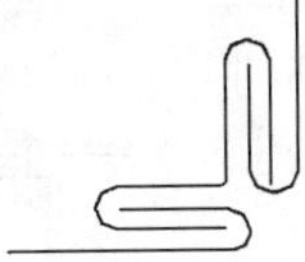	≥0.7	低压风管
立联合角形插条	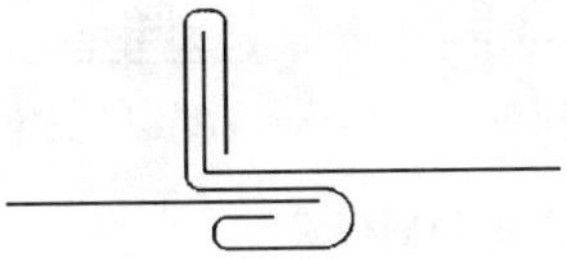	≥0.8	低压风管

注：薄钢板法兰风管也可采用铆接法二条连接的方法。

表 2-17　　　　　　　　　　　　**圆形风管的芯管连接**

风管直径 D(mm)	芯管长度 l(mm)	自攻螺丝或抽芯铆钉数量(个)	外径允许偏差(mm)	
			圆管	芯管
120	120	3×2	−1～0	−3～−4
300	160	4×2		
400	200	4×2	−2～0	−4～−5
700	200	6×2		
900	200	8×2		
1000	200	8×2		

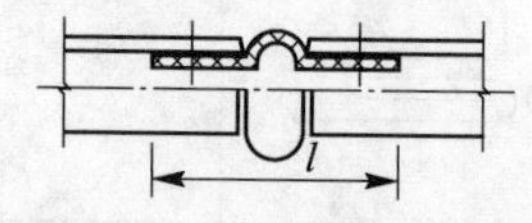

2)薄钢板法兰矩形风管的接口及附件，其尺寸应准确，形状应规则，接口处应严密；薄钢板法兰的折边(或法兰条)应平直，弯曲度不应大于 5/1000；弹性插条或弹簧夹应与薄钢板法兰相匹配；角件与风管薄钢板法兰四角接口的固定应稳固、紧贴，端面应平整、相连处不应有缝隙大于 2mm 的连续穿透缝；

3)采用 C、S 形插条连接的矩形风管，其边长不应大于 630mm；插条与风管加工插口的宽度应匹配一致，其允许偏差为 2mm；连接应平整、严密，插条两端压倒长度不应小于 20mm；

4)采用立咬口、包边立咬口连接的矩形风管，其立筋的高度应大于或等于同规格风管的角钢法兰宽度。同一规格风管的立咬口、包边立咬口的高度应一致，折角应倾角、直线度允许偏差为 5/1000；咬口连接铆钉的间距不应大于 150mm，间隔应均匀；立咬口四角连接处的铆固，应紧密、无孔洞。

检查数量：按制作数量抽查 10%，不得少于 5 件；净化空调工程抽查 20%，均不得少于 5 件。

检查方法：查验测试记录，进行装配试验，尺量、观察检查。

(4)风管的加固应符合下列规定：

1)风管的加固可采用楞筋、立筋、角钢(内、外加固)、扁钢、加固筋和管内支撑等形式，如图 2-1；

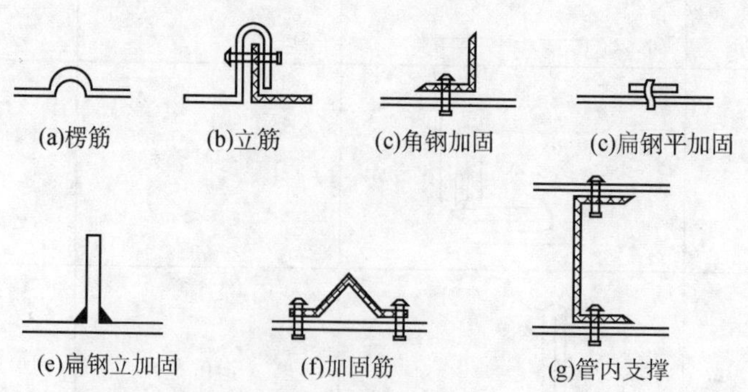

图 2-1　风管的加固形式

2)楞筋或楞线的加固，排列应规则，间隔应均匀，板面不应有明显的变形；

3)角钢、加固筋的加固，应排列整齐、均匀对称，其高度应小于或等于风管的法兰宽度。角钢、加固筋与风管的铆接应牢固、间隔应均匀，不应大于 220mm；两相交处应连接成一体；

4)管内支撑与风管的固定应牢固，个支撑点之间或与风管的边沿或法兰的间距应均匀不应大于 950mm；

5)中压和高压系统风管的管段，其长度大于 1250mm 时，还应有加固框补强。高压系统金属风管的单咬口缝，还应有防止咬口缝涨裂的加固或补强措施。

检查数量：按制作数量抽查 10%，净化空调系统抽查 20%，均不得少于 5 件。

检查方法：查验测试记录，进行装配试验，观察和尺量检查。

(5)硬聚氯乙烯风管除应执行《通风与空调工程质量验收规范》GB 50243－2002 第 4.3.1 条第 1、3 款第 4.3.2 条第 1 款外，还应符合下列规定：

1)风管的两端面平行，无明显扭曲，外径或外边长的允许偏差为 2mm：表面平整、圆弧均匀，凹凸不应大于 5mm；

2)焊接的坡口形式和角度应符合表 2-18 的规定；

3)焊接应饱满，焊条排列应整齐，无焦黄、断裂现象；

4)用于洁净室时，还应按《通风与空调工程质量验收规范》GB 50243－2002 第 4.3.11 条的有关规定执行。

检查数量：按风管总数抽查 10%，法兰数抽查 5%，不得少于 5 件。

检查方法：尺量，观察检查。

表 2-18　　**焊缝形式及坡口**

焊缝形式	焊缝名称	图形	焊缝高度(mm)	板材厚度(mm)	焊缝坡口张角 α(°)
对接焊缝	V 形单面焊	α；1~1.5；0.5	2～3	3～5	70～90
	V 形双面焊	α；1~1.5；0.5~1	2～3	5～8	70～90
对接焊缝	X 形双面焊	α；1~1.5；0.5~1	2～3	≥8	70～90
搭接焊缝	搭接焊	a；≥3a	≥最小板厚	3～10	—
填角焊缝	填角焊无坡角		≥最小板厚	6～18	—
			≥最小板厚	≥3	

续表

焊缝形式	焊缝名称	图形	焊缝高度(mm)	板材厚度(mm)	焊缝坡口张角 α(°)
对角焊缝	V形对角焊	1~1.5 α	≥最小板厚	3～5	70～90
	V形对角焊	1~1.5 α	≥最小板厚	5～8	70～90
	V形对角焊	3~5 α	≥最小板厚	6～15	70～90

(6)有机玻璃钢风管除应执行《通风与空调工程质量验收规范》GB 50243－2002 第 4.3.1 条第 1、3 款第 4.3.2 条第 1 款外，还应符合下列规定：

1)风管不应有明显扭曲、内表面应平整光滑，外表面应整齐美观，厚度应均匀，且边缘无毛刺，并无气泡及分层现象；

2)风管的外径或外边长尺寸的允许偏差为 3mm，圆形风管的任意正交直径之差不应大于 5mm；矩形风管的两对角线之差不应大于 5mm；

3)法兰风管的边长大于 900mm，且管段长度大于 1250mm 时，应加固。加固筋的分布应均匀、整齐。

检查数量：按风管总数抽查 10%，法兰数抽查 5%，不得少于 5 件。

检查方法：尺量、观察检查。

(7)无机玻璃钢风管除应执行《通风与空调工程质量验收规范》GB 50243－2002 第 4.3.1 条第 1、3 款第 4.3.2 条第 1 款外，还应符合下列规定：

1)风管的表面应光洁、无裂纹、无明显泛霜和分层现象；

2)风管的外形尺寸的允许偏差应符合表 2-19 的规定；

3)风管法兰的规定与有机玻璃钢法兰相同。

检查数量：按风管总数抽查 10%，法兰数抽查 5%，不得少于 5 件。

检查方法：尺量、观察检查。

表 2-19　　无机玻璃钢风管外形尺寸(mm)

直径或大边长	矩形风管外表平面度	矩形风管管口对角线之差	法兰平面度	圆形风管两直径之差
≤300	≤3	≤3	≤2	≤3
301～500	≤3	≤4	≤2	≤3
501～1000	≤4	≤5	≤2	≤4
1001～1500	≤4	≤6	≤3	≤5
1501～2000	≤5	≤7	≤3	≤5
＞2000	≤6	≤8	≤3	≤5

(8)砖、混凝土风道内表面水泥砂浆应抹平整、无裂缝,不渗水。

检查数量:按风道总数抽查 10%,不得少于一段。

检查方法:观察检查。

(9)双面了铝箔绝热板风管除应执行《通风与空调工程质量验收规范》GB 50243－2002 第 4.3.1 条第 1、3 款第 4.3.2 条第 1 款外,还应符合下列规定:

1)板材拼接宜采用专用的连接构件,连接后板面平面度的允许偏差为 5mm;

2)风管的折角应平直,拼缝粘结应牢固、平整,风管的粘结材料宜为难燃材料;

3)风管采用法兰连接时,其连接应牢固,法兰平面度的允许偏差为 2mm;

4)风管的加固,应根据系统工作压力及产品技术标准的规定执行。

检查数量:按风管总数抽查 10%,法兰数抽查 5%,不得少于 5 件。

检查方法:尺量、观察检查。

(10)铝箔玻璃纤维板风管除应执行《通风与空调工程质量验收规范》GB 50243－2002 第 4.3.1 条第 1、3 款第 4.3.2 条第 1 款外,还应符合下列规定:

1)风管的离心玻璃纤维板材应干燥、平整;板外表面的铝箔隔气保护层应与内芯玻璃纤维材料粘合牢固;内表面应有防纤维脱落的保护层,并应对人体无害。

2)当风管连接采用插入接口形式时,接缝处的粘接应严密、牢固,外表面铝箔胶带密封的每一边黏贴宽度不应小于 25mm,并应能防止板材纤维逸出和冷桥。

3)风管表面应平整、两端面平行,无明显凹穴、变形、起泡,铝箔无破损等。

4)风管的加固,应根据系统工作压力及产品技术标准的规定执行。

检查数量:按风管总数抽查 10%,不得少于 5 件。

检查方法:尺量、观察检查。

(11)净化空调系统风管还应符合以下规定:

1)现场应保持清洁,存放时应避免积尘和受潮。风管的咬口缝、折边和铆接等处有损坏时,应做防腐处理;

2)风管法兰铆接钉孔的间距,当系统洁净度的等级为 1～5 级时,不应大于 65mm;为 6～9 级时,不应大于 100mm;

3)静压箱本体、箱内固定高效过滤器的框架及固定件应做镀锌、度镍等防腐处理;

4)制作完成的风管,应进行第二次清洗,经检查达到清洁要求后应及时封口。

检查数量:按风管总数抽查 20%,法兰数抽查 10%,不得少于 5 件。

检查方法:观察检查,查阅风管清洗记录,用白绸布擦拭。

风管与配件制作检验批质量验收记录（Ⅱ）（非金属、复合材料风管）

06010102001

单位（子单位）工程名称		××大厦	分部（子分部）工程名称	通风与空调/送风系统	分项工程名称	风管与配件制作
施工单位		××建筑有限公司	项目负责人	赵斌	检验批容量	20 件
分包单位		/	分包单位项目负责人	/	检验批部位	二层 1～6/A～C
施工依据		《通风与空调工程施工规范》GB50738-2011		验收依据	《通风与空调工程施工质量验收规范》GB50243-2002	
		验收项目	设计要求及规范规定	最小/实际抽样数量	检查记录	检查结果
主控项目	1	材质种类、性能及厚度	第 4.2.2 条	/	质量证明文件齐全，通过进场验收	√
	2	复合材料风管的材料	第 4.2.4 条	5/5	检验合格，报告编号××××	√
	3	风管强度及严密性工艺性检测	第 4.2.5 条	/	/	
	4	风管的连接	第 4.2.7 条	5/5	抽查 5 处，合格 5 处	√
	5	复合材料风管法兰连接	第 4.2.8 条	5/5	抽查 5 处，合格 5 处	√
	6	砖、混凝土风道的变形缝	第 4.2.9 条	/	/	
	7	金属风管的加固	第 4.2.10 条	/	/	
		非金属风管的加固	第 4.2.11 条	5/5	抽查 5 处，合格 5 处	√
	8	矩形弯管制作及导流片	第 4.2.12 条	/	/	
	9	净化空调风管	第 4.2.13 条	/	/	
一般项目	1	风管制作	第 4.3.1 条	5/5	抽查 5 处，合格 5 处	100%
	2	硬聚氯乙烯风管	第 4.3.5 条	/	/	
	3	有机玻璃钢风管	第 4.3.6 条	/	/	
	4	无机玻璃钢风管	第 4.3.7 条	/	/	
	5	砖、混凝土风管	第 4.3.8 条	/	/	
	6	双面铝箔绝热板风管	第 4.3.9 条	/	/	
	7	铝箔玻璃纤维板风管	第 4.3.10 条	5/5	抽查 5 处，合格 5 处	100%
	8	净化空调风管	第 4.3.11 条	/	/	
施工单位检查结果		符合要求	专业工长：王彬 项目专业质量检查员：田宇 2015 年××月××日			
监理单位验收结论		合格	专业监理工程师：周明 2015 年××月××日			

风管与配件制作检验批质量验收记录（Ⅱ）（非金属、复合材料风管）填写说明

参见“风管与配件制作检验批质量验收记录(Ⅰ)(金属风管)”的填写说明。

风管与配件制作 分项工程质量验收记录

<table>
<tr><td colspan="2">单位(子单位)工程名称</td><td>××工程</td><td>结构类型</td><td>框架剪力墙</td></tr>
<tr><td colspan="2">分部(子分部)工程名称</td><td>送风系统</td><td>检验批数</td><td>6</td></tr>
<tr><td>施工单位</td><td colspan="2">××建设集团有限公司</td><td>项目经理</td><td>×××</td></tr>
<tr><td>分包单位</td><td colspan="2">××机电工程有限公司</td><td>分包项目经理</td><td>×××</td></tr>
<tr><td>序号</td><td>检验批名称及部位、区段</td><td>施工单位检查评定结果</td><td colspan="2">监理(建设)单位验收结论</td></tr>
<tr><td>1</td><td>人防层</td><td>√</td><td colspan="2" rowspan="13">各分项工程检验批验收合格</td></tr>
<tr><td>2</td><td>地下一层</td><td>√</td></tr>
<tr><td>3</td><td>一层</td><td>√</td></tr>
<tr><td>4</td><td>二至四层</td><td>√</td></tr>
<tr><td>5</td><td>五至七层</td><td>√</td></tr>
<tr><td>6</td><td>八至十层</td><td>√</td></tr>
<tr><td></td><td></td><td></td></tr>
<tr><td></td><td></td><td></td></tr>
<tr><td></td><td></td><td></td></tr>
<tr><td></td><td></td><td></td></tr>
<tr><td></td><td></td><td></td></tr>
<tr><td></td><td></td><td></td></tr>
<tr><td></td><td></td><td></td></tr>
<tr><td colspan="5">说明：</td></tr>
<tr><td>检查结论</td><td colspan="2">人防层、地下一层至十层风管与配件制作工程符合《通风与空调工程施工质量验收规范》(GB 50243－2002)的要求，风管与配件制作工程分项工程合格。

项目专业技术负责人：×××
2015 年×月×日</td><td>验收结论</td><td>同意施工单位检查结论，验收合格。

监理工程师：×××
(建设单位项目专业技术负责人)
2015 年×月×日</td></tr>
</table>

注：地基基础、主体结构工程的分项工程质量验收不填写“分包单位”、“分包项目经理”。

<table>
<tr><td colspan="2">分项/分部工程施工报验表</td><td>编　号</td><td>×××</td></tr>
<tr><td>工 程 名 称</td><td>××工程</td><td>日　期</td><td>2015 年×月×日</td></tr>
<tr><td colspan="4">
现我方已完成＿＿/＿＿(层)＿＿/＿＿轴(轴线或房间)＿＿/＿＿(高程)＿＿/＿＿(部位)的＿＿风管与配件制作(送风系统)＿＿工程,经我方检验符合设计、规范要求,请予以验收。
附件：　名　称　　页　数　　编　号
1. □质量控制资料汇总表　＿＿页　＿＿
2. □隐蔽工程验收记录　＿＿页　＿＿
3. □预检记录　＿＿页　＿＿
4. □施工记录　＿＿页　＿＿
5. □施工试验记录　＿＿页　＿＿
6. □分部(子分部)工程质量验收记录　＿＿页　＿＿
7. ☑分项工程质量验收记录　1　页　×××
8. □＿＿　＿＿页　＿＿
9. □＿＿　＿＿页　＿＿
10. □＿＿　＿＿页　＿＿

质量检查员(签字):×××
施工单位名称:××建设集团有限公司　　技术负责人(签字):×××
</td></tr>
<tr><td colspan="4">
审查意见:
1. 所报附件材料真实、齐全、有效。
2. 所报分项工程实体工程质量符合规范和设计要求。

审查结论:　☑合格　　□不合格

监理单位名称:××建设监理有限公司　(总)监理工程师(签字):×××　审查日期:2015 年×月×日
</td></tr>
</table>

本表由施工单位填报,监理单位、施工单位各存一份。分项、分部工程不合格,应填写《不合格项处置记录》,分部工程应由总监理工程师签字。

2.2　部件制作

2.2.1　部件制作资料列表

(1)施工管理资料

施工日志

(2)施工技术资料

1)风管部件制作技术交底记录

2)设计变更、工程洽商记录

(3)施工物资资料

1) 材料出厂合格证、质量保证书和相关的性能检测报告

2)材料、构配件进场检验记录

3)工程物资进场报验表

(4)施工记录

风管部件制作检查记录

(5)施工质量验收记录

1)部件制作检验批质量验收记录

2)部件制作分项工程质量验收记录

3)分项/分部工程施工报验表

(6)住宅工程质量分户验收记录表

送风系统风管部件制作质量分户验收记录表

2.2.2　部件制作资料填写范例及说明

部件制作检验批质量验收记录

06010201001

单位（子单位）工程名称	××大厦	分部（子分部）工程名称	通风与空调/送风系统	分项工程名称	部件制作
施工单位	××建筑有限公司	项目负责人	赵斌	检验批容量	10 台
分包单位	/	分包单位项目负责人	/	检验批部位	二层 1～6/A～C
施工依据	《通风与空调工程施工规范》GB50738-2011		验收依据	《通风与空调工程施工质量验收规范》GB50243-2002	

	验收项目		设计要求及规范规定	最小/实际抽样数量	检查记录	检查结果
主控项目	1	一般风阀	第 5.2.1 条	2/2	共 2 处，全部检查，合格 2 处	√
	2	电动、气动风阀	第 5.2.2 条	/	/	
	3	防火阀、排烟阀(口)	第 5.2.3 条	/	/	
	4	防爆风阀	第 5.2.4 条	/	/	
	5	净化空调系统风阀	第 5.2.5 条	/	/	
	6	特殊风阀	第 5.2.6 条	/	/	
	7	防排烟柔性短管	第 5.2.7 条	/	/	
	8	消防弯管、消声器	第 5.2.8 条	1/1	抽查 1 处，合格 1 处	√
一般项目	1	调节风阀	第 5.3.1 条	1/1	抽查 1 处，合格 1 处	100%
	2	止回风阀	第 5.3.2 条	/	/	
	3	插板风阀	第 5.3.3 条	/	/	
	4	三通调节风阀	第 5.3.4 条	/	/	
	5	风量平衡阀	第 5.3.5 条	/	/	
	6	风罩	第 5.3.6 条	/	/	
	7	风帽	第 5.3.7 条	/	/	
	8	矩形弯管导流叶片	第 5.3.8 条	/	/	
	9	柔性短管	第 5.3.9 条	/	/	
	10	消声器	第 5.3.10 条	/	/	
	11	检查门	第 5.3.11 条	1/1	抽查 1 处，合格 1 处	100%
	12	风口验收	第 5.3.12 条	1/1	抽查 1 处，合格 1 处	100%

施工单位检查结果	符合要求 专业工长：王彬 项目专业质量检查员：王宇 2015 年××月××日
监理单位验收结论	合格 专业监理工程师：周明 2015 年××月××日

部件制作检验批质量验收记录填写说明

1. 填写依据

(1)《通风与空调工程质量验收规范》GB 50243－2002。

(2)《建筑工程施工质量验收统一标准》GB 50300－2013。

2. 规范摘要

以下内容摘自《通风与空调工程质量验收规范》GB 50243－2002。

(1)主控项目

1)手动单叶片或多叶片调节风阀的手轮或扳手,应以顺时针方向转动为关闭,其调节范围及开启角度指示应与叶片开启角度相一致。

用于除尘系统间歇工作点的风阀,关闭时应能密封。

检查数量:按批抽查10%,不得少于1个。

检查方法:手动操作、观察检查。

2)电动、气动调节风阀的驱动装置,动作应可靠,在最大工作压力下工作正常。

检查数量:按批抽查10%,不得少于1个。

检查方法:核对产品的合格证明文件、性能检测报告,观察或测试。

3)防火阀和排烟阀(排烟口)必须符合有关消防产品标准的规定,并具有相应的产品合格证明文件。

检查数量:按种类、批抽查10%,不得少于2个。

检查方法:核对产品的合格证明文件、性能检测报告。

4)防爆风阀的制作材料必须符合设计规定,不得自行替换。

检查数量:全数检查。

检查方法:核对材料品种、规格,观察检查。

5)净化空调系统的风阀,其活动件、固定件以及紧固件均应采取镀锌或作其他防腐处理(如喷塑或烤漆);阀体与外界相通的缝隙处,应有可靠的密封措施。

检查数量:按批抽查10%,不得少于1个。

检查方法:核对产品的材料,手动操作、观察。

6)工作压力大于1000Pa的调节风阀,生产厂应提供(在1.5倍工作压力下能自由开关)强度测试合格的证书(或试验报告)。

检查数量:按批抽查10%,不得少于1个。

检查方法:核对产品的合格证明文件、性能检测报告。

7)防排烟系统柔性短管的制作材料必须为不燃材料。

检查数量:全数检查。

检查方法:核对材料品种的合格证明文件。

8)消声弯管的平面边长大于800mm时,应加设吸声导流片;消声器内直接迎风面的布质覆面层应有保护措施;净化空调系统消声器内的覆面应为不易产尘的材料。

检查数量:全数检查。

检查方法:观察检查、核对产品的合格证明文件。

(2)一般项目

1)手动单叶片或多叶片调节风阀应符合下列规定:

①结构应牢固,启闭应灵活,法兰应与相应材质风管的相一致;

②叶片的搭接应贴合一致，与阀体缝隙应小于 2mm；

③截面积大于 1.2m² 的风阀应实施分组调节。

检查数量：按类别、批抽查 10%，不得少于 1 个。

检查方法：手动操作，尺量、观察检查。

2)止回风阀应符合下列规定：

①启闭灵活，关闭时应严密；

②阀叶的转轴、铰链应采用不易锈蚀的材料制作，保证转动灵活、耐用；

③阀片的强度应保证在最大负荷压力下不弯曲变形；

④水平安装的止回风阀应有可靠的平衡调节机构。

检查数量：按类别、批抽查 10%，不得少于 1 个。

检查方法：观察、尺量，手动操作试验与核对产品的合格证明文件。

3)插板风阀应符合下列规定：

①壳体应严密，内壁应作防腐处理；

②插板应平整，启闭灵活，并有可靠的定位固定装置；

③斜插板风阀的上下接管应成一直线。

检查数量：按类别、批抽查 10%，不得少于 1 个。

检查方法：手动操作，尺量、观察检查。

4)三通调节风阀应符合下列规定：

①拉杆或手柄的转轴与风管的结合处应严密；

②拉杆可在任意位置上固定，手柄开关应标明调节的角度；

③阀板调节方便，并不与风管相碰擦。

检查数量：按类别、批分别抽查 10%，不得少于 1 个。

检查方法：观察、尺量，手动操作试验。

5)风量平衡阀应符合产品技术文件的规定。

检查数量：按类别、批分别抽查 10%，不得少于 1 个。

检查方法：观察、尺量，核对产品的合格证明文件。

6)风罩的制作应符合下列规定：

①尺寸正确、连接牢固、形状规则、表面平整光滑，其外壳不应有尖锐边角；

②槽边侧吸罩、条缝抽风罩尺寸应正确，转角处弧度均匀、形状规则，吸入口平整，罩口加强板分隔间距应一致；

③厨房锅灶排烟罩应采用不易锈蚀材料制作，其下部集水槽应严密不漏水，并坡向排放口，罩内油烟过滤器应便于拆卸和清洗。

检查数量：每批抽查 10%，不得少于 1 个。

检查方法：尺量、观察检查。

7)风帽的制作应符合下列规定：

①尺寸应正确，结构牢靠，风帽接管尺寸的允许偏差同风管的规定一致；

②伞形风帽伞盖的边缘应有加固措施，支撑高度尺寸应一致；

③锥形风帽内外锥体的中心应同心，锥体组合的连接缝应顺水，下部排水应畅通；

④筒形风帽的形状应规则、外筒体的上下沿口应加固，其不圆度不应大于直径的 2%。伞盖边缘与外筒体的距离应一致，挡风圈的位置应正确；

⑤三叉形风帽三个支管的夹角应一致，与主管的连接应严密。主管与支管的锥度应为 3°～4°。

检查数量：按批抽查10%，不得少于1个。

检查方法：尺量、观察检查。

8)矩形弯管导流叶片的迎风侧边缘应圆滑，固定应牢固。导流片的弧度应与弯管的角度相一致。导流片的分布应符合设计规定。当导流叶片的长度超过1250mm时，应有加强措施。

检查数量：按批抽查10%，不得少于1个。

检查方法：核对材料，尺量、观察检查。

9)柔性短管应符合下列规定：

①应选用防腐、防潮、不透气、不易霉变的柔性材料。用于空调系统的应采取防止结露的措施；用于净化空调系统的还应是内壁光滑、不易产生尘埃的材料；

②柔性短管的长度，一般宜为150～300mm，其连接处应严密、牢固可靠；

③柔性短管不宜作为找正、找平的异径连接管；

④设于结构变形缝的柔性短管，其长度宜为变形缝的宽度加100mm及以上。

检查数量：按数量抽查10%，不得少于1个。

检查方法：尺量、观察检查。

10)消声器的制作应符合下列规定：

①所选用的材料，应符合设计的规定，如防火、防腐、防潮和卫生性能等要求；

②外壳应牢固、严密，其漏风量应符合《通风与空调工程质量验收规范》GB 50243－2002第4.2.5条的规定；

③充填的消声材料，应按规定的密度均匀铺设，并应有防止下沉的措施。消声材料的覆面层不得破损，搭接应顺气流，且应拉紧，界面无毛边；

④隔板与壁板结合处应紧贴、严密；穿孔板应平整、无毛刺，其孔径和穿孔率应符合设计要求。

检查数量：按批抽查10%，不得少于1个。

检查方法：尺量、观察检查，核对材料合格的证明文件。

11)检查门应平整、启闭灵活、关闭严密，其与风管或空气处理室的连接处应采取密封措施，无明显渗漏。净化空调系统风管检查门的密封垫料，宜采用成型密封胶带或软橡胶条制作。

检查数量：按数量抽查20%，不得少于1个。

检查方法：观察检查。

12)风口的验收，规格以颈部外径与外边长为准，其尺寸的允许偏差值应符合表2-20的规定。风口的外表装饰面应平整、叶片或扩散环的分布应匀称、颜色应一致、无明显的划伤和压痕；调节装置转动应灵活、可靠，定位后应无明显自由松动。

检查数量：按类别、批分别抽查5%，不得少于1个。

检查方法：尺量、观察检查，核对材料合格的证明文件与手动操作检查。

表2-20　　风口尺寸允许偏差

圆形风口			
直径	≤250	>250	
允许偏差	0～－2	0～－3	
矩形风口			
边长	<300	300～800	>800
允许偏差	0～－1	0～－2	0～－3
对角线长度	<300	300～500	>500
对角线长度之差	≤1	≤2	≤3

2.3　风管系统安装

2.3.1　风管系统安装资料列表

(1)施工管理资料

施工日志

(2)施工技术资料

1)工程技术文件报审表

2)风管系统安装施工方案

3)技术交底记录

①风管系统安装施工方案技术交底记录

②风管系统安装技术交底记录

4)设计变更、工程洽商记录

(3)施工物资资料

1)各种安装材料产品出厂合格证书或质量鉴定文件。防火阀的合格证明(空调系统)

2)型钢(包括扁钢、角钢、槽钢、圆钢)合格证和材质证明书

3)螺栓、螺母、垫圈、电焊焊条产品合格证

4)材料、构配件进场检验记录

5)工程物资进场报验表

(4)施工记录

1)隐蔽工程验收记录

2)风管安装检查记录

(5)施工试验记录及检测报告

1)风管漏光检测记录

2)风管漏风检测记录

(6)施工质量验收记录

1)风管系统安装检验批质量验收记录(送、排风,防排烟,除尘系统)(Ⅰ)

2)风管系统安装分项工程质量验收记录

3)分项/分部工程施工报验表

(7)住宅工程质量分户验收记录表

风管系统安装质量分户验收记录表

2.3.2 风管系统安装资料填写范例及说明

<table>
<tr><td colspan="3">隐蔽工程验收记录</td><td>编　号</td><td colspan="2">×××</td></tr>
<tr><td>工程名称</td><td colspan="5">××工程</td></tr>
<tr><td>隐检项目</td><td colspan="2">风管保温前检查</td><td>隐检日期</td><td colspan="2">2015 年×月×日</td></tr>
<tr><td>隐检部位</td><td colspan="5">一层①～⑫/Ⓐ～Ⓗ轴</td></tr>
<tr><td colspan="6">隐检依据：施工图图号 设施×× ，设计变更/洽商（编号 / ）及有关国家现行标准等。
主要材料名称及规格/型号：镀锌钢板　厚度 0.5mm～1.2mm；角钢∟25×3、∟30×4、∟40×4 。</td></tr>
<tr><td colspan="6">隐检内容：
金属风管的材料品种、规格、性能与厚度等符合设计规定。风管制作符合规范要求。风管法兰材料规格符合设计及规范要求，型材应等型、均匀、无裂纹及严重锈蚀等情况。风管加固方法及加固材料符合设计及规范要求。风管安装的位置、标高、走向符合设计要求。风管接口的连接严密、牢固，连接法兰的螺栓应均匀拧紧，其螺母宜在同一侧。风管法兰的垫片材质符合系统功能要求。无法兰连接风管的连接处，完整无缺损、表面应平整，无明显扭曲。风管的连接平直、不扭曲。风管路上的阀门种类正确，安装位置及方向符合图纸要求。风阀安装在便于操作及检修的部位，安装后的手动或电动操作装置应灵活、可靠。柔性管松紧适度，长度符合设计要求和施工规范的规定，无开裂、扭曲现象。风管表面平整，外观应无明显划痕、无镀锌层脱落并无裂纹、锈蚀等质量缺陷。风管已进行严密性试验。
申报人：×××</td></tr>
<tr><td colspan="6">检查意见：
上述项目均符合设计要求和《通风与空调工程施工质量验收规范》（GB 50243－2002）的规定。同意隐蔽。
检查结论：☑同意隐蔽　□不同意，修改后进行复查</td></tr>
<tr><td colspan="6">复查结论：
复查人：　　　　复查日期：</td></tr>
<tr><td rowspan="3">签字栏</td><td rowspan="2">建设（监理）单位</td><td>施工单位</td><td colspan="3">××机电工程有限公司</td></tr>
<tr><td>专业技术负责人</td><td>专业质检员</td><td colspan="2">专业工长</td></tr>
<tr><td>×××</td><td>×××</td><td>×××</td><td colspan="2">×××</td></tr>
</table>

本表由施工单位填写，建设单位、施工单位、城建档案馆各保存一份。

<table>
<tr><td colspan="3">隐蔽工程验收记录</td><td>编　　号</td><td>×××</td></tr>
<tr><td>工程名称</td><td colspan="4">××工程</td></tr>
<tr><td>隐检项目</td><td colspan="2">风管保温吊顶前检查</td><td>隐检日期</td><td>2015年×月×日</td></tr>
<tr><td>隐检部位</td><td colspan="4">一层①～⑫/Ⓐ～Ⓗ轴</td></tr>
<tr><td colspan="5">隐检依据:施工图图号　设施××　,设计变更/洽商(编号　/　)及有关国家现行标准等。
主要材料名称及规格　镀锌钢板　厚度30mm;角钢∟30×4、∟40×4;圆钢 ϕ8、ϕ10　。</td></tr>
<tr><td colspan="5">隐检内容:
风管保温材料材质、密度、规格与厚度应符合设计要求。保温层密实,无裂缝、空隙等缺陷,表面应平整。保温钉与风管、部件表面的连接应牢固,不得脱落。矩形风管保温钉的分布应均匀,其数量底面每平方米不少于16个,侧面不少于10个,顶面不少于8个;首行保温钉至保温材料边沿的距离小于120mm。风管法兰部位保温层厚度不低于风管保温层的0.8倍。保温板拼缝处铝箔隔气层用粘胶带封严,粘胶带的宽度不小于50mm。粘胶带应牢固地粘贴在防潮面层上,不得有胀裂和脱落。玻璃纤维布保护层搭接的宽度应均匀,为30mm～50mm,且松紧适度。风管系统部件的保温,不得影响其操作功能。
风管支吊架形式、规格符合图集与规范要求,所用型材应等型、均匀、无裂纹等情况。风管水平安装:直径或长边尺寸≤400mm,支吊架间距≤4m;长边尺寸＞400mm,支吊架间距≤3m。风管垂直安装:支吊架间距≤4m,单根直管至少应有2个固定点。支、吊架不得设在风口、阀门、检查门及自控机构处。水平风管长度超过20m时,设置防止摆动的固定点,每个系统不少于1个。吊杆平直,螺纹完整、光洁。安装后各支、吊架的受力均匀,无明显变形。抱箍支架折角平直,抱箍紧贴并箍紧风管。油漆的漆膜应均匀、无堆积、皱纹、气泡、掺杂、混色与漏涂等缺陷。

申报人:×××</td></tr>
<tr><td colspan="5">检查意见:
上述项目均符合设计要求和《通风与空调工程施工质量验收规范》(GB 50243—2002)的规定。同意隐蔽。

检查结论:　☑同意隐蔽　□不同意,修改后进行复查</td></tr>
<tr><td colspan="5">复查结论:

复查人:　　　　复查日期:</td></tr>
<tr><td rowspan="3">签字栏</td><td rowspan="2">建设(监理)单位</td><td>施工单位</td><td colspan="2">××机电工程有限公司</td></tr>
<tr><td>专业技术负责人</td><td>专业质检员</td><td>专业工长</td></tr>
<tr><td>×××</td><td>×××</td><td>×××</td><td>×××</td></tr>
</table>

本表由施工单位填写,建设单位、施工单位、城建档案馆各保存一份。

风管系统安装检验批质量验收记录
（送、排风，防排烟，除尘系统）（Ⅰ）

06010301001

单位（子单位）工程名称	××大厦	分部（子分部）工程名称	通风与空调/送风系统	分项工程名称	风管系统安装
施工单位	××建筑有限公司	项目负责人	赵斌	检验批容量	1套
分包单位	/	分包单位项目负责人	/	检验批部位	二层1～6/A～C
施工依据	《通风与空调工程施工规范》GB50738-2011		验收依据	《通风与空调工程施工质量验收规范》GB50243-2002	

		验收项目	设计要求及规范规定	最小/实际抽样数量	检查记录	检查结果
主控项目	1	风管穿越防火、防爆墙	第6.2.1条	/	/	
	2	风管内严禁其他管线穿越	第6.2.2-1条	4/4	抽查4处，合格4处	√
	3	易燃、易爆环境风管	第6.2.2-2条	/	/	
	4	室外立管的固定拉索	第6.2.2-3条	/	/	
	5	高于80℃风管系统	第6.2.3条	/	/	
	6	风管部件安装	第6.2.4条	5/5	抽查5处，合格5处	√
	7	手动密闭阀安装	第6.2.9条	全/20	共20处，全部检查，合格20处	√
	8	风管严密性检验	第6.2.8条	/	试验合格，试验编号xxxx	√
一般项目	1	风管系统安装	第6.3.1条	1/1	抽查1处，合格1处	100%
	2	无法兰风管系统安装	第6.3.2条	/	/	
	3	风管连接的水平、垂直质	第6.3.3条	2/2	抽查2处，合格2处	100%
	4	风管支、吊架安装	第6.3.4条	4/4	抽查4处，合格4处	100%
	5	铝板、不锈钢板风管安装	第6.3.1-8条	/	/	
	6	非金属风管安装	第6.3.5条	/	/	
	7	风阀安装	第6.3.8条	/	/	
	8	风帽安装	第6.3.9条	/	/	
	9	吸、排风罩安装	第6.3.10条	/	/	
	10	风口安装	第6.3.11条	5/5	抽查5处，合格5处	100%

施工单位检查结果	符合要求 专业工长：王彬 项目专业质量检查员：田宇 2015年××月××日
监理单位验收结论	合格 专业监理工程师：周明 2015年××月××日

风管系统安装检验批质量验收记录(送、排风,防排烟,除尘系统)(Ⅰ)填写说明

1. 填写依据

(1)《通风与空调工程质量验收规范》GB 50243－2002。

(2)《建筑工程施工质量验收统一标准》GB 50300－2013。

2. 规范摘要

以下内容摘自《通风与空调工程质量验收规范》GB 50243－2002。

(1)主控项目

1)在风管穿过需要封闭的防火、防爆的墙体或楼板时,应设预埋管或防护套管,其钢板厚度不应小于1.6mm。风管与防护套管之间,应用不燃且对人体无危害的柔性材料封堵。

检查数量:按数量抽查20%,不得少于1个系统。

检查方法:尺量、观察检查。

2)风管安装必须符合下列规定:

①风管内严禁其他管线穿越;

②输送含有易燃、易爆气体或安装在易燃、易爆环境的风管系统应有良好的接地,通过生活区或其他辅助生产房间时必须严密,并不得设置接口;

③室外立管的固定拉索严禁拉在避雷针或避雷网上。

检查数量:按数量抽查20%,不得少于1个系统。

检查方法:手扳、尺量、观察检查。

3)输送空气温度高于80℃的风管,应按设计规定采取防护措施。

检查数量:按数量抽查20%,不得少于1个系统。

检查方法:观察检查。

4)风管部件安装必须符合下列规定:

①各类风管部件及操作机构的安装,应能保证其正常的使用功能,并便于操作;

②斜插板风阀的安装,阀板必须为向上拉启;水平安装时,阀板还应为顺气流方向插入;

③止回风阀、自动排气活门的安装方向应正确。

检查数量:按数量抽查20%,不得少于5件。

检查方法:尺量、观察检查,动作试验。

5)防火阀、排烟阀(口)的安装方向、位置应正确。防火分区隔墙两侧的防火阀,距墙表面不应大于200mm。

检查数量:按数量抽查20%,不得少于5件。

检查方法:尺量、观察检查,动作试验。

6)净化空调系统风管的安装还应符合下列规定:

①风管、静压箱及其他部件,必须擦拭干净,做到无油污和浮尘,当施工停顿或完毕时,端口应封好;

②法兰垫料应为不产尘、不易老化和具有一定强度和弹性的材料,厚度为5～8mm,不得采用乳胶海绵;法兰垫片应尽量减少拼接,并不允许直缝对接连接,严禁在垫料表面涂涂料;

③风管与洁净室吊顶、隔墙等围护结构的接缝处应严密。

检查数量:按数量抽查20%,不得少于1个系统。

检查方法:观察、用白绸布擦拭。

7)集中式真空吸尘系统的安装应符合下列规定:

①真空吸尘系统弯管的曲率半径不应小于4倍管径,弯管的内壁面应光滑,不得采用褶皱弯管;

②真空吸尘系统三通的夹角不得大于45;四通制作应采用两个斜三通的做法。

检查数量:按数量抽查20%,不得少于2件。

检查方法:尺量、观察检查。

8)风管系统安装完毕后,应按系统类别进行严密性检验,漏风量应符合设计与《通风与空调工程质量验收规范》GB 50243－2002第4.2.5条的规定。风管系统的严密性检验,应符合下列规定:

①低压系统风管的严密性检验应采用抽检,抽检率为5%,且不得少于1个系统。在加工工艺得到保证的前提下,采用漏光法检测。检测不合格时,应按规定的抽检率做漏风量测试。

中压系统风管的严密性检验,应在漏光法检测合格后,对系统漏风量测试进行抽检,抽检率为20%,且不得少于1个系统。

高压系统风管的严密性检验,为全数进行漏风量测试。

系统风管严密性检验的被抽检系统,应全数合格,则视为通过;如有不合格时,则应再加倍抽检,直至全数合格。

②净化空调系统风管的严密性检验,1～5级的系统按高压系统风管的规定执行;6～9级的系统按《通风与空调工程质量验收规范》GB 50243－2002第4.2.5条的规定执行。

检查数量:按条文中的规定。

检查方法:参见《通风与空调工程质量验收规范》GB 50243－2002附录A的规定。

9)手动密闭阀安装,阀门上标志的箭头方向必须与受冲击波方向一致。

检查数量:全数检查。

检查方法:观察、核对检查。

(2)一般项目

1)风管的安装应符合下列规定:

①风管安装前,应清除内、外杂物,并做好清洁和保护工作;

②风管安装的位置、标高、走向,应符合设计要求。现场风管接口的配置,不得缩小其有效截面;

③连接法兰的螺栓应均匀拧紧,其螺母宜在同一侧;

④风管接口的连接应严密、牢固。风管法兰的垫片材质应符合系统功能的要求,厚度不应小于3mm。垫片不应凸入管内,亦不宜突出法兰外;

⑤柔性短管的安装,应松紧适度,无明显扭曲;

⑥可伸缩性金属或非金属软风管的长度不宜超过2m,并不应有死弯或塌凹;

⑦风管与砖、混凝土风道的连接接口,应顺着气流方向插入,并应采取密封措施。风管穿出屋面处应设有防雨装置;

⑧不锈钢板、铝板风管与碳素钢支架的接触处,应有隔绝或防腐绝缘措施。

检查数量:按数量抽查10%,不得少于1个系统。

检查方法:尺量、观察检查。

2)无法兰连接风管的安装还应符合下列规定:

①风管的连接处，应完整无缺损、表面应平整，无明显扭曲；

②承插式风管的四周缝隙应一致，无明显的弯曲或褶皱；内涂的密封胶应完整，外粘的密封胶带，应粘贴牢固、完整无缺损；

③薄钢板法兰形式风管的连接，弹性插条、弹簧夹或紧固螺栓的间隔不应大于 150mm，且分布均匀，无松动现象；

④插条连接的矩形风管，连接后的板面应平整、无明显弯曲。

检查数量：按数量抽查 10%，不得少于 1 个系统。

检查方法：尺量、观察检查。

3)风管的连接应平直、不扭曲。明装风管水平安装，水平度的允许偏差为 3/1000，总偏差不应大于 20mm。明装风管垂直安装，垂直度的允许偏差为 2/1000，总偏差不应大于 20mm。暗装风管的位置，应正确、无明显偏差。除尘系统的风管，宜垂直或倾斜敷设，与水平夹角宜大于或等于 45°，小坡度和水平管应尽量短。

对含有凝结水或其他液体的风管，坡度应符合设计要求，并在最低处设排液装置。

检查数量：按数量抽查 10%，但不得少于 1 个系统。

检查方法：尺量、观察检查。

4)风管支、吊架的安装应符合下列规定：

①风管水平安装，直径或长边尺寸小于等于 400mm，间距不应大于 4m；大于 400mm，不应大于 3m。螺旋风管的支、吊架间距可分别延长至 5m 和 3.75m；对于薄钢板法兰的风管，其支、吊架间距不应大于 3m。

②风管垂直安装，间距不应大于 4m，单根直管至少应有 2 个固定点。

③风管支、吊架宜按国标图集与规范选用强度和刚度相适应的形式和规格。对于直径或边长大于 2500mm 的超宽、超重等特殊风管的支、吊架应按设计规定。

④支、吊架不宜设置在风口、阀门、检查门及自控机构处，离风口或插接管的距离不宜小于 200mm。

⑤当水平悬吊的主、干风管长度超过 20m 时，应设置防止摆动的固定点，每个系统不应少于 1 个。

⑥吊架的螺孔应采用机械加工。吊杆应平直，螺纹完整、光洁。安装后各副支、吊架的受力应均匀，无明显变形。

风管或空调设备使用的可调隔振支、吊架的拉伸或压缩量应按设计的要求进行调整。

⑦抱箍支架，折角应平直，抱箍应紧贴并箍紧风管。安装在支架上的圆形风管应设托座和抱箍，其圆弧应均匀，且与风管外径相一致。

检查数量：按数量抽查 10%，不得少于 1 个系统。

检查方法：尺量、观察检查。

5)非金属风管的安装还应符合下列的规定：

①风管连接两法兰端面应平行、严密，法兰螺栓两侧应加镀锌垫圈；

②应适当增加支、吊架与水平风管的接触面积；

③硬聚氯乙烯风管的直段连续长度大于 20m，应按设计要求设置伸缩节；支管的重量不得由干管来承受，必须自行设置支、吊架；

④风管垂直安装，支架间距不应大于 3m。

检查数量：按数量抽查 10%，不得少于 1 个系统。

检查方法：尺量、观察检查。

6)复合材料风管的安装还应符合下列规定：

①复合材料风管的连接处，接缝应牢固，无孔洞和开裂。当采用插接连接时，接口应匹配、无松动，端口缝隙不应大于5mm；

②采用法兰连接时，应有防冷桥的措施；

③支、吊架的安装宜按产品标准的规定执行。

检查数量：按数量抽查10%，但不得少于1个系统。

检查方法：尺量、观察检查。

7)集中式真空吸尘系统的安装应符合下列规定：

①吸尘管道的坡度宜为5/1000，并坡向立管或吸尘点；

②吸尘嘴与管道的连接，应牢固、严密。

检查数量：按数量抽查20%，不得少于5件。

检查方法：尺量、观察检查。

8)各类风阀应安装在便于操作及检修的部位，安装后的手动或电动操作装置应灵活、可靠，阀板关闭应保持严密。

防火阀直径或长边尺寸大于等于630mm时，宜设独立支、吊架。

排烟阀(排烟口)及手控装置(包括预埋套管)的位置应符合设计要求。预埋套管不得有死弯及瘪陷。

除尘系统吸入管段的调节阀，宜安装在垂直管段上。

检查数量：按数量抽查10%，不得少于5件。

检查方法：尺量、观察检查。

9)风帽安装必须牢固，连接风管与屋面或墙面的交接处不应渗水。

检查数量：按数量抽查10%，不得少于5件。

检查方法：尺量、观察检查。

10)排、吸风罩的安装位置应正确，排列整齐，牢固可靠。

检查数量：按数量抽查10%，不得少于5件。

检查方法：尺量、观察检查。

11)风口与风管的连接应严密、牢固，与装饰面相紧贴；表面平整、不变形，调节灵活、可靠。条形风口的安装，接缝处应衔接自然，无明显缝隙。同一厅室、房间内的相同风口的安装高度应一致，排列应整齐。

明装无吊顶的风口，安装位置和标高偏差不应大于10mm。

风口水平安装，水平度的偏差不应大于3/1000。

风口垂直安装，垂直度的偏差不应大于2/1000。

检查数量：按数量抽查10%，不得少于1个系统或不少于5件和2个房间的风口。

检查方法：尺量、观察检查。

12)净化空调系统风口安装还应符合下列规定：

①风口安装前应清扫干净，其边框与建筑顶棚或墙面间的接缝处应加设密封垫料或密封胶，不应漏风；

②带高效过滤器的送风口，应采用可分别调节高度的吊杆。

检查数量：按数量抽查20%，不得少于1个系统或不少于5件和2个房间的风口。

检查方法：尺量、观察检查。

2.4　风机与空气处理设备安装

2.4.1　风机与空气处理设备安装资料列表

(1)施工管理资料

施工日志

(2)施工技术资料

1)工程技术文件报审表

2)风机与空气处理设备安装施工方案

3)技术交底记录

①风机与空气处理设备安装施工方案技术交底记录

②通风机安装技术交底记录

③风机盘管安装技术交底记录

4)设计变更、工程洽商记录

(3)施工物资资料

1)设备的装箱清单、设备说明书、产品合格证书和产品性能检测报告等随机文件，进口设备应具有商检部门检验合格的证明文件

2)所使用的各类型材、垫料、五金用品等出厂合格证或有关质量证明文件

3)材料、构配件进场检验记录

4)设备开箱检验记录

5)设备及管道附件试验记录

6)工程物资进场报验表

(4)施工记录

1)隐蔽工程验收记录

2)交接检查记录

3)土建基础复测记录

4)设备安装记录

(5) 施工试验记录及检测报告

设备单机试运转记录

(6)施工质量验收记录

1)风机安装工程检验批质量验收记录

2)空气处理设备安装检验批质量验收记录(Ⅰ)(通风系统)

3)风机与空气处理设备安装分项工程质量验收记录

4)分项/分部工程施工报验表

(7)住宅工程质量分户验收记录表

风机与空气处理设备安装质量分户验收记录表

2.4.2　风机与空气处理设备安装资料填写范例及说明

设备开箱检验记录		编　号	×××
设备名称	屋顶风机	检查日期	2015 年×月×日
规格型号	XYF-6	总 数 量	10 台
装箱单号	500～509	检验数量	10 台

检验记录	项目	内容
检验记录	包装情况	塑料布包装
	随机文件	装箱清单、产品合格证书、出厂检测报告、设备说明书齐全
	备件与附件	减振垫、螺栓等齐全
	外观情况	外观情况良好、喷涂均匀、无铸造缺陷
	测试情况	经手动测试运转情况良好

检验结果

缺、损附备件明细表

序号	名称	规格	单位	数量	备注

结论：

检查包装、随机文件齐全，外观良好，符合设计及规范要求，同意验收。

签字栏	建设(监理)单位	施工单位	供应单位
	×××	×××	×××

本表由施工单位填写并保存。

设备及管道附件试验记录							编　号	×××	
工程名称	××工程				使用部位		地下一至三层		
设备/管道附件名称	型号	规格	编号	介质	使用部位		严密性试验(MPa)	试验结果	
					压力(MPa)	停压时间			
风机盘管	YGFC	03-CC-2S	01	水	2.4	2min		不渗漏(合格)	
风机盘管	YGFC	03-CC-2S	02	水	2.4	2min		不渗漏(合格)	
风机盘管	YGFC	04-CC-2S	03	水	2.4	2min		不渗漏(合格)	
风机盘管	YGFC	04-CC-2S	04	水	2.4	2min		不渗漏(合格)	
风机盘管	YGFC	04-CC-2S	05	水	2.4	2min		不渗漏(合格)	
风机盘管	YGFC	06-CC-2S	06	水	2.4	2min		不渗漏(合格)	
风机盘管	YGFC	06-CC-2S	07	水	2.4	2min		不渗漏(合格)	
风机盘管	YGFC	06-CC-2S	08	水	2.4	2min		不渗漏(合格)	
风机盘管	YGFC	06-CC-2S	09	水	2.4	2min		不渗漏(合格)	
风机盘管	YGFC	06-CC-2S	10	水	2.4	2min		不渗漏(合格)	
风机盘管	YGFC	06-CC-2S	11	水	2.4	2min		不渗漏(合格)	
风机盘管	YGFC	08-CC-2S	12	水	2.4	2min		不渗漏(合格)	
风机盘管	YGFC	08-CC-2S	13	水	2.4	2min		不渗漏(合格)	
风机盘管	YGFC	08-CC-2S	14	水	2.4	2min		不渗漏(合格)	
风机盘管	YGFC	08-CC-2S	15	水	2.4	2min		不渗漏(合格)	
试验单位	××机电工程有限公司		试验人	×××		试验日期	2015 年×月×日		

本表由施工单位填写，建设单位、施工单位各保存一份。

工程物资进场报验表				编　号	×××
工程名称	××工程			日　期	2015年×月×日

现报上关于 风机与空气处理设备安装 工程的物资进场检验记录，该批物资经我方检验符合设计、规范及合约要求，请予以批准使用。

物资名称	主要规格	单　位	数　量	选样报审表编号	使用部位
风机盘管	YGFC 03-CC-2S	台	60	×××	地下一至三层

附件：　名　称　　页　数　　编　号

1. ☑ 出厂合格证　× 页　×××
2. ☑ 厂家质量检验报告　× 页　×××
3. ☐ 厂家质量保证书　___页　______
4. ☐ 商检证　___页　______
5. ☑ 进场检验报告　× 页　×××
6. ☐ 进场复试报告　___页　______
7. ☐ 备案情况　___页　______
8. ☐　___页　______

申报单位名称：××建设集团有限公司　　申报人(签字)：×××

施工单位检验意见：

报验的风机盘管的质量证明文件齐全，同意报项目监理部审批。

☑有 / ☐无 附页

施工单位名称：××建设集团有限公司　技术负责人(签字)：×××　审核日期：2015年×月×日

验收意见：

风机盘管合格证明文件齐全、有效，进场检验合格。

审定结论：　☑同意　☐补报资料　☐重新检验　☐退场

监理单位名称：××建设监理有限公司　监理工程师(签字)：×××　验收日期：2015年×月×日

本表由施工单位填报，建设单位、监理单位、施工单位各存一份。

<table>
<tr><td colspan="3" rowspan="3">施工试验记录(通用)</td><td>编　　号</td><td>×××</td></tr>
<tr><td>试验编号</td><td></td></tr>
<tr><td>委托编号</td><td></td></tr>
<tr><td>工程名称及施工部位</td><td colspan="4">××工程　风机盘管单体通电试验</td></tr>
<tr><td>试验日期</td><td colspan="2">2015年10月1日</td><td>规格、材质</td><td>YGF(03、04、06)</td></tr>
<tr><td colspan="5">试验项目：
风机盘管机组安装前，宜进行单机三速运转试验。</td></tr>
<tr><td colspan="5">试验内容：
本工程风机盘管机组全数到场后，逐台进行临时通电试验，通电后观察2min，看风机部位是否有阻滞与卡碰现象。</td></tr>
<tr><td colspan="5">结论：
试验结果机组运转合格。</td></tr>
</table>

批　准	×××	审　核	×××	试　验	×××
试验单位	北京××机电工程公司				
报告日期	2015年×月×日				

本表由建设单位、施工单位各保存一份。

风机安装工程检验批质量验收记录

06010401001

<table>
<tr><td colspan="3">单位（子单位）工程名称</td><td colspan="2">××大厦</td><td>分部（子分部）工程名称</td><td>通风与空调/送风系统</td><td>分项工程名称</td><td>风机与空气处理设备安装</td></tr>
<tr><td colspan="3">施工单位</td><td colspan="2">××建筑有限公司</td><td>项目负责人</td><td>赵斌</td><td>检验批容量</td><td>5 台</td></tr>
<tr><td colspan="3">分包单位</td><td colspan="2">/</td><td>分包单位项目负责人</td><td>/</td><td>检验批部位</td><td>送风机房</td></tr>
<tr><td colspan="3">施工依据</td><td colspan="3">《通风与空调工程施工规范》GB50738-2011</td><td>验收依据</td><td colspan="2">《通风与空调工程施工质量验收规范》GB50243-2002</td></tr>
<tr><td rowspan="3">主控项目</td><td colspan="4">验收项目</td><td>设计要求及规范规定</td><td>最小/实际抽样数量</td><td>检查记录</td><td>检查结果</td></tr>
<tr><td>1</td><td colspan="3">通风机安装</td><td>第 7.2.1 条</td><td>全/5</td><td>共 5 处，全部检查，合格 5 处</td><td>√</td></tr>
<tr><td>2</td><td colspan="3">通风机安全措施</td><td>第 7.2.2 条</td><td>全/5</td><td>共 5 处，全部检查，合格 5 处</td><td>√</td></tr>
<tr><td rowspan="11">一般项目</td><td>1</td><td colspan="3">叶轮与机壳安装</td><td>第 7.3.1-1</td><td>1/1</td><td>抽查 1 处，合格 1 处</td><td>100%</td></tr>
<tr><td>2</td><td colspan="3">轴流风机叶片安装</td><td>第 7.3.1-2</td><td>1/1</td><td>抽查 1 处，合格 1 处</td><td>100%</td></tr>
<tr><td>3</td><td colspan="3">隔振器地面</td><td>第 7.3.1-3</td><td>1/1</td><td>抽查 1 处，合格 1 处</td><td>100%</td></tr>
<tr><td>4</td><td colspan="3">隔振器支、吊架</td><td>第 7.3.1-4</td><td>1/1</td><td>抽查 1 处，合格 1 处</td><td>100%</td></tr>
<tr><td rowspan="7">5</td><td rowspan="7">通风机安装允许偏差(mm)</td><td colspan="2">中心线的平面位移</td><td>10</td><td>全/5</td><td>共 5 处，全部检查，合格 5 处</td><td>100%</td></tr>
<tr><td colspan="2">标高</td><td>±10</td><td>全/5</td><td>1 处明显不合格，均已整改并复查合格；共 5 处，全部检查，合</td><td>100%</td></tr>
<tr><td colspan="2">皮带轮轮宽中心平面偏移</td><td>1</td><td>/</td><td>/</td><td></td></tr>
<tr><td rowspan="2">传动轴水平度</td><td>纵向</td><td>0.2/1000</td><td>全/5</td><td>共 5 处，全部检查，合格 5 处</td><td>100%</td></tr>
<tr><td>横向</td><td>0.3/1000</td><td>全/5</td><td>共 5 处，全部检查，合格 5 处</td><td>100%</td></tr>
<tr><td rowspan="2">联轴器</td><td>两轴芯径向位移</td><td>0.05</td><td>全/5</td><td>共 5 处，全部检查，合格 5 处</td><td>100%</td></tr>
<tr><td>两轴线倾斜</td><td>0.2/1000</td><td>全/5</td><td>共 5 处，全部检查，合格 5 处</td><td>100%</td></tr>
<tr><td colspan="4">施工单位检查结果</td><td colspan="5">符合要求
专业工长：王彬
项目专业质量检查员：王宇
2015 年××月××日</td></tr>
<tr><td colspan="4">监理单位验收结论</td><td colspan="5">合格
专业监理工程师：周明
2015 年××月××日</td></tr>
</table>

一册在手　表格全有　贴近现场　资料无忧

风机安装工程检验批质量验收记录填写说明

1. 填写依据

(1)《通风与空调工程质量验收规范》GB 50243－2002。

(2)《建筑工程施工质量验收统一标准》GB 50300－2013。

2. 规范摘要

以下内容摘自《通风与空调工程质量验收规范》GB 50243－2002。

(1)主控项目

1)通风机的安装应符合下列规定：

①型号、规格应符合设计规定,其出口方向应正确；

②叶轮旋转应平稳,停转后不应每次停留在同一位置上；

③固定通风机的地脚螺栓应拧紧,并有防松动措施。

检查数量:全数检查。

检查方法:依据设计图核对、观察检查。

2)通风机传动装置的外露部位以及直通大气的进、出口,必须装设防护罩(网)或采取其他安全设施。

检查数量:全数检查。

检查方法:依据设计图核对、观察检查。

3)空调机组的安装应符合下列规定：

①型号、规格、方向和技术参数应符合设计要求；

②现场组装的组合式空气调节机组应做漏风量的检测,其漏风量必须符合现行国家标准《组合式空调机组》GB/T 14294 的规定。

检查数量:按总数抽检 20%,不得少于 1 台。净化空调系统的机组,1～5 级全数检查,6～9 级抽查 50%。

检查方法:依据设计图核对,检查测试记录。

4)除尘器的安装应符合下列规定：

①型号、规格、进出口方向必须符合设计要求；

②现场组装的除尘器壳体应做漏风量检测,在设计工作压力下允许漏风率为 5%,其中离心式除尘器为 3%；

③布袋除尘器、电除尘器的壳体及辅助设备接地应可靠。

检查数量:按总数抽查 20%,不得少于 1 台;接地全数检查。

检查方法:按图核对、检查测试记录和观察检查。

5)高效过滤器应在洁净室及净化空调系统进行全面清扫和系统连续试车 12h 以上后,在现场拆开包装并进行安装。

安装前需进行外观检查和仪器检漏。目测不得有变形、脱落、断裂等破损现象;仪器抽检检漏应符合产品质量文件的规定。

合格后立即安装,其方向必须正确,安装后的高效过滤器四周及接口,应严密不漏;在调试前应进行扫描检漏。

检查数量:高效过滤器的仪器抽检检漏按批抽 5%,不得少于 1 台。

检查方法：观察检查、按《通风与空调工程质量验收规范》GB 50243－2002 附录 B 规定扫描、检测或查看检测记录。

6)净化空调设备的安装还应符合下列规定：

①净化空调设备与洁净室围护结构相连的接缝必须密封；

②风机过滤器单元(FFU 与 FMU 空气净化装置)应在清洁的现场进行外观检查，目测不得有变形、锈蚀、漆膜脱落、拼接板破损等现象；在系统试运转时，必须在进风口处加装临时中效过滤器作为保护。

检查数量：全数检查。

检查方法：按设计图核对、观察检查。

7)静电空气过滤器金属外壳接地必须良好。

检查数量：按总数抽查 20%，不得少于 1 台。

检查方法：核对材料、观察检查或电阻测定。

8)电加热器的安装必须符合下列规定：

①电加热器与钢构架间的绝热层必须为不燃材料；接线柱外露的应加设安全防护罩；

②电加热器的金属外壳接地必须良好；

③连接电加热器的风管的法兰垫片，应采用耐热不燃材料。

检查数量：按总数抽查 20%，不得少于 1 台。

检查方法：核对材料、观察检查或电阻测定。

9)干蒸汽加湿器的安装，蒸汽喷管不应朝下。

检查数量：全数检查。

检查方法：观察检查。

10)过滤吸收器的安装方向必须正确，并应设独立支架，与室外的连接管段不得泄漏。

检查数量：全数检查。

检查方法：观察或检测。

(2)一般项目

1)通风机的安装应符合下列规定：

①通风机的安装，应符合表 2-21 的规定，叶轮转子与机壳的组装位置应正确；叶轮进风口插入风机机壳进风口或密封圈的深度，应符合设备技术文件的规定，或为叶轮外径值的 1/100。

表 2-21 风机安装的允许偏差

<table>
<tr><th>项次</th><th colspan="2">项目</th><th>允许偏差</th><th>检验方法</th></tr>
<tr><td>1</td><td colspan="2">中心线的平面位移</td><td>10mm</td><td>经纬仪或拉线和尺量检查</td></tr>
<tr><td>2</td><td colspan="2">标高</td><td>±10mm</td><td>水准仪或水平仪、直尺、拉线和尺量检查</td></tr>
<tr><td>3</td><td colspan="2">皮带轮轮宽中心平面偏移</td><td>1mm</td><td>在主、从动皮带轮端面拉线和尺量检查</td></tr>
<tr><td>4</td><td colspan="2">传动轴水平度</td><td>纵向 0.2/1000
横向 0.3/1000</td><td>在轴或皮带轮 0°和 180°的两个位置上，用水平仪检查</td></tr>
<tr><td rowspan="2">5</td><td rowspan="2">联轴器</td><td>两轴心径向位移</td><td>0.05mm</td><td rowspan="2">在联轴器互相垂直的四个位置上，用百分表检查</td></tr>
<tr><td>两轴线倾斜</td><td>0.2/1000</td></tr>
</table>

②现场组装的轴流风机叶片安装角度应一致，达到在同一平面内运转，叶轮与筒体之间的间隙应均匀，水平度允许偏差为1/1000；

③安装隔振器的地面应平整，各组隔振器承受荷载的压缩量应均匀，高度误差应小于2mm；

④安装风机的隔振钢支、吊架，其结构形式和外形尺寸应符合设计或设备技术文件的规定；焊接应牢固，焊缝应饱满、均匀。

检查数量：按总数抽查20%，不得少于1台。

检查方法：尺量、观察或检查施工记录。

2)组合式空调机组及柜式空调机组的安装应符合下列规定：

①组合式空调机组各功能段的组装，应符合设计规定的顺序和要求；各功能段之间的连接应严密，整体应平直；

②机组与供回水管的连接应正确，机组下部冷凝水排放管的水封高度应符合设计要求；

③机组应清扫干净，箱体内应无杂物、垃圾和积尘；

④机组内空气过滤器(网)和空气热交换器翅片应清洁、完好。

检查数量：按总数抽查20%，不得少于1台。

检查方法：观察检查。

3)空气处理室的安装应符合下列规定：

①金属空气处理室壁板及各段的组装位置应正确，表面平整，连接严密、牢固；

②喷水段的本体及其检查门不得漏水，喷水管和喷嘴的排列、规格应符合设计的规定；

③表面式换热器的散热面应保持清洁、完好。当用于冷却空气时，在下部应设有排水装置，冷凝水的引流管或槽应畅通，冷凝水不外溢；

④表面式换热器与围护结构间的缝隙，以及表面式热交换器之间的缝隙，应封堵严密；

⑤换热器与系统供回水管的连接应正确，且严密不漏。

检查数量：按总数抽查20%，不得少于1台。

检查方法：观察检查。

4)单元式空调机组的安装应符合下列规定：

①分体式空调机组的室外机和风冷整体式空调机组的安装，固定应牢固、可靠；除应满足冷却风循环空间的要求外，还应符合环境卫生保护有关法规的规定；

②分体式空调机组的室内机的位置应正确、并保持水平，冷凝水排放应畅通。管道穿墙处必须密封，不得有雨水渗入；

③整体式空调机组管道的连接应严密、无渗漏，四周应留有相应的维修空间。

检查数量：按总数抽查20%，不得少于1台。

检查方法：观察检查。

5)除尘设备的安装应符合下列规定：

①除尘器的安装位置应正确、牢固平稳，允许误差应符合表2-22的规定；

②除尘器的活动或转动部件的动作应灵活、可靠，并应符合设计要求；

③除尘器的排灰阀、卸料阀、排泥阀的安装应严密，并便于操作与维护修理。

检查数量：按总数抽查20%，不得少于1台。

检查方法：尺量、观察检查及检查施工记录。

6)现场组装的静电除尘器的安装，还应符合设备技术文件及下列规定：

①阳极板组合后的阳极排平面度允许偏差为5mm，其对角线允许偏差为10mm；

表 2-22　　　　　　　　　　**除尘器安装允许偏差和检验方法**

项次	项目		允许偏差(mm)	检验方法
1	平面位移		≤10	用经纬仪或拉线、尺量检查
2	标高		±10	用水准仪、直尺、拉线和尺量检查
3	垂直度	每米	≤2	吊线和尺量检查
		总偏差	≤10	

②阴极小框架组合后主平面的平面度允许偏差为 5mm，其对角线允许偏差为 10mm；

③阴极大框架的整体平面度允许偏差为 15mm，整体对角线允许偏差为 10mm；

④阳极板高度小于或等于 7m 的电除尘器，阴、阳极间距允许偏差为 5mm。阳极板高度大于 7m 的电除尘器，阴、阳极间距允许偏差为 10mm；

⑤振打锤装置的固定，应可靠；振打锤的转动，应灵活。锤头方向应正确；振打锤头与振打砧之间应保持良好的线接触状态，接触长度应大于锤头厚度的 0.7 倍。

检查数量：按总数抽查 20%，不得少于 1 组。

检查方法：尺量、观察检查及检查施工记录。

7)现场组装布袋除尘器的安装，还应符合下列规定：

①外壳应严密、不漏，布袋接口应牢固；

②分室反吹袋式除尘器的滤袋安装，必须平直。每条滤袋的拉紧力应保持在 25～35N/m；与滤袋连接接触的短管和袋帽，应无毛刺；

③机械回转扁袋袋式除尘器的旋臂，转动应灵活可靠，净气室上部的顶盖，应密封不漏气，旋转应灵活，无卡阻现象；

④脉冲袋式除尘器的喷吹孔，应对准文氏管的中心，同心度允许偏差为 2mm。

检查数量：按总数抽查 20%，不得少于 1 台。

检查方法：尺量、观察检查及检查施工记录。

8)洁净室空气净化设备的安装，应符合下列规定：

①带有通风机的气闸室、吹淋室与地面间应有隔振垫；

②机械式余压阀的安装，阀体、阀板的转轴均应水平，允许偏差为 2/1000。余压阀的安装位置应在室内气流的下风侧，并不应在工作面高度范围内；

③传递窗的安装，应牢固、垂直，与墙体的连接处应密封。

检查数量：按总数抽查 20%，不得少于 1 件。

检查方法：尺量、观察检查。

9)装配式洁净室的安装应符合下列规定：

①洁净室的顶板和壁板(包括夹芯材料)应为不燃材料；

②洁净室的地面应干燥、平整，平整度允许偏差为 1/1000；

③壁板的构配件和辅助材料的开箱，应在清洁的室内进行，安装前应严格检查其规格和质量。壁板应垂直安装，底部宜采用圆弧或钝角交接；安装后的壁板之间、壁板与顶板间的拼缝，应平整严密，墙板的垂直允许偏差为 2/1000，顶板水平度的允许偏差与每个单间的几何尺寸的允许偏差均为 2/1000；

④洁净室吊顶在受荷载后应保持平直，压条全部紧贴。洁净室壁板若为上、下槽形板时，其

接头应平整、严密；组装完毕的洁净室所有拼接缝，包括与建筑的接缝，均应采取密封措施，做到不脱落，密封良好。

检查数量：按总数抽查 20%，不得少于 5 处。

检查方法：尺量、观察检查及检查施工记录。

10）洁净层流罩的安装应符合下列规定：

①应设独立的吊杆，并有防晃动的固定措施；

②层流罩安装的水平度允许偏差为 1/1000，高度的允许偏差为±1mm；

③层流罩安装在吊顶上，其四周与顶板之间应设有密封及隔振措施。

检查数量：按总数抽查 20%，且不得少于 5 件。

检查方法：尺量、观察检查及检查施工记录。

11）风机过滤器单元（FFU、FMU）的安装应符合下列规定：

①风机过滤器单元的高效过滤器安装前应按《通风与空调工程质量验收规范》GB 50243－2002 第 7.2.5 条的规定检漏，合格后进行安装，方向必须正确；安装后的 FFU 或 FMU 机组应便于检修；

②安装后的 FFU 风机过滤器单元，应保持整体平整，与吊顶衔接良好。风机箱与过滤器之间的连接，过滤器单元与吊顶框架间应有可靠的密封措施。

检查数量：按总数抽查 20%，且不得少于 2 个。

检查方法：尺量、观察检查及检查施工记录。

12）高效过滤器的安装应符合下列规定：

①高效过滤器采用机械密封时，须采用密封垫料，其厚度为 6～8mm，并定位贴在过滤器边框上，安装后垫料的压缩应均匀，压缩率为 25%～50%；

②采用液槽密封时，槽架安装应水平，不得有渗漏现象，槽内无污物和水分，槽内密封液高度宜为 2/3 槽深。密封液的熔点宜高于 50℃。

检查数量：按总数抽查 20%，且不得少于 5 个。

检查方法：尺量、观察检查。

13）消声器的安装应符合下列规定：

①消声器安装前应保持干净，做到无油污和浮尘；

②消声器安装的位置、方向应正确，与风管的连接应严密，不得有损坏与受潮。两组同类型消声器不宜直接串联；

③现场安装的组合式消声器，消声组件的排列、方向和位置应符合设计要求。单个消声器组件的固定应牢固；

④消声器、消声弯管均应设独立支、吊架。

检查数量：整体安装的消声器，按总数抽查 10%，且不得少于 5 台。现场组装的消声器全数检查。

检查方法：手扳和观察检查、核对安装记录。

14）空气过滤器的安装应符合下列规定：

①安装平整、牢固，方向正确。过滤器与框架、框架与围护结构之间应严密无穿透缝；

②框架式或粗效、中效袋式空气过滤器的安装，过滤器四周与框架应均匀压紧，无可见缝隙，并应便于拆卸和更换滤料；

③卷绕式过滤器的安装，框架应平整、展开的滤料，应松紧适度、上下筒体应平行。

检查数量:按总数抽查10%,且不得少于1台。

检查方法:观察检查。

15)风机盘管机组的安装应符合下列规定:

①机组安装前宜进行单机三速试运转及水压检漏试验。试验压力为系统工作压力的1.5倍,试验观察时间为2min,不渗漏为合格;

②机组应设独立支、吊架,安装的位置、高度及坡度应正确、固定牢固;

③机组与风管、回风箱或风口的连接,应严密、可靠。

检查数量:按总数抽查10%,且不得少于1台。

检查方法:观察检查、查阅检查试验记录。

16)转轮式换热器安装的位置、转轮旋转方向及接管应正确,运转应平稳。

检查数量:按总数抽查20%,且不得少于1台。

检查方法:观察检查。

17)转轮去湿机安装应牢固,转轮及传动部件应灵活、可靠,方向正确;处理空气与再生空气接管应正确;排风水平管须保持一定的坡度,并坡向排出方向。

检查数量:按总数抽查20%,且不得少于1台。

检查方法:观察检查。

18)蒸汽加湿器的安装应设置独立支架,并固定牢固;接管尺寸正确、无渗漏。

检查数量:全数检查。

检查方法:观察检查。

19)空气风幕机的安装,位置方向应正确、牢固可靠,纵向垂直度与横向水平度的偏差均不应大于2/1000。

检查数量:按总数10%的比例抽查,且不得少于1台。

检查方法:观察检查。

20)变风量末端装置的安装,应设单独支、吊架,与风管连接前宜做动作试验。

检查数量:按总数抽查10%,且不得少于1台。

检查方法:观察检查、查阅检查试验记录。

空气处理设备安装检验批质量验收记录（Ⅰ）（通风系统）

06010402001

单位（子单位）工程名称	××大厦	分部（子分部）工程名称	通风与空调/送风系统	分项工程名称	风机与空气处理设备安装
施工单位	××建筑有限公司	项目负责人	赵斌	检验批容量	5台
分包单位	/	分包单位项目负责人	/	检验批部位	送风机房
施工依据	《通风与空调工程施工规范》GB50738-2011		验收依据	《通风与空调工程施工质量验收规范》GB50243-2002	

		验收项目	设计要求及规范规定	最小/实际抽样数量	检查记录	检查结果
主控项目	1	除尘器安装	第 7.2.4 条	1/1	抽查 1 处，合格 1 处	√
	2	布袋与静电除尘器接地	第 7.2.4-3 条	/	/	
	3	静电空气过滤器安装	第 7.2.7 条	/	/	
	4	电加热器安装	第 7.2.8 条	1/1	抽查 1 处，合格 1 处	√
	5	过滤吸收器安装	第 7.2.10 条	全/5	共 5 处，全部检查，合格 5 处	√
一般项目	1	除尘器部件及阀安装	第 7.3.5-2、3 条	1/1	抽查 1 处，合格 1 处	100%
	2	除尘设备安装允许偏差(mm) 平面位移	≤10	全/5	1 处明显不合格，均已整改并复查合格；抽查 5 处，合格 5 处	100%
		标高	±10	全/5	共 5 处，全部检查，合格 5 处	100%
		垂直度 每米	≤2	全/5	共 5 处，全部检查，合格 5 处	100%
		垂直度 总偏差	≤10	全/5	共 5 处，全部检查，合格 5 处	100%
	3	现场组装静电除尘器安装	第 7.3.6 条	全/5	共 5 处，全部检查，合格 5 处	100%
	4	现场组装布袋除尘器安装	第 7.3.7 条	/	/	
	5	消声器的安装	第 7.3.13 条	5/5	抽查 5 处，合格 5 处	100%
	6	空气过滤器安装	第 7.3.14 条	1/1	抽查 1 处，合格 1 处	100%
	7	蒸汽加湿器安装	第 7.3.18 条	/	/	
	8	空气风幕机安装	第 7.3.19 条	/	/	
	9	变风量末端装置的安装	第 7.3.20 条	/	/	

施工单位检查结果	符合要求 专业工长：王彬 项目专业质量检查员：王宇 2015 年××月××日
监理单位验收结论	合格 专业监理工程师：周明 2015 年××月××日

空气处理设备安装检验批质量验收记录(Ⅰ)(通风系统)填写说明

参见“风机安装工程检验批质量验收记录”填写说明。

风机与空气处理设备安装　分项工程质量验收记录

单位(子单位)工程名称	××工程	结构类型	框架剪力墙
分部(子分部)工程名称	送风系统	检验批数	1
施工单位	××建设集团有限公司	项目经理	×××
分包单位	××机电工程有限公司	分包项目经理	×××

序号	检验批名称及部位、区段	施工单位检查评定结果	监理(建设)单位验收结论
1	人防层	√	各分项工程检验批验收合格

说明：			
检查结论	人防层风机与空气处理设备安装符合《通风与空调工程施工质量验收规范》(GB 50243－2002)的要求，风机与空气处理设备安装分项工程合格。 项目专业技术负责人：××× 2015年×月×日	验收结论	同意施工单位检查结论，验收合格。 监理工程师：××× (建设单位项目专业技术负责人) 2015年×月×日

注：地基基础、主体结构工程的分项工程质量验收不填写“分包单位”、“分包项目经理”。

<table>
<tr><td colspan="2">分项/分部工程施工报验表</td><td>编　号</td><td>×××</td></tr>
<tr><td>工程名称</td><td>××工程</td><td>日　期</td><td>2015 年×月×日</td></tr>
<tr><td colspan="4">
现我方已完成　　/　　(层)　　/　　轴(轴线或房间)　　/　　(高程)　　/　　(部位)的　风机安装(送风系统)　工程，经我方检验符合设计、规范要求，请予以验收。

附件：　名　称　　　　页　数　　　　编　号
1.□质量控制资料汇总表　　　　页
2.□隐蔽工程验收记录　　　　页
3.□预检记录　　　　页
4.□施工记录　　　　页
5.□施工试验记录　　　　页
6.□分部(子分部)工程质量验收记录　　　　页
7.☑分项工程质量验收记录　　1　页　　×××
8.□　　　　页
9.□　　　　页
10.□　　　　页

质量检查员(签字)：×××
施工单位名称：××建设集团有限公司　　　　技术负责人(签字)：×××
</td></tr>
<tr><td colspan="4">
审查意见：
1.所报附件材料真实、齐全、有效。
2.所报分项工程实体工程质量符合规范和设计要求。

审查结论：　　☑合格　　　　□不合格

监理单位名称：××建设监理有限公司　　(总)监理工程师(签字)：×××　　审查日期：2015 年×月×日
</td></tr>
</table>

本表由施工单位填报，监理单位、施工单位各存一份。分项、分部工程不合格，应填写《不合格项处置记录》，分部工程应由总监理工程师签字。

2.5　风管与设备防腐

2.5.1　风管与设备防腐资料列表

(1)施工管理资料

施工日志

(2)施工技术资料

1)风管与设备防腐技术交底记录

2)设计变更、工程洽商记录

(3)施工物资资料

1)油漆、涂料的产品合格证及性能检测报告或厂家的质量证明书

2)相关材料试验报告

3)材料、构配件进场检验记录

4)工程物资进场报验表

(4)施工记录

1)隐蔽工程验收记录

2)防腐油漆施工记录

(5)施工质量验收记录

1)风管与设备防腐检验批质量验收记录

2)风管与设备防腐分项工程质量验收记录

3)分项/分部工程施工报验表

2.5.2　风管与设备防腐资料填写范例及说明

<table>
<tr><td colspan="4" rowspan="3">材料试验报告(通用)</td><td>编　号</td><td colspan="2">×××</td></tr>
<tr><td>试验编号</td><td colspan="2">2015－0116</td></tr>
<tr><td>委托编号</td><td colspan="2">2015－03998</td></tr>
<tr><td>工程名称及部位</td><td colspan="3">××工程 风管系统　保温</td><td>试验编号</td><td colspan="2">2015-××</td></tr>
<tr><td>委托编号</td><td colspan="3">2015-01234</td><td>试样编号</td><td colspan="2">001</td></tr>
<tr><td>委托单位</td><td colspan="3">××建设工程有限公司第×项目部</td><td>试验委托人</td><td colspan="2">×××</td></tr>
<tr><td>材料名称及规格</td><td colspan="3">橡塑　取样 300×400×50mm</td><td>产地、厂别</td><td colspan="2">北京　××建材有限公司</td></tr>
<tr><td>代表数量</td><td>取样一块</td><td>来样日期</td><td>2015 年×月×日</td><td>试验日期</td><td colspan="2">2015 年×月×日</td></tr>
<tr><td colspan="7">试验项目及说明:
本材料批量大、使用效果重要,取样做关于密度、导热系数、抗拉强度、燃烧性能、吸水率及氧指数等性能试验。</td></tr>
<tr><td colspan="7">试验结果:
导热系数为 0.034W/m・K,符合《建筑材料及制品燃烧性能分级》GB 8624－2012,经测定为 GB 8624 B1 级难燃烧性材料,安全可靠。</td></tr>
<tr><td colspan="7">结论:
符合设计与规范要求,材料合格。</td></tr>
<tr><td>批　准</td><td>×××</td><td>审　核</td><td>××</td><td>试　验</td><td colspan="2">×××</td></tr>
<tr><td>试验单位</td><td colspan="6">××中心试验室(单位章)</td></tr>
<tr><td>报告日期</td><td colspan="6">2015 年×月×日</td></tr>
</table>

本表由试验单位提供,建设单位、施工单位各保存一份。

风管与设备防腐检验批质量验收记录

06010501001

<table>
<tr><td>单位（子单位）工程名称</td><td colspan="2">××大厦</td><td colspan="2">分部（子分部）工程名称</td><td>通风与空调/送风系统</td><td>分项工程名称</td><td>风管与设备防腐</td></tr>
<tr><td>施工单位</td><td colspan="2">××建筑有限公司</td><td colspan="2">项目负责人</td><td>赵斌</td><td>检验批容量</td><td>20 件</td></tr>
<tr><td>分包单位</td><td colspan="2">/</td><td colspan="2">分包单位项目负责人</td><td>/</td><td>检验批部位</td><td>二层 1～6/A～C</td></tr>
<tr><td>施工依据</td><td colspan="4">《通风与空调工程施工规范》GB50738-2011</td><td>验收依据</td><td colspan="2">《通风与空调工程施工质量验收规范》GB50243-2002</td></tr>
<tr><td rowspan="2">主控项目</td><td colspan="2">验收项目</td><td>设计要求及规范规定</td><td>最小/实际抽样数量</td><td colspan="2">检查记录</td><td>检查结果</td></tr>
<tr><td>1</td><td>防腐涂料和油漆</td><td>第 10.2.2 条</td><td>全/20</td><td colspan="2">共 20 处，全部检查，合格 20 处</td><td>√</td></tr>
<tr><td rowspan="2">一般项目</td><td>1</td><td>喷、涂油漆的漆膜质量</td><td>均匀无缺陷</td><td>2/2</td><td colspan="2">抽查 2 处，合格 2 处</td><td>100%</td></tr>
<tr><td>2</td><td>油漆喷、涂，不得遮盖铭牌标志和影响部件的功能使用</td><td>第 10.3.2 条</td><td>2/2</td><td colspan="2">抽查 2 处，合格 2 处</td><td>100%</td></tr>
<tr><td colspan="2">施工单位检查结果</td><td colspan="6">符合要求
专业工长：王彬
项目专业质量检查员：王宇
2015 年××月××日</td></tr>
<tr><td colspan="2">监理单位验收结论</td><td colspan="6">合格
专业监理工程师：周明
2015 年××月××日</td></tr>
</table>

风管与设备防腐检验批质量验收记录填写说明

1. 填写依据

(1)《通风与空调工程质量验收规范》GB 50243－2002。

(2)《建筑工程施工质量验收统一标准》GB 50300－2013。

2. 规范摘要

以下内容摘自《通风与空调工程质量验收规范》GB 50243－2002。

(1)主控项目

1)风管和管道的绝热,应采用不燃或难燃材料,其材质、密度、规格与厚度应符合设计要求。如采用难燃材料时,应对其难燃性进行检查,合格后方可使用。

检查数量:按批随机抽查1件。

检查方法:观察检查、检查材料合格证,并做点燃试验。

2)防腐涂料和油漆,必须是在有效保质期限内的合格产品。

检查数量:按批检查。

检查方法:观察、检查材料合格证。

3)在下列场合必须使用不燃绝热材料:

①电加热器前后800mm的风管和绝热层;

②穿越防火隔墙两侧2m范围内风管、管道和绝热层。

检查数量:全数检查。

检查方法:观察、检查材料合格证与做点燃试验。

4)输送介质温度低于周围空气露点温度的管道,当采用非闭孔性绝热材料时,隔汽层(防潮层)必须完整,且封闭良好。

检查数量:按数量抽查10%,且不得少于5段。

检查方法:观察检查。

5)位于洁净室内的风管及管道的绝热,不应采用易产尘的材料(如玻璃纤维、短纤维矿棉等)。

检查数量:全数检查。

检查方法:观察检查。

(2)一般项目

1)喷、涂油漆的漆膜,应均匀、无堆积、皱纹、气泡、掺杂、混色与漏涂等缺陷。

检查数量:按面积抽查10%。

检查方法:观察检查。

2)各类空调设备、部件的油漆喷、涂,不得遮盖铭牌标志和影响部件的功能使用。

检查数量:按数量抽查10%,且不得少于2个。

检查方法:观察检查。

3)风管系统部件的绝热,不得影响其操作功能。

检查数量:按数量抽查10%,且不得少于2个。

检查方法:观察检查。

4)绝热材料层应密实,无裂缝、空隙等缺陷。表面应平整,当采用卷材或板材时,允许偏差为

5mm；采用涂抹或其他方式时，允许偏差为 10mm。防潮层（包括绝热层的端部）应完整，且封闭良好；其搭接缝应顺水。

检查数量：管道按轴线长度抽查 10%；部件、阀门抽查 10%，且不得少于 2 个。

检查方法：观察检查、用钢丝刺入保温层、尺量。

5）风管绝热层采用粘结方法固定时，施工应符合下列规定：

①粘结剂的性能应符合使用温度和环境卫生的要求，并与绝热材料相匹配；

②粘结材料宜均匀地涂在风管、部件或设备的外表面上，绝热材料与风管、部件及设备表面应紧密贴合，无空隙；

③绝热层纵、横向的接缝，应错开；

④绝热层粘贴后，如进行包扎或捆扎，包扎的搭接处应均匀、贴紧；捆扎的应松紧适度，不得损坏绝热层。

检查数量：按数量抽查 10%。

检查方法：观察检查和检查材料合格证。

6）风管绝热层采用保温钉连接固定时，应符合下列规定：

①保温钉与风管、部件及设备表面的连接，可采用粘接或焊接，结合应牢固，不得脱落；焊接后应保持风管的平整，并不应影响镀锌钢板的防腐性能；

②矩形风管或设备保温钉的分布应均匀，其数量底面每平方米不应少于 16 个，侧面不应少于 10 个，顶面不应少于 8 个。首行保温钉至风管或保温材料边沿的距离应小于 120mm；

③风管法兰部位的绝热层的厚度，不应低于风管绝热层的 0.8 倍；

④带有防潮隔汽层绝热材料的拼缝处，应用粘胶带封严。粘胶带的宽度不应小于 50mm。粘胶带应牢固地粘贴在防潮面层上，不得有胀裂和脱落。

检查数量：按数量抽查 10%，且不得少于 5 处。

检查方法：观察检查。

7）绝热涂料作绝热层时，应分层涂抹，厚度均匀，不得有气泡和漏涂等缺陷，表面固化层应光滑，牢固无缝隙。

检查数量：按数量抽查 10%。

检查方法：观察检查。

8）当采用玻璃纤维布作绝热保护层时，搭接的宽度应均匀，宜为 30～50mm，且松紧适度。

检查数量：按数量抽查 10%，且不得少于 $10m^2$。

检查方法：尺量、观察检查。

9）管道阀门、过滤器及法兰部位的绝热结构应能单独拆卸。

检查数量：按数量抽查 10%，且不得少于 5 个。

检查方法：观察检查。

10）管道绝热层的施工，应符合下列规定：

①绝热产品的材质和规格，应符合设计要求，管壳的粘贴应牢固、铺设应平整；绑扎应紧密，无滑动、松弛与断裂现象；

②硬质或半硬质绝热管壳的拼接缝隙，保温时不应大于 5mm、保冷时不应大于 2mm，并用粘结材料勾缝填满；纵缝应错开，外层的水平接缝应设在侧下方。当绝热层的厚度大于 100mm 时，应分层铺设，层间应压缝；

③硬质或半硬质绝热管壳应用金属丝或难腐织带捆扎，其间距为 300～350mm，且每节至少

捆扎2道；

④松散或软质绝热材料应按规定的密度压缩其体积，疏密应均匀。毡类材料在管道上包扎时，搭接处不应有空隙。

检查数量：按数量抽查10%，且不得少于10段。

检查方法：尺量、观察检查及查阅施工记录。

11)管道防潮层的施工应符合下列规定：

①防潮层应紧密粘贴在绝热层上，封闭良好，不得有虚粘、气泡、褶皱、裂缝等缺陷；

②立管的防潮层，应由管道的低端向高端敷设，环向搭接的缝口应朝向低端；纵向的搭接缝应位于管道的侧面，并顺水；

③卷材防潮层采用螺旋形缠绕的方式施工时，卷材的搭接宽度宜为30～50mm。

检查数量：按数量抽查10%，且不得少于10m。

检查方法：尺量、观察检查。

12)金属保护壳的施工，应符合下列规定：

①应紧贴绝热层，不得有脱壳、褶皱、强行接口等现象。接口的搭接应顺水，并有凸筋加强，搭接尺寸为20～25mm。采用自攻螺丝固定时，螺钉间距应匀称，并不得刺破防潮层。

②户外金属保护壳的纵、横向接缝，应顺水；其纵向接缝应位于管道的侧面。金属保护壳与外墙面或屋顶的交接处应加设泛水。

检查数量：按数量抽查10%。

检查方法：观察检查。

13)冷热源机房内制冷系统管道的外表面，应做色标。

检查数量：按数量抽查10%。

检查方法：观察检查。

2.6　系统调试

2.6.1　系统调试资料列表

(1)施工管理资料

调试单位资质证书和调试人员岗位证书

(2)施工技术资料

1)工程技术文件报审表

2)系统调试方案

3)技术交底记录

①系统调试方案技术交底记录

②系统调试工程技术交底记录

4)工程洽商记录

(3)施工物资资料

仪器、仪表出厂合格证及经校验合格的证明文件

(4)施工试验记录及检测报告

1)设备单机试运转记录

2)各房间室内风量温度测量记录

3)管网风量平衡记录

4)空调系统试运转调试记录

5)系统无生产负荷联合试运转与调试记录

6)通风与空调系统综合调试记录

(5)施工质量验收记录

1)通风与空调工程系统调试检验批质量验收记录

2)通风与空调工程系统调试分项工程质量验收记录

3)分项/分部工程施工报验表

2.6.2　系统调试资料填写范例及说明

管网风量平衡记录						编　号	×××			
工程名称		××工程				测试日期	2015年×月×日			
系统名称		K－3送风系统				系统位置	首层大厅			
测点编号	风管规格（mm×mm）	断面积（m²）	平均风压（Pa）			风速（m/s）	风量（m³/h）		相对差	使用仪器编号
			动压	静压	全压		设计（$Q_{设}$）	实际（$Q_{实}$）		
1	240×240	0.06				2.84		613.4		
2	240×240	0.06				2.87		619.9		
3	240×240	0.06				2.87		619.9		
4	240×240	0.06				2.71		585.9		
5	240×240	0.06				2.86		617.8		
6	240×240	0.06				2.88		622.1		
7	240×240	0.06				3.0		648.0		
8	240×240	0.06				2.91		628.6		
9	240×240	0.06				2.71		585.3		
10	240×240	0.06				2.72		587.5		
11	240×240	0.06				2.61		563.7		
							总6500	总6692	3%	
							$\delta=(Q_{实}-Q_{设})/Q_{设}\times100\%$			
							$\Delta=\dfrac{6692-6500}{6500}\times100\%=3\%$			
施工单位		××机电工程有限公司								
审核人			测定人				记录人			
×××			×××				×××			

本表由施工单位填写并保存。

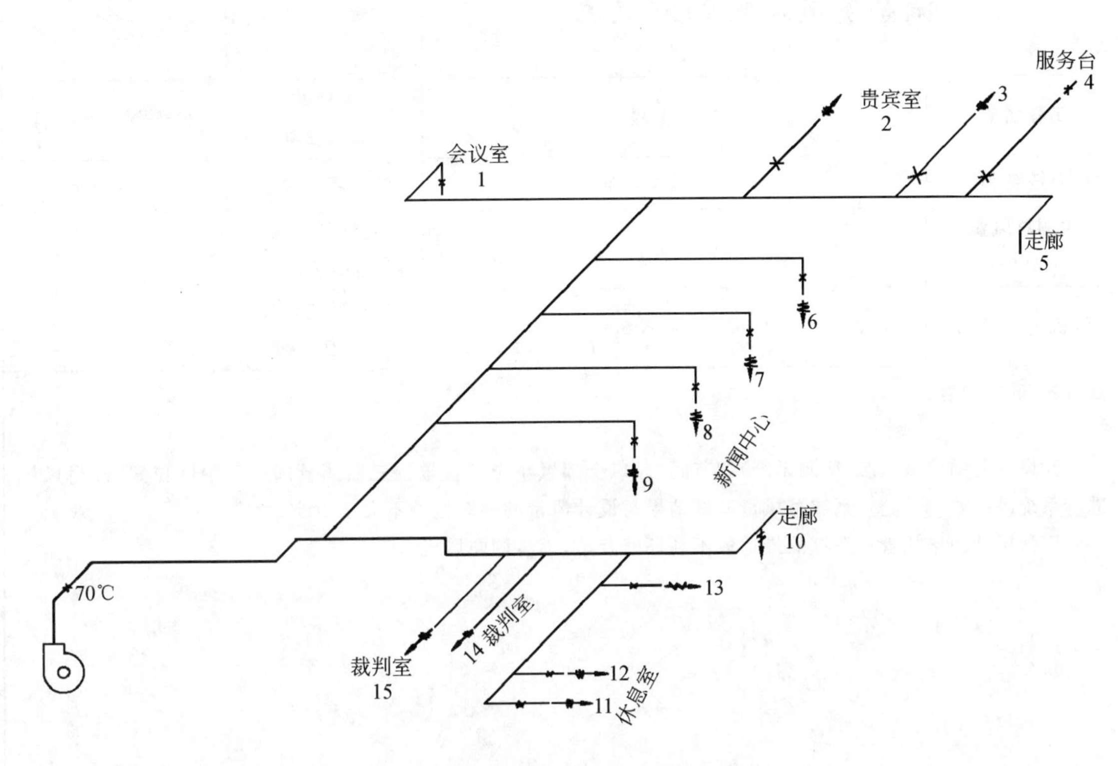

图 2-2　室内风量测量(X—5 新风系统)

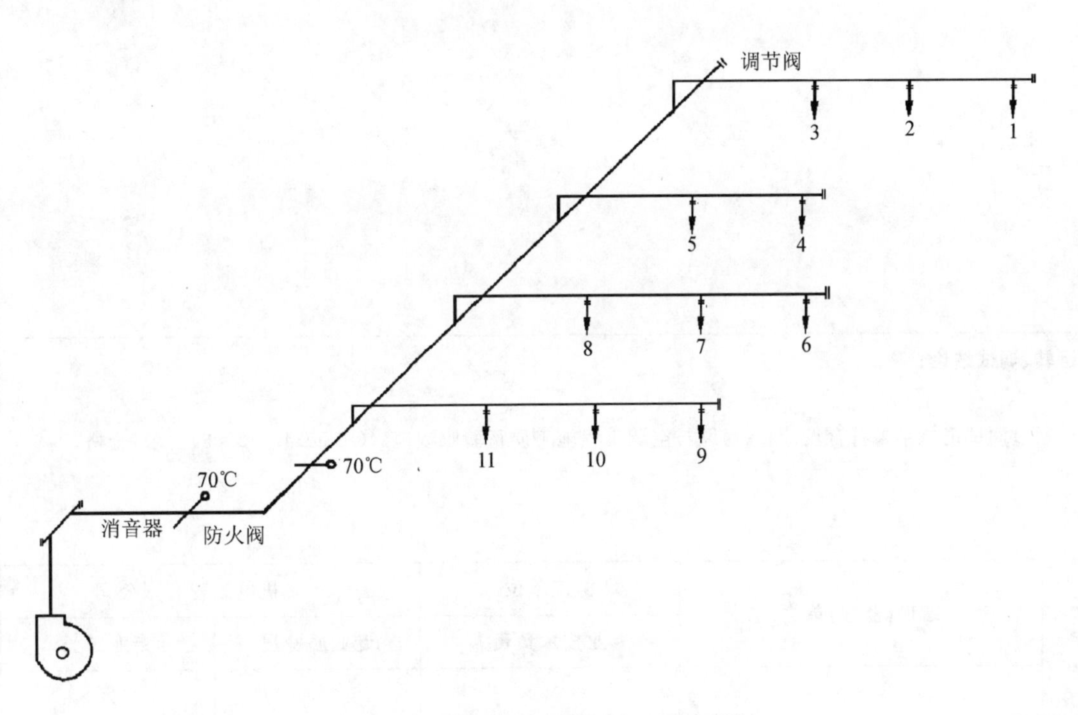

图 2-3　管网风量平衡(K—3 送风系统)

<table>
<tr><td colspan="2">空调系统试运转调试记录</td><td>编　　号</td><td>×××</td></tr>
<tr><td>工程名称</td><td>××工程</td><td>试运转
调试日期</td><td>2015 年×月×日</td></tr>
<tr><td>系统名称</td><td>K－8 送风系统</td><td>系统所在位置</td><td>首层多功能厅</td></tr>
<tr><td>实测总风量
(m^3/h)</td><td>1390</td><td>设计总风量
(m^3/h)</td><td>1300</td></tr>
<tr><td>风机全压(Pa)</td><td>(机组)余压 500</td><td>实测风机全压
(Pa)</td><td>495</td></tr>
<tr><td colspan="4">试运转、调试内容：

开风机之前将该系统(所测系统)调节阀、风口全部置于全开位置。三通调节阀处于中间位置，开启风机进行系统风量测定、调整，系统总风量调试结果与设计风量的相对偏差不大于 10%。
用微压计与毕托管从系统的最远最不利环路开始，逐步调向风机。</td></tr>
<tr><td colspan="4">试运转、调试结论：

通过测试记录结果符合设计和《通风与空调工程施工质量验收规范》(GB 50243－2002)要求，合格。</td></tr>
</table>

<table>
<tr><td rowspan="3">签字栏</td><td rowspan="2">建设(监理)单位</td><td>施工单位</td><td colspan="2">××机电工程有限公司</td></tr>
<tr><td>专业技术负责人</td><td>专业质检员</td><td>专业工长</td></tr>
<tr><td>×××</td><td>×××</td><td>×××</td><td>×××</td></tr>
</table>

本表由施工单位填写，建设单位、施工单位、城建档案馆各保存一份。

空调系统试运转调试记录填写说明

【相关规定及要求】

1. 根据《通风与空调工程施工质量验收规范》(GB 50243－2002)，通风与空调工程进行无生产负荷联合试运转及调试时，应对空调系统总风量进行测量调整，并做记录。

2. 系统风量及风压测定：

(1) 风管的风量一般可用毕托管和微压计测量。测量截面的位置应选择在气流均匀处，按气流方向，应选择在局部阻力之后，大于或等于 4～5 倍管径(或风管大边尺寸)及局部阻力之前，1.5 倍～2 倍管及圆形风管或矩形风管长边尺寸的直管段上。当测量截面上的气流不均匀时，应增加测量截面上的测点数量。

(2) 系统风量调整采用“流量等比分配法”或“基准风口法”，从系统最不利环路的末端开始，最后进行总风量的调整。

(3) 风管内的压力测量采用液柱式压力计，如倾斜式、补偿式微压计。

3. 系统实际风量与设计风量的相对偏差不应大于 10%，为调试合格。

【填写要点】

1. 记录内容包括工程名称、试运转调试日期、系统名称、系统所在位置、实测总风量、设计总风量、风机全压、实测风机全压、试运转、调试内容及结论等。

2. 表内数据应根据现场实际测量情况如实填写，不得拼凑伪造数据。

3. 试运转、调试内容：应将试运转调试项目、具体内容描述清楚。

4. 试运转、调试结论：应明确是否达到设计和规范要求。

通风与空调工程系统调试检验批质量验收记录

06010701001

<table>
<tr><td colspan="3">单位（子单位）工程名称</td><td>××大厦</td><td>分部（子分部）工程名称</td><td>通风与空调/送风系统</td><td>分项工程名称</td><td>系统调试</td></tr>
<tr><td colspan="3">施工单位</td><td>××建筑有限公司</td><td>项目负责人</td><td>赵斌</td><td>检验批容量</td><td>1 套</td></tr>
<tr><td colspan="3">分包单位</td><td>/</td><td>分包单位项目负责人</td><td>/</td><td>检验批部位</td><td>二层 1～6/A～C</td></tr>
<tr><td colspan="3">施工依据</td><td colspan="2">《通风与空调工程施工规范》GB50738-2011</td><td>验收依据</td><td colspan="2">《通风与空调工程施工质量验收规范》GB50243-2002</td></tr>
<tr><td colspan="3">验收项目</td><td>设计要求及规范规定</td><td>最小/实际抽样数量</td><td colspan="2">检查记录</td><td>检查结果</td></tr>
<tr><td rowspan="10">主控项目</td><td>1</td><td>通风机、空调机组单机试运转及调试</td><td>第 11.2.2-1 条</td><td>/</td><td colspan="2">/</td><td></td></tr>
<tr><td>2</td><td>水泵单机试运转及调试</td><td>第 11.2.2-2 条</td><td>/</td><td colspan="2">/</td><td></td></tr>
<tr><td>3</td><td>冷却塔单机试运转及调试</td><td>第 11.2.2-3 条</td><td>/</td><td colspan="2">/</td><td></td></tr>
<tr><td>4</td><td>制冷机组单机试运转及调试</td><td>第 11.2.2-4 条</td><td>/</td><td colspan="2">试验合格，报告编号××××</td><td>√</td></tr>
<tr><td>5</td><td>电控防火、防排烟阀动作试验</td><td>第 11.2.2-5 条</td><td>/</td><td colspan="2">/</td><td></td></tr>
<tr><td>6</td><td>系统风量调试</td><td>第 11.2.3-1 条</td><td>/</td><td colspan="2">试验合格，报告编号××××</td><td>√</td></tr>
<tr><td>7</td><td>空调水系统调试</td><td>第 11.2.3-2 条</td><td>/</td><td colspan="2">试验合格，报告编号××××</td><td>√</td></tr>
<tr><td>8</td><td>恒温、恒温空调</td><td>第 11.2.3-3 条</td><td>/</td><td colspan="2">/</td><td></td></tr>
<tr><td>9</td><td>防、排系统调试</td><td>第 11.2.4 条</td><td>/</td><td colspan="2">/</td><td></td></tr>
<tr><td>10</td><td>净化空调系统调试</td><td>第 11.2.5 条</td><td>/</td><td colspan="2">/</td><td></td></tr>
<tr><td rowspan="7">一般项目</td><td>1</td><td>风机、空调机组</td><td>第 11.3.1-2、3 条</td><td>/</td><td colspan="2">/</td><td></td></tr>
<tr><td>2</td><td>水泵安装</td><td>第 11.3.1-1 条</td><td>/</td><td colspan="2">/</td><td></td></tr>
<tr><td>3</td><td>风口风量平衡</td><td>第 11.3.2-2 条</td><td>/</td><td colspan="2">试验合格，报告编号××××</td><td>√</td></tr>
<tr><td>4</td><td>水系统试运行</td><td>第 11.3.3-1、3 条</td><td>/</td><td colspan="2">试验合格，报告编号××××</td><td>√</td></tr>
<tr><td>5</td><td>水系统检测元件工作</td><td>第 11.3.3-2 条</td><td>/</td><td colspan="2">试验合格，报告编号××××</td><td>√</td></tr>
<tr><td>6</td><td>空调房间参数</td><td>第 11.3.3-4、5、6 条</td><td>/</td><td colspan="2">试验合格，报告编号××××</td><td>√</td></tr>
<tr><td>7</td><td>工程控制和监测元件及执行结构</td><td>第 11.3.4 条</td><td>/</td><td colspan="2">试验合格，报告编号××××</td><td>√</td></tr>
<tr><td colspan="3">施工单位检查结果</td><td colspan="5">符合要求
专业工长：王彬
项目专业质量检查员：王宇
2015 年××月××日</td></tr>
<tr><td colspan="3">监理单位验收结论</td><td colspan="5">合格
专业监理工程师：周明
2015 年××月××日</td></tr>
</table>

通风与空调工程系统调试检验批质量验收记录填写说明

1. 填写依据

(1)《通风与空调工程质量验收规范》GB 50243－2002。

(2)《建筑工程施工质量验收统一标准》GB 50300－2013。

2. 规范摘要

以下内容摘自《通风与空调工程质量验收规范》GB 50243－2002。

(1)主控项目

1)通风与空调工程安装完毕,必须进行系统的测定和调整(简称调试)。系统调试应包括下列项目:

①设备单机试运转及调试;

②系统无生产负荷下的联合试运转及调试。

检查数量:全数。

检查方法:观察、旁站、查阅调试记录。

2)设备单机试运转及调试应符合下列规定:

①通风机、空调机组中的风机,叶轮旋转方向正确、运转平稳、无异常振动与声响,其电机运行功率应符合设备技术文件的规定。在额定转速下连续运转2h后,滑动轴承外壳最高温度不得超过70℃;滚动轴承不得超过80℃;

②水泵叶轮旋转方向正确,无异常振动和声响,紧固连接部位无松动,其电机运行功率值符合设备技术文件的规定。水泵连续运转2h后,滑动轴承外壳最高温度不得超过70℃;滚动轴承不得超过75℃;

③冷却塔本体应稳固、无异常振动,其噪声应符合设备技术文件的规定。风机试运转按本条第1款的规定;冷却塔风机与冷却水系统循环试运行不少于2h,运行应无异常情况;

④制冷机组、单元式空调机组的试运转,应符合设备技术文件和现行国家标准《制冷设备、空气分离设备安装工程施工及验收规范》GB 50274的有关规定,正常运转不应少于8h;

⑤电控防火、防排烟风阀(口)的手动、电动操作应灵活、可靠,信号输出正确。

检查数量:第1款按风机数量抽查10%,且不得少于1台;第2、3、4款全数检查;第5款按系统中风阀的数量抽查20%,且不得少于5件。

检查方法:观察、旁站、用声级计测定、查阅试运转记录及有关文件。

3)系统无生产负荷的联合试运转及调试应符合下列规定:

①系统总风量调试结果与设计风量的偏差不应大于10%;

②空调冷热水、冷却水总流量测试结果与设计流量的偏差不应大于10%;

③舒适空调的温度、相对湿度应符合设计的要求。恒温、恒湿房间室内空气温度、相对湿度及波动范围应符合设计规定。

检查数量:按风管系统数量抽查10%,且不得少于1个系统。

检查方法:观察、旁站、查阅调试记录。

4)防排烟系统联合试运行与调试的结果(风量及正压),必须符合设计与消防的规定。

检查数量:按总数抽查10%,且不得少于2个楼层。

检查方法:观察、旁站、查阅调试记录。

5)净化空调系统还应符合下列规定:

①单向流洁净室系统的系统总风量调试结果与设计风量的允许偏差为0～20%,室内各风

口风量与设计风量的允许偏差为 15%。新风量与设计新风量的允许偏差为 10%。

②单向流洁净室系统的室内截面平均风速的允许偏差为 0～20%，且截面风速不均匀度不应大于 0.25。新风量和设计新风量的允许偏差为 10%。

③相邻不同级别洁净室之间和洁净室与非洁净室之间的静压差不应小于 5Pa，洁净室与室外的静压差不应小于 10Pa；

④室内空气洁净度等级必须符合设计规定的等级或在商定验收状态下的等级要求。高于等于 5 级的单向流洁净室，在门开启的状态下，测定距离门 0.6m 室内侧工作高度处空气的含尘浓度，亦不应超过室内洁净度等级上限的规定。

检查数量：调试记录全数检查，测点抽查 5%，且不得少于 1 点。

检查方法：检查、验证调试记录，按本书附录 2 进行测试校核。

(2) 一般项目

1)设备单机试运转及调试应符合下列规定：

①水泵运行时不应有异常振动和声响、壳体密封处不得渗漏、紧固连接部位不应松动、轴封的温升应正常；在无特殊要求的情况下，普通填料泄漏量不应大于 60mL/h，机械密封的不应大于 5mL/h；

②风机、空调机组、风冷热泵等设备运行时，产生的噪声不宜超过产品性能说明书的规定值；

③风机盘管机组的三速、温控开关的动作应正确，并与机组运行状态一一对应。

检查数量：第 1、2 款抽查 20%，且不得少于 1 台；第 3 款抽查 10%，且不得少于 5 台。

检查方法：观察、旁站、查阅试运转记录。

2)通风工程系统无生产负荷联动试运转及调试应符合下列规定：

①系统联动试运转中，设备及主要部件的联动必须符合设计要求，动作协调、正确，无异常现象；

②系统经过平衡调整，各风口或吸风罩的风量与设计风量的允许偏差不应大于 15%；

③湿式除尘器的供水与排水系统运行应正常。

3)空调工程系统无生产负荷联动试运转及调试还应符合下列规定：

①空调工程水系统应冲洗干净、不含杂物，并排除管道系统中的空气；系统连续运行应达到正常、平稳；水泵的压力和水泵电机的电流不应出现大幅波动。系统平衡调整后，各空调机组的水流量应符合设计要求，允许偏差为 20%；

②各种自动计量检测元件和执行机构的工作应正常，满足建筑设备自动化(BA、FA 等)系统对被测定参数进行检测和控制的要求；

③多台冷却塔并联运行时，各冷却塔的进、出水量应达到均衡一致；

④空调室内噪声应符合设计规定要求；

⑤有压差要求的房间、厅堂与其他相邻房间之间的压差，舒适性空调正压为 0～25Pa；工艺性的空调应符合设计的规定；

⑥有环境噪声要求的场所，制冷、空调机组应按现行国家标准《采暖通风与空气调节设备噪声声功率级的测定——工程法》GB 9068 的规定进行测定。洁净室内的噪声应符合设计的规定。

检查数量：按系统数量抽查 10%，且不得少于 1 个系统或 1 间。

检查方法：观察、用仪表测量检查及查阅调试记录。

4)通风与空调工程的控制和监测设备，应能与系统的检测元件和执行机构正常沟通，系统的状态参数应能正确显示，设备联锁、自动调节、自动保护应能正确动作。

检查数量：按系统或监测系统总数抽查 30%，且不得少于 1 个系统。

检查方法：旁站观察，查阅调试记录。

第3章　排风系统

3.1　风管与配件制作

3.1.1　风管与配件制作资料列表

(1) 施工管理资料

施工日志；

合格焊工登记表及其特种作业资格证书

(2) 施工技术资料

1)技术交底记录

①风管与配件制作(金属风管)技术交底记录

②风管与配件制作(非金属、复合材料风管)技术交底记录

2)图纸会审记录、设计变更、工程洽商记录

(3) 施工物资资料

1)板材、型材等主要材料、成品的出厂合格证、质量证明及检测报告

2)材料、构配件进场检验记录

3)工程物资进场报验表

(4) 施工记录

1)隐蔽工程验收记录

2)风管与配件制作检查记录

(5) 施工试验记录及检测报告

强度严密性试验记录

(6)施工质量验收记录

1)风管与配件制作检验批质量验收记录(金属风管)(Ⅰ)

2)风管与配件制作检验批质量验收记录(非金属、复合材料风管)(Ⅱ)

3)排风系统风管与配件制作分项工程质量验收记录

4)分项/分部工程施工报验表

(7)住宅工程质量分户验收记录表

1)金属风管与配件制作质量分户验收记录表

2)非金属、复合材料风管与配件制作质量分户验收记录表

3.1.2 风管与配件制作资料填写范例及说明

金属(镀锌钢板)风管制作检查记录

单位(子单位)工程名称		××工程										
子分部(系统)工程名称		排风系统										
安装部位、区、段		人防层										
安装单位		××机电工程有限公司				项目经理(负责人)			×××			
施工执行标准名称及编号		通风与空调工程施工质量验收规范(GB 50243－2002)										
检查项目		标准(设计)要求	实测值									
风管直径或长边尺寸(mm)		800	800	800	800	800	800	800	800	800	800	800
板材厚度(mm)		0.75	0.75	0.75	0.75	0.75	0.75	0.75	0.75	0.75	0.75	0.75
外径或外边长允许偏差(mm)	≤300mm 时	2										
	＞300mm 时	3	2	2	1	3	0	2	1	1	3	2
风管表面凹凸(mm)		10	3	5	5	4	2	6	8	3	6	4
管口平面度允许偏差(mm)		2	1	1	2	1	1.5	2	1	1	2	1
法兰连接(mm)	法兰材料规格	钢制法兰 L30×3										
	矩形风管对角线长度之差	≯3	2	1	2	2	1	3	2	2	1	2
	圆形法兰正交两直径之差	≯2										
	法兰平面度允许偏差	2	1	1.5	2	2	1	1	1.5	2	1	1
	翻边宽度	≮6	6	8	8	7	7	9	8	7	9	6
	焊接风管端面距法兰平面	≮5										
	法兰与风管点焊间距	≯100										
	螺栓孔及铆钉孔孔距	≯150	120	110	120	120	110	110	120	110	120	120
无法兰连接(mm)	薄钢板法兰面连接缝隙	≯2										
	薄钢板法兰风管角件厚度	≥1.0										
	C、S 形插条两端压倒长度	≮20										
	立咬口、包边立咬口连接的铆钉间距	≯150										
加固(mm)	角钢、加固筋铆接间距	≯220										
	管内支撑点间或风管边沿或法兰的间距	≯950										
安装单位检查结果	专业工长(施工员)	×××			施工班组长		×××					
	金属风管制作符合设计和《通风与空调工程施工质量验收规范》(GB 50243－2002)要求,合格。 项目专业质量检查员:××× 2015 年×月×日											

<table>
<tr><td colspan="2">强度严密性试验记录</td><td>编　　号</td><td>×××</td></tr>
<tr><td>工程名称</td><td>××工程</td><td>试验日期</td><td>2015 年×月×日</td></tr>
<tr><td>预检项目</td><td>排烟系统风管强度试验(中压)</td><td>试验部位</td><td>1～6 层排风系统</td></tr>
<tr><td>材　　质</td><td>镀锌钢管</td><td>规　　格</td><td>500×400×2000</td></tr>
<tr><td colspan="4">试验要求：

按风管系统的分类和材质分别抽查，不得少于 3 件及 15m²，在 1.5 倍工作压力下接缝处无开裂。
本空调系统工作压力为 650Pa(中压系统)。风管材质为镀锌钢板，采用法兰连接。选 5 段风管共计 18m² 进行强度试验。
试验压力为工作压力的 1.5 倍，为 975Pa，在试验压力下稳压 10min，风管的咬口及连接处无开裂现象为合格。</td></tr>
<tr><td colspan="4">试验记录：

连接好 5 段风管，两端进行封堵严密，然后连接好漏风测试仪，缓慢调节风机变频器，使风管内压力升至 975Pa，稳压 10min 后观察，风管的咬口及连接处没有张口、开裂等损坏现象。</td></tr>
<tr><td colspan="4">试验结论：

经检查，风管的强度试验方法及结果均符合设计要求和《通风与空调工程施工质量验收规范》(GB 50243—2002)的规定，强度试验合格。</td></tr>
</table>

<table>
<tr><td rowspan="3">签字栏</td><td rowspan="2">建设(监理)单位</td><td>施工单位</td><td colspan="2">××机电工程有限公司</td></tr>
<tr><td>专业技术负责人</td><td>专业质检员</td><td>专业工长</td></tr>
<tr><td>×××</td><td>×××</td><td>×××</td><td>×××</td></tr>
</table>

本表由施工单位填写并保存。

一册在手　表格全有　贴近现场　资料无忧

强度严密性试验记录填写说明

1. 风管的强度应能满足在1.5倍工作压力下接缝处无开裂；

2. 矩形风管的允许漏风量应符合以下规定：

低压系统风管　　$Q_L \leqslant 0.1056P^{0.65}$

中压系统风管　　$Q_M \leqslant 0.0352P^{0.65}$

高压系统风管　　$Q_H \leqslant 0.0117P^{0.65}$

式中：

Q_L、Q_M、Q_H——系统风管在相应工作压力下，单位面积风管单位时间内的允许漏风量[$m^3/(h \cdot m^2)$]；

P——指风管系统的工作压力(Pa)。

3. 低压、中压圆形金属风管、复合材料风管，以及采用非法兰形式的非金属风管的允许漏风量，应为矩形风管规定值的50%。

4. 砖、混凝土风道的允许漏风量不应大于矩形低压系统风管规定值的1.5倍。

5. 排烟、除尘、低温送风系统按中压系统风管的规定，1～5级净化空调系统按高压系统风管的规定。

检查数量：按风管系统的类别和材质分别抽查，不得少于3件及$15m^2$。

检查方法：检查产品合格证明文件和测试报告，或进行风管强度和漏风量测试。

3.2　部件制作

部件制作资料列表

(1)施工管理资料

施工日志

(2)施工技术资料

1)排风系统风管部件制作技术交底记录

2)设计变更、工程洽商记录

(3)施工物资资料

1) 材料出厂合格证、质量保证书和相关的性能检测报告

2)材料、构配件进场检验记录

3)工程物资进场报验表

(4)施工记录

风管部件制作检查记录

(5)施工质量验收记录

1)部件制作检验批质量验收记录

2)部件制作分项工程质量验收记录

3)分项/分部工程施工报验表

(6)住宅工程质量分户验收记录表

排风系统风管部件制作质量分户验收记录表

3.3　风管系统安装

3.3.1　风管系统安装资料列表

(1)施工管理资料

施工日志

(2)施工技术资料

1)工程技术文件报审表

2)风管系统安装施工方案

3)技术交底记录

①风管系统安装施工方案技术交底记录

②风管系统安装技术交底记录

4)设计变更、工程洽商记录

(3)施工物资资料

1)各种安装材料产品出厂合格证书或质量鉴定文件。防火阀的合格证明(空调系统)

2)型钢(包括扁钢、角钢、槽钢、圆钢)合格证和材质证明书

3)螺栓、螺母、垫圈、电焊焊条产品合格证

4)材料、构配件进场检验记录

5)工程物资进场报验表

(4)施工记录

1)隐蔽工程验收记录

2)风管安装检查记录

(5)施工试验记录及检测报告

1)风管漏光检测记录

2)风管漏风检测记录

(6)施工质量验收记录

1)风管系统安装检验批质量验收记录(送、排风,防排烟,除尘系统)(Ⅰ)

2)风管系统安装分项工程质量验收记录

3)分项/分部工程施工报验表

(7)住宅工程质量分户验收记录表

风管系统安装质量分户验收记录表

3.3.2　风管系统安装资料填写范例及说明

<table>
<tr><td colspan="3">隐蔽工程验收记录</td><td>编　　号</td><td colspan="2">×××</td></tr>
<tr><td>工程名称</td><td colspan="5">××工程</td></tr>
<tr><td>隐检项目</td><td colspan="2">排风系统管道防护套管</td><td>隐检日期</td><td colspan="2">2015 年×月×日</td></tr>
<tr><td>隐检部位</td><td colspan="5">人防层剪力墙　①～⑫/Ⓔ～Ⓖ轴线　　－5.900～－3.000m 标高</td></tr>
<tr><td colspan="6">隐检依据：施工图图号＿设施××＿，设计变更/洽商(编号＿/＿)及有关国家现行标准等。
主要材料名称及规格/型号：＿镀锌钢板 δ=1.6mm＿。</td></tr>
<tr><td colspan="6">隐检内容：
1. 风管采用 DN 300、DN 400 焊接钢管，有产品出厂合格证及质量证明书。
2. 本部位共 20 处，其中直径为 DN 300 的 10 处，DN 400 的 10 处。
3. 防护套管与风管之间用××(柔性材料)封堵。
申报人：×××</td></tr>
<tr><td colspan="6">检查意见：
经检查，符合设计要求和《通风与空调工程施工质量验收规范》(GB 50243—2002)的规定。
检查结论：　☑同意隐蔽　　□不同意，修改后进行复查</td></tr>
<tr><td colspan="6">复查结论：
复查人：　　　　　　　　复查日期：</td></tr>
<tr><td rowspan="3">签字栏</td><td rowspan="2">建设(监理)单位</td><td>施工单位</td><td colspan="3">××机电工程有限公司</td></tr>
<tr><td>专业技术负责人</td><td>专业质检员</td><td colspan="2">专业工长</td></tr>
<tr><td>×××</td><td>×××</td><td>×××</td><td colspan="2">×××</td></tr>
</table>

本表由施工单位填写，建设单位、施工单位、城建档案馆各保存一份。

风管漏光检测记录		编　　号	×××
工程名称	××工程	试验日期	2015年×月×日
系统名称	地下二层排风系统	工作压力(Pa)	326
系统接缝总长度(m)	15	每10m接缝为一检测段的分段数	2
检测光源	100W低压电源照明		
分段序号	实测漏光点数(个)	每10m接缝的允许漏光点数(个/10m)	结　　论
1	1	2	合格
2	0	2	合格
合　　计	总漏光点数(个)	每100m接缝的允许漏光点数(个/100m)	结　　论
	1	16	合　　格

检测结论：

使用100W低压电源照明，在安装通风管道时深入管内。在管外黑暗环境下观察风管的法兰连接处，发现的漏光点数少于规范要求。漏光处已用密封胶封堵严密。试验合格。

签字栏	建设(监理)单位	施工单位	××机电工程有限公司	
		专业技术负责人	专业质检员	专业工长
	×××	×××	×××	×××

本表由施工单位填写并保存。

风管漏光检测记录填写说明

【相关规定及要求】

1. 漏光法检测是利用光线对小孔的强穿透力，对系统风管严密程度进行检测的方法。

2. 检测应采用具有一定强度的安全光源。手持移动光源可采用不低于 100W 带保护罩的低压照明灯，或其他低压光源。

3. 系统风管漏光检测时，光源可置于风管内侧或外侧，但其相对侧应为暗黑环境。检测光源应沿着被检测接口部位与接缝做缓慢移动，在另一侧进行观察，当发现有光线射出，则说明查到明显漏风处，并应做好记录。

4. 对系统风管的检测，宜采用分段检测、汇总分析的方法。在严格安装质量管理的基础上，系统风管的检测以总管和干管为主。当采用漏光法检测系统的严密性时，低压系统风管以每 10m 接缝，漏光点不大于 2 处，且 100m 接缝平均不大于 16 处为合格；中压系统风管每 10m 接缝，漏光点不大于 1 处，且 100m 接缝平均不大于 8 处为合格。

5. 漏光检测中对发现的条缝形漏光，应做密封处理。

3.4　风机与空气处理设备安装

风机与空气处理设备安装资料列表

(1)施工管理资料

施工日志

(2)施工技术资料

1)工程技术文件报审表

2)风机与空气处理设备安装施工方案

3)技术交底记录

①风机与空气处理设备安装施工方案技术交底记录

②通风机安装技术交底记录

③风机盘管安装技术交底记录

4)设计变更、工程洽商记录

(3)施工物资资料

1)设备的装箱清单、设备说明书、产品合格证书和产品性能检测报告等随机文件，进口设备应具有商检部门检验合格的证明文件

2)所使用的各类型材、垫料、五金用品等出厂合格证或有关质量证明文件

3)材料、构配件进场检验记录

4)设备开箱检验记录

5)设备及管道附件试验记录

6)工程物资进场报验表

(4)施工记录

1)隐蔽工程验收记录

2)交接检查记录

3)土建基础复测记录

4)设备安装记录

(5) 施工试验记录及检测报告

1)设备单机试运转记录

(6)施工质量验收记录

1)风机安装工程检验批质量验收记录

2)空气处理设备安装检验批质量验收记录(Ⅰ)(通风系统)

2)风机与空气处理设备安装分项工程质量验收记录

3)分项/分部工程施工报验表

(7)住宅工程质量分户验收记录表

风机与空气处理设备安装质量分户验收记录表

3.5　风管与设备防腐

风管与设备防腐资料列表

(1)施工管理资料

施工日志

(2)施工技术资料

1)风管与设备防腐技术交底记录

2)设计变更、工程洽商记录

(3)施工物资资料

1)油漆、涂料的产品合格证及性能检测报告或厂家的质量证明书

2)相关材料试验报告

3)材料、构配件进场检验记录

4)工程物资进场报验表

(4)施工记录

1)隐蔽工程验收记录

2)防腐油漆施工记录

(5)施工质量验收记录

1)风管与设备防腐检验批质量验收记录

2)风管与设备防腐分项工程质量验收记录

3)分项/分部工程施工报验表

3.6　系统调试

系统调试资料列表

(1)施工管理资料

调试单位资质证书和调试人员岗位证书

(2)施工技术资料

1)工程技术文件报审表

2)系统调试方案

3)技术交底记录

①系统调试方案技术交底记录

②系统调试工程技术交底记录

4)工程洽商记录

(3)施工物资资料

仪器、仪表出厂合格证及经校验合格的证明文件

(4)施工试验记录及检测报告

1)设备单机试运转记录

2)各房间室内风量温度测量记录

3)管网风量平衡记录

4)系统无生产负荷联合试运转与调试记录

5)通风与空调系统综合调试记录

(5)施工质量验收记录

1)通风与空调工程系统调试检验批质量验收记录

2)通风与空调工程系统调试分项工程质量验收记录

3)分项/分部工程施工报验表

第4章　防排烟系统

4.1　风管与配件制作

4.1.1　风管与配件制作资料列表

(1) 施工管理资料

1)施工日志

2)合格焊工登记表及其特种作业资格证书

(2) 施工技术资料

1)技术交底记录

①风管与配件制作(金属风管)技术交底记录

②风管与配件制作(非金属、复合材料风管)技术交底记录

2)图纸会审记录、设计变更、工程洽商记录

(3) 施工物资资料

1)板材、型材等主要材料、成品的出厂合格证、质量证明及检测报告

2)材料、构配件进场检验记录

3)工程物资进场报验表

(4) 施工记录

1)隐蔽工程验收记录

2)风管与配件制作检查记录

(5) 施工试验记录及检测报告

强度严密性试验记录

(6) 施工质量验收记录

1)风管与配件制作检验批质量验收记录(Ⅰ)(金属风管)

2)风管与配件制作检验批质量验收记录(Ⅱ)(非金属、复合材料风管)

3)风管与配件制作分项工程质量验收记录

4)分项/分部工程施工报验表

(7)住宅工程质量分户验收记录表

1)金属风管与配件制作质量分户验收记录表

2)非金属、复合材料风管与配件制作质量分户验收记录表

4.1.2　风管与配件制作资料填写范例及说明

<table>
<tr><td colspan="2">强度严密性试验记录</td><td>编　　号</td><td>×××</td></tr>
<tr><td>工程名称</td><td>××工程</td><td>试验日期</td><td>2015年×月×日</td></tr>
<tr><td>预检项目</td><td>排烟系统风管强度试验(中压)</td><td>试验部位</td><td>1～6层排烟系统</td></tr>
<tr><td>材　　质</td><td>镀锌钢管</td><td>规　　格</td><td>500×400×2000</td></tr>
</table>

试验要求：

按风管系统的分类和材质分别抽查，不得少于3件及$15m^2$，在1.5倍工作压力下接缝处无开裂。

本空调系统工作压力为650Pa(中压系统)。风管材质为镀锌钢板，采用法兰连接。选5段风管共计$18m^2$进行强度试验。

试验压力为工作压力的1.5倍，为975Pa，在试验压力下稳压10min，风管的咬口及连接处无开裂现象为合格。

试验记录：

连接好5段风管，两端进行封堵严密，然后连接好漏风测试仪，缓慢调节风机变频器，使风管内压力升至975Pa，稳压10min后观察，风管的咬口及连接处没有张口、开裂等损坏现象。

试验结论：

经检查，风管的强度试验方法及结果均符合设计要求和《通风与空调工程施工质量验收规范》(GB 50243—2002)的规定，强度试验合格。

<table>
<tr><td rowspan="3">签字栏</td><td rowspan="2">建设(监理)单位</td><td>施工单位</td><td colspan="2">××机电工程有限公司</td></tr>
<tr><td>专业技术负责人</td><td>专业质检员</td><td>专业工长</td></tr>
<tr><td>×××</td><td>×××</td><td>×××</td><td>×××</td></tr>
</table>

本表由施工单位填写并保存。

4.2　部件制作

部件制作资料列表

(1)施工管理资料

施工日志

(2)施工技术资料

1)风管部件制作技术交底记录

2)设计变更、工程洽商记录

(3)施工物资资料

1) 材料出厂合格证、质量保证书和相关的性能检测报告

2)材料、构配件进场检验记录

3)工程物资进场报验表

(4)施工记录

风管部件制作检查记录

(5)施工质量验收记录

1)部件制作检验批质量验收记录

2)部件制作分项工程质量验收记录

3)分项/分部工程施工报验表

(6)住宅工程质量分户验收记录表

防排烟系统风管部件制作质量分户验收记录表

4.3 风管系统安装

4.3.1 风管系统安装资料列表

(1)施工管理资料

施工日志

(2)施工技术资料

1)工程技术文件报审表

2)风管系统安装施工方案

3)技术交底记录

①风管系统安装施工方案技术交底记录

②风管系统安装技术交底记录

4)设计变更、工程洽商记录

(3)施工物资资料

1)各种安装材料产品出厂合格证书或质量鉴定文件。

2)型钢(包括扁钢、角钢、槽钢、圆钢)合格证和材质证明书

3)螺栓、螺母、垫圈、电焊焊条产品合格证

4)材料、构配件进场检验记录

5)工程物资进场报验表

(4)施工记录

1)隐蔽工程验收记录

2)风管系统安装检查记录

(5)施工试验记录及检测报告

1)风管漏光检测记录

2)风管漏风检测记录

(6)施工质量验收记录

1)风管系统安装检验批质量验收记录(Ⅰ)(送、排风,防排烟,除尘系统)

2)风管系统安装分项工程质量验收记录

3)分项/分部工程施工报验表

(7)住宅工程质量分户验收记录表

风管系统安装质量分户验收记录表

4.3.2　风管系统安装资料填写范例及说明

<table>
<tr><td colspan="4">隐蔽工程验收记录</td><td>资料编号</td><td colspan="2">×××</td></tr>
<tr><td colspan="2">工程名称</td><td colspan="5">××办公楼工程</td></tr>
<tr><td colspan="2">隐检项目</td><td colspan="2">排烟系统风管安装</td><td>隐检日期</td><td colspan="2">2015 年 1 月 26 日</td></tr>
<tr><td colspan="2">隐检部位</td><td colspan="5">地下一层～屋面层　走道吊顶及排风井道　轴线　①～⑬/Ⓐ～Ⓗ　标高 ××</td></tr>
<tr><td colspan="7">隐检依据：施工图图号（设施－01、设施－13），设计变更/洽商（编号　/　）及有关国家现行标准等。
主要材料名称及规格/型号：镀锌钢板（δ＝0.6mm、δ＝1.0mm、δ＝1.5mm）1200×1200mm、1800×1800mm、500×500mm、200×400mm</td></tr>
<tr><td colspan="7">隐检内容：
1. 地下一层～屋面层××走道排烟系统风管主立管位于结构竖井内，排烟支管位于楼层走道吊顶内。
2. 竖井风管立管全部采用三角斜撑架，支架紧贴风管法兰，并用钢筋抱箍，固定风管。支架靠墙部分采用膨胀螺栓固定，此段角钢长度为 600mm，螺栓数量为 2 个，此间距为 300mm。支架紧贴法兰或紧贴风管部分采用钢筋抱箍，此段角钢长度为根据风管大小而定，钢筋孔间距根据风管大小而定。
3. 水平风管吊杆采用 ϕ8mm、ϕ10mm 镀锌通丝杆，吊架间距不大于 3m。水平风管设固定支架，采用 40×4mm 的角钢。风管大边长小于等于 1250mm 的横担采用 30×3mm 的角钢，风管大边长大于 1250mm 的横担采用 40×4mm 的角钢。
4. 对于风管大边长小于等于 1000mm 的风管采用无法兰连接形式，在风管连接时采用钢板抱卡连接，抱卡安装为一正一反，间距不大于 150mm；对于风管大边长大于等于 1000mm 的风管采用法兰连接形式，风管连接件采用 M8、M10 的镀锌螺母、M8、M10 的镀锌螺栓固定，间距不大于 150mm，螺栓方向一致，出螺母长度 2～3 扣。风管密封垫采用石棉橡胶板、厚度 2mm。
5. 风阀采用单独的支、吊架，吊杆采用 ϕ8mm、ϕ10mm 镀锌通丝杆，采用 M8、M10 的镀锌螺母、M8、M10 的镀锌螺栓固定；安装方向正确，安装后的手动或电动操作装置灵活、可靠，阀板关闭严密；风阀安装距离距墙表面不大于 200mm。
6. 风管系统已按照设计要求及施工规范规定完成风管漏风检测。
影像资料的部位、数量：　　申报人：×××</td></tr>
<tr><td colspan="7">检查意见：
经检查，符合设计要求及《通风与空调工程施工质量验收规范》（GB 50243）规定，合格。
检查结论：　☑同意隐蔽　□不同意，修改后进行复查</td></tr>
<tr><td colspan="7">复查结论：
复查人：　　复查日期：</td></tr>
<tr><td rowspan="3">签字栏</td><td rowspan="2">施工单位</td><td colspan="2" rowspan="2">××建设集团有限公司</td><td>专业技术负责人</td><td>专业质检员</td><td>专业工长</td></tr>
<tr><td>×××</td><td>×××</td><td>×××</td></tr>
<tr><td>监理（建设）单位</td><td colspan="3">××工程建设监理有限公司</td><td>专业工程师</td><td>×××</td></tr>
</table>

本表由施工单位填写，并附影像资料。

风管漏风检测记录		资料编号	×××
工程名称	××办公楼工程	试验日期	2015 年 2 月 17 日
系统名称	地下一层车库××排烟系统	工作压力（Pa）	740
系统总面积（m^2）	416	试验压力（Pa）	1100
试验总面积（m^2）	397	系统检测分段数	5

检测区段图示：	分段实测数值			
	序号	分段表面积（m^2）	试验压力（Pa）	实际漏风量（m^3/h）
	1	42	1100	205.8
	2	83	1100	381.8
	3	172	1100	808.4
（图　略）	4	75	1100	375
	5	25	1100	130

系统允许漏风量（$m^3/m^2 \cdot h$）	6.9	实测系统漏风量（$m^3/m^2 \cdot h$）	4.88

检测结论：

经检测，检测结果符合设计要求和《通风与空调工程施工质量验收规范》(GB 50243)的规定，合格。

签字栏	施工单位	××建设集团有限公司	专业技术负责人	专业质检员	专业工长
			×××	×××	×××
	监理(建设)单位	××工程建设监理有限公司		专业工程师	×××

本表由施工单位填写。

风管漏光检测记录

<table>
<tr><td rowspan="2">工程名称</td><td rowspan="2">××大厦工程</td><td>编　　号</td><td>×××</td></tr>
<tr><td>试验日期</td><td>2015 年××月××日</td></tr>
<tr><td>系统名称</td><td>B02 层 SEF－B204 车库排风兼排烟风管</td><td>工作压力(Pa)</td><td>300</td></tr>
<tr><td>系统接缝总长度(m)</td><td>85</td><td>每 10m 接缝为一检测段的分段数</td><td>9</td></tr>
<tr><td>检测光源</td><td colspan="3">150W 带保护罩低压照明</td></tr>
<tr><td>分段序号</td><td>实测漏光点数(个)</td><td>每 10m 接缝的允许漏光点数(个/10m)</td><td>结　　论</td></tr>
<tr><td>1</td><td>0</td><td>小于 2</td><td>合格</td></tr>
<tr><td>2</td><td>1</td><td>小于 2</td><td>合格</td></tr>
<tr><td>3</td><td>0</td><td>小于 2</td><td>合格</td></tr>
<tr><td>4</td><td>0</td><td>小于 2</td><td>合格</td></tr>
<tr><td>5</td><td>1</td><td>小于 2</td><td>合格</td></tr>
<tr><td>6</td><td>0</td><td>小于 2</td><td>合格</td></tr>
<tr><td>7</td><td></td><td></td><td></td></tr>
<tr><td>总漏光点数(个)</td><td>2</td><td>每 100m 接缝的允许漏光点数(个/100m)</td><td>平均小于 16</td></tr>
<tr><td colspan="4">检测结论：
按施工验收规范要求进行测试的 6 段中各段漏光点均未超标，评定结论合格。
已测出的漏光处用密封胶堵严。</td></tr>
</table>

<table>
<tr><td rowspan="3">签字栏</td><td rowspan="2">施工单位</td><td rowspan="2">××建设集团有限公司</td><td>专业技术负责人</td><td>专业质检员</td></tr>
<tr><td>×××</td><td>×××</td></tr>
<tr><td>监理单位</td><td>××工程建设监理有限公司</td><td>专业监理工程师</td><td>×××</td></tr>
</table>

风管漏光检测记录填写说明

风管漏光检测记录应符合《通风与空调工程施工质量验收规范》(GB 50243)的有关规定，由施工单位自检合格，专业技术员应按规定如实填写，报专业监理工程师检查签认。漏光法检测是利用光线对小孔的强穿透力，对系统风管严密程度进行检测的方法。

一、填写依据

1. 规范名称

(1)《通风与空调工程施工质量验收规范》GB 50243。

(2)《建筑工程资料管理标准》DB22/JT 127－2014。

2. 填写要点

(1)工作压力：填写测试风管段的最大工作压力。

(2)接缝长度：主要指风管环向接缝(法兰接缝)长度。

(3)系统接缝总长度：指被检测系统风管段的环向接缝(法兰接缝)长度的总和。

(4)检测光源：应采用具有一定强度的安全光源，手持移动光源可采用不低于100W带保护罩的低压照明灯，或其他低压光源。在严格安装质量管理的基础上，系统风管的检测以总管和干管为主。

(5)实测漏光点数：低压系统风管的严密性检验应采用抽检，抽检率为5%，且不得少于1个系统。在加工工艺得到保证的前提下，采用漏光法检测。检测不合格时，应按规定的抽检率做漏风量测试。当采用漏光法检测系统的严密性时，低压系统风管以每10m接缝，漏光点不大于2处，且100m接缝平均不大于16处为合格。

(6)检测结论：应明确漏光检测是否符合设计要求及施工规范规定，是否合格。

二、表格解析

1. 责任部门

项目机电部。

2. 提交时限

在风管系统安装完成后进行，并要在进行隐蔽之前完成。

3. 相关要求

漏光法检测是利用光线对小孔的强穿透力，对系统风管严密程度进行检测的方法。

(1)风管系统分类，见表2-23。

表2-23　风管系统分类

系统类别	系统工作压力 P(Pa)
低压系统	$P \leqslant 500$
中压系统	$500 < P \leqslant 1500$
高压系统	$P > 1500$

(2)系统风管严密性检验

系统风管严密性检验的被抽检系统，应全数合格，则视为通过。如有不合格时，则应再加倍抽检，直至全数合格。

1)中压系统风管的严密性检验，应首先对全部主干风管进行漏光法检测，在漏光法检测合格后，对系统漏风量测试进行抽检。

2)当采用漏光法检测系统的严密性时，中压系统风管以每10m接缝，漏光点不大于1处，且100m接缝平均不大于8处为合格。

3)漏光检测中对发现的条缝形漏光，应做密封处理。

4.4　风机与空气处理设备安装

4.4.1　风机与空气处理设备安装资料列表

(1)施工管理资料

施工日志

(2)施工技术资料

1)工程技术文件报审表

2)风机与空气处理设备安装施工方案

3)技术交底记录

①风机与空气处理设备安装施工方案技术交底记录

②通风机安装技术交底记录

③风机盘管安装技术交底记录

4)设计变更、工程洽商记录

(3)施工物资资料

1)设备的装箱清单、设备说明书、产品合格证书和产品性能检测报告等随机文件，进口设备应具有商检部门检验合格的证明文件

2)所使用的各类型材、垫料、五金用品等出厂合格证或有关质量证明文件

3)材料、构配件进场检验记录

4)设备开箱检验记录

5)设备及管道附件试验记录

6)工程物资进场报验表

(4)施工记录

1)隐蔽工程验收记录

2)交接检查记录

3)土建基础复测记录

4)设备安装记录

(5) 施工试验记录及检测报告

1)设备单机试运转记录

2)防排烟设备功能试验记录

(6)施工质量验收记录

1)风机安装工程检验批质量验收记录

2)空气处理设备安装检验批质量验收记录(Ⅰ)(通风系统)

3)风机与空气处理设备安装分项工程质量验收记录

4)分项/分部工程施工报验表

(7)住宅工程质量分户验收记录表

风机与空气处理设备安装质量分户验收记录表

4.4.2 风机与空气处理设备安装资料填写范例及说明

防排烟设备功能试验记录

<table>
<tr><td colspan="3" rowspan="2">工程名称</td><td rowspan="2">××大厦工程</td><td>编　　号</td><td>×××</td></tr>
<tr><td>试验日期</td><td>2015年××月××日</td></tr>
<tr><td colspan="3">分项工程名称</td><td>系统调试</td><td>试验部件</td><td>4～8层</td></tr>
<tr><td colspan="3">正压风机组别号</td><td>YTHL NO.7</td><td>正压风机安装位置</td><td>屋面</td></tr>
<tr><td colspan="3">排烟风机组别号</td><td>YTPY NO.6</td><td>排烟风机安装位置</td><td>地下室</td></tr>
<tr><td colspan="4">试验项目</td><td colspan="2">试验结果</td></tr>
<tr><td rowspan="8">机械加压送风系统</td><td rowspan="3">加压送风机</td><td colspan="2">火灾报警联动启动</td><td colspan="2">正常</td></tr>
<tr><td colspan="2">控制中心远程启停</td><td colspan="2">正常</td></tr>
<tr><td colspan="2">现场手动启停</td><td colspan="2">正常</td></tr>
<tr><td rowspan="3">送风阀</td><td colspan="2">火灾报警联动开启</td><td colspan="2">正常</td></tr>
<tr><td colspan="2">控制中心远程开启</td><td colspan="2">正常</td></tr>
<tr><td colspan="2">现场手动开启、复位</td><td colspan="2">正常</td></tr>
<tr><td colspan="3">信号反馈</td><td colspan="2">正常</td></tr>
<tr><td colspan="3">余压值</td><td colspan="2">楼梯间40Pa 前室25Pa</td></tr>
<tr><td rowspan="11">机械排烟系统</td><td rowspan="3">排烟风机</td><td colspan="2">火灾报警联动启动</td><td colspan="2">正常</td></tr>
<tr><td colspan="2">控制中心远程启停</td><td colspan="2">正常</td></tr>
<tr><td colspan="2">现场手动启停</td><td colspan="2">正常</td></tr>
<tr><td rowspan="3">排烟阀</td><td colspan="2">火灾报警联动开启</td><td colspan="2">正常</td></tr>
<tr><td colspan="2">控制中心远程开启</td><td colspan="2">正常</td></tr>
<tr><td colspan="2">现场手动开启、复位</td><td colspan="2">正常</td></tr>
<tr><td colspan="3">排烟风机与排烟连锁阀联锁</td><td colspan="2">已联锁</td></tr>
<tr><td colspan="3">排烟防火阀控制方式</td><td colspan="2">联动控制</td></tr>
<tr><td colspan="3">信号反馈</td><td colspan="2">正常</td></tr>
<tr><td colspan="3">地下室补风方式</td><td colspan="2">机械补风</td></tr>
<tr><td colspan="3">防烟分区排烟量</td><td colspan="2">$7200m^3/h$</td></tr>
<tr><td rowspan="2">通风空调系统</td><td colspan="3">防火阀控制方式</td><td colspan="2">正常</td></tr>
<tr><td colspan="3">兼作排烟时技术处理</td><td colspan="2">正常</td></tr>
<tr><td rowspan="3">签字栏</td><td colspan="2" rowspan="2">施工单位</td><td rowspan="2">××建设集团有限公司</td><td>专业技术负责人</td><td>专业质检员</td></tr>
<tr><td>×××</td><td>×××</td></tr>
<tr><td colspan="2">监理单位</td><td>××工程建设监理有限公司</td><td>专业监理工程师</td><td>×××</td></tr>
</table>

防排烟设备功能试验记录填写说明

1. 填写依据

(1)《建筑工程资料管理标准》DB22/JT 127－2014。

(2)《通风与空调工程施工作业技术细则》。

2. 填写说明

防排烟系统测定和调整可按表 5-6 的要求进行。

表 5-6 防排烟系统的测定和调整

步骤	内容
测定与调整前检查	1. 检查风机、风管及阀部件安装符合设计要求； 2. 检查防火阀、排烟防火阀的型号、安装位置、关闭状态，检查电源、控制线路连接状况、执行机构的可靠性； 3. 送风口、排烟口的安装位置、安装质量、动作可靠性
机械正压送风系统测试与调整	1. 若系统采用砖或混凝土风道，测试前应检查风道严密性，内表面平整，无堵塞、无孔洞、无串井等现象； 2. 关闭楼梯间的门窗及前室或合用前室的门(包括电梯门)，打开楼梯间的全部送风口； 3. 在大楼选一层作为模拟火灾层(宜选在加压送风系统管路最不利点附近)，将模拟火灾层及上、下层的前室送风阀打开，将其他各层的前室送风阀关闭； 4. 启动加压送风机，测试前室、楼梯间、避难层的余压值；消防加压送风系统应满足走廊→前室→楼梯间的压力呈递增分布；测试楼梯间内上下均匀选择 3 个～5 个测试点，重复不少于 3 次的平均静压；静压值应达到设计要求；测试开启送风口的前室的一个点，重复次数不少于 3 次的静压平均值，测定前室、合用前室、消防楼梯前室、封闭避难层(间)与走道之间的压力差应达到设计要求；测试是在门全部关闭下进行，压力测点的具体位置应视门、排烟口、送风口等的布置情况而定，应该远离各种洞口等气流通路； 5. 同时打开模拟火灾层及其上、下层的走道→前室→楼梯间的门，分别测试前室通走道和楼梯间通前室的门洞平面处的平均风速，应符合设计要求；测试时，门洞风速测点布置应均匀，可采用等小矩形面法，即将门洞划分为若干个边长为(200～400)mm 的小矩形网格，每个小矩形网格的对角线交点即为测点，如图 2-4 所示； 6. 以上 4、5 两项可任选其一进行测试 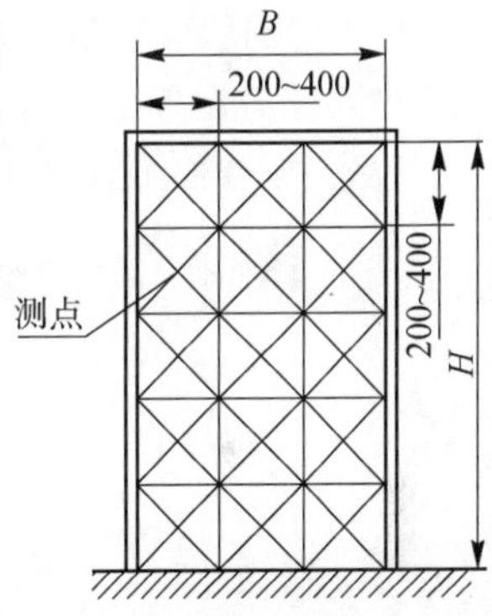 B　200~400　测点　200~400　H **图 2-4　门洞风速测点布置示意**
机械排烟系统测试与调整	1. 走道(廊)排烟系统：打开模拟火灾层及上、下一层的走道排烟阀，启动走道排烟风机，测试排烟口处平均风速，根据排烟口截面(有效面积)及走道排烟面积计算出每平方米面积的排烟量，应符合设计要求；测试宜与机械加压送风系统同时进行，若系统采用砖或混凝土风道，测试前还应对风道进行检查；平均风速测定可采用匀速移动法或定点测量法，测定时，风速仪应贴进风口，匀速移动法不小于 3 次，定点测量法的测点不少于 4 个； 2. 中庭排烟系统：启动中庭排烟风机，测试排烟口处风速，根据排烟口截面计算出排烟量(若测试排烟口风速有困难，可直接测试中庭排烟风机风量)，并按中庭净空换算成换气次数，应符合设计要求； 3. 地下车库排烟系统：若与车库排风系统合用，须关闭排风口。打开排烟口。启动车库排烟风机，测试各排烟口处风速，根据排烟口截面计算出排烟量，并按车库净空换算成换气次数，应符合设计要求； 4. 设备用房排烟系统：若排烟风机单独担负一个防烟分区的排烟时，应把该排烟风机所担负的防烟分区中的排烟口全部打开；如排烟风机担负两个以上防烟分区时，则只需把最大防烟分区及次大的防烟分区中的排烟口全部打开，其他一律关闭。启动机械排烟风机，测定通过每个排烟口的风速，根据排烟口截面计算出排烟量，符合设计要求为合格。

4.5　风管与设备防腐

风管与设备防腐资料列表

(1)施工管理资料

施工日志

(2)施工技术资料

1)风管与设备防腐技术交底记录

2)设计变更、工程洽商记录

(3)施工物资资料

1)油漆、涂料的产品合格证及性能检测报告或厂家的质量证明书

2)相关材料试验报告

3)材料、构配件进场检验记录

4)工程物资进场报验表

(4)施工记录

1)隐蔽工程验收记录

2)防腐油漆施工记录

(5)施工质量验收记录

1)风管与设备防腐检验批质量验收记录

2)风管与设备防腐分项工程质量验收记录

3)分项/分部工程施工报验表

4.6　系统调试

4.6.1　系统调试资料列表

(1)施工管理资料

调试单位资质证书和调试人员岗位证书

(2)施工技术资料

1)工程技术文件报审表

2)系统调试方案

3)技术交底记录

①系统调试方案技术交底记录

②系统调试工程技术交底记录

4)工程洽商记录

(3)施工物资资料

仪器、仪表出厂合格证及经校验合格的证明文件

(4)施工试验记录及检测报告

1)设备单机试运转记录

2)各房间室内风量温度测量记录

3)管网风量平衡记录

4)空调系统试运转调试记录

5)防排烟系统联合试运行记录

6)系统无生产负荷联合试运转与调试记录

7)通风与空调系统综合调试记录

(5)施工质量验收记录

1)通风与空调工程系统调试检验批质量验收记录

2)系统调试分项工程质量验收记录

3)分项/分部工程施工报验表

4.6.2　系统调试资料填写范例及说明

防排烟系统联合试运行记录

工程名称	××图书馆工程	编　　号	×××
		试运行时间	2015 年××月××日
试运行项目	屋面层 PF－RF01 楼梯间正压送风系统	试运行楼层	F10 层合用前室
风道类别	镀锌钢板风道	风机类别型号	高效低噪斜流风机
电源型式	380V	防火(风)阀类别	70℃、280℃排烟阀

序号	风口尺寸 (mm)	风速 (m/s)	风量 (m^3/h)		相对差	风压 (Pa)
			设计风量($Q_{设}$)	实际风量($Q_{实}$)		
1	500×1000	11.5	22000	22451	2.05%	28

试运行结果：

试运行结果符合设计要求和《通风与空调工程施工质量验收规范》(GB 50243－2002)的规定，合格

签字栏	施工单位	××建设集团有限公司	专业技术负责人	专业质检员
			×××	×××
	监理单位	××工程建设监理有限公司	专业监理工程师	×××

防排烟系统联合试运行记录填写说明

防排烟系统联合试运行记录应符合《通风与空调工程施工质量验收规范》(GB 50243)的有关规定，由施工单位专业技术员按本表的规定如实填写，报专业监理工程师核验签认。

在防排烟系统联合试运行和调试过程中，应对测试楼层及其上下二层的排烟系统中的排烟风口、正压送风系统的送风口进行联动调试，并对各风口的风速、风量进行测量调整，对正压送风口的风压进行测量调整。

一、填写依据

1. 规范名称

(1)《通风与空调工程施工质量验收规范》GB 50243。

(2)《建筑设计防火规范》GB 50016。

2. 填写要点

(1)风压：因排烟系统试运行时，只检测风速及排烟量，此栏可不填。

(2)电源型式：指电源是否为末端双路互投电源。

二、表格解析

1. 责任部门

项目机电部。

2. 提交时限

在联合试运转和调试时进行。

3. 相关要求

(1)调试准备

1))送风排烟风机检查：送风、排烟风机的型号、风压、风量及安装位置；风机机座的牢固件，防振、防腐措施；风机的电源和主备电源条件；风机进风口与出风口与系统连接的情况。

2)防火阀、排烟防火阀型号、安装位置、关闭状态、电源、控制线路连接状况、单件动作的可靠性。

3)送风口、排烟口的安装位置、安装质量、动作可靠性。

4)管道及连接件的材质、规格以及连接垫圈、管道的吊架的牢固性和管道穿楼板封堵措施等。

(2)机械正压送风系统测试

1)若系统采用砖、混凝土风道，测试前应进行检查，以确定风道严密、内表面平整，无堵塞、无孔洞、无串井等现象。

2)将楼梯间的门窗及前室或合用前室的门(包括电梯门)全部关闭；将楼梯间的送风口全部打开。

3)在大楼选一层作为模拟火灾层(宜在加压送风系统管路最不利点附近)，将模拟火灾层及上、下一层的前室送风阀打开，将其他各层的前室送风阀关闭。

4)启动加压送风机，测试前室、楼梯间、避难层的余压值：消防加压送风系统应满足走廊→前室→楼梯的压力呈递增分布。测试楼梯间内上下均匀选择 3～5 点，重复不少于 3 次的平均静压，当静压值为 40～50Pa 时，为达到设计要求。

测试开启送风口的前室的一个点，重复次数不少于 3 次的静压平均值，当静压值为 25～

30Pa(即前室、合用前室、消防楼梯前室、封闭避难层(间)与走道之间的压力差为25～30Pa)时，为达到设计要求。

测试是在门全闭下进行，压力测点的具体位置，应视门、排烟口、送风口等的布置情况而定，总的原则是应该远离各种门、口等气流通路。

5)同时打开模拟火灾层及其上、下一层的走道→前室→楼梯间的门，分别测试前室通走道和楼梯间通前室的门洞平面处的平均风速，当各门平均风速为0.7～1.2m/s(注：门洞风速不是越大越好，如果门洞风速超过1.2m/s，可能会使门开启困难，甚至不能开启，不利于火灾时人员疏散)，为符合消防要求。测试时，门洞风速测点布置应均匀，可采用等小矩形面法，即将门洞划分为若干个边长为200mm～400mm的小矩形网格，每个小矩形网格的对角线交点即为测点。

6)以上4)、5)两项，可任选其一进行测试即可。

(3)机械排烟系统测试

1)走道(廊)排烟系统：将模拟火灾层及上、下一层的走道排烟阀打开，启动走道排烟风机，测试排烟口处平均风速，根据排烟口截面(有效面积)及走道排烟面积计算出每平方米面积的排烟量，当结果≥$60m^3/(h \cdot m^2)$，为符合消防要求。测试宜与机械加压送风系统同时进行，若系统采用砖、混凝土风道，测试前还应对风道进行检查。平均风速测定可采用匀速移动法或定点测量法，测定时，风速仪应贴近风口，匀速移动法不小于3次，定点测量法的测点不少于4个。

2)中庭排烟系统：启动中庭排烟风机，测试排烟口处风速，根据排烟口截面计算出排烟量(若测试排烟口风速有困难，可直接测试中庭排烟风机风量)，并按中庭净空换算成换气次数。若中庭体积小于$17000m^3$，当换气次数达到6次/h左右时，为符合消防要求；若中庭体积大于$17000m^3$，当换气次数达到4次/h左右且排烟量不小于$102000m^3/h$时，为符合消防要求。

3)地下车库排烟系统：若与车库排风系统合用，须关闭排风口，打开排烟口。启动车库排烟风机，测试各排烟口处风速，根据排烟口截面计算出排烟量，并按车库净空换算成换气次数。当换气次数达到6次/h左右时，为符合消防要求。

4)设备用房排烟系统：若排烟风机单独担负一个防烟分区的排烟时，应把该排烟风机所担负的防烟分区中的排烟口全部打开；如排烟风机担负两个以上防烟分区时，则只需把最大防烟分区及次大的防烟分区中的排烟口全部打开，其他一律关闭。启动机械排烟风机，测定通过每个排烟口的风速，根据排烟口截面计算出排烟量，符合设计要求为合格。

防排烟系统联合试运行记录		**编　　号**	×××
工程名称	××工程	**试运行时间**	2015 年×月×日
试运行项目	排烟风口排风量	**试运行楼层**	Ⅰ区一层报告厅
风道类别	钢板 PY－1	**风机类别型号**	BFK－20
电源型式	树干型与放射型	**防火(风)阀类别**	70℃防火调节阀

序号	风口尺寸	风　速 (m/s)	风量(m^3/h)		相对差	风压 (Pa)
			设计风量 ($Q_{设}$)	实际风量 ($Q_{实}$)		
1	800×400	6.09	7108	7016		480
2	800×400	6.06	7108	6985		
3	800×400	5.87	7108	6768		
4	800×400	6.07	7108	7002		
5	800×400	5.96	7108	6874		
6	800×400	5.84	7108	6735		
			总 42648	总 41380	$\Delta=-3\%$	
			$\delta=(Q_{实}-Q_{设})/Q_{设}\times100\%$			
			$\Delta=\dfrac{41380-42648}{42648}\times100\%=-3\%$			

试运行结论：

经运行，前端风口调节阀关小，末端风口调节阀开至最大，经实测各风口风量值基本相同，相对偏差不超过 5%，符合设计及《通风与空调工程施工质量验收规范》(GB 50243－2002)要求，运转合格。

签字栏	建设(监理)单位	施工单位	××机电工程有限公司	
		专业技术负责人	专业质检员	专业工长
	×××	×××	×××	×××

本表由施工单位填写，建设单位、施工单位、城建档案馆各保存一份。

防排烟系统联合试运行记录填写说明

【相关规定及要求】

1. 按《建筑设计防火规范》(GB 50016－2014)中相关规定及《通风与空调工程施工质量验收规范》(GB 50243－2002)中11.2.4条规定执行。

2. 在防排烟系统联合试运行和调试过程中,应对测试楼层及其上下二层的排烟系统中的排烟风口、正压送风系统的送风口进行联动调试,并对各风口的风速、风量进行测量调整,对正压送风口的风压进行测量调整,并做记录。

3. 防排烟系统联合试运行与调试的结果(风量及正压),必须符合设计与消防的规定。应按总数抽查10%,且不得少于2个楼层。

【填写要点】

1. 因排烟系统试运行时,只检测风速及排烟量,表中"风压"栏可不填。

2. 表中"电源型式"是指电源是否为末端双路互投电源。

第5章　除尘系统

5.1　风管与配件制作

风管与配件制作资料列表

(1)施工管理资料

施工日志;合格焊工登记表及其特种作业资格证书

(2)施工技术资料

1)技术交底记录

①风管与配件制作(金属风管)技术交底记录

②风管与配件制作(非金属、复合材料风管)技术交底记录

2)图纸会审记录、设计变更、工程洽商记录

(3)施工物资资料

1)板材、型材等主要材料、成品的出厂合格证、质量证明及检测报告

2)材料、构配件进场检验记录

3)工程物资进场报验表

(4)施工记录

1)隐蔽工程验收记录

2)风管与配件制作检查记录

(5)施工试验记录及检测报告

强度严密性试验记录

(6)施工质量验收记录

1)风管与配件制作检验批质量验收记录(金属风管)(Ⅰ)

2)风管与配件制作检验批质量验收记录(非金属、复合材料风管)(Ⅱ)

3)风管与配件制作分项工程质量验收记录

4)分项/分部工程施工报验表

(7)住宅工程质量分户验收记录表

1)金属风管与配件制作质量分户验收记录表

2)非金属、复合材料风管与配件制作质量分户验收记录表

5.2 部件制作

部件制作资料列表

(1)施工管理资料

施工日志

(2)施工技术资料

1)风管部件制作技术交底记录

2)设计变更、工程洽商记录

(3)施工物资资料

1) 材料出厂合格证、质量保证书和相关的性能检测报告

2)材料、构配件进场检验记录

3)工程物资进场报验表

(4)施工记录

风管部件制作检查记录

(5)施工质量验收记录

1)部件制作检验批质量验收记录

2)部件制作分项工程质量验收记录

3)分项/分部工程施工报验表

(6)住宅工程质量分户验收记录表

送风系统风管部件制作质量分户验收记录表

5.3　风管系统安装

风管系统安装资料列表

(1)施工管理资料

施工日志

(2)施工技术资料

1)工程技术文件报审表

2)风管系统安装施工方案

3)技术交底记录

①风管系统安装施工方案技术交底记录

②风管系统安装技术交底记录

4)设计变更、工程洽商记录

(3)施工物资资料

1)各种安装材料产品出厂合格证书或质量鉴定文件。防火阀的合格证明(空调系统)

2)型钢(包括扁钢、角钢、槽钢、圆钢)合格证和材质证明书

3)螺栓、螺母、垫圈、电焊焊条产品合格证

4)材料、构配件进场检验记录

5)工程物资进场报验表

(4)施工记录

1)隐蔽工程验收记录

2)风管安装检查记录

(5)施工试验记录及检测报告

1)风管漏光检测记录

2)风管漏风检测记录

(6)施工质量验收记录

1)风管系统安装检验批质量验收记录(送、排风,防排烟,除尘系统)(Ⅰ)

2)风管系统安装分项工程质量验收记录

3)分项/分部工程施工报验表

(7)住宅工程质量分户验收记录表

风管系统安装质量分户验收记录表

5.4 风机与空气处理设备安装

风机与空气处理设备安装资料列表

(1)施工管理资料

施工日志

(2)施工技术资料

1)工程技术文件报审表

2)风机与空气处理设备安装施工方案

3)技术交底记录

①风机与空气处理设备安装施工方案技术交底记录

②通风机安装技术交底记录

③风机盘管安装技术交底记录

4)设计变更、工程洽商记录

(3)施工物资资料

1)设备的装箱清单、设备说明书、产品合格证书和产品性能检测报告等随机文件,进口设备应具有商检部门检验合格的证明文件

2)所使用的各类型材、垫料、五金用品等出厂合格证或有关质量证明文件

3)材料、构配件进场检验记录

4)设备开箱检验记录

5)设备及管道附件试验记录

6)工程物资进场报验表

(4)施工记录

1)隐蔽工程验收记录

2)交接检查记录

3)土建基础复测记录

4)设备安装记录

(5)施工试验记录及检测报告

设备单机试运转记录

(6)施工质量验收记录

1)风机安装工程检验批质量验收记录

2)空气处理设备安装检验批质量验收记录(Ⅰ)(通风系统)

3)风机与空气处理设备安装分项工程质量验收记录

4)分项/分部工程施工报验表

(7)住宅工程质量分户验收记录表

风机与空气处理设备安装质量分户验收记录表

5.5　风管与设备防腐

风管与设备防腐资料列表

(1)施工管理资料

施工日志

(2)施工技术资料

1)风管与设备防腐技术交底记录

2)设计变更、工程洽商记录

(3)施工物资资料

1)油漆、涂料的产品合格证及性能检测报告或厂家的质量证明书

2)相关材料试验报告

3)材料、构配件进场检验记录

4)工程物资进场报验表

(4)施工记录

1)隐蔽工程验收记录

2)防腐油漆施工记录

(5)施工质量验收记录

1)风管与设备防腐检验批质量验收记录

2)风管与设备防腐分项工程质量验收记录

3)分项/分部工程施工报验表

5.6　除尘器与排污设备安装

<table>
<tr><td colspan="2">现场组装除尘器、空调机漏风检测记录</td><td>编　号</td><td>×××</td></tr>
<tr><td>工程名称</td><td>××工程</td><td>分部工程</td><td>通风与空调</td></tr>
<tr><td>分项工程</td><td>除尘系统设备安装</td><td>检测日期</td><td>2015年×月×日</td></tr>
<tr><td>设备名称</td><td>组合式脉冲布袋除尘器</td><td>型号规格</td><td>ZH－4/32</td></tr>
<tr><td>总风量
(m³/h)</td><td>7000</td><td>允许漏风率
(%)</td><td>5</td></tr>
<tr><td>工作压力
(Pa)</td><td>800</td><td>测试压力
(Pa)</td><td>1000</td></tr>
<tr><td>允许漏风量
(m³/h)</td><td>小于350</td><td>实测漏风量
(m³/h)</td><td>240</td></tr>
<tr><td colspan="4">检测记录：

除尘器组装后，采用Q80型漏风检测设备测试，先打压至工作压力，漏风量在允许范围内。然后再打压超出工作压力值，观看读数依然在允许范围内，证明安装严密。</td></tr>
<tr><td colspan="4">检测结论：

符合设计要求及《通风与空调工程施工质量验收规范》(GB 50243—2002)规定，组装合格。</td></tr>
</table>

<table>
<tr><td rowspan="3">签
字
栏</td><td rowspan="2">建设(监理)单位</td><td>施工单位</td><td colspan="2">××机电工程有限公司</td></tr>
<tr><td>专业技术负责人</td><td>专业质检员</td><td>专业工长</td></tr>
<tr><td>×××</td><td>×××</td><td>×××</td><td>×××</td></tr>
</table>

本表由施工单位填写并保存。

现场组装除尘器、空调机漏风检测记录填写说明

【相关规定及要求】

1. 现场组装除尘器、空调机漏风检测记录，应按《通风与空调工程施工质量验收规范》(GB 50243—2002)第 7.2.3 条、7.2.4 条及有关条款执行。要求每套设备均做记录。

2. 除尘器的安装应符合下列规定：

(1) 型号、规格、进出口方向必须符合设计要求。

(2) 现场组装的除尘器壳体应做漏风量检测，在设计工作压力下允许漏风率为 5%，其中离心式除尘器为 3%。

(3) 除尘器壳体拼接应平整，纵向拼缝应错开，焊接变形应矫正；法兰连接处及装有检查门的部位应严密。

(4) 布袋除尘器、电除尘器的壳体及辅助设备接地应可靠。

3. 空调机组的安装应符合下列规定：

(1) 型号、规格、方向和技术参数应符合设计要求。

(2) 现场组装的组合式空气调节机组应做漏风量的检测，其漏风量必须符合现行国家标准《组合式空调机组》(GB/T 14294)的规定。

5.7 系统调试

系统调试资料列表

(1)施工管理资料

调试单位资质证书和调试人员岗位证书

(2)施工技术资料

1)工程技术文件报审表

2)系统调试方案

3)技术交底记录

①系统调试方案技术交底记录

②系统调试工程技术交底记录

4)工程洽商记录

(3)施工物资资料

仪器、仪表出厂合格证及经校验合格的证明文件

(4)施工试验记录及检测报告

1)设备单机试运转记录

2)各房间室内风量温度测量记录

3)管网风量平衡记录

4)空调系统试运转调试记录

5)系统无生产负荷联合试运转与调试记录

6)通风与空调系统综合调试记录

(5)施工质量验收记录

1)通风与空调工程系统调试检验批质量验收记录

2)系统调试分项工程质量验收记录

3)分项/分部工程施工报验表

第6章 舒适性空调系统

6.1 风管与配件制作

风管与配件制作资料列表

(1)施工管理资料

1)施工日志

2)合格焊工登记表及其特种作业资格证书

(2) 施工技术资料

1)技术交底记录

①风管与配件制作(金属风管)技术交底记录

②风管与配件制作(非金属、复合材料风管)技术交底记录

2)图纸会审记录、设计变更、工程洽商记录

(3) 施工物资资料

1)板材、型材等主要材料、成品的出厂合格证、质量证明及检测报告

2)材料、构配件进场检验记录

3)工程物资进场报验表

(4) 施工记录

1)隐蔽工程验收记录

2)风管制作检查记录

(5)施工试验记录及检测报告

强度严密性试验记录

(6) 施工质量验收记录

1)风管与配件制作检验批质量验收记录(Ⅰ)(金属风管)

2)风管与配件制作检验批质量验收记录(Ⅱ)(非金属、复合材料风管)

3)风管与配件制作分项工程质量验收记录

4)分项/分部工程施工报验表

(7)住宅工程质量分户验收记录表

1)金属风管与配件制作质量分户验收记录表

2)非金属、复合材料风管与配件制作质量分户验收记录表

6.2　部件制作

部件制作资料列表

(1)施工管理资料

施工日志

(2)施工技术资料

1)风管部件制作技术交底记录

2)设计变更、工程洽商记录

(3)施工物资资料

1) 材料出厂合格证、质量保证书和相关的性能检测报告

2)材料、构配件进场检验记录

3)工程物资进场报验表

(4)施工记录

风管部件制作检查记录

(5)施工质量验收记录

1)部件制作检验批质量验收记录

2)部件制作分项工程质量验收记录

3)分项/分部工程施工报验表

(6)住宅工程质量分户验收记录表

风管部件制作质量分户验收记录表

6.3　风管系统安装

6.3.1　风管系统安装资料列表

(1)施工管理资料

施工日志

(2)施工技术资料

1)工程技术文件报审表

2)风管系统安装施工方案

3)技术交底记录

①风管系统安装施工方案技术交底记录

②风管系统安装技术交底记录

4)设计变更、工程洽商记录

(3)施工物资资料

1)各种安装材料产品出厂合格证书或质量鉴定文件。防火阀的合格证明(空调系统)

2)型钢(包括扁钢、角钢、槽钢、圆钢)合格证和材质证明书

3)螺栓、螺母、垫圈、电焊焊条产品合格证

4)材料、构配件进场检验记录

5)工程物资进场报验表

(4)施工记录

1)隐蔽工程验收记录

2)风管安装检查记录

(5)施工试验记录及检测报告

1)风管漏光检测记录

2)风管漏风检测记录

(6)施工质量验收记录

1)风管系统安装检验批质量验收记录(Ⅱ)(空调系统)

2)风管系统安装分项工程质量验收记录

3)分项/分部工程施工报验表

(7)住宅工程质量分户验收记录表

风管系统安装质量分户验收记录表

6.3.2　风管系统安装资料填写范例及说明

<table>
<tr><td colspan="3">隐蔽工程验收记录</td><td>编　号</td><td>×××</td></tr>
<tr><td>工程名称</td><td colspan="4">××工程</td></tr>
<tr><td>隐检项目</td><td colspan="2">风管保温前检查</td><td>隐检日期</td><td>2015 年×月×日</td></tr>
<tr><td>隐检部位</td><td colspan="4">一层①～⑫/Ⓐ～Ⓗ轴</td></tr>
<tr><td colspan="5">隐检依据:施工图图号　设施××　,设计变更/洽商(编号　/　)及有关国家现行标准等。
主要材料名称及规格/型号:　镀锌钢板　厚度 0.5mm～1.2mm;角钢∟25×3、∟30×4、∟40×4　。</td></tr>
<tr><td colspan="5">隐检内容:
金属风管的材料品种、规格、性能与厚度等符合设计规定。风管制作符合规范要求。风管法兰材料规格符合设计及规范要求,型材应等型、均匀、无裂纹及严重锈蚀等情况。风管加固方法及加固材料符合设计及规范要求。风管安装的位置、标高、走向符合设计要求。风管接口的连接严密、牢固,连接法兰的螺栓应均匀拧紧,其螺母宜在同一侧。风管法兰的垫片材质符合系统功能要求。无法兰连接风管的连接处,完整无缺损、表面应平整,无明显扭曲。风管的连接平直、不扭曲。风管路上的阀门种类正确,安装位置及方向符合图纸要求。风阀安装在便于操作及检修的部位,安装后的手动或电动操作装置应灵活、可靠。柔性管松紧适度,长度符合设计要求和施工规范的规定,无开裂、扭曲现象。风管表面平整,外观应无明显划痕、无镀锌层脱落并无裂纹、锈蚀等质量缺陷。风管已进行严密性试验。
申报人:×××</td></tr>
<tr><td colspan="5">检查意见:
上述项目均符合设计要求和《通风与空调工程施工质量验收规范》(GB 50243－2002)的规定。同意隐蔽。
检查结论:　☑同意隐蔽　□不同意,修改后进行复查</td></tr>
<tr><td colspan="5">复查结论:
复查人:　　复查日期:</td></tr>
</table>

签字栏	建设(监理)单位	施工单位	××机电工程有限公司	
		专业技术负责人	专业质检员	专业工长
	×××	×××	×××	×××

本表由施工单位填写,建设单位、施工单位、城建档案馆各保存一份。

一册在手　表格全有　贴近现场　资料无忧

风管系统安装检验批质量验收记录（Ⅱ）（空调系统）

06050301001

单位（子单位）工程名称	××大厦	分部（子分部）工程名称	通风与空调/舒适性空调系统	分项工程名称	风管系统安装
施工单位	××建筑有限公司	项目负责人	赵斌	检验批容量	1套
分包单位	/	分包单位项目负责人	/	检验批部位	二层1～6/A～C
施工依据	《通风与空调工程施工规范》GB50738-2011		验收依据	《通风与空调工程施工质量验收规范》GB50243-2002	

		验收项目	设计要求及规范规定	最小/实际抽样数量	检查记录	检查结果
主控项目	1	风管穿越防火、防爆墙(楼板)	第6.2.1条	/	/	
	2	风管内严禁其他管线穿越	第6.2.2-1条	/4	抽查4处，合格4处	√
	3	易燃、易爆环境风管	第6.2.2-2条	/	/	
	4	室外立管的固定拉索	第6.2.2-3条	/	/	
	5	高于80℃风管系统	第6.2.3条	/	/	
	6	风管部件安装	第6.2.4条	1/5	抽查5处，合格5处	√
	7	手动密闭阀安装	第6.2.9条	/	/	
	8	风管严密性检验	第6.2.8条	全/1	试验合格，报告编号××××	√
一般项目	1	风管系统安装	第6.3.1条	1/2	抽查2处，合格2处	100%
	2	无法兰风管系统安装	第6.3.2条	/	/	
	3	风管连接的水平、垂直质量	第6.3.3条	1/4	抽查4处，合格4处	100%
	4	风管支、吊架安装	第6.3.4条	1/4	抽查4处，合格4处	100%
	5	铝板、不锈钢板风管安装	第6.3.1-8条	/	/	
	6	非金属风管安装	第6.3.5条	/	/	
	7	复合材料风管安装	第6.3.6条	/	/	
	8	风阀安装	第6.3.8条	5/5	抽查5处，合格5处	100%
	9	风口安装	第6.3.11条	1/1	抽查1处，合格1处	100%
	10	变风量末端装置安装	第7.3.20条	1/1	抽查1处，合格1处	100%

施工单位检查结果	符合要求 专业工长：王彬 项目专业质量检查员：王宇 2015年××月××日
监理单位验收结论	合格 专业监理工程师：周明 2015年××月××日

6.4　风机与空气处理设备安装

6.4.1　风机与空气处理设备安装资料列表

(1)施工管理资料

施工日志

(2)施工技术资料

1)工程技术文件报审表

2)风机与空气处理设备安装施工方案

3)技术交底记录

①风机与空气处理设备安装施工方案技术交底记录

②通风机安装技术交底记录

③风机盘管安装技术交底记录

4)设计变更、工程洽商记录

(3)施工物资资料

1)设备的装箱清单、设备说明书、产品合格证书和产品性能检测报告等随机文件,进口设备应具有商检部门检验合格的证明文件

2)所使用的各类型材、垫料、五金用品等出厂合格证或有关质量证明文件

3)材料、构配件进场检验记录

4)设备开箱检验记录

5)设备及管道附件试验记录

6)工程物资进场报验表

(4)施工记录

1)隐蔽工程验收记录

2)交接检查记录

3)土建基础复测记录

(5) 施工试验记录及检测报告

1)设备单机试运转记录

2)风机盘管机组的单机三速试运转及水压检漏试验记录

3)表面式热交换器的试压记录

4)现场组装除尘器、空调机漏风检测记录

5)必要的水压试验、测试记录等

(6)施工质量验收记录

1)风机安装工程检验批质量验收记录

2)空气处理设备安装检验批质量验收记录(Ⅱ)(空调系统)

3)风机与空气处理设备安装分项工程质量验收记录

4)分项/分部工程施工报验表

(7)住宅工程质量分户验收记录表

风机与空气处理设备安装质量分户验收记录表

6.4.2 风机与空气处理设备安装资料填写范例及说明

<table>
<tr><td colspan="3">设备单机试运转记录</td><td>编　　号</td><td colspan="2">×××</td></tr>
<tr><td>工程名称</td><td colspan="2">××工程</td><td>试运转时间</td><td colspan="2">2015年×月×日</td></tr>
<tr><td>设备部位图号</td><td>设施7</td><td>设备名称</td><td>新风机组</td><td>规格型号</td><td>SDK-×5WS</td></tr>
<tr><td>试验单位</td><td>××机电工程有限公司</td><td>设备所在系统</td><td>新风系统</td><td>额定数据</td><td>5000m³/h</td></tr>
<tr><td>序号</td><td colspan="2">试验项目</td><td colspan="2">试验记录</td><td>试验结论</td></tr>
<tr><td>1</td><td colspan="2">风机启动</td><td colspan="2">点动电动机,各部位无异常现象和摩擦声响</td><td>合格</td></tr>
<tr><td>2</td><td colspan="2">小负荷运转</td><td colspan="2">调节门开度为5°,
轴承温升稳定后运转30min</td><td>合格</td></tr>
<tr><td>3</td><td colspan="2">运转过程中有无异常噪音</td><td colspan="2">无异常噪音</td><td>合格</td></tr>
<tr><td>4</td><td colspan="2">额定负荷运转</td><td colspan="2">连续运转2h无异常</td><td>合格</td></tr>
<tr><td>5</td><td colspan="2">轴承温度</td><td colspan="2">运行2h后测轴温62℃</td><td>合格</td></tr>
<tr><td>6</td><td colspan="2"></td><td colspan="2"></td><td></td></tr>
<tr><td>7</td><td colspan="2"></td><td colspan="2"></td><td></td></tr>
<tr><td>8</td><td colspan="2"></td><td colspan="2"></td><td></td></tr>
<tr><td>9</td><td colspan="2"></td><td colspan="2"></td><td></td></tr>
<tr><td>10</td><td colspan="2"></td><td colspan="2"></td><td></td></tr>
<tr><td>11</td><td colspan="2"></td><td colspan="2"></td><td></td></tr>
<tr><td>12</td><td colspan="2"></td><td colspan="2"></td><td></td></tr>
<tr><td>13</td><td colspan="2"></td><td colspan="2"></td><td></td></tr>
<tr><td>14</td><td colspan="2"></td><td colspan="2"></td><td></td></tr>
<tr><td colspan="6">试运转结论:

风机运转正常、平稳,符合设计及施工质量验收规范要求,同意验收。</td></tr>
<tr><td rowspan="3">签字栏</td><td rowspan="2">建设(监理)单位</td><td>施工单位</td><td colspan="3">××机电工程有限公司</td></tr>
<tr><td>专业技术负责人</td><td>专业质检员</td><td colspan="2">专业工长</td></tr>
<tr><td>×××</td><td>×××</td><td>×××</td><td colspan="2">×××</td></tr>
</table>

本表由施工单位填写,建设单位、施工单位、城建档案馆各保存一份。

空气处理设备安装检验批质量验收记录（Ⅱ)（空调系统）

06050402001

单位（子单位）工程名称		××大厦	分部（子分部）工程名称	通风与空调/舒适性空调系统	分项工程名称	风机与空气处理设备安装
施工单位		××建筑有限公司	项目负责人	赵斌	检验批容量	5 台
分包单位		/	分包单位项目负责人	/	检验批部位	送风机房
施工依据		《通风与空调工程施工规范》GB50738-2011		验收依据	《通风与空调工程施工质量验收规范》GB50243-2002	
		验收项目	设计要求及规范规定	最小/实际抽样数量	检查记录	检查结果
主控项目	1	空调机组的安装	第 7.2.3 条	1/1	抽查 1 处，合格 1 处	√
	2	静电空气过滤器安装	第 7.2.7 条	/	/	
	3	电加热器安装	第 7.2.8 条	/	/	
	4	干蒸汽加湿器安装	第 7.2.9 条	全/5	共 5 处，全部检查，合格 5 处	√
一般项目	1	组合式空调机组安装	第 7.3.2 条	1/1	抽查 1 处，合格 1 处	100%
	2	现场组装的空气处理室安装	第 7.3.6 条	/	/	
	3	单元式空调机组安装	第 7.3.4 条	/	/	
	4	消声器的安装	第 7.3.13 条	5/5	抽查 5 处，合格 5 处	100%
	5	风机盘管机组安装	第 7.3.15 条	/	/	
	6	粗、中效空气过滤器安装	第 7.3.14 条	1/2	抽查 2 处，合格 2 处	100%
	7	空气风幕机安装	第 7.3.19 条	/	/	
	8	转轮式换热器安装	第 7.3.16 条	1/1	抽查 1 处，合格 1 处	100%
	9	转轮式去湿器安装	第 7.3.17 条	1/1	抽查 1 处，合格 1 处	100%
	10	蒸汽加湿器安装	第 7.3.18 条	/	/	
施工单位检查结果		符合要求 专业工长：王彬 项目专业质量检查员：王宇 2015 年××月××日				
监理单位验收结论		合格 专业监理工程师：周明 2015 年××月××日				

6.5　风管与设备防腐

风管与设备防腐资料列表

(1)施工管理资料

施工日志

(2)施工技术资料

1)风管与设备防腐技术交底记录

2)设计变更、工程洽商记录

(3)施工物资资料

1)油漆、涂料的产品合格证及性能检测报告或厂家的质量证明书

2)相关材料试验报告

3)材料、构配件进场检验记录

4)工程物资进场报验表

(4)施工记录

1)隐蔽工程验收记录

2)防腐油漆施工记录

(5)施工质量验收记录

1)风管与设备防腐检验批质量验收记录

2)风管与设备防腐分项工程质量验收记录

3)分项/分部工程施工报验表

6.6　组合式空调机组安装

组合式空调机组安装资料列表

(1)施工管理资料

施工日志

(2)施工技术资料

1)工程技术文件报审表

2)组合式空调机组安装施工方案

3)技术交底记录

①组合式空调机组安装施工方案技术交底记录

②组合式空调机组安装技术交底记录

4)设计变更、工程洽商记录

(3)施工物资资料

1)设备的装箱清单、设备说明书、产品合格证书和产品性能检测报告等随机文件，进口设备应具有商检部门检验合格的证明文件

2)所使用的各类型材、垫料、五金用品等出厂合格证或有关质量证明文件

3)材料、构配件进场检验记录

4)设备开箱检验记录

5)设备及管道附件试验记录

6)工程物资进场报验表

(4)施工记录

1)隐蔽工程验收记录

2)交接检查记录

3)土建基础复测记录

4)设备安装记录

(5) 施工试验记录及检测报告

1)设备单机试运转记录

2)风机盘管机组的单机三速试运转及水压检漏试验记录

3)表面式热交换器的试压记录

4)现场组装除尘器、空调机漏风检测记录

5)必要的水压试验、测试记录等

(6)施工质量验收记录

1)空气处理设备安装检验批质量验收记录(Ⅱ)(空调系统)

2)组合式空调机组安装分项工程质量验收记录

3)分项/分部工程施工报验表

(7)住宅工程质量分户验收记录表

组合式空调机组安装质量分户验收记录表

6.7　消声器、静电除尘器、换热器、紫外线灭菌器等设备安装

6.7.1　消声器、静电除尘器、换热器、紫外线灭菌器等设备安装资料列表

(1)施工管理资料

施工日志

(2)施工技术资料

1)工程技术文件报审表

2)消声器、静电除尘器、换热器、紫外线灭菌器等设备安装施工方案

3)技术交底记录

①消声器、静电除尘器、换热器、紫外线灭菌器等设备安装施工方案技术交底记录

②消声器、静电除尘器、换热器、紫外线灭菌器等设备安装技术交底记录

4)设计变更、工程洽商记录

(3)施工物资资料

1)设备的装箱清单、设备说明书、产品合格证书和产品性能检测报告等随机文件，进口设备应具有商检部门检验合格的证明文件

2)所使用的各类型材、垫料、五金用品等出厂合格证或有关质量证明文件

3)材料、构配件进场检验记录

4)设备开箱检验记录

5)设备及管道附件试验记录

6)工程物资进场报验表

(4)施工记录

1)隐蔽工程验收记录

2)交接检查记录

3)土建基础复测记录

4)设备安装记录

(5) 施工试验记录及检测报告

1)设备单机试运转记录

2)表面式热交换器的试压记录

3)现场组装除尘器、空调机漏风检测记录

(6)施工质量验收记录

1)空气处理设备安装检验批质量验收记录(Ⅱ)(空调系统)

2)消声器、静电除尘器、换热器、紫外线灭菌器等设备安装分项工程质量验收记录

3)分项/分部工程施工报验表

(7)住宅工程质量分户验收记录表

消声器、静电除尘器、换热器、紫外线灭菌器等设备安装质量分户验收记录表

6.7.2　消声器、静电除尘器、换热器、紫外线灭菌器等设备安装资料填写范例及说明

材料、构配件进场检验记录					编　号		×××
工程名称	××工程				检验日期	2015 年×月×日	
序号	名称	规格型号 (mm)	进场数量 (t)	生产厂家 合格证号	检验项目	检验结果	备注
1	阻抗复合 消 声 器	1500×1000 L900	4	××空调设备公司 合格证号:××	检测报告, 外观,尺量	合格	
2	阻抗复合 消 声 器	2000×1500 L900	3	××空调设备公司 合格证号:××	检测报告, 外观,尺量	合格	
3	阻抗复合 消 声 器	1000×1000 L1200	4	××空调设备公司 合格证号:××	检测报告, 外观,尺量	合格	
4	阻抗复合 消 声 器	800×1000 L1500	4	××空调设备公司 合格证号:××	检测报告, 外观,尺量	合格	
检验结论: 消声器检测报告齐全;经目测、尺量规格尺寸相符,外壳牢固、严密,微孔板无毛刺,填充消声材料密度均匀,隔板与壁板结合紧密、合理。同意验收。							

签字栏	建设(监理)单位	施工单位	××机电工程有限公司	
		专业质检员	专业工厂	检 验 员
	×××	×××	×××	×××

本表由施工单位填写,监理、施工单位各保存一份。

<table>
<tr><td colspan="4">工程物资进场报验表</td><td>编　号</td><td>×××</td></tr>
<tr><td>工 程 名 称</td><td colspan="3">××工程</td><td>日　期</td><td>2015 年×月×日</td></tr>
<tr><td colspan="6">现报上关于<u>　舒适性空调系统　</u>工程的物资进场检验记录，该批物资经我方检验符合设计、规范及合约要求，请予以批准使用。</td></tr>
<tr><td>物资名称</td><td>主要规格</td><td>单　位</td><td>数　量</td><td>选样报审表编号</td><td>使用部位</td></tr>
<tr><td>管道消声器</td><td>1000×160</td><td>个</td><td>××</td><td>/</td><td>各层</td></tr>
<tr><td></td><td></td><td></td><td></td><td></td><td></td></tr>
<tr><td></td><td></td><td></td><td></td><td></td><td></td></tr>
<tr><td></td><td></td><td></td><td></td><td></td><td></td></tr>
<tr><td colspan="6">附件：　名　称　　　页　数　　　编　号
1. ☑ 出厂合格证　<u>1</u> 页　<u>×××</u>
2. ☑ 厂家质量检验报告　<u>1</u> 页　<u>×××</u>
3. ☐ 厂家质量保证书　____页　________
4. ☐ 商检证　____页　________
5. ☑ 进场检验记录　<u>1</u> 页　<u>×××</u>
6. ☐ 进场复试报告　____页　________
7. ☐ 备案情况　____页　________
8. ☐　____页　________
申报单位名称：××建设集团有限公司　　申报人(签字)：×××</td></tr>
<tr><td colspan="6">施工单位检验意见：
报验的消声器的质量证明文件齐全，同意报项目监理部审批。

☑有 / ☐无 附页
施工单位名称：××建设集团有限公司　技术负责人(签字)：×××　审核日期：2015 年×月×日</td></tr>
<tr><td colspan="6">验收意见：
消声器质量证明文件齐全、有效，合格。

审定结论：　☑同意　☐补报资料　☐重新检验　☐退场
监理单位名称：××建设监理有限公司　监理工程师(签字)：×××　验收日期：2015 年×月×日</td></tr>
</table>

本表由施工单位填报，建设单位、监理单位、施工单位各存一份。

6.8　风机盘管、变风量与定风量送风装置、射流喷口等末端设备安装

风机盘管、变风量与定风量送风装置、射流喷口等末端设备安装资料列表

(1)施工管理资料

施工日志

(2)施工技术资料

1)工程技术文件报审表

2)风机盘管、变风量与定风量送风装置、射流喷口等末端设备安装施工方案

3)技术交底记录

①风机盘管、变风量与定风量送风装置、射流喷口等末端设备安装施工方案技术交底记录

②风机盘管、变风量与定风量送风装置、射流喷口等末端设备安装技术交底记录

4)设计变更、工程洽商记录

(3)施工物资资料

1)设备的装箱清单、设备说明书、产品合格证书和产品性能检测报告等随机文件，进口设备应具有商检部门检验合格的证明文件

2)所使用的各类型材、垫料、五金用品等出厂合格证或有关质量证明文件

3)材料、构配件进场检验记录

4)设备开箱检验记录

5)设备及管道附件试验记录

6)工程物资进场报验表

(4)施工记录

1)隐蔽工程验收记录

2)交接检查记录

3)土建基础复测记录

4)设备安装记录

(5) 施工试验记录及检测报告

1)设备单机试运转记录

2)风机盘管机组的单机三速试运转及水压检漏试验记录

3)必要的水压试验、测试记录等

(6)施工质量验收记录

1)空气处理设备安装检验批质量验收记录(Ⅱ)(空调系统)

2)风机盘管、变风量与定风量送风装置、射流喷口等末端设备安装分项工程质量验收记录

3)分项/分部工程施工报验表

(7)住宅工程质量分户验收记录表

风机盘管、变风量与定风量送风装置、射流喷口等末端设备安装质量分户验收记录表

6.9　风管与设备绝热

6.9.1　风管与设备绝热资料列表

(1)施工管理资料

施工日志

(2)施工技术资料

1)风管与设备绝热技术交底记录

2)设计变更、工程洽商记录

(3)施工物资资料

1)绝热材料的出厂合格证或质量鉴定文件

2)阻燃保温材料燃烧试验记录

3)相关材料试验报告

4)材料、构配件进场检验记录

5)工程物资进场报验表

(4)施工记录

1)隐蔽工程验收记录

2)管道及设备保温施工记录

(5)施工质量验收记录

1)风管与设备绝热检验批质量验收记录

2)风管与设备绝热分项工程质量验收记录

3)分项/分部工程施工报验表

6.9.2 风管与设备绝热资料填写范例及说明

风管与设备绝热检验批质量验收记录

06050901001

单位（子单位）工程名称	××大厦	分部（子分部）工程名称	通风与空调/舒适性空调系统	分项工程名称	风管与设备绝热
施工单位	××建筑有限公司	项目负责人	赵斌	检验批容量	20 件
分包单位	/	分包单位项目负责人	/	检验批部位	二层 1～6/A～C
施工依据	《通风与空调工程施工规范》GB50738-2011		验收依据	《通风与空调工程施工质量验收规范》GB50243-2002	

		验收项目			设计要求及规范规定	最小/实际抽样数量	检查记录	检查结果
主控项目	1	风管和管道的绝热材料			第 10.2.1 条	/	质量证明文件齐全，通过进场验收	√
	2	使用不燃绝热材料			第 10.2.3 条	全/20	共 20 处，全部检查，合格 20 处	√
	3	管道隔汽层(防潮层)			第 10.2.4 条	/	/	
	4	洁净室内风管及管道的绝热			第 10.2.5 条	/	/	
一般项目	1	风管系统部件的绝热，不得影响其操作功能			第 10.3.3 条	2/2	抽查 2 处，合格 2 处	100%
	2	绝热材料层	表面质量		应密实无缺陷	2/2	抽查 2 处，合格 2 处	100%
			表面平整度	卷材、板材	5mm	2/4	抽查 4 处，合格 4 处	100%
				涂抹或其他	10mm	2/2	抽查 2 处，合格 2 处	100%
			防潮层		应完整，且封闭良好；其搭接缝应顺水	/	/	
	3	风管绝热层采用粘结方法固定时，施工质量			第 10.3.5 条	2/2	抽查 2 处，合格 2 处	100%
	4	风管绝热层采用保温钉连接固定，施工质量			第 10.3.6 条	/	/	
	5	绝热涂料作绝热层			第 10.3.7 条	/	/	
	6	玻璃纤维布作绝热保护层			第 10.3.8 条	/	/	
	7	管道阀门、过滤器及法兰部位的绝热结构			应能单独拆卸	5/5	抽查 5 处，合格 5 处	100%
	8	管道绝热层的施工质量			第 10.3.10 条	2/2	抽查 2 处，合格 2 处	100%
	9	管道防潮层的施工质量			第 10.3.11 条	/	/	
	10	金属保护壳的施工质量			第 10.3.12 条	2/4	抽查 4 处，合格 4 处	100%
	11	冷热源机房内制冷系统管道的外表面，应做色标			第 10.3.13 条	2/2	抽查 2 处，合格 2 处	100%

施工单位检查结果	符合要求 专业工长：王彬 项目专业质量检查员：王宇 2015 年××月××日
监理单位验收结论	合格 专业监理工程师：周明 2015 年××月××日

6.10　系统调试

系统调试资料列表

(1)施工管理资料

调试单位资质证书和调试人员岗位证书

(2)施工技术资料

1)工程技术文件报审表

2)系统调试方案

3)技术交底记录

①系统调试方案技术交底记录

②系统调试工程技术交底记录

4)工程洽商记录

(3)施工物资资料

仪器、仪表出厂合格证及经校验合格的证明文件

(4)施工试验记录及检测报告

1)设备单机试运转记录

2)各房间室内风量温度测量记录

3)管网风量平衡记录

4)空调系统试运转调试记录

5)系统无生产负荷联合试运转与调试记录

6)通风与空调系统综合调试记录

(5)施工质量验收记录

1)通风与空调工程系统调试检验批质量验收记录

2)通风与空调工程系统调试分项工程质量验收记录

3)分项/分部工程施工报验表

第7章　恒温恒湿空调系统

7.1　风管与配件制作

7.1.1　风管与配件制作资料列表

(1)施工管理资料

施工日志;合格焊工登记表及其特种作业资格证书

(2)施工技术资料

1)技术交底记录

①风管与配件制作(金属风管)技术交底记录

②风管与配件制作(非金属、复合材料风管)技术交底记录

2)图纸会审记录、设计变更、工程洽商记录

(3)施工物资资料

1)板材、型材等主要材料、成品的出厂合格证、质量证明及检测报告

2)材料、构配件进场检验记录

3)工程物资进场报验表

(4)施工记录

1)隐蔽工程验收记录

2)风管与配件制作检查记录

(5)施工试验记录及检测报告

强度严密性试验记录

(6)施工质量验收记录

1)风管与配件制作检验批质量验收记录(Ⅰ)(金属风管)

2)风管与配件制作检验批质量验收记录(Ⅱ)(非金属、复合材料风管)

3)风管与配件制作分项工程质量验收记录

4)分项/分部工程施工报验表

(7)住宅工程质量分户验收记录表

1)金属风管与配件制作质量分户验收记录表

2)非金属、复合材料风管与配件制作质量分户验收记录表

7.1.2 风管与配件制作资料填写范例及说明

强度严密性试验记录		编 号	×××
工程名称	××工程	试验日期	2015年×月×日
预检项目	空调系统风管强度试验(低压)	试验部位	1～6层空调系统
材 质	镀锌钢管	规 格	500×300×2000

试验要求：

按风管系统的分类和材质分别抽查，不得少于3件及15m²，在1.5倍工作压力下接缝处无开裂。

本空调系统工作压力为350Pa(低压系统)。风管材质为镀锌钢板，采用法兰连接。选5段风管共计16m²进行强度试验。

试验压力为工作压力的1.5倍，为525Pa，在试验压力下稳压10min，风管的咬口及连接处无开裂现象为合格。

试验记录：

连接好5段风管，两端进行封堵严密，然后连接好漏风测试仪，缓慢调节风机变频器使风管内压力升至525Pa，稳压10min后观察，风管的咬口及连接处没有张口、开裂等损坏现象。

试验结论：

经检查，风管的强度试验方法及结果均符合设计要求和《通风与空调工程施工质量验收规范》(GB 50243—2002)的规定，同意安装。

签字栏	建设(监理)单位	施工单位	××机电工程有限公司	
		专业技术负责人	专业质检员	专业工长
	×××	×××	×××	×××

本表由施工单位填写并保存。

7.2　部件制作

部件制作资料列表

(1)施工管理资料

施工日志

(2)施工技术资料

1)风管部件制作技术交底记录

2)设计变更、工程洽商记录

(3)施工物资资料

1) 材料出厂合格证、质量保证书和相关的性能检测报告

2)材料、构配件进场检验记录

3)工程物资进场报验表

(4)施工记录

风管部件制作检查记录

(5)施工质量验收记录

1)部件制作检验批质量验收记录

2)部件制作分项工程质量验收记录

3)分项/分部工程施工报验表

(6)住宅工程质量分户验收记录表

风管部件制作质量分户验收记录表

7.3　风管系统安装

7.3.1　风管系统安装资料列表

(1)施工管理资料

施工日志

(2)施工技术资料

1)工程技术文件报审表

2)风管系统安装施工方案

3)技术交底记录

①风管系统安装施工方案技术交底记录

②风管系统安装技术交底记录

4)设计变更、工程洽商记录

(3)施工物资资料

1)各种安装材料产品出厂合格证书或质量鉴定文件。

2)型钢(包括扁钢、角钢、槽钢、圆钢)合格证和材质证明书

3)螺栓、螺母、垫圈、电焊焊条产品合格证

4)材料、构配件进场检验记录

5)工程物资进场报验表

(4)施工记录

1)隐蔽工程验收记录

2)风管安装检查记录

(5)施工试验记录及检测报告

1)风管漏光检测记录

2)风管漏风检测记录

(6)施工质量验收记录

1)风管系统安装检验批质量验收记录(Ⅱ)(空调系统)

2)风管系统安装分项工程质量验收记录

3)分项/分部工程施工报验表

(7)住宅工程质量分户验收记录表

风管系统安装质量分户验收记录表

7.3.2 风管系统安装资料填写范例及说明

工程物资进场报验表					编　号	×××
工 程 名 称	××工程				日　期	2015 年×月×日

现报上关于＿空调系统＿工程的物资进场检验记录，该批物资经我方检验符合设计、规范及合约要求，请予以批准使用。

物资名称	主要规格	单　位	数　量	选样报审表编号	使用部位
多叶调节阀	320×160	个	60	×××	各层

附件：　名　称　　页　数　　编　号

1. ☑ 出厂合格证　＿×＿页　＿×××＿
2. ☑ 厂家质量检验报告　＿×＿页　＿×××＿
3. ☐ 厂家质量保证书　＿＿页　＿＿
4. ☐ 商检证　＿＿页　＿＿
5. ☑ 进场检验报告　＿×＿页　＿×××＿
6. ☐ 进场复试报告　＿＿页　＿＿
7. ☐ 备案情况　＿＿页　＿＿
8. ☐ 　＿＿页　＿＿

申报单位名称：××建设集团有限公司　　申报人(签字)：×××

施工单位检验意见：

报验的多叶调节阀的质量证明文件齐全，同意报项目监理部审批。

☑有 / ☐无 附页

施工单位名称：××建设集团有限公司　技术负责人(签字)：×××　审核日期：2015 年×月×日

验收意见：

多叶调节阀合格证明文件齐全、有效，进场检验合格。

审定结论：　☑同意　☐补报资料　☐重新检验　☐退场

监理单位名称：××建设监理有限公司　监理工程师(签字)：×××　验收日期：2015 年×月×日

本表由施工单位填报，建设单位、监理单位、施工单位各存一份。

7.4　风机与空气处理设备安装

风机与空气处理设备安装资料列表

(1)施工管理资料

施工日志

(2)施工技术资料

1)工程技术文件报审表

2)风机与空气处理设备安装施工方案

3)技术交底记录

①风机与空气处理设备安装施工方案技术交底记录

②通风机安装技术交底记录

③风机盘管安装技术交底记录

4)设计变更、工程洽商记录

(3)施工物资资料

1)设备的装箱清单、设备说明书、产品合格证书和产品性能检测报告等随机文件,进口设备应具有商检部门检验合格的证明文件

2)所使用的各类型材、垫料、五金用品等出厂合格证或有关质量证明文件

3)材料、构配件进场检验记录

4)设备开箱检验记录

5)设备及管道附件试验记录

6)工程物资进场报验表

(4)施工记录

1)隐蔽工程验收记录

2)交接检查记录

3)土建基础复测记录

(5) 施工试验记录及检测报告

1)设备单机试运转记录

2)风机盘管机组的单机三速试运转及水压检漏试验记录

3)表面式热交换器的试压记录

4)现场组装除尘器、空调机漏风检测记录

5)必要的水压试验、测试记录等

(6)施工质量验收记录

1)风机安装工程检验批质量验收记录

2)空气处理设备安装检验批质量验收记录(Ⅱ)(空调系统)

3)风机与空气处理设备安装分项工程质量验收记录

4)分项/分部工程施工报验表

(7)住宅工程质量分户验收记录表

风机与空气处理设备安装质量分户验收记录表

7.5　风管与设备防腐

风管与设备防腐资料列表

(1)施工管理资料

施工日志

(2)施工技术资料

1)风管与设备防腐技术交底记录

2)设计变更、工程洽商记录

(3)施工物资资料

1)油漆、涂料的产品合格证及性能检测报告或厂家的质量证明书

2)相关材料试验报告

3)材料、构配件进场检验记录

4)工程物资进场报验表

(4)施工记录

1)隐蔽工程验收记录

2)防腐油漆施工记录

(5)施工质量验收记录

1)风管与设备防腐检验批质量验收记录

2)风管与设备防腐分项工程质量验收记录

3)分项/分部工程施工报验表

7.6　组合式空调机组安装

组合式空调机组安装资料列表

(1)施工管理资料

施工日志

(2)施工技术资料

1)工程技术文件报审表

2)组合式空调机组安装施工方案

3)技术交底记录

①组合式空调机组安装施工方案技术交底记录

②组合式空调机组安装技术交底记录

4)设计变更、工程洽商记录

(3)施工物资资料

1)设备的装箱清单、设备说明书、产品合格证书和产品性能检测报告等随机文件,进口设备应具有商检部门检验合格的证明文件

2)所使用的各类型材、垫料、五金用品等出厂合格证或有关质量证明文件

3)材料、构配件进场检验记录

4)设备开箱检验记录

5)设备及管道附件试验记录

6)工程物资进场报验表

(4)施工记录

1)隐蔽工程验收记录

2)交接检查记录

3)土建基础复测记录

4)设备安装记录

(5) 施工试验记录及检测报告

1)设备单机试运转记录

2)风机盘管机组的单机三速试运转及水压检漏试验记录

3)表面式热交换器的试压记录

4)现场组装除尘器、空调机漏风检测记录

5)必要的水压试验、测试记录等

(6)施工质量验收记录

1)空气处理设备安装检验批质量验收记录(Ⅱ)(空调系统)

2)组合式空调机组安装分项工程质量验收记录

3)分项/分部工程施工报验表

(7)住宅工程质量分户验收记录表

组合式空调机组安装质量分户验收记录表

7.7 电加热器、加湿器等设备安装

电加热器、加湿器等设备安装资料列表

(1)施工管理资料

施工日志

(2)施工技术资料

1)工程技术文件报审表

2)电加热器、加湿器等设备安装施工方案

3)技术交底记录

①电加热器、加湿器等设备安装施工方案技术交底记录

②电加热器、加湿器等设备安装施工技术交底记录

4)设计变更、工程洽商记录

(3)施工物资资料

1)设备的装箱清单、设备说明书、产品合格证书和产品性能检测报告等随机文件,进口设备应具有商检部门检验合格的证明文件

2)所使用的各类型材、垫料、五金用品等出厂合格证或有关质量证明文件

3)材料、构配件进场检验记录

4)设备开箱检验记录

5)设备及管道附件试验记录

6)工程物资进场报验表

(4)施工记录

1)隐蔽工程验收记录

2)交接检查记录

(5) 施工试验记录及检测报告

设备单机试运转记录

(6)施工质量验收记录

1)空气处理设备安装检验批质量验收记录(Ⅱ)(空调系统)

2)电加热器、加湿器等设备安装分项工程质量验收记录

3)分项/分部工程施工报验表

(7)住宅工程质量分户验收记录表

电加热器、加湿器等设备安装质量分户验收记录表

7.8　风管与设备绝热

风管与设备绝热资料列表

(1)施工管理资料

施工日志

(2)施工技术资料

1)风管与设备绝热技术交底记录

2)设计变更、工程洽商记录

(3)施工物资资料

1)绝热材料的出厂合格证或质量鉴定文件

2)阻燃保温材料燃烧试验记录

3)相关材料试验报告

4)材料、构配件进场检验记录

5)工程物资进场报验表

(4)施工记录

1)隐蔽工程验收记录

2)管道及设备保温施工记录

(5)施工质量验收记录

1)风管与设备绝热检验批质量验收记录

2)风管与设备绝热分项工程质量验收记录

3)分项/分部工程施工报验表

7.9　系统调试

系统调试资料列表

(1)施工管理资料

调试单位资质证书和调试人员岗位证书

(2)施工技术资料

1)工程技术文件报审表

2)系统调试方案

3)技术交底记录

①系统调试方案技术交底记录

②系统调试工程技术交底记录

4)工程洽商记录

(3)施工物资资料

仪器、仪表出厂合格证及经校验合格的证明文件

(4)施工试验记录及检测报告

1)设备单机试运转记录

2)各房间室内风量温度测量记录

3)管网风量平衡记录

4)空调系统试运转调试记录

5)系统无生产负荷联合试运转与调试记录

6)通风与空调系统综合调试记录

(5)施工质量验收记录

1)通风与空调工程系统调试检验批质量验收记录

2)系统调试分项工程质量验收记录

3)分项/分部工程施工报验表

第8章　净化空调系统

8.1　风管与配件制作

8.1.1　风管与配件制作资料列表

(1)施工管理资料

施工日志;合格焊工登记表及其特种作业资格证书

(2)施工技术资料

1)技术交底记录

①风管与配件制作(金属风管)技术交底记录

②风管与配件制作(非金属、复合材料风管)技术交底记录

2)图纸会审记录、设计变更、工程洽商记录

(3)施工物资资料

1)板材、型材等主要材料、成品的出厂合格证、质量证明及检测报告

2)材料、构配件进场检验记录

3)工程物资进场报验表

(4)施工记录

1)隐蔽工程验收记录

2)风管与配件制作检查记录

(5)施工试验记录及检测报告

强度严密性试验记录

(6)施工质量验收记录

1)风管与配件制作检验批质量验收记录(Ⅰ)(金属风管)

2)风管与配件制作检验批质量验收记录(Ⅱ)(非金属、复合材料风管)

3)风管与配件制作分项工程质量验收记录

4)分项/分部工程施工报验表

(7)住宅工程质量分户验收记录表

1)金属风管与配件制作质量分户验收记录表

2)非金属、复合材料风管与配件制作质量分户验收记录表

8.1.2 风管与配件制作资料填写范例及说明

<table>
<tr><td colspan="2">强度严密性试验记录</td><td>编　号</td><td>×××</td></tr>
<tr><td>工程名称</td><td>××工程</td><td>试验日期</td><td>2015年×月×日</td></tr>
<tr><td>预检项目</td><td>净化空调系统风管强度试验(高压)</td><td>试验部位</td><td>1～6层净化空调系统</td></tr>
<tr><td>材　质</td><td>镀锌钢管</td><td>规　格</td><td>500×300×2000</td></tr>
<tr><td colspan="4">试验要求:

按风管系统的分类和材质分别抽查,不得少于3件及15m²,在1.5倍工作压力下接缝处无开裂。
本空调系统工作压力为1800Pa(低压系统)。风管材质为镀锌钢板,采用法兰连接。选5段风管共计16m² 进行强度试验。
试验压力为工作压力的1.5倍,为2700Pa,在试验压力下稳压10min,风管的咬口及连接处无开裂现象为合格。</td></tr>
<tr><td colspan="4">试验记录:

连接好5段风管,两端进行封堵严密,然后连接好漏风测试仪,缓慢调节风机变频器使风管内压力升至2700Pa,稳压10min后观察,风管的咬口及连接处没有张口、开裂等损坏现象。</td></tr>
<tr><td colspan="4">试验结论:

经检查,风管的强度试验方法及结果均符合设计要求和《通风与空调工程施工质量验收规范》(GB 50243—2002)的规定,强度试验合格。</td></tr>
</table>

<table>
<tr><td rowspan="3">签字栏</td><td rowspan="2">建设(监理)单位</td><td>施工单位</td><td colspan="2">××机电工程有限公司</td></tr>
<tr><td>专业技术负责人</td><td>专业质检员</td><td>专业工长</td></tr>
<tr><td>×××</td><td>×××</td><td>×××</td><td>×××</td></tr>
</table>

本表由施工单位填写并保存。

8.2　部件制作

部件制作资料列表

(1)施工管理资料

施工日志

(2)施工技术资料

1)风管部件制作技术交底记录

2)设计变更、工程洽商记录

(3)施工物资资料

1) 材料出厂合格证、质量保证书和相关的性能检测报告

2)材料、构配件进场检验记录

3)工程物资进场报验表

(4)施工记录

1)风管部件制作检查记录

(5)施工质量验收记录

1)部件制作检验批质量验收记录

2)部件制作分项工程质量验收记录

3)分项/分部工程施工报验表

(6)住宅工程质量分户验收记录表

送风系统风管部件制作质量分户验收记录表

8.3 风管系统安装

8.3.1 风管系统安装资料列表

(1)施工管理资料

施工日志

(2)施工技术资料

1)工程技术文件报审表

2)风管系统安装施工方案

3)技术交底记录

①风管系统安装施工方案技术交底记录

②风管系统安装技术交底记录

4)设计变更、工程洽商记录

(3)施工物资资料

1)各种安装材料产品出厂合格证书或质量鉴定文件。

2)型钢(包括扁钢、角钢、槽钢、圆钢)合格证和材质证明书

3)螺栓、螺母、垫圈、电焊焊条产品合格证

4)材料、构配件进场检验记录

5)工程物资进场报验表

(4)施工记录

1)隐蔽工程验收记录

2)风管安装检查记录

(5)施工试验记录及检测报告

1)风管漏光检测记录

2)风管漏风检测记录

(6)施工质量验收记录

1)风管系统安装检验批质量验收记录(Ⅲ)(净化空调系统)

2)风管系统安装分项工程质量验收记录

3)分项/分部工程施工报验表

(7)住宅工程质量分户验收记录表

风管系统安装质量分户验收记录表

8.3.2　风管系统安装资料填写范例及说明

<table>
<tr><td colspan="2">风管漏光检测记录</td><td>编　　号</td><td colspan="2">×××</td></tr>
<tr><td>工程名称</td><td>××工程</td><td>试验日期</td><td colspan="2">2015 年×月×日</td></tr>
<tr><td>系统名称</td><td>地下二层净化空调系统</td><td>工作压力(Pa)</td><td colspan="2">326</td></tr>
<tr><td>系统接缝总长度(m)</td><td>15</td><td>每 10m 接缝为一检测段的分段数</td><td colspan="2">2</td></tr>
<tr><td>检测光源</td><td colspan="4">100W 低压电源照明</td></tr>
<tr><td>分段序号</td><td>实测漏光点数(个)</td><td>每 10m 接缝的允许漏光点数(个/10m)</td><td colspan="2">结　论</td></tr>
<tr><td>1</td><td>1</td><td>2</td><td colspan="2">合格</td></tr>
<tr><td>2</td><td>0</td><td>2</td><td colspan="2">合格</td></tr>
<tr><td></td><td></td><td></td><td colspan="2"></td></tr>
<tr><td></td><td></td><td></td><td colspan="2"></td></tr>
<tr><td></td><td></td><td></td><td colspan="2"></td></tr>
<tr><td></td><td></td><td></td><td colspan="2"></td></tr>
<tr><td></td><td></td><td></td><td colspan="2"></td></tr>
<tr><td></td><td></td><td></td><td colspan="2"></td></tr>
<tr><td></td><td></td><td></td><td colspan="2"></td></tr>
<tr><td></td><td></td><td></td><td colspan="2"></td></tr>
<tr><td></td><td></td><td></td><td colspan="2"></td></tr>
<tr><td rowspan="2">合　　计</td><td>总漏光点数(个)</td><td>每 100m 接缝的允许漏光点数(个/100m)</td><td colspan="2">结　　论</td></tr>
<tr><td>1</td><td>16</td><td colspan="2">合　　格</td></tr>
<tr><td colspan="5">检测结论：
使用 100W 低压电源照明，在安装通风管道时深入管内。在管外黑暗环境下观察风管的法兰连接处，发现的漏光点数少于规范要求。漏光处已用密封胶封堵严密。试验合格。</td></tr>
<tr><td rowspan="3">签字栏</td><td rowspan="2">建设(监理)单位</td><td>施工单位</td><td colspan="2">××机电工程有限公司</td></tr>
<tr><td>专业技术负责人</td><td>专业质检员</td><td>专业工长</td></tr>
<tr><td>×××</td><td>×××</td><td>×××</td><td>×××</td></tr>
</table>

本表由施工单位填写并保存。

风管漏光检测记录填写说明

【相关规定及要求】

1. 漏光法检测是利用光线对小孔的强穿透力，对系统风管严密程度进行检测的方法。

2. 检测应采用具有一定强度的安全光源。手持移动光源可采用不低于100W带保护罩的低压照明灯，或其他低压光源。

3. 系统风管漏光检测时，光源可置于风管内侧或外侧，但其相对侧应为暗黑环境。检测光源应沿着被检测接口部位与接缝做缓慢移动，在另一侧进行观察，当发现有光线射出，则说明查到明显漏风处，并应做好记录。

4. 对系统风管的检测，宜采用分段检测、汇总分析的方法。在严格安装质量管理的基础上，系统风管的检测以总管和干管为主。当采用漏光法检测系统的严密性时，低压系统风管以每10m接缝，漏光点不大于2处，且100m接缝平均不大于16处为合格；中压系统风管每10m接缝，漏光点不大于1处，且100m接缝平均不大于8处为合格。

5. 漏光检测中对发现的条缝形漏光，应做密封处理。

风管漏风检测记录		编　　号	×××
工程名称	××工程	试验日期	2015 年×月×日
系统名称	净化空调系统(高压)	工作压力(Pa)	1800
系统总面积(m^2)	300	试验压力(Pa)	1800
试验总面积(m^2)	100	系统检测分段数	5

检测区段图示：

>10D　>5D
节流器
风机
测压仪器
整流栅

分段实测数值

序号	分段表面积(m^2)	试验压力(Pa)	实际漏风量(m^3/h)
1	30	1800	20
2	25	1800	25
3	15	1800	18
4	15	1800	15
5	15	1800	12
	100	1800	90

系统允许漏风量(m^3/m^2·h)	1.53	实测系统漏风量(m^3/m^2·h)	0.90

检测结论：

经检查，试验结果符合设计要求和《通风与空调工程施工质量验收规范》(GB 50243—2002)的规定，试验合格。

签字栏	建设(监理)单位	施工单位	××机电工程有限公司	
		专业技术负责人	专业质检员	专业工长
	×××	×××	×××	×××

本表由施工单位填写并保存。

风管漏风检测记录填写说明

【相关规定及要求】

1. 按《通风与空调工程施工质量验收规范》(GB 50243－2002)第4.2.5条及6.2.8条执行。

2. 风管必须通过工艺性的检测或验证，其强度和严密性要求应符合设计或下列规定：

(1) 风管的强度应能满足在1.5倍工作压力下接缝处无开裂。

(2) 矩形风管的允许漏风量应符合以下规定：

低压系统风管　$Q_L \leqslant 0.1056P^{0.65}$

中压系统风管　$Q_M \leqslant 0.0352P^{0.65}$

高压系统风管　$Q_H \leqslant 0.0117P^{0.65}$

式中：

Q_L、Q_M、Q_H——系统风管在相应工作压力下，单位面积风管单位时间内的允许漏风量[$m^3/(h \cdot m^2)$]；

P——指风管系统的工作压力(Pa)。

(3) 低压、中压圆形金属风管、复合材料风管以及采用非法兰形式的非金属风管的允许漏风量，应为矩形风管规定值的50%。

(4) 砖、混凝土风道的允许漏风量不应大于矩形低压系统风管规定值的1.5倍。

(5) 排烟、除尘、低温送风系统按中压系统风管的规定，1～5级净化空调系统按高压系统风管的规定。

3. 风管系统安装完毕后，应按系统类别进行严密性检验。风管系统的严密性检验，应符合下列规定：

(1) 低压系统风管的严密性检验应采用抽检，抽检率为5%，且不得小于1个系统。在加工工艺及安装操作质量得到保证的前提下，采用漏光法检测。检测不合格时，应按规定的抽检率做漏风量测试。

中压系统风管的严密性检验，应在漏光法检测合格后，对系统漏风量测试进行抽检，抽检率为20%，且不得少于1个系统。

高压系统风管的严密性检验，为全数进行漏风量测试。

系统风管严密性检验的被抽检系统，应全数合格，则视为通过；如有不合格时，则应再加倍抽检，直至全数合格。

(2) 净化空调系统风管的严密性检验，1～5级的系统按高压系统风管的规定执行；6～9级的系统按本说明第2条的规定执行。

4. 漏风量测试

(1) 正压或负压系统风管与设备的漏风量测试，分正压试验和负压试验两类。一般可采用正压条件下的测试来检验。

(2) 系统漏风量测试可以整体或分段进行。测试时，被测系统的所有开口均应封闭，不应漏风。

(3) 被测系统的漏风量超过设计和规范的规定时，应查出漏风部位(可用听、摸、观察、水或烟检漏)，做好标记；修补完工后，重新测试，直至合格。

(4) 漏风量测定值一般应为规定测试压力下的实测数值。特殊条件下，也可用相近或大于规定压力下的测试代替，其漏风量可按下式换算：

$$Q_0=Q(P_0/P)^{0.65}$$

式中：

P_0 ——规定试验压力，500Pa；

Q_0 ——规定试验压力下的漏风量[m³/(h·m²)]；

P ——风管工作压力(Pa)；

Q ——工作压力下的漏风量[m³/(h·m²)]。

5. 测试装置：

(1) 漏风量测试应采用经检验合格的专用测量仪器，或采用符合现行国家标准《流量测量节流装置》规定的计量元件搭设的测量装置。

(2) 漏风量测试装置可采用风管式或风室式。风管式测试装置采用孔板做计量元件；风室式测试装置采用喷嘴做计量元件。

【填写要点】

1. 检测区段图示：应将被测区段系统示意图画出，并标注测试顺序段号。

2. 系统总面积：被测本系统的总面积值。

3. 试验总面积：实际被测的面积值(系统中未测到的部分，如支管、软管等末端不计算在内)。

4. 实测系统漏风量：各段实测漏风率的平均值。

风管系统安装检验批质量验收记录（Ⅲ）（净化空调系统）

06070301001

单位（子单位）工程名称	××大厦	分部（子分部）工程名称	通风与空调/净化空调系统	分项工程名称	风管系统安装
施工单位	××建筑有限公司	项目负责人	赵斌	检验批容量	1 套
分包单位	/	分包单位项目负责人	/	检验批部位	二层 1～6/A～C
施工依据	《通风与空调工程施工规范》GB50738-2011		验收依据	《通风与空调工程施工质量验收规范》GB50243-2002	

	验收项目			设计要求及规范规定	最小/实际抽样数量	检查记录	检查结果
主控项目	1	风管穿越防火、防爆墙		第 6.2.1 条	/	/	
	2	风管安装		第 6.2.2 条	2/2	抽查 2 处，合格 2 处	√
	3	高于 80℃风管系统		第 6.2.3 条	/	/	
	4	风管部件安装		第 6.2.4 条	5/5	抽查 5 处，合格 5 处	√
	5	手动密闭阀安装		第 6.2.9 条	/	/	
	6	净化风管安装		第 6.2.6 条	/	/	
	7	真空吸尘系统安装		第 6.2.7 条	/	/	
	8	风管严密性检验		第 6.2.8 条	1/1	试验合格，报告编号××××	√
一般项目	1	风管系统的安装		第 6.3.1 条	2/2	抽查 2 处，合格 2 处	100%
	2	无法兰风管系统的安装		第 6.3.2 条	/	/	
	3	风管安装的水平、垂直质量		第 6.3.3 条	4/4	抽查 4 处，合格 4 处	100%
	4	风管支、吊架		第 6.3.4 条	2/2	抽查 2 处，合格 2 处	100%
	5	非金属风管安装		第 6.3.5 条	/	/	
	6	复合材料风管安装		第 6.3.6 条	/	/	
	7	风阀的安装		第 6.3.8 条	5/5	抽查 5 处，合格 5 处	100%
	8	净化空调风口的安装		第 6.3.12 条	/	/	
	9	真空吸尘系统安装		第 6.3.7 条	/	/	
	10	风口安装允许偏差	位置和标高	不应大于 10m	5/5	抽查 5 处，合格 5 处	100%
			水平度	不应大于 3/1000	5/5	抽查 5 处，合格 5 处	100%
			垂直度	不应大于 2/1000	5/5	抽查 5 处，合格 5 处	100%
施工单位检查结果	符合要求 专业工长：王彬 项目专业质量检查员：田宇 2015 年××月××日						
监理单位验收结论	合格 专业监理工程师：周明 2015 年××月××日						

8.4　风机与空气处理设备安装

8.4.1　风机与空气处理设备安装资料列表

(1)施工管理资料

施工日志

(2)施工技术资料

1)工程技术文件报审表

2)风机与空气处理设备安装施工方案

3)技术交底记录

①风机与空气处理设备安装施工方案技术交底记录

②风机安装技术交底记录

③风机盘管安装技术交底记录

4)设计变更、工程洽商记录

(3)施工物资资料

1)设备的装箱清单、设备说明书、产品合格证书和产品性能检测报告等随机文件,进口设备应具有商检部门检验合格的证明文件

2)所使用的各类型材、垫料、五金用品等出厂合格证或有关质量证明文件

3)材料、构配件进场检验记录

4)设备开箱检验记录

5)设备及管道附件试验记录

6)工程物资进场报验表

(4)施工记录

1)隐蔽工程验收记录

2)交接检查记录

3)土建基础复测记录

4)设备安装记录

(5) 施工试验记录及检测报告

1)设备单机试运转记录

2)风机盘管机组的单机三速试运转及水压检漏试验记录

3)表面式热交换器的试压记录

4)现场组装除尘器、空调机漏风检测记录

5)必要的水压试验、测试记录等

(6)施工质量验收记录

1)风机安装工程检验批质量验收记录

2)空气处理设备安装检验批质量验收记录(Ⅲ)(净化空调系统)

3)风机与空气处理设备安装分项工程质量验收记录

4)分项/分部工程施工报验表

(7)住宅工程质量分户验收记录表

风机与空气处理设备安装质量分户验收记录表

8.4.2　风机与空气处理设备安装资料填写范例及说明

<table>
<tr><td colspan="2" rowspan="3">施工试验记录(通用)</td><td>编　　号</td><td></td></tr>
<tr><td>试验编号</td><td></td></tr>
<tr><td>委托编号</td><td></td></tr>
<tr><td>工程名称及施工部位</td><td colspan="3">××工程　风机盘管单体通电试验</td></tr>
<tr><td>试验日期</td><td>2015 年 10 月 1 日</td><td>规格、材质</td><td>YGF(03、04、06)</td></tr>
<tr><td colspan="4">试验项目：
风机盘管机组安装前，宜进行单机三速运转试验。</td></tr>
<tr><td colspan="4">试验内容：
本工程风机盘管机组全数到场后，逐台进行临时通电试验，通电后观察 2min，看风机部位是否有阻滞与卡碰现象。</td></tr>
<tr><td colspan="4">结论：
试验结果机组运转合格。</td></tr>
</table>

<table>
<tr><td>批　准</td><td>×××</td><td>审　核</td><td>×××</td><td>试　验</td><td>×××</td></tr>
<tr><td>试验单位</td><td colspan="5">北京××机电工程公司</td></tr>
<tr><td>报告日期</td><td colspan="5">2015 年×月×日</td></tr>
</table>

本表由建设单位、施工单位各保存一份。

空气处理设备安装检验批质量验收记录（Ⅲ）（净化空调系统）

06070402002

单位（子单位）工程名称	××大厦	分部（子分部）工程名称	通风与空调/净化空调系统	分项工程名称	风机与空气处理设备安装
施工单位	××建筑有限公司	项目负责人	赵斌	检验批容量	5台
分包单位	/	分包单位项目负责人	/	检验批部位	净化机房
施工依据	《通风与空调工程施工规范》GB50738-2011		验收依据	《通风与空调工程施工质量验收规范》GB50243-2002	

		验收项目	设计要求及规范规定	最小/实际抽样数量	检查记录	检查结果
主控项目	1	空调机组安装	第7.2.3条	/	/	
	2	净化空调设备安装	第7.2.6条	全/5	共5处，全部检查，合格5处	√
	3	高效过滤器安装	第7.2.5条	1/2	抽查2处，合格2处	√
	4	静电空气过滤器安装	第7.2.7条	1/2	抽查2处，合格2处	√
	5	电加热器的安装	第7.2.8条	/	/	
	6	干蒸汽加湿器安装	第7.2.9条	/	/	
一般项目	1	组合式净化空调机组安装	第7.3.2条	1/2	抽查2处，合格2处	100%
	2	净化室设备安装	第7.3.8条	1/1	抽查1处，合格1处	100%
	3	装配式洁净室安装	第7.3.9条	/	/	
	4	洁净层流罩安装	第7.3.10条	5/5	抽查5处，合格5处	100%
	5	风机过滤单元安装	第7.3.11条	/	/	
	6	消声器的安装	第7.3.13条	5/5	抽查5处，合格5处	100%
	7	粗、中效空气过滤器安装	第7.3.14条	1/2	抽查2处，合格2处	100%
	8	高效过滤器安装	第7.3.12条	5/5	抽查5处，合格5处	100%
	9	蒸汽加湿器安装	第7.3.18条	/	/	

施工单位检查结果	符合要求 专业工长：王彬 项目专业质量检查员：王宇 2015年××月××日
监理单位验收结论	合格 专业监理工程师：周明 2015年××月××日

8.5　风管与设备防腐

风管与设备防腐资料列表

(1)施工管理资料

施工日志

(2)施工技术资料

1)风管与设备防腐技术交底记录

2)设计变更、工程洽商记录

(3)施工物资资料

1)油漆、涂料的产品合格证及性能检测报告或厂家的质量证明书

2)相关材料试验报告

3)材料、构配件进场检验记录

4)工程物资进场报验表

(4)施工记录

1)隐蔽工程验收记录

2)防腐油漆施工记录

(5)施工质量验收记录

1)风管与设备防腐检验批质量验收记录

2)风管与设备防腐分项工程质量验收记录

3)分项/分部工程施工报验表

8.6　净化空调机组安装

净化空调机组安装资料列表

(1)施工管理资料

施工日志

(2)施工技术资料

1)工程技术文件报审表

2)净化空调机组安装施工方案

3)技术交底记录

①净化空调机组安装施工方案技术交底记录

②净化空调机组安装技术交底记录

4)设计变更、工程洽商记录

(3)施工物资资料

1)设备的装箱清单、设备说明书、产品合格证书和产品性能检测报告等随机文件,进口设备应具有商检部门检验合格的证明文件

2)所使用的各类型材、垫料、五金用品等出厂合格证或有关质量证明文件

3)材料、构配件进场检验记录

4)设备开箱检验记录

5)设备及管道附件试验记录

6)工程物资进场报验表

(4)施工记录

1)隐蔽工程验收记录

2)交接检查记录

3)土建基础复测记录

5)设备安装记录

6)净化空调设备的擦拭记录

(5) 施工试验记录及检测报告

1)设备单机试运转记录

2)风机盘管机组的单机三速试运转及水压检漏试验记录

3)表面式热交换器的试压记录

4)现场组装除尘器、空调机漏风检测记录

5)必要的水压试验、测试记录等

(6)施工质量验收记录

1)空气处理设备安装检验批质量验收记录(Ⅲ)(净化空调系统)

2)净化空调机组安装分项工程质量验收记录

3)分项/分部工程施工报验表

(7)住宅工程质量分户验收记录表

净化空调机组安装质量分户验收记录表

8.7 消声器、静电除尘器、换热器、紫外线灭菌器等设备安装

消声器、静电除尘器、换热器、紫外线灭菌器等设备安装资料列表

(1)施工管理资料

施工日志

(2)施工技术资料

1)工程技术文件报审表

2)消声器、静电除尘器、换热器、紫外线灭菌器等设备安装施工方案

3)技术交底记录

①消声器、静电除尘器、换热器、紫外线灭菌器等设备安装施工方案技术交底记录

②消声器、静电除尘器、换热器、紫外线灭菌器等设备安装技术交底记录

4)设计变更、工程洽商记录

(3)施工物资资料

1)设备的装箱清单、设备说明书、产品合格证书和产品性能检测报告等随机文件,进口设备应具有商检部门检验合格的证明文件

2)所使用的各类型材、垫料、五金用品等出厂合格证或有关质量证明文件

3)材料、构配件进场检验记录

4)设备开箱检验记录

5)设备及管道附件试验记录

6)工程物资进场报验表

(4)施工记录

1)隐蔽工程验收记录

2)交接检查记录

3)土建基础复测记录

4)设备安装记录

(5) 施工试验记录及检测报告

1)设备单机试运转记录

2)表面式热交换器的试压记录

3)现场组装除尘器、空调机漏风检测记录

(6)施工质量验收记录

1)空气处理设备安装检验批质量验收记录(Ⅲ)(净化空调系统)

2)消声器、静电除尘器、换热器、紫外线灭菌器等设备安装分项工程质量验收记录

3)分项/分部工程施工报验表

(7)住宅工程质量分户验收记录表

消声器、静电除尘器、换热器、紫外线灭菌器等设备安装质量分户验收记录表

8.8　中、高效过滤器及风机过滤器单元等末端设备清洗与安装

中、高效过滤器及风机过滤器单元等末端设备清洗与安装资料列表

(1)施工管理资料

施工日志

(2)施工技术资料

1)工程技术文件报审表

2)中、高效过滤器及风机过滤器单元等末端设备清洗与安装施工方案

3)技术交底记录

①中、高效过滤器及风机过滤器单元等末端设备清洗与安装施工方案技术交底记录

②中、高效过滤器及风机过滤器单元等末端设备清洗与安装技术交底记录

4)设计变更、工程洽商记录

(3)施工物资资料

1)设备的装箱清单、设备说明书、产品合格证书和产品性能检测报告等随机文件，进口设备应具有商检部门检验合格的证明文件

2)所使用的各类型材、垫料、五金用品等出厂合格证或有关质量证明文件

3)材料、构配件进场检验记录

4)设备开箱检验记录

5)设备及管道附件试验记录

6)工程物资进场报验表

(4)施工记录

1)隐蔽工程验收记录

2)交接检查记录

3)设备安装记录

(5) 施工试验记录及检测报告

设备单机试运转记录

(6)施工质量验收记录

1)空气处理设备安装检验批质量验收记录(Ⅲ)(净化空调系统)

2)中、高效过滤器及风机过滤器单元等末端设备清洗与安装分项工程质量验收记录

3)分项/分部工程施工报验表

(7)住宅工程质量分户验收记录表

中、高效过滤器及风机过滤器单元等末端设备清洗与安装质量分户验收记录表

8.9 风管与设备绝热

风管与设备绝热资料列表

(1)施工管理资料

施工日志

(2)施工技术资料

1)风管与设备绝热技术交底记录

2)设计变更、工程洽商记录

(3)施工物资资料

1)绝热材料的出厂合格证或质量鉴定文件

2)阻燃保温材料燃烧试验记录

3)相关材料试验报告

4)材料、构配件进场检验记录

5)工程物资进场报验表

(4)施工记录

1)隐蔽工程验收记录

2)管道及设备保温施工记录

(5)施工质量验收记录

1)风管与设备绝热检验批质量验收记录

2)风管与设备绝热分项工程质量验收记录

3)分项/分部工程施工报验表

8.10　系统调试

8.10.1　系统调试资料列表

(1)施工管理资料

调试单位资质证书和调试人员岗位证书

(2)施工技术资料

1)工程技术文件报审表

2)系统调试方案

3)技术交底记录

①系统调试方案技术交底记录

②系统调试工程技术交底记录

4)工程洽商记录

(3)施工物资资料

仪器、仪表出厂合格证及经校验合格的证明文件

(4)施工试验记录及检测报告

1)设备单机试运转记录

2)空调系统试运转调试记录

3)净化空调系统测试记录

4)系统无生产负荷联合试运转与调试记录

5)通风与空调系统综合调试记录

(5)施工质量验收记录

1)通风与空调工程系统调试验收记录表

2)系统调试分项工程质量验收记录

3)分项/分部工程施工报验表

8.10.2 系统调试资料填写范例及说明

<table>
<tr><td colspan="3">净化空调系统测试记录</td><td>编 号</td><td colspan="2">×××</td></tr>
<tr><td>工程名称</td><td colspan="2">××工程</td><td>试验日期</td><td colspan="2">2015年×月×日</td></tr>
<tr><td>系统名称</td><td colspan="2">净化空调系统</td><td>洁净室级别</td><td colspan="2">3级和4级</td></tr>
<tr><td>仪器型号</td><td colspan="2">光学粒子计数器 1L/min</td><td>仪器编号</td><td colspan="2">×××</td></tr>
<tr><td rowspan="8">高效
过滤器</td><td>型 号</td><td>D类</td><td>数 量</td><td colspan="2">4台</td></tr>
<tr><td rowspan="7">测试内容</td><td colspan="4">首先测试高效过滤器的风口处的出风量是否符合设计要求；</td></tr>
<tr><td colspan="4">然后用扫描法在过滤器下风侧用粒子计数器动力采样头；</td></tr>
<tr><td colspan="4">对高效过滤器表面、边框、封头胶处移动扫描而测出泄漏率是否超出设计参数。</td></tr>
<tr><td colspan="4"></td></tr>
<tr><td colspan="4"></td></tr>
<tr><td colspan="4"></td></tr>
<tr><td colspan="4"></td></tr>
<tr><td rowspan="7">室内
洁净度</td><td rowspan="7">测试内容</td><td colspan="3">实测洁净等级</td><td>室内洁净面积（m²）</td></tr>
<tr><td colspan="3">根据检测数据(静态下)悬浮粒子浓度达到3级洁净度</td><td>20</td></tr>
<tr><td colspan="3">根据检测数据(空态下)悬浮粒子浓度达到4级洁净度</td><td>40</td></tr>
<tr><td colspan="3"></td><td></td></tr>
<tr><td colspan="3"></td><td></td></tr>
<tr><td colspan="3"></td><td></td></tr>
<tr><td colspan="3"></td><td></td></tr>
<tr><td colspan="6">测试结论：

通过以上检测记录及数据符合设计及《通风与空调工程施工质量验收规范》(GB 50243－2002)要求，检测结果为合格。</td></tr>
</table>

<table>
<tr><td rowspan="3">签
字
栏</td><td rowspan="2">建设(监理)单位</td><td>施工单位</td><td colspan="2">××机电工程有限公司</td></tr>
<tr><td>专业技术负责人</td><td>专业质检员</td><td>专业工长</td></tr>
<tr><td>×××</td><td>×××</td><td>×××</td><td>×××</td></tr>
</table>

本表由施工单位填写，建设单位、施工单位、城建档案馆各保存一份。

净化空调系统测试记录填写说明

【相关规定及要求】

1. 净化空调系统无生产负荷试运转时，应对系统中的高效过滤器进行泄漏测试，并对室内洁净度进行测定；按《通风与空调工程施工质量验收规范》(GB 50243－2002)附录B中的B.3条和B.4条规定执行并填写。

2. 净化空调系统运行前应在回风、新风的吸入口处和粗、中效过滤器前设置临时用过滤器(如无纺布等)，实行对系统的保护。净化空调系统的检测和调整，应在系统进行全面清扫，且运行24h及以上达到稳定后进行。

3. 空气过滤器泄漏测试。

(1) 高效过滤器的检漏，应使用采样速率大于1L/min的光学粒子计数器。D类高效过滤器宜使用激光粒子计数器或凝结核计数器。

(2) 采用粒子计数器检漏高效过滤器，其上风侧应引入均匀浓度的大气尘或含其他气溶胶尘的空气。对大于等于0.5μm尘粒，浓度应大于或等于3.5×10^5pc/m^3；或对大于或等于0.1μm尘粒，浓度应大于或等于3.5×10^7pc/m^3；若检测D类高效过滤器，对大于或等于0.1μm尘粒，浓度应大于或等于3.5×10^9pc/m^3。

(3) 高效过滤器的检测采用扫描法，即在过滤器下风侧用粒子计数器的等动力采样头，放在距离被检部位表面20mm～30mm处，以5mm/s～20mm/s的速度，对过滤器的表面、边框和封头胶处进行移动扫描检查。

(4) 泄漏率的检测应在接近设计风速的条件下进行。将受检高效过滤器下风测得的泄漏浓度换算成透过率，高效过滤器不得大于出厂合格透过率的2倍；D类高效过滤器不得大于出厂合格透过率的3倍。

(5) 在移动扫描检测工程中，应对计数突然递增的部位进行定点检验。

4. 室内空气洁净度等级的检测。

(1) 空气洁净度等级的检测应在设计指定的占用状态(空态、静态、动态)下进行。

(2) 检测仪器的选用：应使用采样速率大于1L/min的光学粒子计数器，在仪器选用时应考虑粒径鉴别能力，粒子浓度适用范围和计数效率。仪表应有有效的标定合格证书。

(3) 采样点的规定。

1) 最低限度的采样点数N_L，见表8-1。

表8-1　　最低限度的采样点数 N_L 表

测点数 N_L	2	3	4	5	6	7	8	9	10
洁净区面积 A(m^2)	2.1～6.0	6.1～12.0	12.1～20.0	20.1～30.0	30.1～42.0	42.1～56.0	56.1～72.0	72.1～90.0	90.1～110.0

注：1. 在水平单向流时．面积A为与气流方向呈垂直的流动空气截面的面积。

2. 最低限度的采样点数N_L按公式$N_L=A^{0.5}$计算(四舍五入取整数)。

2) 采样点应均匀分布于整个面积内，并位于工作区的高度(距地坪0.8m的水平面)，或设计单位、业主特指的位置。

(4) 采样量的确定。

1）每次采样的最少采样量见表 8-2。

表 8-2　　每次采样的最少采样量 V_s(L)表

洁净度等级	粒　　径(μm)					
	0.1	0.2	0.3	0.5	1.0	5.0
1	2000	8400	—	—	—	—
2	200	840	1960	5680	—	—
3	20	84	196	568	2400	—
4	2	8	20	57	240	—
5	2	2	2	6	24	680
6	2	2	2	2	2	68
7	—	—	—	2	2	7
8	—	—	—	2	2	2
9	—	—	—	2	2	2

2）每个采样点的最少采样时间为 1min，采样量至少为 2L。

3）每个洁净室(区)最少采样次数为 3 次。当洁净区仅有一个采样点时，则在该点至少采样 3 次。

4）对预期空气洁净度等级达到 4 级或更洁净的环境，采样量很大，可采用 ISO 14644－1 附录 F 规定的顺序采样法。

(5) 检测采样的规定。

1）采样时采样口处的气流速度，应尽可能接近室内的设计气流速度。

2）对单向流洁净室，其粒子计数器的采样管口应迎着气流方向；对于非单向流洁净室，采样管口宜向上。

3）采样管必须干净，连接处不得有渗漏。采样管的长度应根据允许长度确定，如果无规定时. 不宜大于 1.5m。

4）室内的测定人员必须穿洁净工作服，且不宜超过 3 名，并应远离或位于采样点的下风侧静止不动或微动。

(6) 记录数据评价。空气洁净度测试中，当全室(区)测点为 2～9 点时，必须计算每个采样点的平均粒子浓度 C_i 值、全部采样点的平均粒子浓度 N 及其标准差，导出 95％置信上限值；采样点超过 9 点时，可采用算术平均值 N 作为置信上限值。

1）每个采样点的平均粒子浓度 C_i 应小于或等于洁净度等级规定的限值，见表 8-3。

表 8-3　**洁净度等级及悬浮粒子浓度限值**

洁净度等级	大于或等于表中粒径 D 的最大浓度 C_n（pc/m³）					
	0.1μm	0.2μm	0.3μm	0.5μm	1.0μm	5.0μm
1	10	2	—	—	—	—
2	100	24	10	4	—	—
3	1000	237	102	35	8	—
4	10000	2370	1020	352	83	—
5	100000	23700	10200	3520	832	29
6	1000000	237000	102000	35200	8320	293
7	—	—	—	352000	83200	2930
8	—	—	—	3520000	832000	29300
9	—	—	—	35200000	8320000	293000

注：1. 本表仅表示了整数值的洁净度等级（N）悬浮粒子最大浓度的限值。

2. 对于非整数洁净度等级，其对应于粒子粒径 D(μm) 的最大浓度限值（C_n），应按下式计算求取。

$$C_n = 10^N \times \left(\frac{0.1}{D}\right)^{2.08}$$

3. 洁净度等级定级的粒径范围为 0.1～5.0μm，用于定级的粒径数不应大于 3 个，且其粒径的顺序级差不应小于 1.5 倍。

2）全部采样点的平均粒子浓度 N 的 95％置信上限值，应小于或等于洁净度等级规定的限值。即：

$$(N + t \times s/\sqrt{n}) \leqslant \text{级别规定的限值}$$

式中：

N——室内各测点平均含尘浓度，$N = \sum C_i / n$；

n——测点数；

s——室内各测点平均含尘浓度 N 的标准差：$s = \sqrt{\dfrac{(C_i - N)^2}{n-1}}$；

t——置信度上限为 95％时，单侧 t 分布的系数，见表 8-4。

表 8-4　**t 系数**

点数	2	3	4	5	6	7～9
t	6.3	2.9	2.4	2.1	2.0	1.9

（7）每次测试应做记录，并提交性能合格或不合格的测试报告。测试报告应包括以下内容：

1）测试机构的名称、地址。

2）测试日期和测试者签名。

3）执行标准的编号及标准实施日期。

4）被测试的洁净室或洁净区的地址、采样点的特定编号及坐标图。

5）被测洁净室或洁净区的空气洁净度等级、被测粒径（或沉降菌、浮游菌）、被测洁净室所处的状态、气流流型和静压差。

6）测量用的仪器的编号和标定证书；测试方法细则及测试中的特殊情况。

7）测试结果包括在全部采样点坐标图上注明所测的粒子浓度（或沉降菌、浮游菌的菌落数）。

8）对异常测试值进行说明及数据处理。

第9章　冷凝水系统

9.1　管道系统及部件安装

9.1.1　管道系统及部件安装资料列表

(1)施工管理资料

施工日志;合格焊工登记表及其特种作业资格证书

(2)施工技术资料

1)空调冷凝水系统管道系统及部件安装技术交底记录

2)图纸会审、设计变更、工程洽商记录

(3)施工物资资料

1)空调水系统的管道、管配件及阀门的出厂合格证、质量合格证明及检测报告。

2)材料、构配件进场检验记录

3)设备开箱检验记录

4)工程物资进场报验表

(4)施工记录

1)隐蔽工程验收记录

2)交接检查记录

3)自检记录

(5)施工试验记录及检测报告

1)灌(满)水试验记录

2)强度严密性试验记录

3)凝结水系统充水试验记录

4)管道焊接检验记录

(6)施工质量验收记录

1)空调水系统安装检验批质量验收记录(Ⅲ)(设备)

2)空调冷凝水系统管道系统及部件安装分项工程质量验收记录

3)分项/分部工程施工报验表

(7)住宅工程质量分户验收记录表

空调冷凝水系统管道系统及部件安装质量分户验收记录表

9.1.2　管道系统及部件安装资料填写范例及说明

材料、构配件进场检验记录					编　　号	×××	
工程名称	××工程				检验日期	2015年×月×日	
序号	名称	规格型号(mm)	进场数量(t)	生产厂家 合格证号	检验项目	检验结果	备　　注
1	多叶调节阀	320×160	60	××有限公司 L12Z0209	型号、规格、材质及连接形式	合　格	
2	手动调节阀	630×300	10	××有限公司 L1CZ0348	型号、规格、材质及连接形式	合　格	

检验结论：

经外观目测、多叶调节阀和手动调节阀符合要求，合格。

签字栏	建设(监理)单位	施工单位	××机电工程有限公司	
		专业质检员	专业工厂	检 验 员
	×××	×××	×××	×××

本表由施工单位填写，监理、施工单位各保存一份。

隐蔽工程验收记录		编　号	×××
工程名称	××工程		
预检项目	空调水导管安装	隐检日期	2015 年×月×日
隐检部位	一层　①-⑫/Ⓐ～Ⓖ　轴线　2.80m　标高		

隐检依据:施工图图号(　设施××　),设计变更/洽商(编号　/　)及有关国家现行标准等。

主要材料名称规格/型号:　镀锌钢管　$DN40 \sim DN20$

隐检内容:

1. 空调水导管采用镀锌钢管,规格 $DN\ 40 \sim DN\ 20$,均为丝扣连接,明露丝接部分刷防锈漆。
2. 管道起始点标高为 2.55m,末端标高 2.65。管道坡度 5‰,应均匀无倒坡、平坡。各管道甩口正确。
3. 管道支架采用角钢∟30×3,吊架吊杆为 $\phi10$,采用 $\phi8$ 膨胀螺栓固定在楼板下,支吊架间距为 4m,防腐良好。
4. 管道穿墙体设置钢制套管大两号,并与墙体饰面齐平,套管内使用不燃绝热材料填塞紧密。
5. 阀门安装位置、高度、进出口方向符合要求,连接牢固紧密。
6. 水压试验结果合格。
7. 支吊架防腐良好。

申报人:×××

检查意见:

经检查,符合设计要求和《通风与空调工程施工质量验收规范》(GB 50243－2002)的规定。

检查结论:　☑同意隐检　　□不同意,修改后进行复查

复查意见:

复查人:　　　　复查日期:

签字栏	建设(监理)单位	施工单位	××机电工程有限公司	
		专业技术负责人	专业质检员	专业工长
	×××	×××	×××	×××

本表由施工单位填写,建设单位、施工单位、城建档案馆各保存一份。

<table>
<tr><td colspan="3">隐蔽工程验收记录</td><td>资料编号</td><td colspan="2">×××</td></tr>
<tr><td colspan="2">工程名称</td><td colspan="4">××办公楼工程</td></tr>
<tr><td colspan="2">隐检项目</td><td colspan="2">冷凝水系统管道安装</td><td>隐检日期</td><td>2015年9月14日</td></tr>
<tr><td colspan="2">隐检部位</td><td colspan="4">三层　吊顶内　轴线　①～⑬/Ⓐ～Ⓖ　标高　7.800～9.020m</td></tr>
<tr><td colspan="6">隐检依据：施工图图号（设施－05），设计变更/洽商（编号 / ）及有关国家现行标准等。
主要材料名称及规格/型号：热镀锌钢管 DN50、DN40、DN32、DN25、DN20</td></tr>
<tr><td colspan="6">隐检内容：
1. 三层冷凝水管采用热镀锌钢管，坐标为①～⑬/Ⓐ～Ⓖ轴，标高为7.800～9.020m，管道定位准确，丝扣连接，坡度为0.5%，符合设计及规范要求。
2. 支架安装：
(1) 管道支吊架距接口距离大于等于50mm，悬吊式管道长度超过15m时，加防摆动固定支架，保温管托架间距4m，采用橡胶垫作为保温管托；
(2) 水平管横担架采用10号槽钢做吊耳，吊耳使用10号膨胀螺栓固定于顶板或梁侧下，采用ϕ10圆钢做吊杆，8号扁钢做抱箍；
(3) 水平管固定支架采用5号角钢做门形架，使用10号膨胀螺栓固定于梁侧，支架朝向一致，符合设计及规范要求。
3. 管道安装横平竖直，各种管径水平管固定点间距小于规范要求的最大间距，符合设计及规范要求。
4. 管道支吊架刷防锈漆两道，附着良好，色泽一致，无脱皮、起泡、流淌和漏涂现象，符合设计及规范要求。
5. 管道穿越墙及楼板设大两号套管，套管之间塞油麻，套管两端填充水泥，油麻填堵均匀密实，水泥填堵均匀密实且与套管两端平齐，符合设计及规范要求。
6. 管道已按照设计要求及施工规范规定完成管道的灌水试验，试验结果合格。
影像资料的部位、数量：
申报人：×××</td></tr>
<tr><td colspan="6">检查意见：
经检查，符合设计要求及施工质量验收规范规定，合格。
检查结论：☑同意隐蔽　□不同意，修改后进行复查</td></tr>
<tr><td colspan="6">复查结论：
复查人：　　复查日期：</td></tr>
<tr><td rowspan="3">签字栏</td><td rowspan="2">施工单位</td><td rowspan="2">××建设集团有限公司</td><td>专业技术负责人</td><td>专业质检员</td><td>专业工长</td></tr>
<tr><td>×××</td><td>×××</td><td>×××</td></tr>
<tr><td>监理（建设）单位</td><td colspan="2">××工程建设监理有限公司</td><td>专业工程师</td><td>×××</td></tr>
</table>

本表由施工单位填写，并附影像资料。

灌(满)水试验记录		编　号	×××
工程名称	××大厦	试验日期	2015年×月×日
预检项目	空调冷凝水灌水试验	试验部位	首层
材　质	热镀锌钢管	规　格	DN 125～DN 20

试验要求：

首层空调水系统凝结水管道做灌水试验，在凝结水水平管道末端封堵。自系统最末端风机盘管手杖水盘处灌水，注满水后观察，管道接口无渗漏为合格。

试验记录：

08:50开始从接水盘及冷凝水管灌水，至08:55灌满，灌水观察水面不下降，同时检查管道及各接口无渗漏现象。

试验结论：

经检查，空调冷凝水灌水试验符合设计及施工验收规范要求，同意验收。

签字栏	建设(监理)单位	施工单位	××机电工程有限公司	
		专业技术负责人	专业质检员	专业工长
	×××	×××	×××	×××

本表由施工单位填写并保存。

灌(满)水试验记录		资料编号	×××
工程名称	××办公楼工程	试验日期	2015 年 9 月 31 日
试验项目	冷凝水系统管道	试验部位	五层吊顶内冷凝水管道
材　　质	镀锌钢管	规　　格	$DN20 \sim DN50$

试验要求：

冷凝水管道灌水试验在满水 15min 水面下降后，再观察 5min，液段不降，管道及接口无渗漏为合格。

试验记录：

上午 8:00 开始，对五层冷凝水水平管道的最低点处的管口进行封堵，将五层楼层上的临时水引至五层吊顶内处于最高点的风机盘管的积水盘内，向冷凝水系统管道内灌水，满水 15min 后，水位有少量下降，再灌满延续 5min，经检查，各个风机盘管积水盘上的液面不下降，管道及接口不渗不漏。至 10:00，灌水试验结束。

试验结论：

经检查，灌水试验符合设计要求及施工规范规定，合格。

签字栏	施工单位	××建设集团有限公司	专业技术负责人	专业质检员	专业工长
			×××	×××	×××
	监理(建设)单位	××工程建设监理有限公司		专业工程师	×××

本表由施工单位填写。

<table>
<tr><td colspan="2">强度严密性试验记录</td><td>编　　号</td><td>×××</td></tr>
<tr><td>工程名称</td><td>××工程</td><td>试验日期</td><td>2015年×月×日</td></tr>
<tr><td>预检项目</td><td>空调水系统</td><td>试验部位</td><td>分路铜阀门</td></tr>
<tr><td>材　　质</td><td>铜</td><td>规　　格</td><td>DN 50、DN 80</td></tr>
<tr><td colspan="4">试验要求：

阀门公称压力为1.6MPa，非金属密封，强度试验为公称压力的1.5倍即2.4MPa。严密性试验压力为公称压力的1.1倍即1.76MPa，强度试验持续时间不少于5min。严密性试验持续时间为15s；试验压力在试验时间内应保持不变，且壳体填料及阀瓣密封面无渗漏。</td></tr>
<tr><td colspan="4">试验记录：

试验从上午9:00开始。DN50铜阀门共10只；DN80铜阀门共16只；逐一试验。先将阀板紧闭，从阀的一端引入压力升压至严密度试验1.8MPa，试验时间15s，压力无下降，再从另一端引入压力，反方向的一端检查其严密性，压力也无变化，无渗漏；封堵一端口，全部打开闸板，从另一端引入压力，升压至强度试验压力2.4MPa进行观察。试验结果，所有试验阀门壳体填料均无渗漏，壳体均无变形，没有压降。试验至11:30结束。</td></tr>
<tr><td colspan="4">试验结论：

经检查，阀门强度及严密性试验符合设计要求《通风与空调工程施工质量验收规范》(GB 50243－2002)的规定，合格。</td></tr>
</table>

<table>
<tr><td rowspan="3">签字栏</td><td rowspan="2">建设(监理)单位</td><td>施工单位</td><td colspan="2">××机电工程有限公司</td></tr>
<tr><td>专业技术负责人</td><td>专业质检员</td><td>专业工长</td></tr>
<tr><td>×××</td><td>×××</td><td>×××</td><td>×××</td></tr>
</table>

本表由施工单位填写，建设单位、施工单位、城建档案馆各保存一份。

<table>
<tr><td colspan="2">强度严密性试验记录</td><td>编　　号</td><td>×××</td></tr>
<tr><td>工程名称</td><td>××工程</td><td>试验日期</td><td>2015 年×月×日</td></tr>
<tr><td>预检项目</td><td>空调水系统综合试压</td><td>试验部位</td><td>全系统(1～12 层)</td></tr>
<tr><td>材　　质</td><td>镀锌钢管</td><td>规　　格</td><td>DN 100～DN 20</td></tr>
<tr><td colspan="4">试验要求：
地下一层导管处工作压力为 0.7MPa,试验压力应不小于工作压力的 1.5 倍。在试验压力下稳压 10min,压力下降不得大于 0.02MPa,再将系统压力降至工作压力的 0.7MPa,外观检查无渗漏为合格。</td></tr>
<tr><td colspan="4">试验记录：
试验压力表设置在地下一层,12 层导管设置排气阀,管道充满水后,9:30 开始缓慢加压至 9:45 分,表压升至 0.4MPa 时,发现 5 层有一处阀门渗漏,泄压后更换阀门,待管道重新补满水后进行加压,10:20 升至试验压力 1.05MPa,观察 10min 至 10:30,表压降为 1.04MPa(压降 0.01MPa),再将压力降为 0.7MPa,持续检查至 10:45,管道及各连接处不渗不漏。</td></tr>
<tr><td colspan="4">试验结论：
经检查,空调水系统综合试验符合设计要求和《通风与空调工程施工质量验收规范》(GB 50243－2002)的规定,合格。</td></tr>
</table>

<table>
<tr><td rowspan="3">签字栏</td><td rowspan="2">建设(监理)单位</td><td>施工单位</td><td colspan="2">××机电工程有限公司</td></tr>
<tr><td>专业技术负责人</td><td>专业质检员</td><td>专业工长</td></tr>
<tr><td>×××</td><td>×××</td><td>×××</td><td>×××</td></tr>
</table>

本表由施工单位填写,建设单位、施工单位、城建档案馆各保存一份。

空调水系统安装检验批质量验收记录（Ⅰ）（金属管道）

06100101001

单位（子单位）工程名称	××大厦	分部（子分部）工程名称	通风与空调/冷凝水系统	分项工程名称	管道系统及部件安装
施工单位	××建筑有限公司	项目负责人	赵斌	检验批容量	2套
分包单位	/	分包单位项目负责人	/	检验批部位	1-2层管道
施工依据	《通风与空调工程施工规范》GB50738-2011		验收依据	《通风与空调工程施工质量验收规范》GB50243-2002	

		验收项目	设计要求及规范规定	最小/实际抽样数量	检查记录	检查结果
主控项目	1	系统的管材与配件验收	第9.2.1条	5/5	质量证明文件齐全，通过进场验收	√
	2	管道柔性接管安装	第9.2.2-3条	5/5	抽查5处，合格5处	√
	3	管道套管	第9.2.2-5条	5/5	抽查5处，合格5处	√
	4	管道补偿器安装及固定支架	第9.2.5条	/	/	
	5	系统与设备贯通冲洗、排污	第9.2.2-4条	/	/	
	6	阀门安装	第9.2.4-1、2条	1/5	抽查5处，合格5处	√
	7	阀门试压	第9.2.4-3条	1/5	抽查5处，合格5处	√
	8	系统试压	第9.2.3条	/	/	
	9	隐蔽管道验收	第9.2.2-1条	5/5	检验合格，资料齐全	√
	10	焊接、镀锌钢管煨弯	第9.2.2-2条	/	/	
一般项目	1	管道焊接连接	第9.3.2条	/	/	
	2	管道螺纹连接	第9.3.3条	5/5	抽查5处，合格5处	100%
	3	管道法兰连接	第9.3.4条	/	/	
	4	(1)坐标　架空及地沟　室外	25	/	/	
		(1)坐标　架空及地沟　室内	15	/	/	
		(1)坐标　埋地	60	/	/	
		(2)标高　架空及地沟　室外	±20	/	/	
		(2)标高　架空及地沟　室内	±15	/	/	
		(2)标高　埋地	±25	/	/	
		(3)水平管平直度　DN≤100mm	2L‰，最大40	/	/	
		(3)水平管平直度　DN＞100mm	3L‰，最大40	/	/	
		(4)立管垂直度	5L‰，最大25	/	/	
		(5)成排管段间距	15	/	/	
		(6)成排管段或成排阀门在同一平面上	3	/	/	
	5	钢塑复合管道安装	第9.3.6条	/	/	
	6	管道沟槽式连接	第9.3.6条	/	/	
	7	管道支、吊架	第9.3.8条	/	/	
	8	阀门及其他部件安装	第9.3.10条	2/5	抽查5处，合格5处	100%
	9	系统放气阀与排水阀	第9.3.10-4条	2/4	抽查4处，合格4处	100%
施工单位检查结果		符合要求 专业工长： 项目专业质量检查员： 2015年××月××日				
监理单位验收结论		合格 专业监理工程师：周明 2015年××月××日				

空调水系统安装检验批质量验收记录(Ⅰ)(金属管道)填写说明

1. 填写依据

(1)《通风与空调工程质量验收规范》GB 50243－2002。

(2)《建筑工程施工质量验收统一标准》GB 50300－2013。

2. 规范摘要

以下内容摘自《通风与空调工程质量验收规范》GB 50243－2002。

(1)主控项目

1)空调工程水系统的设备与附属设备、管道、管配件及阀门的型号、规格、材质及连接形式应符合设计规定。

检查数量:按总数抽查 10%,且不得少于 5 件。

检查方法:观察检查外观质量并检查产品质量证明文件、材料进场验收记录。

2)管道安装应符合下列规定:

①通风与空调工程中的隐蔽工程,在隐蔽前必须经监理人员验收及认可签证。

②焊接钢管、镀锌钢管不得采用热煨弯;

③管道与设备的连接,应在设备安装完毕后进行,与水泵、制冷机组的接管必须为柔性接口。柔性短管不得强行对口连接,与其连接的管道应设置独立支架;

④冷热水及冷却水系统应在系统冲洗、排污合格(目测:以排出口的水色和透明度与入水口对比相近,无可见杂物),再循环试运行 2h 以上,且水质正常后才能与制冷机组、空调设备相贯通;

⑤固定在建筑结构上的管道支、吊架,不得影响结构的安全。管道穿越墙体或楼板处应设钢制套管,管道接口不得置于套管内,钢制套管应与墙体饰面或楼板底部平齐,上部应高出楼层地面 20mm～50mm,并不得将套管作为管道支撑。

保温管道与套管四周间隙应使用不燃绝热材料填塞紧密。

检查数量:系统全数检查。每个系统管道、部件数量抽查 10%,且不得少于 5 件。

检查方法:尺量、观察检查,旁站或查阅试验记录、隐蔽工程记录。

3)管道系统安装完毕,外观检查合格后,应按设计要求进行水压试验。当设计无规定时,应符合下列规定:

①冷热水、冷却水系统的试验压力,当工作压力小于等 1.0MPa 时,为 1.5 倍工作压力,但最低不小于 0.6MPa;当工作压力大于 1.0MPa 时,为工作压力加 0.5MPa。

②对于大型或高层建筑垂直位差较大的冷(热)媒水、冷却水管道系统宜采用分区、分层试压和系统试压相结合的方法。一般建筑可采用系统试压方法。

分区、分层试压:对相对独立的局部区域的管道进行试压。在试验压力下,稳压 10min,压力不得下降,再将系统压力降至工作压力,在 60min 内压力不得下降、外观检查无渗漏为合格。

系统试压:在各分区管道与系统主、干管全部连通后,对整个系统的管道进行系统的试压。试验压力以最低点的压力为准,但最低点的压力不得超过管道与组成件的承受压力。压力试验升至试验压力后,稳压 10min,压力下降不得大于 0.02MPa,再将系统压力降至工作压力,外观检查无渗漏为合格。

③各类耐压塑料管的强度试验压力为 1.5 倍工作压力,严密性工作压力为 1.15 倍的设计工

作压力；

④凝结水系统采用充水试验，应以不渗漏为合格。

检查数量：系统全数检查。

检查方法：旁站观察或查阅试验记录。

4）阀门的安装应符合下列规定：

①阀门的安装位置、高度、进出口方向必须符合设计要求，连接应牢固紧密；

②安装在保温管道上的各类手动阀门，手柄均不得向下；

③阀门安装前必须进行外观检查，阀门的铭牌应符合现行国家标准《通用阀门标志》GB 12220的规定。对于工作压力大于1.0MPa及在主干管上起到切断作用的阀门，应进行强度和严密性试验，合格后方准使用。其他阀门可不单独进行试验，待在系统试压中检验。

强度试验时，试验压力为公称压力的1.5倍，持续时间不少于5min，阀门的壳体、填料应无渗漏。

严密性试验时，试验压力为公称压力的1.1倍；试验压力在试验持续的时间内应保持不变，时间应符合表9-1的规定，以阀瓣密封面无渗漏为合格。

表9-1　阀门压力持续时间

公称直径 DN(mm)	最短试验持续时间(s)	
	严密性试验	
	金属密封	非金属密封
≤50	15	15
65～200	30	15
250～450	60	30
≥500	120	60

检查数量：1、2款抽查5%，且不得少于1个。水压试验以每批（同牌号、同规格、同型号）数量中抽查20%，且不得少于1个。对于安装在主干管上起切断作用的闭路阀门，全数检查。

检查方法：按设计图核对、观察检查；旁站或查阅试验记录。

5）补偿器的补偿量和安装位置必须符合设计及产品技术文件的要求，并应根据设计计算的补偿量进行预拉伸或预压缩。

设有补偿器（膨胀节）的管道应设置固定支架，其结构形式和固定位置应符合设计要求，并应在补偿器的预拉伸（或预压缩）前固定；导向支架的设置应符合所安装产品技术文件的要求。

检查数量：抽查20%，且不得少于1个。

检查方法：观察检查，旁站或查阅补偿器的预拉伸或预压缩记录。

6）冷却塔的型号、规格、技术参数必须符合设计要求。对含有易燃材料冷却塔的安装，必须严格执行施工防火安全的规定。

检查数量：全数检查。

检查方法：按图纸核对，监督执行防火规定。

7）水泵的规格、型号、技术参数应符合设计要求和产品性能指标。水泵正常连续试运行的时间，不应少于2h。

检查数量：全数检查。

检查方法:按图纸核对,实测或查阅水泵试运行记录。

8)水箱、集水缸、分水缸、储冷罐的满水试验或水压试验必须符合设计要求。储冷罐内壁防腐涂层的材质、涂抹质量、厚度必须符合设计或产品技术文件要求,储冷罐与底座必须进行绝热处理。

检查数量:全数检查。

检查方法:尺量、观察检查,查阅试验记录。

(2)一般项目

1)当空调水系统的管道,采用建筑用硬聚氯乙烯(PVC－U)、聚丙烯(PP－R)、聚丁烯(PB)与交联聚乙烯(PEX)等有机材料管道时,其连接方法应符合设计和产品技术要求的规定。

检查数量:按总数抽查 20%,且不得少于 2 处。

检查方法:尺量、观察检查,验证产品合格证书和试验记录。

2)金属管道的焊接应符合下列规定:

①管道焊接材料的品种、规格、性能应符合设计要求。管道对接焊口的组对和坡口形式等应符合表 9-2 的规定;对口的平直度为 1/100,全长不大于 10mm。管道的固定焊口应远离设备,且不宜与设备接口中心线相重合。管道对接焊缝与支、吊架的距离应大于 50mm;

②管道焊缝表面应清理干净,并进行外观质量的检查。焊缝外观质量不得低于现行国家标准《现场设备、工业管道焊接工程施工及验收规范》GB 50236 中第 11.3.3 条的 IV 级规定(氨管为 III 级)。

检查数量:按总数抽查 20%,且不得少于 1 处。

检查方法:尺量、观察检查。

表 9-2　　**管道焊接坡口形式和尺寸**

项次	厚度 T(mm)	坡口名称	坡口形式	坡口尺寸			备注
				间隙 C (mm)	钝边 P (mm)	坡口角度 α (°)	
1	1～3	I 型坡口	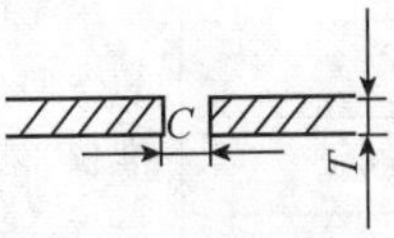	0～1.5	—	—	内壁错边量≤0.1T,且≤2mm;外壁≤3mm
	3～6 双面焊			1～2.5			
2	6～9	V 型坡口	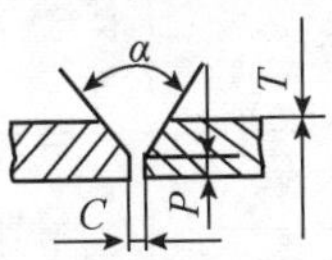	0～2.0	0～2	65～75	
	9～26			0～3.0	0～3	55～65	
3	2～30	T 型坡口	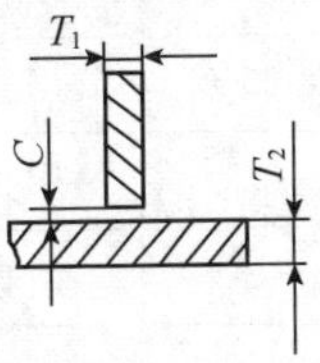	0～2.0	—	—	

3)螺纹连接的管道,螺纹应清洁、规整,断丝或缺丝不大于螺纹全扣数的 10%;连接牢固;接口处根部外露螺纹为 2～3 扣,无外露填料;镀锌管道的镀锌层应注意保护,对局部的破损处,应做防腐处理。

检查数量：按总数抽查 5%，且不得少于 5 处。

检查方法：尺量、观察检查。

4)法兰连接的管道，法兰面应与管道中心线垂直，并同心。法兰对接应平行，其偏差不应大于其外径的 1.5/1000，且不得大于 2mm；连接螺栓长度应一致、螺母在同侧、均匀拧紧。螺栓紧固后不应低于螺母平面。法兰的衬垫规格、品种与厚度应符合设计的要求。

检查数量：按总数抽查 5%，且不得少于 5 处。

检查方法：尺量、观察检查。

5)钢制管道的安装应符合下列规定：

①管道和管件在安装前，应将其内、外壁的污物和锈蚀清除干净。当管道安装间断时，应及时封闭敞开的管口；

②管道弯制弯管的弯曲半径，热弯不应小于管道外径的 3.5 倍、冷弯不应小于 4 倍；焊接弯管不应小于 1.5 倍；冲压弯管不应小于 1 倍。弯管的最大外径与最小外径的差不应大于管道外径的 8/100，管壁减薄率不应大于 15%；

③冷凝水排水管坡度，应符合设计文件的规定。当设计无规定时，其坡度宜大于或等于 8‰；软管连接的长度，不宜大于 150mm；

④冷热水管道与支、吊架之间，应有绝热衬垫(承压强度能满足管道重量的不燃、难燃硬质绝热材料或经防腐处理的木衬垫)，其厚度不应小于绝热层厚度，宽度应大于支、吊架支承面的宽度。衬垫的表面应平整、衬垫接合面的空隙应填实；

⑤管道安装的坐标、标高和纵、横向的弯曲度应符合表 9-3 的规定。在吊顶内等暗装管道的位置应正确，无明显偏差。

表 9-3　　管道安装的允许偏差和检验方法

<table>
<tr><th colspan="3">项目</th><th>允许偏差(mm)</th><th>检查方法</th></tr>
<tr><td rowspan="3">坐标</td><td rowspan="2">架空及地沟</td><td>室外</td><td>25</td><td rowspan="6">按系统检查管道的起点、终点、分支点和变向点及各点之间的直管用经纬仪、水准仪、液体连通器、水平仪、拉线和尺量检查</td></tr>
<tr><td>室内</td><td>15</td></tr>
<tr><td colspan="2">埋地</td><td>60</td></tr>
<tr><td rowspan="3">标高</td><td rowspan="2">架空及地沟</td><td>室外</td><td>±20</td></tr>
<tr><td>室内</td><td>±15</td></tr>
<tr><td colspan="2">埋地</td><td>±25</td></tr>
<tr><td colspan="2" rowspan="2">水平管道平直度</td><td>DN≤100mm</td><td>2L‰，最大 40</td><td rowspan="2">用直尺、拉线和尺量检查</td></tr>
<tr><td>DN>100mm</td><td>3L‰，最大 60</td></tr>
<tr><td colspan="3">立管垂直度</td><td>5L‰，最大 25</td><td>用直尺、线锤、拉线和尺量检查</td></tr>
<tr><td colspan="3">成排管段间距</td><td>15</td><td>用直尺尺量检查</td></tr>
<tr><td colspan="3">成排管段或成排阀门在同一平面上</td><td>3</td><td>用直尺、拉线和尺量检查</td></tr>
</table>

注：L——管道的有效长度(mm)。

检查数量：按总数抽查 10%，且不得少于 5 处。

检查方法：尺量、观察检查。

6)钢塑复合管道的安装，当系统工作压力不大于 1.0MPa 时，可采用涂(衬)塑焊接钢管螺纹连接，与管道配件的连接深度和扭矩应符合表 9-4 的规定；当系统工作压力为 1.0～2.5MPa 时，可采用涂（衬）塑无缝钢管法兰连接或沟槽式连接，管道配件均为无缝钢管涂（衬）塑管件。

沟槽式连接的管道，其沟槽与橡胶密封圈和卡箍套必须为配套合格产品；支、吊架的间距应符合表 9-5 的规定。

表 9-4　　**钢塑复合管螺纹连接深度及紧固扭矩**

公称直径(mm)		15	20	25	32	40	50	65	80	100
螺纹连接	深度(mm)	11	13	15	17	18	20	23	27	33
	牙数	6.0	6.5	7.0	7.5	8.0	9.0	10.0	11.5	13.5
扭矩(N·m)		40	60	100	120	150	200	250	300	400

表 9-5　　**沟槽式连接管道的沟槽及支、吊架的间距**

公称直径(mm)	沟槽深度(mm)	允许偏差(mm)	支、吊架的间距(m)	端面垂直度允许偏差(mm)
65～100	2.20	0～+0.3	3.5	1.0
125～150	2.20	0～+0.3	4.2	1.5
200	2.50	0～+0.3	4.2	
225～250	2.50	0～+0.3	5.0	
300	3.0	0～+0.5	5.0	

注：1. 连接管端面应平整光滑、无毛刺；沟槽过深，应作为废品，不得使用。

2. 支、吊架不得支承在连接头上，水平管的任意两个连接头之间必须有支、吊架。

检查数量：按总数抽查 10%，且不得少于 5 处。

检查方法：尺量、观察检查、查阅产品合格证明文件。

7）风机盘管机组及其他空调设备与管道的连接，宜采用弹性接管或软接管（金属或非金属软管），其耐压值应大于等于 1.5 倍的工作压力。软管的连接应牢固、不应有强扭和瘪管。

检查数量：按总数抽查 10%，且不得少于 5 处。

检查方法：观察、查阅产品合格证明文件。

8）金属管道的支、吊架的型式、位置、间距、标高应符合设计或有关技术标准的要求。设计无规定时，应符合下列规定：

①支、吊架的安装应平整牢固，与管道接触紧密。管道与设备连接处，应设独立支、吊架；

②冷（热）媒水、冷却水系统管道机房内总、干管的支、吊架，应采用承重防晃管架；与设备连接的管道管架宜有减振措施。当水平支管的管架采用单杆吊架时，应在管道起始点、阀门、三通、弯头及长度每隔 15m 设置承重防晃支、吊架；

③无热位移的管道吊架，其吊杆应垂直安装；有热位移的，其吊杆应向热膨胀（或冷收缩）的反方向偏移安装，偏移量按计算确定；

④滑动支架的滑动面应清洁、平整，其安装位置应从支承面中心向位移反方向偏移 1/2 位移值或符合设计文件规定；

⑤竖井内的立管，每隔 2～3 层应设导向支架。在建筑结构负重允许的情况下，水平安装管道支、吊架的间距应符合表 9-6 的规定；

表 9-6　　钢管道支、吊架的最大间距

公称直径(mm)		15	20	25	32	40	50	70	80	100	125	150	200	250	300
支架的最大间距(m)	L_1	1.5	2.0	2.5	2.5	3.0	3.5	4.0	5.0	5.0	5.5	6.5	7.5	8.5	9.5
	L_2	2.5	3.0	3.5	4.0	4.5	5.0	6.0	6.5	6.5	7.5	7.5	9.0	9.5	10.5
	对大于 300mm 的管道可参考 300mm 管道														

注：1. 适用于工作压力不大于 2.0MPa，不保温或保温材料密度不大于 200kg/m³ 的管道系统。

2. L_1 用于保温管道，L_2 用于不保温管道。

⑥道支、吊架的焊接应由合格持证焊工施焊，并不得有漏焊、欠焊或焊接裂纹等缺陷。支架与管道焊接时，管道侧的咬边量，应小于 0.1 管壁厚。

检查数量：按系统支架数量抽查 5%，且不得少于 5 个。

检查方法：尺量、观察检查。

9)采用建筑用硬聚氯乙烯(PVC－U)、聚丙烯(PP－R)与交联聚乙烯(PEX)等管道时，管道与金属支、吊架之间应有隔绝措施，不可直接接触。当为热水管道时，还应加宽其接触的面积。支、吊架的间距应符合设计和产品技术要求的规定。

检查数量：按系统支架数量抽查 5%，且不得少于 5 个。

检查方法：观察检查。

10)阀门、集气罐、自动排气装置、除污器(水过滤器)等管道部件的安装应符合设计要求，并应符合下列规定：

①阀门安装的位置、进出口方向应正确，并便于操作；连接应牢固紧密，启闭灵活；成排阀门的排列应整齐美观，在同一平面上的允许偏差为 3mm；

②电动、气动等自控阀门在安装前应进行单体的调试，包括开启、关闭等动作试验；

③冷冻水和冷却水的除污器(水过滤器)应安装在进机组前的管道上，方向正确且便于清污；与管道连接牢固、严密，其安装位置应便于滤网的拆装和清洗。过滤器滤网的材质、规格和包扎方法应符合设计要求；

④闭式系统管路应在系统最高处及所有可能积聚空气的高点设置排气阀，在管路最低点应设置排水管及排水阀。

检查数量：按规格、型号抽查 10%，且不得少于 2 个。

检查方法：对照设计文件尺量、观察和操作检查。

11)冷却塔安装应符合下列规定：

①基础标高应符合设计的规定，允许误差为±20mm。冷却塔地脚螺栓与预埋件的连接或固定应牢固，各连接部件应采用热镀锌或不锈钢螺栓，其紧固力应一致、均匀；

②冷却塔安装应水平，单台冷却塔安装水平度和垂直度允许偏差均为 2/1000。同一冷却水系统的多台冷却塔安装时，各台冷却塔的水面高度应一致，高差不应大于 30mm；

③冷却塔的出水口及喷嘴的方向和位置应正确，积水盘应严密无渗漏；分水器布水均匀。带转动布水器的冷却塔，其转动部分应灵活，喷水出口按设计或产品要求，方向应一致；

④冷却塔风机叶片端部与塔体四周的径向间隙应均匀。对于可调整角度的叶片，角度应一致。

检查数量：全数检查。

检查方法：尺量、观察检查，积水盘做充水试验或查阅试验记录。

12)水泵及附属设备的安装应符合下列规定：

①水泵的平面位置和标高允许偏差为±10mm，安装的地脚螺栓应垂直、拧紧，且与设备底座接触紧密；

②垫铁组放置位置正确、平稳，接触紧密，每组不超过3块；

③整体安装的泵，纵向水平偏差不应大于0.1/1000，横向水平偏差不应大于0.20/1000；解体安装的泵纵、横向安装水平偏差均不应大于0.05/1000；

水泵与电机采用联轴器连接时，联轴器两轴芯的允许偏差，轴向倾斜不应大于0.2/1000，径向位移不应大于0.05mm；

小型整体安装的管道水泵不应有明显偏斜。

④减震器与水泵及水泵基础连接牢固、平稳、接触紧密。

检查数量：全数检查。

检查方法：扳手试拧、观察检查，用水平仪和塞尺测量或查阅设备安装记录。

13)水箱、集水器、分水器、储冷罐等设备的安装，支架或底座的尺寸、位置符合设计要求。设备与支架或底座接触紧密，安装平正、牢固。平面位置允许偏差为15mm，标高允许偏差为±5mm，垂直度允许偏差为1/1000。

膨胀水箱安装的位置及接管的连接，应符合设计文件的要求。

检查数量：全数检查。

检查方法：尺量、观察检查，旁站或查阅试验记录。

空调水系统安装检验批质量验收记录（Ⅱ）（非金属管道）

06100102002

单位（子单位）工程名称	××大厦	分部（子分部）工程名称	通风与空调/冷凝水系统	分项工程名称	管道系统及部件安装
施工单位	××建筑有限公司	项目负责人	赵斌	检验批容量	1套
分包单位	/	分包单位项目负责人	/	检验批部位	1-2层
施工依据	《通风与空调工程施工规范》GB50738-2011		验收依据	《通风与空调工程施工质量验收规范》GB50243-2002	

		验收项目	设计要求及规范规定	最小/实际抽样数量	检查记录	检查结果
主控项目	1	系统管材与配件验收	第9.2.1条	5/5	质量证明文件齐全，通过进场验收	√
	2	管道柔性接管安装	第9.2.2-3条	5/5	抽查5处，合格5处	√
	3	管道套管	第9.2.2-5条	5/5	抽查5处，合格5处	√
	4	管道补偿器安装及固定支架	第9.2.5条	/	/	
	5	系统冲洗、排污	第9.2.2-4条	/	/	
	6	阀门安装	第9.2.4-1、2条	1/5	抽查5处，合格5处	√
	7	阀门试压	第9.2.4-3条	1/5	抽查5处，合格5处	√
	8	系统试压	第9.2.3条	/	/	
	9	隐蔽管道验收	第9.2.2-1条	5/5	检验合格，资料齐全	√
一般项目	1	PVC-U管道安装	第9.3.1条	2/2	抽查2处，合格2处	100%
	2	PP-R管道安装	第9.3.1条	/	/	
	3	PEX管道安装	第9.3.1条	/	/	
	4	管道与金属支吊架间隔绝	第9.3.9条	5/5	抽查5处，合格5处	100%
	5	管道支、吊架	第9.3.8条	/	/	
	6	阀门安装	第9.3.10条	2/5	抽查5处，合格5处	100%
	7	系统放气阀与排水阀	第9.3.10-4条	2/4	抽查4处，合格4处	100%

施工单位检查结果	符合要求 专业工长： 项目专业质量检查员： 2015年××月××日
监理单位验收结论	合格 专业监理工程师： 2015年××月××日

空调水系统安装检验批质量验收记录(Ⅱ)(非金属管道)填写说明

参见“空调水系统安装检验批质量验收记录(I)(金属管道)”填写说明。

9.2　水泵及附属设备安装

9.2.1　水泵及附属设备安装资料列表

(1)施工管理资料

施工日志;合格焊工登记表及其特种作业资格证书

(2)施工技术资料

1)水泵及附属设备安装技术交底记录

2)图纸会审、设计变更、工程洽商记录

(3)施工物资资料

1)水泵与附属设备的产品合格证、质量合格证明文件、设备说明书、性能检测报告。

2)材料、构配件进场检验记录

3)设备开箱检验记录

4)工程物资进场报验表

(4)施工记录

1)隐蔽工程验收记录

2)交接检查记录

3)设备安装记录

4)自检记录

(5)施工试验记录及检测报告

1)灌(满)水试验记录

2)强度严密性试验记录

3)凝结水系统充水试验记录

4)管道焊接检验记录

(6)施工质量验收记录

1)空调水系统安装检验批质量验收记录(Ⅲ)(设备)

2)空调冷凝水系统水泵及附属设备安装分项工程质量验收记录

3)分项/分部工程施工报验表

(7)住宅工程质量分户验收记录表

空调冷凝水系统水泵及附属设备安装质量分户验收记录表

9.2.2　水泵及附属设备安装资料填写范例及说明

空调水系统安装检验批质量验收记录（Ⅲ）（设备）

06100203003

单位（子单位）工程名称	××大厦	分部（子分部）工程名称	通风与空调/冷凝水系统	分项工程名称	水泵及附属设备安装	
施工单位	××建筑有限公司	项目负责人	赵斌	检验批容量	6台	
分包单位	/	分包单位项目负责人	/	检验批部位	B01空调机房	
施工依据	《通风与空调工程施工规范》GB50738-2011		验收依据	《通风与空调工程施工质量验收规范》GB50243-2002		
		验收项目	设计要求及规范规定	最小/实际抽样数量	检查记录	检查结果
主控项目	1	系统设备与附属设备	第9.2.1条	5/5	质量证明文件齐全，通过进场验收	√
	2	冷却塔安装	第9.2.6条	/	/	
	3	水泵安装	第9.2.7条	/	/	
	4	其他附属设备安装	第9.2.8条	6/6	检验合格，资料齐全	√
一般项目	1	风机盘管机组等与管道连接	第9.3.7条	/	/	
	2	冷却塔安装	第9.3.11条	/	/	
	3	水泵及附属设备安装	第9.3.12条	全/6	抽查6处，合格6处	100%
	4	水箱、集水缸、分水缸、储冷罐等设备安装	第9.3.13条	/	/	
	5	水过滤器等设备安装	第9.3.10-3条	2/2	抽查2处，合格2处	100%
施工单位检查结果	符合要求 专业工长：王彬 项目专业质量检查员：王宇 2015年××月××日					
监理单位验收结论	合格 专业监理工程师：周明 2015年××月××日					

空调水系统安装检验批质量验收记录(Ⅲ)(设备)填写说明

参见“空调水系统安装检验批质量验收记录(Ⅰ)(金属管道)”填写说明。

9.3　管道冲洗

9.3.1　管道冲洗资料列表

(1)施工管理资料

施工日志

(2)施工试验记录及检测报告

冲(吹)洗试验记录

(3)施工质量验收记录

1)空调水系统安装检验批质量验收记录(Ⅰ)(金属管道)

2)空调水系统安装检验批质量验收记录(Ⅱ)(非金属管道)

3)空调水系统安装检验批质量验收记录(Ⅲ)(设备)

4)空调冷凝水系统管道冲洗分项工程质量验收记录

5)分项/分部工程施工报验表

9.3.2　管道冲洗资料填写范例及说明

吹(冲)洗(脱脂)试验记录		编　　号	×××
工程名称	××大厦	试验日期	2015 年×月×日
预检项目	空调水管道	试验部位	7～10 层
试验介质	水	试验方式	利用水泵

试验记录：

空调水管道规格 $\phi25\times3$ 至 $\phi89\times4$，材质为无缝钢管，长 2800m。冲洗时利用消防水泵，将要进行试验的管道各层用 $D25$ 钢管与消防管道串通起来，开启消防水泵，以 1.80m/s 的流速进行冲洗，连续进行约 30min，目测管道流水通畅，管内无污物，水质清澈，在与设备接通前又循环运行 2h 以上。

试验结论：

试验后目测出水口与入水口水质透明度一致，符合设计与《通风与空调工程施工质量验收规范》(GB 50243－2002)的规定，试验合格。

签字栏	建设(监理)单位	施工单位	××机电工程有限公司	
		专业技术负责人	专业质检员	专业工长
	×××	×××	×××	×××

本表由施工单位填写并保存。

9.4　管道、设备防腐

9.4.1　管道、设备防腐资料列表

(1)施工管理资料

施工日志

(2)施工技术资料

1)管道、设备防腐技术交底记录

2)设计变更、工程洽商记录

(3)施工物资资料

1)油漆、涂料的产品合格证及性能检测报告或厂家的质量证明书

2)相关材料试验报告

3)材料、构配件进场检验记录

4)工程物资进场报验表

(4)施工记录

1)隐蔽工程验收记录

2)防腐油漆施工记录

(5)施工质量验收记录

1)管道、设备防腐与绝热检验批质量验收记录

2)管道、设备防腐分项工程质量验收记录

3)分项/分部工程施工报验表

9.4.2　管道、设备防腐资料填写范例及说明

隐蔽工程验收记录		资料编号	×××
工程名称	××办公楼工程		
隐检项目	冷凝水系统管道安装	隐检日期	2015年1月14日
隐检部位	三层　吊顶内　轴线　①～⑬/Ⓐ～Ⓖ　标高　7.800～9.020m		

隐检依据：施工图图号（　设施－05　**），设计变更/洽商（编号**　/　**）及有关国家现行标准等。**

主要材料名称及规格/型号：　热镀锌钢管 $DN50$、$DN40$、$DN32$、$DN25$、$DN20$

隐检内容：

1. 三层冷凝水管采用热镀锌钢管，坐标为①～⑬/Ⓐ～Ⓖ轴，标高为7.800～9.020m，管道定位准确，丝扣连接，坡度为0.5%，符合设计及规范要求。

2. 支架安装：

（1）管道支吊架距接口距离大于等于50mm，悬吊式管道长度超过15m时，加防摆动固定支架，保温管托架间距4m，采用橡胶垫作为保温管托；

（2）水平管横担架采用10号槽钢做吊耳，吊耳使用10号膨胀螺栓固定于顶板或梁侧下，采用 $\phi10$ 圆钢做吊杆，8号扁钢做抱箍；

（3）水平管固定支架采用5号角钢做门形架，使用10号膨胀螺栓固定于梁侧，支架朝向一致，符合设计及规范要求。

3. 管道安装横平竖直，各种管径水平管固定点间距小于规范要求的最大间距，符合设计及规范要求。

4. 管道支吊架刷防锈漆两道，附着良好，色泽一致，无脱皮、起泡、流淌和漏涂现象，符合设计及规范要求。

5. 管道穿越墙及楼板设大两号套管，套管之间塞油麻，套管两端填充水泥，油麻填堵均匀密实，水泥填堵均匀密实且与套管两端平齐，符合设计及规范要求。

6. 管道已按照设计要求及施工规范规定完成管道的灌水试验，试验结果合格。

影像资料的部位、数量：

申报人：×××

检查意见：

经检查，符合设计要求及施工质量验收规范规定，合格。

检查结论：　☑同意隐蔽　　□不同意，修改后进行复查

复查结论：

复查人：　　　　**复查日期：**

签字栏	施工单位	××建设集团有限公司	专业技术负责人	专业质检员	专业工长
			×××	×××	×××
	监理（建设）单位	××工程建设监理有限公司		专业工程师	×××

本表由施工单位填写，并附影像资料。

管道、设备防腐与绝热检验批质量验收记录

06100401001

单位（子单位）工程名称	××大厦	分部（子分部）工程名称	通风与空调/冷凝水系统	分项工程名称	管道、设备防腐
施工单位	××建筑有限公司	项目负责人	赵斌	检验批容量	14 件
分包单位	/	分包单位项目负责人	/	检验批部位	1-2 层
施工依据	《通风与空调工程施工规范》GB50738-2011		验收依据	《通风与空调工程施工质量验收规范》GB50243-2002	

		验收项目		设计要求及规范规定	最小/实际抽样数量	检查记录	检查结果
主控项目	1	风管和管道的绝热材料		第 10.2.1 条	/	/	
	2	防腐涂料和油漆		第 10.2.2 条	1/1	质量证明文件齐全，通过进场验收	√
	3	使用不燃绝热材料		第 10.2.3 条	/	/	
	4	管道隔汽层(防潮层)		第 10.2.4 条	/	/	
	5	洁净室内风管及管道的绝热		第 10.2.5 条	/	/	
一般项目	1	喷、涂油漆的漆膜质量		均匀无缺陷	2/2	抽查 2 处，合格 2 处	100%
	2	油漆喷、涂，不得遮盖铭牌标志和影响部件的功能使用		第 10.3.2 条	2/2	抽查 2 处，合格 2 处	100%
	3	风管系统部件的绝热，不得影响其操作功能		第 10.3.3 条	2/2	抽查 2 处，合格 2 处	100%
	4	绝热材料层	表面质量	应密实无缺陷	/	/	
			表面平整度 卷材、板材	5mm	/	/	
			表面平整度 涂抹或其他	10mm	/	/	
			防潮层	应完整，且封闭良好；其搭连缝应顺水	/	/	
	5	风管绝热层采用粘结方法固定时，施工质量		第 10.3.5 条	/	/	
	6	风管绝热层采用保温钉连接固定，施工质量		第 10.3.6 条	/	/	
	7	绝热涂料作绝热层		第 10.3.7 条	/	/	
	8	玻璃纤维布作绝热保护层		第 10.3.8 条	/	/	
	9	管道阀门、过滤器及法兰位的绝热结构		应能单独拆卸	/	/	
	10	管道绝热层的施工质量		第 10.3.10 条	/	/	
	11	管道防潮层的施工质量		第 10.3.11 条	/	/	
	12	金属保护壳的施工质量		第 10.3.12 条	/	/	
	13	冷热源机房内制冷系统管道的外表面，应做色标		第 10.3.13 条	/	/	
施工单位检查结果	符合要求 专业工长：王彬 项目专业质量检查员：孟宇 2015 年××月××日						
监理单位验收结论	合格 专业监理工程师：周明 2015 年××月××日						

管道、设备防腐与绝热检验批质量验收记录填写说明

参见“风管与设备防腐检验批质量验收记录”填写说明。

9.5 管道、设备绝热

9.5.1 管道、设备绝热资料列表

(1)施工管理资料

施工日志

(2)施工技术资料

1)管道、设备绝热技术交底记录

2)设计变更、工程洽商记录

(3)施工物资资料

1)绝热材料的出厂合格证或质量鉴定文件

2)阻燃保温材料燃烧试验记录

4)相关材料试验报告

5)材料、构配件进场检验记录

6)工程物资进场报验表

(4)施工记录

1)隐蔽工程验收记录

2)管道及设备保温施工记录

(5)施工质量验收记录

1)管道、设备防腐与绝热检验批质量验收记录

2)管道、设备绝热分项工程质量验收记录

3)分项/分部工程施工报验表

9.6　系统压力试验及调试

9.6.1　系统压力试验及调试资料列表

(1)施工管理资料

调试单位资质证书和调试人员岗位证书

(2)施工技术资料

1)工程技术文件报审表

2)系统调试方案

3)技术交底记录

①系统调试方案技术交底记录

②系统调试工程技术交底记录

4)工程洽商记录

(3)施工物资资料

仪器、仪表出厂合格证及经校验合格的证明文件

(4)施工试验记录及检测报告

空调水系统试运转调试记录

(5)施工质量验收记录

1)空调水系统安装检验批质量验收记录(Ⅰ)(金属管道)

2)空调水系统安装检验批质量验收记录(Ⅱ)(非金属管道)

3)空调水系统安装检验批质量验收记录(Ⅲ)(设备)

4)系统压力试验及调试分项工程质量验收记录

5)分项/分部工程施工报验表

9.6.2 系统压力试验及调试资料填写范例及说明

空调水系统试运转调试记录		编　　号	×××
工程名称	××工程	试运转调试日期	2015年×月×日
设计空调冷(热)水总流量($Q_{设}$)(m^3/h)	110	相对差	5.1%
实际空调冷(热)水总流量($Q_{实}$)(m^3/h)	103.6		
空调冷(热)水供水温度(℃)	12	空调冷(热)水回水温度(℃)	7
设计冷却水总流量($Q_{设}$)(m^3/h)	130	相对差	2.7%
实际冷却水总流量($Q_{实}$)(m^3/h)	126.4		
冷却水供水温度(℃)	37	冷却水回水温度(℃)	32

试运转、调试内容：

本工程空调水系统K6～8及K11～14为带风机盘管系统，调试时按开机顺序冷却水泵→冷却塔→冷冻水泵→冷水机组进行调试运行。所有系统共有78台风机盘管，YGFC－04－CC－2S 15台、YGFC－03－CC－2S 10台、YGFC－06－CC－2S 34台、YGFC－06－CC－3S 12台、YGFC－08－CC－2S 7台，运行中随时测温、测噪声，检查有无异常情况。由上午7时开机至下午5时关机(关机顺序与开机反向)，运行10h(规范是大于8h)，达到设计要求：风机盘管噪声45dB，室内温度＋26℃。

试运转、调试结论：

系统联动试运转时，设备及主要部件联动中协调、运转正确，无异常现象，所测数值均达到设计和《通风与空调工程施工质量验收规范》(GB 50243－2002)的要求。

签字栏	建设(监理)单位	施工单位	××机电工程有限公司	
		专业技术负责人	专业质检员	专业工长
	×××	×××	×××	×××

本表由施工单位填写，建设单位、施工单位、城建档案馆各保存一份。

空调水系统试运转调试记录填写说明

【相关规定及要求】

1. 空调水系统试运转及调试包括两个方面：一是冷却塔、泵等组合的冷却水系统；二是风机盘管的冷却水系统的调试，都应有记录。

2. 通风与空调工程进行无生产负荷联合试运转及调试，应在制冷设备和通风与空调工程设备单机试运转合格后进行。空调系统带冷（热）源的正常联合试运转不应少于 8h，当竣工季节与设计条件相差较大时，仅做不带冷（热）源的试运转。

3. 空调冷（热）水、冷却水总流量的实际流量与设计流量的相对偏差不应大于 10%，为调试合格。空调冷（热）水、冷却水进出水温度应符合设计要求及规范规定。

4. 空调工程水系统应冲洗干净，不含杂物，并排除管道系统中的空气；系统连续运行应达到正常、平稳；水泵的压力和水泵电机的电流不应出现大幅波动，系统平衡调整后，各空调机组的水流量应符合设计要求，允许偏差为 20%。

5. 多台冷却塔并联运行时，各冷却塔的进、出水量应达到均衡一致。

【填写要点】

1. 记录内容包括工程名称、试运转调试日期、设计空调冷（热）水总流量（$Q_{设}$）、实际空调冷（热）水总流量（$Q_{实}$）、相对差、空调冷（热）水供回水温度、设计冷却水总流量（$Q_{设}$）、实际冷却水总流量（$Q_{实}$）、冷却水供回水温度、试运转内容及结论等。

2. 试运转、调试内容：应将试运转调试项目、具体内容描述清楚。如本工程空调水系统的调试顺序、调试时间、运行中测温测噪声数值、检查有无异常情况等。

3. 试运转、调试结论：应明确是否达到设计、规范要求。

第10章 空调(冷、热)水系统

10.1 管道系统及部件安装

10.1.1 管道系统及部件安装资料列表

(1)施工管理资料

施工日志;合格焊工登记表及其特种作业资格证书

(2)施工技术资料

1)空调(冷、热)水系统管道系统及部件安装技术交底记录

2)图纸会审、设计变更、工程洽商记录

(3)施工物资资料

1)空调水系统的管道、管配件及阀门的出厂合格证、质量合格证明及检测报告。

2)材料、构配件进场检验记录

3)设备开箱检验记录

4)工程物资进场报验表

(4)施工记录

1)隐蔽工程验收记录

2)交接检查记录

3)自检记录

(5)施工试验记录及检测报告

1)灌(满)水试验记录

2)强度严密性试验记录

3)管道焊接检验记录

(6)施工质量验收记录

1)空调水系统安装检验批质量验收记录(Ⅰ)(金属管道)

2)空调水系统安装检验批质量验收记录(Ⅱ)(非金属管道)

3)空调(冷、热)水系统管道系统及部件安装分项工程质量验收记录

4)分项/分部工程施工报验表

(7)住宅工程质量分户验收记录表

空调(冷、热)水系统管道系统及部件安装质量分户验收记录表

10.1.2　管道系统及部件安装资料填写范例及说明

隐蔽工程验收记录		编　号	×××
工程名称	××工程		
预检项目	空调水导管安装	隐检日期	2015 年×月×日
隐检部位	一层　①-⑫/Ⓐ～Ⓖ　轴线　2.80m　标高		

隐检依据：施工图图号（　设施××　），设计变更/洽商（编号　/　）及有关国家现行标准等。

主要材料名称规格/型号：镀锌钢管　*DN*40～*DN*20

隐检内容：

1. 空调水导管采用镀锌钢管，规格 *DN* 40～*DN* 20，均为丝扣连接，明露丝接部分刷防锈漆。
2. 管道起始点标高为 2.55m，末端标高 2.65。管道坡度 5‰，应均匀无倒坡、平坡。各管道甩口正确。
3. 管道支架采用角钢∟30×3，吊架吊杆为 ϕ10，采用 ϕ8 膨胀螺栓固定在楼板下，支吊架间距为 4m，防腐良好。
4. 管道穿墙体设置钢制套管大两号，并与墙体饰面齐平，套管内使用不燃绝热材料填塞紧密。
5. 阀门安装位置、高度、进出口方向符合要求，连接牢固紧密。
6. 水压试验结果合格。
7. 支吊架防腐良好。

申报人：×××

检查意见：

经检查，符合设计要求和《通风与空调工程施工质量验收规范》(GB 50243－2002)的规定。

检查结论：　☑同意隐检　　□不同意，修改后进行复查

复查意见：

复查人：　　　　复查日期：

签字栏	建设(监理)单位	施工单位	××机电工程有限公司	
		专业技术负责人	专业质检员	专业工长
	×××	×××	×××	×××

本表由施工单位填写，建设单位、施工单位、城建档案馆各保存一份。

<table>
<tr><td colspan="2">强度严密性试验记录</td><td>编　　号</td><td>×××</td></tr>
<tr><td>工程名称</td><td>××工程</td><td>试验日期</td><td>2015年×月×日</td></tr>
<tr><td>预检项目</td><td>空调水系统</td><td>试验部位</td><td>分路铜阀门</td></tr>
<tr><td>材　　质</td><td>铜</td><td>规　　格</td><td>DN 50、DN 80</td></tr>
<tr><td colspan="4">试验要求：
阀门公称压力为1.6MPa,非金属密封,强度试验为公称压力的1.5倍即2.4MPa。严密性试验压力为公称压力的1.1倍即1.76MPa,强度试验持续时间不少于5min。严密性试验持续时间为15s;试验压力在试验时间内应保持不变,且壳体填料及阀瓣密封面无渗漏。</td></tr>
<tr><td colspan="4">试验记录：
试验从上午9:00开始。DN50铜阀门共10只;DN80铜阀门共16只;逐一试验。先将阀板紧闭,从阀的一端引入压力升压至严密度试验1.8MPa,试验时间15s,压力无下降,再从另一端引入压力,反方向的一端检查其严密性,压力也无变化,无渗漏;封堵一端口,全部打开闸板,从另一端引入压力,升压至强度试验压力2.4MPa进行观察。试验结果,所有试验阀门壳体填料均无渗漏,壳体均无变形,没有压降。试验至11:30结束。</td></tr>
<tr><td colspan="4">试验结论：
经检查,阀门强度及严密性试验符合设计要求《通风与空调工程施工质量验收规范》(GB 50243－2002)的规定,合格。</td></tr>
</table>

<table>
<tr><td rowspan="3">签字栏</td><td rowspan="2">建设(监理)单位</td><td>施工单位</td><td colspan="2">××机电工程有限公司</td></tr>
<tr><td>专业技术负责人</td><td>专业质检员</td><td>专业工长</td></tr>
<tr><td>×××</td><td>×××</td><td>×××</td><td>×××</td></tr>
</table>

本表由施工单位填写,建设单位、施工单位、城建档案馆各保存一份。

<table>
<tr><td colspan="2">强度严密性试验记录</td><td>编　　号</td><td>×××</td></tr>
<tr><td>工程名称</td><td>××工程</td><td>试验日期</td><td>2015 年×月×日</td></tr>
<tr><td>预检项目</td><td>空调水系统综合试压</td><td>试验部位</td><td>全系统(1～12 层)</td></tr>
<tr><td>材　　质</td><td>镀锌钢管</td><td>规　　格</td><td>DN 100～DN 20</td></tr>
<tr><td colspan="4">试验要求：
地下一层导管处工作压力为 0.7MPa,试验压力应不小于工作压力的 1.5 倍。在试验压力下稳压 10min,压力下降不得大于 0.02MPa,再将系统压力降至工作压力的 0.7MPa,外观检查无渗漏为合格。</td></tr>
<tr><td colspan="4">试验记录：
试验压力表设置在地下一层,12 层导管设置排气阀,管道充满水后,9:30 开始缓慢加压至 9:45 分,表压升至 0.4MPa 时,发现 5 层有一处阀门渗漏,泄压后更换阀门,待管道重新补满水后进行加压,10:20 升至试验压力 1.05MPa,观察 10min 至 10:30,表压降为 1.04MPa(压降 0.01MPa),再将压力降为 0.7MPa,持续检查至 10:45,管道及各连接处不渗不漏。</td></tr>
<tr><td colspan="4">试验结论：
经检查,空调水系统综合试验符合设计要求和《通风与空调工程施工质量验收规范》(GB 50243－2002)的规定,合格。</td></tr>
</table>

<table>
<tr><td rowspan="3">签字栏</td><td rowspan="2">建设(监理)单位</td><td>施工单位</td><td colspan="2">××机电工程有限公司</td></tr>
<tr><td>专业技术负责人</td><td>专业质检员</td><td>专业工长</td></tr>
<tr><td>×××</td><td>×××</td><td>×××</td><td>×××</td></tr>
</table>

本表由施工单位填写,建设单位、施工单位、城建档案馆各保存一份。

10.2　水泵及附属设备安装

10.2.1　水泵及附属设备安装资料列表

(1)施工管理资料

施工日志;合格焊工登记表及其特种作业资格证书

(2)施工技术资料

1)水泵及附属设备安装技术交底记录

2)图纸会审、设计变更、工程洽商记录

(3)施工物资资料

1)水泵与附属设备的产品合格证、质量合格证明文件、设备说明书、性能检测报告。

2)材料、构配件进场检验记录

3)设备开箱检验记录

4)工程物资进场报验表

(4)施工记录

1)隐蔽工程验收记录

2)交接检查记录

3)设备安装记录

4)自检记录

(5)施工试验记录及检测报告

1)灌(满)水试验记录

2)强度严密性试验记录

3)管道焊接检验记录

(6)施工质量验收记录

1)空调水系统安装检验批质量验收记录(Ⅰ)(金属管道)

2)空调水系统安装检验批质量验收记录(Ⅱ)(非金属管道)

3)空调水系统安装检验批质量验收记录(Ⅲ)(设备)

4)空调(冷、热)系统水泵及附属设备安装分项工程质量验收记录

5)分项/分部工程施工报验表

(7)住宅工程质量分户验收记录表

空调(冷、热)系统水泵及附属设备安装质量分户验收记录表

10.3　管道冲洗

10.3.1　管道冲洗资料列表

(1)施工管理资料

施工日志

(2)施工试验记录及检测报告

冲(吹)洗试验记录

(3)施工质量验收记录

1)空调水系统安装检验批质量验收记录(Ⅰ)(金属管道)

2)空调水系统安装检验批质量验收记录(Ⅱ)(非金属管道)

3)空调水系统安装检验批质量验收记录(Ⅲ)(设备)

4)空调冷凝水系统管道冲洗分项工程质量验收记录

5)分项/分部工程施工报验表

10.3.2　管道冲洗资料填写范例及说明

吹(冲)洗(脱脂)试验记录		编　　号	×××
工程名称	××大厦	试验日期	2015 年×月×日
预检项目	空调水管道	试验部位	7～10 层
试验介质	水	试验方式	利用水泵

试验记录：

空调水管道规格 $\phi25\times3$ 至 $\phi89\times4$，材质为无缝钢管，长 2800m。冲洗时利用消防水泵，将要进行试验的管道各层用 $D25$ 钢管与消防管道串通起来，开启消防水泵，以 1.80m/s 的流速进行冲洗，连续进行约 30min，目测管道流水通畅，管内无污物，水质清澈，在与设备接通前又循环运行 2h 以上。

试验结论：

试验后目测出水口与入水口水质透明度一致，符合设计与《通风与空调工程施工质量验收规范》(GB 50243－2002)的规定，试验合格。

<table>
<tr><td rowspan="3">签
字
栏</td><td rowspan="2">建设(监理)单位</td><td>施工单位</td><td colspan="2">××机电工程有限公司</td></tr>
<tr><td>专业技术负责人</td><td>专业质检员</td><td>专业工长</td></tr>
<tr><td>×××</td><td>×××</td><td>×××</td><td>×××</td></tr>
</table>

本表由施工单位填写并保存。

10.4　管道、设备防腐

管道、设备防腐资料列表

(1)施工管理资料

施工日志

(2)施工技术资料

1)管道、设备防腐技术交底记录

2)设计变更、工程洽商记录

(3)施工物资资料

1)油漆、涂料的产品合格证及性能检测报告或厂家的质量证明书

2)相关材料试验报告

3)材料、构配件进场检验记录

4)工程物资进场报验表

(4)施工记录

1)隐蔽工程验收记录

2)防腐油漆施工记录

(5)施工质量验收记录

1)管道、设备防腐与绝热检验批质量验收记录

2)管道、设备防腐分项工程质量验收记录

3)分项/分部工程施工报验表

10.5　冷却塔与水处理设备安装

10.5.1　冷却塔与水处理设备安装资料填写范例及说明

(1)施工管理资料

施工日志

(2)施工技术资料

1)冷却塔与水处理设备安装技术交底记录

2)图纸会审、设计变更、工程洽商记录

(3)施工物资资料

1)冷却塔与水处理设备的产品合格证、质量合格证明文件、设备说明书、性能检测报告。

2)材料、构配件进场检验记录

3)设备开箱检验记录

4)工程物资进场报验表

(4)施工记录

1)隐蔽工程验收记录

2)交接检查记录

3)设备安装记录

4)自检记录

(5)施工试验记录及检测报告

1)灌(满)水试验记录

2)强度严密性试验记录

(6)施工质量验收记录

1)冷却塔与水处理设备安装检验批质量验收记录

2)冷却塔与水处理设备安装安装分项工程质量验收记录

3)分项/分部工程施工报验表

10.5.2 冷却塔与水处理设备安装资料填写范例及说明

交接检查记录		编　　号	×××
工程名称	××工程		
移交单位名称	××机电工程有限公司	接收单位名称	××建设工程有限公司
交接部位	本工程外置冷却塔安装	检查日期	2015 年×月×日
交接内容： SINRO CEF-175 不锈钢冷却塔 3 台经委托安装完毕。检验安装质量及调试情况。			
检查结果： 1. 3 台冷却塔设备符合建设单位订货要求。 2. 安装后外观清洁，坐标、位置、垂直与水平度符合技术文件要求。 3. 智能装置准确，工艺安装符合规范及设备技术文件规定。 4. 运转顺畅，无卡阻现象，质量符合有关规范要求。 5. 未进行调试，属遗留问题。			
复查意见： 复查人：　　　　复查日期：			
见证单位意见： 冷却塔安装后没有调试(不具备条件)。 待与楼内机房冷水机组循环水系统接通后，再来统一做综合调试。 见证单位名称：××建设监理有发公司			
签字栏	移交单位	接收单位	见证单位
	×××	×××	×××

1. 本表由移交、接收和见证单位各保存一份。
2. 见证单位应根据实际检查情况，并汇总移交和接收单位形成见证单位意见。
3. 当在总包管理范围的分包单位之间移交时，见证单位应为“总包单位”；当在总包单位和其他专业分包单位之间移交时，见证单位应为“建设(监理)单位”。

冷却塔安装记录

单位(子单位)工程名称	××工程					
子分部(系统)工程名称	空调水系统					
安装部位、区、段						
安装单位	××机电工程有限公司			项目经理(负责人)	×××	
施工执行标准名称及编号	通风与空调工程施工质量验收规范(GB 50243—2002)					
测量记录						
冷却塔安装位号	型号规格	水平度偏差(‰)		垂直度偏差(‰)		水面高度(mm)
		标准(设计)要求	实测	标准(设计)要求	实测	
1#	××	2	1	2	2	按设计
2#	××	2	1	2	1	按设计
3#	××	2	2	2	1	按设计
同一冷却水系统的各台冷却塔的水面高度差最大值(mm)：25						
冷却塔积水盘充水试验结果：合格						
冷却塔风机叶片端部与塔体四周的径向间隙目测结果：　径向间隙均匀，角度一致						

附图(或说明)

1. 安装前应对支腿基础进行检查，冷却塔的支腿基础标高应位于同一水平面上，高度允许误差为±20mm，分角中心距误差为±2mm。

2. 塔体立柱腿与基础预埋钢板和地脚螺栓连接时，应找平找正，连接稳定牢固。冷却塔的各部位的连接件应采用热镀锌或不锈钢螺栓。

3. 收水器安装后片体不得有变形，集水盘的拼接缝处应严密不渗漏。

4. 冷却塔的出水口及喷嘴的方向和位置应正确。

5. 风筒组装时应保证风筒的圆度，尤其是喉部尺寸。

6. 风机安装应严格按照风机安装的标准进行，安装后风机的叶片角度应一致，叶片端部与风筒壁的间隙应均匀。

7. 冷却塔的填料安装应疏密适中、间距均匀，四周要与冷却塔内壁紧贴，块体之间无空隙。

8. 单台冷却塔安装水平度和垂直度允许偏差均为2/1000。同一冷却水系统的多台冷却塔安装时，各台冷却塔的水面高度应一致，高度差不应大于30mm。

安装单位检查评定结论	专业工长(施工员)	×××	施工班组长	×××
	冷却塔安装符合设备技术文件、规范及设计要求，各项实测值在允许偏差范围内，合格。 项目专业质量检查员：×××　　2015年×月×日			

10.6　管道、设备绝热

管道、设备绝热资料列表

(1)施工管理资料

施工日志

(2)施工技术资料

1)管道、设备绝热技术交底记录

2)设计变更、工程洽商记录

(3)施工物资资料

1)绝热材料的出厂合格证或质量鉴定文件

2)阻燃保温材料燃烧试验记录

3)相关材料试验报告

4)材料、构配件进场检验记录

5)工程物资进场报验表

(4)施工记录

1)隐蔽工程验收记录

2)管道及设备保温施工记录

(5)施工质量验收记录

1)管道、设备防腐与绝热检验批质量验收记录

2)管道、设备绝热分项工程质量验收记录

3)分项/分部工程施工报验表

10.7　系统压力试验及调试

系统压力试验及调试资料列表

(1)施工管理资料

调试单位资质证书和调试人员岗位证书

(2)施工技术资料

1)工程技术文件报审表

2)系统调试方案

3)技术交底记录

①系统调试方案技术交底记录

②系统调试工程技术交底记录

4)工程洽商记录

(3)施工物资资料

仪器、仪表出厂合格证及经校验合格的证明文件

(4)施工试验记录及检测报告

空调水系统试运转调试记录

(5)施工质量验收记录

1)空调水系统安装检验批质量验收记录(Ⅰ)(金属管道)

2)空调水系统安装检验批质量验收记录(Ⅱ)(非金属管道)

3)空调水系统安装检验批质量验收记录(Ⅲ)(设备)

4)系统压力试验及调试分项工程质量验收记录

5)分项/分部工程施工报验表

第11章 冷却水系统

11.1 管道系统及部件安装

管道系统及部件安装资料列表

(1)施工管理资料

施工日志;合格焊工登记表及其特种作业资格证书

(2)施工技术资料

1)空调冷却水系统管道系统及部件安装技术交底记录

2)图纸会审、设计变更、工程洽商记录

(3)施工物资资料

1)空调水系统的管道、管配件及阀门的出厂合格证、质量合格证明及检测报告。

2)材料、构配件进场检验记录

3)设备开箱检验记录

4)工程物资进场报验表

(4)施工记录

1)隐蔽工程验收记录

2)交接检查记录

3)自检记录

(5)施工试验记录及检测报告

1)灌(满)水试验记录

2)强度严密性试验记录

3)管道焊接检验记录

(6)施工质量验收记录

1)空调水系统安装检验批质量验收记录(Ⅰ)(金属管道)

2)空调水系统安装检验批质量验收记录(Ⅱ)(非金属管道)

3)空调水系统安装检验批质量验收记录(Ⅲ)(设备)

4)空调冷却水系统管道系统及部件安装分项工程质量验收记录

5)分项/分部工程施工报验表

(7)住宅工程质量分户验收记录表

空调冷却水系统管道系统及部件安装质量分户验收记录表

11.2　水泵及附属设备安装

水泵及附属设备安装资料列表

(1)施工管理资料

施工日志;合格焊工登记表及其特种作业资格证书

(2)施工技术资料

1)水泵及附属设备安装技术交底记录

2)图纸会审、设计变更、工程洽商记录

(3)施工物资资料

1)水泵与附属设备的产品合格证、质量合格证明文件、设备说明书、性能检测报告。

2)材料、构配件进场检验记录

3)设备开箱检验记录

4)工程物资进场报验表

(4)施工记录

1)隐蔽工程验收记录

2)交接检查记录

3)设备安装记录

4)自检记录

(5)施工试验记录及检测报告

1)灌(满)水试验记录

2)强度严密性试验记录

3)管道焊接检验记录

(6)施工质量验收记录

1)空调水系统安装检验批质量验收记录(Ⅰ)(金属管道)

2)空调水系统安装检验批质量验收记录(Ⅱ)(非金属管道)

3)空调水系统安装检验批质量验收记录(Ⅲ)(设备)

4)空调冷却水系统水泵及附属设备安装分项工程质量验收记录

5)分项/分部工程施工报验表

(7)住宅工程质量分户验收记录表

空调冷却水系统水泵及附属设备安装质量分户验收记录表

11.3　管道冲洗

管道冲洗资料列表

(1)施工管理资料

施工日志

(2)施工试验记录及检测报告

冲(吹)洗试验记录

(3)施工质量验收记录

1)空调水系统安装检验批质量验收记录(Ⅰ)(金属管道)

2)空调水系统安装检验批质量验收记录(Ⅱ)(非金属管道)

3)空调水系统安装检验批质量验收记录(Ⅲ)(设备)

4)空调冷却水系统管道冲洗分项工程质量验收记录

5)分项/分部工程施工报验

11.4　管道、设备防腐

管道、设备防腐资料列表

(1)施工管理资料

施工日志

(2)施工技术资料

1)管道、设备防腐技术交底记录

2)设计变更、工程洽商记录

(3)施工物资资料

1)油漆、涂料的产品合格证及性能检测报告或厂家的质量证明书

2)相关材料试验报告

3)材料、构配件进场检验记录

4)工程物资进场报验表

(4)施工记录

1)隐蔽工程验收记录

2)防腐油漆施工记录

(5)施工质量验收记录

1)管道、设备防腐与绝热检验批质量验收记录

2)管道、设备防腐分项工程质量验收记录

3)分项/分部工程施工报验表

11.5　管道、设备绝热

管道、设备绝热资料列表

(1)施工管理资料

施工日志

(2)施工技术资料

1)管道、设备绝热技术交底记录

2)设计变更、工程洽商记录

(3)施工物资资料

1)绝热材料的出厂合格证或质量鉴定文件

2)阻燃保温材料燃烧试验记录

3)相关材料试验报告

4)材料、构配件进场检验记录

5)工程物资进场报验表

(4)施工记录

1)隐蔽工程验收记录

2)管道及设备保温施工记录

(5)施工质量验收记录

1)管道、设备防腐与绝热检验批质量验收记录

2)管道、设备绝热分项工程质量验收记录

3)分项/分部工程施工报验表

第12章　压缩式制冷(热)设备系统

12.1　制冷机组及附属设备安装

12.1.1　制冷机组及附属设备安装资料列表

(1)施工管理资料

施工日志

(2)施工技术资料

1)工程技术文件报审表

2)大型制冷设备运输方案和吊装方案

3)技术交底记录

①大型制冷设备运输方案和吊装方案技术交底记录

②空调制冷机组及附属设备安装技术交底记录

4)设计变更、工程洽商记录

(3)施工物资资料

1)制冷机组等主要设备和部件产品合格证、质量证明文件。

2)材料、构配件进场检验记录

3)设备开箱检验记录

4)设备及管道附件试验记录

5)工程物资进场报验表

(4)施工记录

1)隐蔽工程验收记录

2)交接检查记录

3)设备安装记录

(5)施工试验记录及检测报告

1)制冷系统吹污记录

2)制冷系统气密性试验记录

(6) 施工质量验收记录

1)空调制冷系统安装检验批质量验收记录

2)制冷机组及附属设备安装分项工程质量验收记录

3)分项/分部工程施工报验表

12.1.2　制冷机组及附属设备安装资料填写范例及说明

制冷系统气密性试验记录			编　号	×××
工程名称	××工程		**试验时间**	2015 年×月×日
试验项目	制冷设备系统安装		**试验部位**	$1^{\#}$机房　$1^{\#}$冷冻机组制冷系统
管道编号	**气 密 性 试 验**			
	试验介质	**试验压力(MPa)**	**停压时间**	**试验结果**
1	氮气	1.6	×日×时×分	压降不大于 0.03MPa
2	氮气	1.6		压降不大于 0.03MPa
3	氮气	1.6		压降不大于 0.02MPa
管道编号	**真 空 试 验**			
	设计真空度(kPa)	**试验真空度(kPa)**	**试验时间**	**试验结果**
	760mmHg (101.3kPa)	720mmHg (96kPa)	24h	剩余压力<5.3kPa
管道编号	**充 制 制 冷 试 验**			
	充制冷剂压力(MPa)	**检漏仪器**	**补漏位置**	**试验结果**
				厂家已做

试验结论:

以上由生产厂家现场试验,经试验记录检查,符合施工规范及厂家的技术文件规定,试验结果合格。

签字栏	建设(监理)单位	施工单位	××机电工程有限公司	
		专业技术负责人	专业质检员	专业工长
	×××	×××	×××	×××

本表由施工单位填写,建设单位、施工单位、城建档案馆各保存一份。

制冷系统气密性试验记录填写说明

【相关规定及要求】

1. 制冷系统气密性试验按《通风与空调工程施工质量验收规范》、《制冷设备、空气分离设备安装工程施工及验收规范》有关条文规定执行。气密性试验分正压试验、负压试验和充氟检漏三项，分别按顺序进行，有关试验的压力标准、时间要求可依照厂家的规定。另外尚需符合有关设备技术文件规定的程序和要求并做好记录。

2. 空调系统气密性试验要求

(1) 系统气密性试验应按表12-1的试验压力保持24h，前6h压力下降不应大于0.03MPa，后18h除去因环境温度变化而引起的误差外，压力无变化为合格。

表 12-1　　系统气密性试验压力

系统压力	活塞式制冷机			离心式制冷机
	R717　R502	R22	R12　R134a	R11　R123
低压系统	1.8	1.8	1.2	0.3
高压系统	2.0	2.5	1.6	0.3

(2) 真空试验的剩余压力，氨系统不应高于8kPa，氟利昂系统不应高于5.3kPa，保持24h，氨系统压力以无变化为合格，氟利昂系统压力回升不应大于0.53kPa，离心式制冷机一般按设备文件规定。

(3) 活塞式制冷机充注制冷剂时，氨系统加压到0.1～0.2MPa，用酚酞试纸检漏。氟利昂系统加压到0.2～0.3MPa，用卤素喷灯或卤素检漏仪检漏。无渗漏时按技术文件继续加液。制冷系统气密性试验记录一般由设备厂家安装，并做试验记录。

根据《通风与空调工程施工质量验收规范》(GB 50243－2002)中有关规定：整体式制冷设备如出厂已充注规定压力的氮气密封，机组内无变化，可仅做真空试验及系统试运转；当出厂已充注制冷剂，机组内压力无变化，可仅做系统试运转。

(4) 溴化锂制冷机组的气密性试验，应符合规范或设备技术文件规定。正压试验为0.2MPa（表压）保持24h，压降不大于66.5Pa为合格。

(5) 真空气密性试验绝对压力应小于66.5Pa，持续24h，升压不大于25Pa为合格。

空调制冷系统安装检验批质量验收记录

06160101001

<table>
<tr><td>单位（子单位）工程名称</td><td colspan="2">××大厦</td><td colspan="2">分部（子分部）工程名称</td><td>通风与空调/压缩式制冷(热)设备系统</td><td>分项工程名称</td><td>制冷机组及附属设备安装</td></tr>
<tr><td>施工单位</td><td colspan="2">××建筑有限公司</td><td colspan="2">项目负责人</td><td>赵斌</td><td>检验批容量</td><td>1 套</td></tr>
<tr><td>分包单位</td><td colspan="2">/</td><td colspan="2">分包单位项目负责人</td><td>/</td><td>检验批部位</td><td>空调机房</td></tr>
<tr><td>施工依据</td><td colspan="4">《通风与空调工程施工规范》GB50738-2011</td><td>验收依据</td><td colspan="2">《通风与空调工程施工质量验收规范》GB50243-2002</td></tr>
<tr><td rowspan="12">主控项目</td><td colspan="2">验收项目</td><td>设计要求及规范规定</td><td>最小/实际抽样数量</td><td colspan="2">检查记录</td><td>检查结果</td></tr>
<tr><td>1</td><td>制冷设备与附属设备安装</td><td>第 8.2.1-1、3 条</td><td>全/15</td><td colspan="2">共 15 处，全部检查，合格 15 处</td><td>√</td></tr>
<tr><td>2</td><td>设备混凝土基础验收</td><td>第 8.2.1-2 条</td><td>全/5</td><td colspan="2">基础尺寸，强度符合设计要求混凝土试验编号××××</td><td>√</td></tr>
<tr><td>3</td><td>表冷器的安装</td><td>第 8.2.2 条</td><td>全/5</td><td colspan="2">共 5 处，全部检查，合格 5 处</td><td>√</td></tr>
<tr><td>4</td><td>燃油、燃气系统设备安装</td><td>第 8.2.3 条</td><td>/</td><td colspan="2">/</td><td></td></tr>
<tr><td>5</td><td>制冷设备严密性试验及试运行</td><td>第 8.2.4 条</td><td>全/10</td><td colspan="2">共 10 处，全部检查，合格 10 处</td><td>√</td></tr>
<tr><td>6</td><td>制冷管道及管配件安装</td><td>第 8.2.5 条</td><td>全/5</td><td colspan="2">共 5 处，全部检查，合格 5 处</td><td>√</td></tr>
<tr><td>7</td><td>燃油管道系统接地</td><td>第 8.2.6 条</td><td>/</td><td colspan="2">/</td><td></td></tr>
<tr><td>8</td><td>燃气系统安装</td><td>第 8.2.7 条</td><td>/</td><td colspan="2">/</td><td></td></tr>
<tr><td>9</td><td>氨管道焊缝无损检测</td><td>第 8.2.8 条</td><td>/</td><td colspan="2">/</td><td></td></tr>
<tr><td>10</td><td>乙二醇管道系统规定</td><td>第 8.2.9 条</td><td>/</td><td colspan="2">/</td><td></td></tr>
<tr><td>11</td><td>制冷管道试验</td><td>第 8.2.10 条</td><td>全/5</td><td colspan="2">试验合格，报告编号××××</td><td>√</td></tr>
<tr><td rowspan="9">一般项目</td><td>1</td><td>制冷及附属设备安装　平面位移(mm)</td><td>10</td><td>全/5</td><td colspan="2">共 5 处，全部检查，合格 5 处</td><td>100%</td></tr>
<tr><td></td><td>制冷及附属设备安装　标高(mm)</td><td>±10</td><td>全/5</td><td colspan="2">共 5 处，全部检查，合格 5 处</td><td>100%</td></tr>
<tr><td>2</td><td>模块式冷水机组安装</td><td>第 8.3.2 条</td><td>/</td><td colspan="2">/</td><td></td></tr>
<tr><td>3</td><td>泵安装</td><td>第 8.3.3 条</td><td>全/15</td><td colspan="2">共 15 处，全部检查，合格 15 处</td><td>100%</td></tr>
<tr><td>4</td><td>制冷管道安装</td><td>第 8.3.4-1～4 条</td><td>5/5</td><td colspan="2">抽查 5 处，合格 5 处</td><td>100%</td></tr>
<tr><td>5</td><td>管道焊接</td><td>第 8.3.4-5、6 条</td><td>2/5</td><td colspan="2">抽查 5 处，合格 5 处</td><td>100%</td></tr>
<tr><td>6</td><td>阀门安装</td><td>第 8.3.5-2-5 条</td><td>5/5</td><td colspan="2">抽查 5 处，合格 5 处</td><td>100%</td></tr>
<tr><td>7</td><td>阀门试压</td><td>第 8.3.5-1 条</td><td>5/5</td><td colspan="2">试验合格，报告编号××××</td><td>√</td></tr>
<tr><td>8</td><td>制冷系统吹扫</td><td>第 8.3.6 条</td><td>全/10</td><td colspan="2">试验合格，报告编号××××</td><td>√</td></tr>
<tr><td colspan="2">施工单位检查结果</td><td colspan="6">符合要求
专业工长：王彬
项目专业质量检查员：田宇
2015 年××月××日</td></tr>
<tr><td colspan="2">监理单位验收结论</td><td colspan="6">合格
专业监理工程师：周明
2015 年××月××日</td></tr>
</table>

一册在手 表格全有 贴近现场 资料无忧

空调制冷系统安装检验批质量验收记录填写说明

1. 填写依据

(1)《通风与空调工程质量验收规范》GB 50243－2002。

(2)《建筑工程施工质量验收统一标准》GB 50300－2013。

2. 规范摘要

以下内容摘自《通风与空调工程质量验收规范》GB 50243－2002。

(1)主控项目

1)制冷设备与制冷附属设备的安装应符合下列规定：

①制冷设备、制冷附属设备的型号、规格和技术参数必须符合设计要求，并具有产品合格证书、产品性能检验报告；

②设备的混凝土基础必须进行质量交接验收，合格后方可安装；

③设备安装的位置、标高和管口方向必须符合设计要求。用地脚螺栓固定的制冷设备或制冷附属设备，其垫铁的放置位置应正确、接触紧密；螺栓必须拧紧，并有防松动措施。

检查数量：全数检查。

检查方法：查阅图纸核对设备型号、规格；产品质量合格证书和性能检验报告。

2)直接膨胀表面式冷却器的外表应保持清洁、完整，空气与制冷剂应呈逆向流动；表面式冷却器与外壳四周的缝隙应堵严，冷凝水排放应畅通。

检查数量：全数检查。

检查方法：观察检查。

3)燃油系统的设备与管道，以及储油罐及日用油箱的安装，位置和连接方法应符合设计与消防要求。燃气系统设备的安装应符合设计和消防要求。调压装置、过滤器的安装和调节应符合设备技术文件的规定，且应可靠接地。

检查数量：全数检查。

检查方法：按图纸核对、观察、查阅接地测试记录。

4)制冷设备的各项严密性试验和试运行的技术数据，均应符合设备技术文件的规定。对组装式的制冷机组和现场充注制冷剂的机组，必须进行吹污、气密性试验、真空试验和充注制冷剂检漏试验，其相应的技术数据必须符合产品技术文件和有关现行国家标准、规范的规定。

检查数量：全数检查。

检查方法：旁站观察、检查和查阅试运行记录。

5)制冷系统管道、管件和阀门的安装应符合下列规定：

①制冷系统的管道、管件和阀门的型号、材质及工作压力等必须符合设计要求，并应具有出厂合格证、质量证明书；

②法兰、螺纹等处的密封材料应与管内的介质性能相适应；

③制冷剂液体管不得向上装成““Ω”形。气体管道不得向下装成“”,形（特殊回油管除外）；液体支管引出时，必须从干管底部或侧面接出；气体支管引出时，必须从干管顶部或侧面接出；有两根以上的支管从干管引出时，连接部位应错开，间距不应小于2倍支管直径，且不小于200mm；

④制冷机与附属设备之间制冷剂管道的连接，其坡度与坡向应符合设计及设备技术文件要

求。当设计无规定时,应符合表12-2的规定;

表12-2　制冷剂管道坡度、坡向

管道名称	坡向	坡度
压缩机吸气水平管(氟)	压缩机	≥10/1000
压缩机吸气水平管(氨)	蒸发器	≥3/1000
压缩机排气水平管	油分离器	≥10/1000
冷凝器水平供液管	贮液器	(1～3)/1000
油分离器至冷凝器水平管	油分离器	(3～5)/1000

⑤制冷系统投入运行前,应对安全阀进行调试校核,其开启和回座压力应符合设备技术文件的要求。

检查数量:按总数抽检20%,且不得少于5件。第5款全数检查。

检查方法:核查合格证明文件、观察、水平仪测量、查阅调校记录。

6)燃油管道系统必须设置可靠的防静电接地装置,其管道法兰应采用镀锌螺栓连接或在法兰处用铜导线进行跨接,且接合良好。

检查数量:系统全数检查。

检查方法:观察检查、查阅试验记录。

7)燃气系统管道与机组的连接不得使用非金属软管。燃气管道的吹扫和压力试验应为压缩空气或氮气,严禁用水。当燃气供气管道压力大于0.005MPa时,焊缝的无损检测的执行标准应按设计规定。当设计无规定,且采用超声波探伤时,应全数检测,以质量不低于Ⅱ级为合格。

检查数量:系统全数检查。

检查方法:观察检查、查阅探伤报告和试验记录。

8)氨制冷剂系统管道、附件、阀门及填料不得采用铜或铜合金材料(磷青铜除外),管内不得镀锌。氨系统的管道焊缝应进行射线照相检验,抽检率10%,以质量不低于HI级为合格。在不易进行射线照相检验操作的场合,可用超声波检验代替,以不低于Ⅱ级为合格。

检查数量:系统全数检查。

检查方法:观察检查、查阅探伤报告和试验记录。

9)输送乙二醇溶液的管道系统,不得使用内镀锌管道及配件。

检查数量:按系统的管段抽查20%,且不得少于5件。

检查方法:观察检查、查阅安装记录。

10)制冷管道系统应进行强度、气密性试验及真空试验,且必须合格。

检查数量:系统全数检查。

检查方法:旁站、观察检查和查阅试验记录。

(2)一般项目

1)制冷机组与制冷附属设备的安装应符合下列规定:

①制冷设备及制冷附属设备安装位置、标高的允许偏差,应符合表12-3的规定;

②整体安装的制冷机组,其机身纵、横向水平度的允许偏差为1/1000,并应符合设备技术文件的规定;

③制冷附属设备安装的水平度或垂直度允许偏差为1/1000,并应符合设备技术文件的规定;

表 12-3　　制冷设备与制冷附属设备安装允许偏差和检验方法

项次	项目	允许偏差(mm)	检验方法
1	平面位移	10	经纬仪或拉线和尺量检查
2	标高	±10	水准仪或经纬仪、拉线和尺量检查

④采用隔振措施的制冷设备或制冷附属设备，其隔振器安装位置应正确；各个隔振器的压缩量，应均匀一致，偏差不应大于 2mm；

⑤设置弹簧隔振的制冷机组，应设有防止机组运行时水平位移的定位装置。

检查数量：全数检查。

检查方法：在机座或指定的基准面上用水平仪、水准仪等检测、尺量与观察检查。

2)模块式冷水机组单元多台并联组合时，接口应牢固，且严密不漏。连接后机组的外表，应平整、完好，无明显的扭曲。

检查数量：全数检查。

检查方法：尺量、观察检查。

3)燃油系统油泵和蓄冷系统载冷剂泵的安装，纵、横向水平度允许偏差为 1/1000，联轴器两轴芯轴向倾斜允许偏差为 0.2/1000，径向位移为 0.05mm。

检查数量：全数检查。

检查方法：在机座或指定的基准面上，用水平仪、水准仪等检测，尺量、观察检查。

4)制冷系统管道、管件的安装应符合下列规定：

①管道、管件的内外壁应清洁、干燥；铜管管道支吊架的型式、位置、间距及管道安装标高应符合设计要求，连接制冷机的吸、排气管道应设单独支架；管径小于等 20mm 的铜管道，在阀门处应设置支架；管道上下平行敷设时，吸气管应在下方；

②制冷剂管道弯管的弯曲半径不应小于 3.5D(管道直径)，其最大外径与最小外径之差不应大于 0.08D，且不应使用焊接弯管及皱褶弯管；

③制冷剂管道分支管应按介质流向弯成 90°弧度与主管连接，不宜使用弯曲半径小于 1.5D 的压制弯管；

④铜管切口应平整、不得有毛刺、凹凸等缺陷，切口允许倾斜偏差为管径的 1%，管口翻边后应保持同心，不得有开裂及皱褶，并应有良好的密封面；

⑤采用承插钎焊焊接连接的铜管，其插接深度应符合表 12-4 的规定，承插的扩口方向应迎介质流向。当采用套接钎焊焊接连接时，其插接深度应不小于承插连接的规定。

采用对接焊缝组对管道的内壁应齐平，错边量不大于 0.1 倍壁厚，且不大于 1mm。

表 12-4　　承插式焊接的铜管承口的扩口深度表(mm)

铜管规格	≤*DN*15	*DN*20	*DN*25	*DN*32	*DN*40	*DN*50	*DN*65
承插口的扩口深度	9～12	12～15	15～18	17～20	21～24	24～26	26～30

⑥管道穿越墙体或楼板时，管道的支吊架和钢管的焊接应按《通风与空调工程质量验收规范》GB 50243－2002 第 9 章的有关规定执行。

检查数量：按系统抽查 20%，且不得少于 5 件。

检查方法：尺量、观察检查。

5)制冷系统阀门的安装应符合下列规定：

①制冷剂阀门安装前应进行强度和严密性试验。强度试验压力为阀门公称压力的 1.5 倍，时间不得少于 5min；严密性试验压力为阀门公称压力的 1.1 倍，持续时间 30s 不漏为合格。合格后应保持阀体内干燥。如阀门进、出口封闭破损或阀体锈蚀的还应进行解体清洗；

②位置、方向和高度应符合设计要求；

③水平管道上的阀门的手柄不应朝下；垂直管道上的阀门手柄应朝向便于操作的地方；

④自控阀门安装的位置应符合设计要求。电磁阀、调节阀、热力膨胀阀、升降式止回阀等的阀头均应向上；热力膨胀阀的安装位置应高于感温包，感温包应装在蒸发器末端的回气管上，与管道接触良好，绑扎紧密；

⑤安全阀应垂直安装在便于检修的位置，其排气管的出口应朝向安全地带，排液管应装在泄水管上。

检查数量：按系统抽查 20%，且不得少于 5 件。

检查方法：尺量、观察检查、旁站或查阅试验记录。

6)制冷系统的吹扫排污应采用压力为 0.6MPa 的干燥压缩空气或氮气，以浅色布检查 5min，无污物为合格。系统吹扫干净后，应将系统中阀门的阀芯拆下清洗干净。

检查数量：全数检查。

检查方法：观察、旁站或查阅试验记录。

12.2　管道、设备防腐

12.2.1　管道、设备防腐资料列表

(1)施工管理资料

施工日志

(2)施工技术资料

1)管道、设备防腐技术交底记录

2)设计变更、工程洽商记录

(3)施工物资资料

1)油漆、涂料的产品合格证及性能检测报告或厂家的质量证明书

2)相关材料试验报告

3)材料、构配件进场检验记录

4)工程物资进场报验表

(4)施工记录

1)隐蔽工程验收记录

2)防腐油漆施工记录

(5)施工质量验收记录

1)管道、设备防腐与绝热检验批质量验收记录

2)管道、设备防腐分项工程质量验收记录

3)分项/分部工程施工报验表

12.2.2　管道、设备防腐资料填写范例及说明

<table>
<tr><td colspan="3">隐蔽工程验收记录</td><td>编　　号</td><td colspan="2">×××</td></tr>
<tr><td>工程名称</td><td colspan="5">××工程</td></tr>
<tr><td>隐检项目</td><td colspan="2">制冷管道防腐</td><td>隐检日期</td><td colspan="2">2015 年×月×日</td></tr>
<tr><td>隐检部位</td><td colspan="5">一层　　①～⑨//Ⓐ～Ⓓ轴线　　××标高</td></tr>
<tr><td colspan="6">隐检依据:施工图图号＿设施××＿,设计变更/洽商(编号＿/＿)及有关国家现行标准等。
主要材料名称及规格/型号:＿环氧耐热漆　H61－1＿。</td></tr>
<tr><td colspan="6">隐检内容:
1. 检查材料的出厂合格证、性能检测报告,齐全、合格。
2. 做好表面处理,清除金属表面的氧化物、铁锈、灰尘、污垢。
3. 喷环氧耐热漆,漆膜均匀、无堆积、漏涂、皱纹、气泡掺杂及混色。
申报人:×××</td></tr>
<tr><td colspan="6">检查意见:
经检查,符合设计要求及《通风与空调工程施工质量验收规范》(GB 50243—2002)的规定。
检查结论:　☑同意隐蔽　　□不同意,修改后进行复查</td></tr>
<tr><td colspan="6">复查结论:
复查人:　　　　　　　　复查日期:</td></tr>
<tr><td rowspan="3">签字栏</td><td rowspan="2">建设(监理)单位</td><td>施工单位</td><td colspan="3">××机电工程有限公司</td></tr>
<tr><td>专业技术负责人</td><td>专业质检员</td><td colspan="2">专业工长</td></tr>
<tr><td>×××</td><td>×××</td><td>×××</td><td colspan="2">×××</td></tr>
</table>

本表由施工单位填写,建设单位、施工单位、城建档案馆各保存一份。

12.3　制冷剂管道及部件安装

12.3.1　制冷剂管道及部件安装资料列表

(1)施工管理资料

施工日志

(2)施工技术资料

1)工程技术文件报审表

2)管道专业施工方案

3)技术交底记录

①管道专业施工方案技术交底记录

②制冷剂管道及部件安装技术交底记录

4)设计变更、工程洽商记录

(3)施工物资资料

1)制冷剂管道和焊接材料出厂合格证明或质量鉴定文件。

2)制冷系统的各类阀件出厂合格证。

3)材料、构配件进场检验记录

4)工程物资进场报验表

(4)施工记录

1)隐蔽工程验收记录

2)交接检查记录

3)设备安装记录

(5)施工试验记录及检测报告

1)制冷剂管道冲(吹)洗试验记录

2)制冷系统吹污记录

3)制冷系统气密性试验记录

(6) 施工质量验收记录

1)空调制冷系统安装检验批质量验收记录

2)空调制冷剂管道及部件分项工程质量验收记录

3)分项/分部工程施工报验表

12.3.2　制冷剂管道及部件安装资料填写范例及说明

<table>
<tr><td colspan="2">隐蔽工程验收记录</td><td>编　　号</td><td colspan="3">×××</td></tr>
<tr><td>工程名称</td><td colspan="5">××工程</td></tr>
<tr><td>隐检项目</td><td>制冷管道保护层</td><td>隐检日期</td><td colspan="3">2015 年×月×日</td></tr>
<tr><td>隐检部位</td><td colspan="5">一层　　①～⑨//Ⓐ～Ⓓ　轴线　××标高</td></tr>
<tr><td colspan="6">隐检依据:施工图图号 设施×× ,设计变更/洽商(编号 /)及有关国家现行标准等。
主要材料名称及规格/型号: 镀锌钢板 δ=0.5mm 厚 。</td></tr>
<tr><td colspan="6">隐检内容:
1. 镀锌钢板的材质、规格符合设计要求,有合格证明文件,合格。
2. 施工紧贴绝热层,不得有脱壳、褶皱、强行接口现象。
3. 接口搭接顺水,并有凸筋加强,搭接尺寸为 20～25mm。
4. 采用自攻螺丝固定,螺钉间距均称,不得刺破防潮层。
申报人:×××</td></tr>
<tr><td colspan="6">检查意见:
经检查,符合设计要求及《通风与空调工程施工质量验收规范》(GB 50243—2002)的规定。
检查结论:　☑同意隐蔽　　□不同意,修改后进行复查</td></tr>
<tr><td colspan="6">复查结论:
复查人:　　　　　　复查日期:</td></tr>
<tr><td rowspan="3">签字栏</td><td rowspan="2">建设(监理)单位</td><td>施工单位</td><td colspan="3">××机电工程有限公司</td></tr>
<tr><td>专业技术负责人</td><td>专业质检员</td><td colspan="2">专业工长</td></tr>
<tr><td>×××</td><td>×××</td><td>×××</td><td colspan="2">×××</td></tr>
</table>

本表由施工单位填写,建设单位、施工单位、城建档案馆各保存一份。

制冷系统气密性试验记录

工程名称	××工程	试验部位	$1^{\#}$机房 $1^{\#}$冷冻机组制冷系统	日期	2015年8月16日

管道编号	气密性试验			
	试验介质	试验压力(MPa)	定压时间(h)	试验结果
1	氮气	1.6	×日×时×分～×日×时×分	压降不大于0.03MPa
2	氮气	1.6	×日×时×分～×日×时×分	压降不大于0.03MPa
3	氮气	1.6	×日×时×分～×日×时×分	压降不大于0.02MPa

管道编号	真空试验			
	设计真空(KPa)	试验压力(MPa)	定压时间(h)	试验结果
	760mmHg (101.3kPa)	720mmHg (96kPa)	24h	剩余压力＜5.3kPa

管道编号	充制冷剂试验			
	充制冷剂压力(KPa)	检漏仪器	补漏位置	试验结果
				厂家已做

评定意见	以上由生产厂家现场试验，经试验记录检查，符合施工规范及厂家的技术文件规定，试验结果合格。 2015年8月16日			
参加人员	监理(建设)单位	施工单位		
		专业技术负责人	质检员	试验员
	×××	×××	×××	×××

12.4　管道、设备绝热

12.4.1　管道、设备绝热资料列表

(1)施工管理资料

施工日志

(2)施工技术资料

1)管道、设备绝热技术交底记录

2)设计变更、工程洽商记录

(3)施工物资资料

1)绝热材料的出厂合格证或质量鉴定文件

2)阻燃保温材料燃烧试验记录

3)相关材料试验报告

4)材料、构配件进场检验记录

5)工程物资进场报验表

(4)施工记录

1)隐蔽工程验收记录

2)管道及设备保温施工记录

(5)施工质量验收记录

1)管道、设备防腐与绝热检验批质量验收记录

2)管道、设备绝热分项工程质量验收记录

3)分项/分部工程施工报验表

12.4.2　管道、设备绝热资料填写范例及说明

<table>
<tr><td colspan="3">隐蔽工程验收记录</td><td>编　　号</td><td colspan="2">×××</td></tr>
<tr><td>工程名称</td><td colspan="5">××工程</td></tr>
<tr><td>隐检项目</td><td colspan="2">制冷管道隔热层</td><td>隐检日期</td><td colspan="2">2015 年×月×日</td></tr>
<tr><td>隐检部位</td><td colspan="5">一层　　①～⑨//Ⓐ～Ⓓ轴线　　××标高</td></tr>
<tr><td colspan="6">隐检依据：施工图图号 <u>设施××</u>，设计变更/洽商（编号 <u>/</u> ）及有关国家现行标准等。
主要材料名称及规格/型号：<u>保温瓦、镀锌铁丝</u>。</td></tr>
<tr><td colspan="6">隐检内容：
1. 已检查管道的气密性、真空试验、充注制冷剂检漏的记录，确认合格，已做防腐处理。
2. 硬质管壳隔热层粘贴牢固，绑扎紧密，无滑动、松弛、断裂，管壳之间的长缝及环形缝用树脂腻子嵌填饱满，接缝≤200mm。
3. 包扎保温瓦时，互相交错 1/2，紧密合拢。
4. 留出螺栓间距的距离，为螺栓长度加 25mm～30mm，接缝处用隔热材料填实。
5. 用镀锌铁丝网包扎，镀锌铁丝紧贴隔热层，间距 300mm，断头嵌入隔热层内。
申报人：×××</td></tr>
<tr><td colspan="6">检查意见：
经检查，符合设计要求及《通风与空调工程施工质量验收规范》(GB 50243—2002)的规定。
检查结论：　☑同意隐蔽　　□不同意，修改后进行复查</td></tr>
<tr><td colspan="6">复查结论：
复查人：　　　　　　　　复查日期：</td></tr>
<tr><td rowspan="3">签字栏</td><td rowspan="2">建设(监理)单位</td><td>施工单位</td><td colspan="3">××机电工程有限公司</td></tr>
<tr><td>专业技术负责人</td><td>专业质检员</td><td colspan="2">专业工长</td></tr>
<tr><td>×××</td><td>×××</td><td>×××</td><td colspan="2">×××</td></tr>
</table>

本表由施工单位填写，建设单位、施工单位、城建档案馆各保存一份。

12.5　系统压力试验及调试

12.5.1　系统压力试验及调试资料列表

(1)施工管理资料

调试单位资质证书和调试人员岗位证书

(2)施工技术资料

1)工程技术文件报审表

2)系统调试方案

3)技术交底记录

①系统调试方案技术交底记录

②系统调试工程技术交底记录

4)工程洽商记录

(3)施工物资资料

仪器、仪表出厂合格证及经校验合格的证明文件

(4)施工试验记录及检测报告

1)设备单机试运转记录

2)制冷机组试运行调试记录

(5)施工质量验收记录

1)空调制冷系统安装检验批质量验收记录

2)系统压力试验及调试分项工程质量验收记录

3)分项/分部工程施工报验表

12.5.2　系统压力试验及调试资料填写范例及说明

制冷机组试运行调试记录

工程名称		××工程			分部(或单位)工程		通风与空调工程		
系统名称		压缩式制冷系统			日期		2015 年 7 月 29 日		
序号	系统编号	设备名称	设备转速(r/min)		功率(KW)		电流(A)		轴承温升℃
			额定值	实值	铭牌	实测	额定值	实测值	实测值
1	××	YERK 冷水机组	2300	2210	35	35			
评定意见	在额定电压下启动设备,设备运行正常,各项运行参数均达到设计要求,经检测,设备合格 2015 年 7 月 29 日								
参加人员	监理(建设)单位				施工单位				
					专业技术负责人		质检员		试验员
	×××				×××		×××		×××

注:制冷机组运行调试是建筑工程竣工前的必试项目。制冷机组试运行调试应按标准规定进行,并按要求做好记录。

制冷机组、单元式空调机组的试验转,应符合设备技术文件和现行国家标准《制冷设备、空气分、离设备安装工程施工及验收规范》(GB 50274)的有关规定,正常运转不应少于 8h。

第 13 章　吸收式制冷设备系统

13.1　制冷机组及附属设备安装

制冷机组及附属设备安装资料列表

(1)施工管理资料

施工日志

(2)施工技术资料

1)工程技术文件报审表

2)大型制冷设备运输方案和吊装方案

3)技术交底记录

①大型制冷设备运输方案和吊装方案技术交底记录

②空调制冷机组及附属设备安装技术交底记录

4)设计变更、工程洽商记录

(3)施工物资资料

1)制冷机组等主要设备和部件产品合格证、质量证明文件。

2)所采用的管道和焊接材料出厂合格证明或质量鉴定文件。

3)制冷系统的各类阀件出厂合格证。

4)材料、构配件进场检验记录

5)设备开箱检验记录

6)设备及管道附件试验记录

7)工程物资进场报验表

(4)施工记录

1)隐蔽工程验收记录

2)交接检查记录

3)设备安装记录

(5)施工试验记录及检测报告

1)制冷剂管道冲(吹)洗试验记录

2)制冷系统吹污记录

3)制冷系统气密性试验记录

(6) 施工质量验收记录

1)空调制冷系统安装检验批质量验收记录

2)制冷机组及附属设备安装分项工程质量验收记录

3)分项/分部工程施工报验表

13.2　管道、设备防腐

管道、设备防腐资料列表

(1)施工管理资料

施工日志

(2)施工技术资料

1)管道、设备防腐技术交底记录

2)设计变更、工程洽商记录

(3)施工物资资料

1)油漆、涂料的产品合格证及性能检测报告或厂家的质量证明书

2)相关材料试验报告

3)材料、构配件进场检验记录

4)工程物资进场报验表

(4)施工记录

1)隐蔽工程验收记录

2)防腐油漆施工记录

(5)施工质量验收记录

1)管道、设备防腐与绝热检验批质量验收记录

2)管道、设备防腐分项工程质量验收记录

3)分项/分部工程施工报验表

13.3　管道、设备绝热

管道、设备绝热资料列表

(1)施工管理资料

施工日志

(2)施工技术资料

1)管道、设备绝热技术交底记录

2)设计变更、工程洽商记录

(3)施工物资资料

1)绝热材料的出厂合格证或质量鉴定文件

2)阻燃保温材料燃烧试验记录

3)相关材料试验报告

4)材料、构配件进场检验记录

5)工程物资进场报验表

(4)施工记录

1)隐蔽工程验收记录

2)管道及设备保温施工记录

(5)施工质量验收记录

1)管道、设备防腐与绝热检验批质量验收记录

2)管道、设备绝热分项工程质量验收记录

3)分项/分部工程施工报验表

13.4　试验及调试

试验及调试资料列表

(1)施工管理资料

调试单位资质证书和调试人员岗位证书

(2)施工技术资料

1)工程技术文件报审表

2)系统调试方案

3)技术交底记录

①系统调试方案技术交底记录

②系统调试工程技术交底记录

4)工程洽商记录

(3)施工物资资料

仪器、仪表出厂合格证及经校验合格的证明文件

(4)施工试验记录及检测报告

设备单机试运转记录

(5)施工质量验收记录

1)空调制冷系统安装检验批质量验收记录

2)试验及调试分项工程质量验收记录

3)分项/分部工程施工报验表

第3篇

建筑电气工程

第1章　建筑电气工程资料综述

1.1　施工资料管理

参见“第1篇　建筑给水排水及供暖工程第1章　建筑给水排水及供暖工程资料综述”。

1.2　施工资料的形成

参见“第1篇　建筑给水排水及供暖工程第1章　建筑给水排水及供暖工程资料综述”。

1.3　建筑电气工程资料形成与管理图解

1. 电气照明安装工程资料管理流程(图 1-1)

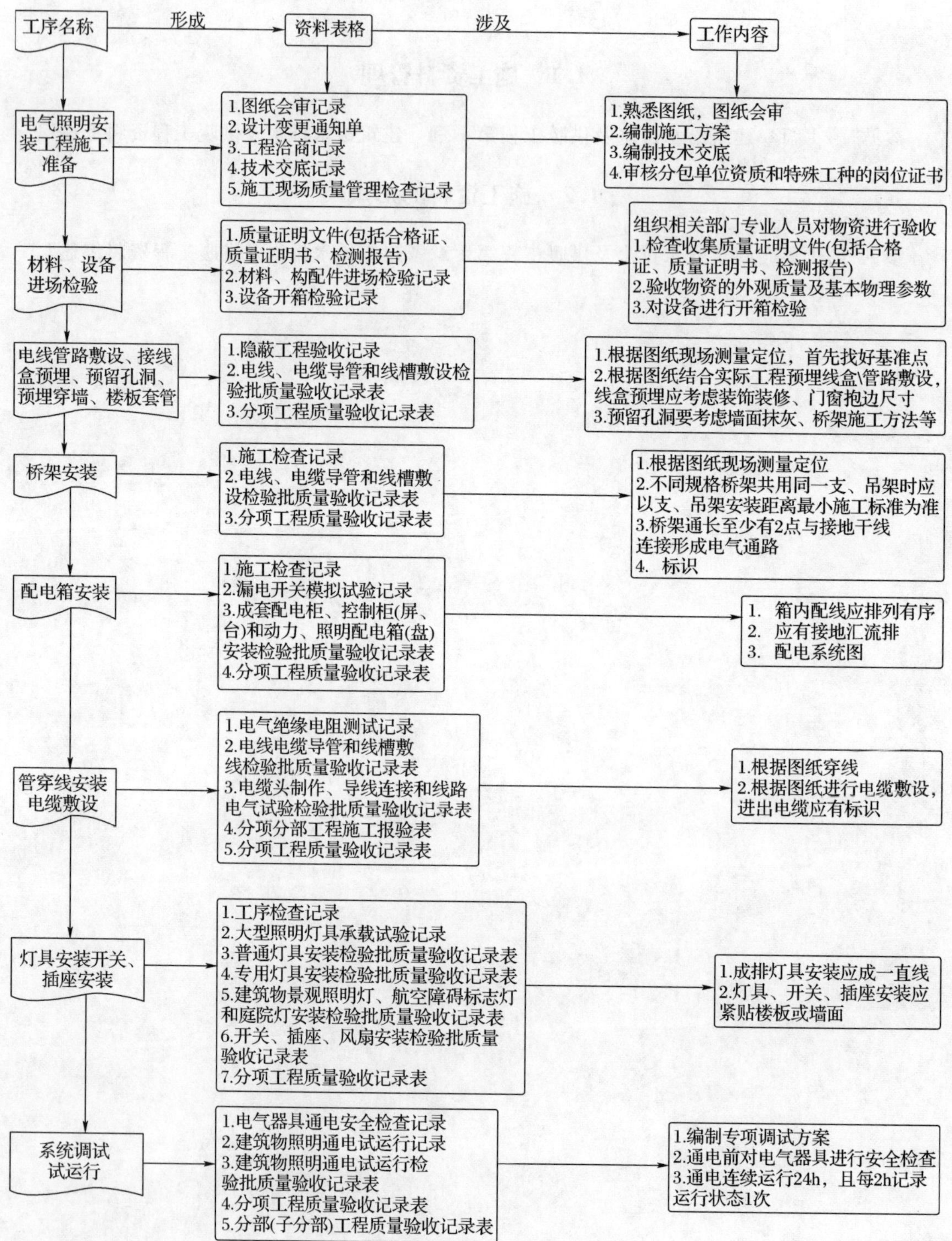

图 1-1　电气照明安装工程资料管理流程

2. 防雷及接地装置安装工程资料管理流程(图 1-2)

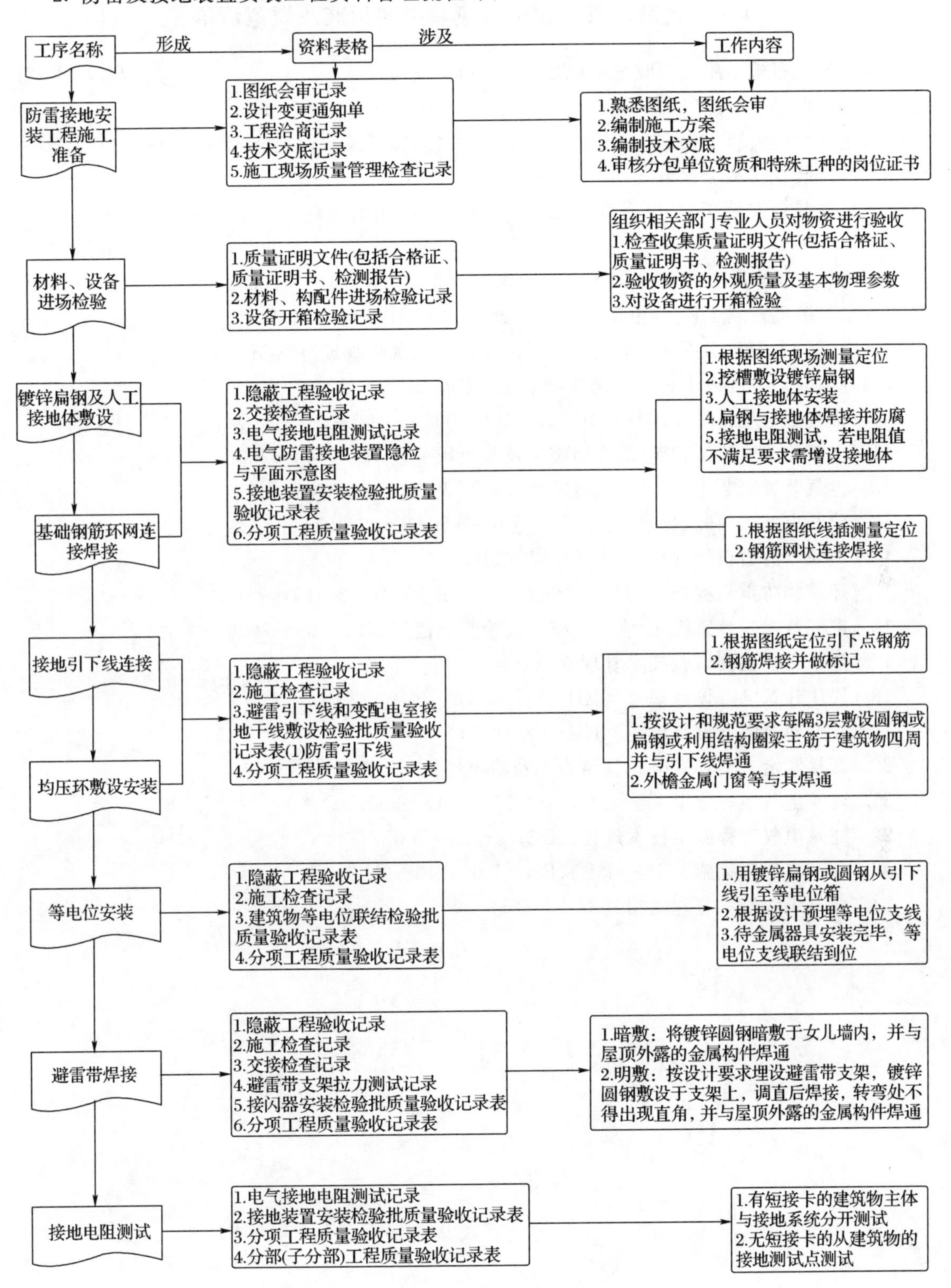

图 1-2　防雷及接地装置安装工程资料管理流程

一册在手　表格全有　贴近现场　资料无忧

1.4 建筑电气工程资料应参考的标准及规范清单

1.《建筑工程施工质量验收统一标准》(GB 50300－2013)

2.《建筑电气工程施工质量验收规范(2012版)》(GB 50303－2002)

3.《电气装置安装工程 66kV及以下架空电力线路施工及验收规范》GB 50173－2014

4.《电气装置安装工程电气设备交接试验标准》(GB 50150－2006)

5.《电气装置安装工程 电力变压器、油浸电抗器、互感器施工及验收规范》(GB 50148－2010)

6.《电气装置安装工程 旋转电机施工及验收规范》(GB 50170－2006)

7.《电气装置安装工程 蓄电池施工及验收规范》(GB 50172－2012)

8.《电气装置安装工程 盘、柜及二次回路接线施工及验收规范》(GB 50171－2012)

9.《1kV及以下配线工程施工与验收规范》(GB 50575－2010)

10.《铝合金电缆桥架技术规程》(CECS 106:2000)

11.《电气装置安装工程 电缆线路施工及验收规范》(GB 50168－2006)

12.《电气装置安装工程 母线装置施工及验收规范》(GB 50149－2010)

13.《建筑电气照明装置施工与验收规范》(GB 50617－2010)

14.《建筑物防雷设计规范》(GB 50057－2010)

15.《建筑物防雷工程施工与质量验收规范》(GB 50601－2010)

16.《电气装置安装工程 接地装置施工及验收规范》(GB 50169－2006)

17.《建筑工程检测试验技术管理规范》(JGJ 190－2010)

18.《民用建筑电气设计规范》(JGJ 16－2008)

19.《住宅建筑电气设计规范》(JGJ 242－2011)

20.《套接紧定式钢导管电线管路施工及验收规程》(CECS 120:2007)

21.《建筑电气工程施工工艺规程》(DB51/T 5047－2007)

22.《建筑电气工程施工技术规程》(DBJ13－22－2007)

23.《建筑电气工程施工工艺标准》(DBJ/T 61－40－2005)

24.《建筑工程资料管理规程》JGJT 185－2009

第2章　室外电气

2.1　变压器、箱式变电所安装

2.1.1　变压器、箱式变电所安装资料列表

(1)施工技术资料

1)工程技术文件报审表

2)变压器、箱式变电所安装施工组织设计(施工方案)

3)技术交底记录

①变压器、箱式变电所安装施工组织设计(施工方案)技术交底记录

②变压器、箱式变电所安装技术交底记录

4)图纸会审记录、设计变更、工程洽商记录

(2)施工物资资料

1)变压器、箱式变电所及高压电器、电瓷制品应提供合格证、随带技术文件和生产许可证。

2)变压器应按照《电气装置安装工程电气设备交接试验标准》(GB 50150－2006)的规定进行交接试验,并提供出厂试验报告。

3)箱式变电所应进行交接试验并提供试验报告。

提供箱式变电所内相关设备的文件及证书,具体内容如下:

①由高压成套开关柜、低压成套开关柜和变压器三个独立单元组合成的箱式变电所应对高、低压电气部分分别进行交接试验并提供以下技术文件:

a. 高压电气设备部分应按照《电气装置安装工程电气设备交接试验标准》(GB 50150－2006)的规定进行交接试验,并提供出厂试验报告。提供高压成套开关柜的合格证、随带技术文件、生产许可证及许可证编号,提供“CCC”认证标志及认证证书复印件。

b. 低压成套配电柜应按照《建筑电气工程施工质量验收规范》(GB 50303)中第 4.1.5 条的规定进行交接试验,并提供试验报告。提供低压成套开关柜的合格证、随带技术文件,提供“CCC”认证标志及认证证书复印件。

②由高压开关、熔断器等与变压器组合在同一个密闭油箱内的箱式变电所应按产品提供的技术文件要求进行交接试验,并提供试验报告。提供产品的合格证、随带技术文件、生产许可证及许可证编号。

4)镀锌制品应提供合格证或镀锌厂出具的镀锌质量证明书。

5)材料、构配件进场检验记录

6)设备开箱检验记录

7)工程物资进场报验表

(3) 施工记录

1)安装技术记录

2)器身检查记录

3)工序交接检查记录

(4)施工试验记录及检测报告

1)电气接地电阻测试记录

2)电气绝缘电阻测试记录

3)电力变压器试验记录,试验报告

4)箱式变电所电气交接试验记录

5)交接试验报告(直流电阻、绝缘、耐压等)

6)空载试运行记录

(5) 施工质量验收记录

1)变压器、箱式变电所安装检验批质量验收记录

2)变压器、箱式变电所安装分项工程质量验收记录

3)分项/分部工程施工报验表

2.1.2　变压器、箱式变电所安装资料填写范例及说明

材料、构配件进场检验记录					编　号	×××	
工程名称	××工程				检验日期	2015 年×月×日	
序号	名　称	规格型号	进场数量	生产厂家 合格证号	检验项目	检验结果	备注
1	干式变压器	SCB8-50/10	××	×××	检验产品合格证、生产许可证,外观检查	合格	
2	干式变压器	SCB8-100/10	××	×××	检验产品合格证、生产许可证,外观检查	合格	
3	干式变压器	SCB8-160/10	××	×××	检验产品合格证、生产许可证,外观检查	合格	
检验结论 以上材料、构配件经外观检查合格。材质、规格型号及数量经复检符合设计、规范要求,产品质量证明文件齐全。							
签字栏	建设(监理)单位	施工单位	××机电工程有限公司				
		专业质检员	专业工长	检验员			
	×××	×××	×××	×××			

本表由施工单位填写并保存。

<table>
<tr><td colspan="3">设备开箱检验记录</td><td>编　　号</td><td colspan="3">×××</td></tr>
<tr><td colspan="2">设备名称</td><td>变压器</td><td>检查日期</td><td colspan="3">2015年×月×日</td></tr>
<tr><td colspan="2">规格型号</td><td>SCB-630/10</td><td>总 数 量</td><td colspan="3">2台</td></tr>
<tr><td colspan="2">装箱单号</td><td>450～459</td><td>检验数量</td><td colspan="3">2台</td></tr>
<tr><td rowspan="5">检验记录</td><td>包装情况</td><td colspan="5">包装完好、无损坏，标识明确</td></tr>
<tr><td>随机文件</td><td colspan="5">出厂合格证、安装使用说明书、装箱单、检验报告、保修卡</td></tr>
<tr><td>备件与附件</td><td colspan="5">油箱箱盖或钟罩法兰及封板的连接螺栓齐全</td></tr>
<tr><td>外观情况</td><td colspan="5">变压器表面无损坏、无锈蚀、漆面完好</td></tr>
<tr><td>测试情况</td><td colspan="5"></td></tr>
<tr><td rowspan="9">检验结果</td><td colspan="6">缺、损附备件明细表</td></tr>
<tr><td>序号</td><td>名称</td><td>规格</td><td>单位</td><td>数量</td><td>备注</td></tr>
<tr><td></td><td></td><td></td><td></td><td></td><td></td></tr>
<tr><td></td><td></td><td></td><td></td><td></td><td></td></tr>
<tr><td></td><td></td><td></td><td></td><td></td><td></td></tr>
<tr><td></td><td></td><td></td><td></td><td></td><td></td></tr>
<tr><td></td><td></td><td></td><td></td><td></td><td></td></tr>
<tr><td></td><td></td><td></td><td></td><td></td><td></td></tr>
<tr><td></td><td></td><td></td><td></td><td></td><td></td></tr>
<tr><td colspan="7">结论：
经检查包装、随机文件齐全，外观良好，符合设计及规范要求，同意验收。</td></tr>
<tr><td rowspan="2">签字栏</td><td colspan="2">建设(监理)单位</td><td colspan="2">施工单位</td><td colspan="2">供应单位</td></tr>
<tr><td colspan="2">×××</td><td colspan="2">×××</td><td colspan="2">×××</td></tr>
</table>

本表由施工单位填写并保存。

工程物资进场报验表				编　号	×××
工 程 名 称	××工程			日　期	2015 年×月×日

现报上关于　室外电气　工程的物资进场检验记录,该批物资经我方检验符合设计、规范及合约要求,请予以批准使用。

物资名称	主要规格	单　位	数　量	选样报审表编号	使用部位
干式变压器	SCB8-50/10	台	××	×××	地下二层变配电室
干式变压器	SCB8-100/10	台	××	×××	地下二层变配电室
干式变压器	SCB8-160/10	台	××	×××	地下二层变配电室

附件:　名　称　页　数　编　号

1. ☑ 出厂合格证　×页　×××
2. ☑ 厂家质量检验报割　×页　×××
3. ☐ 厂家质量保证书　页
4. ☐ 商检证　页
5. ☑ 进场检验记录　×页　×××
6. ☐ 进场复试报告　页
7. ☐ 备案情况　页
8. ☑ 生产许可证　×页　×××

申报单位名称:××机电工程有限公司　申报人(签字):×××

施工单位检验意见:

报验的工程设备的质量证明文件齐全,同意报项目监理部审批。

☑有 / ☐无 附页

施工单位名称:××建设集团有限公司　技术负责人(签字):×××　审核日期:2015 年×月×日

验收意见:

1. 物资质量控制资料齐全、有效。
2. 设备试验合格。

审定结论:　☑同意　☐补报资料　☐重新检验　☐退场

监理单位名称:××建设监理有限公司　监理工程师(签字):×××　验收日期:2015 年×月×日

本表由施工单位填报,建设单位、监理单位、施工单位各存一份。

变压器安装自检记录

<table>
<tr><td colspan="3">工程名称</td><td colspan="2"></td><td>施工单位</td><td colspan="3"></td></tr>
<tr><td colspan="3">设备型号</td><td></td><td>额定容量</td><td>(kV·A)</td><td>相数</td><td colspan="2"></td></tr>
<tr><td colspan="3">额定电压</td><td>(V)</td><td>额定电流</td><td>(A)</td><td>频率</td><td colspan="2">(Hz)</td></tr>
<tr><td>序号</td><td colspan="2">检查项目</td><td colspan="6">安装检查情况</td></tr>
<tr><td rowspan="3">1</td><td rowspan="3">外观检查</td><td>合格证件</td><td colspan="6"></td></tr>
<tr><td>技术文件</td><td colspan="6"></td></tr>
<tr><td>核对部件</td><td colspan="6"></td></tr>
<tr><td rowspan="10">2</td><td rowspan="10">变压器组装</td><td>本体就位</td><td colspan="6"></td></tr>
<tr><td>散热器安装</td><td colspan="6"></td></tr>
<tr><td>储油柜安装</td><td colspan="6"></td></tr>
<tr><td>密封垫材质</td><td colspan="6"></td></tr>
<tr><td>绝缘套管</td><td colspan="6"></td></tr>
<tr><td>气体继电器</td><td colspan="6"></td></tr>
<tr><td>温度计</td><td colspan="6"></td></tr>
<tr><td>风扇电动机</td><td colspan="6"></td></tr>
<tr><td>箱体接地</td><td colspan="6"></td></tr>
<tr><td>绝缘电阻(MΩ)</td><td colspan="6"></td></tr>
<tr><td>检查结论</td><td colspan="8"></td></tr>
<tr><td rowspan="3">签字栏</td><td colspan="3">施工单位</td><td colspan="5"></td></tr>
<tr><td colspan="3">专业技术负责人</td><td colspan="3">专业质检员</td><td colspan="2">专业工长</td></tr>
<tr><td colspan="3"></td><td colspan="3"></td><td colspan="2"></td></tr>
</table>

油浸/干式 电力变压器试验记录

单位(子单位)工程:××工程

分部(子分部)工程	建筑电气(室外电气)					试验日期	2015 年×月×日		
设备资料	产品编号	450083	容量	630kV・A	温升	/℃	顶视图	C B A b a o c	
	型号	SCB 8-30/10	电压	10000/400V	器重	/kg			
	接线组别	D,yn11	电流	36.4/929.3A	油重	/kg			
	制造厂	××有限公司	阻抗	5.82%	总重	2300kg			

绝缘与耐压	测试项目 测试部位	绝缘电阻(MΩ)R60/15		交流耐压 kV/min	直流耐压 kV/min	直流泄流		介质损耗%
		耐压前	耐压后			kV	μA	
	一次对地及其绕组	2500/2000	2500/2000	24/1	—	—	—	—
	二次对地及其绕组	500/400	500/400	2.6/1	—	—	—	—
	干式变压器铁芯对地绝缘电阻(MΩ)			20				

接线组别	一次 二次	AB	BC	CA	向量图	风冷电机绝缘电阻(MΩ)		50
					A C B　a c b	湿显装置	良好	温控装置　良好
	ab					绝缘油击穿电压		次平均电压　(kV)
	bc					外观检查:　良好		
	ca							

额定电压	分接位置	直流电阻(Ω)			变压比(V)							
		A—	B—	C—	A—	B—	C—	a—	b—	c—	铭牌比率/实际比率	误差
10500	6—5	1.315	1.325	1.326	210	210	8	8	8	8	26.25/26.23	-0.07%
10250	5—7	1.28	1.289	1.291	205	205	8	8	8	8	25.625/25.63	0.02%
10000	7—4	1.245	1.255	1.256	200	200	8	8	8	8	25/25.02	0.08%
9750	4—8	1.214	1.222	1.224	195	195	8	8	8	8	24.375/24.36	-0.08%
9500	8—3	1.018	1.189	1.191	190	190	8	8	8	8	23.75/23.73	-0.08%
		a—0	b—0	c—0	试验日期		2015 年×月×日					
400V		0.0008098	0.0008115	0.0008123	天气		晴				环境温度	15℃
备注												

签字栏	施工单位	××机电工程有限公司	
	专业技术负责人	专业质检员	专业工长
	×××	×××	×××

变压器、箱式变电所安装检验批质量验收记录

07010101 001

单位（子单位）工程名称	××大厦	分部（子分部）工程名称	建筑电气/室外电气	分项工程名称	变压器、箱式变电所安装
施工单位	××建筑有限公司	项目负责人	赵斌	检验批容量	1间
分包单位	/	分包单位项目负责人	/	检验批部位	变配电室
施工依据	配电室安装施工方案		验收依据	《建筑电气工程施工质量验收规范》GB50303-2002	

		验收项目	设计要求及规范规定	最小/实际抽样数量	检查记录	检查结果
主控项目	1	变压器安装及外观检查	第5.1.1条	全/2	抽查2处，合格2处	√
	2	变压器中性点、箱式变电所N和PE母线的接地连接及支架或框架接地	第5.1.2条	全/4	抽查4处，合格4处	√
	3	变压器的交接试验	第5.1.3条	全/1	抽查1处，合格1处	√
	4	箱式变电所及落地配电箱的固定、箱体的接地或接零	第5.1.4条	/	/	/
	5	箱式变电所的交接试验	第5.1.5条	/	/	/
				/		
				/		
一般项目	1	有载调压开关检查	第5.2.1条	/		/
	2	绝缘件和测温仪表检查	第5.2.2条	全/6	抽查6处，合格6处	100%
	3	装有软件的变压器固定	第5.2.3条	/	/	/
	4	变压器的器身检查	第5.2.4条	全/1	抽查1处，合格1处	100%
	5	箱式变电所内外涂层和通风口检查	第5.2.5条	/	/	/
	6	箱式变电所柜内接线和线路标记	第5.2.6条	/	/	/
	7	装有气体继电器的变压器的坡度	第5.2.7条	全/1	抽查1处，合格1处	100%
施工单位检查结果		符合要求 专业工长：（签名） 项目专业质量检查员：（签名） 2015年××月××日				
监理单位验收结论		合格 专业监理工程师：（签名） 2015年××月××日				

变压器、箱式变电所安装检验批质量验收记录填写说明

1. 填写依据

(1)《建筑电气工程质量验收规范》GB 50303－2002。

(2)《建筑工程施工质量验收统一标准》GB 50300－2013。

2. 规范摘要

以下内容摘自《建筑电气工程质量验收规范》GB 50303－2002。

(1)主控项目

1)变压器安装应位置正确，附件齐全，油浸变压器油位正常，无渗油现象。

2)接地装置引出的接地干线与变压器的低压侧中性点直接连接；接地干线与箱式变电所的N母线和PE母线直接连接；变压器箱体、干式变压器的支架或外壳应接地(PE)。所有连接应可靠，紧固件及防松零件齐全。

3)变压器必须按《建筑电气工程质量验收规范》GB 50303－2002第3.1.8条的规定交接试验合格。

4)箱式变电所及落地式配电箱的基础应高于室外地坪，周围排水通畅。用地脚螺栓固定的螺帽齐全，拧紧牢固；自由安放的应垫平放正。金属箱式变电所及落地式配电箱，箱体应接地(PE)或接零(PEN)可靠，且有标识。

5)箱式变电所的交接试验，必须符合下列规定：

①由高压成套开关柜、低压成套开关柜和变压器三个独立单元组合成的箱式变电所高压电气设备部分，按《建筑电气工程质量验收规范》GB 50303－2002第3.1.8的规定交接试验合格。

②高压开关、熔断器等与变压器组合在同一个密闭油箱内的箱式变电所，交接试验按产品提供的技术文件要求执行；

③低压成套配电柜交接试验符合《建筑电气工程质量验收规范》GB 50303－2002第4.1.5条的规定。

(2)一般项目

1)有载调压开关的传动部分润滑应良好，动作灵活，点动给定位置与开关实际位置一致，自动调节符合产品的技术文件要求。

2)绝缘件应无裂纹、缺损和瓷件瓷釉损坏等缺陷，外表清洁，测温仪表指示准确。

3)装有滚轮的变压器就位后，应将滚轮用能拆卸的制动部件固定。

4)变压器应按产品技术文件要求进行检查器身，当满足下列条件之一时，可不检查器身。

①制造厂规定不检查器身者；

②就地生产仅做短途运输的变压器，且在运输过程中有效监督，无紧急制动、剧烈振动、冲撞或严重颠簸等异常情况者。

5)箱式变电所内外涂层完整、无损伤，有通风口的风口防护网完好。

6)箱式变电所的高低压柜内部接线完整、低压每个输出回路标记清晰，回路名称准确。

7)装有气体继电器的变压器顶盖，沿气体继电器的气流方向有1.0%～1.5%的升高坡度。

变压器、箱式变电所安装 分项工程质量验收记录

单位(子单位)工程名称	××工程		结构类型	框架剪力墙
分部(子分部)工程名称	室外电气		检验批数	1
施工单位	××建设集团有限公司		项目经理	×××
分包单位	××机电工程有限公司		分包项目经理	×××
序号	检验批名称及部位、区段	施工单位检查评定结果	监理(建设)单位验收结论	
1	室外变压器	√	验收合格	
说明：				
检查结论	室外变压器安装符合《建筑电气工程施工质量验收规范》(GB 50303－2002)的要求，变压器、箱式变电所安装分项工程合格。 项目专业技术负责人：××× 2015年×月×日	验收结论	同意施工单位检查结论，验收合格。 监理工程师：××× (建设单位项目专业技术负责人) 2015年×月×日	

注：地基基础、主体结构工程的分项工程质量验收不填写“分包单位”、“分包项目经理”。

<table>
<tr><td colspan="2">分项/分部工程施工报验表</td><td>编　号</td><td>×××</td></tr>
<tr><td>工 程 名 称</td><td>××工程</td><td>日　期</td><td>2015 年×月×日</td></tr>
<tr><td colspan="4">现我方已完成____/____(层)____/____轴(轴线或房间)____/____(高程)____/____(部位)的　变压器、箱式变电所安装　工程，经我方检验符合设计、规范要求，请予以验收。
附件：　名　称　　　　页　数　　　　编　号
1. □质量控制资料汇总表　____页　________
2. □隐蔽工程验收记录　____页　________
3. □预检记录　____页　________
4. □施工记录　____页　________
5. □施工试验记录　____页　________
6. □分部(子分部)工程质量验收记录　____页　________
7. ☑分项工程质量验收记录　1　页　×××
8. □________　____页　________
9. □________　____页　________
10. □________　____页　________
质量检查员(签字)：×××

施工单位名称：××机电工程有限公司　　　技术负责人(签字)：×××</td></tr>
<tr><td colspan="4">审查意见：
1. 所报附件材料真实、齐全、有效。
2. 所报分项实体工程质量符合规范和设计要求。

审查结论：　☑合格　　□不合格

监理单位名称：××建设监理有限公司　(总)监理工程师(签字)：×××　审查日期：2015 年×月×日</td></tr>
</table>

本表由施工单位填报，监理单位、施工单位各存一份。分项、分部工程不合格，应填写《不合格项处置记录》，分部工程应由总监理工程师签字。

2.2　成套配电柜、控制柜(屏、台)和动力、照明配电箱(盘)及控制柜安装

2.2.1　成套配电柜、控制柜(屏、台)和动力、照明配电箱(盘)及控制柜安装资料列表

(1)施工技术资料

1)工程技术文件报审表

2)成套配电柜、控制柜(屏、台)和动力、照明配电箱(盘)安装施工方案

3)技术交底记录

①成套配电柜、控制柜(屏、台)和动力、照明配电箱(盘)安装施工方案技术交底记录

②成套配电柜、控制柜(屏、台)和动力、照明配电箱(盘)安装技术交底记录

4)图纸会审记录、设计变更、工程洽商记录

(2)施工物资资料

1)高压成套配电柜、控制柜(屏、台)出厂合格证、随带技术文件、生产许可证及许可证编号和试验记录。高压成套配电柜应按照《电气装置安装工程电气设备交接试验标准》(GB 50150－2006)的规定进行交接试验,并提供出厂试验报告。

2)低压成套配电柜、动力、照明配电箱(盘)出厂合格证、生产许可证及许可证编号、试验记录、“CCC”认证标志及认证证书复印件。

3)型钢合格证、材质证明书。

4)镀锌制品合格证或镀锌质量证明书。

5)导线、电缆出厂合格证、生产许可证、“CCC”认证标志及认证证书复印件。

6)材料、构配件进场检验记录

7)设备开箱检验记录

8)工程物资进场报验表

(3)施工记录

1)电气设备安装检查记录

2)工序交接检查记录

(4)施工试验记录及检测报告

1)电气接地电阻测试记录

2)电气绝缘电阻测试记录

3)高压开关柜试验记录

4)低压开关柜试验记录

5)低压开关柜交接试验记录(低压)

6)电气设备空载试运行记录

7)电气设备送电验收记录

(5)施工质量验收记录

1)成套配电柜、控制柜(屏、台)和动力、照明配电箱(盘)安装检验批质量验收记录

2)成套配电柜、控制柜(屏、台)和动力、照明配电箱(盘)安装分项工程质量验收记录

3)分项/分部工程施工报验表

(6)住宅工程质量分户验收记录表

成套配电柜、控制柜(屏、台)和动力、照明配电箱(盘)安装质量分户验收记录表

2.2.2　成套配电柜、控制柜(屏、台)和动力、照明配电箱(盘)及控制柜安装资料填写范例及说明

材料、构配件进场检验记录

材料、构配件进场检验记录		编　号	×××
工程名称	××工程	检验日期	2015 年×月×日

序号	名　称	规格型号	进场数量	生产厂家 合格证号	检验项目	检验结果	备注
1	电力电缆	ZRVV 4×185 +1×95	400mm	××××	查验合格证及检查报告;生产许可证等;“CCC”认证标志;外观检查	合格	
2	耐火电缆	NH-VV 4×35 +1×16	200mm	××××	查验合格证及检查报告;生产许可证等;“CCC”认证标志;外观检查	合格	
3	塑料铜芯线	BV 2.5mm²	10000m	××××	查验合格证,生产许可证及“CCC”认证标志;外观检查;抽检线芯直径及绝缘层厚度	合格	

检验结论

以上材料、构配件经外观检查合格。材质、规格型号及数量经复检符合设计、规范要求,产品质量证明文件齐全。

签字栏	建设(监理)单位	施工单位	××机电工程有限公司	
		专业质检员	专业工长	检验员
	×××	×××	×××	×××

本表由施工单位填写并保存。

<table>
<tr><td colspan="3">设备开箱检验记录</td><td>编　号</td><td>×××</td></tr>
<tr><td colspan="2">设备名称</td><td>低压开关柜</td><td>检查日期</td><td>2015 年×月×日</td></tr>
<tr><td colspan="2">规格型号</td><td>XL-20</td><td>总 数 量</td><td>4 台</td></tr>
<tr><td colspan="2">装箱单号</td><td>×××</td><td>检验数量</td><td>4 台</td></tr>
<tr><td rowspan="5">检验记录</td><td>包装情况</td><td colspan="3">包装完好、无损坏，标识明确</td></tr>
<tr><td>随机文件</td><td colspan="3">出厂合格证、安装使用说明书、装箱单、检验报告、保修卡</td></tr>
<tr><td>备件与附件</td><td colspan="3">设备安装用紧固件是镀锌制品为标准件</td></tr>
<tr><td>外观情况</td><td colspan="3">低压开关柜表面无损坏、无锈蚀、漆面完好</td></tr>
<tr><td>测试情况</td><td colspan="3"></td></tr>
</table>

<table>
<tr><td rowspan="8">检验结果</td><td colspan="6">缺、损附备件明细表</td></tr>
<tr><td>序号</td><td>名称</td><td>规格</td><td>单位</td><td>数量</td><td>备注</td></tr>
<tr><td></td><td></td><td></td><td></td><td></td><td></td></tr>
<tr><td></td><td></td><td></td><td></td><td></td><td></td></tr>
<tr><td></td><td></td><td></td><td></td><td></td><td></td></tr>
<tr><td></td><td></td><td></td><td></td><td></td><td></td></tr>
<tr><td></td><td></td><td></td><td></td><td></td><td></td></tr>
<tr><td></td><td></td><td></td><td></td><td></td><td></td></tr>
<tr><td colspan="7">结论：
经检查包装、随机文件齐全，外观良好，符合设计及规范要求，同意验收。</td></tr>
</table>

<table>
<tr><td rowspan="2">签字栏</td><td>建设(监理)单位</td><td>施工单位</td><td>供应单位</td></tr>
<tr><td>×××</td><td>×××</td><td>×××</td></tr>
</table>

本表由施工单位填写并保存。

电气设备安装检查记录

<table>
<tr><td colspan="2">工程名称</td><td colspan="2">××大厦</td><td>施工单位</td><td colspan="3">××机电工程有限公司</td></tr>
<tr><td colspan="2">柜(盘)名称</td><td colspan="2">低压开关柜</td><td>制造厂</td><td colspan="3">××公司</td></tr>
<tr><td>序号</td><td>型号</td><td>编号</td><td>数量</td><td>序号</td><td>型号</td><td>编号</td><td>数量</td></tr>
<tr><td>1</td><td>XL－20</td><td>××</td><td>××</td><td></td><td></td><td></td><td></td></tr>
<tr><td></td><td></td><td></td><td></td><td></td><td></td><td></td><td></td></tr>
<tr><td></td><td></td><td></td><td></td><td></td><td></td><td></td><td></td></tr>
<tr><td></td><td></td><td></td><td></td><td></td><td></td><td></td><td></td></tr>
<tr><td colspan="2">外观检查</td><td colspan="6">有铭牌,外观无损伤及变形,油漆完整,色泽一致</td></tr>
<tr><td colspan="2">基础型钢安装</td><td colspan="6">型钢尺寸按设计要求,预先调直、除锈、刷防锈底漆。按施工图纸所标位置将型钢焊牢在基础预埋铁上。用水准仪及水平尺找平、校正。基础型钢与接地母线连接</td></tr>
<tr><td colspan="2" rowspan="2">成列柜(盘)
顶部水平度</td><td>允许偏差
(mm)</td><td>实测偏差
(mm)</td><td rowspan="2">成列盘面
不平度</td><td>允许偏差
(mm)</td><td colspan="2">实测偏差
(mm)</td></tr>
<tr><td>5</td><td>共测×点,最小值 2,最大值 3</td><td></td><td colspan="2"></td></tr>
<tr><td colspan="2" rowspan="2">垂直度</td><td>允许偏差
(mm)</td><td>实测偏差(mm)</td><td rowspan="2">盘间接缝</td><td>允许偏差
(mm)</td><td colspan="2">实测偏差
(mm)</td></tr>
<tr><td>1.5(每 m)</td><td>共测×点,
均为 1</td><td></td><td colspan="2"></td></tr>
<tr><td colspan="2">手车情况</td><td>灵活</td><td>符合要求</td><td>闭合</td><td>动作准确可靠</td><td>照明</td><td>符合要求</td></tr>
<tr><td colspan="2">柜座接地</td><td colspan="6">每台柜单独与接地母线连接。柜本体有可靠、明显的接地装置,装有电器的可开启柜门用裸铜软导线与接地金属构件做可靠连接</td></tr>
<tr><td colspan="2">排列简图</td><td colspan="6">(略)</td></tr>
<tr><td colspan="2">检查结论</td><td colspan="6">符合设计要求和《建筑电气工程施工质量验收规范》(GB 50303－2002)的规定。</td></tr>
<tr><td rowspan="3">签
字
栏</td><td colspan="3">施工单位</td><td colspan="4">××机电工程有限公司</td></tr>
<tr><td colspan="3">专业技术负责人</td><td colspan="2">专业质检员</td><td colspan="2">专业工长</td></tr>
<tr><td colspan="3">×××</td><td colspan="2">×××</td><td colspan="2">×××</td></tr>
</table>

高压开关柜试验记录

单位(子单位)工程:××工程

分部(子分部)工程		建筑电气(室外电气)			试验日期	2015年×月×日	
铭牌	柜型号	KYN28A—12	电压(kV)	12	安装位置	室外变配电室2#	
铭牌	开关型号	VD4M	电流(A)	200	制造厂	××电气有限公司	
铭牌			产品编号	06Y005—K06	出厂日期	2015年×月×日	
开关本体	项目 \ 相别			A	B	C	
开关本体	导电杆行程(mm)			—	—	—	
开关本体	导电杆接触后的行程(mm)			—	—	—	
开关本体	H尺寸(mm)			—	—	—	
开关本体	触头接触电阻(μΩ)			31	36	33	
开关本体	合闸状态	绝缘电阻(MΩ)	耐压前/耐压后	2500/2500	2500/2500	2500/2500	
开关本体	合闸状态	工频耐压(kV/min)		27/1	27/1	27/1	
开关本体	分闸状态	绝缘电阻(MΩ)	耐压前/耐压后	2500/2500	2500/2500	2500/2500	
开关本体	分闸状态	工频耐压(kV/min)		38/1	38/1	38/1	
开关本体	三相不同时接触性(mm)		—	本体检查情况	良好		
操作机构	试验项目	合闸接触器	合闸线圈	分闸线圈	电压脱扣线圈	电流脱扣线圈	
操作机构	直流电阻(Ω)	—	46.5	46.7	—	—	
操作机构	绝缘电阻(MΩ)	—	20	30	—	—	
操作机构	最低工作值	—	68	68	—	—	
二次直流绝缘电阻(MΩ)	80	母排绝缘电阻(MΩ)	2500	合闸时间(s)	0.07		
				合闸速度(m/s)	—		
二次交流绝缘电阻(MΩ)	60	母排工频耐压(kV/min)	42/1	分闸时间(s)	0.05		
				分闸速度(m/s)	—		
备注							
签字栏	施工单位		××机电工程有限公司				
签字栏	专业技术负责人		专业质检员		专业工长		
签字栏	×××		×××		×××		

低压开关柜　交接试验记录(低压)

单位工程名称	××工程	分部工程名称	建筑电气
分项工程名称	成套配电柜、控制柜(屏、台)和动力、照明配电箱(盘)及控制柜安装	项目经理	×××
施工执行标准名称及编号	建筑电气工程施工质量验收规范(GB 50303－2002)	试验日期	2015 年×月×日
设备或系统名称	开关柜	测试仪器及精度	万用表
施工图号	电施－13、19	型号及规格 ×××	生产厂家 ××电气设备厂

设备或线路编号	试验要求	试验过程	试验结果	结论
04	每路配电开关及保护装置的规格、型号应符合设计要求	全数检查每路配电开关及保护装置的规格、型号	符合设计要求	合格
04	电气装置的交流工频耐压试验电压必须大于 1kV,当绝缘电阻值大于 10MΩ 时,可采用 2500V 兆欧表摇测代替,试验持续时间 1min,无击穿闪络现象	电气装置的交流工频耐压试验电压为 1kV,试验持续时间 1min	无击穿闪络现象	合格
04	绝缘电阻用 500V 兆欧表摇测,绝缘电阻值≥1MΩ;潮湿场所,绝缘电阻值≥0.5MΩ;	绝缘电阻用 500V 兆欧表摇测	绝缘电阻值≥1MΩ	合格
04	低压电器动作情况除产品另有规定外,电压、液压或气压在额定值的 85%～110%范围内能可靠动作。	电压在额定值的 85%～110%范围内,低压电器动作情况	可靠动作	合格
04	脱扣器的整定值的误差不得超过产品技术条件的规定	测量脱扣器的整定值的误差	不超过产品技术条件的规定	合格
04	电阻器和变阻器的直流电阻差值符合产品技术条件规定			

验收结论	经试验,低压开关柜交接试验项目符合设计及《建筑电气工程施工质量验收规范》(GB 50303－2002)的要求。 施工单位 项目专业质量检查员(签名):××× 项目专业技术负责人(签名):××× 2015 年×月×日	合格。 专业监理工程师(签名):××× (建设单位项目专业技术负责人) 2015 年×月×日

电气设备送电验收记录

<table>
<tr><td>工程名称</td><td colspan="2"></td><td>分项工程名称</td><td></td></tr>
<tr><td>施工单位</td><td colspan="2"></td><td>记录人员及日期</td><td></td></tr>
<tr><td colspan="2">施工执行标准名称及设计图号</td><td colspan="3"></td></tr>
<tr><td>送电类别</td><td colspan="4"></td></tr>
<tr><td>送电部位</td><td colspan="4"></td></tr>
<tr><td colspan="5">送电情况说明：</td></tr>
<tr><td rowspan="2">安装单位检查结果</td><td>专业工长(施工员)</td><td></td><td>测试人员</td><td></td></tr>
<tr><td colspan="4">项目专业质量检查员：　　　　年　月　日</td></tr>
<tr><td>监理(建设)单位检查结论</td><td colspan="4">专业监理工程师：
(建设单位项目专业技术负责人)　　　　年　月　日</td></tr>
</table>

成套配电柜、控制柜（屏、台）和动力、照明配电箱（盘）安装检验批质量验收记录

07010201001

单位（子单位）工程名称	××大厦	分部（子分部）工程名称	建筑电气/室外电气	分项工程名称	成套配电柜、控制柜（屏、台）和动力、照明配电箱（盘）及控制柜安装
施工单位	××建筑有限公司	项目负责人	赵斌	检验批容量	2 台
分包单位	/	分包单位项目负责人	/	检验批部位	B02 层配电柜
施工依据	××大厦电气施工组织计划		验收依据	《建筑电气工程施工质量验收规范》GB50303-2002	

		验收项目			设计要求及规范规定	最小/实际抽样数量	检查记录	检查结果
主控项目	1	金属框架的接地或接零			第 6.1.1 条	4/4	抽查 4 处，合格 4 处	√
	2	电击保护和保护导体截面积			第 6.1.2 条	2/2	抽查 2 处，合格 2 处	√
	3	手车式柜的推拉和动、静触头检查			第 6.1.3 条	/	/	
	4	成套配电柜的交接试验			第 6.1.4 条	/	/	
	5	柜间线路绝缘电阻测试			第 6.1.5 条	/	/	
	6	柜间二次回路耐压试验			第 6.1.6 条	/	/	
	7	柜间二次回路耐压试验			第 6.1.7 条	/	/	
	8	直流屏试验			第 6.1.8 条	/	/	
	9	箱(盘)内配线及开关动作			第 6.1.9 条	/	/	
一般项目	1	基础型钢安装	不直度(mm)	每米	≤1	全/4	抽查 4 处，合格 4 处	100%
				全长	≤5	全/4	抽查 4 处，合格 4 处	100%
			水平度(mm)	每米	≤1	全/4	抽查 4 处，合格 4 处	100%
				全长	≤5	全/4	抽查 4 处，合格 4 处	100%
			不平行度(mm/全长)		≤5	全/4	抽查 4 处，合格 4 处	100%
	2	柜、屏、盘、台、箱、盘间或与基础型钢的连接			第 6.2.2 条	2/2	抽查 2 处，合格 2 处	100%
	3	柜、屏、台、箱、盘安装	垂直度		1.5‰	全/3	抽查 3 处，合格 3 处	100%
			相互间接缝		2mm	全/3	抽查 3 处，合格 3 处	100%
			成列盘面		5mm	全/3	抽查 3 处，合格 3 处	100%
	4	柜、屏、盘、台、箱、盘内部检查试验			第 6.2.4 条	/	/	
	5	低压电器组合			第 6.2.5 条	2/2	抽查 2 处，合格 2 处	100%
	6	柜、屏、台、箱、盘间配线			第 6.2.6 条	2/2	抽查 2 处，合格 2 处	100%
	7	连接柜、屏、台、箱、盘面板上的电器及控制台、板等可动部位的电线			第 6.2.7 条	2/2	抽查 2 处，合格 2 处	100%
	8	照明配电箱(盘)安装	安装质量		第 6.2.8 条	2/2	抽查 2 处，合格 2 处	100%
			垂直度		1.5‰	全/4	抽查 4 处，合格 4 处	100%
			底边距地面为 1.5m		第 6.2.8 条	全/4	抽查 4 处，合格 4 处	100%
			照明配电板底边距地面不小于 1.8m		第 6.2.8 条	全/4	抽查 4 处，合格 4 处	100%

施工单位检查结果	符合要求 专业工长：王[签名] 项目专业质量检查员：王哲 2015 年××月××日
监理单位验收结论	合格 专业监理工程师：[签名] 2015 年××月××日

成套配电柜、控制柜(屏、台)和动力、照明配电箱(盘)安装检验批质量验收记录填写说明

1. 填写依据

(1)《建筑电气工程质量验收规范》GB 50303－2002。

(2)《建筑工程施工质量验收统一标准》GB 50300－2013。

2. 规范摘要

以下内容摘自《建筑电气工程质量验收规范》GB 50303－2002。

(1)主控项目

1)柜、屏、台、箱、盘的金属框架及基础型钢必须接地(PE)或接零(PEN)可靠;装有电器的可开启门,门和框架的接地端子间应用裸编织铜线连接,且有标识。

2)低压成套配电柜、控制柜(屏、台)和动力、照明配电箱(盘)应有可靠的电击保护。柜(屏、台、箱、盘)内保护导体应有裸露的连接外部保护导体的端子,当设计无要求时,柜(屏、台、箱、盘)内保护导体最小截面积 S。不应小于表 2-1 的规定。

表 2-1　　保护导体的截面积

相线的截面积 S(mm^2)	相应保护导体的最小截面积 S_p(mm^2)
$S\leqslant 16$	S
$16<S\leqslant 35$	16
$35<S\leqslant 400$	$S/2$
$400<S\leqslant 800$	200
$S>800$	$S/4$

注:S 指柜(屏、台、箱、盘)电源进线相线截面积,且两者(S、S_p)材质相同。

3)手车、抽出式成套配电柜推拉应灵活,无卡阻碰撞现象。动触头与静触头的中心线应一致,且触头接触紧密,投入时,接地触头先于主触头接触;退出时,接地触头后于主触头脱开。

4)高压成套配电柜必须按《建筑电气工程质量验收规范》GB 50303－2002 第 3.1.8 条的规定交接试验合格,且应符合下列规定:

①继电保护元器件、逻辑元件、变送器和控制用计算机等单体校验合格,整组试验动作正确,整定参数符合设计要求;

②凡经法定程序批准,进入市场投入使用的新高压电气设备和继电保护装置,按产品技术文件要求交接试验。

5)低压成套配电柜交接试验,必须符合《建筑电气工程质量验收规范》GB 50303－2002 第 4.1.5 条的规定。

6)柜、屏、台、箱、盘间线路的线间和线对地间绝缘电阻值,馈电线路必须大于 0.5MΩ;二次回路必须大于 1MΩ。

7)柜、屏、台、箱、盘间二次回路交流工频耐压试验,当绝缘电阻值大于 10MΩ 时,用 2500V 兆欧表摇测 1min,应无闪络击穿现象;当绝缘电阻值在 1～10MΩ 时,做 1000V 交流工频耐压试验,时间 1min,应无闪络击穿现象。

8)直流屏试验,应将屏内电子器件从线路上退出,检测主回路线间和线对地间绝缘电阻值应

大于0.5MΩ,直流屏所附蓄电池组的充、放电应符合产品技术文件要求;整流器的控制调整和输出特性试验应符合产品技术文件要求。

9)照明配电箱(盘)安装应符合下列规定:

①箱(盘)内配线整齐,无绞接现象。导线连接紧密,不伤芯线,不断股。垫圈下螺丝两侧压的导线截面积相同,同一端子上导线连接不多于2根,防松垫圈等零件齐全;

②箱(盘)内开关动作灵活可靠,带有漏电保护的回路,漏电保护装置动作电流不大于30mA,动作时间不大于0.1s。

③照明箱(盘)内,分别设置零线(N)和保护地线(PE线)汇流排,零线和保护地线经汇流排配出。

(2)一般项目

1)基础型钢安装应符合表2-2的规定。

表2-2　基础型钢安装的允许偏差

项　　目	允许偏差	
	mm/m	mm/全长
不直度	1	5
不平度	1	5
位置偏差及不平行度	—	5

注:环形布置应符合设计要求。

2)柜、屏、台、箱、盘相互间或与基础型钢应用镀锌螺栓连接,且防松零件齐全。

3)柜、屏、台、箱、盘安装垂直度允许偏差为1.5‰,相互间接缝不应大于2mm,成列盘面偏差不应大于5mm。

4)柜、屏、台、箱、盘内检查试验应符合下列规定:

①控制开关及保护装置的规格、型号符合设计要求;

②闭锁装置动作准确、可靠;

③主开关的辅助开关切换动作与主开关动作一致;

④柜、屏、台、箱、盘上的标识器件标明被控设备编号及名称,或操作位置,接线端子有编号,且清晰、工整、不易脱色。

⑤回路中的电子元件不应参加交流工频耐压试验;48V及以下回路可不做交流工频耐压试验。

5)低压电器组合应符合下列规定:

①发热元件安装在散热良好的位置;

②熔断器的熔体规格、自动开关的整定值符合设计要求;

③切换压板接触良好,相邻压板间有安全距离,切换时,不触及相邻的压板;

④信号回路的信号灯、按钮、光字牌、电铃、电笛、事故电钟等动作和信号显示准确;

⑤外壳需接地(PE)或接零(PEN)的,连接可靠;

⑥端子排安装牢固,端子有序号,强电、弱电端子隔离布置,端子规格与芯线截面积大小适配。

6)柜、屏、台、箱、盘间配线:电流回路应采用额定电压不低于750V、芯线截面积不小于

$2.5mm^2$ 的铜芯绝缘电线或电缆；除电子元件回路或类似回路外，其他回路的电线应采用额定电压不低于750V、芯线截面不小于 $1.5mm^2$ 的铜芯绝缘电线或电缆。二次回路连线应成束绑扎，不同电压等级、交流、直流线路及计算机控制线路应分别绑扎，且有标识；固定后不应妨碍手车开关或抽出式部件的拉出或推入。

7)连接柜、屏、台、箱、盘面板上的电器及控制台、板等可动部位的电线应符合下列规定：

①采用多股铜芯软电线，敷设长度留有适当裕量；

②线束有外套塑料管等加强绝缘保护层；

③与电器连接时，端部绞紧，且有不开口的终端端子或搪锡，不松散、断股；

④可转动部位的两端用卡子固定。

8)照明配电箱(盘)安装应符合下列规定：

①位置正确，部件齐全，箱体开孔与导管管径适配，暗装配电箱箱盖紧贴墙面，箱(盘)涂层完整；

②箱(盘)内接线整齐，回路编号齐全，标识正确；

③箱(盘)不采用可燃材料制作；

④箱(盘)安装牢固，垂直度允许偏差为1.5‰；底边距地面为1.5m，照明配电板底边距地面不小于1.8m。

成套配电柜、控制柜(屏、台)和动力、照明配电箱(盘)安装分项工程质量验收记录

单位(子单位)工程名称	××工程		结构类型	框架剪力墙
分部(子分部)工程名称	室外电气		检验批数	1
施工单位	××建设集团有限公司		项目经理	×××
分包单位	××机电工程有限公司		分包项目经理	×××
序号	检验批名称及部位、区段	施工单位检查评定结果	监理(建设)单位验收结论	
1	室外照明配电箱	√	验收合格	
说明:				
检查结论	室外照明配电箱安装符合《建筑电气工程施工质量验收规范》(GB 50303－2002)的要求，成套配电柜、控制柜(屏、台)和动力、照明配电箱(盘)安装分项工程合格。 项目专业技术负责人:××× 2015年×月×日	验收结论	同意施工单位检查结论，验收合格。 监理工程师:××× (建设单位项目专业技术负责人) 2015年×月×日	

注:地基基础、主体结构工程的分项工程质量验收不填写“分包单位”、“分包项目经理”。

分项/分部工程施工报验表		编　号	×××
工程名称	××工程	日　期	2015年×月×日

现我方已完成＿＿/＿＿(层)＿＿/＿＿轴(轴线或房间)＿＿/＿＿(高程)＿＿/＿＿(部位)的＿＿成套配电柜、控制柜(屏、台)和动力配电箱(盘)安装＿＿工程，经我方检验符合设计、规范要求，请予以验收。

附件：　名　称　　页　数　　编　号

1. □质量控制资料汇总表　＿＿页　＿＿
2. □隐蔽工程验收记录　＿＿页　＿＿
3. □预检记录　＿＿页　＿＿
4. □施工记录　＿＿页　＿＿
5. □施工试验记录　＿＿页　＿＿
6. □分部(子分部)工程质量秧收记录　＿＿页　＿＿
7. ☑分项工程质量验收记录　1 页　×××
8. □＿＿　＿＿页　＿＿
9. □＿＿　＿＿页　＿＿
10. □＿＿　＿＿页　＿＿

质量检查员(签字)：×××

施工单位名称：××建设集团有限公司　　技术负责人(签字)：×××

审查意见：

1. 所报附件材料真实、齐全、有效。
2. 所报分项工程实体工程质量符合规范和设计要求。

审查结论：　☑合格　　□不合格

监理单位名称：××建设监理有限公司　(总)监理工程师(签字)：×××　审查日期：2015年×月×日

本表由施工单位填报，监理单位、施工单位各存一份。分项、分部工程不合格，应填写《不合格项处置记录》，分部工程应由总监理工程师签字。

2.3　梯架、支架、托盘和槽盒安装

梯架、支架、托盘和槽盒安装检验批质量验收记录

07010301001

<table>
<tr><td>单位（子单位）工程名称</td><td colspan="2">××大厦</td><td>分部（子分部）工程名称</td><td>建筑电气/室外电气</td><td>分项工程名称</td><td>梯架、支架、托盘和槽盒安装</td></tr>
<tr><td>施工单位</td><td colspan="2">××建筑有限公司</td><td>项目负责人</td><td>赵斌</td><td>检验批容量</td><td>150m</td></tr>
<tr><td>分包单位</td><td colspan="2">/</td><td>分包单位项目负责人</td><td>/</td><td>检验批部位</td><td>变配电室</td></tr>
<tr><td>施工依据</td><td colspan="3">××大厦电气施工组织计划</td><td>验收依据</td><td colspan="2">《建筑电气工程施工质量验收规范》GB50303-2002</td></tr>
<tr><td rowspan="3">主控项目</td><td colspan="2">验收项目</td><td>设计要求及规范规定</td><td>最小/实际抽样数量</td><td>检查记录</td><td>检查结果</td></tr>
<tr><td>1</td><td>金属电缆桥架、支架和引入、引出的金属导管的接地或接零</td><td>第 12.1.1 条</td><td>全/10</td><td>共 10 处，全部检查，合格 10 处</td><td>√</td></tr>
<tr><td>2</td><td>槽板敷设和木槽板阻燃处理</td><td>第 16.1.2 条</td><td>/</td><td>/</td><td></td></tr>
<tr><td rowspan="4">一般项目</td><td>1</td><td>电缆桥架检查</td><td>第 12.2.1 条</td><td>全/4</td><td>共 4 处，全部检查，合格 4 处</td><td>100%</td></tr>
<tr><td>2</td><td>槽板的盖板和底板固定</td><td>第 16.2.1 条</td><td>/</td><td>/</td><td></td></tr>
<tr><td>3</td><td>槽板盖板、底板的接口设置和连接</td><td>第 16.2.2 条</td><td>/</td><td>/</td><td></td></tr>
<tr><td>4</td><td>槽板的保护套管和补偿装置设置</td><td>第 16.2.3 条</td><td>/</td><td>/</td><td></td></tr>
<tr><td colspan="2">施工单位检查结果</td><td colspan="5">符合要求
专业工长：王安民
项目专业质量检查员：王哲
2015 年××月××日</td></tr>
<tr><td colspan="2">监理单位验收结论</td><td colspan="5">合格
专业监理工程师：王江川
2015 年××月××日</td></tr>
</table>

梯架、支架、托盘和槽盒安装检验批质量验收记录填写说明

1. 填写依据

(1)《建筑电气工程质量验收规范》GB 50303－2002。

(2)《建筑工程施工质量验收统一标准》GB 50300－2013。

2. 规范摘要

以下内容摘自《建筑电气工程质量验收规范》GB 50303－2002。

电缆桥架安装和桥架内电缆敷设

主控项目

(1)金属电缆桥架及其支架和引入或引出的金属电缆导管必须接地(PE)或接零(PEN)可靠,且必须符合下列规定:

1)金属电缆桥架及其支架全长应不少于2处与接地(PE)或接零(PEN)干线相连接;

2)非镀锌电缆桥架间连接板的两端跨接铜芯接地线,接地线最小允许截面积不小于$4mm^2$;

3)镀锌电缆桥架间连接板的两端不跨接接地线,但连接板两端不少于2个有防松螺帽或防松垫圈的连接固定螺栓。

(2)电缆敷设严禁有绞拧、铠装压扁、护层断裂和表面严重划伤等缺陷。

一般项目

(1)电缆桥架安装应符合下列规定:

1)直线段钢制电缆桥架长度超过30m、铝合金或玻璃钢制电缆桥架长度超过15m设有伸缩节;电缆桥架跨越建筑物变形缝处设置补偿装置;

2)电缆桥架转弯处的弯曲半径,不小于桥架内电缆最小允许弯曲半径,电缆最小允许弯曲半径见表2-3;

表2-3 电缆最小允许弯曲半径

序号	电缆种类	最小允许弯曲半径
1	无铅包钢铠护套的橡皮绝缘电力电缆	$10D$
2	有钢铠护套的橡皮绝缘电力电缆	$20D$
3	聚氯乙烯绝缘电力电缆	$10D$
4	交联聚氯乙烯绝缘电力电缆	$15D$
5	多芯控制电缆	$10D$

注:D为电缆外径

3)当设计无要求时,电缆桥架水平安装的支架间距为1.5～3m;垂直安装的支架间距不大于2m;

4)桥架与支架间螺栓、桥架连接板螺栓固定紧固无遗漏,螺母位于桥架外侧;当铝合金桥架与钢支架固定时,有相互间绝缘的防电化腐蚀措施;

5)电缆桥架敷设在易燃易爆气体管道和热力管道的下方,当设计无要求时,与管道的最小净距,符合表2-4的规定;

表 2-4　　与管道的最小净距(m)

管道类别		平行净距	交叉净距
一般工艺管道		0.4	0.3
易燃易爆气体管道		0.5	0.5
热力管道	有保温层	0.5	0.3
	无保温层	1.0	0.5

6)敷设在竖井内和穿越不同防火区的桥架，按设计要求位置，有防火隔堵措施；

7)支架与预埋件焊接固定时，焊缝饱满；膨胀螺栓固定时，选用螺栓适配，连接紧固，防松零件齐全。

(2)桥架内电缆敷设应符合下列规定：

1 大于 45°倾斜敷设的电缆每隔 2m 处设固定点；

2 电缆出入电缆沟、竖井、建筑物、柜(盘)、台处以及管子管口处等做密封处理；

3 电缆敷设排列整齐，水平敷设的电缆，首尾两端、转弯两侧及每隔 5～10m 处设固定点；敷设于垂直桥架内的电缆固定点间距，不大于表 2-5 的规定。

表 2-5　　电缆固定点的间距(mm)

电缆种类	固定点的间距	
电力电缆	全塑型	1000
	除全塑型外的电缆	1500
控制电缆	1000	

(3)电缆的首端、末端和分支处应设标志牌。

槽板配线

主控项目

(1)槽板内电线无接头，电线连接设在器具处；槽板与各种器具连接时，电线应留有余量，器具底座应压住槽板端部。

(2)槽板敷设应紧贴建筑物表面，且横平竖直、固定可靠，严禁用木楔固定；木槽板应经阻燃处理，塑料槽板表面应有阻燃标识。

一般项目

(1)木槽板无劈裂，塑料槽板无扭曲变形。槽板底板固定点间距应小于 500mm；槽板盖板固定点间距应小于 300mm；底板距终端 50mm 和盖板距终端 30mm 处应固定。

(2)槽板的底板接口与盖板接口应错开 20mm，盖板在直线段和 90°转角处应成 45°斜口对接，T 形分支处应成三角叉接，盖板应无翘角，接口应严密整齐。

(3)槽板穿过梁、墙和楼板处应有保护套管，跨越建筑物变形缝处槽板应设补偿装置，且与槽板结合严密。

2.4　导管敷设

2.4.1　导管敷设资料列表

(1)施工技术资料

1)技术交底记录

①硬质阻燃型绝缘导管明敷设工程技术交底记录

②硬质和半硬质阻燃型绝缘导管暗敷设工程技术交底记录

③钢管敷设工程技术交底记录

④套接扣压式薄壁钢导管敷设技术交底记录

⑤套接紧定式钢导管敷设技术交底记录

2)设计变更、工程洽商记录

(2)施工物资资料

1)阻燃型(PVC)塑料管及其附件检验测试报告和产品出厂合格证;钢导管的管材及附件产品合格证和材质证明书

2)材料、构配件进场检验记录

3)工程物资进场报验表

(3)施工记录

1)隐蔽工程验收记录

2)电气线路接地检查记录

3)工序交接检查记录

(4)施工试验记录及检测报告

1)线路接地电阻测试记录

2)电气绝缘电阻测试记录

(5)施工质量验收记录

1)导管敷设检验批质量验收记录

2)导管敷设分项工程质量验收记录

3)分项/分部工程施工报验表

(6)住宅工程质量分户验收记录表

导管敷设质量分户验收记录表

2.4.2　导管敷设资料填写范例及说明

<table>
<tr><td colspan="6">材料、构配件进场检验记录</td><td>编　号</td><td colspan="2">×××</td></tr>
<tr><td colspan="2">工程名称</td><td colspan="3">××工程</td><td>检验日期</td><td colspan="3">2015 年 3 月 9 日</td></tr>
<tr><td rowspan="2">序号</td><td rowspan="2">名　称</td><td rowspan="2">规格型号</td><td rowspan="2">进场数量</td><td>生产厂家</td><td rowspan="2">检验项目</td><td rowspan="2">检验结果</td><td rowspan="2" colspan="2">备注</td></tr>
<tr><td>合格证号</td></tr>
<tr><td>1</td><td>焊接钢管</td><td>SC70</td><td>500m</td><td>×××</td><td>查验合格证及材质证明书;外观检查;抽检导管和管径、壁厚及均匀度</td><td>合格</td><td colspan="2"></td></tr>
<tr><td>2</td><td>焊接钢管</td><td>SC100</td><td>200m</td><td>×××</td><td>查验合格证及材质证明书;外观检查;抽检导管和管径、壁厚及均匀度</td><td>合格</td><td colspan="2"></td></tr>
<tr><td></td><td></td><td></td><td></td><td></td><td></td><td></td><td colspan="2"></td></tr>
<tr><td></td><td></td><td></td><td></td><td></td><td></td><td></td><td colspan="2"></td></tr>
<tr><td></td><td></td><td></td><td></td><td></td><td></td><td></td><td colspan="2"></td></tr>
<tr><td></td><td></td><td></td><td></td><td></td><td></td><td></td><td colspan="2"></td></tr>
<tr><td></td><td></td><td></td><td></td><td></td><td></td><td></td><td colspan="2"></td></tr>
<tr><td></td><td></td><td></td><td></td><td></td><td></td><td></td><td colspan="2"></td></tr>
<tr><td></td><td></td><td></td><td></td><td></td><td></td><td></td><td colspan="2"></td></tr>
<tr><td></td><td></td><td></td><td></td><td></td><td></td><td></td><td colspan="2"></td></tr>
<tr><td></td><td></td><td></td><td></td><td></td><td></td><td></td><td colspan="2"></td></tr>
<tr><td colspan="9">检验结论
以上材料、构配件经外观检查合格。材质、规格型号及数量经复检符合设计、规范要求，产品质量证明文件齐全。</td></tr>
<tr><td rowspan="3">签字栏</td><td rowspan="2" colspan="3">建设(监理)单位</td><td>施工单位</td><td colspan="4">××机电工程有限公司</td></tr>
<tr><td>专业质检员</td><td colspan="2">专业工长</td><td colspan="2">检验员</td></tr>
<tr><td colspan="3">×××</td><td>×××</td><td colspan="2">×××</td><td colspan="2">×××</td></tr>
</table>

本表由施工单位填写并保存。

工程物资进场报验表			编　号	×××
工 程 名 称	××工程		日　期	2015年×月×日

现报上关于　导管敷设　工程的物资进场检验记录，该批物资经我方检验符合设计、规范及合约要求，请予以批准使用。

物资名称	主要规格	单　位	数　量	选样报审表编号	使用部位
焊接钢管	SC70	m	500	×××	室外
焊接钢管	SC100	m	200	×××	室外

附件：　名　称　　页　数　　编　号

1. ☑ 出厂合格证　× 页　×××
2. ☐ 厂家质量检验报告　　页
3. ☐ 厂家质量保证书　　页
4. ☐ 商检证　　页
5. ☑ 进场检验记录　× 页　×××
6. ☑ 进场复试报告　× 页　×××
7. ☐ 备案情况　　页
8. ☑ 生产许可证　× 页　×××
9. ☑ CCC认证及证书复印件　× 页　×××

申报单位名称：××建设集团有限公司　　申报人(签字)：×××

施工单位检验意见：

报验的工程材料的质量证明文件齐全，同意报项目监理部审批。

☑有 / ☐无 附页

施工单位名称：××建设集团有限公司　技术负责人(签字)：×××　审核日期：2015年×月×日

验收意见：

1. 物资质量控制资料齐全、有效。
2. 材料检验合格。

审定结论：　☑同意　☐补报资料　☐重新检验　☐退场

监理单位名称：××建设监理有限公司　监理工程师(签字)：×××　验收日期：2015年×月×日

本表由施工单位填报，建设单位、监理单位、施工单位各存一份。

导管敷设检验批质量验收记录

07010401001

单位（子单位）工程名称	××大厦	分部（子分部）工程名称	建筑电气/室外电气	分项工程名称	电线、电缆穿管和线槽敷设
施工单位	××建筑有限公司	项目负责人	赵斌	检验批容量	300m
分包单位	/	分包单位项目负责人	/	检验批部位	变配电室
施工依据	××大厦电气施工组织计划		验收依据	《建筑电气工程施工质量验收规范》GB50303-2002	

		验收项目	设计要求及规范规定	最小/实际抽样数量	检查记录	检查结果
主控项目	1	金属导管、金属线槽的接地或接零	第14.1.1条	15/15	共15处，全部检查，合格15处	√
	2	金属导管的连接	第14.1.2条	10/10	抽查10处，合格10处	√
	3	防爆导管的连接	第14.1.3条	/	/	
	4	绝缘导管在砌体剔槽埋设	第14.1.4条	/	/	
一般项目	1	埋地导管的选择和埋设深度	第14.2.1条	/	/	
	2	导管的管口设置和处理	第14.2.2条	5/5	抽查5处，合格5处	100%
	3	电缆导管的弯曲半径	第14.2.3条	6/6	抽查6处，合格6处	100%
	4	金属导管的防腐	第14.2.4条	/	/	
	5	柜、台、箱、盘内导管管口高度	第14.2.5条	3/3	抽查3处，合格3处	100%
	6	暗配管的埋设深度，明配管的固定	第14.2.6条	10/10	抽查10处，合格10处	100%
	7	线槽固定及外观检查	第14.2.7条	/	/	
	8	防爆导管的连接、接地、固定和防腐	第14.2.8条	/	/	
	9	绝缘导管的连接和保护	第14.2.9条	/	/	
	10	柔性导管的长度、连接和接地	第14.2.10条	/	/	
	11	导管和线槽在建筑物变形缝处的处理	第14.2.11条	/	/	
施工单位检查结果		符合要求 专业工长：王宏民 项目专业质量检查员：王哲 2015年××月××日				
监理单位验收结论		合格 专业监理工程师：王江川 2015年××月××日				

一册在手 表格全有 贴近现场 资料无忧

导管敷设检验批质量验收记录填写说明

1. 填写依据

(1)《建筑电气工程质量验收规范》GB 50303－2002。

(2)《建筑工程施工质量验收统一标准》GB 50300－2013。

2. 规范摘要

以下内容摘自《建筑电气工程质量验收规范》GB 50303－2002。

主控项目

(1)金属的导管和线槽必须接地(PE)或接零(PEN)可靠，并符合下列规定：

1)镀锌的钢导管、可挠性导管和金属线槽不得熔焊跨接接地线，以专用接地卡跨接的两卡间连线为铜芯软导线，截面积不小于 $4mm^2$；

2)当非镀锌钢导管采用螺纹连接时，连接处的两端焊跨接接地线；当镀锌钢导管采用螺纹连接时，连接处的两端用专用接地卡固定跨接接地线；

3)金属线槽不作设备的接地导体，当设计无要求时，金属线槽全长不少于2处与接地(PE)或接零(PEN)干线连接；

4)非镀锌金属线槽间连接板的两端跨接铜芯接地线，镀锌线槽间连接板的两端不跨接接地线，但连接板两端不少于2个有防松螺帽或防松垫圈的连接固定螺栓。

(2)金属导管严禁对口熔焊连接；镀锌和壁厚小于等于2mm的钢导管不得套管熔焊连接。

(3)防爆导管不应采用倒扣连接；当连接有困难时，应采用防爆活接头，其接合面应严密。

(4)当绝缘导管在砌体上剔槽埋设时，应采用强度等级不小于M10的水泥砂浆抹面保护，保护层厚度大于15mm。

一般项目

(1)室外埋地敷设的电缆导管，埋深不应小于0.7m。壁厚小于等于2mm的钢电线导管不应埋设于室外土壤内。

(2)室外导管的管口应设置在盒、箱内。在落地式配电箱内的管口，箱底无封板的，管口应高出基础面50～80mm。所有管口在穿入电线、电缆后应做密封处理。由箱式变电所或落地式配电箱引向建筑物的导管，建筑物一侧的导管管口应设在建筑物内。

(3)电缆导管的弯曲半径不应小于电缆最小允许弯曲半径，电缆最小允许弯曲半径应符合表2-3的规定。

(4)金属导管内外壁应防腐处理；埋设于混凝土内的导管内壁应防腐处理，外壁可不防腐处理。

(5)室内进入落地式柜、台、箱、盘内的导管管口，应高出柜、台、箱、盘的基础面50～80mm。

(6)暗配的导管，埋设深度与建筑物、构筑物表面的距离不应小于15mm；明配的导管应排列整齐，固定点间距均匀，安装牢固；在终端、弯头中点或柜、台、箱、盘等边缘的距离150～500mm范围内设有管卡，中间直线段管卡间的最大距离应符合表2-6的规定。

(7)线槽应安装牢固，无扭曲变形，紧固件的螺母应在线槽外侧。

(8)防爆导管敷设应符合下列规定：

1)导管间及与灯具、开关、线盒等的螺纹连接处紧密牢固，除设计有特殊要求外，连接处不跨接接地线，在螺纹上涂以电力复合酯或导电性防锈酯；

表 2-6　　管卡间最大距离

敷设方式	导管种类	导管直径(mm)				
		15～20	25～32	32～40	50～65	65 以上
		管卡间最大距离				
支架或沿墙明敷	壁厚＞2mm 刚性钢导管	1.5	2.0	2.5	2.5	3.5
	壁厚≤2mm 刚性钢导管	1.0	1.5	2.0	—	—
	刚性绝缘导管	1.0	1.5	1.5	2.0	2.0

2)安装牢固顺直,镀锌层锈蚀或剥落处做防腐处理。

(9)绝缘导管敷设应符合下列规定:

1)管口平整光滑;管与管、管与盒(箱)等器件采用插入法连接时,连接处结合面涂专用胶合剂,接口牢固密封;

2)直埋于地下或楼板内的刚性绝缘导管,在穿出地面或楼板易受机械损伤的一段,采取保护措施;

3)当设计无要求时,埋设在墙内或混凝土内的绝缘导管,采用中型以上的导管;

4)沿建筑物、构筑物表面和在支架上敷设的刚性绝缘导管,按设计要求装设温度补偿装置。

(10)金属、非金属柔性导管敷设应符合下列规定:

1)刚性导管经柔性导管与电气设备、器具连接,柔性导管的长度在动力工程中不大于 0.8m,在照明工程中不大于 1.2m;

2)可挠金属管或其他柔性导管与刚性导管或电气设备、器具间的连接采用专用接头;复合型可挠金属管或其他柔性导管的连接处密封良好,防液覆盖层完整无损;

3)可挠性金属导管和金属柔性导管不能做接地(PE)或接零(PEN)的接续导体。

(11)导管和线槽,在建筑物变形缝处,应设补偿装置。

2.5　电缆敷设

2.5.1　电缆敷设资料列表

(1)施工技术资料

1)电缆敷设技术交底记录

2)设计变更、工程洽商记录

(2)施工物资资料

1)电缆出厂合格证、生产许可证、“CCC”认证标志及认证证书复印件。

2)材料、构配件进场检验记录

3)工程物资进场报验表

(3)施工记录

1) 隐蔽工程验收记录

2)电缆相位检查记录

3)电缆敷设记录

4)自、专检记录

5)工序交接检查记录

(4)施工试验记录及检测报告

1)电缆绝缘电阻测试记录或耐压试验记录

2)试验报告(直流电阻、绝缘、耐压等)

(5)施工质量验收记录

1)电缆敷设检验批质量验收记录

2)电缆敷设分项工程质量验收记录

3)分项/分部工程施工报验表

2.5.2　电缆敷设资料填写范例及说明

<table>
<tr><td colspan="6">材料、构配件进场检验记录
表 C4－17</td><td colspan="2">资料编号</td><td colspan="2">×××</td></tr>
<tr><td colspan="2">工程名称</td><td colspan="4">××办公楼工程</td><td colspan="2">检验日期</td><td colspan="2">2015年1月23日</td></tr>
<tr><td rowspan="2">序号</td><td rowspan="2" colspan="2">名　　称</td><td rowspan="2">规格型号</td><td rowspan="2">进场数量</td><td>生产厂家</td><td rowspan="2" colspan="2">检验项目</td><td rowspan="2">检验结果</td><td rowspan="2">备注</td></tr>
<tr><td>合格证号</td></tr>
<tr><td>1</td><td colspan="2">铜芯交联聚乙烯绝缘聚氯乙烯护套阻燃C类电力电缆</td><td>ZRYJV3×35＋2×16</td><td>284m</td><td>××线缆公司
合格证:××</td><td colspan="2">外观、绝缘层厚度、圆形线芯直径、质量证明文件</td><td>合格</td><td></td></tr>
<tr><td>2</td><td colspan="2">铜芯交联聚乙烯绝缘聚氯乙烯护套阻燃C类电力电缆</td><td>ZRYJV3×95＋2×50</td><td>228m</td><td>××线缆公司
合格证:××</td><td colspan="2">外观、绝缘层厚度、圆形线芯直径、质量证明文件</td><td>合格</td><td></td></tr>
<tr><td>3</td><td colspan="2">铜芯交联聚乙烯绝缘聚氯乙烯护套阻燃C类电力电缆</td><td>ZRYJV4×25＋1×16</td><td>560m</td><td>××线缆公司
合格证:××</td><td colspan="2">外观、绝缘层厚度、圆形线芯直径、质量证明文件</td><td>合格</td><td></td></tr>
<tr><td>4</td><td colspan="2">铜芯交联聚乙烯绝缘聚氯乙烯护套阻燃C类电力电缆</td><td>ZRYJV 5×16</td><td>780m</td><td>××线缆公司
合格证:××</td><td colspan="2">外观、绝缘层厚度、圆形线芯直径、质量证明文件</td><td>合格</td><td></td></tr>
<tr><td>5</td><td colspan="2">铜芯交联聚乙烯绝缘聚氯乙烯护套阻燃C类电力电缆</td><td>ZRYJV4×35＋1×16</td><td>1100m</td><td>××线缆公司
合格证:××</td><td colspan="2">外观、绝缘层厚度、圆形线芯直径、质量证明文件</td><td>合格</td><td></td></tr>
<tr><td></td><td colspan="2"></td><td></td><td></td><td></td><td colspan="2"></td><td></td><td></td></tr>
<tr><td colspan="10">检验结论
阻燃电力电缆包装完好，无压扁、扭曲，电缆外护层有明显标识和制造厂标；现场抽样检测绝缘层厚度和圆形线芯的直径，抽查绝缘层厚度分别为：35mm^2：1.3mm，95mm^2：1.6mm，16mm^2：1.0mm，25mm^2：1.2mm；线芯直径误差不大于标称直径的1%；各项质量证明文件齐全，符合设计要求及施工验收规范规定。</td></tr>
<tr><td rowspan="3">签字栏</td><td rowspan="2">施工单位</td><td rowspan="2" colspan="3">××建设集团有限公司</td><td colspan="2">专业质检员</td><td colspan="2">专业工长</td><td>检验员</td></tr>
<tr><td colspan="2">×××</td><td colspan="2">×××</td><td>×××</td></tr>
<tr><td>监理(建设)单位</td><td colspan="4">××工程建设监理有限公司</td><td colspan="3">专业工程师</td><td>×××</td></tr>
</table>

本表由施工单位填写。

(2010) 国认监验字 (35) 号

(2009)量认(京)字(Z0143)号

京质监验字 025 号

№ 2015－841

检　验　报　告
TEST REPORT

样 品 名 称　铜芯交联聚乙烯绝缘聚氯乙烯护套阻燃 C 类电力电缆
Product

型 号 规 格　ZC(ZR)－YJV－0.6/1 kV　4×35＋1×16
Model/Type

委 托 单 位　××建设集团有限公司
Applicant

标称生产单位　××线缆有限公司
Manufacturer

检 验 类 别　委托检验
Type of Test

北京市产品质量监督检验所
Beijing Products Quality Supervision and Inspection Institute

北京市产品质量监督检验所

Beijing Products Quality Supervision and Inspection Institute

检　验　报　告

TEST REPORT

No. 2015－841　　　　共 4 页　第 1 页

样品名称 Product	铜芯交联聚乙烯绝缘聚氯乙烯护套阻燃 C 类电力电缆	检验类别 Type of Test	委托检验
型号规格 Model/Type	ZC(ZR)－YJV－0.6/1 kV 4×35＋1×16	商标 Trade Mark	××
生产日期 Manufactured Date	2015.7	样品数量 Samples Quantity	26m
出厂编号 Serial Nunber	/	来样方式 Sampling Method	送样
委托单位 Applicant	××建设集团有限公司	联系电话 Tel.	××××
委托单位地址 Applicant Address	××区××街××号	邮政编码 Zip Code	/
标称生产单位 Manufacturer	××线缆有限公司	抽/送样人 Sampled/delivered by	×××
来样日期 Application Date	2015.8.15	抽样基数 Population	/
检验依据 Ref. Documents	参照 GB/T 12706.1－2008《额定电压 1kV(Um＝1.2kV)到 35kV(Um＝40.5kV)挤包绝缘电力电缆及附件　第 1 部分：额定电压 1kV(Um＝1.2kV)和 3kV(Um＝3.6kV)电缆》、GB/T 19666－2005《阻燃和耐火电线电缆通则》		
检验项目 Test Items	绝缘厚度、导体电阻、抗张强度、电压试验等 13 项		
检验结论 Test Conclusion	所检项目符合 GB/T 12706.1－2008、GB/T 19666－2005 标准要求。 检验专用章 Issued by(Stamp) 签发日期：2015　　月 21		
备注 Remarks	1. 样品状态：样品完好 2. 检验依据按照委托方合同要求，参照 GB/T 12706.1－2008 标准检验		

北京市产品质量监督检验所 检验专用章

批　　准：×××　Approved by:　　审　　核：×××　Inspected by:　　编　　制：×××　Organized by:

北京市产品质量监督检验所

Beijing Products Quality Supervision and Inspection Institute

检 验 报 告

TEST REPORT

No. 2015－841　　　　共4页 第2页

检验项目		技术要求	实测结果	单项判定
结构			红　黄　绿	
	导体单丝根数	最少　7　根	7　7　7	合格
	绝缘平均厚度	最小　0.9　mm	1.6　1.6　1.5	合格
	绝缘最薄点厚度	最小　0.71　mm	1.41　1.44　1.45	合格
	护套平均厚度	最小　mm	/	
	护套最薄点厚度	最小　1.24　mm	1.62	合格
	铠装钢带尺寸－层×厚	最小　mm	/	
	铠装钢带尺寸－宽度	最小　mm	/	
	外形尺寸	mm	/	
标志	标志内容检查	电缆应具有制造厂名、产品型号和额定电压的连续标志	符合	
	标志连续性检查－一个完整标志的末端与下一个标志的始端之间的距离	最大　500　mm	100	合格
	标志耐擦性检查	油墨印字应耐擦	耐擦	
	标志清晰度检查	所有标志应字迹清晰	清晰	
	线芯数字距离	最大　mm	/	
	线芯数字耐擦性	油墨印字应耐擦	/	
电性能	导体电阻　(20℃)	最大　0.524　Ω/km	0.517　0.520　0.520 蓝0.522	合格
		最大(地)1.15　Ω/km	白1.14	
	绝缘电阻常数　(20℃)	最小　MΩ·km	/	合格
	绝缘电阻常数　(90℃)	最小　3.67　MΩ·km	红6483.18 黄6163.02 绿6002.94	
	绝缘线芯电压试验	2400V/240min不击穿	未击穿	合格

No. 2015－841　　　　共 4 页　第 3 页

	检 验 项 目	技 术 要 求	实 测 结 果	单 项 判 定
绝缘机械性能	交货状态原始性能			
	老化前抗张强度	最小　12.5　N/mm^2	19.9　15.6　21.1	合格
	老化前断裂伸长率	最小　200　%	380　380　380	合格
	空气烘箱老化后的性能			
	老化条件:温度 100 ℃			
	时间 168 h			
	老化后抗张强度	最小　N/mm^2	/	
	老化前后抗张强度变化率	不超出　%	/	
	老化后断裂伸长率	最小　%	/	
	老化前后断裂伸长率变化率	不超出调　%	/	
	附加段老化试验			
	老化条件:温度 80 ℃			
	时间 168 h			
	附加段老化后抗张强度	最小　N/mm^2	/	
	附加段老化后断裂伸长率	最小　%	/	
	附加段老化后抗张强度变化率	不超出　%	/	
	附加段老化后断裂伸长率变化率	不超出　±25　%	/	
	抗开裂试验 (1h,150℃)		/	
	高温压力试验－变形率(80℃)	最大　%	/	
	低温卷绕试验(－15℃)		/	
	绝缘吸水(电压法)	1000V 不击穿	/	
成束燃烧试验	带型喷灯、液化石油气			
	试验类别	C		
	空气流量	76.7±4.7　L/min		
	燃料流量	13.3±0.5　L/min	1.2m	
	供火时间	20　min		合格
	安装方法	F		
	试验根数	2		
		炭化部分到达高度 不超过 2.5m		

No. 2015－841 共4页 第4页

	检验项目	技术要求	实测结果	单项判定
护套机械性能	交货状态原始性能			
	老化前抗张强度	最小 12.5 N/mm²	14.3	合格
	老化前断裂伸长率	最小 150 %	200	合格
	空气烘箱老化后的性能			
	老化条件:温度 ℃			
	时间 h			
	老化后抗张强度	最小 N/mm²	/	
	老化前后抗张强度变化率	不超出 %	/	
	老化后断裂伸长率	最小 %	/	
	老化前后断裂伸长率变化率	不超出 %	/	
	附加段老化试验			
	老化条件:温度 ℃			
	时间 h			
	附加段老化后抗张强度	最小 N/mm²	/	
	附加段老化后断裂伸长率	最小 %	/	
	附加段老化后抗张强度变化率	不超出± %	/	
	附加段老化后断裂伸长率变化率	不超出± %	/	
	抗开裂试验			
	试验条件:(1h,150℃)	无裂纹	/	
	高温压力试验－变形率			
	试验条件:(80℃)	最大 %	/	
	低温拉伸伸长率			
	试验条件:(－15℃)	最小 %	/	
	低温冲击试验			
	试验条件:(－15℃)	无裂纹	/	

隐蔽工程验收记录		编 号	×××
工程名称	××工程		
隐检项目	电缆敷设隐蔽检查	隐检日期	2015年×月×日
隐检部位	室外电缆穿焊接钢管敷设 轴线 标高		

隐检依据：施工图图号 电施×× ，设计变更/洽商(编号 /)及有关国家现行标准等。

主要材料名称及规格/型号： 电缆；焊接钢管 YJV22(4×35)；SC50

隐检内容：

1. 设计要求电缆穿SC50焊接钢管敷设。
2. 电缆品种、规格符合设计要求。
3. 电缆穿管前检查管内无杂物和积水。
4. 电缆在焊接钢管内无接头。
5. 电缆与其他管道的最小净距符合设计和规范要求。
6. 电缆穿管敷设无绞拧、无机械损伤等现象。

检查意见：

经检查，符合设计要求和《建筑电气工程施工质量验收规范》(GB 50303－2002)的规定。

检查结论： ☑同意隐蔽 □不同意，修改后进行复查

复查结论：

复查人： 复查日期：

签字栏	建设(监理)单位	施工单位	××机电工程有限公司	
		专业技术负责人	专业质检员	专业工长
	×××	×××	×××	×××

本表由施工单位填写，建设单位、施工单位、城建档案馆各保存一份。

电缆敷设检验批质量验收记录

07010501001

<table>
<tr><td>单位（子单位）工程名称</td><td>××大厦</td><td>分部（子分部）工程名称</td><td>建筑电气/室外电气</td><td>分项工程名称</td><td>电缆敷设</td></tr>
<tr><td>施工单位</td><td>××建筑有限公司</td><td>项目负责人</td><td>赵斌</td><td>检验批容量</td><td>300m</td></tr>
<tr><td>分包单位</td><td>/</td><td>分包单位项目负责人</td><td>/</td><td>检验批部位</td><td>变配电室</td></tr>
<tr><td>施工依据</td><td colspan="2">××大厦电气施工组织计划</td><td>验收依据</td><td colspan="2">《建筑电气工程施工质量验收规范》GB50303-2002</td></tr>
</table>

<table>
<tr><td colspan="3">验收项目</td><td>设计要求及规范规定</td><td>最小/实际抽样数量</td><td>检查记录</td><td>检查结果</td></tr>
<tr><td rowspan="3">主控项目</td><td>1</td><td>金属电缆支架、电线导管的接地或接零</td><td>第13.1.1条</td><td>/</td><td>/</td><td></td></tr>
<tr><td>2</td><td>电缆敷设检查</td><td>第13.1.2条</td><td>全/8</td><td>共8处，全部检查，合格8处</td><td>√</td></tr>
<tr><td></td><td></td><td></td><td></td><td></td><td></td></tr>
<tr><td rowspan="4">一般项目</td><td>1</td><td>电缆支架安装</td><td>第13.2.1条</td><td>/</td><td>/</td><td></td></tr>
<tr><td>2</td><td>电缆的弯曲半径</td><td>第13.2.2条</td><td>全/14</td><td>共14处，全部检查，合格14处</td><td>100%</td></tr>
<tr><td>3</td><td>电缆的敷设固定和防火措施</td><td>第13.2.3条</td><td>全/8</td><td>共8处，全部检查，合格8处</td><td>100%</td></tr>
<tr><td>4</td><td>电缆的首端、末端和分支处的标志牌</td><td>第13.2.4条</td><td>全/4</td><td>共4处，全部检查，合格4处</td><td>100%</td></tr>
</table>

<table>
<tr><td>施工单位检查结果</td><td>符合要求
专业工长：王安民
项目专业质量检查员：王哲
2015年××月××日</td></tr>
<tr><td>监理单位验收结论</td><td>合格
专业监理工程师：王江川
2015年××月××日</td></tr>
</table>

电缆敷设检验批质量验收记录填写说明

1. 填写依据

(1)《建筑电气工程质量验收规范》GB 50303－2002。

(2)《建筑工程施工质量验收统一标准》GB 50300－2013。

2. 规范摘要

以下内容摘自《建筑电气工程质量验收规范》GB 50303－2002。

主控项目

(1)金属电缆支架、电缆导管必须接地(PE)或接零(PEN)可靠。

(2)电缆敷设严禁有绞拧、铠装压扁、护层断裂和表面严重划伤等缺陷。

一般项目

(1)电缆支架安装应符合下列规定：

1)当设计无要求时，电缆支架最上层至竖井顶部或楼板的距离不小于150～200mm；电缆支架最下层至沟底或地面的距离不小于50～100mm；

2)当设计无要求时，电缆支架层间最小允许距离符合表2-7的规定；

表2-7 电缆支架层间最小允许距离(mm)

电缆种类	支架层间最小距离
控制电缆	120
10kV及以下电力电缆	150～200

3)支架与预埋件焊接固定时，焊缝饱满；用膨胀螺栓固定时，选用螺栓适配，连接紧固，防松零件齐全。

(2)电缆在支架上敷设，转弯处的最小允许弯曲半径应符合表2-3的规定。

(3)电缆敷设固定应符合下列规定：

1)垂直敷设或大于45°倾斜敷设的电缆在每个支架上固定；

2)交流单芯电缆或分相后的每相电缆固定用的夹具和支架，不形成闭合铁磁回路；

3)电缆排列整齐，少交叉；当设计无要求时，电缆支持点间距，不大于表2-8的规定；

表2-8 电缆支持点间距(mm)

电缆种类		敷设方式	
		水平	垂直
电力电缆	全塑型	400	1000
	除全塑型外的电缆	800	1500
控制电缆		800	1000

4)当设计无要求时，电缆与管道的最小净距，符合表2-4的规定，且敷设在易燃易爆气体管道和热力管道的下方；

5)敷设电缆的电缆沟和竖井，按设计要求位置，有防火隔堵措施。

(4)电缆的首端、末端和分支处应设标志牌。

2.6 管内穿线和槽盒内敷线

2.6.1 管内穿线和槽盒内敷线资料列表

(1)施工管理资料

低压配电系统电线见证记录

(2)施工技术资料

1)管内穿线和槽盒内敷线技术交底记录

2)设计变更、工程洽商记录

(3)施工物资资料

1)各种绝缘导线出厂合格证、生产许可证、“CCC”认证标志及认证证书复印件。

2)低压配电系统电线进场检验报告

3)材料、构配件进场检验记录

4)工程物资进场报验表

(4)施工记录

1)隐蔽工程验收记录

2)管内穿线质量检查记录

3)工序交接检查记录

(5)施工试验记录及检测报告

1)电气接地电阻测试记录

2)电气绝缘电阻测试记录

(6)施工质量验收记录

1)管内穿线和槽盒内敷线检验批质量验收记录

2)管内穿线和槽盒内敷线分项工程质量验收记录

3)分项/分部工程施工报验表

(7)住宅工程质量分户验收记录表

管内穿线和槽盒内敷线质量分户验收记录表

2.6.2 管内穿线和槽盒内敷线资料填写范例及说明

<table>
<tr><td colspan="6">材料、构配件进场检验记录</td><td>编 号</td><td>×××</td></tr>
<tr><td colspan="2">工程名称</td><td colspan="3">××工程</td><td>检验日期</td><td colspan="2">2015 年×月×日</td></tr>
<tr><td rowspan="2">序号</td><td rowspan="2">名 称</td><td rowspan="2">规格型号</td><td rowspan="2">进场数量</td><td>生产厂家</td><td rowspan="2">检验项目</td><td rowspan="2">检验结果</td><td rowspan="2">备注</td></tr>
<tr><td>合格证号</td></tr>
<tr><td>1</td><td>塑料铜芯线</td><td>BV 2.5mm²</td><td>1000m</td><td>×××</td><td>查验合格证,生产许可证及“CCC”认证标志;外观检查;抽检线芯直径及绝缘层厚度</td><td>合格</td><td></td></tr>
<tr><td>2</td><td>塑料铜芯线</td><td>BV 4mm²</td><td>800m</td><td>×××</td><td>查验合格证,生产许可证及“CCC”认证标志;外观检查;抽检线芯直径及绝缘层厚度</td><td>合格</td><td></td></tr>
<tr><td>3</td><td>塑料铜芯线</td><td>BV 10mm²</td><td>500m</td><td>×××</td><td>查验合格证,生产许可证及“CCC”认证标志;外观检查;抽检线芯直径及绝缘层厚度</td><td>合格</td><td></td></tr>
<tr><td></td><td></td><td></td><td></td><td></td><td></td><td></td><td></td></tr>
<tr><td></td><td></td><td></td><td></td><td></td><td></td><td></td><td></td></tr>
<tr><td></td><td></td><td></td><td></td><td></td><td></td><td></td><td></td></tr>
<tr><td></td><td></td><td></td><td></td><td></td><td></td><td></td><td></td></tr>
<tr><td></td><td></td><td></td><td></td><td></td><td></td><td></td><td></td></tr>
<tr><td></td><td></td><td></td><td></td><td></td><td></td><td></td><td></td></tr>
<tr><td colspan="8">检验结论
以上材料、构配件经外观检查合格。材质、规格型号及数量经复检符合设计、规范要求,产品质量证明文件齐全。</td></tr>
<tr><td rowspan="3">签字栏</td><td rowspan="2" colspan="2">建设(监理)单位</td><td colspan="2">施工单位</td><td colspan="3">××机电工程有限公司</td></tr>
<tr><td colspan="2">专业质检员</td><td colspan="2">专业工长</td><td>检验员</td></tr>
<tr><td colspan="2">×××</td><td colspan="2">×××</td><td colspan="2">×××</td><td>×××</td></tr>
</table>

本表由施工单位填写并保存。

<table>
<tr><td colspan="3">隐蔽工程验收记录</td><td>编　号</td><td>×××</td></tr>
<tr><td>工程名称</td><td colspan="4">××工程</td></tr>
<tr><td>隐检项目</td><td colspan="2">管内穿线和槽盒内敷线</td><td>隐检日期</td><td>2015 年×月×日</td></tr>
<tr><td>隐检部位</td><td colspan="4">五层①～⑫/Ⓐ～Ⓖ轴　轴线　　标高</td></tr>
<tr><td colspan="5">隐检依据:施工图图号　电施××　,设计变更/洽商(编号　/　)及有关国家现行标准等。
主要材料名称及规格/型号:　聚氯乙烯绝缘电线;阻燃电线
BV 6mm²;BV 6mm²、BV 4mm²、BV 2.5mm²</td></tr>
<tr><td colspan="5">隐检内容:
1. 接地(PE)或接零(PEN)及其他焊接施工完成,符合要求。
2. 与导管连接的盒(箱)安装完成,管内积水及杂物清理干净,经检查确认,进行管内穿线。
3. 管内穿线符合规定要求。导线在管内无接头和扭结。管内导线包括绝缘层在内的总截面积不大于管内截面积的 40%。导线经变形缝处留有一定的余度。
4. 导线连接符合规定要求。</td></tr>
<tr><td colspan="5">检查意见:
经检查,符合设计要求和《建筑电气工程施工质量验收规范》(GB 50303－2002)的规定。

检查结论:　☑同意隐蔽　　□不同意,修改后进行复查</td></tr>
<tr><td colspan="5">复查结论:

复查人:　　　　复查日期:</td></tr>
</table>

<table>
<tr><td rowspan="3">签字栏</td><td rowspan="2">建设(监理)单位</td><td>施工单位</td><td colspan="2">××机电工程有限公司</td></tr>
<tr><td>专业技术负责人</td><td>专业质检员</td><td>专业工长</td></tr>
<tr><td>×××</td><td>×××</td><td>×××</td><td>×××</td></tr>
</table>

本表由施工单位填写,建设单位、施工单位、城建档案馆各保存一份。

电气绝缘电阻测试记录

电气绝缘电阻测试记录		编　号	×××
工程名称	××工程	测试日期	2015 年 5 月 10 日
计量单位	MΩ(兆欧)	天气情况	晴

仪表型号	ZC－7	电压	1000V	气温	23℃

试验内容	相间			相对零			相对地			零对地
	L_1-L_2	L_2-L_3	L_3-L_1	L_1-N	L_2-N	L_3-N	L_1-PE	L_2-PE	L_3-PE	N－PE
层数·路别·名称·编号：三　层										
$3AL_{3-1}$										
支路 1	750			700			700			700
支路 2		600			650			700		700
支路 3			700			750			750	700
支路 4	700			700			700			700
支路 5		750			600			650		700
支路 6			700			700			750	750

测试结论：

经测试：符合设计要求和《建筑电气工程施工质量验收规范》(GB 50303－2002)的规定。

签字栏	建设(监理)单位	施工单位	××机电工程有限公司	
		技术负责人	质检员	测试人
	×××	×××	×××	×××

本表由施工单位填写，建设单位、施工单位各保存一份。

管内穿线和槽盒内敷线检验批质量验收记录

07010601001

<table>
<tr><td colspan="2">单位（子单位）工程名称</td><td>××大厦</td><td>分部（子分部）工程名称</td><td>建筑电气/室外电气</td><td>分项工程名称</td><td colspan="2">管内穿线和槽盒内敷线</td></tr>
<tr><td colspan="2">施工单位</td><td>××建筑有限公司</td><td>项目负责人</td><td>赵斌</td><td>检验批容量</td><td colspan="2">300m</td></tr>
<tr><td colspan="2">分包单位</td><td>/</td><td>分包单位项目负责人</td><td>/</td><td>检验批部位</td><td colspan="2">变配电室</td></tr>
<tr><td colspan="2">施工依据</td><td colspan="2">××大厦电气施工组织计划</td><td>验收依据</td><td colspan="3">《建筑电气工程施工质量验收规范》GB50303-2002</td></tr>
<tr><td colspan="3">验收项目</td><td>设计要求及规范规定</td><td>最小/实际抽样数量</td><td colspan="2">检查记录</td><td>检查结果</td></tr>
<tr><td rowspan="3">主控项目</td><td>1</td><td>交流单芯电缆不得单独穿于钢导管内</td><td>第15.1.1条</td><td>全/8</td><td colspan="2">共8处，全部检查，合格8处</td><td>√</td></tr>
<tr><td>2</td><td>电线穿管</td><td>第15.1.2条</td><td>全/8</td><td colspan="2">共8处，全部检查，合格8处</td><td>√</td></tr>
<tr><td>3</td><td>爆炸危险环境照明线路的电线、电缆选用和穿管</td><td>第15.1.3条</td><td>/</td><td colspan="2">/</td><td></td></tr>
<tr><td rowspan="3">一般项目</td><td>1</td><td>电线、电缆管内清扫和管口处理</td><td>第15.2.1条</td><td>/</td><td colspan="2">/</td><td></td></tr>
<tr><td>2</td><td>同一建筑物、构筑物内电线绝缘层颜色的选择</td><td>第15.2.2条</td><td>全/8</td><td colspan="2">共8处，全部检查，合格8处</td><td>100%</td></tr>
<tr><td>3</td><td>线槽敷线</td><td>第15.2.3条</td><td>/</td><td colspan="2">/</td><td></td></tr>
<tr><td colspan="2">施工单位检查结果</td><td colspan="6">符合要求
专业工长：王安民
项目专业质量检查员：王哲
2015年××月××日</td></tr>
<tr><td colspan="2">监理单位验收结论</td><td colspan="6">合格
专业监理工程师：[illegible]
2015年××月××日</td></tr>
</table>

管内穿线和槽盒内敷线检验批质量验收记录填写说明

1. 填写依据

(1)《建筑电气工程质量验收规范》GB 50303－2002。

(2)《建筑工程施工质量验收统一标准》GB 50300－2013。

2. 规范摘要

以下内容摘自《建筑电气工程质量验收规范》GB 50303－2002。

主控项目

(1)三相或单相的交流单芯电缆,不得单独穿于钢导管内。

(2)不同回路、不同电压等级和交流与直流的电线,不应穿于同一导管内;同一交流回路的电线应穿于同一金属导管内,且管内电线不得有接头。

(3)爆炸危险环境照明线路的电线和电缆额定电压不得低于750V,且电线必须穿于钢导管内。

一般项目

(1)电线、电缆穿管前,应清除管内杂物和积水。管口应有保护措施,不进入接线盒(箱)的垂直管口穿入电线、电缆后,管口应密封。

(2)当采用多相供电时,同一建筑物、构筑物的电线绝缘层颜色选择应一致,即保护地线(PE线)应是黄绿相间色,零线用淡蓝色;相线用:A相—黄色、B相—绿色、C相—红色。

(3)线槽敷线应符合下列规定:

1)电线在线槽内有一定余量,不得有接头。电线按回路编号分段绑扎,绑扎点间距不应大于2m;

2)同一回路的相线和零线,敷设于同一金属线槽内;

3)同一电源的不同回路无抗干扰要求的线路可敷设于同一线槽内;敷设于同一线槽内有抗干扰要求的线路用隔板隔离,或采用屏蔽电线且屏蔽护套一端接地。

2.7　电缆头制作、导线连接和线路绝缘测试

2.7.1　电缆头制作、导线连接和线路绝缘测试资料列表

(1)施工技术资料

1)电缆头制作、导线连接和线路绝缘测试技术交底记录

2)设计变更、工程洽商记录

(2)施工物资资料

1)电缆出厂合格证、检测报告、生产许可证、“CCC”认证标志及认证证书复印件。

2)各种金属型钢合格证和材质证明书、辅助材料产品合格证

3)材料、构配件进场检验记录

4)工程物资进场报验表

(3)施工记录

1)隐蔽工程验收记录

2)电缆中间、终端头制作安装记录

3)自、专检记录

4)工序交接检查记录

(4)施工试验记录及检测报告

1)电缆敷设绝缘测试记录

2)电缆测试记录或直流耐压试验记录

3)电缆在火焰条件下燃烧的试验报告

(5)施工质量验收记录

1)电缆头制作、导线连接和线路绝缘测试检验批质量验收记录

2)电缆头制作、导线连接和线路绝缘测试分项工程质量验收记录

3)分项/分部工程施工报验表

(6)住宅工程质量分户验收记录表

电缆头制作、导线连接和线路绝缘测试质量分户验收记录表

(7)直埋电缆中间接头的敷设位置图

2.7.2 电缆头制作、导线连接和线路绝缘测试资料填写范例及说明

<table>
<tr><td colspan="2">隐蔽工程验收记录</td><td>编 号</td><td>×××</td></tr>
<tr><td>工程名称</td><td colspan="3">××工程</td></tr>
<tr><td>隐检项目</td><td>直埋电缆敷设</td><td>隐检日期</td><td>2015年×月×日</td></tr>
<tr><td>隐检部位</td><td colspan="3">室外Ⓑ、⑤ 轴线 －0.7m 标高</td></tr>
<tr><td colspan="4">隐检依据：施工图图号 电施×× ，设计变更/洽商（编号 / ）及有关国家现行标准等。
主要材料名称及规格/型号：绕包型 聚氯乙烯绝缘电力电缆 $VV_{22}-3\times185+2\times95$</td></tr>
<tr><td colspan="4">隐检内容：
1. 电缆××（型号）、××（规格）符合设计要求，敷设位置符合电气施工图纸。
2. 电缆敷设方法采用人工加滚轮敷设。
3. 电缆覆土深度0.7m，各电缆间外皮间距0.10m，电缆上、下的细土保护层厚度不小于0.1m，上盖混凝土板。
4. 电缆敷设时，电缆的弯曲半径符合规范要求及电缆本身的要求。
5. 电缆在沟内敷设有适量的蛇形弯，电缆的两端、中间接头、电缆井内、电缆过管处、垂直位差处均应留有适当的余度。</td></tr>
<tr><td colspan="4">检查意见：
经检查，室外直埋电缆敷设符合设计要求和《建筑电气工程施工质量验收规范》(GB 50303－2002)的规定。

检查结论： ☑同意隐蔽 □不同意，修改后进行复查</td></tr>
<tr><td colspan="4">复查结论：

复查人： 复查日期：</td></tr>
</table>

签字栏	建设（监理）单位	施工单位	××机电工程有限公司	
		专业技术负责人	专业质检员	专业工长
	×××	×××	×××	

本表由施工单位填写，建设单位、施工单位、城建档案馆各保存一份。

电缆中间、终端头制作安装记录

工程名称						
大气情况			空气温度 6kV以上		安装日期	年　月　日
电缆种类、型号						
额定运行电压						
安装地点						
缆头类型						
外壳型号、种类、防腐						
中间头线芯连接做法及间距						
绝缘缠包材料及层数	内					
	外					
内屏蔽材料及规格						
绝缘填充材料及其他材料						
中间头外金属、屏蔽层材料及规格						
电缆剥切接地连续图示						
结　　论						

签字栏	建设(监理)单位	施工单位		
		专业技术负责人	专业质检员	制作人

电缆在火焰条件下燃烧的试验报告

委托日期：2015年9月25日　　试验编号：2015－11333

发出日期：2015年9月27日　　建设单位：××集团开发有限公司

委托单位：××机电工程有限公司　　工程名称：××工程

材料名称：耐火电缆　　生产厂家：××电线电缆有限公司

试验环境：B类火焰环境　　燃料气体种类：液化石油气

进场数量：500m　　依据国家标准：GB/T 18380

试件送试人：×××　　见证取样监理工程师：×××

检测项目	单根绝缘电线或电缆在火焰条件下垂直燃烧
检测方法	单根绝缘电线或电缆的垂直燃烧试验法
判　据	1. 上支架下缘与炭化部分起始点之间的距离大于50mm，电线或电缆通过试验
	2. 燃烧向下延伸至距离上支架下缘大于540mm时，电线或电缆不合格
检测结果	上支架下缘与炭化部分起始点之间的距离为70mm，燃烧向下延伸至距离上支架下缘为470mm
结　论	依据GB/T 18380标准，该电缆耐火特性符合要求，评定合格。
备　注	

试验单位：××建设工程质量检测中心(单位章)

负责人：×××　　审核人：×××　　试验员：×××

单位工程技术负责人使用意见： 同意使用。 签章：×××

电缆头制作、导线连接和线路绝缘测试检验批质量验收记录

07010701001

<table>
<tr><td colspan="2">单位（子单位）工程名称</td><td>××大厦</td><td>分部（子分部）工程名称</td><td>建筑电气/室外电气</td><td>分项工程名称</td><td colspan="2">电缆头制作、导线连接、线路绝缘测试</td></tr>
<tr><td colspan="2">施工单位</td><td>××建筑有限公司</td><td>项目负责人</td><td>赵斌</td><td>检验批容量</td><td colspan="2">20处</td></tr>
<tr><td colspan="2">分包单位</td><td>/</td><td>分包单位项目负责人</td><td>/</td><td>检验批部位</td><td colspan="2">变配电室</td></tr>
<tr><td colspan="2">施工依据</td><td colspan="2">××大厦电气施工组织计划</td><td>验收依据</td><td colspan="3">《建筑电气工程施工质量验收规范》GB50303-2002</td></tr>
<tr><td></td><td colspan="2">验收项目</td><td>设计要求及规范规定</td><td>最小/实际抽样数量</td><td colspan="2">检查记录</td><td>检查结果</td></tr>
<tr><td rowspan="4">主控项目</td><td>1</td><td>高压电力电缆直流耐压试验</td><td>第18.1.1条</td><td>/</td><td colspan="2">/</td><td></td></tr>
<tr><td>2</td><td>低压电线和电缆绝缘电阻测试</td><td>第18.1.2条</td><td>/</td><td colspan="2">测试结果合格，绝缘电阻测试记录编号××××</td><td>√</td></tr>
<tr><td>3</td><td>铠装电力电缆头的接地线</td><td>第18.1.3条</td><td>/</td><td colspan="2">/</td><td></td></tr>
<tr><td>4</td><td>电线、电缆接线</td><td>第18.1.4条</td><td>全/16</td><td colspan="2">共16处，全部检查，合格16处</td><td>√</td></tr>
<tr><td rowspan="3">一般项目</td><td>1</td><td>芯线与电器设备的连接</td><td>第18.2.1条</td><td>全/5</td><td colspan="2">共5处，全部检查，合格5处</td><td>100%</td></tr>
<tr><td>2</td><td>电线、电缆的芯线连接金具</td><td>第18.2.2条</td><td>全/5</td><td colspan="2">共5处，全部检查，合格5处</td><td>100%</td></tr>
<tr><td>3</td><td>电线、电缆回路标记、编号</td><td>第18.2.3条</td><td>全/2</td><td colspan="2">共2处，全部检查，合格2处</td><td>100%</td></tr>
<tr><td colspan="3">施工单位检查结果</td><td colspan="5">符合要求
专业工长：
项目专业质量检查员：
2015年××月××日</td></tr>
<tr><td colspan="3">监理单位验收结论</td><td colspan="5">合格
专业监理工程师：
2015年××月××日</td></tr>
</table>

电缆头制作、导线连接和线路绝缘测试检验批质量验收记录填写说明

1. 填写依据

(1)《建筑电气工程质量验收规范》GB 50303－2002。

(2)《建筑工程施工质量验收统一标准》GB 50300－2013。

2. 规范摘要

以下内容摘自《建筑电气工程质量验收规范》GB 50303－2002。

主控项目

(1)高压电力电缆直流耐压试验必须按 GB 50303 第 3.1.8 条的规定交接试验合格。

(2)低压电线和电缆，线间和线对地间的绝缘电阻值必须大于 0.5MΩ。

(3)铠装电力电缆头的接地线应采用铜绞线或镀锡铜编织线，截面积不应小于表 2-9 的规定。

表 2-9　　**电缆芯线和接地线截面积(mm^2)**

电缆芯线截面积	接地线截面积
120 及以下	16
150 及以下	25

注：电缆芯线截面积在 $16mm^2$ 及以下，接地线截面积与电缆芯线截面积相等。

(4)电线、电缆接线必须准确，并联运行电线或电缆的型号、规格、长度、相位应一致。

一般项目

(1)芯线与电气设备的连接应符合下列规定：

1)截面积在 $10mm^2$ 及以下的单股铜芯线和单股铝芯线直接与设备、器具的端子连接；

2)截面积在 $2.5mm^2$ 及以下的多股铜芯线拧紧搪锡或接续端子后与设备、器具的端子连接；

3)截面积大于 $2.5mm^2$，的多股铜芯线，除设备自带插接式端子外，接续端子后与设备或器具的端子连接；多股铜芯线与插接式端子连接前，端部拧紧搪锡；

4)多股铝芯线接续端子后与设备、器具的端子连接；

5)每个设备和器具的端子接线不多于 2 根电线。

(2)电线、电缆的芯线连接金具(连接管和端子)，规格应与芯线的规格适配，且不得采用开口端子。

(3)电线、电缆的回路标记应清晰，编号准确。

2.8　普通灯具安装

2.8.1　普通灯具安装资料列表

(1)施工技术资料

1)普通灯具安装技术交底记录

2)设计变更、工程洽商记录

(2)施工物资资料

1)照明灯具出厂合格证、“CCC”认证标志及认证证书复印件。

2)灯具导线产品出厂合格证、生产许可证、“CCC”认证标志及认证证书复印件。

3)材料、构配件进场检验记录

4)工程物资进场报验表

(3)施工记录

1)隐蔽工程验收记录

2)安装自检记录

3)工序交接检查记录

(4)施工试验记录及检测报告

1)电气绝缘电阻测试记录

2)电气器具通电安全检查记录

(5)施工质量验收记录

1)普通灯具安装检验批质量验收记录

2)普通灯具安装分项工程质量验收记录

3)分项/分部工程施工报验表

(6)住宅工程质量分户验收记录表

普通灯具安装质量分户验收记录表

2.8.2　普通灯具安装资料填写范例及说明

普通灯具安装检验批质量验收记录

07010801001

<table>
<tr><td colspan="2">单位（子单位）工程名称</td><td>××大厦</td><td>分部（子分部）工程名称</td><td>建筑电气/室外电气</td><td>分项工程名称</td><td>普通灯具安装</td></tr>
<tr><td colspan="2">施工单位</td><td>××建筑有限公司</td><td>项目负责人</td><td>赵斌</td><td>检验批容量</td><td>12 处</td></tr>
<tr><td colspan="2">分包单位</td><td>/</td><td>分包单位项目负责人</td><td>/</td><td>检验批部位</td><td>变配电室</td></tr>
<tr><td colspan="2">施工依据</td><td colspan="2">××大厦电气施工组织计划</td><td>验收依据</td><td colspan="2">《建筑电气工程施工质量验收规范》GB50303-2002</td></tr>
<tr><td rowspan="8">主控项目</td><td colspan="2">验收项目</td><td>设计要求及规范规定</td><td>最小/实际抽样数量</td><td>检查记录</td><td>检查结果</td></tr>
<tr><td>1</td><td>灯具的固定</td><td>第 19.1.1 条</td><td>全/12</td><td>共 12 处，全部检查，合格 12 处</td><td>√</td></tr>
<tr><td>2</td><td>花灯吊钩选用、固定及悬吊装置的过载试验</td><td>第 19.1.2 条</td><td>/</td><td>/</td><td></td></tr>
<tr><td>3</td><td>钢管吊灯灯杆检查</td><td>第 19.1.3 条</td><td>/</td><td>/</td><td></td></tr>
<tr><td>4</td><td>灯具的绝缘材料耐火检查</td><td>第 19.1.4 条</td><td>全/12</td><td>共 12 处，全部检查，合格 12 处</td><td>√</td></tr>
<tr><td>5</td><td>灯具的安装高度和使用电压等级</td><td>第 19.1.5 条</td><td>/</td><td>/</td><td></td></tr>
<tr><td>6</td><td>距地高度小于 2.4m 的灯具金属外壳的接地或零</td><td>第 19.1.6 条</td><td>/</td><td>/</td><td></td></tr>
<tr><td></td><td></td><td></td><td></td><td></td><td></td></tr>
<tr><td rowspan="7">一般项目</td><td>1</td><td>引向每个灯具的电线线芯最小载面积</td><td>第 19.2.1 条</td><td>全/12</td><td>共 12 处，全部检查，合格 12 处</td><td>100%</td></tr>
<tr><td>2</td><td>灯具的外形，灯头及其接线检查</td><td>第 19.2.2 条</td><td>全/12</td><td>共 12 处，全部检查，合格 12 处</td><td>100%</td></tr>
<tr><td>3</td><td>变电所内灯具的安装位置</td><td>第 19.2.3 条</td><td>全/12</td><td>共 12 处，全部检查，合格 12 处</td><td>100%</td></tr>
<tr><td>4</td><td>装有白炽灯泡的吸顶灯具隔热检查</td><td>第 19.2.4 条</td><td>/</td><td>/</td><td></td></tr>
<tr><td>5</td><td>在重要场所的大型灯具玻璃罩安全措施</td><td>第 19.2.5 条</td><td>/</td><td>/</td><td></td></tr>
<tr><td>6</td><td>投光灯的固定检查</td><td>第 19.2.6 条</td><td>/</td><td>/</td><td></td></tr>
<tr><td>7</td><td>室外壁灯的防水检查</td><td>第 19.2.7 条</td><td>/</td><td>/</td><td></td></tr>
<tr><td colspan="2">施工单位检查结果</td><td colspan="5">符合要求
专业工长：王安民
项目专业质量检查员：王哲
2015 年××月××日</td></tr>
<tr><td colspan="2">监理单位验收结论</td><td colspan="5">合格
专业监理工程师：王江川
2015 年××月××日</td></tr>
</table>

普通灯具安装检验批质量验收记录填写说明

1. 填写依据

(1)《建筑电气工程质量验收规范》GB 50303－2002。

(2)《建筑工程施工质量验收统一标准》GB 50300－2013。

2. 规范摘要

以下内容摘自《建筑电气工程质量验收规范》GB 50303－2002。

主控项目

(1)灯具的固定应符合下列规定：

1)灯具重量大于3kg时，固定在螺栓或预埋吊钩上；

2)软线吊灯，灯具重量在0.5kg及以下时，采用软电线自身吊装；大于0.5kg的灯具采用吊链，且软电线编叉在吊链内，使电线不受力；

3)灯具固定牢固可靠，不使用木楔。每个灯具固定用螺钉或螺栓不少于2个；当绝缘台直径在75mm及以下时，采用1个螺钉或螺栓固定。

(2)花灯吊钩圆钢直径不应小于灯具挂销直径，且不应小于6mm。大型花灯的固定及悬吊装置，应按灯具重量的2倍做过载试验。

(3)当钢管做灯杆时，钢管内径不应小于10mm，钢管厚度不应小于1.5mm。

(4)固定灯具带电部件的绝缘材料以及提供防触电保护的绝缘材料，应耐燃烧和防明火。

(5)当设计无要求时，灯具的安装高度和使用电压等级应符合下列规定：

1)一般敞开式灯具，灯头对地面距离不小于下列数值(采用安全电压时除外)：

①室外：2.5m(室外墙上安装)；

②厂房：2.5m；

③室内：2m；

④软吊线带升降器的灯具在吊线展开后：0.8m。

2)危险性较大及特殊危险场所，当灯具距地面高度小于2.4m时，使用额定电压为36V及以下的照明灯具，或有专用保护措施。

(6)当灯具距地面高度小于2.4m时，灯具的可接近裸露导体必须接地(PE)或接零(PEN)可靠，并应有专用接地螺栓，且有标识。

一般项目

(1)引向每个灯具的导线线芯最小截面积应符合表2-10的规定。

表2-10　导线线芯最小截面积(mm^2)

灯具安装的场所及用途		线芯最小截面积		
		铜芯软线	铜线	铝线
灯头线	民用建筑室内	0.5	0.5	2.5
	工业建筑室内	0.5	1.0	2.5
	室外	1.0	1.0	2.5

(2)灯具的外形、灯头及其接线应符合下列规定：

1)灯具及其配件齐全,无机械损伤、变形、涂层剥落和灯罩破裂等缺陷;

2)软线吊灯的软线两端做保护扣,两端芯线搪锡;当装升降器时,套塑料软管,采用安全灯头;

3)除敞开式灯具外,其他各类灯具灯泡容量在100W及以上者采用瓷质灯头;

4)连接灯具的软线盘扣、搪锡压线,当采用螺口灯头时,相线接于螺口灯头中间的端子上;

5)灯头的绝缘外壳不破损和漏电;带有开关的灯头,开关手柄无裸露的金属部分。

(3)变电所内,高低压配电设备及裸母线的正上方不应安装灯具。

(4)装有白炽灯泡的吸顶灯具,灯泡不应紧贴灯罩;当灯泡与绝缘台间距离小于5mm时,灯泡与绝缘台间应采取隔热措施。

(5)安装在重要场所的大型灯具的玻璃罩,应采取防止玻璃罩碎裂后向下溅落的措施。

(6)投光灯的底座及支架应固定牢固,枢轴应沿需要的光轴方向拧紧固定。

(7)安装在室外的壁灯应有泄水孔,绝缘台与墙面之间应有防水措施。

2.9　专用灯具安装

2.9.1　专用灯具安装资料列表

(1)施工技术资料

1)专用灯具安装技术交底记录

2)设计变更、工程洽商记录

(2)施工物资资料

1)专用照明灯具出厂合格证、"CCC"认证标志及认证证书复印件。安全疏散指示灯必须有消防部门备案证书。

2)灯具导线产品出厂合格证、生产许可证、"CCC"认证标志及认证证书复印件。

3)其他辅材(防水胶、膨胀螺栓、安全压接帽等)产品合格证。

4)材料、构配件进场检验记录

5)工程物资进场报验表

(3)施工记录

1)隐蔽工程验收记录

2)大型灯具安装检查记录

3)工序交接检查记录

(4)施工试验记录及检测报告

1)电气绝缘电阻测试记录

2)电气器具通电安全检查记录

3)大型照明灯具承载试验记录

(5)施工质量验收记录

1)专用灯具安装检验批质量验收记录

2)专用灯具安装分项工程质量验收记录

3)分项/分部工程施工报验表

2.9.2　专用灯具安装资料填写范例及说明

室外电气专用灯具安装检验批质量验收记录

07010901001

单位（子单位）工程名称	××大厦	分部（子分部）工程名称	建筑电气/室外电气	分项工程名称	专用灯具安装
施工单位	××建筑有限公司	项目负责人	赵斌	检验批容量	8处
分包单位	/	分包单位项目负责人	/	检验批部位	建筑外墙装饰灯
施工依据	××大厦电气施工组织计划		验收依据	《建筑电气工程施工质量验收规范》GB50303-2002	

		验收项目	设计要求及规范规定	最小/实际抽样数量	检查记录	检查结果
主控项目	1	建筑物彩灯灯具、配管及固定	第21.1.1条	全/8	共8处，全部检查，合格8处	√
	2	霓虹灯灯管、专用变压器、导线的检查及固定	第21.1.2条	全/8	共8处，全部检查，合格8处	√
	3	建筑物景观照明灯的绝缘、固定、接地或接零	第21.1.3条	/	/	
	4	航空障碍标志灯的位置、固定及供电电源	第21.1.4条	/	/	
	5	庭院灯安装、绝缘、固定、防水密封及接地或接零	第21.1.5条	/	/	
一般项目	1	建筑物彩灯安装检查	第21.2.1条	全/8	共8处，全部检查，合格8处	100%
	2	霓虹灯、霓虹灯变压器相关控制装置及线路	第21.2.2条	全/8	共8处，全部检查，合格8处	100%
	3	建筑物景观照明灯具的构架固定和外露电线电缆保护	第21.2.3条	/	/	
	4	航空障碍标志灯同一场所安装的水平、垂直距离	第21.2.4条	/	/	
	5	庭院灯的安装紧固和熔断保护	第21.2.5条	/	/	

施工单位检查结果	符合要求 专业工长：王家民 项目专业质量检查员：王哲 2015年××月××日
监理单位验收结论	合格 专业监理工程师：王江川 2015年××月××日

一册在手 表格全有 贴近现场 资料无忧

室外电气专用灯具安装检验批质量验收记录填写说明

1. 填写依据

(1)《建筑电气工程质量验收规范》GB 50303－2002。

(2)《建筑工程施工质量验收统一标准》GB 50300－2013。

2. 规范摘要

以下内容摘自《建筑电气工程质量验收规范》GB 50303－2002。

主控项目

(1)建筑物彩灯安装应符合下列规定：

1)建筑物顶部彩灯采用有防雨性能的专用灯具，灯罩要拧紧；

2)彩灯配线管路按明配管敷设，且有防雨功能。管路间、管路与灯头盒间螺纹连接，金属导管及彩灯的构架、钢索等可接近裸露导体接地(PE)或接零(PEN)可靠；

3)垂直彩灯悬挂挑臂采用不小于10＃的槽钢。端部吊挂钢索用的吊钩螺栓直径不小于10mm，螺栓在槽钢上固定，两侧有螺帽，且加平垫及弹簧垫圈紧固；

4)悬挂钢丝绳直径不小于4.5mm，底把圆钢直径不小于16mm，地锚采用架空外线用拉线盘，埋设深度大于1.5m；

5)垂直彩灯采用防水吊线灯头，下端灯头距离地面高于3m。

(2)霓虹灯安装应符合下列规定：

1)霓虹灯管完好，无破裂；

2)灯管采用专用的绝缘支架固定，且牢固可靠。灯管固定后，与建筑物、构筑物表面的距离不小于20mm；

3)霓虹灯专用变压器采用双圈式，所供灯管长度不大于允许负载长度，露天安装的有防雨措施；

4)霓虹灯专用变压器的二次电线和灯管间的连接线采用额定电压大于15kV的高压绝缘电线。二次电线与建筑物、构筑物表面的距离不小于20mm。

(3)建筑物景观照明灯具安装应符合下列规定：

1)每套灯具的导电部分对地绝缘电阻值大于2MΩ；

2)在人行道等人员来往密集场所安装的落地式灯具，无围栏防护，安装高度距地面2.5m以上；

3)金属构架和灯具的可接近裸露导体及金属软管的接地(PE)或接零(PEN)可靠，且有标识。

(4)航空障碍标志灯安装应符合下列规定：

1)灯具装设在建筑物或构筑物的最高部位。当最高部位平面面积较大或为建筑群时，除在最高端装设外，还在其外侧转角的顶端分别装设灯具；

2)当灯具在烟囱顶上装设时，安装在低于烟囱口1.5～3m的部位且呈正三角形水平排列；

3)灯具的选型根据安装高度决定；低光强的(距地面60m以下装设时采用)为红色光，其有效光强大于1600cd。高光强的(距地面150m以上装设时采用)为白色光，有效光强随背景亮度而定；

4)灯具的电源按主体建筑中最高负荷等级要求供电；

5)灯具安装牢固可靠,且设置维修和更换光源的措施。

(5)庭院灯安装应符合下列规定:

1)每套灯具的导电部分对地绝缘电阻值大于2MΩ;

2)立柱式路灯、落地式路灯、特种园艺灯等灯具与基础固定可靠,地脚螺栓备帽齐全。灯具的接线盒或熔断器盒,盒盖的防水密封垫完整。

3)金属立柱及灯具可接近裸露导体接地(PE)或接零(PEN)可靠。接地线单设干线,干线沿庭院灯布置位置形成环网状,且不少于2处与接地装置引出线连接。由干线引出支线与金属灯柱及灯具的接地端子连接,且有标识。

一般项目

(1)建筑物彩灯安装应符合下列规定:

1)建筑物顶部彩灯灯罩完整,无碎裂;

2)彩灯电线导管防腐完好,敷设平整、顺直。

(2)霓虹灯安装应符合下列规定:

1)当霓虹灯变压器明装时,高度不小于3m;低于3m采取防护措施;

2)霓虹灯变压器的安装位置方便检修,且隐蔽在不易被非检修人触及的场所,不装在吊平顶内;

3)当橱窗内装有霓虹灯时,橱窗门与霓虹灯变压器一次侧开关有联锁装置,确保开门不接通霓虹灯变压器的电源;

4)霓虹灯变压器二次侧的电线采用玻璃制品绝缘支持物固定,支持点距离不大于下列数值:

水平线段:0.5m;

垂直线段:0.75m。

(3)建筑物景观照明灯具构架应固定可靠,地脚螺栓拧紧,备帽齐全;灯具的螺栓紧固、无遗漏。灯具外露的电线或电缆应有柔性金属导管保护;

(4)航空障碍标志灯安装应符合下列规定:

1)同一建筑物或建筑群灯具间的水平、垂直距离不大于45m;

2)灯具的自动通、断电源控制装置动作准确。

(5)庭院灯安装应符合下列规定:

1)灯具的自动通、断电源控制装置动作准确,每套灯具熔断器盒内熔丝齐全,规格与灯具适配;

2)架空线路电杆上的路灯,固定可靠,紧固件齐全、拧紧,灯位正确;每套灯具配有熔断器保护。

2.10　建筑照明通电试运行

2.10.1　建筑照明通电试运行资料列表

(1)施工技术资料

1)建筑照明通电试运行技术交底记录

2)设计变更、工程洽商记录

(2)施工试验记录及检测报告

1)电气照明系统通电测试检查记录

2)建筑物照明通电试运行记录

3)建筑物照明系统照度测试记录

(3)施工质量验收记录

1)建筑照明通电试运行检验批质量验收记录

2)建筑照明通电试运行分项工程质量验收记录

3)分项/分部工程施工报验表

(4)住宅工程质量分户验收记录表

建筑照明通电试运行质量分户验收记录表

2.10.2　建筑照明通电试运行资料填写范例及说明

建筑照明通电试运行检验批质量验收记录

07011001001

单位（子单位）工程名称	××大厦	分部（子分部）工程名称	建筑电气/室外电气	分项工程名称	建筑照明通电试运行
施工单位	××建筑有限公司	项目负责人	赵斌	检验批容量	1 套
分包单位	/	分包单位项目负责人	/	检验批部位	室外照明系统
施工依据	××大厦电气施工组织计划		验收依据	《建筑电气工程施工质量验收规范》GB50303-2002	

	验收项目		设计要求及规范规定	最小/实际抽样数量	检查记录	检查结果
主控项目	1	灯具回路控制与照明箱及回路的标识一致，开关与灯具控制顺序相对应	第 23.1.1 条	全/5	共 5 处，全部检查，合格 5 处	√
	2	照明系统全负荷通电连续试运行无故障	第 23.1.2 条	/	试运行合格，记录编号××××	√

施工单位检查结果	符合要求 专业工长：王宏民 项目专业质量检查员：王哲 2015 年××月××日
监理单位验收结论	合格 专业监理工程师：王江川 2015 年××月××日

一册在手　表格全有　贴近现场　资料无忧

建筑照明通电试运行检验批质量验收记录填写说明

1. 填写依据

(1)《建筑电气工程质量验收规范》GB 50303－2002。

(2)《建筑工程施工质量验收统一标准》GB 50300－2013。

2. 规范摘要

以下内容摘自《建筑电气工程质量验收规范》GB 50303－2002。

主控项目

(1)照明系统通电，灯具回路控制应与照明配电箱及回路的标识一致；开关与灯具控制顺序相对应，风扇的转向及调速开关应正常。

(2)公用建筑照明系统通电连续试运行时间应为24h，民用住宅照明系统通电连续试运行时间应为8h。所有照明灯具均应开启，且每2h记录运行状态1次，连续试运行时间内无故障。

建筑物照明通电试运行　分项工程质量验收记录

单位(子单位)工程名称	××综合楼	结构类型	框架剪力墙
分部(子分部)工程名称	电气照明安装	检验批数	1
施工单位	××建设集团有限公司	项目经理	×××
分包单位	××机电工程有限公司	分包项目经理	×××

序号	检验批名称及部位、区段	施工单位检查评定结果	监理(建设)单位验收结论
1	室外照明系统	√	验收合格

说明：

检查结论	室外照明系统施工质量符合《建筑电气工程施工质量验收规范》(GB 50303－2002)的要求，建筑物照明通电试运行分项工程合格。 项目专业技术负责人：××× 2015 年×月×日	验收结论	同意施工单位检查结论，验收合格。 监理工程师：××× (建设单位项目专业技术负责人) 2015 年×月×日

注：地基基础、主体结构工程的分项工程质量验收不填写“分包单位”、“分包项目经理”。

分项/分部工程施工报验表		编　号	×××
工程名称	××大厦	日　期	2015年×月×日

现我方已完成＿／＿(层)＿／＿轴(轴线或房间)＿／＿(高程)＿／＿(部位)的＿建筑物照明通电试运行＿工程,经我方检验符合设计、规范要求,请予以验收。

附件：　名　称　　页　数　　编　号

1. □质量控制资料汇总表　＿页　＿
2. □隐蔽工程验收记录　＿页　＿
3. □预检记录　＿页　＿
4. □施工记录　＿页　＿
5. □施工试验记录　＿页　＿
6. □分部(子分部)工程质量验收记录　＿页　＿
7. ☑分项工程质量验收记录　1页　×××
8. □＿　＿页　＿
9. □＿　＿页　＿
10. □＿　＿页　＿

质量检查员(签字):×××

施工单位名称:××建设集团有限公司　　技术负责人(签字):×××

审查意见:

1. 所报附件材料真实、齐全、有效。
2. 所报分项工程实体工程质量符合规范和设计要求。

审查结论:　☑合格　□不合格

监理单位名称:××建设监理有限公司　(总)监理工程师(签字):×××　审查日期:2015年×月×日

本表由施工单位填报,监理单位、施工单位各存一份。分项、分部工程不合格,应填写《不合格项处置记录》,分部工程应由总监理工程师签字。

2.11　接地装置安装

2.11.1　接地装置安装资料列表

(1)施工技术资料

1)接地装置安装技术交底记录

2)设计变更、工程洽商记录

(2)施工物资资料

1)镀锌钢材(角钢、钢管、扁钢、圆钢等)、铜材(铜管、铜排等)、接地模块等材质证明及产品出厂合格证。

2)材料、构配件进场检验记录

3)工程物资进场报验表

(3)施工记录

1)隐蔽工程验收记录

2)工序交接检查记录

(4)施工试验记录及检测报告

1)电气接地电阻测试记录

2)电气接地装置隐检与平面示意图表

(5)施工质量验收记录

1)接地装置安装检验批质量验收记录

2)接地装置安装分项工程质量验收记录

3)分项/分部工程施工报验表

2.11.2 接地装置安装资料填写范例及说明

材料、构配件进场检验记录					编号		×××
工程名称	××工程				检验日期	2015年×月×日	
序号	名称	规格型号	进场数量	生产厂家 合格证号	检验项目	检验结果	备注
1	镀锌扁钢	40×4	m	××××	查验合格证和镀锌质量证明书;外观检查	合格	
2	镀锌圆钢	ϕ10	m	××××	查验合格证和镀锌质量证明书;外观检查	合格	

检验结论

以上材料、构配件经外观检查合格。材质、规格型号及数量经复检符合设计、规范要求,产品质量证明文件齐全。

签字栏	建设(监理)单位	施工单位	××机电工程有限公司	
		专业质检员	专业工长	检验员
	×××	×××	×××	×××

本表由施工单位填写并保存。

工程物资进场报验表			编 号	×××
工 程 名 称	××工程		日 期	2015年×月×日

现报上关于 接地装置安装 工程的物资进场检验记录，该批物资经我方检验符合设计、规范及合约要求，请予以批准使用。

物资名称	主要规格	单 位	数 量	选样报审表编号	使用部位
镀锌扁钢	40×4	m	××	××××	室外
镀锌圆钢	ϕ10	m	××	××××	室外

附件： 名 称 页 数 编 号

1. ☑ 出厂合格证 × 页 ×××
2. ☐ 厂家质量检验报告 ___页 ___
3. ☐ 厂家质量保证书 ___页 ___
4. ☐ 商检证 ___页 ___
5. ☑ 进场检验记录 × 页 ×××
6. ☐ 进场复试报告 ___页 ___
7. ☐ 备案情况 ___页 ___
8. ☐ ___页 ×××

申报单位名称：××建设集团有限公司 申报人(签字)：×××

施工单位检验意见：

报验的工程镀锌钢材的质量证明文件齐全，同意报项目监理部审批。

☑有 / ☐无 附页

施工单位名称：××建设集团有限公司 技术负责人(签字)：××× 审核日期：2015年×月×日

验收意见：

1. 物资质量控制资料齐全、有效。
2. 材料检验合格。

审定结论： ☑同意 ☐补报资料 ☐重新检验 ☐退场

监理单位名称：××建设监理有限公司 监理工程师(签字)：××× 验收日期：2015年×月×日

本表由施工单位填报，建设单位、监理单位、施工单位各存一份。

<table>
<tr><td colspan="4">隐蔽工程验收记录</td><td>编 号</td><td>×××</td></tr>
<tr><td>工程名称</td><td colspan="5">××工程</td></tr>
<tr><td>隐检项目</td><td colspan="3">防雷接地装置</td><td>隐检日期</td><td>2015 年×月×日</td></tr>
<tr><td>隐检部位</td><td colspan="5">室外　轴线　　标高</td></tr>
<tr><td colspan="6">隐检依据：施工图图号　电施××　，设计变更/洽商（编号　/　）及有关国家现行标准等。
主要材料名称及规格/型号：　镀锌扁钢　—40×4</td></tr>
<tr><td colspan="6">隐检内容：
1. 人工接地装置采用—40×4 镀锌扁钢，埋深—0.70m，位置符合电气施工图纸。
2. 环形接地分别由轴Ⓐ、①、轴Ⓐ、④……处引至结构基础钢筋进行焊接，并与避雷引线连成一体。
3. 扁钢连接处焊接长度为其宽度 2 倍以上，且三面施焊，焊接处药皮已清除，无夹渣咬肉现象，并涂沥青油，防腐无遗漏。
4. 建筑物外墙轴Ⓐ、②、轴Ⓐ、⑲、轴Ⓖ、②、轴Ⓖ、⑲处设置断接卡子。
5. 实测接地电阻值为 0.2Ω。</td></tr>
<tr><td colspan="6">检查意见：

检查结论：　☑同意隐蔽　　　□不同意，修改后进行复查</td></tr>
<tr><td colspan="6">复查结论：

复查人：　　　　复查日期：</td></tr>
<tr><td rowspan="3">签字栏</td><td rowspan="2">建设（监理）单位</td><td>施工单位</td><td colspan="3">××机电工程有限公司</td></tr>
<tr><td>专业技术负责人</td><td colspan="2">专业质检员</td><td>专业工长</td></tr>
<tr><td>×××</td><td>×××</td><td colspan="2">×××</td><td>×××</td></tr>
</table>

本表由施工单位填写，建设单位、施工单位、城建档案馆各保存一份。

<table>
<tr><td colspan="3">电气接地电阻测试记录</td><td>编　　号</td><td colspan="4">×××</td></tr>
<tr><td colspan="2">工程名称</td><td>××工程</td><td>测试日期</td><td colspan="4">2015 年×月×日</td></tr>
<tr><td colspan="2">仪表型号</td><td>ZC－8</td><td>天气情况</td><td>晴</td><td>气温(℃)</td><td>6</td></tr>
<tr><td>接地类型</td><td colspan="7">☑防雷接地　□计算机接地　□工作接地
□保护接地　□防静电接地　□逻辑接地
□重复接地　□综合接地　□医疗设备接地</td></tr>
<tr><td>设计要求</td><td colspan="7">□≤10Ω　□≤4Ω　☑≤1Ω
□≤0.1Ω　□≤　Ω　□</td></tr>
<tr><td colspan="8">测试结论：
经测试接地电阻值为 0.2Ω，符合设计要求和《建筑电气工程施工质量验收规范》(GB 50303－2002)规定。</td></tr>
<tr><td rowspan="3">签字栏</td><td rowspan="2" colspan="2">建设(监理)单位</td><td>施工单位</td><td colspan="4">××机电工程有限公司</td></tr>
<tr><td>专业技术负责人</td><td colspan="2">专业质检员</td><td colspan="2">专业工长</td></tr>
<tr><td colspan="2">×××</td><td>×××</td><td colspan="2">×××</td><td colspan="2">×××</td></tr>
</table>

本表由施工单位填写，建设单位、施工单位、城建档案馆各保存一份。

接地装置安装检验批质量验收记录

07011101001

<table>
<tr><td colspan="2">单位（子单位）工程名称</td><td>××大厦</td><td>分部（子分部）工程名称</td><td>建筑电气/室外电气</td><td>分项工程名称</td><td>接地装置安装</td></tr>
<tr><td colspan="2">施工单位</td><td>××建筑有限公司</td><td>项目负责人</td><td>赵斌</td><td>检验批容量</td><td>6 组</td></tr>
<tr><td colspan="2">分包单位</td><td>/</td><td>分包单位项目负责人</td><td>/</td><td>检验批部位</td><td>基础底板 13～19/A～J 轴</td></tr>
<tr><td colspan="2">施工依据</td><td colspan="2">××大厦防雷接地施工方案</td><td>验收依据</td><td colspan="2">《建筑电气工程施工质量验收规范》GB50303-2002</td></tr>
<tr><td rowspan="8">主控项目</td><td colspan="2">验收项目</td><td>设计要求及规范规定</td><td>最小/实际抽样数量</td><td>检查记录</td><td>检查结果</td></tr>
<tr><td>1</td><td>接地装置测试点的设置</td><td>第 24.1.1 条</td><td>全/6</td><td>共 6 处，全部检查，合格 6 处</td><td>√</td></tr>
<tr><td>2</td><td>接地电阻值测试</td><td>第 24.1.2 条</td><td>/</td><td>/</td><td></td></tr>
<tr><td>3</td><td>防雷接地的人工接地装置的接地干线埋设</td><td>第 24.1.3 条</td><td>/</td><td>/</td><td></td></tr>
<tr><td>4</td><td>接地模块的埋设深度、间距和基坑尺寸</td><td>第 24.1.4 条</td><td>/</td><td>/</td><td></td></tr>
<tr><td>5</td><td>接地模块设置应垂直或水平就位</td><td>第 24.1.5 条</td><td>/</td><td>/</td><td></td></tr>
<tr><td></td><td></td><td></td><td></td><td></td><td></td></tr>
<tr><td></td><td></td><td></td><td></td><td></td><td></td></tr>
<tr><td rowspan="4">一般项目</td><td>1</td><td>接地装置埋设深度、间距和搭接长度</td><td>第 24.2.1 条</td><td>全/6</td><td>共 6 处，全部检查，合格 6 处</td><td>100%</td></tr>
<tr><td>2</td><td>接地装置的材质和最小允许规格</td><td>第 24.2.2 条</td><td>全/6</td><td>共 6 处，全部检查，合格 6 处</td><td>100%</td></tr>
<tr><td>3</td><td>接地模块与干线的连接和干线材质选用</td><td>第 24.2.3 条</td><td>/</td><td>/</td><td></td></tr>
<tr><td></td><td></td><td></td><td></td><td></td><td></td></tr>
<tr><td colspan="2">施工单位检查结果</td><td colspan="5">符合要求
专业工长：王家民
项目专业质量检查员：王哲
2015 年××月××日</td></tr>
<tr><td colspan="2">监理单位验收结论</td><td colspan="5">合格
专业监理工程师：王江川
2015 年××月××日</td></tr>
</table>

接地装置安装检验批质量验收记录填写说明

1. 填写依据

(1)《建筑电气工程质量验收规范》GB 50303－2002。

(2)《建筑工程施工质量验收统一标准》GB 50300－2013。

2. 规范摘要

以下内容摘自《建筑电气工程质量验收规范》GB 50303－2002。

主控项目

(1)人工接地装置或利用建筑物基础钢筋的接地装置必须在地面以上按设计要求位置设测试点。

(2)测试接地装里的接地电阻值必须符合设计要求。

(3)防雷接地的人工接地装置的接地干线埋设,经人行通道处埋地深度不应小于 lm,且应采取均压措施或在其上方铺设卵石或沥青地面。

(4)接地模块顶面埋深不应小于 0.6m,接地模块间距不应小于模块长度的 3～5 倍。接地模块埋设基坑,一般为模块外形尺寸的 1.2～1.4 倍,且在开挖深度内详细记录地层情况。

(5)接地模块应垂直或水平就位,不应倾斜设置,保持与原土层接触良好。

一般项目

(1)当设计无要求时,接地装置顶面埋设深度不应小于 0.6m。圆钢、角钢及钢管接地极应垂直埋入地下,间距不应小于 5m。接地装置的焊接应采用搭接焊,搭接长度应符合下列规定:

1)扁钢与扁钢搭接为扁钢宽度的 2 倍,不少于三面施焊;

2)圆钢与圆钢搭接为圆钢直径的 6 倍,双面施焊;

3)圆钢与扁钢搭接为圆钢直径的 6 倍,双面施焊;

4)扁钢与钢管,扁钢与角钢焊接,紧贴角钢外侧两面,或紧贴 3/4 钢管表面,上下两侧施焊;

5)除埋设在混凝土中的焊接接头外,有防腐措施。

(2)当设计无要求时,接地装置的材料采用为钢材,热浸镀锌处理,最小允许规格、尺寸应符合表 2-11 的规定。

表 2-11　　**钢接地体的最小规格**

种类、规格及单位		地上		地下	
		室内	室外	交流电流回路	直流电流回路
圆钢直径(mm)		6	8	10	12
扁钢	截面(mm^2)	60	100	100	100
	厚度(mm)	3	4	4	6
角钢厚度(mm)		2	2.5	4	6
钢管管壁厚度(mm)		2.5	2.5	3.5	4.5

注:电力线路杆塔的接地体引出线的截面不应小于 $50mm^2$,引出线应热镀锌。

(3)接地模块应集中引线,用干线把接地模块并联焊接成一个环路,干线的材质与接地模块焊接点的材质应相同,钢制的采用热浸镀锌扁钢,引出线不少于 2 处。

第3章　变配电室

3.1　变压器、箱式变电所安装

3.1.1　变压器、箱式变电所安装资料列表

(1)施工技术资料

1)工程技术文件报审表

2)变压器、箱式变电所安装施工组织设计(施工方案)

3)技术交底记录

①变压器、箱式变电所安装施工组织设计(施工方案)技术交底记录

②变压器、箱式变电所安装技术交底记录

4)图纸会审记录、设计变更、工程洽商记录

(2)施工物资资料

1)变压器、箱式变电所及高压电器、电瓷制品应提供合格证、随带技术文件和生产许可证。

2)变压器应按照《电气装置安装工程电气设备交接试验标准》(GB 50150－2006)的规定进行交接试验,并提供出厂试验报告。

3)箱式变电所应进行交接试验并提供试验报告。

提供箱式变电所内相关设备的文件及证书,具体内容如下:

①由高压成套开关柜、低压成套开关柜和变压器三个独立单元组合成的箱式变电所应对高、低压电气部分分别进行交接试验并提供以下技术文件:

a. 高压电气设备部分应按照《电气装置安装工程电气设备交接试验标准》(GB 50150－2006)的 2015 规定进行交接试验,并提供出厂试验报告。提供高压成套开关柜的合格证、随带技术文件、生产许可证及许可证编号,提供“CCC”认证标志及认证证书复印件。

b. 低压成套配电柜应按照《建筑电气工程施工质量验收规范》(GB 50303)中第 4.1.5 条的规定进行交接试验,并提供试验报告。提供低压成套开关柜的合格证、随带技术文件,提供“CCC”认证标志及认证证书复印件。

②由高压开关、熔断器等与变压器组合在同一个密闭油箱内的箱式变电所应按产品提供的技术文件要求进行交接试验,并提供试验报告。提供产品的合格证、随带技术文件、生产许可证及许可证编号。

4)镀锌制品应提供合格证或镀锌厂出具的镀锌质量证明书。

5)材料、构配件进场检验记录

6)设备开箱检验记录

7)工程物资进场报验表

(3) 施工记录

1)安装技术记录

2)器身检查记录

3)工序交接检查记录

(4)施工试验记录及检测报告
1)电气接地电阻测试记录
2)电气绝缘电阻测试记录
3)电力变压器试验记录,试验报告
4)箱式变电所电气交接试验记录
5)交接试验报告(直流电阻、绝缘、耐压等)
6)空载试运行记录
(5) 施工质量验收记录
1)变压器、箱式变电所安装检验批质量验收记录
2)变压器、箱式变电所安装分项工程质量验收记录
3)分项/分部工程施工报验表

3.1.2 变压器、箱式变电所安装资料填写范例及说明

油浸
干式 电力变压器试验记录

单位(子单位)工程:××工程

分部(子分部)工程	建筑电气(变配电室)	试验日期	2015年×月×日

设备资料							
产品编号	450083	容量	630kV·A	温升	/℃	顶视图	C B A b a o c
型号	SCB 8-30/10	电压	10000/400V	器重	/kg		
接线组别	D,yn11	电流	36.4/929.3A	油重	/kg		
制造厂	××有限公司	阻抗	5.82%	总重	2300kg		

绝缘与耐压 测试项目 测试部位	绝缘电阻(MΩ)R60/15 耐压前	耐压后	交流耐压 kV/min	直流耐压 kV/min	直流泄流 kV	μA	介质损耗%
一次对地及其绕组	2500/2000	2500/2000	24/1	—	—	—	—
二次对地及其绕组	500/400	500/400	2.6/1	—	—	—	—
干式变压器铁芯对地绝缘电阻(MΩ)				20			

接线组别 一次 二次	AB	BC	CA	向量图	风冷电机绝缘电阻(MΩ)			50
					湿显装置	良好	温控装置	良好
ab				A C B a c b	绝缘油击穿电压		次平均电压	(kV)
bc								
ca					外观检查:	良好		

额定电压	分接位置	直流电阻(Ω) A—	B—	C—	变压比(V) A—	B—	C—	a—	b—	c—	铭牌比率/实际比率	误差
10500	6—5	1.315	1.325	1.326	210	210	8	8	8	8	26.25/26.23	-0.07%
10250	5—7	1.28	1.289	1.291	205	205	8	8	8	8	25.625/25.63	0.02%
10000	7—4	1.245	1.255	1.256	200	200	8	8	8	8	25/25.02	0.08%
9750	4—8	1.214	1.222	1.224	195	195	8	8	8	8	24.375/24.36	-0.08%
9500	8—3	1.018	1.189	1.191	190	190	8	8	8	8	23.75/23.73	-0.08%

		a—0	b—0	c—0	试验日期	2015年×月×日		
400V		0.0008098	0.0008115	0.0008123	天气	晴	环境温度	15℃
备注								

签字栏			
施工单位	××机电工程有限公司		
专业技术负责人	专业质检员	专业工长	
×××	×××	×××	

3.2　成套配电柜、控制柜(屏、台)和动力、照明配电箱(盘)安装

3.2.1　成套配电柜、控制柜(屏、台)和动力、照明配电箱(盘)安装资料列表

(1)施工技术资料

1)工程技术文件报审表

2)成套配电柜、控制柜(屏、台)和动力、照明配电箱(盘)安装施工方案

3)技术交底记录

①成套配电柜、控制柜(屏、台)和动力、照明配电箱(盘)安装施工方案技术交底记录

②成套配电柜、控制柜(屏、台)和动力、照明配电箱(盘)安装技术交底记录

4)图纸会审记录、设计变更、工程洽商记录

(2)施工物资资料

1)高压成套配电柜、控制柜(屏、台)出厂合格证、随带技术文件、生产许可证及许可证编号和试验记录。高压成套配电柜应按照《电气装置安装工程电气设备交接试验标准》(GB 50150－2006)的规定进行交接试验,并提供出厂试验报告。

2)低压成套配电柜、动力、照明配电箱(盘)出厂合格证、生产许可证及许可证编号、试验记录、“CCC”认证标志及认证证书复印件。

3)型钢合格证、材质证明书。

4)镀锌制品合格证或镀锌质量证明书。

5)导线、电缆出厂合格证、生产许可证、“CCC”认证标志及认证证书复印件。

6)材料、构配件进场检验记录

7)设备开箱检验记录

8)工程物资进场报验表

(3)施工记录

1)电气设备安装检查记录

2)工序交接检查记录

(4)施工试验记录及检测报告

1)电气接地电阻测试记录

2)电气绝缘电阻测试记录

3)高压开关柜试验记录

4)低压开关柜试验记录

5)低压开关柜交接试验记录(低压)

6)电气设备空载试运行记录

7)电气设备送电验收记录

(5)施工质量验收记录

1)成套配电柜、控制柜(屏、台)和动力、照明配电箱(盘)安装检验批质量验收记录

2)分项工程质量验收记录

3)分项/分部工程施工报验表

(6)住宅工程质量分户验收记录表

成套配电柜、控制柜(屏、台)和动力、照明配电箱(盘)安装质量分户验收记录表

3.2.2　成套配电柜、控制柜(屏、台)和动力、照明配电箱(盘)安装资料填写范例及说明

工程物资进场报验表		编　号	×××
工 程 名 称	××工程	日　期	2015年×月×日

现报上关于　变配电室　工程的物资进场检验记录,该批物资经我方检验符合设计、规范及合约要求,请予以批准使用。

物资名称	主要规格	单位	数量	选样报审表编号	使用部位
低压开关柜	XL-20	台	××	××××	地下一层变配电室

附件: 名　称	页　数	编　号
1. ☑ 出厂合格证	× 页	×××
2. ☑ 厂家质量检验报告	× 页	×××
3. □ 厂家质量保证书	页	
4. □ 商检证	页	
5. ☑ 进场检验记录	× 页	×××
6. □ 进场复试报告	页	
7. □ 备案情况	页	
8. ☑ 生产许可证	× 页	×××
9. ☑ "CCC"认证标志及认证证书复印件	× 页	×××

申报单位名称:××机电工程有限公司　　申报人(签字):×××

施工单位检验意见:

报验的工程设备的质量证明文件齐全,同意报项目监理部审批。

☑有 / □无 附页

施工单位名称:××建设集团有限公司　　技术负责人(签字):×××　　审核日期:2015年×月×日

验收意见:

1. 物资质量控制资料齐全、有效。
2. 设备试验合格。

审定结论:　☑同意　□补报资料　□重新检验　□退场

监理单位名称:××建设监理有限公司　　监理工程师(签字):×××　　验收日期:2015年×月×日

本表由施工单位填报,建设单位、监理单位、施工单位各存一份。

低压开关柜试验记录

单位(子单位)工程:××工程

分部(子分部)工程		建筑电气					试验日期	2015年×月×日		
序号	项目						整定值			结论
	柜号	回路名称	开关型号	额定电流(A)	变流比	绝缘电阻(MΩ)	I(A)	I_b(A)	t_h(s)	
1	001	#1进线柜	3WL1340	4000	4000/5×3	500	—	—	—	合格
2	002	电容器柜	QSA—800	800	800/5×3	500	—	—	—	合格
3	003	电容器柜	QSA—800	800	800/5×3	500	—	—	—	合格
4	004	冷冻机组CH-1-1	3WL1112	1250	1250/5×3	500	—	—	—	合格
5	005	冷冻机组CH-1-2	3WL1122	1250	1250/5×3	500	—	—	—	合格
6	005	冷却泵CTP-1-1	3VF3N/3P	160	150/5×3	500	—	—	—	合格
7	005	冷却泵CTP-1-2	3VF3N/3P	160	150/5×3	500	—	—	—	合格
8	005	冷却泵CTP-1-3	3VF3N/3P	160	150/5×3	500	—	—	—	合格
9	005	冷却泵CTP-1-4	3VF3N/3P	160	150/5×3	500	—	—	—	合格
10	005	空调管路电加热	3VF3N/3P	160	150/5×3	500	—	—	—	合格
备注										
施工技术员:××× 2015年×月×日						施工班(组)长:××× 2015年×月×日				

3.3 母线槽安装

3.3.1 母线槽安装资料列表

(1)施工技术资料

1)技术交底记录

母线槽安装技术交底记录

2)设计变更、工程洽商记录

(2)施工物资资料

1)母线槽的产品合格证、材质证明和安装技术文件(包括额定电压、额定容量、试验报告等技术数据)、"CCC"认证标志及认证证书复印件。

2)型钢合格证和材质证明书。

3)其他材料(防腐油漆、面漆、电焊条等)出厂合格证。

4)材料、构配件进场检验记录

5)工程物资进场报验表

(3)施工记录

1)母线安装检查记录

2)工序交接检查记录

(4)施工试验记录及检测报告

1)电气接地电阻测试记录

2)电气绝缘电阻测试记录

3)高压母线交流工频耐压试验记录

4)低压母线交接试验记录

(5)施工质量验收记录

1)母线槽安装检验批质量验收记录

2)母线槽安装分项工程质量验收记录

3)分项/分部工程施工报验表

3.3.2　母线槽安装资料填写范例及说明

<table>
<tr><td colspan="2">工序交接检查记录</td><td>编　　号</td><td>×××</td></tr>
<tr><td>工程名称</td><td colspan="3">××工程</td></tr>
<tr><td>上道工序名称</td><td>封闭母线绝缘电阻测试</td><td>下道工序名称</td><td>封闭母线组装</td></tr>
<tr><td>交接部位</td><td>地下一层机房</td><td>检查日期</td><td>2015 年×月×日</td></tr>
<tr><td colspan="4">交接内容：
组对接线前，每段进行绝缘电阻测定，其绝缘电阻值大于 20MΩ，绝缘电阻测试合格符合设计、规范要求。见绝缘电阻测试记录（编号：××）工序交接后进行母线安装组对。</td></tr>
<tr><td colspan="4">检查结果：
经检查，符合设计、产品技术文件要求和《建筑电气工程施工质量验收规范》(GB 50303－2002)的规定。</td></tr>
<tr><td colspan="4">复查意见：
复查人：　　　　复查日期：</td></tr>
<tr><td colspan="4">见证单位意见：
同意工序交接，可进行下道工序。</td></tr>
<tr><td rowspan="2">签字栏</td><td>移交人</td><td>接收人</td><td>见证人</td></tr>
<tr><td>×××</td><td>×××</td><td>×××</td></tr>
</table>

1. 本表由移交、接收和见证单位各保存一份。
2. 见证单位应根据实际检查情况，并汇总移交和接收单位意见形成见证单位意见。

母线槽安装检验批质量验收记录

07030201001

单位（子单位）工程名称	××大厦	分部（子分部）工程名称	建筑电气/变配电室	分项工程名称	母线槽安装
施工单位	××建筑有限公司	项目负责人	赵斌	检验批容量	5 处
分包单位	/	分包单位项目负责人	/	检验批部位	配电室
施工依据	××大厦电气施工组织计划		验收依据	《建筑电气工程施工质量验收规范》GB50303-2002	

<table>
<tr><th colspan="4">验收项目</th><th>设计要求及规范规定</th><th>最小/实际抽样数量</th><th>检查记录</th><th>检查结果</th></tr>
<tr><td rowspan="8">主控项目</td><td>1</td><td colspan="2">可接近裸露导体接地或接零</td><td>第 11.1.1 条</td><td>全/5</td><td>共 5 处，全部检查，合格 5 处</td><td>√</td></tr>
<tr><td>2</td><td colspan="2">母线与母线、母线与电器接线端子的螺栓搭接</td><td>第 11.1.2 条</td><td>全/5</td><td>共 5 处，全部检查，合格 5 处</td><td>√</td></tr>
<tr><td rowspan="3">3</td><td rowspan="3">封闭、插接式母线安装</td><td>母线与外壳同心</td><td>±5mm</td><td>全/5</td><td>共 5 处，全部检查，合格 5 处</td><td>√</td></tr>
<tr><td>段与段连接</td><td>第 11.1.3 条第 2 款</td><td>全/5</td><td>共 5 处，全部检查，合格 5 处</td><td>√</td></tr>
<tr><td>母线的连接方法</td><td>第 11.1.3 条第 3 款</td><td>全/5</td><td>共 5 处，全部检查，合格 5 处</td><td>√</td></tr>
<tr><td>4</td><td colspan="2">室内裸母线的最小安全净距</td><td>第 11.1.4 条</td><td>/</td><td>/</td><td></td></tr>
<tr><td>5</td><td colspan="2">高压母线交流工频耐压试验</td><td>第 11.1.5 条</td><td>/</td><td>/</td><td></td></tr>
<tr><td>6</td><td colspan="2">低压母线交接试验</td><td>第 11.1.6 条</td><td>/</td><td>试验合格，报告编号××××</td><td>√</td></tr>
<tr><td rowspan="5">一般项目</td><td>1</td><td colspan="2">母线支架的安装</td><td>第 11.2.1 条</td><td>全/5</td><td>共 5 处，全部检查，合格 5 处</td><td>100%</td></tr>
<tr><td>2</td><td colspan="2">母线与母线、母线与电器接线端子搭接面处理</td><td>第 11.2.2 条</td><td>全/5</td><td>共 5 处，全部检查，合格 5 处</td><td>100%</td></tr>
<tr><td>3</td><td colspan="2">母线的相序排列及涂色</td><td>第 11.2.3 条</td><td>全/5</td><td>共 5 处，全部检查，合格 5 处</td><td>100%</td></tr>
<tr><td>4</td><td colspan="2">母线在绝缘子上的固定</td><td>第 11.2.4 条</td><td>/</td><td>/</td><td></td></tr>
<tr><td>5</td><td colspan="2">封闭、插接式母线的组装和固定</td><td>第 11.2.5 条</td><td>全/5</td><td>共 5 处，全部检查，合格 5 处</td><td>100%</td></tr>
<tr><td colspan="3">施工单位检查结果</td><td colspan="5">符合要求
专业工长：
项目专业质量检查员：
2015 年××月××日</td></tr>
<tr><td colspan="3">监理单位验收结论</td><td colspan="5">合格
专业监理工程师：
2015 年××月××日</td></tr>
</table>

母线槽安装检验批质量验收记录填写说明

1. 填写依据

(1)《建筑电气工程质量验收规范》GB 50303－2002。

(2)《建筑工程施工质量验收统一标准》GB 50300－2013。

2. 规范摘要

以下内容摘自《建筑电气工程质量验收规范》GB 50303－2002。

主控项目

(1)绝缘子的底座、套管的法兰、保护网(罩)及母线支架等可接近裸露导体应接地(PE)或接零(PEN)可靠。不应作为接地(PE)或接零(PEN)的接续导体。

(2)母线与母线或母线与电器接线端子，当采用螺栓搭接连接时，应符合下列规定：

1)母线的各类搭接连接的钻孔直径和搭接长度符合附录C的规定，用力矩扳手拧紧钢制连接螺栓的力矩值符合附录D的规定；

2)母线接触面保持清洁，涂电力复合脂，螺栓孔周边无毛刺；

3)连接螺栓两侧有平垫圈，相邻垫圈间有大于3mm的间隙，螺母侧装有弹簧垫圈或锁紧螺母；

4)螺栓受力均匀，不使电器的接线端子受额外应力。

(3)封闭、插接式母线安装应符合下列规定：

1)母线与外壳同心，允许偏差为±5mm；

2)当段与段连接时，两相邻段母线及外壳对准，连接后不使母线及外壳受额外应力；

3)母线的连接方法符合产品技术文件要求。

(4)室内裸母线的最小安全净距应符合《建筑电气工程质量验收规范》GB 50303－2002附录E的规定。

(5)高压母线交流工频耐压试验必须按《建筑电气工程质量验收规范》GB 50303－2002第3.1.8条的规定交接试验合格。

(6)低压母线交接试验应符合《建筑电气工程质量验收规范》GB 50303－2002第4.1.5条的规定。

一般项目

(1)母线的支架与预埋铁件采用焊接固定时，焊缝应饱满；采用膨胀螺栓固定时，选用的螺栓应适配，连接应牢固。

(2)母线与母线、母线与电器接线端子搭接，搭接面的处理应符合下列规定：

1)铜与铜：室外、高温且潮湿的室内，搭接面搪锡；干燥的室内，不搪锡；

2)铝与铝：搭接面不做涂层处理；

3)钢与钢：搭接面搪锡或镀锌；

4)铜与铝：在干燥的室内，铜导体搭接面搪锡；在潮湿场所，铜导体搭接面搪锡，且采用铜铝过渡板与铝导体连接；

5)钢与铜或铝：钢搭接面搪锡。

(3)母线的相序排列及涂色，当设计无要求时应符合下列规定：

1)上、下布置的交流母线，由上至下排列为A、B、C相；直流母线正极在上，负极在下；

2)水平布置的交流母线,由盘后向盘前排列为A、B、C相;直流母线正极在后,负极在前;

3)面对引下线的交流母线,由左至右排列为A、B、C相;直流母线正极在左,负极在右;

4)母线的涂色:交流,A相为黄色、B相为绿色、C相为红色;直流,正极为储色、负极为蓝色;在连接处或支持件边缘两侧10mm以内不涂色。

(4)母线在绝缘子上安装应符合下列规定:

1)金具与绝缘子间的固定平整牢固,不使母线受额外应力;

2)交流母线的固定金具或其他支持金具不形成闭合铁磁回路;

3)除固定点外,当母线平置时,母线支持夹板的上部压板与母线间有1~1.5mm的间隙;当母线立置时,上部压板与母线间有1.5~2mm的间隙;

4)母线的固定点,每段设置1个,设置于全长或两母线伸缩节的中点;

5)母线采用螺栓搭接时,连接处距绝缘子的支持夹板边缘不小于50mm。

(5)封闭、插接式母线组装和固定位置应正确,外壳与底座间、外壳各连接部位和母线的连接螺栓应按产品技术文件要求选择正确,连接紧固。

母线槽安装　分项工程质量验收记录

单位(子单位)工程名称	××综合楼	结构类型	框架剪力墙
分部(子分部)工程名称	变配电室	检验批数	3
施工单位	××建设集团有限公司	项目经理	×××
分包单位	××机电工程有限公司	分包项目经理	×××

序号	检验批名称及部位、区段	施工单位检查评定结果	监理(建设)单位验收结论
1	地下二层变配电室	√	验收合格
2	地下一层机房	√	
3	电气竖井	√	

说明：

检查结论	地下二层变配电室、地下一层机房和电气竖井母线槽安装符合《建筑电气工程施工质量验收规范》(GB 50303－2002)的要求，母线槽安装分项工程合格。 项目专业技术负责人：××× 2015年×月×日	验收结论	同意施工单位检查结论，验收合格。 监理工程师：××× (建设单位项目专业技术负责人) 2015年×月×日

注：地基基础、主体结构工程的分项工程质量验收不填写“分包单位”、“分包项目经理”。

<table>
<tr><td colspan="2">分项/分部工程施工报验表</td><td>编　号</td><td>×××</td></tr>
<tr><td>工程名称</td><td>××工程</td><td>日　期</td><td>2015年×月×日</td></tr>
<tr><td colspan="4">现我方已完成　　/　　(层)　　/　　轴(轴线或房间)　　/　　(高程)　　/　　(部位)的　母线槽安装　工程,经我方检验符合设计、规范要求,请予以验收。
附件：　名　称　　　页　数　　　编　号
1.□质量控制资料汇总表　　____页　____
2.□隐蔽工程验收记录　　____页　____
3.□预检记录　　____页　____
4.□施工记录　　____页　____
5.□施工试验记录　　____页　____
6.□分部(子分部)工程质量验收记录　　____页　____
7.☑分项工程质量验收记录　　×页　×××
8.□____　　____页　____
9.□____　　____页　____
10.□____　　____页　____
质量检查员(签字):×××

施工单位名称:××机电工程有限公司　　技术负责人(签字):×××</td></tr>
<tr><td colspan="4">审查意见:
1.所报附件材料真实、齐全、有效。
2.所报分项工程实体工程质量符合规定和设计要求。

审查结论:　☑合格　□不合格

监理单位名称:××建设监理有限公司　(总)监理工程师(签字):×××　审查日期:2015年×月×日</td></tr>
</table>

本表由施工单位填报,监理单位、施工单位各存一份。分项/分部工程不合格,应填写《不合格项处置记录》,分部工程应由总监理工程师签字。

一册在手　表格全有　贴近现场　资料无忧

3.4　电缆敷设

电缆敷设资料列表

(1)施工技术资料

1)电缆敷设技术交底记录

2)设计变更、工程洽商记录

(2)施工物资资料

1)电缆出厂合格证、生产许可证、"CCC"认证标志及认证证书复印件。

2)材料、构配件进场检验记录

3)工程物资进场报验表

(3)施工记录

1) 隐蔽工程验收记录

2)电缆相位检查记录

3)电缆敷设记录

4)自、专检记录

5)工序交接检查记录

(4)施工试验记录及检测报告

1)电缆绝缘电阻测试记录或耐压试验记录

2)试验报告(直流电阻、绝缘、耐压等)

(5)施工质量验收记录

1)电缆敷设检验批质量验收记录

2)电缆敷设分项工程质量验收记录

3)分项/分部工程施工报验表

3.5　电缆头制作、导线连接和线路绝缘测试

电缆头制作、导线连接和线路绝缘测试资料列表

(1)施工技术资料

1)电缆头制作、导线连接和线路绝缘测试技术交底记录

2)设计变更、工程洽商记录

(2)施工物资资料

1)电缆出厂合格证、检测报告、生产许可证、"CCC"认证标志及认证证书复印件。

2)各种金属型钢合格证和材质证明书、辅助材料产品合格证

3)材料、构配件进场检验记录

4)工程物资进场报验表

(3)施工记录

1)隐蔽工程验收记录

2)电缆中间、终端头制作安装记录

3)自、专检记录

4)工序交接检查记录

(4)施工试验记录及检测报告

1)电缆敷设绝缘测试记录

2)电缆测试记录或直流耐压试验记录

3)电缆在火焰条件下燃烧的试验报告

(5)施工质量验收记录

1)电缆头制作、导线连接和线路绝缘测试检验批质量验收记录

2)电缆头制作、导线连接和线路绝缘测试分项工程质量验收记录

3)分项/分部工程施工报验表

(6)住宅工程质量分户验收记录表

电缆头制作、导线连接和线路绝缘测试质量分户验收记录表

(7)直埋电缆中间接头的敷设位置图

3.6　接地装置安装

接地装置安装资料列表

(1)施工技术资料

1)接地装置安装技术交底记录

2)设计变更、工程洽商记录

(2)施工物资资料

1)镀锌钢材(角钢、钢管、扁钢、圆钢等)、铜材(铜管、铜排等)、接地模块等材质证明及产品出厂合格证。

2)材料、构配件进场检验记录

3)工程物资进场报验表

(3)施工记录

1)隐蔽工程验收记录

2)工序交接检查记录

(4)施工试验记录及检测报告

1)电气接地电阻测试记录

2)电气接地装置隐检与平面示意图表

(5)施工质量验收记录

1)接地装置安装检验批质量验收记录

2)接地装置安装分项工程质量验收记录

3)分项/分部工程施工报验表

3.7　接地干线敷设

3.7.1　接地干线敷设资料列表

(1)施工技术资料

1)变配电室接地干线敷设技术交底记录

2)设计变更、工程洽商记录

(2)施工物资资料

1)镀锌钢材、铜材材质证明及产品出厂合格证

2)材料、构配件进场检验记录

3)工程物资进场报验表

(3)施工记录

1)隐蔽工程验收记录

2)工序交接检查记录

(4)施工试验记录及检测报告

电气接地电阻测试记录

(5)施工质量验收记录

1)接地干线敷设检验批质量验收记录

2)接地干线敷设分项工程质量验收记录

3)分项/分部工程施工报验表

3.7.2　接地干线敷设资料填写范例及说明

接地干线敷设检验批质量验收记录

07030801001

单位（子单位）工程名称	××大厦	分部（子分部）工程名称	建筑电气/变配电室	分项工程名称	接地干线敷设
施工单位	××建筑有限公司	项目负责人	赵斌	检验批容量	3 处
分包单位	/	分包单位项目负责人	/	检验批部位	地下室变配电室
施工依据	××大厦电气施工组织计划		验收依据	《建筑电气工程施工质量验收规范》GB50303-2002	

		验收项目	设计要求及规范规定	最小/实际抽样数量	检查记录	检查结果
主控项目	1	变配电室内接地干与接地装置引出线的连接	第 25.1.2 条	全/1	共 1 处，全部检查，合格 1 处	√
一般项目	1	钢制接地线的连接和材料规格、尺寸	第 25.2.1 条	全/2	共 2 处，全部检查，合格 2 处	100%
	2	室内明敷接地干线支持件的设置	第 25.2.2 条	全/3	共 3 处，全部检查，合格 3 处	100%
	3	接地线穿越墙壁、楼板和地坪处的保护	第 25.2.3 条	全/2	共 2 处，全部检查，合格 2 处	100%
	4	变配电室内明敷接地干线敷设	第 25.2.4 条	全/1	共 1 处，全部检查，合格 1 处	100%
	5	电缆穿过零序电流互感器时，电缆头的接地线检查	第 25.2.5 条	/	/	
	6	配电间的栅栏门、金属门铰链的接地连接及避雷器接地	第 25.2.6 条	全/1	共 1 处，全部检查，合格 1 处	100%
	7	幕墙金属框架和建筑物金属门窗与接地干线的连接	第 25.2.7 条	/	/	

施工单位检查结果	符合要求 专业工长： 项目专业质量检查员： 2015 年××月××日
监理单位验收结论	合格 专业监理工程师： 2015 年××月××日

接地干线敷设检验批质量验收记录填写说明

1. 填写依据

(1)《建筑电气工程质量验收规范》GB 50303－2002。

(2)《建筑工程施工质量验收统一标准》GB 50300－2013。

2. 规范摘要

以下内容摘自《建筑电气工程质量验收规范》GB 50303－2002。

主控项目

(1)暗敷在建筑物抹灰层内的引下线应有卡钉分段固定；明敷的引下线应平直、无急弯，与支架焊接处，油漆防腐，且无遗漏。

(2)变压器室、高低压开关室内的接地干线应有不少于2处与接地装置引出干线连接。

(3)当利用金属构件、金属管道做接地线时，应在构件或管道与接地干线间焊接金属跨接线。

一般项目

(1)钢制接地线的焊接连接应符合《建筑电气工程质量验收规范》GB 50303－2002第24.2.1条的规定，材料采用及最小允许规格、尺寸应符合《建筑电气工程质量验收规范》GB 50303－2002第24.2.2条的规定。

(2)明敷接地引下线及室内接地干线的支持件间距应均匀，水平直线部分0.5～1.5m；垂直直线部分1.5～3m；弯曲部分0.3～0.5m。

(3)接地线在穿越墙壁、楼板和地坪处应加套钢管或其他坚固的保护套管，钢套管应与接地线做电气连通。

(4)变配电室内明敷接地干线安装应符合下列规定：

1)便于检查，敷设位置不妨碍设备的拆卸与检修；

2)当沿建筑物墙壁水平敷设时，距地面高度250～300mm；与建筑物墙壁间的间隙10～15mm；

3)当接地线跨越建筑物变形缝时，设补偿装置；

4)接地线表面沿长度方向，每段为15～100mm，分别涂以黄色和绿色相间的条纹；

5)变压器室、高压配电室的接地干线上应设置不少于2个供临时接地用的接线柱或接地螺栓。

(5)当电缆穿过零序电流互感器时，电缆头的接地线应通过零序电流互感器后接地；由电缆头至穿过零序电流互感器的一段电缆金属护层和接地线应对地绝缘。

(6)配电间隔和静止补偿装置的栅栏门及变配电室金属门铰链处的接地连接，应采用编织铜线。变配电室的避雷器应用最短的接地线与接地干线连接。

(7)设计要求接地的幕墙金属框架和建筑物的金属门窗，应就近与接地干线连接可靠，连接处不同金属间应有防电化腐蚀措施。

第4章　供电干线

4.1　电气设备试验和试运行

4.1.1　电气设备试验和试运行资料列表

(1)施工技术资料

1)工程技术文件报审表

2)供电干线电气设备试验和试运行方案

3)技术交底记录

①供电干线电气设备试验和试运行方案技术交底记录

②供电干线电气设备试验和试运行技术交底记录

4)图纸会审记录、工程洽商记录

(2)施工物资资料

1)电气设备、仪器仪表、材料的质量合格证明文件,安装、使用、维修和试验要求等技术文件

2)材料、构配件进场检验记录

3)设备开箱检验记录

4)工程物资进场报验表

(3)施工记录

工序交接等施工检查记录

(4)施工试验记录及检测报告

1)电气接地电阻测试记录

2)电气绝缘电阻测试记录

3)电气设备交接试验记录

4)电气设备试运行记录

5)各组继电保护装置系统调整试验记录

6)漏电保护装置模拟动作试验记录(动作电流和时间数据值)

7)电气设备空载试运行记录

8)电气设备负荷试运行记录

9)大容量电气线路结点测温记录

10)电气仪表指示记录

(5) 施工质量验收记录

1)电气设备试验和试运行检验批质量验收记录

2)电气设备试验和试运行分项工程质量验收记录

3)分项/分部工程施工报验表

4.1.2　电气设备试验和试运行资料填写范例及说明

电气设备试验和试运行检验批质量验收记录

07030101001

单位（子单位）工程名称	××大厦	分部（子分部）工程名称	建筑电气/供电干线	分项工程名称	电气设备试验和试运行	
施工单位	××建筑有限公司	项目负责人	赵斌	检验批容量	3台	
分包单位	/	分包单位项目负责人	/	检验批部位	设备间	
施工依据	电气设备施工方案		验收依据	《建筑电气工程施工质量验收规范》GB50303-2002		
		验收项目	设计要求及规范规定	最小/实际抽样数量	检查记录	检查结果
主控项目	1	试运行前，相关电气设备和线路的试验	第10.1.1条	/	试验合格，报告编号××××	√
	2	现场单独安装的低压电器交接试验	第10.1.2条		/	
一般项目	1	运行电压、电流及其指示仪表检查	第10.2.1条	全/3	共3处，全部检查，合格3处	100%
	2	电动机试通电检查	第10.2.2条	全/3	共3处，全部检查，合格3处	100%
	3	交流电动机空载起动及运行状态记录	第10.2.3条	全/3	共3处，全部检查，合格3处	100%
	4	大容量(630A及以上)电线或母线连接处的温升检查	第10.2.4条	/	/	
	5	电动执行机构的动作方向及指示检查	第10.2.5条	全/3	共3处，全部检查，合格3处	100%
施工单位检查结果	符合要求 专业工长：王安民 项目专业质量检查员：王哲 2015年××月××日					
监理单位验收结论	合格 专业监理工程师：[签名] 2015年××月××日					

电气设备试验和试运行检验批质量验收记录填写说明

1. 填写依据

(1)《建筑电气工程质量验收规范》GB 50303－2002。

(2)《建筑工程施工质量验收统一标准》GB 50300－2013。

2. 规范摘要

以下内容摘自《建筑电气工程质量验收规范》GB 50303－2002。

主控项目

(1)试运行前,相关电气设备和线路应按《建筑电气工程质量验收规范》GB 50303－2002 的规定试验合格。

(2)现场单独安装的低压电器交接试验项目应符合《建筑电气工程质量验收规范》GB 50303－2002 附录B的规定。

一般项目

(1)成套配电(控制)柜、台、箱、盘的运行电压、电流应正常,各种仪表指示正常。

(2)电动机应试通电,检查转向和机械转动有无异常情况;可空载试运行的电动机,时间一般为2h,记录空载电流,且检查机身和轴承的温升。

(3)交流电动机在空载状态下(不投料)可启动次数及间隔时间应符合产品技术条件的要求;无要求时,连续启动2次的时间间隔不应小于5min,再次启动应在电动机冷却至常温下。空载状态(不投料)运行,应记录电流、电压、温度、运行时间等有关数据,且应符合建筑设备或工艺装置的空载状态运行(不投料)要求。

(4)大容量(630A及以上)导线或母线连接处,在设计计算负荷运行情况下应做温度抽测记录,温升值稳定且不大于设计值。

(5)电动执行机构的动作方向及指示,应与工艺装置的设计要求保持一致。

4.2　母线槽安装

4.2.1　母线槽安装资料列表

(1)施工技术资料

1)技术交底记录

母线槽安装技术交底记录

2)设计变更、工程洽商记录

(2)施工物资资料

1)母线槽的产品合格证、材质证明和安装技术文件(包括额定电压、额定容量、试验报告等技术数据)、"CCC"认证标志及认证证书复印件。

2)型钢合格证和材质证明书。

3)其他材料(防腐油漆、面漆、电焊条等)出厂合格证。

4)材料、构配件进场检验记录

5)工程物资进场报验表

(3)施工记录

1)母线安装检查记录

2)工序交接检查记录

(4)施工试验记录及检测报告

1)电气接地电阻测试记录

2)电气绝缘电阻测试记录

3)高压母线交流工频耐压试验记录

4)低压母线交接试验记录

(5)施工质量验收记录

1)母线槽安装检验批质量验收记录

2)母线槽安装分项工程质量验收记录

3)分项/分部工程施工报验表

4.2.2 母线槽安装资料填写范例及说明

材料、构配件进场检验记录					编　号		×××
工程名称	××工程				检验日期	2015 年×月×日	
序号	名　称	规格型号	进场数量	生产厂家 合格证号	检验项目	检验结果	备注
1	螺母线	TMR	××mm	××××	查验合格证及检查报告；生产许可证等；“CCC”认证标志；外观检查	合格	
2	封闭母线	QLFM-6000/15.75-Z	××mm	××××	查验合格证及检查报告；生产许可证等；“CCC”认证标志；外观检查	合格	

检验结论

以上材料、构配件经外观检查合格。材质、规格型号及数量经复检符合设计、规范要求，产品质量证明文件齐全。

签字栏	建设（监理）单位	施工单位	××机电工程有限公司	
		专业质检员	专业工长	检验员
	×××	×××	×××	×××

本表由施工单位填写并保存。

工程物资进场报验表			编　号	×××
工 程 名 称	××工程		日　期	2015 年×月×日

现报上关于　供电干线　工程的物资进场检验记录，该批物资经我方检验符合设计、规范及合约要求，请予以批准使用。

物资名称	主要规格	单位	数量	选样报审表编号	使用部位
封闭母线	QLFM-12000/18-Z	mm	××	/	电气竖井

附件：　　名　称　　　　　页　数　　　　　编　号

1. ☑ 出厂合格证　　× 页　　×××
2. ☐ 厂家质量检验报告　　页
3. ☐ 厂家质量保证书　　页
4. ☐ 商检证　　页
5. ☑ 进场检验记录　　× 页　　×××
6. ☐ 进场复试报告　　页
7. ☐ 备案情况　　页
8. ☑ 安装技术文件　　× 页　　×××
9. ☑ CCC 认证及证书复印件　　× 页　　×××

申报单位名称：××建设集团有限公司　　　申报人(签字)：×××

施工单位检验意见：

报验的工程材料的质量证明文件齐全，同意报项目监理部审批。

☑有 / ☐无 附页

施工单位名称：××建设集团有限公司　　技术负责人(签字)：×××　　审核日期：2015 年×月×日

验收意见：

1. 物资质量控制资料齐全、有效。
2. 材料试验合格。

审定结论：　☑同意　☐补报资料　☐重新检验　☐退场

监理单位名称：××建设监理有限公司　　监理工程师(签字)：×××　　验收日期：2015 年×月×日

本表由施工单位填报，建设单位、监理单位、施工单位各存一份。

4.3　导管敷设

4.3.1　导管敷设资料列表

(1)施工技术资料

1)技术交底记录

①硬质阻燃型绝缘导管明敷设工程技术交底记录

②硬质和半硬质阻燃型绝缘导管暗敷设工程技术交底记录

③钢管敷设工程技术交底记录

④套接扣压式薄壁钢导管敷设技术交底记录

⑤套接紧定式钢导管敷设技术交底记录

2)设计变更、工程洽商记录

(2)施工物资资料

1)阻燃型(PVC)塑料管及其附件检验测试报告和产品出厂合格证;钢导管的管材及附件产品合格证和材质证明书

2)材料、构配件进场检验记录

3)工程物资进场报验表

(3)施工记录

1)隐蔽工程验收记录

2)电气线路接地检查记录

3)工序交接检查记录

(4)施工试验记录及检测报告

1)线路接地电阻测试记录

2)电气绝缘电阻测试记录

(5)施工质量验收记录

1)导管敷设检验批质量验收记录

2)导管敷设分项工程质量验收记录

3)分项/分部工程施工报验表

(6)住宅工程质量分户验收记录表

导管敷设质量分户验收记录表

4.3.2 导管敷设资料填写范例及说明

材料、构配件进场检验记录					编号		×××
工程名称	××工程				检验日期	2015 年 3 月 9 日	
序号	名称	规格型号	进场数量	生产厂家 合格证号	检验项目	检验结果	备注
1	焊接钢管	SC70	500m	×××	查验合格证及材质证明书；外观检查；抽检导管和管径、壁厚及均匀度	合格	
2	焊接钢管	SC100	200m	×××	查验合格证及材质证明书；外观检查；抽检导管和管径、壁厚及均匀度	合格	

检验结论

以上材料、构配件经外观检查合格。材质、规格型号及数量经复检符合设计、规范要求，产品质量证明文件齐全。

签字栏	建设(监理)单位	施工单位	××机电工程有限公司	
		专业质检员	专业工长	检验员
	×××	×××	×××	×××

本表由施工单位填写并保存。

工程物资进场报验表					编　号	×××
工 程 名 称	××工程				日　期	2015 年×月×日
现报上关于　供电干线　工程的物资进场检验记录,该批物资经我方检验符合设计、规范及合约要求,请予以批准使用。						
物资名称	主要规格	单　位	数　量	选样报审表编号	使用部位	
焊接钢管	SC70	m	500	×××	地下室墙体、顶板①~⑨/Ⓒ~Ⓘ轴	
焊接钢管	SC100	m	200	×××	一层墙体、顶板①~⑨/Ⓒ~Ⓘ轴	

附件:　名　称　页　数　编　号

1. ☑ 出厂合格证　×　页　×××
2. ☐ 厂家质量检验报告　＿　页　＿
3. ☐ 厂家质量保证书　＿　页　＿
4. ☐ 商检证　＿　页　＿
5. ☑ 进场检验记录　×　页　×××
6. ☑ 进场复试报告　×　页　×××
7. ☐ 备案情况　＿　页　＿
8. ☑ 生产许可证　×　页　×××
9. ☑ CCC 认证及证书复印件　×　页　×××

申报单位名称:××建设集团有限公司　　申报人(签字):×××

施工单位检验意见:

报验的工程材料的质量证明文件齐全,同意报项目监理部审批。

☑有 / ☐无 附页

施工单位名称:××建设集团有限公司　技术负责人(签字):×××　审核日期:2015 年×月×日

验收意见:

1. 物资质量控制资料齐全、有效。
2. 材料检验合格。

审定结论:　☑同意　☐补报资料　☐重新检验　☐退场

监理单位名称:××建设监理有限公司　监理工程师(签字):×××　验收日期:2015 年×月×日

本表由施工单位填报,建设单位、监理单位、施工单位各存一份。

<table>
<tr><td colspan="3">隐蔽工程验收记录</td><td>编　号</td><td colspan="2">×××</td></tr>
<tr><td colspan="2">工程名称</td><td colspan="4">××工程</td></tr>
<tr><td colspan="2">隐检项目</td><td>导管敷设</td><td>隐检日期</td><td colspan="2">2015 年×月×日</td></tr>
<tr><td colspan="2">隐检部位</td><td colspan="4">一层地面以下钢管敷设　轴线　　标高</td></tr>
<tr><td colspan="6">隐检依据：施工图图号　电施××　，设计变更/洽商(编号　/　)及有关国家现行标准等。
主要材料名称及规格/型号：　焊接钢管
SC40、SC50、SC70、SC80</td></tr>
<tr><td colspan="6">隐检内容：
1. 该部位使用的焊接钢管材质、规格、型号符合设计要求。
2. 钢管敷设位置、埋深、固定方式符合设计及验收规范要求。
3. 钢管的弯曲半径符合设计及规范要求，且无折扁和裂缝，管内无铁屑及毛刺，切断口平整、光滑。
4. 接头连接：采用套管焊接(钢管壁厚均符合国标要求，且均大于 2mm 允许套管焊接)、套管长度大于管外径的 2.5 倍，焊缝牢固、严密。
5. 焊接钢管内外壁防腐处理符合设计及验收规范要求。
6. 钢管与接地体已做等电位连接，符合设计要求。</td></tr>
<tr><td colspan="6">检查意见：
经检查，符合设计要求和《建筑电气工程施工质量验收规范》(GB 50303－2002)的规定。

检查结论：　☑同意隐蔽　　□不同意，修改后进行复查</td></tr>
<tr><td colspan="6">复查结论：

复查人：　　　　复查日期：</td></tr>
<tr><td rowspan="3">签字栏</td><td rowspan="2">建设(监理)单位</td><td>施工单位</td><td colspan="3">××机电工程有限公司</td></tr>
<tr><td>专业技术负责人</td><td>专业质检员</td><td colspan="2">专业工长</td></tr>
<tr><td>×××</td><td>×××</td><td>×××</td><td colspan="2">×××</td></tr>
</table>

本表由施工单位填写，建设单位、施工单位、城建档案馆各保存一份。

线路接地电阻测试记录

工程名称	××工程							测试日期		2015 年 5 月 16 日	
线路接地	测试点	1	2	3	4	5	6	7	8	9	10
	测试结果	0.2Ω	0.2Ω	0.2Ω	0.2Ω	0.2Ω	0.2Ω	0.2Ω	0.2Ω	0.2Ω	0.2Ω
	测试点	11	12	13	14	15	16	17	18	19	20
	测试结果	0.2Ω	0.2Ω								
插座接地	测试点	1	2	3	4	5	6	7	8	9	10
	测试结果										
	测试点	11	12	13	14	15	16	17	18	19	20
	测试结果										
开关接地	测试点	1	2	3	4	5	6	7	8	9	10
	测试结果										
	测试点	11	12	13	14	15	16	17	18	19	20
	测试结果										
线路符合要求点数		12		线路不符合要求点数		0		结论	合格		
插座符合要求点数				插座不符合要求点数				结论			
开关符合要求点数				开关不符合要求点数				结论			

需要说明的事项：

1. 测试结论：☑符合要求；☑不符合要求。
2. 测试点编号示意图（可加附页）。
3. 其他。

施工单位		监理（建设）单位
施工员（签字）	×××	专业监理工程师/建设单位代表（签字）： ×××× 2015 年×月×日
质检员（签字）	×××	
技术员（签字）	×××	

4.4　电缆敷设

4.4.1　电缆敷设资料列表

(1)施工技术资料

1)电缆敷设技术交底记录

2)设计变更、工程洽商记录

(2)施工物资资料

1)电缆出厂合格证、生产许可证、“CCC”认证标志及认证证书复印件。

2)材料、构配件进场检验记录

3)工程物资进场报验表

(3)施工记录

1) 隐蔽工程验收记录

2)电缆相位检查记录

3)电缆敷设记录

4)自、专检记录

5)工序交接检查记录

(4)施工试验记录及检测报告

1)电缆绝缘电阻测试记录或耐压试验记录

2)试验报告(直流电阻、绝缘、耐压等)

(5)施工质量验收记录

1)电缆敷设检验批质量验收记录

2)电缆敷设分项工程质量验收记录

3)分项/分部工程施工报验表

4.4.2　电缆敷设资料填写范例及说明

<table>
<tr><td colspan="6">材料、构配件进场检验记录</td><td>编　　号</td><td colspan="2">×××</td></tr>
<tr><td>工程名称</td><td colspan="4">××工程</td><td>检验日期</td><td colspan="3">2015 年×月×日</td></tr>
<tr><td rowspan="2">序号</td><td rowspan="2">名　　称</td><td rowspan="2">规格型号</td><td rowspan="2">进场数量</td><td>生产厂家</td><td rowspan="2">检验项目</td><td rowspan="2">检验结果</td><td rowspan="2" colspan="2">备注</td></tr>
<tr><td>合格证号</td></tr>
<tr><td>1</td><td>塑料铜芯线</td><td>BV 2.5mm²</td><td>1000m</td><td>×××</td><td>查验合格证，生产许可证及“CCC”认证标志；外观检查；抽检线芯直径及绝缘层厚度</td><td>合格</td><td colspan="2"></td></tr>
<tr><td>2</td><td>塑料铜芯线</td><td>BV 4mm²</td><td>800m</td><td>×××</td><td>查验合格证，生产许可证及“CCC”认证标志；外观检查；抽检线芯直径及绝缘层厚度</td><td>合格</td><td colspan="2"></td></tr>
<tr><td>3</td><td>塑料铜芯线</td><td>BV 10mm²</td><td>500m</td><td>×××</td><td>查验合格证，生产许可证及“CCC”认证标志；外观检查；抽检线芯直径及绝缘层厚度</td><td>合格</td><td colspan="2"></td></tr>
<tr><td></td><td></td><td></td><td></td><td></td><td></td><td></td><td colspan="2"></td></tr>
<tr><td></td><td></td><td></td><td></td><td></td><td></td><td></td><td colspan="2"></td></tr>
<tr><td></td><td></td><td></td><td></td><td></td><td></td><td></td><td colspan="2"></td></tr>
<tr><td></td><td></td><td></td><td></td><td></td><td></td><td></td><td colspan="2"></td></tr>
<tr><td></td><td></td><td></td><td></td><td></td><td></td><td></td><td colspan="2"></td></tr>
<tr><td></td><td></td><td></td><td></td><td></td><td></td><td></td><td colspan="2"></td></tr>
<tr><td colspan="9">检验结论
以上材料、构配件经外观检查合格。材质、规格型号及数量经复检符合设计、规范要求，产品质量证明文件齐全。</td></tr>
<tr><td rowspan="3">签字栏</td><td colspan="2" rowspan="2">建设(监理)单位</td><td colspan="2">施工单位</td><td colspan="4">××机电工程有限公司</td></tr>
<tr><td colspan="2">专业质检员</td><td colspan="2">专业工长</td><td colspan="2">检验员</td></tr>
<tr><td colspan="2">×××</td><td colspan="2">×××</td><td colspan="2">×××</td><td colspan="2">×××</td></tr>
</table>

本表由施工单位填写并保存。

工程物资进场报验表

工程物资进场报验表		编　号	×××
工程名称	××工程	日　期	2015年×月×日

现报上关于　供电干线　工程的物资进场检验记录，该批物资经我方检验符合设计、规范及合约要求，请予以批准使用。

物资名称	主要规格	单　位	数　量	选样报审表编号	使用部位
塑料铜芯线	BV 10mm²	m	500	×××	一层墙体、顶板①～⑨/©～①轴

附件：

	名　称	页　数	编　号
1. ☑	出厂合格证	× 页	×××
2. ☐	厂家质量检验报告	页	
3. ☐	厂家质量保证书	页	
4. ☐	商检证	页	
5. ☑	进场检验记录	× 页	×××
6. ☑	进场复试报告	× 页	×××
7. ☐	备案情况	页	
8. ☑	生产许可证	× 页	×××
9. ☑	CCC认证及证书复印件	× 页	×××

申报单位名称：××建设集团有限公司　　申报人(签字)：×××

施工单位检验意见：

报验的工程材料的质量证明文件齐全，同意报项目监理部审批。

☑有 / ☐无 附页

施工单位名称：××建设集团有限公司　技术负责人(签字)：×××　审核日期：2015年×月×日

验收意见：

1. 物资质量控制资料齐全、有效。
2. 材料检验合格。

审定结论：　☑同意　☐补报资料　☐重新检验　☐退场

监理单位名称：××建设监理有限公司　监理工程师(签字)：×××　验收日期：2015年×月×日

本表由施工单位填报，建设单位、监理单位、施工单位各存一份。

4.5　管内穿线和槽盒内敷线

管内穿线和槽盒内敷线资料列表

(1)施工管理资料

低压配电系统电线、电缆见证记录

(2)施工技术资料

1)管内穿线和槽盒内敷线技术交底记录

2)设计变更、工程洽商记录

(3)施工物资资料

1)各种绝缘导线、电缆产品出厂合格证、生产许可证、“CCC”认证标志及认证证书复印件。

2)电线、电缆进场检验报告

3)材料、构配件进场检验记录

4)工程物资进场报验表

(4)施工记录

1)隐蔽工程验收记录

2)管内穿线质量检查记录

3)工序交接检查记录

(5)施工试验记录及检测报告

1)电气接地电阻测试记录

2)电气绝缘电阻测试记录

(6)施工质量验收记录

1)管内穿线和槽盒内敷线检验批质量验收记录

2)管内穿线和槽盒内敷线分项工程质量验收记录

3)分项/分部工程施工报验表

(7)住宅工程质量分户验收记录表

管内穿线和槽盒内敷线质量分户验收记录表

4.6　电缆头制作、导线连接和线路绝缘测试

电缆头制作、导线连接和线路绝缘测试资料列表

(1)施工技术资料

1)电缆头制作、导线连接和线路绝缘测试技术交底记录

2)设计变更、工程洽商记录

(2)施工物资资料

1)电缆出厂合格证、检测报告、生产许可证、"CCC"认证标志及认证证书复印件。

2)各种金属型钢合格证和材质证明书、辅助材料产品合格证

3)材料、构配件进场检验记录

4)工程物资进场报验表

(3)施工记录

1)隐蔽工程验收记录

2)电缆中间、终端头制作安装记录

3)自、专检记录

4)工序交接检查记录

(4)施工试验记录及检测报告

1)电缆敷设绝缘测试记录

2)电缆测试记录或直流耐压试验记录

3)电缆在火焰条件下燃烧的试验报告

(5)施工质量验收记录

1)电缆头制作、导线连接和线路绝缘测试检验批质量验收记录

2)电缆头制作、导线连接和线路绝缘测试分项工程质量验收记录

3)分项/分部工程施工报验表

(6)住宅工程质量分户验收记录表

电缆头制作、导线连接和线路绝缘测试质量分户验收记录表

(7)直埋电缆中间接头的敷设位置图

4.7 接地干线敷设

接地干线敷设资料列表

(1)施工技术资料

1)接地干线敷设技术交底记录

2)设计变更、工程洽商记录

(2)施工物资资料

1)镀锌钢材、铜材材质证明及产品出厂合格证

2)材料、构配件进场检验记录

3)工程物资进场报验表

(3)施工记录

1)隐蔽工程验收记录

2)工序交接检查记录

(4)施工试验记录及检测报告

电气接地电阻测试记录

(5)施工质量验收记录

1)接地干线敷设检验批质量验收记录

2)接地干线敷设分项工程质量验收记录

3)分项/分部工程施工报验表

第5章　电气动力

5.1　成套配电柜、控制柜(屏、台)和动力配电箱(盘)安装

5.1.1　成套配电柜、控制柜(屏、台)和动力配电箱(盘)安装资料列表

(1)施工技术资料

1)工程技术文件报审表

2)成套配电柜、控制柜(屏、台)和动力、照明配电箱(盘)安装施工方案

3)技术交底记录

①成套配电柜、控制柜(屏、台)和动力、照明配电箱(盘)安装施工方案技术交底记录

②成套配电柜、控制柜(屏、台)和动力、照明配电箱(盘)安装技术交底记录

4)图纸会审记录、设计变更、工程洽商记录

(2)施工物资资料

1)高压成套配电柜、控制柜(屏、台)出厂合格证、随带技术文件、生产许可证及许可证编号和试验记录。高压成套配电柜应按照《电气装置安装工程电气设备交接试验标准》(GB 50150－2006)的规定进行交接试验,并提供出厂试验报告。

2)低压成套配电柜、动力、照明配电箱(盘)出厂合格证、生产许可证及许可证编号、试验记录、"CCC"认证标志及认证证书复印件。

3)型钢合格证、材质证明书。

4)镀锌制品合格证或镀锌质量证明书。

5)导线、电缆出厂合格证、生产许可证、"CCC"认证标志及认证证书复印件。

6)材料、构配件进场检验记录

7)设备开箱检验记录

8)工程物资进场报验表

(3)施工记录

1)电气设备安装检查记录

2)工序交接检查记录

(4)施工试验记录及检测报告

1)电气接地电阻测试记录

2)电气绝缘电阻测试记录

3)高压开关柜试验记录

4)低压开关柜试验记录

5)低压开关柜交接试验记录(低压)

6)电气设备空载试运行记录

7)电气设备送电验收记录

(5)施工质量验收记录

1)成套配电柜、控制柜(屏、台)和动力、照明配电箱(盘)安装检验批质量验收记录

2)成套配电柜、控制柜(屏、台)和动力、照明配电箱(盘)安装分项工程质量验收记录

3)分项/分部工程施工报验表

(6)住宅工程质量分户验收记录表

成套配电柜、控制柜(屏、台)和动力、照明配电箱(盘)安装质量分户验收记录表

5.1.2　成套配电柜、控制柜(屏、台)和动力配电箱(盘)安装资料填写范例及说明

<table>
<tr><td colspan="2">工序交接检查记录</td><td>编　　号</td><td>×××</td></tr>
<tr><td>工程名称</td><td colspan="3">××工程</td></tr>
<tr><td>上道工序名称</td><td>动力系统　线管暗配</td><td>下道工序名称</td><td>动力配电箱安装</td></tr>
<tr><td>交接部位</td><td>首层</td><td>检查日期</td><td>2015年×月×日</td></tr>
<tr><td colspan="4">交接内容:
1. 暗装动力配电箱墙体预留孔洞的尺寸、位置、标高符合设计及施工质量验收规范要求。
2. 该部位动力配线的线盒及电线导管已施工完毕,经检查确认到位,符合设计及施工质量验收规范要求。</td></tr>
<tr><td colspan="4">检查结果:
经检查,与交接内容相符。</td></tr>
<tr><td colspan="4">复查意见:
复查人:　　　　复查日期:</td></tr>
<tr><td colspan="4">见证单位意见:
同意工序交接,可进行下道工序施工。</td></tr>
<tr><td rowspan="2">签字栏</td><td>移交人</td><td>接收人</td><td>见证人</td></tr>
<tr><td>×××</td><td>×××</td><td>×××</td></tr>
</table>

一册在手　表格全有　贴近现场　资料无忧

低压开关柜 交接试验记录(低压)

单位工程名称	××工程		分部工程名称	建筑电气
分项工程名称	低压电气动力设备试验		项目经理	×××
施工执行标准名称及编号	建筑电气工程施工质量验收规范(GB 50303—2002)		试验日期	2015年×月×日
设备或系统名称	开关柜		测试仪器及精度	万用表
施工图号	电施—13、19	型号及规格 ×××	生产厂家	××电气设备厂
设备或线路编号	试验要求	试验过程	试验结果	结论
04	每路配电开关及保护装置的规格、型号应符合设计要求	全数检查每路配电开关及保护装置的规格、型号	符合设计要求	合格
04	电气装置的交流工频耐压试验电压必须大于1kV,当绝缘电阻值大于10MΩ时,可采用2500V兆欧表摇测代替,试验持续时间1min,无击穿闪络现象	电气装置的交流工频耐压试验电压为1kV,试验持续时间1min	无击穿闪络现象	合格
04	绝缘电阻用500V兆欧表摇测,绝缘电阻值≥1MΩ;潮湿场所,绝缘电阻值≥0.5MΩ;	绝缘电阻用500V兆欧表摇测	绝缘电阻值≥1MΩ	合格
04	低压电器动作情况除产品另有规定外,电压、液压或气压在额定值的85%~110%范围内能可靠动作。	电压在额定值的85%~110%范围内,低压电器动作情况	可靠动作	合格
04	脱扣器的整定值的误差不得超过产品技术条件的规定	测量脱扣器的整定值的误差	不超过产品技术条件的规定	合格
04	电阻器和变阻器的直流电阻差值符合产品技术条件规定			
验收结论	经试验,低压开关柜交接试验项目符合设计及《建筑电气工程施工质量验收规范》(GB 50303—2002)的要求。 施工单位 项目专业质量检查员(签名):××× 项目专业技术负责人(签名):××× 2015年×月×日		合格。 专业监理工程师(签名):××× (建设单位项目专业技术负责人) 2015年×月×日	

5.2　电动机、电加热器及电动执行机构检查接线

5.2.1　电动机、电加热器及电动执行机构检查接线资料列表

(1)施工技术资料

1)工程技术文件报审表

2)电动机、电加热器及电动执行机构检查接线施工方案

3)技术交底记录

①电动机、电加热器及电动执行机构检查接线施工方案技术交底记录

②电动机、电加热器及电动执行机构检查接线技术交底记录

4)图纸会审记录、设计变更、工程洽商记录

5) 变更设计部分的实际施工图

(2)施工物资资料

1)电动机、电加热器及电动执行机构的产品合格证、随带技术文件(包括产品出厂试验报告单、产品安装使用说明书)、生产许可证、"CCC"认证标志及认证证书复印件。

2)型钢合格证和材质证明书

3)材料、构配件进场检验记录

4)设备开箱检验记录

5)工程物资进场报验表

(3)施工记录

1)隐蔽工程验收记录

2)安装记录(包括电动机抽芯检查记录、电动机干燥检查记录等)

3)工序交接检查记录

(4)施工试验记录及检测报告

1)电动机干燥检查记录

2)电动机抽芯检查记录

3)电气接地电阻测试记录

4)电气绝缘电阻测试记录

5)电动机试验记录

6)直流电阻测试记录(100kW 以上的电动机)

7)电器设备通电试运行记录

(5) 施工质量验收记录

1)电动机、电加热器及电动执行机构检查接线检验批质量验收记录

2)电动机、电加热器及电动执行机构检查接线分项工程质量验收记录

3)分项/分部工程施工报验表

5.2.2　电动机、电加热器及电动执行机构检查接线资料填写范例及说明

设备开箱检验记录		编　　号	×××
设备名称	低压电动机	检查日期	2015年×月×日
规格型号	JSL	总 数 量	4台
装箱单号	×××	检验数量	4台

检验记录	项目	内容
检验记录	包装情况	包装完好、无损坏，标识明确
	随机文件	出厂合格证、安装使用说明书、装箱单、检验报告、保修卡
	备件与附件	设备安装用紧固件镀锌制品为标准件
	外观情况	低压电动机表面无损坏、无锈蚀、漆面完好
	测试情况	

检验结果：缺、损附备件明细表

序号	名称	规格	单位	数量	备注

结论：

经检查包装、随机文件齐全，外观良好，符合设计及规范要求，同意验收。

签字栏	建设(监理)单位	施工单位	供应单位
	×××	×××	×××

本表由施工单位填写并保存。

<table>
<tr><td colspan="4">工程物资进场报验表</td><td>编　号</td><td>×××</td></tr>
<tr><td>工 程 名 称</td><td colspan="3">××工程</td><td>日　期</td><td>2015 年×月×日</td></tr>
<tr><td colspan="6">现报上关于<u>　电气动力　</u>工程的物资进场检验记录，该批物资经我方检验符合设计、规范及合约要求，请予以批准使用。</td></tr>
<tr><td>物资名称</td><td>主要规格</td><td>单　位</td><td>数　量</td><td>选样报审表编号</td><td>使用部位</td></tr>
<tr><td>低压电动机</td><td>JSL</td><td>台</td><td>2</td><td>/</td><td>地下一层</td></tr>
<tr><td></td><td></td><td></td><td></td><td></td><td></td></tr>
<tr><td></td><td></td><td></td><td></td><td></td><td></td></tr>
<tr><td></td><td></td><td></td><td></td><td></td><td></td></tr>
<tr><td colspan="6">附件：　名　称　　　　页　数　　　　编　号
1. ☑ 出厂合格证　　×　页　　×××
2. ☑ 厂家质量检验报告　　×　页　　×××
3. □ 厂家质量保证书　　＿　页　　＿＿
4. □ 商检证　　＿　页　　＿＿
5. ☑ 进场检验记录　　×　页　　×××
6. □ 进场复试报告　　＿　页　　＿＿
7. □ 备案情况　　＿　页　　＿＿
8. ☑ 生产许可证　　×　页　　×××
9. ☑ CCC 认证及证书复印件　　×　页　　×××

申报单位名称：××机电工程有限公司　　　申报人(签字)：×××</td></tr>
<tr><td colspan="6">施工单位检验意见：
报验的工程设备的质量证明文件齐全，同意报项目监理部审批。

☑有 / □无 附页
施工单位名称：××建设集团有限公司　　技术负责人(签字)：×××　　审核日期：2015 年×月×日</td></tr>
<tr><td colspan="6">验收意见：
1. 物资质量控制资料齐全、有效。
2. 设备试验合格。

审定结论：　☑同意　　□补报资料　　□重新检验　　□退场
监理单位名称：××建设监理有限公司　　监理工程师(签字)：×××　　验收日期：2015 年×月×日</td></tr>
</table>

本表由施工单位填报，建设单位、监理单位、施工单位各存一份。

施工检查记录(通用)		资料编号	×××
工程名称	××办公楼工程	检查项目	电动机安装
检查部位	地下一层	检查日期	2015年8月15日

检查依据：

1. 施工图纸：电施－1、电施－4。
2. 《建筑电气工程施工质量验收规范》(GB 50303)。

检查内容：

1. 电动机产品合格证、生产许可证、随带技术文件、“CCC”认证标志及认证证书复印件齐全有效，合格。电动机型号、容量、频率、电压等符合设备技术文件及设计要求，附件、备件齐全。
2. 电动机安装前，核对机座、地脚螺栓的轴线、标高位置，检查机座的沟道、孔洞及电缆管的位置、尺寸，符合设计要求。
3. 就位时，以机座底盘中心线控制电动机的位置；就位后，及时准确地校正电动机和所驱动机器的传动装置，使其位于同一中心线。
4. 为防止振动，安装时在机座与基础之间加装防振装置。
5. 四个地脚螺栓上加弹簧垫圈，按对角交错次序拧紧螺母。
6. 电动机电源管管口离地不低于100mm，并尽量靠近电动机的接线盒。
7. 用水准仪进行电动机的水平校正。

检查结论：

经检查，符合设计要求和《建筑电气工程施工质量验收规范》(GB 50303)的规定。

复查意见：

复查人：　　　　复查日期：

施工单位	××建设集团有限公司	
专业技术负责人	专业质检员	专业工长
×××	×××	×××

本表由施工单位填写。

<table>
<tr><td colspan="4">电动机干燥检查记录</td><td>编　号</td><td>×××</td></tr>
<tr><td>单位工程名称</td><td colspan="5">××工程</td></tr>
<tr><td>分项工程名称</td><td colspan="2">低压电动机</td><td>检查日期</td><td colspan="2">2015年×月×日</td></tr>
<tr><td>施工图号</td><td>电施—13</td><td>电动机位号</td><td>1#</td><td>电动机类型</td><td>交流电动机</td></tr>
<tr><td>型　号</td><td>JSL</td><td>额定功率(kW)</td><td>550</td><td>绝缘等级</td><td></td></tr>
<tr><td>定子电压(V)</td><td>6000</td><td>定子电流(A)</td><td>92</td><td>转速(r/min)</td><td>1450</td></tr>
<tr><td>制造厂</td><td>××电机厂</td><td>出厂编号</td><td>××××</td><td>出厂日期</td><td>2015年×月×日</td></tr>
<tr><td colspan="6">干燥原因：
电机由于运输、保管或安装后受潮，绝缘电阻或吸收比达不到规范要求，进行干燥处理。</td></tr>
<tr><td colspan="6">干燥处理记录：
1. 电动机烘干方法：采用循环热风干燥室进行烘干。
2. 烘干温度缓慢上升，铁芯和线圈的最高温度控制在70℃～80℃。
3. 当电机绝缘电阻值达到规范要求时，在同一温度下，经5h稳定不变时，电机干燥完毕。</td></tr>
<tr><td colspan="6">检验结论
电动机干燥处理符合《建筑电气工程施工质量验收规范》(GB 50303—2002)的要求。</td></tr>
</table>

<table>
<tr><td rowspan="3">签字栏</td><td rowspan="2">建设(监理)单位</td><td>施工单位</td><td colspan="2">××公司</td></tr>
<tr><td>专业质检员</td><td>专业工长</td><td>检验员</td></tr>
<tr><td>×××</td><td>×××</td><td>×××</td><td>×××</td></tr>
</table>

<table>
<tr><td colspan="4">电动机抽芯检查记录</td><td>编　　号</td><td colspan="2">×××</td></tr>
<tr><td>单位工程名称</td><td colspan="6">××工程</td></tr>
<tr><td>分项工程名称</td><td colspan="3">低压电动机</td><td>检 查 日 期</td><td colspan="2">2015年×月×日</td></tr>
<tr><td>施工图号</td><td>电施－13</td><td>电动机位号</td><td colspan="2">1#</td><td>电动机类型</td><td>交流电动机</td></tr>
<tr><td>型　　号</td><td>JSL</td><td>额定功率(kW)</td><td colspan="2">550</td><td>绝缘等级</td><td></td></tr>
<tr><td>定子电压(V)</td><td>6000</td><td>定子电流(A)</td><td colspan="2">92</td><td>转速(r/min)</td><td>1450</td></tr>
<tr><td>制 造 厂</td><td>××电机厂</td><td>出厂编号</td><td colspan="2">××××</td><td>出厂日期</td><td>2015年×月×日</td></tr>
<tr><td colspan="7">抽芯原因：
1. 经外观检查和电气试验，质量可疑。
2. 试运转时有异常情况。</td></tr>
<tr><td colspan="7">抽芯检查及处理记录：
1. 线圈：线圈绝缘层完好、无伤痕，端部绑线不松动，槽楔固定、无断裂，引线焊接饱满，内部清洁，通风孔道无堵塞；
2. 轴承：无锈斑，注油(脂)的型号、规格和数量正确，转子平衡块紧固，平衡螺丝锁紧，风扇叶片无裂纹；
3. 连接用紧固件的防松零件齐全完整。</td></tr>
<tr><td colspan="7">检验结论
低压电动机抽芯检查符合《建筑电气工程施工质量验收规范》(GB 50303－2002)的要求。</td></tr>
<tr><td rowspan="3">签字栏</td><td rowspan="2">建设(监理)单位</td><td>施工单位</td><td colspan="4">××公司</td></tr>
<tr><td>专业质检员</td><td colspan="2">专业工长</td><td colspan="2">检验员</td></tr>
<tr><td>×××</td><td>×××</td><td colspan="2">×××</td><td colspan="2">×××</td></tr>
</table>

电动机试验记录

<table>
<tr><td colspan="2">工程名称</td><td colspan="2">××工程</td><td>设备名称</td><td colspan="2">交流电动机</td></tr>
<tr><td colspan="2">安装号位</td><td colspan="2">地下室 2#</td><td>试验日期</td><td colspan="2">2015 年×月×日</td></tr>
<tr><td rowspan="3">名牌</td><td>型号</td><td>Y 200L－4</td><td>容量</td><td>30 kW</td><td>频率</td><td>50Hz</td></tr>
<tr><td>定子电压</td><td>380V</td><td>定子电流</td><td>56.8A</td><td>转数</td><td>1450r/min</td></tr>
<tr><td>制造厂</td><td>××电机厂</td><td>出厂号</td><td>×××</td><td>出厂日期</td><td>2015 年×月×日</td></tr>
<tr><td colspan="2" rowspan="2">直流电阻</td><td>相别</td><td>L_1－X</td><td>L_2－Y</td><td>L_3－Z</td><td></td></tr>
<tr><td>电阻(Ω)</td><td></td><td></td><td></td><td></td></tr>
<tr><td colspan="2" rowspan="2">绝缘电阻</td><td>相别</td><td>L_1－L_2</td><td>L_2－L_3</td><td>N－L_1</td><td>L_1、L_2、L_3、N</td></tr>
<tr><td>电阻(Ω)</td><td>1.0</td><td>1.5</td><td></td><td></td></tr>
<tr><td colspan="2" rowspan="2">空载电流</td><td>相别</td><td>L_1</td><td>L_2</td><td>L_3</td><td></td></tr>
<tr><td>电流(A)</td><td></td><td></td><td></td><td></td></tr>
<tr><td colspan="2">结论</td><td colspan="5">试验结果符合设备技术文件及《建筑电气工程施工质量验收规范》(GB 50303－2002)规定。</td></tr>
<tr><td rowspan="3">签字栏</td><td colspan="2" rowspan="2">建设(监理)单位</td><td>施工单位</td><td colspan="3">××机电工程有限公司</td></tr>
<tr><td>专业质检员</td><td>专业工长</td><td colspan="2">检验员</td></tr>
<tr><td colspan="2">×××</td><td>×××</td><td>×××</td><td colspan="2">×××</td></tr>
</table>

电动机、电加热器及电动执行机构检查接线检验批质量验收记录

07040201001

单位（子单位）工程名称	××大厦	分部（子分部）工程名称	建筑电气/电气动力	分项工程名称	电动机、电加热器及电动执行机构检查接线
施工单位	××建筑有限公司	项目负责人	赵斌	检验批容量	5台
分包单位	/	分包单位项目负责人	/	检验批部位	水泵房
施工依据	××大厦电气施工组织计划		验收依据	《建筑电气工程施工质量验收规范》GB50303-2002	

		验收项目	设计要求及规范规定	最小/实际抽样数量	检查记录	检查结果
主控项目	1	可接近的裸露导体接地或接零	第7.1.1条	全/5	共5处，全部检查，合格5处	√
	2	绝缘电阻值测试	第7.1.2条	/	绝缘电阻测试合格，记录编号××××	√
	3	100KW以上的电动机直流电阻测试	第7.1.3条	/	/	
一般项目	1	设备安装和防水防潮处理检查情况	第7.2.1条	全/5	共5处，全部检查，合格5处	100%
	2	电动机抽芯检查前的条件确认	第7.2.2条	/	/	
	3	电动机的抽芯检查	第7.2.3条	/	/	
	4	接线盒内裸露导线的距离，防护措施	第7.2.4条	全/3	共3处，全部检查，合格3处	100%

施工单位检查结果	符合要求 专业工长：王家民 项目专业质量检查员：王哲 2015年××月××日
监理单位验收结论	合格 专业监理工程师：王江川 2015年××月××日

电动机、电加热器及电动执行机构检查接线检验批质量验收记录填写说明

1. 填写依据

(1)《建筑电气工程质量验收规范》GB 50303－2002。

(2)《建筑工程施工质量验收统一标准》GB 50300－2013。

2. 规范摘要

以下内容摘自《建筑电气工程质量验收规范》GB 50303－2002。

主控项目

(1)电动机、电加热器及电动执行机构的可接近裸露导体必须接地(PE)或接零(PEN)。

(2)电动机、电加热器及电动执行机构绝缘电阻值应大于0.5MΩ。

(3)100kW以上的电动机,应测量各相直流电阻值,相互差不应大于最小值的2%;无中性点引出的电动机,测量线间直流电阻值,相互差不应大于最小值的1%。

一般项目

(1)电气设备安装应牢固,螺栓及防松零件齐全,不松动。防水防潮电气设备的接线入口及接线盒盖等应做密封处理。

(2)除电动机随带技术文件说明不允许在施工现场抽芯检查外,有下列情况之一的电动机,应抽芯检查:

1)出厂时间已超过制造厂保证期限,无保证期限的已超过出厂时间一年以上;

2)外观检查、电气试验、手动盘转和试运转,有异常情况。

(3)电动机抽芯检查应符合下列规定:

1)线圈绝缘层完好、无伤痕,端部绑线不松动,槽楔固定、无断裂,引线焊接饱满,内部清洁,通风孔道无堵塞;

2)轴承无锈斑,注油(脂)的型号、规格和数量正确,转子平衡块紧固,平衡螺丝锁紧,风扇叶片无裂纹;

3)连接用紧固件的防松零件齐全完整;

4)其他指标符合产品技术文件的特有要求。

(4)在设备接线盒内裸露的不同相导线间和导线对地间最小距离应大于8mm,否则应采取绝缘防护措施。

5.3 电气设备试验和试运行

5.3.1 电气设备试验和试运行资料列表

(1)施工技术资料

1)工程技术文件报审表

2)电气设备试验和试运行方案

3)技术交底记录

①电气设备试验和试运行方案技术交底记录

②电气设备试验和试运行技术交底记录

4)图纸会审记录、工程洽商记录

(2)施工物资资料

1)电气设备、仪器仪表、材料的质量合格证明文件,安装、使用、维修和试验要求等技术文件

2)材料、构配件进场检验记录

3)设备开箱检验记录

4)工程物资进场报验表

(3)施工记录

工序交接等施工检查记录

(4)施工试验记录及检测报告

1)电气接地电阻测试记录

2)电气绝缘电阻测试记录

3)电气设备交接试验记录

4)电气动力设备试验和试运行施工检查记录

5)电气动力设备试运行记录

6)各组继电保护装置系统调整试验记录

7)漏电保护装置模拟动作试验记录(动作电流和时间数据值)

8)电气设备空载试运行记录

9)电气设备负荷试运行记录

10)大容量电气线路结点测温记录

11)电气仪表指示记录

(5) 施工质量验收记录

1)电气设备试验和试运行检验批质量验收记录

2)电气设备试验和试运行分项工程质量验收记录

3)分项/分部工程施工报验表

5.3.2　电气设备试验和试运行资料填写范例及说明

<table>
<tr><td colspan="4">低压电气动力设备试验和
试运行施工检查记录</td><td colspan="2">编　号</td><td colspan="3">×××</td></tr>
<tr><td colspan="3">工程名称</td><td colspan="2">××工程</td><td colspan="2">试验日期</td><td colspan="2">2015 年×月×日</td></tr>
<tr><td colspan="3">施工图号</td><td colspan="2">电施 4、电施 5</td><td colspan="2">安装部位</td><td colspan="2">地下室配电室</td></tr>
<tr><td>序号</td><td colspan="8">检查项目及检查情况记录</td></tr>
<tr><td rowspan="5">1</td><td rowspan="5">试运行前检查</td><td colspan="7">(1)相关电气设备和线路按规定试验合格(√)</td></tr>
<tr><td colspan="7">(2)现场单独安装的低压电器最小绝缘电阻值为　45　MΩ(是否)潮湿环境</td></tr>
<tr><td colspan="7">(3)低压电器电压、液压或气压在额定值的 85%～110%范围内能可靠运行(√)</td></tr>
<tr><td colspan="7">(4)脱扣器的整定值误差符合产品技术条件规定(√)</td></tr>
<tr><td colspan="7">(5)电阻器和变阻器的直流电阻差值符合产品技术规定(√)</td></tr>
<tr><td rowspan="11">2</td><td rowspan="11">试运行检查</td><td rowspan="7">电动机试运行</td><td>机械名称(编号)</td><td>1 号送风机</td><td>3 号排风机</td><td>2 号送风机</td><td>2 号排风机</td><td>1 号空调箱</td></tr>
<tr><td>额定电流(A)</td><td>0.98</td><td>0.98</td><td>5.8</td><td>5.8</td><td>29.7</td></tr>
<tr><td>旋转方向</td><td>正确</td><td>正确</td><td>正确</td><td>正确</td><td>正确</td></tr>
<tr><td>无杂声</td><td>无杂声</td><td>无杂声</td><td>无杂声</td><td>无杂声</td><td>无杂声</td></tr>
<tr><td>空载电流(A)</td><td>—</td><td>—</td><td>—</td><td>—</td><td>—</td></tr>
<tr><td>机身/轴承温升(K)</td><td>18/20</td><td>19/20</td><td>20/22</td><td>21/23</td><td>22/24</td></tr>
<tr><td>运行时间(h)</td><td>2</td><td>2</td><td>2</td><td>2</td><td>2</td></tr>
<tr><td colspan="7">(1)成套配电(控制)柜、台、箱、盘的运行电压、电流正常(√),各种仪表指示正常(√)</td></tr>
<tr><td colspan="7">(2)大容量(630A 及以上)的导线或母线连接处,在设计计算负荷运行时的最高温度为 70℃,温升值稳定且不大于设计值(√)</td></tr>
<tr><td colspan="7">(3)电动执行机构的动作方向及指示与工艺装置的设计要求保持一致(√)</td></tr>
<tr><td colspan="7">(4)交流电动机在空载状态下,启动次数及间隔时间符合产品技术条件要求,无要求时,符合 GB 50303－2002 第 10.2.3 条规定(√)</td></tr>
<tr><td rowspan="3">3</td><td rowspan="3">工序交接</td><td colspan="7">(1)试验前,设备的可接近裸露导体接地(PE)或接零(PEN)已连接完成,并检查合格(√)</td></tr>
<tr><td colspan="7">(2)通电前动力成套配电(控制)柜(屏、台、箱、盘)的交流工频耐压试验,保护装置的动作试验合格(√)</td></tr>
<tr><td colspan="7">(3)低压电气动力设备空载试运行前,控制回路模拟动作试验合格,盘车或手动操作,电气部分与机械部分的转动或动作协调一致,并检查确认(√)</td></tr>
<tr><td>备注</td><td colspan="8"></td></tr>
<tr><td colspan="5">建设单位或监理单位(章)　××建设监理公司

现场代表:
×××

2015 年×月×日</td><td colspan="4">施工单位(章)　××机电工程有限公司

施工技术员:×××　2015 年×月×日

质量检查员:×××　2015 年×月×日

施工班(组)长:×××　2015 年×月×日</td></tr>
</table>

低压电气动力设备试运行记录		编　　号	×××
单位工程名称	××工程	试验日期	2015年×月×日
分项工程名称	低压电气动力设备空载试运行	设备型号及规格	万用表 MF7，钳形电流表 VTCLOR-3210

序号	程　序	试运行过程	试运行结论
1	运行电压、电流，各种仪表指示	检测有关仪表的指示，并做记录，对照电气设备的铭牌标示值无超标，试运行正常	合格
3	主回路导体连接质量的检验	在设计计算负荷运行情况下，温升值稳定且不大于设计值，符合要求	合格
4	电动执行机构的检查	在手动或点动时确认与工艺装置要求一致，符合要求	合格

试运行结论：

经检查，低压电气动力设备试运行符合设计及《建筑电气工程施工质量验收规范》(GB 50303－2002)的要求。

签字栏	施工单位	××机电工程有限公司	
	专业技术负责人	专业质检员	专业工长
	×××	×××	×××

电气设备空载试运行记录		编　号	×××
工程名称	××工程		
试运行项目	电气动力2# 电动机	填写日期	2015年×月×日
试运行时间	由 3 日 14 时 0 分 开始，至 3 日 16 时 0 分结束		

运行负荷记录	运行时间	运行电压(V)			运行电流(A)			温度(℃)
		L_1-N (L_1-L_2)	L_2-N (L_2-L_3)	L_3-N (L_3-L_1)	L_1 相	L_2 相	L_3 相	
	14:00	380	382	384	45	45	45	36
	15:00	380	381	381	45	45	45	36
	16:00	380	385	383	47	45	45	37

试运行情况记录：

经2h通电试运行，电动机转向和机械转动无异常情况，检查机身和轴承的温升符合技术条件要求；配电线路、开关、仪表等运行正常，符合设计和《建筑电气工程施工质量验收规范》(GB 50303—2002)规定。

签字栏	建设(监理)单位	施工单位	××机电工程有限公司	
		专业技术负责人	专业质检员	专业工长
	×××	××	×××	×××

本表由施工单位填写，建设单位、施工单位各保存一份。

大容量电气线路结点测温记录			编　号	×××
工程名称	××工程			
测试地点	地下室配电室		测试品种	导线□/母线☑/开关□
测试工具	远红外摇表测量仪		测试日期	2015年×月×日
测试回路(部位)	测试时间	电流(A)	设计温度(℃)	测试温度(℃)
地下室配电室1# 柜A相母线	10:00	640	60	55
地下室配电室1# 柜B相母线	10:00	645	60	55
地下室配电室1# 柜C相母线	10:00	645	60	55

测试结论：

设备在设计计算负荷运行情况下，对母线与电缆的连接结点进行抽测，温升值稳定且不大于设计值，符合设计及施工规范规定。

签字栏	建设(监理)单位	施工单位	××机电工程有限公司	
		专业技术负责人	专业质检员	专业工长
	×××	×××	×××	×××

本表由施工单位填写，建设单位、施工单位各保存一份。

大容量电气线路结点测温记录填写说明

【相关规定及要求】

1. 大容量电气线路结点测温要求

依据《建筑电气工程施工质量验收规范》(GB 50303－2002)中规定,大容量(630A 及以上)导线、母线连接处,在设计计算负荷运行情况下应做温度抽测记录,温升值稳定且不大于设计值。

2. 大容量电气线路结点测温方法

(1) 大容量电气线路结点测温应使用远红外摇表测量仪,并在检定有效期内。

(2) 应对导线或母线连接处温度进行测量,且温升值稳定不大于设计值。

(3) 设计温度应根据所测材料的种类而定。导线应符合《额定电压450/750V 及以下聚氯乙烯绝缘电缆》(GB 5023.1～5023.7)生产标准的设计温度;电缆应符合《电力工程电缆设计规范》(GB 50217－2007)中附录 A 的设计温度等。

3. 大容量电气线路结点测温应由建设(监理)单位及施工单位共同进行检查。

【填写要点】

测试结论应明确齐全,是否符合设计及施工规范规定。

低压电气动力设备试验和试运行分项工程质量验收记录

单位(子单位)工程名称	××综合楼	结构类型	框架剪力墙
分部(子分部)工程名称	电气动力	检验批数	1
施工单位	××建设集团有限公司	项目经理	×××
分包单位	××机电工程有限公司	分包项目经理	×××

序号	检验批名称及部位、区段	施工单位检查评定结果	监理(建设)单位验收结论
1	地下室	√	
			验收合格

说明：

检查结论	地下室低压电气动力设备试验和试运行符合《建筑电气工程施工质量验收规范》(GB 50303－2002)的要求，低压电气动力设备试验和试运行分项工程合格。 项目专业技术负责人：××× 2015年×月×日	验收结论	同意施工单位检查结论，验收合格。 监理工程师：××× (建设单位项目专业技术负责人) 2015年×月×日

注：地基基础、主体结构工程的分项工程质量验收不填写“分包单位”、“分包项目经理”。

<table>
<tr><td colspan="2">分项/分部工程施工报验表</td><td>编　号</td><td>×××</td></tr>
<tr><td>工程名称</td><td>××工程</td><td>日　期</td><td>2015年×月×日</td></tr>
<tr><td colspan="4">
现我方已完成___/___(层)___/___轴(轴线或房间)___/___(高程)___/___(部位)的　低压电气动力设备试验和试运行　工程，经我方检验符合设计、规范要求，请予以验收。
附件：　名　称　　　页　数　　　编　号
1.☐质量控制资料汇总表　____页　____
2.☐隐蔽工程验收记录　____页　____
3.☐预检记录　____页　____
4.☐施工记录　____页　____
5.☐施工试验记录　____页　____
6.☐分部(子分部)工程质量验收记录　____页　____
7.☑分项工程质量验收记录　1页　×××
8.☐________　____页　____
9.☐________　____页　____
10.☐________　____页　____
质量检查员(签字)：×××
施工单位名称：××机电工程有限公司　　技术负责人(签字)：×××
</td></tr>
<tr><td colspan="4">
审查意见：
1.所报附件材料真实、齐全、有效。
2.所报分项工程实体工程质量符合规范和设计要求。
审查结论：　☑合格　　☐不合格
监理单位名称：××建设监理有限公司　(总)监理工程师(签字)：×××　审查日期：2015年×月×日
</td></tr>
</table>

本表由施工单位填报，监理单位、施工单位各存一份。分项、分部工程不合格，应填写《不合格项处置记录》，分部工程应由总监理工程师签字。

5.4　导管敷设

导管敷设资料列表

(1)施工技术资料

1)技术交底记录

①硬质阻燃型绝缘导管明敷设工程技术交底记录

②硬质和半硬质阻燃型绝缘导管暗敷设工程技术交底记录

③钢管敷设工程技术交底记录

④套接扣压式薄壁钢导管敷设技术交底记录

⑤套接紧定式钢导管敷设技术交底记录

2)设计变更、工程洽商记录

(2)施工物资资料

1)阻燃型(PVC)塑料管及其附件检验测试报告和产品出厂合格证;钢导管的管材及附件产品合格证和材质证明书

2)材料、构配件进场检验记录

3)工程物资进场报验表

(3)施工记录

1)隐蔽工程验收记录

2)电气线路接地检查记录

3)工序交接检查记录

(4)施工试验记录及检测报告

1)线路接地电阻测试记录

2)电气绝缘电阻测试记录

(5)施工质量验收记录

1)导管敷设检验批质量验收记录

2)导管敷设分项工程质量验收记录

3)分项/分部工程施工报验表

(6)住宅工程质量分户验收记录表

导管敷设质量分户验收记录表

5.5 电缆敷设

电缆敷设资料列表

(1)施工技术资料

1)电缆敷设技术交底记录

2)设计变更、工程洽商记录

(2)施工物资资料

1)电缆出厂合格证、生产许可证、"CCC"认证标志及认证证书复印件。

2)材料、构配件进场检验记录

3)工程物资进场报验表

(3)施工记录

1)隐蔽工程验收记录

2)电缆相位检查记录

3)电缆敷设记录

4)自、专检记录

5)工序交接检查记录

(4)施工试验记录及检测报告

1)电缆绝缘电阻测试记录或耐压试验记录

2)试验报告(直流电阻、绝缘、耐压等)

(5)施工质量验收记录

1)电缆敷设检验批质量验收记录

2)电缆敷设分项工程质量验收记录

3)分项/分部工程施工报验表

5.6 管内穿线和槽盒内敷线

管内穿线和槽盒内敷线资料列表

(1)施工管理资料

低压配电系统电线、电缆见证记录

(2)施工技术资料

1)管内穿线和槽盒内敷线技术交底记录

2)设计变更、工程洽商记录

(3)施工物资资料

1)各种绝缘导线、电缆产品出厂合格证、生产许可证、"CCC"认证标志及认证证书复印件。

2)电线、电缆进场检验报告

3)材料、构配件进场检验记录

4)工程物资进场报验表

(4)施工记录

1)隐蔽工程验收记录

2)管内穿线质量检查记录

3)工序交接检查记录

(5)施工试验记录及检测报告

1)电气接地电阻测试记录

2)电气绝缘电阻测试记录

(6)施工质量验收记录

1)管内穿线和槽盒内敷线检验批质量验收记录

2)管内穿线和槽盒内敷线分项工程质量验收记录

3)分项/分部工程施工报验表

(7)住宅工程质量分户验收记录表

管内穿线和槽盒内敷线质量分户验收记录表

5.7　电缆头制作、导线连接和线路绝缘测试

电缆头制作、导线连接和线路绝缘测试资料列表

(1)施工技术资料

1)电缆头制作、导线连接和线路绝缘测试技术交底记录

2)设计变更、工程洽商记录

(2)施工物资资料

1)电缆出厂合格证、检测报告、生产许可证、“CCC”认证标志及认证证书复印件。

2)各种金属型钢合格证和材质证明书、辅助材料产品合格证

3)材料、构配件进场检验记录

4)工程物资进场报验表

(3)施工记录

1)隐蔽工程验收记录

2)电缆中间、终端头制作安装记录

3)自、专检记录

4)工序交接检查记录

(4)施工试验记录及检测报告

1)电缆敷设绝缘测试记录

2)电缆测试记录或直流耐压试验记录

3)电缆在火焰条件下燃烧的试验报告

(5)施工质量验收记录

1)电缆头制作、导线连接和线路绝缘测试检验批质量验收记录

2)电缆头制作、导线连接和线路绝缘测试分项工程质量验收记录

3)分项/分部工程施工报验表

(6)住宅工程质量分户验收记录表

电缆头制作、导线连接和线路绝缘测试质量分户验收记录表

(7)直埋电缆中间接头的敷设位置图

第6章　电气照明

6.1　成套配电柜、控制柜(屏、台)和照明配电箱(盘)安装

6.1.1　成套配电柜、控制柜(屏、台)和照明配电箱(盘)安装资料列表

(1)施工技术资料

1)工程技术文件报审表

2)成套配电柜、控制柜(屏、台)和动力、照明配电箱(盘)安装施工方案

3)技术交底记录

①成套配电柜、控制柜(屏、台)和动力、照明配电箱(盘)安装施工方案技术交底记录

②成套配电柜、控制柜(屏、台)和动力、照明配电箱(盘)安装技术交底记录

4)图纸会审记录、设计变更、工程洽商记录

(2)施工物资资料

1)高压成套配电柜、控制柜(屏、台)出厂合格证、随带技术文件、生产许可证及许可证编号和试验记录。高压成套配电柜应按照《电气装置安装工程电气设备交接试验标准》(GB 50150－2006)的规定进行交接试验,并提供出厂试验报告。

2)低压成套配电柜、动力、照明配电箱(盘)出厂合格证、生产许可证及许可证编号、试验记录、“CCC”认证标志及认证证书复印件。

3)型钢合格证、材质证明书。

4)镀锌制品合格证或镀锌质量证明书。

5)导线、电缆出厂合格证、生产许可证、“CCC”认证标志及认证证书复印件。

6)材料、构配件进场检验记录

7)设备开箱检验记录

8)工程物资进场报验表

(3)施工记录

1)电气设备安装检查记录

2)工序交接检查记录

(4)施工试验记录及检测报告

1)电气接地电阻测试记录

2)电气绝缘电阻测试记录

3)高压开关柜试验记录

4)低压开关柜试验记录

5)低压开关柜交接试验记录(低压)

6)电气设备空载试运行记录

7)电气设备送电验收记录

(5)施工质量验收记录

1)成套配电柜、控制柜(屏、台)和动力、照明配电箱(盘)安装检验批质量验收记录

2)成套配电柜、控制柜(屏、台)和动力、照明配电箱(盘)安装分项工程质量验收记录

3)分项/分部工程施工报验表

(6)住宅工程质量分户验收记录表

成套配电柜、控制柜(屏、台)和动力、照明配电箱(盘)安装质量分户验收记录表

6.1.2　成套配电柜、控制柜(屏、台)和照明配电箱(盘)安装资料填写范例及说明

电气设备安装检查记录

<table>
<tr><td colspan="2">工程名称</td><td colspan="2">××大厦</td><td>施工单位</td><td colspan="3">××机电工程有限公司</td></tr>
<tr><td colspan="2">柜(盘)名称</td><td colspan="2">低压开关柜</td><td>制造厂</td><td colspan="3">××公司</td></tr>
<tr><td>序号</td><td>型号</td><td>编号</td><td>数量</td><td>序号</td><td>型号</td><td>编号</td><td>数量</td></tr>
<tr><td>1</td><td>XL－20</td><td>××</td><td>××</td><td></td><td></td><td></td><td></td></tr>
<tr><td></td><td></td><td></td><td></td><td></td><td></td><td></td><td></td></tr>
<tr><td></td><td></td><td></td><td></td><td></td><td></td><td></td><td></td></tr>
<tr><td></td><td></td><td></td><td></td><td></td><td></td><td></td><td></td></tr>
<tr><td colspan="2">外观检查</td><td colspan="6">有铭牌,外观无损伤及变形,油漆完整,色泽一致</td></tr>
<tr><td colspan="2">基础型钢安装</td><td colspan="6">型钢尺寸按设计要求,预先调直、除锈、刷防锈底漆。按施工图纸所标位置将型钢焊牢在基础预埋铁上。用水准仪及水平尺找平、校正。基础型钢与接地母线连接</td></tr>
<tr><td colspan="2" rowspan="2">成列柜(盘)顶部水平度</td><td>允许偏差(mm)</td><td>实测偏差(mm)</td><td rowspan="2">成列盘面不平度</td><td>允许偏差(mm)</td><td colspan="2">实测偏差(mm)</td></tr>
<tr><td>5</td><td>共测×点,最小值 2,最大值 3</td><td></td><td colspan="2"></td></tr>
<tr><td colspan="2" rowspan="2">垂直度</td><td>允许偏差(mm)</td><td>实测偏差(mm)</td><td rowspan="2">盘间接缝</td><td>允许偏差(mm)</td><td colspan="2">实测偏差(mm)</td></tr>
<tr><td>1.5(每 m)</td><td>共测×点,均为 1</td><td></td><td colspan="2"></td></tr>
<tr><td colspan="2">手车情况</td><td>灵活</td><td>符合要求</td><td>闭合</td><td>动作准确可靠</td><td>照明</td><td>符合要求</td></tr>
<tr><td colspan="2">柜座接地</td><td colspan="6">每台柜单独与接地母线连接。柜本体有可靠、明显的接地装置,装有电器的可开启柜门用裸铜软导线与接地金属构件做可靠连接</td></tr>
<tr><td colspan="2">排列简图</td><td colspan="6">(略)</td></tr>
<tr><td colspan="2">检查结论</td><td colspan="6">符合设计要求和《建筑电气工程施工质量验收规范》(GB 50303－2002)的规定。</td></tr>
<tr><td rowspan="3">签字栏</td><td colspan="3">施工单位</td><td colspan="4">××机电工程有限公司</td></tr>
<tr><td colspan="3">专业技术负责人</td><td colspan="2">专业质检员</td><td colspan="2">专业工长</td></tr>
<tr><td colspan="3">×××</td><td colspan="2">×××</td><td colspan="2">×××</td></tr>
</table>

6.2 导管敷设

6.2.1 导管敷设资料列表

(1)施工技术资料

1)技术交底记录

①硬质阻燃型绝缘导管明敷设工程技术交底记录

②硬质和半硬质阻燃型绝缘导管暗敷设工程技术交底记录

③钢管敷设工程技术交底记录

④套接扣压式薄壁钢导管敷设技术交底记录

⑤套接紧定式钢导管敷设技术交底记录

2)设计变更、工程洽商记录

(2)施工物资资料

1)阻燃型(PVC)塑料管及其附件检验测试报告和产品出厂合格证;钢导管的管材及附件产品合格证和材质证明书

2)材料、构配件进场检验记录

3)工程物资进场报验表

(3)施工记录

1)隐蔽工程验收记录

2)电气线路接地检查记录

3)工序交接检查记录

(4)施工试验记录及检测报告

1)线路接地电阻测试记录

2)电气绝缘电阻测试记录

(5)施工质量验收记录

1)导管敷设检验批质量验收记录

2)导管敷设分项工程质量验收记录

3)分项/分部工程施工报验表

(6)住宅工程质量分户验收记录表

导管敷设质量分户验收记录表

6.2.2 导管敷设资料填写范例及说明

<table>
<tr><td colspan="3">隐蔽工程验收记录</td><td>编 号</td><td colspan="2">×××</td></tr>
<tr><td colspan="2">工程名称</td><td colspan="4">××工程</td></tr>
<tr><td colspan="2">隐检项目</td><td>导管敷设</td><td>隐检日期</td><td colspan="2">2015年×月×日</td></tr>
<tr><td colspan="2">隐检部位</td><td colspan="4">一层顶板钢管敷设 轴线 标高</td></tr>
<tr><td colspan="6">隐检依据：施工图图号 电施×× ，设计变更/洽商（编号 / ）及有关国家现行标准等。
主要材料名称及规格/型号： 焊接钢管 SC25</td></tr>
<tr><td colspan="6">隐检内容：
1. 该部位使用的焊接钢管材质、规格、型号符合设计要求。
2. 钢管敷设位置、埋深、固定方式符合设计及验收规范要求。
3. 钢管的弯曲半径符合设计及规范要求，且无折扁和裂缝，管内无铁屑及毛刺，切断口平整、光滑。
4. 接头连接：采用套管焊接（钢管壁厚均符合国标要求，且均大于2mm允许套管焊接）、套管长度大于管外径的2.5倍，焊缝牢固、严密。
5. 焊接钢管内外壁防腐处理符合设计及验收规范要求。
6. 钢管与接地体已做等电位连接，符合设计要求。</td></tr>
<tr><td colspan="6">检查意见：
经检查，符合设计要求和《建筑电气工程施工质量验收规范》(GB 50303－2002)的规定。

检查结论： ☑同意隐蔽 □不同意，修改后进行复查</td></tr>
<tr><td colspan="6">复查结论：

复查人： 复查日期：</td></tr>
<tr><td rowspan="3">签字栏</td><td rowspan="2">建设（监理）单位</td><td>施工单位</td><td colspan="3">××机电工程有限公司</td></tr>
<tr><td>专业技术负责人</td><td colspan="2">专业质检员</td><td>专业工长</td></tr>
<tr><td>×××</td><td>×××</td><td colspan="2">×××</td><td>×××</td></tr>
</table>

本表由施工单位填写，建设单位、施工单位、城建档案馆各保存一份。

<table>
<tr><td colspan="3">隐蔽工程验收记录</td><td>编　号</td><td colspan="2">×××</td></tr>
<tr><td>工程名称</td><td colspan="5">××工程</td></tr>
<tr><td>隐检项目</td><td colspan="2">导管敷设</td><td>隐检日期</td><td colspan="2">2015年×月×日</td></tr>
<tr><td>隐检部位</td><td colspan="5">现浇板、墙、梁柱内导管、线盒敷设　轴线　　标高</td></tr>
<tr><td colspan="6">隐检依据：施工图图号　电施××　，设计变更/洽商（编号　/　）及有关国家现行标准等。
主要材料名称及规格/型号：　阻燃管；阻燃线盒
PC20、PC25、PC32、PC40；八角盒、四角盒、86系列开关盒</td></tr>
<tr><td colspan="6">隐检内容：
1. 该部位使用的PC管材材质、规格、型号符合设计要求。
2. PC管材敷设位置、固定方法、保护层符合设计及验收规范要求。
3. PC管材弯曲半径符合设计及规范要求，且无折皱、凹陷和裂缝。
4. 接头连接：采用配套PC接头套管粘接，粘结牢固、严密，符合设计及施工验收规范要求。
5. 线盒材质、规格、型号、坐标、数量符合设计及施工验收规范要求。</td></tr>
<tr><td colspan="6">检查意见：
经检查，符合设计要求和《建筑电气工程施工质量验收规范》(GB 50303－2002)的规定。

检查结论：　☑同意隐蔽　　□不同意，修改后进行复查</td></tr>
<tr><td colspan="6">复查结论：

复查人：　　　　复查日期：</td></tr>
<tr><td rowspan="3">签字栏</td><td rowspan="2">建设（监理）单位</td><td>施工单位</td><td colspan="3">××机电工程有限公司</td></tr>
<tr><td>专业技术负责人</td><td>专业质检员</td><td colspan="2">专业工长</td></tr>
<tr><td>×××</td><td>×××</td><td>×××</td><td colspan="2">×××</td></tr>
</table>

本表由施工单位填写，建设单位、施工单位、城建档案馆各保存一份。

<table>
<tr><td colspan="3">隐蔽工程验收记录</td><td>编　号</td><td>×××</td></tr>
<tr><td>工程名称</td><td colspan="4">××工程</td></tr>
<tr><td>隐检项目</td><td colspan="2">导管敷设</td><td>隐检日期</td><td>2015 年×月×日</td></tr>
<tr><td>隐检部位</td><td colspan="4">六层吊顶内的线管、线盒敷设　轴线　　标高</td></tr>
<tr><td colspan="5">隐检依据：施工图图号　电施××　，设计变更/洽商（编号　/　）及有关国家现行标准等。
主要材料名称及规格/型号：　阻燃管；热镀锌钢管、阻燃圆形接线盒、金属接线盒　PC20、PC25、PC32、PC40；JDG20、JDG25</td></tr>
<tr><td colspan="5">隐检内容：
1. 该部位使用的 PC 阻燃管及 JDG 热镀锌钢管的材质、规格、型号、符合设计要求。
2. 导管沿吊架敷设，管路敷设位置、固定间距符合设计图纸要求，且固定牢固。
3. 导管弯曲半径符合设计及规范要求，且无折皱、凹陷和裂缝。
4. PC 阻燃管采用套管粘接、套管长度不小于管外径的 3 倍，粘结牢固、严密，套管位于两管头中部，符合设计及施工验收规范要求。
5. JDG 热镀锌钢管采用紧定连接，导管与导管之间、导管与金属线盒之间的连接均设跨接地线并采用专用接地线卡连接，跨接线采用 6mm^2 的铜芯软线，且 JDG 热镀锌钢管已做等电位连接。
6. 线盒材质、规格、型号、坐标、数量符合设计及施工验收规范要求。</td></tr>
<tr><td colspan="5">检查意见：
经检查，符合设计要求和《建筑电气工程施工质量验收规范》(GB 50303－2002)的规定。

检查结论：　☑同意隐蔽　　☐不同意，修改后进行复查</td></tr>
<tr><td colspan="5">复查结论：

复查人：　　　　复查日期：</td></tr>
<tr><td rowspan="3">签字栏</td><td rowspan="2">建设(监理)单位</td><td>施工单位</td><td colspan="2">××机电工程有限公司</td></tr>
<tr><td>专业技术负责人</td><td>专业质检员</td><td>专业工长</td></tr>
<tr><td>×××</td><td>×××</td><td>×××</td><td>×××</td></tr>
</table>

本表由施工单位填写，建设单位、施工单位、城建档案馆各保存一份。

隐蔽工程验收记录		资料编号	×××
工程名称	××办公楼工程		
隐检项目	照明系统管路敷设	隐检日期	2015年8月13日
隐检部位	地下一层　⑦～⑬/Ⓐ～Ⓗ　轴线　墙体、柱内　标高　−4.800～−0.250m		

隐检依据：施工图图号　电施－5　，设计变更/洽商(编号　/　)及有关国家现行标准等。

主要材料名称及规格/型号：　焊接钢管 SC15、SC20，镀锌钢管 SC50

隐检内容：

埋入混凝土内的焊接钢管内壁刷防锈漆，弯曲半径不小于管外径的10倍，管材弯扁度不大于管外径的10%，管路采用套管连接，套管长度为连接管径的2.2倍，焊口牢固严密。用 $\phi 6$ 的钢筋作跨接地线，焊接长度大于钢筋直径的6倍(大于40mm)，双面施焊，焊缝均匀牢固，焊接处药皮清理干净。箱、盒位置正确，稳装牢固，管进箱、盒处顺直，固定牢固，盒内用泡沫填实，并用胶带封堵严密。

在图中指定位置即穿越防护密闭隔墙处，分别预埋2根SC50镀锌钢管，钢管底距地3.5m，并进行防护密闭处理。

影像资料的部位、数量：

申报人：×××

检查意见：

经检查，符合设计要求及《建筑电气工程施工质量验收规范》(GB 50303)的规定。

检查结论：　☑同意隐蔽　　□不同意，修改后进行复查

复查结论：

复查人：　　　　复查日期：

签字栏	施工单位	××建设集团有限公司	专业技术负责人	专业质检员	专业工长
			×××	×××	×××
	监理(建设)单位	××工程建设监理有限公司		专业工程师	×××

本表由施工单位填写，并附影像资料。

<table>
<tr><td colspan="3">隐蔽工程验收记录</td><td>资料编号</td><td colspan="2">×××</td></tr>
<tr><td colspan="2">工程名称</td><td colspan="4">××办公楼工程</td></tr>
<tr><td colspan="2">隐检项目</td><td colspan="2">照明、插座、风机盘管系统管路敷设</td><td>隐检日期</td><td>2015年8月5日</td></tr>
<tr><td colspan="2">隐检部位</td><td colspan="4">四层　①～⑬/Ⓓ～Ⓕ　轴线　　吊顶内　标高10.20～13.50m</td></tr>
<tr><td colspan="6">隐检依据：施工图图号　电施－12、电施－13　，设计变更/洽商（编号　洽商06－05－C2－009　）及有关国家现行标准等。
主要材料名称及规格/型号：　焊接钢管　SC20、SC25；套接紧定式钢导管　JDGϕ16</td></tr>
<tr><td colspan="6">隐检内容：
敷设于吊顶内的JDG管弯曲半径不小于管外径的6倍，管材弯扁度不大于管外径的10%，管路连接处两侧连接的管口平整、光滑、无毛刺、无变形，直管连接时，两管口分别插入直管接头中间，紧贴凹槽处；弯曲连接时，弯曲管两端管口分别插入套管接头凹槽处两端；用紧定螺钉定位后，进行旋紧至螺帽脱落，紧定螺钉处于可视部位。管路连接处的缝隙采用电力复合脂封堵。管路与盒（箱）连接处采用爪形螺纹帽和螺纹管接头锁紧。敷设于吊顶内的焊接钢管内外刷防锈漆，弯曲半径不小于管外径的6倍，管材弯扁度不大于管外径的10%，管路采用套管连接，套管长度为连接管径的2.2倍，焊口牢固严密。用ϕ6的钢筋作跨接地线，焊接长度大于钢筋直径的6倍（大于40mm），双面施焊，焊缝均匀牢固，焊接处药皮清理干净。箱、盒位置正确，稳装牢固，管进箱、盒处顺直，固定牢固，盒内用泡沫填实，并用胶带封堵严密。

影像资料的部位、数量：
申报人：×××</td></tr>
<tr><td colspan="6">检查意见：
经检查，符合设计要求和《建筑电气工程施工质量验收规范》（GB 50303）的规定。

检查结论：　☑同意隐蔽　　□不同意，修改后进行复查</td></tr>
<tr><td colspan="6">复查结论：

复查人：　　　　复查日期：</td></tr>
<tr><td rowspan="3">签字栏</td><td rowspan="2">施工单位</td><td rowspan="2">××建设集团有限公司</td><td>专业技术负责人</td><td>专业质检员</td><td>专业工长</td></tr>
<tr><td>×××</td><td>×××</td><td>×××</td></tr>
<tr><td>监理（建设）单位</td><td colspan="2">××工程建设监理有限公司</td><td>专业工程师</td><td>×××</td></tr>
</table>

本表由施工单位填写，并附影像资料。

工序交接检查记录		编　号	×××
工程名称	××大厦		
上道工序名称	现浇板内配管	下道工序名称	绑扎板上层钢筋和浇捣混凝土
交接部位	二层现浇板	检查日期	2015年×月×日

交接内容：

1. 该部位底层钢筋包绑扎完成。

2. 该部位电气干线与弱电预埋采用焊接钢管，电气插座与照明线路管路敷设采用PVC管。

3. 该部位使用的管材材质、规格、型号、位置、弯扁度、弯曲半径、连接、跨接地线、防腐、管盒固定、管盒固定、管口处理、敷设情况、保护层、需焊接部位的焊接质量等均符合要求及规范规定，见隐蔽工程验收记录。

检查结果：

经检查，二层现浇板内配管符合设计要求和《建筑电气工程施工质量验收规范》(GB 50303－2002)的规定，检查合格。

复查意见：

复查人：　　　　　　　　复查日期：

见证单位意见：

同意工序交接，可进行下道工序施工。

签字栏	移交人	接收人	见证人
	×××	×××	×××

1. 本表由移交、接收和见证单位各保存一份。
2. 见证单位应根据实际检查情况，并汇总移交和接收单位意见形成见证单位意见。

6.3 管内穿线和槽盒内敷线

6.3.1 管内穿线和槽盒内敷线资料列表

(1)施工管理资料

低压配电系统电线见证记录

(2)施工技术资料

1)管内穿线和槽盒内敷线技术交底记录

2)设计变更、工程洽商记录

(3)施工物资资料

1)各种绝缘导线、电缆产品出厂合格证、生产许可证、“CCC”认证标志及认证证书复印件。

2)低压配电系统电线进场检验报告

3)材料、构配件进场检验记录

4)工程物资进场报验表

(4)施工记录

1)隐蔽工程验收记录

2)管内穿线质量检查记录

3)工序交接检查记录

(5)施工试验记录及检测报告

1)电气接地电阻测试记录

2)电气绝缘电阻测试记录

(6)施工质量验收记录

1)管内穿线和槽盒内敷线检验批质量验收记录

2)管内穿线和槽盒内敷线分项工程质量验收记录

3)分项/分部工程施工报验表

(7)住宅工程质量分户验收记录表

管内穿线和槽盒内敷线质量分户验收记录表

6.3.2　管内穿线和槽盒内敷线资料填写范例及说明

<table>
<tr><td colspan="3">隐蔽工程验收记录</td><td>编　号</td><td>×××</td></tr>
<tr><td>工程名称</td><td colspan="4">××工程</td></tr>
<tr><td>隐检项目</td><td colspan="2">管内穿线和槽盒内敷线</td><td>隐检日期</td><td>2015年×月×日</td></tr>
<tr><td>隐检部位</td><td colspan="4">五层①～⑫/Ⓐ～Ⓖ轴　轴线　　标高</td></tr>
<tr><td colspan="5">隐检依据：施工图图号　电施××　，设计变更/洽商(编号　/　)及有关国家现行标准等。
主要材料名称及规格/型号：　聚氧乙烯绝缘电线；阻燃电线
BV 6mm²；BV 6mm²、BV 4mm²、BV 2.5mm²</td></tr>
<tr><td colspan="5">隐检内容：
1. 接地(PE)或接零(PEN)及其他焊接施工完成，符合要求。
2. 与导管连接的盒(箱)安装完成，管内积水及杂物清理干净，经检查确认，进行管内穿线。
3. 管内穿线符合规定要求。导线在管内无接头和扭结。管内导线包括绝缘层在内的总截面积不大于管内截面积的40%。导线经变形缝处留有一定的余度。
4. 导线连接符合规定要求。</td></tr>
<tr><td colspan="5">检查意见：
经检查，符合设计要求和《建筑电气工程施工质量验收规范》(GB 50303－2002)的规定。

检查结论：　☑同意隐蔽　　　□不同意，修改后进行复查</td></tr>
<tr><td colspan="5">复查结论：

复查人：　　　　　　复查日期：</td></tr>
<tr><td rowspan="3">签字栏</td><td rowspan="2">建设(监理)单位</td><td>施工单位</td><td colspan="2">××机电工程有限公司</td></tr>
<tr><td>专业技术负责人</td><td>专业质检员</td><td>专业工长</td></tr>
<tr><td>×××</td><td>×××</td><td>×××</td><td>×××</td></tr>
</table>

本表由施工单位填写，建设单位、施工单位、城建档案馆各保存一份。

电气绝缘电阻测试记录							编　　号		×××	
工程名称	××工程						测试日期		2015年5月10日	
计量单位	MΩ(兆欧)						天气情况		晴	
仪表型号	ZC－7			电压	1000V		气温		23℃	
试验内容	相间			相对零			相对地			零对地
	L_1-L_2	L_2-L_3	L_3-L_1	L_1-N	L_2-N	L_3-N	L_1-PE	L_2-PE	L_3-PE	N－PE
层数·路别·名称·编号：三　层										
$3AL_{3-1}$										
支路1	750			700			700			700
支路2		600			650			700		700
支路3			700			750			750	700
支路4	700			700			700			700
支路5		750			600			650		700
支路6			700			700			750	750
测试结论： 经测试：符合设计要求和《建筑电气工程施工质量验收规范》(GB 50303－2002)的规定。										
签字栏	建设(监理)单位		施工单位		××机电工程有限公司					
			技术负责人		质检员		测试人			
	×××		×××		×××		×××			

本表由施工单位填写，建设单位、施工单位各保存一份。

6.4 钢索配线

6.4.1 钢索配线资料列表

(1)施工技术资料

1)钢索配线技术交底记录

2)设计变更、工程洽商记录

(2)施工物资资料

1)绝缘导线产品出厂合格证、检测报告、生产许可证、“CCC”认证标志及认证证书复印件

2)钢索合格证及镀锌质量证明书

3)材料、构配件进场检验记录

4)工程物资进场报验表

(3)施工记录

1)隐蔽工程验收记录

2)钢索配线安装记录

3)工序交接检验记录

(4)施工试验记录及检测报告

电气绝缘电阻测试记录

(5)施工质量验收记录

1)钢索配线检验批质量验收记录

2)钢索配线分项工程质量验收记录

3)分项/分部工程施工报验表

6.4.2　钢索配线资料填写范例及说明

材料、构配件进场检验记录					编　　号	×××	
工程名称		××工程			检验日期	2015 年×月×日	
序号	名　　称	规格型号	进场数量	生产厂家 合格证号	检验项目	检验结果	备注
1	塑料铜芯线	BV 2.5mm²	1000m	×××	查验合格证，生产许可证及“CCC”认证标志；外观检查；抽检线芯直径及绝缘层厚度	合格	
2	塑料铜芯线	BV 4mm²	800m	×××	查验合格证，生产许可证及“CCC”认证标志；外观检查；抽检线芯直径及绝缘层厚度	合格	
3	塑料铜芯线	BV 10mm²	500m	×××	查验合格证，生产许可证及“CCC”认证标志；外观检查；抽检线芯直径及绝缘层厚度	合格	
检验结论 以上材料、构配件经外观检查合格。材质、规格型号及数量经复检符合设计、规范要求，产品质量证明文件齐全。							
签字栏	建设（监理）单位		施工单位		××机电工程有限公司		
			专业质检员		专业工长	检验员	
	×××		×××		×××	×××	

本表由施工单位填写并保存。

<table>
<tr><td colspan="3">隐蔽工程验收记录</td><td>编　号</td><td colspan="2">×××</td></tr>
<tr><td>工程名称</td><td colspan="5">××工程</td></tr>
<tr><td>隐检项目</td><td colspan="2">钢索配线</td><td>隐检日期</td><td colspan="2">2015年×月×日</td></tr>
<tr><td>隐检部位</td><td colspan="5">维修车间　轴线　　　标高</td></tr>
<tr><td colspan="6">隐检依据：施工图图号　电施××　，设计变更/洽商(编号　/　)及有关国家现行标准等。
主要材料名称及规格/型号：绝缘导线、钢索、镀锌圆钢吊钩、耳环
××</td></tr>
<tr><td colspan="6">隐检内容：
1. 该部位使用××(型号)、××(规格)绝缘导线、钢索：钢索配线位置符合施工图纸。
2. 干线导管可直接逐盒穿通，分支导线的接头可设在接线盒或器具内，导线不得外露。
3. 导线连接时必须削去绝缘层，除掉氧化膜，再进行连接、施焊、包缠绝缘带。
4. 线路检查：接、焊、包全部完成后，应进行自检和互检。检查导线接、焊、包是否符合施工质量验收标准、规范的规定。不符合规定时立即纠正，检查无误后再进行绝缘摇测。</td></tr>
<tr><td colspan="6">检查意见：
经检查，符合设计要求和《建筑电气工程施工质量验收规范》(GB 50303－2002)的规定。
检查结论：　☑同意隐蔽　　　□不同意，修改后进行复查</td></tr>
<tr><td colspan="6">复查结论：

复查人：　　　　　复查日期：</td></tr>
<tr><td rowspan="3">签字栏</td><td rowspan="2">建设(监理)单位</td><td>施工单位</td><td colspan="3">××机电工程有限公司</td></tr>
<tr><td>专业技术负责人</td><td>专业质检员</td><td colspan="2">专业工长</td></tr>
<tr><td>×××</td><td>×××</td><td>×××</td><td colspan="2">×××</td></tr>
</table>

本表由施工单位填写，建设单位、施工单位、城建档案馆各保存一份。

钢索配线检验批质量验收记录

07050601001

单位（子单位）工程名称	××大厦	分部（子分部）工程名称	建筑电气/电气照明	分项工程名称	钢索配线
施工单位	××建筑有限公司	项目负责人	赵斌	检验批容量	53m
分包单位	/	分包单位项目负责人	/	检验批部位	室外照明
施工依据	××大厦电气施工组织计划		验收依据	《建筑电气工程施工质量验收规范》GB50303-2002	

		验收项目	设计要求及规范规定	最小/实际抽样数量	检查记录	检查结果
主控项目	1	钢索的选用	第 17.1.1 条	/	质量证明文件齐全，通过进场验收	√
	2	钢索端固定及其接地接零	第 17.1.2 条	全/4	共 4 处，全部检查，合格 4 处	√
	3	张紧钢索用的花蓝螺栓设置	第 17.1.3 条	全/8	共 8 处，全部检查，合格 8 处	√
一般项目	1	中间吊架及防跳锁定零件	第 17.2.1 条	全/4	共 4 处，全部检查，合格 4 处	100%
	2	钢索的承载和表面检查	第 17.2.2 条	全/4	共 4 处，全部检查，合格 4 处	100%
	3	钢索配线零件间和线间距离	第 17.2.3 条	全/4	共 4 处，全部检查，合格 4 处	100%

施工单位检查结果	符合要求 专业工长：王安民 项目专业质量检查员：王哲 2015 年××月××日
监理单位验收结论	合格 专业监理工程师：[illegible] 2015 年××月××日

一册在手 表格全有 贴近现场 资料无忧

钢索配线检验批质量验收记录填写说明

1. 填写依据

(1)《建筑电气工程质(量验收规范》GB 50303－2002。

(2)《建筑工程施工质量验收统一标准》GB 50300－2013。

2. 规范摘要

以下内容摘自《建筑电气工程质量验收规范》GB 50303－2002。

主控项目

(1)应采用镀锌钢索,不应采用含油芯的钢索。钢索的钢丝直径应小于0.5mm,钢索不应有扭曲和断股等缺陷。

(2)钢索的终端拉环埋件应牢固可靠,钢索与终端拉环套接处应采用心形环,固定钢索的线卡不应少于2个,钢索端头应用镀锌铁线绑扎紧密,且应接地(PE)或接零(PEN)可靠。

(3)当钢索长度在50m及以下时,应在钢索一端装设花篮螺栓紧固;当钢索长度大于50m时,应在钢索两端装设花篮螺栓紧固。

一般项目

(1)钢索中间吊架间距不应大于12m,吊架与钢索连接处的吊钩深度不应小于20mm,并应有防止钢索跳出的锁定零件。

(2)电线和灯具在钢索上安装后,钢索应承受全部负载,且钢索表面应整洁、无锈蚀。

(3)钢索配线的零件间和线间距离应符合表6-1的规定。

表6-1　钢索配线的固定支持件间的最大距离(mm)

配线类别	支持件间最大距离	支持件与灯头盒间最大距离
钢导管	1500	200
刚性绝缘导管	1000	150
塑料护套线	200	100

6.5　电缆头制作、导线连接和线路绝缘测试

6.5.1　电缆头制作、导线连接和线路绝缘测试资料列表

(1)施工技术资料

1)电缆头制作、导线连接和线路绝缘测试技术交底记录

2)设计变更、工程洽商记录

(2)施工物资资料

1)电缆出厂合格证、检测报告、生产许可证、“CCC”认证标志及认证证书复印件。

2)各种金属型钢合格证和材质证明书、辅助材料产品合格证

3)材料、构配件进场检验记录

4)工程物资进场报验表

(3)施工记录

1)隐蔽工程验收记录

2)电缆中间、终端头制作安装记录

3)自、专检记录

4)工序交接检查记录

(4)施工试验记录及检测报告

1)电缆敷设绝缘测试记录

2)电缆测试记录或直流耐压试验记录

3)电缆在火焰条件下燃烧的试验报告

(5)施工质量验收记录

1)电缆头制作、导线连接和线路绝缘测试检验批质量验收记录

2)电缆头制作、导线连接和线路绝缘测试分项工程质量验收记录

3)分项/分部工程施工报验表

(6)住宅工程质量分户验收记录表

电缆头制作、导线连接和线路绝缘测试质量分户验收记录表

(7)直埋电缆中间接头的敷设位置图

6.5.2　电缆头制作、导线连接和线路绝缘测试资料填写范例及说明

电缆头制作、接线和线路绝缘测试质量分户验收记录表

单位工程名称	××小区6#高层住宅	结构类型	全现浇剪力墙	层数	地下2层、地上28层
验收部位(房号)	3单元	户型		检查日期	2015年×月×日
建设单位	××房地产开发有限公司	参检人员姓名	×××	职务	建设单位代表
总包单位	××建设工程有限公司	参检人员姓名	×××	职务	质量检查员
分包单位	××机电工程有限公司	参检人员姓名	×××	职务	质量检查员
监理单位	××建设监理有限公司	参检人员姓名	×××	职务	电气监理工程师
施工执行标准名称及编号		建筑电气工程施工工艺标准(QB ×××－2005)			
施工质量验收规范的规定(GB 50303－2002)				施工单位检查评定记录	监理(建设)单位验收记录
主控项目	1	高压电力电缆直流耐压试验	第18.1.1条	/	/
	2	低压电线和电缆绝缘电阻测试	第18.1.2条	低压电线和电缆，线间和对地间的绝缘电阻值均大于0.5MΩ	合格
	3	铠装电力电缆头的接地线	第18.1.3条	/	/
	4	电线、电缆接线	第18.1.4条	/	
一般项目	1	芯线与电器设备的连接	第18.2.1条	导线单股芯线与电器设备的端子直接连接	合格
	2	电线、电缆的芯线连接金具	第18.2.2条	连接金具规格与芯线的规格适配，未采用开口端子	合格
	3	电线、电缆回路标记、编号	第18.2.3条	导线、电缆回路标记清晰，编号准确	合格
复查记录	监理工程师(签章)：　年　月　日 建设单位专业技术负责人(签章)：　年　月　日				
施工单位检查评定结果	经检查，主控项目、一般项目均符合设计和《建筑电气工程施工质量验收规范》(GB 50303－2002)的规定。 总包单位质量检查员(签章)：×××　2015年×月×日 分包单位质量检查员(签章)：×××　2015年×月×日				
监理单位验收结论	验收合格。 监理工程师(签章)：×××　2015年×月×日				
建设单位验收结论	验收合格。 建设单位专业技术负责人(签章)：×××　2015年×月×日				

6.6 普通灯具安装

6.6.1 普通灯具安装资料列表

(1)施工技术资料

1)普通灯具安装技术交底记录

2)设计变更、工程洽商记录

(2)施工物资资料

1)照明灯具出厂合格证、"CCC"认证标志及认证证书复印件。

2)灯具导线产品出厂合格证、生产许可证、"CCC"认证标志及认证证书复印件。

3)材料、构配件进场检验记录

4)工程物资进场报验表

(3)施工记录

1)隐蔽工程验收记录

2)安装自检记录

3)工序交接检查记录

(4)施工试验记录及检测报告

1)电气绝缘电阻测试记录

2)电气器具通电安全检查记录

(5)施工质量验收记录

1)普通灯具安装检验批质量验收记录

2)普通灯具安装分项工程质量验收记录

3)分项/分部工程施工报验表

(6)住宅工程质量分户验收记录表

普通灯具安装质量分户验收记录表

6.6.2　普通灯具安装资料填写范例及说明

材料、构配件进场检验记录						编　号	×××
工程名称		××工程			检验日期	2015 年 3 月 9 日	
序号	名　称	规格型号	进场数量	生产厂家 合格证号	检验项目	检验结果	备注
1	单管日光灯	87 型 1×40W	100 套	×××	查验合格证，生产许可证及“CCC”认证标志；外观检查；抽检灯具内部接线	合格	
2	防潮吸顶灯	GC707 1×60W	30 套	×××	查验合格证，生产许可证及“CCC”认证标志；外观检查；抽检灯具内部接线	合格	

检验结论

以上材料、构配件经外观检查合格。材质、规格型号及数量经复检符合设计、规范要求，产品质量证明文件齐全。

签字栏	建设(监理)单位	施工单位	×××公司	
		专业质检员	专业工长	检验员
	×××	×××	×××	×××

本表由施工单位填写并保存。

工程物资进场报验表				编　号	×××
工 程 名 称	××工程			日　期	2015 年×月×日

现报上关于＿电气照明＿工程的物资进场检验记录，该批物资经我方检验符合设计、规范及合约要求，请予以批准使用。

物资名称	主要规格	单　位	数　量	选样报审表编号	使用部位
白炽灯	220V,40W	只	240	/	各分户
吸顶灯	220V,60W	只	48	/	各分户阳台、楼梯
防潮吸顶灯	GC707 1×60W	套	30	/	各分户

附件：　名　称　　页　数　　编　号

1. ☑ 出厂合格证　＿×＿页　＿×××＿
2. ☐ 厂家质量检验报告　＿＿页　＿＿＿
3. ☐ 厂家质量保证书　＿＿页　＿＿＿
4. ☐ 商检证　＿＿页　＿＿＿
5. ☑ 进场检验记录　＿×＿页　＿×××＿
6. ☐ 进场复试报告　＿＿页　＿＿＿
7. ☐ 备案情况　＿＿页　＿＿＿
8. ☑ CCC 认证及证书复印件　＿×＿页　＿×××＿

申报单位名称：××建设集团有限公司　　申报人(签字)：×××

施工单位检验意见：

报验的照明灯具的质量证明文件齐全，同意报项目监理部审批。

☑有 / ☐无 附页

施工单位名称：××建设集团有限公司　技术负责人(签字)：×××　审核日期：2015 年×月×日

验收意见：

照明灯具质量控制资料齐全、有效，进场检验合格。

审定结论：　☑同意　☐补报资料　☐重新检验　☐退场

监理单位名称：××建设监理有限公司　监理工程师(签字)：×××　验收日期：2015 年×月×日

本表由施工单位填报，建设单位、监理单位、施工单位各存一份。

普通灯具安装检验批质量验收记录

07050801001

单位（子单位）工程名称		××大厦	分部（子分部）工程名称	建筑电气/电气照明	分项工程名称	普通灯具安装
施工单位		××建筑有限公司	项目负责人	赵斌	检验批容量	12 处
分包单位		/	分包单位项目负责人	/	检验批部位	变配电室
施工依据		××大厦电气施工组织计划		验收依据	《建筑电气工程施工质量验收规范》GB50303-2002	
	验收项目		设计要求及规范规定	最小/实际抽样数量	检查记录	检查结果
主控项目	1	灯具的固定	第 19.1.1 条	全/12	共 12 处，全部检查，合格 12 处	√
主控项目	2	花灯吊钩选用、固定及悬吊 装置的过载试验	第 19.1.2 条	/	/	/
主控项目	3	钢管吊灯灯杆检查	第 19.1.3 条	/	/	/
主控项目	4	灯具的绝缘材料耐火检查	第 19.1.4 条	全/12	共 12 处，全部检查，合格 12 处	√
主控项目	5	灯具的安装高度和使用电压 等级	第 19.1.5 条	/	/	/
主控项目	6	距地高度小于 2.4m 的灯具金 属外壳的接地或零	第 19.1.6 条	/	/	/
主控项目				/		
一般项目	1	引向每个灯具的电线线芯最 小载面积	第 19.2.1 条	全/12	共 12 处，全部检查，合格 12 处	100%
一般项目	2	灯具的外形，灯头及其接线 检查	第 19.2.2 条	全/12	共 12 处，全部检查，合格 12 处	100%
一般项目	3	变电所内灯具的安装位置	第 19.2.3 条	全/12	共 12 处，全部检查，合格 12 处	100%
一般项目	4	装有白炽灯泡的吸顶灯具隔 热检查	第 19.2.4 条	/	/	/
一般项目	5	在重要场所的大型灯具玻璃 罩安全措施	第 19.2.5 条	/	/	/
一般项目	6	投光灯的固定检查	第 19.2.6 条	/	/	/
一般项目	7	室外壁灯的防水检查	第 19.2.7 条	/	/	/
施工单位检查结果		符合要求 专业工长：王宏民 项目专业质量检查员：王哲 2015 年××月××日				
监理单位验收结论		合格 专业监理工程师：王江川 2015 年××月××日				

普通灯具安装　分项工程质量验收记录

<table>
<tr><td colspan="2">单位(子单位)工程名称</td><td>××工程</td><td>结构类型</td><td>框架</td></tr>
<tr><td colspan="2">分部(子分部)工程名称</td><td>电气照明</td><td>检验批数</td><td>8</td></tr>
<tr><td>施工单位</td><td colspan="2">××建设集团有限公司</td><td>项目经理</td><td>×××</td></tr>
<tr><td>分包单位</td><td colspan="2">××机电工程有限公司</td><td>分包项目经理</td><td>×××</td></tr>
<tr><td>序号</td><td>检验批名称及部位、区段</td><td>施工单位检查评定结果</td><td colspan="2">监理(建设)单位验收结论</td></tr>
<tr><td>1</td><td>一层</td><td>√</td><td colspan="2" rowspan="13">验收合格</td></tr>
<tr><td>2</td><td>二层</td><td>√</td></tr>
<tr><td>3</td><td>三层</td><td>√</td></tr>
<tr><td>4</td><td>四层</td><td>√</td></tr>
<tr><td>5</td><td>五层</td><td>√</td></tr>
<tr><td>6</td><td>六层</td><td>√</td></tr>
<tr><td>7</td><td>七层</td><td>√</td></tr>
<tr><td>8</td><td>八层</td><td>√</td></tr>
<tr><td></td><td></td><td></td></tr>
<tr><td></td><td></td><td></td></tr>
<tr><td></td><td></td><td></td></tr>
<tr><td></td><td></td><td></td></tr>
<tr><td></td><td></td><td></td></tr>
<tr><td colspan="5">说明：</td></tr>
<tr><td>检查结论</td><td>一至八层普通灯具安装施工质量符合《建筑电气工程施工质量验收规范》(GB 50303－2002)的要求，普通灯具安装分项工程合格。

项目专业技术负责人：×××
2015 年×月×日</td><td>验收结论</td><td colspan="2">同意施工单位检查结论，验收合格。

监理工程师：×××
(建设单位项目专业技术负责人)
2015 年×月×日</td></tr>
</table>

注：地基基础、主体结构工程的分项工程质量验收不填写“分包单位”、“分包项目经理”。

<table>
<tr><td colspan="2">分项/分部工程施工报验表</td><td>编 号</td><td>×××</td></tr>
<tr><td>工程名称</td><td>××工程</td><td>日 期</td><td>2015年×月×日</td></tr>
<tr><td colspan="4">现我方已完成___/___(层)___/___轴(轴线或房间)___/___(高程)___/___(部位)的<u>普通灯具安装</u>工程，经我方检验符合设计、规范要求，请予以验收。
附件： 名 称 页 数 编 号
1. □质量控制资料汇总表 ___页 ___
2. □隐蔽工程验收记录 ___页 ___
3. □预检记录 ___页 ___
4. □施工记录 ___页 ___
5. □施工试验记录 ___页 ___
6. □分部(子分部)工程质量验收记录 ___页 ___
7. ☑分项工程质量验收记录 1页 ×××
8. □___ ___页 ___
9. □___ ___页 ___
10. □___ ___页 ___
质量检查员(签字)：×××

施工单位名称：××机电工程有限公司 技术负责人(签字)：×××</td></tr>
<tr><td colspan="4">审查意见：
1. 所报附件材料真实、齐全、有效。
2. 所报分项工程实体工程质量符合规范和设计要求。

审查结论： ☑合格 □不合格

监理单位名称：××建设监理有限公司 (总)监理工程师(签字)：××× 审查日期：2015年×月×日</td></tr>
</table>

本表由施工单位填报，监理单位、施工单位各存一份。分项、分部工程不合格，应填写《不合格项处置记录》，分部工程应由总监理工程师签字。

普通灯具安装质量分户验收记录表

单位工程名称	××小区 12# 高层住宅	结构类型	全现浇剪力墙	层数	地下 2 层，地上 28 层
验收部位(房号)	101 户	户型	三居室	检查日期	2015 年×月×日
建设单位	××房地产开发有限公司	参检人员姓名	×××	职务	建设单位代表
总包单位	××建设工程有限公司	参检人员姓名	×××	职务	质量检查员
分包单位	××机电工程有限公司	参检人员姓名	×××	职务	质量检查员
监理单位	××建设监理有限公司	参检人员姓名	×××	职务	电气监理工程师
施工执行标准名称及编号	《建筑电气工程施工工艺标准》(QB ×××－2005)				

施工质量验收规范的规定(GB 50303－2002)				施工单位检查评定记录	监理(建设)单位验收记录
主控项目	1	灯具的固定	第 19.1.1 条	灯具的固定方式可靠	合格
	2	花灯吊钩先用固定及悬吊装置的过载试验	第 19.1.2 条	/	/
	3	钢管吊灯灯杆检查	第 19.1.3 条	钢管内径为 12mm，管壁厚度为 2mm	合格
	4	灯具的绝缘材料耐火检查	第 19.1.4 条	灯具的绝缘材料耐燃烧	合格
	5	灯具的安装高度和使用电压等级	第 19.1.5 条	/	
	6	距地高度小于 24m 的灯具金属外壳的接地或零	第 19.1.6 条	低于 2.4m 的灯具，其金属外壳均做可靠接地	合格
一般项目	1	引向每个灯具的电线线芯最小截面积	第 19.2.1 条	导线线芯的最小截面积均大于 $0.5mm^2$	合格
	2	灯具的外形，灯头及其接线检查	第 19.2.2 条	灯具外形无损伤，相线接在螺口灯芯上，灯具的软线接头均涮锡、压接	合格
	3	变电所内灯具的安装位置	第 19.2.3 条	/	/
	4	装有白炽灯泡的吸顶灯具隔热检查	第 19.2.4 条	/	/
	5	在重要场所的大型灯具玻璃罩安全措施	第 19.2.5 条	/	/
	6	投光灯的固定检查	第 19.2.6 条	/	/
	7	室外壁灯的防水检查	第 19.2.7 条	/	/

复查记录	监理工程师(签章)：　　年　月　日 建设单位专业技术负责人(签章)：　　年　月　日
施工单位检查评定结果	经检查，主控项目、一般项目均符合设计和《建筑电气工程施工质量验收规范》(GB 50303－2002)的滚定。 总包单位质量检查员(签章)：×××　2015 年×月×日 分包单位质量检查员(签章)：×××　2015 年×月×日
监理单位验收结论	验收合格。 监理工程师(签章)：×××　2015 年×月×日
建设单位验收结论	验收合格。 建设单位专业技术负责人(签章)：×××　2015 年×月×日

6.7 专用灯具安装

6.7.1 专用灯具安装资料列表

(1)施工技术资料

1)专用灯具安装技术交底记录

2)设计变更、工程洽商记录

(2)施工物资资料

1)专用照明灯具出厂合格证、"CCC"认证标志及认证证书复印件。安全疏散指示灯必须有消防部门备案证书。

2)灯具导线产品出厂合格证、生产许可证、"CCC"认证标志及认证证书复印件。

3)其他辅材(防水胶、膨胀螺栓、安全压接帽等)产品合格证。

4)材料、构配件进场检验记录

5)工程物资进场报验表

(3)施工记录

1)隐蔽工程验收记录

2)大型灯具安装检查记录

3)工序交接检查记录

(4)施工试验记录及检测报告

1)电气绝缘电阻测试记录

2)电气器具通电安全检查记录

3)大型照明灯具承载试验记录

(5)施工质量验收记录

1)专用灯具安装检验批质量验收记录

2)专用灯具安装分项工程质量验收记录

3)分项/分部工程施工报验表

6.7.2　专用灯具安装资料填写范例及说明

隐蔽工程验收记录		编　号	×××
工程名称	××工程		
隐检项目	大型灯具安装	隐检日期	2015 年×月×日
隐检部位	三层　轴线　　标高		

隐检依据:施工图图号　电施××　,设计变更/洽商(编号　/　)及有关国家现行标准等。

主要材料名称及规格/型号:　手术无影灯

××

隐检内容:

吊扇挂钩为 10mm 圆钢,随土建支模绑扎钢筋,预埋于混凝土内,吊钩与土建钢筋焊接。

手术无影灯的固定件,用 250×250×10(mm)的钢板预埋于混凝土板内,预埋件与土建的钢筋焊接固定,无影灯再与预埋钢板固定。

ϕ10 圆钢

ϕ 10mm 圆钢吊扇预埋吊钢

ϕ12 圆钢

250×250×10 预埋钢板

手术无影灯预埋钢板

检查意见:

检查结论:　☑同意隐蔽　　□不同意,修改后进行复查

复查结论:

复查人:　　　　复查日期:

签字栏	建设(监理)单位	施工单位	××机电工程有限公司	
		专业技术负责人	专业质检员	专业工长
	×××	×××	×××	×××

本表由施工单位填写,建设单位、施工单位、城建档案馆各保存一份。

大型灯具安装检查记录

工程名称	××大厦			施工单位	××机电工程有限公司		
灯所在楼层、区段	规格型号	自重(kg)	预埋型式	固定点数	试验重量(kg)	吊钩规格(mm)	防板、防振措施
三层手术无影灯	××	15	直埋钢板	4	30	250×250×10	双螺帽

施工说明及简图

手术无影灯的固定件，用 250×250×10(mm)的钢板预埋于混凝土板内，预埋件与土建的钢筋焊接固定，无影灯再与预埋钢板固定。

ϕ12圆钢

250×250×10 预埋钢板

手术无影灯预埋钢板

检查结论

三层灯具规格、型号符合设计要求，预埋件埋设牢固可靠，位置正确，经做承载试验，能满足安装要求，符合规范规定。

签字栏	建设(监理)单位	施工单位	××机电工程有限公司	
		专业技术负责人	专业质检员	专业工长
	×××	×××	×××	×××

<table>
<tr><td colspan="3">大型照明灯具承载试验记录</td><td>编　　号</td><td>×××</td></tr>
<tr><td>工程名称</td><td colspan="4">××工程</td></tr>
<tr><td>楼　　层</td><td>一　　层</td><td>试验日期</td><td colspan="2">2015 年 8 月 28 日</td></tr>
<tr><td>灯具名称</td><td>安装部位</td><td>数　　量</td><td>灯具自重(kg)</td><td>试验载重(kg)</td></tr>
<tr><td>花　灯</td><td>大　厅</td><td>10 套</td><td>35</td><td>70</td></tr>
<tr><td></td><td></td><td></td><td></td><td></td></tr>
<tr><td></td><td></td><td></td><td></td><td></td></tr>
<tr><td></td><td></td><td></td><td></td><td></td></tr>
<tr><td></td><td></td><td></td><td></td><td></td></tr>
<tr><td></td><td></td><td></td><td></td><td></td></tr>
<tr><td></td><td></td><td></td><td></td><td></td></tr>
<tr><td></td><td></td><td></td><td></td><td></td></tr>
<tr><td></td><td></td><td></td><td></td><td></td></tr>
<tr><td></td><td></td><td></td><td></td><td></td></tr>
<tr><td></td><td></td><td></td><td></td><td></td></tr>
<tr><td></td><td></td><td></td><td></td><td></td></tr>
<tr><td></td><td></td><td></td><td></td><td></td></tr>
<tr><td></td><td></td><td></td><td></td><td></td></tr>
<tr><td colspan="5">检查结论：
一层大厅使用灯具的规格、型号符合设计要求，预埋螺栓直径符合规范要求，经做承载试验，试验载重70kg，试验时间为 15min，预埋件牢固可靠，符合规范规定。</td></tr>
</table>

<table>
<tr><td rowspan="3">签
字
栏</td><td rowspan="2">建设(监理)单位</td><td>施工单位</td><td colspan="2">××机电工程有限公司</td></tr>
<tr><td>专业技术负责人</td><td>专业质检员</td><td>专业工长</td></tr>
<tr><td>×××</td><td>×××</td><td>×××</td><td>×××</td></tr>
</table>

本表由施工单位填写，建设单位、施工单位各保存一份。

大型照明灯具承载试验记录填写说明

【相关规定及要求】

1. 大型照明灯具承载试验要求：

(1) 大型灯具依据《建筑电气工程施工质量验收规范》(GB 50303－2002)中规定需进行承载试验。大型灯具的界定：

1) 大型的花灯。

2) 设计单独出图的。

3) 灯具本身指明的。

(2) 大型灯具应在预埋螺栓、吊钩、吊杆或吊顶上嵌入式安装专用骨架等物件上安装，吊钩圆钢直径不应小于灯具挂销直径，且不应小于 6mm。

2. 大型照明灯具承载试验方法

(1) 大型灯具的固定及悬挂装置，应按灯具重量的 2 倍做承载试验。

(2) 大型灯具的固定及悬挂装置，应全数做承载试验。

(3) 试验重物宜距地面 30cm 左右，试验时间为 15min。

3. 照明灯具承载试验应由建设(监理)单位、施工单位共同进行检查。

【填写要点】

检查结论应明确该部位承载试验是否符合设计、规范要求。

6.8　开关、插座、风扇安装

6.8.1　开关、插座、风扇安装资料列表

(1)施工技术资料

1)开关、插座、风扇安装技术交底记录

2)设计变更、工程洽商记录

(2)施工物资资料

1)开关、插座、风扇及附件出厂合格证、“CCC”认证标志及认证证书复印件；绝缘导线出厂合格证、生产许可证、“CCC”认证标志及认证证书复印件；安全型压接帽、开关、插座安装用镀锌机螺丝合格证

2)材料、构配件进场检验记录

3)工程物资进场报验表

(3)施工记录

1)开关及插座接地检验记录

2)吊扇安装检查记录

3)安装自检记录

4)工序交接检查记录

(4)施工试验记录及检测报告

1)开关、插座接地电阻测试记录

2)电气器具通电安全检查记录

3)漏电开关模拟试验记录

4)开关试验报告

(5)施工质量验收记录

1)开关、插座、风扇安装检验批质量验收记录

2)开关、插座、风扇安装分项工程质量验收记录

3)分项/分部工程施工报验表

(6)住宅工程质量分户验收记录表

开关、插座、风扇安装质量分户验收记录表

6.8.2　开关、插座、风扇安装资料填写范例及说明

材料、构配件进场检验记录					编　号		×××
工程名称	××工程				检验日期	2015 年 8 月 9 日	
序号	名　称	规格型号	进场数量	生产厂家 合格证号	检验项目	检验结果	备注
1	一位单级开关	MA86D-10	228 只	××××	查验合格证和镀锌质量证明书；外观检查	合格	
2	200VA1-3min 延时开关	MA86D-10	26 只	××××	查验合格证和镀锌质量证明书；外观检查	合格	
3	单相二、三孔插座	A86BF-10	300 只	××××	查验合格证和镀锌质量证明书；外观检查	合格	
4	单相三孔插座	MA86DFL-16	48 只	××××	查验合格证和镀锌质量证明书；外观检查	合格	

检验结论

以上材料、构配件经外观检查合格。材质、规格型号及数量经复检符合设计、规范要求，产品质量证明文件齐全。

签字栏	建设(监理)单位	施工单位	×××公司	
		专业质检员	专业工长	检验员
	×××	×××	×××	×××

本表由施工单位填写并保存。

插座接地检验记录			资料编号	×××		
工程名称	××办公楼工程		检验日期	2015年8月19日		
层次、部位或户别	一层	二层	三层	四层	五层	六层
系统及回路	照明系统进线1（AA4、AA5、AA9、AA10）	照明系统进线1（AA4、AA5、AA9、AA10）	照明系统进线1（AA4、AA5、AA9、AA10）	照明系统进线1（AA4、AA5、AA9、AA10）	照明系统进线1（AA4、AA5、AA9、AA10）	照明系统进线1（AA4、AA5、AA9、AA10）
插座接地检验情况	接地线连接紧密可靠，无串接	接地线连接紧密可靠，无串接	接地线连接紧密可靠，无串接	接地线连接紧密可靠，无串接	接地线连接紧密可靠，无串接	接地线连接紧密可靠，无串接
层次、部位或户别	七层	八层	九层	十层	十一层	地下室
系统及回路	照明系统进线1（AA4、AA5、AA9、AA10）	照明系统进线1（AA4、AA5、AA9、AA10）	照明系统进线1（AA4、AA5、AA9、AA10）	照明系统进线1（AA4、AA5、AA9、AA10）	照明系统进线1（AA4、AA5、AA9、AA10）	照明系统进线1（AA4、AA5、AA9、AA10）
插座接地检验情况	接地线连接紧密可靠，无串接	接地线连接紧密可靠，无串接	接地线连接紧密可靠，无串接	接地线连接紧密可靠，无串接	接地线连接紧密可靠，无串接	接地线连接紧密可靠，无串接
层次、部位或户别						
系统及回路						
插座接地检验情况						
存在问题处理情况	/					
结论	经检查，插座接地线连接紧密可靠，未发现接线错误、遗漏和串接。					
签字栏	施工单位	××建设集团有限公司	专业质检员	专业工长	检验员	
			×××	×××	×××	
	监理（建设）单位	××工程建设监理有限公司		专业工程师	×××	

注：本表由施工单位填写。

开关接地检验记录			资料编号	×××		
工程名称	××办公楼工程		检验日期	2015年8月20日		
系统及回路（或部位）	HL1系统N3回路电热水器双极开关	HL2系统N3回路电热水器双极开关	HL3系统N3回路电热水器双极开关	HL4系统N3回路电热水器双极开关	HL5系统N3回路电热水器双极开关	HL6系统N3回路电热水器双极开关
开关接地检验情况	接地线连接紧密可靠，截面积符合设计要求	接地线连接紧密可靠，截面积符合设计要求	接地线连接紧密可靠，截面积符合设计要求	接地线连接紧密可靠，截面积符合设计要求	接地线连接紧密可靠，截面积符合设计要求	接地线连接紧密可靠，截面积符合设计要求
系统及回路（或部位）	HL7系统N3回路电热水器双极开关	HL8系统N3回路电热水器双极开关	HL9系统N3回路电热水器双极开关	HL10系统N3回路电热水器双极开关	HL11系统N3回路电热水器双极开关	HL12系统N3回路电热水器双极开关
开关接地检验情况	接地线连接紧密可靠，截面积符合设计要求	接地线连接紧密可靠，截面积符合设计要求	接地线连接紧密可靠，截面积符合设计要求	接地线连接紧密可靠，截面积符合设计要求	接地线连接紧密可靠，截面积符合设计要求	接地线连接紧密可靠，截面积符合设计要求
系统及回路（或部位）						
开关接地检验情况						
存在问题处理情况	/					
结论	经检查，开关接地线连接紧密可靠，未发现遗漏。					
签字栏	施工单位	××建设集团有限公司	专业质检员	专业工长	检验员	
			×××	×××	×××	
	监理（建设）单位	××工程建设监理有限公司		专业工程师	×××	

注：本表由施工单位填写。

吊扇安装检查记录

工程名称	××大厦			施工单位	××机电工程有限公司		
扇所在楼层、区段	规格型号	自重(kg)	预埋型式	固定点数	试验重量(kg)	吊钩规格(mm)	防板、防振措施
三层吊扇	××	4	直埋	1	8	10	橡胶
施工说明及简图	吊扇挂钩为 10mm 圆钢，随土建支模绑扎钢筋，预埋于混凝土内，吊钩与土建钢筋焊接。						
检查结论	三层吊扇规格、型号符合设计要求，预埋件埋设牢固可靠，位置正确，经做承载试验，能满足安装要求，符合规范规定。						
签字栏	建设（监理）单位	施工单位		××机电工程有限公司			
		专业技术负责人		专业质检员		专业工长	
	×××	×××		×××		×××	

电气器具通电安全检查记录			编　　号	×××
工程名称	××工程		检查日期	2015年×月×日
楼门单元或区域场所		×段×层		

层数	开关									灯具									插座								
	1	2	3	4	5	6	7	8	9	1	2	3	4	5	6	7	8	9	1	2	3	4	5	6	7	8	9
×段×层	√	√	√	√	√	√	√	√	√	√	×	√	√	√	√	√	√	√	√	√	√	√	×	√	√	√	√
	√	√	√	√	√	√	√	√	√	√	√	√	√	√	√	√	√	√	√	√	√	√	√	√	√	√	√
	√	√	√	√	√	×	√	√	√	√	√	√	√	√	√	√	√	√	√	√	√	√	√	√	√	√	√
	√	√	√	√	√	√	√	√	√	√	√	√	√	√	√	√	√	√	×	√	√	√	√	√	√	√	√
	√	√		√	√	√	√	√	√	√	√	√	√	√					√	√	√	√	√	√	√	√	√

检查结论：

经查：开关一个未断相线，一个罗灯口中心未接相线，两个插座接线有误，已修复合格，其余符合《建筑电气工程施工质量验收规范》(GB 50303—2002)要求。

签字栏	施工单位	北京××机电工程公司	
	专业技术负责人	专业质检员	专业工长
	×××	×××	×××

本表由施工单位填写，建设单位、施工单位各保存一份。

电气器具通电安全检查记录填表说明

【相关规定及要求】

1. 电气器具通电安全检查是保证照明灯具、开关、插座等能够达到安全使用的重要措施，也是对电气设备调整试验内容的补充。

2. 电气器具安装完成后，按层、按部位(户)进行通电检查，并做记录。内容包括接线情况、电气器具开关情况等。电气器具应全数进行通电安全检查。

3. 电气器具通电安全记录应由施工单位的专业技术负责人、专业质检员、专业工长参加。

【填写要点】

检查正确、符合要求时填写"√"，反之则填写"×"。当检查不符合要求时，应进行修复，并在检查结论中说明修复结果。当检查部位为同一楼门单元(或区域场所)，检查点很多又是同一天检查，本表格填不下时，可续表格进行填写，但编号应一致。

<table>
<tr><td colspan="3">漏电开关模拟试验记录</td><td>资料编号</td><td colspan="2">×××</td></tr>
<tr><td>工程名称</td><td colspan="5">××办公楼工程</td></tr>
<tr><td>试验器具</td><td colspan="2">漏电开关检测仪(MI 2121型)</td><td>试验日期</td><td colspan="2">2015年8月22日</td></tr>
<tr><td rowspan="2">安装部位</td><td rowspan="2">型　号</td><td colspan="2">设计要求</td><td colspan="2">实际测试</td></tr>
<tr><td>动作电流(mA)</td><td>动作时间(ms)</td><td>动作电流(mA)</td><td>动作时间(ms)</td></tr>
<tr><td>一层1AT－1箱WL2支路</td><td>C65N/2P＋VM16A</td><td>30</td><td>100</td><td>10</td><td>5</td></tr>
<tr><td>一层1AT－2箱WL1支路</td><td>C65N/4P＋VM32A</td><td>30</td><td>100</td><td>16</td><td>15</td></tr>
<tr><td>一层1AT－2箱WL2支路</td><td>C65N/2P＋VM16A</td><td>30</td><td>100</td><td>17</td><td>16</td></tr>
<tr><td>一层1AT－2箱备用</td><td>C65N/2P＋VM16A</td><td>30</td><td>100</td><td>20</td><td>9</td></tr>
<tr><td>一层1AT－4箱WL2支路</td><td>C65N/2P＋VM16A</td><td>30</td><td>100</td><td>19</td><td>16</td></tr>
<tr><td>一层1AT－4箱WL3支路</td><td>C65N/2P＋VM16A</td><td>30</td><td>100</td><td>19</td><td>15</td></tr>
<tr><td>一层1AT－5箱WL2支路</td><td>C65N/2P＋VM16A</td><td>30</td><td>100</td><td>20</td><td>17</td></tr>
<tr><td>一层1AL－1－1箱WL3支路</td><td>C65N/2P＋VM16A</td><td>30</td><td>100</td><td>19</td><td>16</td></tr>
<tr><td>一层1AL－2－1箱WL3支路</td><td>C65N/2P＋VM16A</td><td>30</td><td>100</td><td>17</td><td>14</td></tr>
<tr><td>一层1AL－2－1箱WL4支路</td><td>C65N/2P＋VM16A</td><td>30</td><td>100</td><td>19</td><td>13</td></tr>
<tr><td>一层1AL－2－1箱备用</td><td>C65N/2P＋VM16A</td><td>30</td><td>100</td><td>18</td><td>17</td></tr>
<tr><td>一层1AL－1箱WL16支路</td><td>C65N/2P＋VM16A</td><td>30</td><td>100</td><td>9</td><td>9</td></tr>
<tr><td>一层1AL－1箱WL17支路</td><td>C65N/2P＋VM16A</td><td>30</td><td>100</td><td>10</td><td>8</td></tr>
<tr><td>一层1AL－1箱WL18支路</td><td>C65N/2P＋VM16A</td><td>30</td><td>100</td><td>9</td><td>9</td></tr>
<tr><td>一层1AL－1箱WL19支路</td><td>C65N/2P＋VM16A</td><td>30</td><td>100</td><td>7</td><td>18</td></tr>
<tr><td>一层1AL－1箱WL20支路</td><td>C65N/2P＋VM16A</td><td>30</td><td>100</td><td>12</td><td>7</td></tr>
<tr><td>一层1AL－1箱WL21支路</td><td>C65N/2P＋VM16A</td><td>30</td><td>100</td><td>15</td><td>11</td></tr>
<tr><td>一层1AL－1箱WL22支路</td><td>C65N/2P＋VM16A</td><td>30</td><td>100</td><td>19</td><td>18</td></tr>
<tr><td>一层1AL－1箱WL23支路</td><td>C65N/2P＋VM20A</td><td>30</td><td>100</td><td>17</td><td>17</td></tr>
<tr><td>一层1AL－1箱WL24支路</td><td>C65N/2P＋VM16A</td><td>30</td><td>100</td><td>18</td><td>13</td></tr>
<tr><td>一层1AL－1箱WL25支路</td><td>C65N/2P＋VM16A</td><td>30</td><td>100</td><td>15</td><td>8</td></tr>
<tr><td>一层1AL－1箱备用</td><td>C65N/2P＋VM16A</td><td>30</td><td>100</td><td>20</td><td>9</td></tr>
<tr><td>一层1AL－3箱WL6支路</td><td>C65N/2P＋VM16A</td><td>30</td><td>100</td><td>20</td><td>10</td></tr>
<tr><td>一层1AL－3箱WL7支路</td><td>C65N/2P＋VM16A</td><td>30</td><td>100</td><td>9</td><td>8</td></tr>
<tr><td>一层1AL－3箱WL8支路</td><td>C65N/2P＋VM16A</td><td>30</td><td>100</td><td>19</td><td>11</td></tr>
<tr><td>一层1AL－3箱WL9支路</td><td>C65N/2P＋VM20A</td><td>30</td><td>100</td><td>20</td><td>6</td></tr>
<tr><td>一层1AL－3箱备用</td><td>C65N/2P＋VM16A</td><td>30</td><td>100</td><td>17</td><td>9</td></tr>
<tr><td colspan="6">测试结论：
经对一层箱(盘)内所有带漏电保护的回路进行测试，所有漏电保护装置动作可靠，漏电保护装置的动作电流和动作时间均符合设计及施工规范要求。</td></tr>
</table>

<table>
<tr><td rowspan="3">签字栏</td><td rowspan="2">施工单位</td><td rowspan="2">××建设集团有限公司</td><td>专业技术负责人</td><td>专业质检员</td><td>专业工长</td></tr>
<tr><td>×××</td><td>×××</td><td>×××</td></tr>
<tr><td>监理(建设)单位</td><td colspan="2">××工程建设监理有限公司</td><td>专业工程师</td><td>×××</td></tr>
</table>

本表由施工单位填写。

电气器具通电安全检查记录		编　　号	×××
工程名称	××工程	检查日期	2015 年×月×日
楼门单元或区域场所	×段×层		

层数	开　关									灯　具									插　座								
	1	2	3	4	5	6	7	8	9	1	2	3	4	5	6	7	8	9	1	2	3	4	5	6	7	8	9
×段×层	√	√	√	√	√	√	√	√	√	√	×	√	√	√	√	√	√	√	√	√	√	√	×	√	√	√	√
	√	√	√	√	√	√	√	√	√	√	√	√	√	√	√	√	√	√	√	√	√	√	√	√	√	√	√
	√	√	√	√	√	×	√	√	√	√	√	√	√	√	√	√	√	√	√	√	√	√	√	√	√	√	√
	√	√	√	√	√	√	√	√	√	√	√	√	√	√	√	√	√	√	×	√	√	√	√	√	√	√	√
	√	√		√	√	√	√	√	√	√	√	√	√	√					√	√	√	√	√	√	√	√	√

检查结论：

经查：开关一个未断相线，一个罗灯口中心未接相线，两个插座接线有误，已修复合格，其余符合《建筑电气工程施工质量验收规范》(GB 50303－2002)要求。

签字栏	施工单位	北京××机电工程公司	
	专业技术负责人	专业质检员	专业工长
	×××	×××	×××

本表由施工单位填写，建设单位、施工单位各保存一份。

电气器具通电安全检查记录填表说明

【相关规定及要求】

1. 电气器具通电安全检查是保证照明灯具、开关、插座等能够达到安全使用的重要措施，也是对电气设备调整试验内容的补充。

2. 电气器具安装完成后，按层、按部位(户)进行通电检查，并做记录。内容包括接线情况、电气器具开关情况等。电气器具应全数进行通电安全检查。

3. 电气器具通电安全记录应由施工单位的专业技术负责人、专业质检员、专业工长参加。

【填写要点】

检查正确、符合要求时填写“√”，反之则填写“×”。当检查不符合要求时，应进行修复，并在检查结论中说明修复结果。当检查部位为同一楼门单元(或区域场所)，检查点很多又是同一天检查，本表格填不下时，可续表格进行填写，但编号应一致。

开关、插座、风扇安装检验批质量验收记录

07051001001

单位（子单位）工程名称	××大厦	分部（子分部）工程名称	建筑电气/电气照明	分项工程名称	开关、插座、风扇安装
施工单位	××建筑有限公司	项目负责人	赵斌	检验批容量	15 件
分包单位	/	分包单位项目负责人	/	检验批部位	B02 层（插座）
施工依据	××大厦电气施工组织计划		验收依据	《建筑电气工程施工质量验收规范》GB50303-2002	

		验收项目	设计要求及规范规定	最小/实际抽样数量	检查记录	检查结果
主控项目	1	交流、直流或不同电压等级在同一场所的插座应有区别	第 22.1.1 条	/	/	
	2	插座的接线	第 22.1.2 条	全/15	共 15 处，全部检查，合格 15 处	√
	3	特殊情况下的插座安装	第 22.1.3 条	全/4	共 4 处，全部检查，合格 4 处	√
	4	照明开关的选用、开关的通断位置	第 22.1.4 条	/	/	
	5	吊扇的安装高度、挂钩选用和吊扇的组装及试运转	第 22.1.5 条	/	/	
	6	壁扇、防护罩的固定及试运转	第 22.1.6 条	/	/	
一般项目	1	插座安装和外观检查	第 22.2.1 条	全/15	共 15 处，全部检查，合格 15 处	100%
	2	照明开关的安装位置、控制顺序	第 22.2.2 条	/	/	
	3	吊扇的吊杆、开关和表面检查	第 22.2.3 条	/	/	
	4	壁扇的高度和表面检查	第 22.2.4 条	/	/	

施工单位检查结果	符合要求 专业工长： 项目专业质量检查员： 2015 年××月××日
监理单位验收结论	合格 专业监理工程师： 2015 年××月××日

开关、插座、风扇安装检验批质量验收记录填写说明

1. 填写依据

(1)《建筑电气工程质量验收规范》GB 50303－2002。

(2)《建筑工程施工质量验收统一标准》GB 50300－2013。

2. 规范摘要

以下内容摘自《建筑电气工程质量验收规范》GB 50303－2002。

主控项目

(1)当交流、直流或不同电压等级的插座安装在同一场所时，应有明显的区别，且必须选择不同结构、不同规格和不能互换的插座；配套的插头应按交流、直流或不同电压等级区别使用。

(2)插座接线应符合下列规定：

1)单相两孔插座，面对插座的右孔或上孔与相线连接，左孔或下孔与零线连接；单相三孔插座，面对插座的右孔与相线连接，左孔与零线连接；

2)单相三孔、三相四孔及三相五孔插座的接地(PE)或接零(PEN)线接在上孔。插座的接地端子不与零线端子连接。同一场所的三相插座，接线的相序一致。

3)接地(PE)或接零(PEN)线在插座间不串联连接。

(3)特殊情况下插座安装应符合下列规定：

1)当接插有触电危险家用电器的电源时，采用能断开电源的带开关插座，开关断开相线；

2)潮湿场所采用密封型并带保护地线触头的保护型插座，安装高度不低于1.5m。

(4)照明开关安装应符合下列规定：

1)同一建筑物、构筑物的开关采用同一系列的产品，开关的通断位置一致，操作灵活、接触可靠；

2)相线经开关控制；民用住宅无软线引至床边的床头开关。

(5)吊扇安装应符合下列规定：

1)吊扇挂钩安装牢固，吊扇挂钩的直径不小于吊扇挂销直径，且不小于8mm；有防振橡胶垫；挂销的防松零件齐全、可靠；

2)吊扇扇叶距地高度不小于2.5m；

3)吊扇组装不改变扇叶角度，扇叶固定螺栓防松零件齐全；

4)吊杆间、吊杆与电机间螺纹连接，啮合长度不小于20mm，且防松零件齐全紧固；

5)吊扇接线正确，当运转时扇叶无明显颤动和异常声响。

(6)壁扇安装应符合下列规定：

1)壁扇底座采用尼龙塞或膨胀螺栓固定；尼龙塞或膨胀螺栓的数量不少于2个，且直径不小于8mm。固定牢固可靠；

2)壁扇防护罩扣紧，固定可靠，当运转时扇叶和防护罩无明显颤动和异常声响。

一般项目

(1)插座安装应符合下列规定：

1)当不采用安全型插座时，托儿所、幼儿园及小学等儿童活动场所安装高度不小于1.8m；

2)暗装的插座面板紧贴墙面，四周无缝隙，安装牢固，表面光滑整洁、无碎裂、划伤，装饰帽齐全；

3)车间及试(实)验室的插座安装高度距地面不小于 0.3m;特殊场所暗装的插座不小于 0.15m;同一室内插座安装高度一致;

4)地插座面板与地面齐平或紧贴地面,盖板固定牢固,密封良好。

(2)照明开关安装应符合下列规定:

1)开关安装位置便于操作,开关边缘距门框边缘的距离 0.15m～0.2m,开关距地面高度 1.3m;拉线开关距地面高度 2～3m,层高小于 3m 时,拉线开关距顶板不小于 100mm,拉线出口垂直向下;

2)相同型号并列安装及同一室内开关安装高度一致,且控制有序不错位。并列安装的拉线开关的相邻间距不小于 20mm;

3)暗装的开关面板应紧贴墙面,四周无缝隙,安装牢固,表面光滑整洁、无碎裂、划伤,装饰帽齐全。

(3)吊扇安装应符合下列规定:

1)涂层完整,表面无划痕、无污染,吊杆上下扣碗安装牢固到位;

2)同一室内并列安装的吊扇开关高度一致,且控制有序不错位。

(4)壁扇安装应符合下列规定:

1)壁扇下侧边缘距地面高度不小于 1.8m;

2)涂层完整,表面无划痕、无污染,防护罩无变形。

开关、插座、风扇安装　分项工程质量验收记录

<table>
<tr><td colspan="3">单位(子单位)工程名称</td><td colspan="2">××综合楼</td><td>结构类型</td><td>框架剪力墙</td></tr>
<tr><td colspan="3">分部(子分部)工程名称</td><td colspan="2">电气照明</td><td>检验批数</td><td>13</td></tr>
<tr><td colspan="2">施工单位</td><td colspan="3">××建设集团有限公司</td><td>项目经理</td><td>×××</td></tr>
<tr><td colspan="2">分包单位</td><td colspan="3">××机电工程有限公司</td><td>分包项目经理</td><td>×××</td></tr>
<tr><td>序号</td><td colspan="2">检验批名称及部位、区段</td><td colspan="2">施工单位检查评定结果</td><td colspan="2">监理(建设)单位验收结论</td></tr>
<tr><td>1</td><td colspan="2">一层</td><td colspan="2">√</td><td colspan="2" rowspan="13">验收合格</td></tr>
<tr><td>2</td><td colspan="2">二层</td><td colspan="2">√</td></tr>
<tr><td>3</td><td colspan="2">三层</td><td colspan="2">√</td></tr>
<tr><td>4</td><td colspan="2">四层</td><td colspan="2">√</td></tr>
<tr><td>5</td><td colspan="2">五层</td><td colspan="2">√</td></tr>
<tr><td>6</td><td colspan="2">六层</td><td colspan="2">√</td></tr>
<tr><td>7</td><td colspan="2">七层</td><td colspan="2">√</td></tr>
<tr><td>8</td><td colspan="2">八层</td><td colspan="2">√</td></tr>
<tr><td>9</td><td colspan="2">九层</td><td colspan="2">√</td></tr>
<tr><td>10</td><td colspan="2">十层</td><td colspan="2">√</td></tr>
<tr><td>11</td><td colspan="2">十一层</td><td colspan="2">√</td></tr>
<tr><td>12</td><td colspan="2">十二层</td><td colspan="2">√</td></tr>
<tr><td>13</td><td colspan="2">地下室</td><td colspan="2">√</td></tr>
<tr><td colspan="7">说明：</td></tr>
<tr><td>检查结论</td><td colspan="3">地下室、一至十二层开关、插座、风扇安装施工质量符合《建筑电气工程施工质量验收规范》(GB 50303－2002)的要求，开关、插座安装分项工程合格。

项目专业技术负责人：×××
2015年×月×日</td><td>验收结论</td><td colspan="2">同意施工单位检查结论，验收合格。

监理工程师：×××
(建设单位项目专业技术负责人)
2015年×月×日</td></tr>
</table>

注：地基基础、主体结构工程的分项工程质量验收不填写“分包单位”、“分包项目经理”。

开关、插座、风扇安装质量分户验收记录表

单位工程名称	××小区 10#高层住宅楼	结构类型	全现浇剪力墙	层数	地下 2 层、地上 28 层
验收部位(房号)	3 单元 603 室	户型	三室两厅两卫	检查日期	2015 年×月×日
建设单位	××房地产开发有限公司	参检人员姓名	×××	职务	建设单位代表
总包单位	××建设工程有限公司	参检人员姓名	×××	职务	质量检查员
分包单位	××机电工程有限公司	参检人员姓名	×××	职务	质量检查员
监理单位	××建设监理公司	参检人员姓名	×××	职务	电气监理工程师
施工执行标准名称及编号	《建筑电气工程施工工艺标准》(QB ×××－2005)				

施工质量验收规范的规定(GB 50303－2002)				施工单位检查评定记录	监理(建设)单位验收记录
主控项目	1	交流、直流或不同电压等级在同一场所的插座应有区别	第 22.1.1 条	/	/
主控项目	2	插座的接线	第 22.1.2 条	左侧零线、右侧相线、上侧 PE 线,相序正确	合格
主控项目	3	特殊情况下的插座安装	第 22.1.3 条	/	/
主控项目	4	照明开关的先用、开关的通断位置	第 22.1.4 条	照明开关的通、断方向正确,操作灵活,接触可靠	合格
主控项目	5	吊扇的安装高度、挂钩选用和吊扇的组装及试运转	第 22.1.5 条	/	/
主控项目	6	壁扇、防护罩的固定及试运转	第 22.1.6 条	/	/
一般项目	1	插座安装和外观检查	第 22.2.1 条	插座面板紧贴墙面,四周无缝隙,面板安装端正、牢固	合格
一般项目	2	照明开关的安装位置、控制顺序	第 22.2.2 条	安装位置距门口 0.15m,距地面 1.4m,控制有序	合格
一般项目	3	吊扇的吊杆、开关和表面检查	第 22.2.3 条	/	/
一般项目	4	壁扇的高度和表面检查	第 22.2.4 条	/	/

复查记录	监理工程师(签章):　　年　月　日 建设单位专业技术负责人(签章):　　年　月　日
施工单位检查评定结果	经检查,主控项目、一般项目均符合设计和《建筑电气工程施工质量验收规范》(GB 50303－2002)的规定。 总包单位质量检查员(签章):×××　2015 年×月×日 分包单位质量检查员(签章):×××　2015 年×月×日
监理单位验收结论	验收合格。 监理工程师(签章):×××　2015 年×月×日
建设单位验收结论	验收合格。 建设单位专业技术负责人(签章):×××　2015 年×月×日

6.9　建筑照明通电试运行

6.9.1　建筑照明通电试运行资料列表

(1)施工技术资料

1)建筑照明通电试运行技术交底记录

2)设计变更、工程洽商记录

(2)施工试验记录及检测报告

1)电气照明系统通电测试检查记录

2)建筑物照明通电试运行记录

3)建筑物照明系统照度测试记录

(3)施工质量验收记录

1)建筑照明通电试运行检验批质量验收记录

2)建筑照明通电试运行分项工程质量验收记录

3)分项/分部工程施工报验表

(4)住宅工程质量分户验收记录表

建筑照明通电试运行质量分户验收记录表

6.9.2　建筑照明通电试运行资料填写范例及说明

电气照明系统通电测试检验记录

单位(子单位)工程名称		××大厦							
施工单位		××建设集团有限公司				测试日期	2015 年×月×日		
系统名称		AL1	AL1	AL1	AL1	AL1	AL1	AL1	AL1
回路编号		W1	W2	W3	W4	W5	W6	W7	W8
层次(户别)		101 单元	102 单元	201 单元	202 单元	301 单元	302 单元	401 单元	402 单元
灯具	数量(个)	10	10	10	10	10	10	10	10
	试电情况	螺口灯座相线接地螺口灯头中间的接线端子上，灯具均能正常发光。							
开关	数量(个)	10	10	10	10	10	10	10	10
	试电情况	开关均能切断相线。							
插座	数量(个)	16	16	16	16	16	16	16	16
	试电情况	插座接线为左零右相上接地线均正确。							
漏电保护装置	数量(个)	3	3	3	3	3	3	3	3
	模拟动作试验情况	对总漏电断路器模拟动作试验连续 3 次，均正确动作，分、合闸迅速可靠。各单元的漏电开关在模拟动作试验时均能正确可靠动作。							
照明配电箱内开关、电能表、指示仪表等试电情况		自动开关分、合闸迅速可靠，无卡阻现象，控制回路正确；电能表接线正确，计量正常。							
其他情况检验		/							
存在问题处理情况		/							
结　论		经检查，电气照明系统通电测试合格。							

签字栏	建设(监理)单位	施工单位	××机电工程有限公司	
		专业质检员	专业工长	检验员
	×××	×××	×××	×××

<table>
<tr><td colspan="3">建筑物照明通电试运行记录</td><td colspan="2">编　　号</td><td colspan="4">×××</td></tr>
<tr><td>工程名称</td><td colspan="5">××工程</td><td colspan="3">公建□/住宅☑</td></tr>
<tr><td>试运行项目</td><td colspan="3">照明系统</td><td colspan="2">填写日期</td><td colspan="3">2015年×月×日</td></tr>
<tr><td>试运行时间</td><td colspan="8">由　5　日　8　时　0　分　开始，至　5　日　16　时　0　分结束</td></tr>
<tr><td rowspan="14">运行负荷记录</td><td rowspan="2">运行时间</td><td colspan="3">运行电压(V)</td><td colspan="3">运行电流(A)</td><td rowspan="2">温度(℃)</td></tr>
<tr><td>L_1-N
(L_1-L_2)</td><td>L_2-N
(L_2-L_3)</td><td>L_3-N
(L_3-L_1)</td><td>L_1相</td><td>L_2相</td><td>L_3相</td></tr>
<tr><td>5日8:00</td><td>225</td><td>225</td><td>225</td><td>79</td><td>78</td><td>79</td><td>51</td></tr>
<tr><td>5日10:00</td><td>220</td><td>220</td><td>220</td><td>80</td><td>79</td><td>80</td><td>53</td></tr>
<tr><td>5日12:00</td><td>230</td><td>230</td><td>230</td><td>79</td><td>77</td><td>79</td><td>52</td></tr>
<tr><td>5日14:00</td><td>225</td><td>225</td><td>225</td><td>77</td><td>76</td><td>77</td><td>51</td></tr>
<tr><td>5日16:00</td><td>225</td><td>220</td><td>225</td><td>78</td><td>77</td><td>79</td><td>51</td></tr>
<tr><td></td><td></td><td></td><td></td><td></td><td></td><td></td><td></td></tr>
<tr><td></td><td></td><td></td><td></td><td></td><td></td><td></td><td></td></tr>
<tr><td></td><td></td><td></td><td></td><td></td><td></td><td></td><td></td></tr>
<tr><td></td><td></td><td></td><td></td><td></td><td></td><td></td><td></td></tr>
<tr><td></td><td></td><td></td><td></td><td></td><td></td><td></td><td></td></tr>
<tr><td></td><td></td><td></td><td></td><td></td><td></td><td></td><td></td></tr>
<tr><td></td><td></td><td></td><td></td><td></td><td></td><td></td><td></td></tr>
<tr><td colspan="9">试运行情况记录：

照明系统灯具、风扇等电器均投入运行，经8h通电试验，配电控制正确，空开、电度表、线路结点温度及器具运行情况正常，符合设计及规范要求。</td></tr>
</table>

<table>
<tr><td rowspan="3">签字栏</td><td rowspan="2">建设(监理)单位</td><td>施工单位</td><td colspan="2">××机电工程有限公司</td></tr>
<tr><td>专业技术负责人</td><td>专业质检员</td><td>专业工长</td></tr>
<tr><td>×××</td><td>×××</td><td>×××</td><td>×××</td></tr>
</table>

本表由施工单位填写，建设单位、施工单位各保存一份。

建筑物照明通电试运行记录填写说明

【相关规定及要求】

1. 建筑物照明通电试运行要求

(1) 通电试运行前检查

1) 复查总电源开关至各照明回路进线电源开关接线是否正确;

2) 照明配电箱及回路标识应正确一致;

3) 检查漏电保护器接线是否正确,严格区分工作零线(N)与专用保护零线(PE),专用保护零线(PE)严禁接入漏电开关;

4) 检查开关箱内各接线端子连接是否正确可靠;

5) 断开各回路电源开关,合上总进线开关,检查漏电测试按钮是否灵敏有效。

(2) 分回路试通电

1) 将各回路灯具等用电设备开关全部置于断开位置;

2) 逐次合上各分回路电源开关;

3) 分回路逐次合上灯具等用电设备的控制开关,检查开关与灯具控制顺序是否对应,风扇的转向及调速开关是否正常;

4) 用试电笔检查各插座相序连接是否正确,带开关插座的开关是否能正确关断相线。

(3) 故障检查整改

1) 发现问题应及时排除,不得带电作业;

2) 对检查中发现的问题应采取分回路隔离排除法予以解决;

3) 对开关一送电漏电保护就跳闸的现象,重点检查工作零线与保护零线是否混接、导线是否绝缘不良。

(4) 公用建筑照明系统通电连续试运行时间应为24h,每2h记录运行状态1次,共记录13次;民用住宅照明系统通电连续试运行时间应为8h,每2h记录运行状态1次,共记录5次;所有照明灯具均应开启,且连续试运行时间内无故障。

2. 建筑物照明通电试运行方法

(1) 所有照明灯具均应开启。

(2) 建筑物照明通电试运行不应分层、分段进行,应按供电系统进行。一般住宅以单元门为单位,工程中的电气分部工程应全部投入试运行。

(3) 试运行应从总进线柜的总开关开始供电,不应甩掉总进线柜及总开关,而使其性能不能接受考验。

(4) 建筑物照明通电试运行应在电气器具通电安全检查完后进行,或按有关规定及合同约定要求进行。

3. 建筑物照明通电试运行记录应由建设(监理)单位及施工单位共同进行检查。

【填写要点】

1. 试运行情况记录应详细

(1) 照明系统通电,灯具回路控制应与照明配电箱及回路的标识一致。

(2) 开关与灯具控制顺序相对应,风扇的转向及调速开关应正常。

(3) 记录电流、电压、温度及运行时间等有关数据。

(4) 配电柜内电气线路连接节点处应进行温度测量，且温升值稳定不大于设计值。

(5) 配电柜内电气线路连接节点测温应使用远红外摇表测量仪，并在检定有效期内。

(6) 当测试线路的相对零电压时，应把相间电压划掉。

2. 对于选择框，有此项内容，在选择框处画"√"，若无此项内容，可空着，不必画"×"。

建筑物照明通电试运行质量分户验收记录表

<table>
<tr><td>单位工程名称</td><td colspan="3">××住宅楼</td><td>结构类型</td><td>剪力墙</td><td>层数</td><td>12层</td></tr>
<tr><td>验收部位(房号)</td><td colspan="3">101 户</td><td>户型</td><td>三居室</td><td>检查日期</td><td>2015 年×月×日</td></tr>
<tr><td>建设单位</td><td colspan="3">××房地产开发有限公司</td><td>参检人员姓名</td><td>×××</td><td>职务</td><td>甲方代表</td></tr>
<tr><td>总包单位</td><td colspan="3">××建设工程有限公司</td><td>参检人员姓名</td><td>×××</td><td>职务</td><td>质量检查员</td></tr>
<tr><td>分包单位</td><td colspan="3">××机电工程有限公司</td><td>参检人员姓名</td><td>×××</td><td>职务</td><td>质量检查员</td></tr>
<tr><td>监理单位</td><td colspan="3">××建设监理公司</td><td>参检人员姓名</td><td>×××</td><td>职务</td><td>土建监理</td></tr>
<tr><td colspan="2">施工执行标准名称及编号</td><td colspan="6">《建筑电气工程施工工艺标准》(QB ×××－2005)</td></tr>
<tr><td colspan="4">施工质量验收规范的规定(GB 50303－2002)</td><td colspan="2">施工单位检查评定记录</td><td colspan="2">监理(建设)单位验收记录</td></tr>
<tr><td rowspan="3">主控项目</td><td>1</td><td>灯具回路控制与照明箱及回路的标识一致,开关与灯具控制顺序相对应</td><td>第 23.1.1 条</td><td colspan="2">照明系统通电试运行,灯具回路与照明配电箱对应的控制回路标识一致,开关与灯具的控制顺序对应</td><td colspan="2">合格</td></tr>
<tr><td>2</td><td>照明系统全负荷通电连续试运行无故障</td><td>第 23.1.2 条</td><td colspan="2">8h 连续运行后表明整个建筑物照明系统运行可靠</td><td colspan="2">合格</td></tr>
<tr><td></td><td></td><td></td><td colspan="2"></td><td colspan="2"></td></tr>
<tr><td colspan="2">复查记录</td><td colspan="6">监理工程师(签章):　　年　月　日
建设单位专业技术负责人(签章):　　年　月　日</td></tr>
<tr><td colspan="2">施工单位检查评定结果</td><td colspan="6">经检查,主控项目、一般项目均符合设计和《建筑电气工程施工质量验收规范》(GB 50303－2002)的规定。
总包单位质量检查员(签章):×××　2015 年×月×日
分包单位质量检查员(签章):×××　2015 年×月×日</td></tr>
<tr><td colspan="2">监理单位验收结论</td><td colspan="6">验收合格。
监理工程师(签章):×××　2015 年×月×日</td></tr>
<tr><td colspan="2">建设单位验收结论</td><td colspan="6">验收合格。
建设单位专业技术负责人(签章):×××　2015 年×月×日</td></tr>
</table>

第7章　备用和不间断电源

7.1　成套配电柜、控制柜(屏、台)和动力、照明配电箱(盘)安装

7.1.1　成套配电柜、控制柜(屏、台)和动力、照明配电箱(盘)安装资料列表

(1)施工技术资料

1)工程技术文件报审表

2)成套配电柜、控制柜(屏、台)和动力、照明配电箱(盘)安装施工方案

3)技术交底记录

①成套配电柜、控制柜(屏、台)和动力、照明配电箱(盘)安装施工方案技术交底记录

②成套配电柜、控制柜(屏、台)和动力、照明配电箱(盘)安装技术交底记录

4)图纸会审记录、设计变更、工程洽商记录

(2)施工物资资料

1)高压成套配电柜、控制柜(屏、台)出厂合格证、随带技术文件、生产许可证及许可证编号和试验记录。高压成套配电柜应按照《电气装置安装工程电气设备交接试验标准》(GB 50150—2006)的规定进行交接试验,并提供出厂试验报告。

2)低压成套配电柜、动力、照明配电箱(盘)出厂合格证、生产许可证及许可证编号、试验记录、“CCC”认证标志及认证证书复印件。

3)型钢合格证、材质证明书。

4)镀锌制品合格证或镀锌质量证明书。

5)导线、电缆出厂合格证、生产许可证、“CCC”认证标志及认证证书复印件。

6)材料、构配件进场检验记录

7)设备开箱检验记录

8)工程物资进场报验表

(3)施工记录

1)电气设备安装检查记录

2)工序交接检查记录

(4)施工试验记录及检测报告

1)电气接地电阻测试记录

2)电气绝缘电阻测试记录

3)高压开关柜试验记录

4)低压开关柜试验记录

5)低压开关柜交接试验记录(低压)

6)电气设备空载试运行记录

7)电气设备送电验收记录

(5)施工质量验收记录

1)成套配电柜、控制柜(屏、台)和动力、照明配电箱(盘)安装检验批质量验收记录

2)成套配电柜、控制柜(屏、台)和动力、照明配电箱(盘)安装分项工程质量验收记录

3)分项/分部工程施工报验表

(6)住宅工程质量分户验收记录表

成套配电柜、控制柜(屏、台)和动力、照明配电箱(盘)安装质量分户验收记录表

7.2　柴油发电机组安装

7.2.1　柴油发电机组安装资料列表

(1)施工技术资料

1)柴油发电机组安装技术交底记录

2)设计变更、工程洽商记录

(2)施工物资资料

1)柴油发电机组出厂合格证、生产许可证、机组出厂检验报告、试验记录、安装技术文件。

2)型钢合格证和材质证明书,导线、电缆、绝缘带、电焊条等的产品合格证。

3)材料、构配件进场检验记录

4)设备开箱检验记录

5)工程物资进场报验表

(3)施工记录

1)设备安装记录

2)工序交接检查记录

(4)施工试验记录及检测报告

1)电气接地电阻测试记录

2)馈电线路的绝缘电阻值测试和直流耐压试验记录

3)控制柜、配电柜试验记录

4)柴油发电机测试试验记录

5)发电机交接试验(静态、运转)记录

6)发电机组空载试运行和负荷试运行记录

(5)施工质量验收记录

1)柴油发电机组安装检验批质量验收记录

2)柴油发电机组安装分项工程质量验收记录

3)分项/分部工程施工报验表

7.2.2　柴油发电机组安装资料填写范例及说明

设备开箱检验记录		编　号	×××
设备名称	柴油发电机组	检查日期	2015年×月×日
规格型号	×××	总 数 量	×台
装箱单号	×××	检验数量	×台
检验记录	包装情况	包装完好、无损坏，标识明确	
	随机文件	出厂合格证、安装使用说明书、装箱单、检验报告、保修卡	
	备件与附件	附件、备品备件齐全	
	外观情况	柴油发电机组表面无损坏、无锈蚀、漆面完好	
	测试情况		

缺、损附备件明细表（检验结果）

序号	名称	规格	单位	数量	备注

结论：

经检查包装、随机文件齐全，外观良好，符合设计及规范要求，同意验收。

签字栏	建设(监理)单位	施工单位	供应单位
	×××	×××	×××

本表由施工单位填写并保存。

<table>
<tr><td colspan="4">工程物资进场报验表</td><td>编　号</td><td>×××</td></tr>
<tr><td>工程名称</td><td colspan="3">××工程</td><td>日　期</td><td>2015 年×月×日</td></tr>
<tr><td colspan="6">现报上关于<u>柴油发电机组安装</u>工程的物资进场检验记录，该批物资经我方检验符合设计、规范及合约要求，请予以批准使用。</td></tr>
</table>

物资名称	主要规格	单　位	数　量	选样报审表编号	使用部位
柴油发电机组	××	台	××	××××	地下一层变配电室

附件：　名　称　　页　数　　编　号

1. ☑ 出厂合格证　× 页　×××
2. ☑ 厂家质量检验报告　× 页　×××
3. ☐ 厂家质量保证书　___ 页　______
4. ☐ 商检证　___ 页　______
5. ☑ 进场检验记录　× 页　×××
6. ☐ 进场复试报告　___ 页　______
7. ☐ 备案情况　___ 页　______
8. ☑ 生产许可证　× 页　×××

申报单位名称：××机电工程有限公司　　申报人(签字)：×××

施工单位检验意见：

报验的工程设备的质量证明文件齐全，同意报项目监理部审批。

☑有 / ☐无 附页

施工单位名称：××建设集团有限公司　技术负责人(签字)：×××　审核日期：2015 年×月×日

验收意见：

1. 物资质量控制资料齐全、有效。
2. 设备试验合格。

审定结论：　☑同意　☐补报资料　☐重新检验　☐退场

监理单位名称：××建设监理有限公司　监理工程师(签字)：×××　验收日期：2015 年×月×日

本表由施工单位填报，建设单位、监理单位、施工单位各存一份。

<table>
<tr><td colspan="2">工序交接检查记录</td><td>编　　号</td><td>×××</td></tr>
<tr><td>工程名称</td><td colspan="3">××大厦</td></tr>
<tr><td>上道工序名称</td><td>发电机组空载试运行</td><td>下道工序名称</td><td>发电机组负荷试运行</td></tr>
<tr><td>交接部位</td><td>地下室柴油发电机组室</td><td>检查日期</td><td>2015年×月×日</td></tr>
<tr><td colspan="4">交接内容：
该部位发电机组空载试运行和试验调整合格，经检查确认，才能进行负荷试运行。见发电机组空载试运行记录(编号:××)。</td></tr>
<tr><td colspan="4">检查结果：
经检查，与交接内容相符，符合设计要求和《建筑电气工程施工质量验收规范》(GB 50303－2002)的规定。</td></tr>
<tr><td colspan="4">复查意见：
复查人：　　　　复查日期：</td></tr>
<tr><td colspan="4">见证单位意见：
同意工序交接，可进行下道工序。</td></tr>
<tr><td rowspan="2">签字栏</td><td>移交人</td><td>接收人</td><td>见证人</td></tr>
<tr><td>×××</td><td>×××</td><td>×××</td></tr>
</table>

1. 本表由移交、接收和见证单位各保存一份。
2. 见证单位应根据实际检查情况，并汇总移交和接收单位意见形成见证单位意见。

发电机交接试验记录

工程名称	××工程			分部工程名称	建筑电气	
分项工程名称	柴油发电机组安装			项目经理	×××	
施工执行标准名称及编号		建筑电气工程施工质量验收规范(GB 50303－2002)		试验日期	2015年×月×日	
测试仪器	兆欧表,ZC-7		发电机型号规格	×××	生产厂家	××发电机厂

部位 \ 内容		试验内容	试验结果
静态试验	定子电路	测量定子绕组的绝缘电阻和吸收比	绝缘电阻值大于0.5MΩ 沥青浸胶及烘卷云母绝缘吸收比大于1.3 环氧粉云母绝缘吸收比大于1.6
		在常温下,绕组表面温度与空气温度差在±3℃范围内测量各相直流电阻	各相直流电阻值相互间差值不大于最小值2%,与出厂值在同温度下比差值不大于2%
		交流工频耐压试验1min	试验电压为1.5Un＋750V,无闪络击穿现象(Un为发电机额定电压)
	转子电路	用1000V兆欧表测量转子绝缘电阻	绝缘电阻值大于0.5MΩ
		在常温下,绕组表面温度与空气温度差在±3℃范围内测量绕组直流电阻	数值与出厂值在同温度下比差值不大于2%
		交流工频耐压试验1min	用2500V摇表测量绝缘电阻替代
	励磁电路	退出励磁电路电子器件后,测量励磁电路的线路设备的绝缘设备的绝缘电阻	绝缘电阻值大于0.5MΩ
		退出励磁电路电子器件后,进行交流工频耐压试验1min	试验电压1000V,无击穿闪络现象
	其他	有绝缘轴承的用1000V兆欧表测量轴承绝缘电阻	绝缘电阻值大于0.5MΩ
		测量检温计(埋入式)绝缘电阻,校验检温计精度	用250V兆欧表检测不短路,精度符合出厂规定
		测量灭磁电阻,自同步电阻器的直流电阻	与铭牌相比较,其差值为±10%
运转试验		发电机空载特性试验	按设备说明书比对,符合要求
		测量相序	相序与出线标识相符
		测量空载和负荷后轴电压	按设备说明书比对,符合要求
验收结论		经试验,发电机交接试验项目符合设计及《建筑电气工程施工质量验收规范》(GB 50303－2002)的规定。 施工单位 项目专业质量检查员(签名):××× 项目专业技术负责人(签名):××× 2015年×月×日	合格。 专业监理工程师(签名):××× (建设单位项目专业技术负责人) 2015年×月×日

柴油发电机空载试运行和负荷试运行记录

工程名称				分项工程名称			
施工单位				试验人及日期			
机组编号/型号		额定功率		额定电压		额定电流	
施工执行标准名称及编号							
自动启动至接载时间							
保护试验记录		超水温温度(℃)		超速速度(r/min)		欠油压(MPa)	
记录数据							
绝缘电阻测试记录		定子(MΩ)		转子(MΩ)		励磁(MΩ)	
试运行试验记录		空载	25%负载	50%负载	75%负载	100%负载	110%负载
测试时间							
输出电流(A)	A						
	B						
	C						
	A—B						
	B—C						
	A—C						
频率(Hz)							
柴油机转速(r/min)							
冷液剂温度(℃)							
		专业工长(施工员)			测试人员		
安装单位检查结果		项目专业质量检查员： 年 月 日					
监理(建设)单位检查结论		专业监理工程师： (建设单位项目专业技术负责人) 年 月 日					

柴油发电机组安装检验批质量验收记录

07060201001

单位（子单位）工程名称	××大厦	分部（子分部）工程名称	建筑电气/备用和不间断电源	分项工程名称	柴油发电机组安装
施工单位	××建筑有限公司	项目负责人	赵斌	检验批容量	1 组
分包单位	/	分包单位项目负责人	/	检验批部位	柴油发电机组室
施工依据	××大厦电气施工组织计划		验收依据	《建筑电气工程施工质量验收规范》GB50303-2002	

		验收项目	设计要求及规范规定	最小/实际抽样数量	检查记录	检查结果
主控项目	1	电气交接试验	第 8.1.1 条	/	有交接试验记录，编号××××	√
	2	馈电线路的绝缘电阻值测试和耐压试验	第 8.1.2 条	/	试验合格，试验编号××××	√
	3	相序检验	第 8.1.3 条	全/1	共 1 处，全部检查，合格 1 处	√
	4	中性线与接地干线的连接	第 8.1.4 条	全/1	共 1 处，全部检查，合格 1 处	√
一般项目	1	随带控制柜的检查	第 8.2.1 条	全/1	共 1 处，全部检查，合格 1 处	100%
	2	可接近裸露导体的接地或接零	第 8.2.2 条	全/1	共 1 处，全部检查，合格 1 处	100%
	3	受电侧低压配电柜的试验和机组整体负荷试验	第 8.2.3 条	/	试验合格，报告编号××××	√

施工单位检查结果	符合要求 专业工长：王安民 项目专业质量检查员：王哲 2015 年××月××日
监理单位验收结论	合格 专业监理工程师：[illegible] 2015 年××月××日

一册在手～表格全有～贴近现场～资料无忧

柴油发电机组安装检验批质量验收记录填写说明

1. 填写依据

(1)《建筑电气工程质量验收规范》GB 50303－2002。

(2)《建筑工程施工质量验收统一标准》GB 50300－2013。

2. 规范摘要

以下内容摘自《建筑电气工程质量验收规范》GB 50303－2002。

主控项目

(1)发电机的试验必须符合《建筑电气工程质量验收规范》GB 50303－2002 附录 A 的规定。

(2)发电机组至低压配电柜馈电线路的相间、相对地间的绝缘电阻值应大于 0.5MΩ；塑料绝缘电缆馈电线路直流耐压试验为 2.4kV，时间 15min，泄漏电流稳定，无击穿现象。

(3)柴油发电机馈电线路连接后，两端的相序必须与原供电系统的相序一致。

(4)发电机中性线(工作零线)应与接地干线直接连接，螺栓防松零件齐全，且有标识。

一般项目

(1)发电机组随带的控制柜接线应正确，紧固件紧固状态良好，无遗漏脱落。开关、保护装置的型号、规格正确，验证出厂试验的锁定标记应无位移，有位移应重新按制造厂要求试验标定。

(2)发电机本体和机械部分的可接近裸露导体应接地(PE)或接零(PEN)可靠，且有标识。

(3)受电侧低压配电柜的开关设备、自动或手动切换装置和保护装置等试验合格，应按设计的自备电源使用分配预案进行负荷试验，机组连续运行 12h 无故障。

柴油发电机组安装　分项工程质量验收记录

<table>
<tr><td>单位(子单位)工程名称</td><td>××综合楼</td><td>结构类型</td><td>框架剪力墙</td></tr>
<tr><td>分部(子分部)工程名称</td><td>备用和不间断电源安装</td><td>检验批数</td><td>1</td></tr>
<tr><td>施工单位</td><td>××建设集团有限公司</td><td>项目经理</td><td>×××</td></tr>
<tr><td>分包单位</td><td>××机电工程有限公司</td><td>分包项目经理</td><td>×××</td></tr>
<tr><td>序号</td><td>检验批名称及部位、区段</td><td>施工单位检查评定结果</td><td>监理(建设)单位验收结论</td></tr>
<tr><td>1</td><td>地下二层变配电室</td><td>√</td><td rowspan="13">验收合格</td></tr>
<tr><td></td><td></td><td></td></tr>
<tr><td></td><td></td><td></td></tr>
<tr><td></td><td></td><td></td></tr>
<tr><td></td><td></td><td></td></tr>
<tr><td></td><td></td><td></td></tr>
<tr><td></td><td></td><td></td></tr>
<tr><td></td><td></td><td></td></tr>
<tr><td></td><td></td><td></td></tr>
<tr><td></td><td></td><td></td></tr>
<tr><td></td><td></td><td></td></tr>
<tr><td></td><td></td><td></td></tr>
<tr><td></td><td></td><td></td></tr>
<tr><td colspan="4">说明:</td></tr>
<tr><td>检查结论</td><td>地下二层变配电室柴油发电机组安装符合《建筑电气工程施工质量验收规范》(GB 50303—2002)的要求,柴油发电机组安装分项工程合格。

项目专业技术负责人:×××
2015 年×月×日</td><td>验收结论</td><td>同意施工单位检查结论,验收合格。

监理工程师:×××
(建设单位项目专业技术负责人)
2015 年×月×日</td></tr>
</table>

注:地基基础、主体结构工程的分项工程质量验收不填写“分包单位”、“分包项目经理”。

<table>
<tr><td colspan="2">分项/分部工程施工报验表</td><td>编　号</td><td>×××</td></tr>
<tr><td>工程名称</td><td>××综合楼</td><td>日　期</td><td>2015年×月×日</td></tr>
<tr><td colspan="4">
现我方已完成＿＿/＿＿（层）＿＿/＿＿轴（轴线或房间）＿＿/＿＿（高程）＿＿/＿＿（部位）的＿柴油发电机组安装＿工程，经我方检验符合设计、规范要求，请予以验收。

附件：　　名　称　　　　　　页　数　　　　编　号
1. □质量控制资料汇总表　＿＿页　＿＿＿＿
2. □隐蔽工程验收记录　＿＿页　＿＿＿＿
3. □预检记录　＿＿页　＿＿＿＿
4. □施工记录　＿＿页　＿＿＿＿
5. □施工试验记录　＿＿页　＿＿＿＿
6. □分部（子分部）工程质量验收记录　＿＿页　＿＿＿＿
7. ☑分项工程质量验收记录　＿1＿页　＿×××＿
8. □＿＿＿＿　＿＿页　＿＿＿＿
9. □＿＿＿＿　＿＿页　＿＿＿＿
10. □＿＿＿＿　＿＿页　＿＿＿＿

质量检查员（签字）：×××

施工单位名称：××机电工程有限公司　　　技术负责人（签字）：×××
</td></tr>
<tr><td colspan="4">
审查意见：
1. 所报附件材料真实、齐全、有效。
2. 所报分项工程实体工程质量符合规范和设计要求。

审查结论：　　☑合格　　　□不合格

监理单位名称：××建设监理有限公司　（总）监理工程师（签字）：×××　审查日期：2015年×月×日
</td></tr>
</table>

本表由施工单位填报，监理单位、施工单位各存一份。分项、分部工程不合格，应填写《不合格项处置记录》，分部工程应由总监理工程师签字。

7.3　不间断电源装置及应急电源装置安装

7.3.1　不间断电源装置及应急电源装置安装资料列表

(1)施工技术资料

1)不间断电源装置及应急电源装置安装技术交底记录

2)设计变更、工程洽商记录

(2)施工物资资料

1)不间断电源设备、应急电源装置和各种附件的产品出厂合格证、生产许可证及许可证编号、安装技术文件、“CCC”认证标志及认证证书复印件、出厂试验记录。

2)各类导线、电缆及其他辅材产品合格证、生产许可证、“CCC”认证标志及认证证书复印件。

3)材料、构配件进场检验记录

4)设备开箱检验记录

5)工程物资进场报验表

(3)施工记录

1)隐蔽工程验收记录

2)自、专检记录

3)工序交接检查记录

(4)施工试验记录及检测报告

1)电气绝缘电阻测试记录

2)电气设备空载试运行记录

3)逆变应急电源测试试验记录

4)噪声测试记录

5)试验报告

(5)施工质量验收记录

1)不间断电源装置及应急电源装置安装检验批质量验收记录

2)不间断电源装置及应急电源装置安装分项工程质量验收记录

3)分项/分部工程施工报验表

7.3.2　不间断电源装置及应急电源装置安装资料填写范例及说明

<table>
<tr><td colspan="4">设备开箱检验记录</td><td>编　号</td><td colspan="2">×××</td></tr>
<tr><td colspan="2">设备名称</td><td colspan="2">不间断电源</td><td>检查日期</td><td colspan="2">2015 年×月×日</td></tr>
<tr><td colspan="2">规格型号</td><td colspan="2">×××</td><td>总 数 量</td><td colspan="2">×台</td></tr>
<tr><td colspan="2">装箱单号</td><td colspan="2">×××</td><td>检验数量</td><td colspan="2">×台</td></tr>
<tr><td rowspan="5">检验记录</td><td>包装情况</td><td colspan="5">包装完好、无损坏,标识明确</td></tr>
<tr><td>随机文件</td><td colspan="5">出厂合格证、安装使用说明书、装箱单、检验报告、保修卡</td></tr>
<tr><td>备件与附件</td><td colspan="5">附件、备品备件齐全</td></tr>
<tr><td>外观情况</td><td colspan="5">不间断电源表面无损坏、无锈蚀、漆面完好</td></tr>
<tr><td>测试情况</td><td colspan="5"></td></tr>
<tr><td rowspan="9">检验结果</td><td colspan="6">缺、损附备件明细表</td></tr>
<tr><td>序号</td><td>名称</td><td>规格</td><td>单位</td><td>数量</td><td>备注</td></tr>
<tr><td></td><td></td><td></td><td></td><td></td><td></td></tr>
<tr><td></td><td></td><td></td><td></td><td></td><td></td></tr>
<tr><td></td><td></td><td></td><td></td><td></td><td></td></tr>
<tr><td></td><td></td><td></td><td></td><td></td><td></td></tr>
<tr><td></td><td></td><td></td><td></td><td></td><td></td></tr>
<tr><td></td><td></td><td></td><td></td><td></td><td></td></tr>
<tr><td></td><td></td><td></td><td></td><td></td><td></td></tr>
<tr><td colspan="7">结论:
经检查包装、随机文件齐全,外观良好,符合设计及规范要求,同意验收。</td></tr>
<tr><td rowspan="2">签字栏</td><td colspan="2">建设(监理)单位</td><td colspan="2">施工单位</td><td colspan="2">供应单位</td></tr>
<tr><td colspan="2">×××</td><td colspan="2">×××</td><td colspan="2">×××</td></tr>
</table>

本表由施工单位填写并保存。

<table>
<tr><td colspan="4">工程物资进场报验表</td><td>编　号</td><td>×××</td></tr>
<tr><td>工 程 名 称</td><td colspan="3">××工程</td><td>日　期</td><td>2015 年×月×日</td></tr>
<tr><td colspan="6">现报上关于<u>不间断电源安装</u>工程的物资进场检验记录,该批物资经我方检验符合设计、规范及合约要求,请予以批准使用。</td></tr>
<tr><td>物资名称</td><td>主要规格</td><td>单位</td><td>数量</td><td>选样报审表编号</td><td>使用部位</td></tr>
<tr><td>不间断电源</td><td>××</td><td>台</td><td>××</td><td>××××</td><td>地下一层变配电室</td></tr>
<tr><td></td><td></td><td></td><td></td><td></td><td></td></tr>
<tr><td></td><td></td><td></td><td></td><td></td><td></td></tr>
<tr><td></td><td></td><td></td><td></td><td></td><td></td></tr>
<tr><td colspan="6">附件：　名　称　　　页　数　　　编　号
1. ☑ 出厂合格证　　× 页　　×××
2. ☑ 厂家质量检验报告　　× 页　　×××
3. □ 厂家质量保证书　　__ 页　　______
4. □ 商检证　　__ 页　　______
5. ☑ 进场检验记录　　× 页　　×××
6. □ 进场复试报告　　__ 页　　______
7. □ 备案情况　　__ 页　　______
8. ☑ 生产许可证　　× 页　　×××

申报单位名称:××机电工程有限公司　　申报人(签字):×××</td></tr>
<tr><td colspan="6">施工单位检验意见:
报验的工程设备的质量证明文件齐全,同意报项目监理部审批。

☑有 / □无 附页
施工单位名称:××建设集团有限公司　　技术负责人(签字):×××　　审核日期:2015 年×月×日</td></tr>
<tr><td colspan="6">验收意见:
1. 物资质量控制资料齐全、有效。
2. 设备试验合格。

审定结论:　☑同意　□补报资料　□重新检验　□退场
监理单位名称:××建设监理有限公司　　监理工程师(签字):×××　　验收日期:2015 年×月×日</td></tr>
</table>

本表由施工单位填报,建设单位、监理单位、施工单位各存一份。

不间断电源装置及应急电源装置安装检验批质量验收记录

07060301001

单位（子单位）工程名称	××大厦	分部（子分部）工程名称	建筑电气/备用和不间断电源	分项工程名称	不间断电源装置及应急电源装置安装	
施工单位	××建筑有限公司	项目负责人	赵斌	检验批容量	3组	
分包单位	/	分包单位项目负责人	/	检验批部位	变配电室	
施工依据	××大厦电气施工组织计划		验收依据	《建筑电气工程施工质量验收规范》GB50303-2002		
		验收项目	设计要求及规范规定	最小/实际抽样数量	检查记录	检查结果
主控项目	1	核对规格、型号和接线检查	第9.1.1条	全/3	共3处，全部检查，合格3处	√
	2	电气交接试验及调整	第9.1.2条	/	试验合格，试验编号××××	√
	3	装置间的连线绝缘电阻值测试	第9.1.3条	/	试验合格，试验编号××××	√
	4	输出端中性线的重复接地	第9.1.4条	全/3	共3处，全部检查，合格3处	√
一般项目	1	机架组装紧固且水平度、垂直度偏差	≤1.5‰	全/3	抽查3处，合格3处	100%
	2	主回路和控制电线、电缆敷设及连接	第9.2.2条	全/3	共3处，全部检查，合格3处	100%
	3	可接近裸露导体的接地或接零	第9.2.3条	全/3	抽查3处，合格3处	100%
	4	运行时噪声的检查	第9.2.4条	全/3	共3处，全部检查，合格3处	100%
施工单位检查结果	符合要求 专业工长：（签名） 项目专业质量检查员：（签名） 2015年××月××日					
监理单位验收结论	合格 专业监理工程师：（签名） 2015年××月××日					

不间断电源装置及应急电源装置安装检验批质量验收记录填写说明

1. 填写依据

(1)《建筑电气工程质量验收规范》GB 50303－2002。

(2)《建筑工程施工质量验收统一标准》GB 50300－2013。

2. 规范摘要

以下内容摘自《建筑电气工程质量验收规范》GB 50303－2002。

主控项目

(1)不间断电源的整流装置、逆变装置和静态开关装置的规格、型号必须符合设计要求。内部结线连接正确，紧固件齐全，可靠不松动，焊接连接无脱落现象。

(2)不间断电源的输入、输出各级保护系统和输出的电压稳定性、波形畸变系数、频率、相位、静态开关的动作等各项技术性能指标试验调整必须符合产品技术文件要求，且符合设计文件要求。

(3)不间断电源装置间连线的线间、线对地间绝缘电阻值应大于0.5MΩ。

(4)不间断电源输出端的中性线(N极)，必须与由接地装置直接引来的接地干线相连接，做重复接地。

一般项目

(1)安放不间断电源的机架组装应横平竖直，水平度、垂直度允许偏差不应大于1.5‰，紧固件齐全。

(2)引入或引出不间断电源装置的主回路电线、电缆和控制电线、电缆应分别穿保护管敷设，在电缆支架上平行敷设应保持150mm的距离；电线、电缆的屏蔽护套接地连接可靠，与接地干线就近连接，紧固件齐全。

(3)不间断电源装置的可接近裸露导体应接地(PE)或接零(PEN)可靠，且有标识。

(4)不间断电源正常运行时产生的A声级噪声，不应大于45dB；输出额定电流为5A及以下的小型不间断电源噪声，不应大于30dB。

7.4　母线槽安装

母线槽安装资料列表

(1)施工技术资料

1)技术交底记录

母线槽安装技术交底记录

2)设计变更、工程洽商记录

(2)施工物资资料

1)母线槽的产品合格证、材质证明和安装技术文件(包括额定电压、额定容量、试验报告等技术数据)、"CCC"认证标志及认证证书复印件。

2)型钢合格证和材质证明书。

3)其他材料(防腐油漆、面漆、电焊条等)出厂合格证。

4)材料、构配件进场检验记录

5)工程物资进场报验表

(3)施工记录

1)母线安装检查记录

2)工序交接检查记录

(4)施工试验记录及检测报告

1)电气接地电阻测试记录

2)电气绝缘电阻测试记录

3)高压母线交流工频耐压试验记录

4)低压母线交接试验记录

(5)施工质量验收记录

1)母线槽安装检验批质量验收记录

2)母线槽安装分项工程质量验收记录

3)分项/分部工程施工报验表

7.5　导管敷设

导管敷设资料列表

(1)施工技术资料

1)技术交底记录

①硬质阻燃型绝缘导管明敷设工程技术交底记录

②硬质和半硬质阻燃型绝缘导管暗敷设工程技术交底记录

③钢管敷设工程技术交底记录

④套接扣压式薄壁钢导管敷设技术交底记录

⑤套接紧定式钢导管敷设技术交底记录

2)设计变更、工程洽商记录

(2)施工物资资料

1)阻燃型(PVC)塑料管及其附件检验测试报告和产品出厂合格证;钢导管的管材及附件产品合格证和材质证明书

2)材料、构配件进场检验记录

3)工程物资进场报验表

(3)施工记录

1)隐蔽工程验收记录

2)电气线路接地检查记录

3)工序交接检查记录

(4)施工试验记录及检测报告

1)线路接地电阻测试记录

2)电气绝缘电阻测试记录

(5)施工质量验收记录

1)导管敷设检验批质量验收记录

2)导管敷设分项工程质量验收记录

3)分项/分部工程施工报验表

(6)住宅工程质量分户验收记录表

导管敷设质量分户验收记录表

7.6　电缆敷设

电缆敷设资料列表

(1)施工技术资料
1)电缆敷设技术交底记录
2)设计变更、工程洽商记录
(2)施工物资资料
1)电缆出厂合格证、生产许可证、"CCC"认证标志及认证证书复印件。
2)材料、构配件进场检验记录
3)工程物资进场报验表
(3)施工记录
1) 隐蔽工程验收记录
2)电缆相位检查记录
3)电缆敷设记录
4)自、专检记录
5)工序交接检查记录
(4)施工试验记录及检测报告
1)电缆绝缘电阻测试记录或耐压试验记录
2)试验报告(直流电阻、绝缘、耐压等)
(5)施工质量验收记录
1)电缆敷设检验批质量验收记录
2)电缆敷设分项工程质量验收记录
3)分项/分部工程施工报验表

7.7　管内穿线和槽盒内敷线

管内穿线和槽盒内敷线资料列表

(1)施工管理资料

低压配电系统电线见证记录

(2)施工技术资料

1)管内穿线和槽盒内敷线技术交底记录

2)设计变更、工程洽商记录

(3)施工物资资料

1)各种绝缘导线、电缆产品出厂合格证、生产许可证、“CCC”认证标志及认证证书复印件。

2)低压配电系统电线进场检验报告

3)材料、构配件进场检验记录

4)工程物资进场报验表

(4)施工记录

1)隐蔽工程验收记录

2)管内穿线质量检查记录

3)工序交接检查记录

(5)施工试验记录及检测报告

1)电气接地电阻测试记录

2)电气绝缘电阻测试记录

(6)施工质量验收记录

1)管内穿线和槽盒内敷线检验批质量验收记录

2)管内穿线和槽盒内敷线分项工程质量验收记录

3)分项/分部工程施工报验表

(7)住宅工程质量分户验收记录表

管内穿线和槽盒内敷线质量分户验收记录表

7.8　电缆头制作、导线连接和线路绝缘测试

电缆头制作、导线连接和线路绝缘测试资料列表

(1)施工技术资料

1)电缆头制作、导线连接和线路绝缘测试技术交底记录

2)设计变更、工程洽商记录

(2)施工物资资料

1)电缆出厂合格证、检测报告、生产许可证、"CCC"认证标志及认证证书复印件。

2)各种金属型钢合格证和材质证明书、辅助材料产品合格证

3)材料、构配件进场检验记录

4)工程物资进场报验表

(3)施工记录

1)隐蔽工程验收记录

2)电缆中间、终端头制作安装记录

3)自、专检记录

4)工序交接检查记录

(4)施工试验记录及检测报告

1)电缆敷设绝缘测试记录

2)电缆测试记录或直流耐压试验记录

3)电缆在火焰条件下燃烧的试验报告

(5)施工质量验收记录

1)电缆头制作、导线连接和线路绝缘测试检验批质量验收记录

2)电缆头制作、导线连接和线路绝缘测试分项工程质量验收记录

3)分项/分部工程施工报验表

(6)住宅工程质量分户验收记录表

电缆头制作、导线连接和线路绝缘测试质量分户验收记录表

(7)直埋电缆中间接头的敷设位置图

7.9　接地装置安装

接地装置安装资料列表

(1)施工技术资料

1)接地装置安装技术交底记录

2)设计变更、工程洽商记录

(2)施工物资资料

1)镀锌钢材(角钢、钢管、扁钢、圆钢等)、铜材(铜管、铜排等)、接地模块等材质证明及产品出厂合格证。

2)材料、构配件进场检验记录

3)工程物资进场报验表

(3)施工记录

1)隐蔽工程验收记录

2)工序交接检查记录

(4)施工试验记录及检测报告

1)电气接地电阻测试记录

2)电气接地装置隐检与平面示意图表

(5)施工质量验收记录

1)接地装置安装检验批质量验收记录

2)接地装置安装分项工程质量验收记录

3)分项/分部工程施工报验表

第 8 章　防雷及接地

8.1　接地装置安装

8.1.1　接地装置安装资料列表

(1)施工技术资料

1)接地装置安装技术交底记录

2)设计变更、工程洽商记录

(2)施工物资资料

1)镀锌钢材(角钢、钢管、扁钢、圆钢等)、铜材(铜管、铜排等)、接地模块等材质证明及产品出厂合格证。

2)材料、构配件进场检验记录

3)工程物资进场报验表

(3)施工记录

1)隐蔽工程验收记录

2)工序交接检查记录

(4)施工试验记录及检测报告

1)电气接地电阻测试记录

2)电气接地装置隐检与平面示意图表

(5)施工质量验收记录

1)接地装置安装检验批质量验收记录

2)接地装置安装分项工程质量验收记录

3)分项/分部工程施工报验表

8.1.2　接地装置安装资料填写范例及说明

隐蔽工程验收记录		编　号	×××
工程名称	××工程		
隐检项目	防雷接地装置	隐检日期	2015 年×月×日
隐检部位	室外　轴线　　标高		

隐检依据：施工图图号　电施××　，设计变更/洽商（编号　/　）及有关国家现行标准等。

主要材料名称及规格/型号：镀锌扁钢 －40×4

隐检内容：

1. 人工接地装置采用－40×4 镀锌扁钢，埋深－0.70m，位置符合电气施工图纸。
2. 环形接地分别由轴Ⓐ、①、轴Ⓐ、④……处引至结构基础钢筋进行焊接，并与避雷引线连成一体。
3. 扁钢连接处焊接长度为其宽度 2 倍以上，且三面施焊，焊接处药皮已清除，无夹渣咬肉现象，并涂沥青油，防腐无遗漏。
4. 建筑物外墙轴Ⓐ、②、轴Ⓐ、⑲、轴Ⓖ、②、轴Ⓖ、⑲处设置断接卡子。
5. 实测接地电阻值为 0.2Ω。

检查意见：

检查结论：☑同意隐蔽　　□不同意，修改后进行复查

复查结论：

复查人：　　　　复查日期：

签字栏	建设（监理）单位	施工单位	××机电工程有限公司	
		专业技术负责人	专业质检员	专业工长
	×××	×××	×××	×××

本表由施工单位填写，建设单位、施工单位、城建档案馆各保存一份。

隐蔽工程验收记录		编　号	×××
工程名称	××工程		
隐检项目	防雷接地装置	隐检日期	2015年×月×日
隐检部位	地下一层 轴线　　标高		

隐检依据:施工图图号 电施×× ,设计变更/洽商(编号 /)及有关国家现行标准等。

主要材料名称及规格/型号: 结构基础钢筋 ϕ25

隐检内容:

1. 接地体利用××(规格)结构基础钢筋,选用钢筋位置、数量符图;钢筋交叉处采用 ϕ12 圆钢搭接焊接,搭接长度大于钢筋直径6倍,且两面施焊。
2. 焊接处药皮已清除,无夹渣咬肉现象。
3. 建筑物外墙轴Ⓐ、②、轴Ⓐ、⑲、轴Ⓖ、②、轴Ⓖ、⑲处设置测试点。
4. 实测接地电阻值为0.6Ω。

检查意见:

检查结论: ☑同意隐蔽　　□不同意,修改后进行复查

复查结论:

复查人:　　　　复查日期:

签字栏	建设(监理)单位	施工单位	××机电工程有限公司	
		专业技术负责人	专业质检员	专业工长
	×××	×××	×××	×××

本表由施工单位填写,建设单位、施工单位、城建档案馆各保存一份。

<table>
<tr><td colspan="2">隐蔽工程验收记录</td><td>编 号</td><td>×××</td></tr>
<tr><td>工程名称</td><td colspan="3">××工程</td></tr>
<tr><td>隐检项目</td><td>防雷接地装置</td><td>隐检日期</td><td>2015 年×月×日</td></tr>
<tr><td>隐检部位</td><td colspan="3">室外 层　　建筑物四周 轴线　　−0.80m 标高</td></tr>
</table>

隐检依据:施工图图号 电施 24 ,设计变更/洽商(编号 /)及有关国家现行标准等。

主要材料名称及规格/型号: 镀锌扁钢 −40×4

隐检内容:

1. 人工接地装置采用−40×4 镀锌扁钢,埋深−0.70m,位置符合电气施工图纸。
2. 环形接地装置分别与轴Ⓑ、①、轴Ⓑ、⑥……处引至结构基础钢梁进行焊接,并与避雷引线连成一体。
3. 扁钢连接处焊接长度为其宽度的 2 倍以上,且三面施焊,焊接处药皮已清除,无夹渣咬肉现象,并刷沥青,防腐无遗漏。
4. 建筑物外墙轴Ⓑ、②、轴Ⓑ、⑲、轴Ⓗ、②、轴Ⓗ、⑲处设置断接卡子。
5. 实测接地电阻值为 0.2Ω。

隐检内容已做完,请予以检查。

申报人:×××

检查意见:

经检查:符合设计要求和《建筑电气工程施工质量验收规范》(GB 50303−2002)规定。

检查结论: ☑同意隐蔽　　□不同意,修改后进行复查

复查结论:

复查人:　　　　复查日期:

<table>
<tr><td rowspan="3">签字栏</td><td rowspan="2">建设(监理)单位</td><td>施工单位</td><td colspan="2">××机电工程有限公司</td></tr>
<tr><td>专业技术负责人</td><td>专业质检员</td><td>专业工长</td></tr>
<tr><td>×××</td><td>×××</td><td>×××</td><td>×××</td></tr>
</table>

本表由施工单位填写,建设单位、施工单位、城建档案馆各保存一份。

隐蔽工程验收记录		资料编号	×××
工程名称	××办公楼工程		
隐检项目	接地装置安装	隐检日期	2015 年 11 月 25 日
隐检部位	地下一层　⑴～⑦/Ⓒ～Ⓗ　轴线	标高－5.750m	

隐检依据：施工图图号＿电施－3＿，设计变更/洽商（编号＿/＿）及有关国家现行标准等。

主要材料名称及规格/型号：＿圆钢 ϕ12＿

隐检内容：

利用基础底板内周围网状焊接的主筋作为自然接地极（2 根）。自然接地极横向、纵向（柱筋）的钢筋交叉处采用 ϕ12 镀锌圆钢搭接焊好，清除药皮，并将两根引上主筋做好标记。焊接处焊缝饱满并有足够机械强度，无夹渣、咬肉、气孔及焊透现象，圆钢焊接长度大于其直径的 6 倍（80mm），并双面施焊。

影像资料的部位、数量：

申报人：×××

检查意见：

经检查，符合设计要求和《建筑电气工程施工质量验收规范》（GB 50303）的规定。

检查结论：　☑同意隐蔽　　□不同意，修改后进行复查

复查结论：

复查人：　　　　复查日期：

签字栏	施工单位	××建设集团有限公司	专业技术负责人	专业质检员	专业工长
			×××	×××	×××
	监理（建设）单位	××工程建设监理有限公司		专业工程师	×××

本表由施工单位填写，并附影像资料。

<table>
<tr><td colspan="2">工序交接检查记录</td><td>编　　号</td><td colspan="2">×××</td></tr>
<tr><td>工程名称</td><td colspan="4">××综合楼</td></tr>
<tr><td>上道工序名称</td><td>建筑物基础接地体</td><td>下道工序名称</td><td colspan="2">浇捣混凝土</td></tr>
<tr><td>交接部位</td><td>地下二层结构基础</td><td>检查日期</td><td colspan="2">2015 年×月×日</td></tr>
<tr><td colspan="5">交接内容：
1. 底板钢筋敷设完成，按设计要求做接地施工。
2. 人工接地装置采用－40×4 镀锌扁钢，埋深－0.70m，位置符合电气施工图纸。
3. 环形接地装置分别与轴Ⓑ、①、轴Ⓑ、⑥……处引至结构基础钢梁进行焊接，并与避雷引线连成一体。
4. 扁钢连接处焊接长度为其宽度的 2 倍以上，且三面施焊，焊接处药皮已清除，无夹渣咬肉现象，并涂沥青，防腐无遗漏。</td></tr>
<tr><td colspan="5">检查结果：
经检查，符合设计要求和《建筑电气工程施工质量验收规范》(GB 50303－2002)的规定。</td></tr>
<tr><td colspan="5">复查意见：

复查人：　　　　　　　　复查日期：</td></tr>
<tr><td colspan="5">见证单位意见：
同意工序交接，可进行下道工序施工。</td></tr>
<tr><td rowspan="2">签字栏</td><td>移交人</td><td colspan="2">接收人</td><td>见证人</td></tr>
<tr><td>×××</td><td colspan="2">×××</td><td>×××</td></tr>
</table>

1. 本表由移交、接收和见证单位各保存一份。
2. 见证单位应根据实际检查情况，并汇总移交和接收单位意见形成见证单位意见。

电气接地装置隐检与平面示意图表				编　号	×××	
工程名称	××工程			图　号	电施 15	
接地类型	防雷接地	组数	/	设计要求		≤1Ω

接地装置平面示意图(绘制比例要适当,注明各组别编号及有关尺寸)

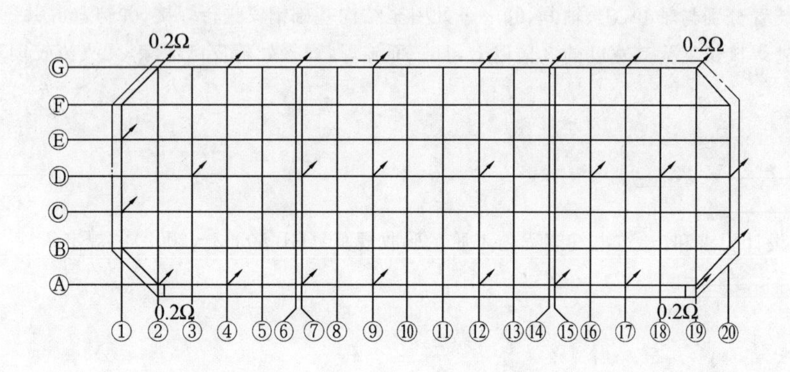

接地装置敷设情况检查表(尺寸单位:mm)

槽沟尺寸	沿结构外四周,深 700mm	土质情况	砂质黏土
接地极规格	/	打进深度	/
接地体规格	40×4 镀锌扁钢	焊接情况	符合规范规定
防腐处理	焊接处均涂沥青油	接地电阻	(取最大值)　0.2Ω
检验结论	符合设计和规范要求	检验日期	2015 年×月×日

签字栏	建设(监理)单位	施工单位	北京××机电工程公司	
		专业技术负责人	专业质检员	专业工长
	×××	×××	×××	×××

本表由施工单位填写,建设单位、施工单位、城建档案馆各保存一份。

电气接地装置隐检与平面示意图表				编　号	×××	
工程名称	××工程			图　号	电施 27	
接地类型	防雷接地	组数	/	设计要求		≤1Ω
接地装置平面示意图(绘制比例要适当,注明各组别编号及有关尺寸)						

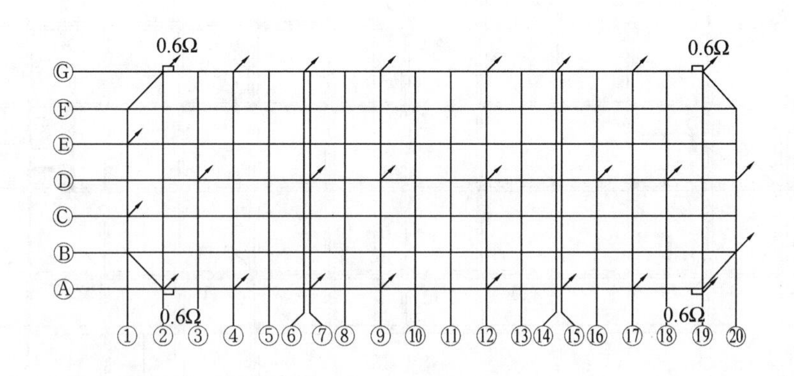

接地装置敷设情况检查表(尺寸单位:mm)			
槽沟尺寸	沿结构基础底坑	土质情况	砂质黏土
接地极规格	/	打进深度	/
接地体规格	ϕ25 钢筋	焊接情况	符合规范规定
防腐处理	均埋在结构混凝土中	接地电阻	(取最大值)　0.6Ω
检验结论	符合设计和规范要求	检验日期	2015 年×月×日

签字栏	建设(监理)单位	施工单位	北京××机电工程公司	
		专业技术负责人	专业质检员	专业工长
	×××	×××	×××	×××

本表由施工单位填写,建设单位、施工单位、城建档案馆各保存一份。

一册在手　表格全有　贴近现场　资料无忧

电气接地装置隐检与平面示意图表				资料编号	×××	
工程名称	××办公楼工程			图　号	电施—3	
接地类型	工作、保护、防雷、弱电	组数	/		设计要求	≤0.5Ω
接地装置平面示意图(绘制比例要适当,注明各组别编号及有关尺寸)						

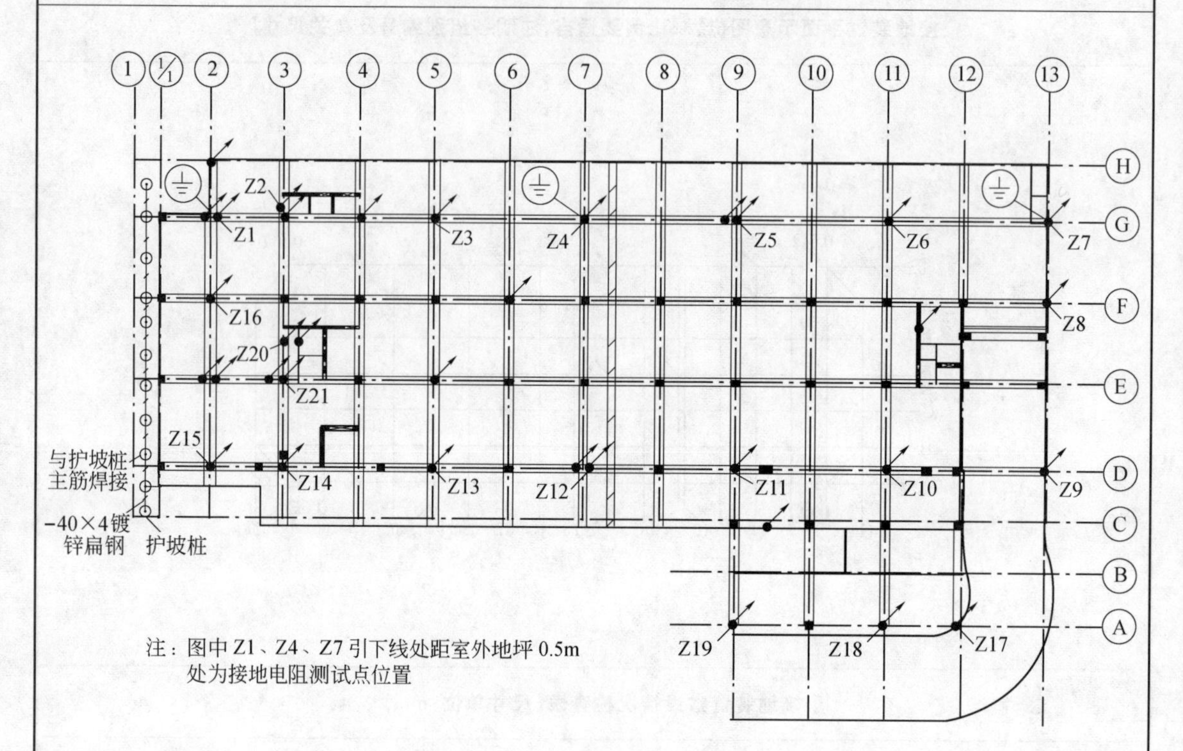

接地装置敷设情况检查表(尺寸单位:mm)

槽沟尺寸	基础底坑	土质情况	粉质黏土
接地极规格	/	打进深度	/
接地体规格	利用基础底板筋作自然接地体Φ25	焊接情况	符合规范规定
防腐处理	均埋在混凝土中	接地电阻	(取最大值) 0.18Ω
检验结论	符合设计和规范要求	检验日期	2015年8月30日

签字栏	施工单位	××建设集团有限公司	专业质检员	专业工长	检验员
			×××	×××	×××
	监理(建设)单位	××工程建设监理有限公司		专业工程师	×××

本表由施工单位填写。

8.2　防雷引下线及接闪器安装

8.2.1　防雷引下线及接闪器安装资料列表

(1)施工技术资料

1)防雷引下线及接闪器安装技术交底记录

2)设计变更、工程洽商记录

(2)施工物资资料

1)镀锌钢材、铜材材质证明及产品出厂合格证

2)材料、构配件进场检验记录

3)工程物资进场报验表

(3)施工记录

1)隐蔽工程验收记录

2)工序交接检查记录

(4)施工试验记录及检测报告

1)电气接地电阻测试记录

2)避雷带支架拉力测试记录

(5)施工质量验收记录

1)防雷引下线及接闪器安装检验批质量验收记录

2)防雷引下线及接闪器安装分项工程质量验收记录

3)分项/分部工程施工报验表

8.2.2　防雷引下线及接闪器安装资料填写范例及说明

隐蔽工程验收记录		编　号	×××
工程名称	××工程		
隐检项目	避雷引下线	隐检日期	2015 年×月×日
隐检部位	×　层　⑦～⑫/Ⓑ～Ⓕ　轴线　×　标高		

隐检依据:施工图图号　电施－8　,设计变更/洽商(编号　/　)及有关国家现行标准等。

主要材料名称及规格/型号:　钢筋 HRB 335　Φ25

隐检内容:

1.避雷引下线共 26 处,分别利用轴Ⓑ、①,轴Ⓑ、③……处两根Φ25 柱主筋上下对应引上,位置符合电气施工图纸。

2.柱主筋采用搭接焊接,焊接长度大于钢筋直径的 6 倍,且两面施焊;药皮已清除,无夹渣咬肉现象。

隐检内容已做完,请予以检查。

申报人:×××

检查意见:

经检查:避雷引下线位置、柱主筋搭接焊、施工做法符合设计要求及《建筑电气工程施工质量验收规范》(GB 50303－2002)规定。

检查结论:　☑同意隐蔽　　□不同意,修改后进行复查

复查结论:

复查人:　　　　复查日期:

签字栏	建设(监理)单位	施工单位	××机电工程有限公司	
		专业技术负责人	专业质检员	专业工长
	×××	×××	×××	×××

本表由施工单位填写,建设单位、施工单位、城建档案馆各保存一份。

<table>
<tr><td colspan="3">隐蔽工程验收记录</td><td>编　号</td><td colspan="2">×××</td></tr>
<tr><td>工程名称</td><td colspan="5">××工程</td></tr>
<tr><td>隐检项目</td><td colspan="2">防雷接地引下线及外墙门窗接地点预埋</td><td>隐检日期</td><td colspan="2">2015年×月×日</td></tr>
<tr><td>隐检部位</td><td colspan="5">十　层　⑦～⑫/Ⓑ～Ⓕ　轴线　25.20m　标高</td></tr>
<tr><td colspan="6">隐检依据：施工图图号　电施-7、电施-8、电施-9、电施-10、电施-12　，设计变更/洽商（编号　/　）及有关国家现行标准等。
主要材料名称及规格/型号：　ϕ12镀锌圆钢</td></tr>
<tr><td colspan="6">隐检内容：
1. 利用结构钢筋做避雷引下线共7处：分别利用柱（④～Ⓐ）/（④～㉜），柱（④～Ⓐ）/（④～㊱），柱（④～Ⓐ）/（④～㊷），柱（④～Ⓐ）/（④～㊷），柱（④～Ⓗ）/（④～㉝），柱（④～Ⓗ）/（④～㊲），柱（④～Ⓗ）/（④～㊷），柱（④～Ⓕ）/（④～㊷）；
2. 每个柱子选两根主筋作为引上线，连接点连接可靠；
3. 外墙门窗接地点与避雷引下线连接可靠，采用ϕ12镀锌圆钢搭接焊接，位于门、窗左侧位置。
申报人：×××</td></tr>
<tr><td colspan="6">检查意见：
经检查：符合设计要求及《建筑电气工程施工质量验收规范》(GB 50303－2002)规定。
检查结论：　☑同意隐蔽　　□不同意，修改后进行复查</td></tr>
<tr><td colspan="6">复查结论：
复查人：　　　　复查日期：</td></tr>
<tr><td rowspan="3">签字栏</td><td rowspan="2">建设（监理）单位</td><td>施工单位</td><td colspan="3">××机电工程有限公司</td></tr>
<tr><td>专业技术负责人</td><td>专业质检员</td><td colspan="2">专业工长</td></tr>
<tr><td>×××</td><td>×××</td><td>×××</td><td colspan="2">×××</td></tr>
</table>

本表由施工单位填写，建设单位、施工单位、城建档案馆各保存一份。

一册在手　表格全有　贴近现场　资料无忧

<table>
<tr><td colspan="3">隐蔽工程验收记录</td><td>资料编号</td><td colspan="2">×××</td></tr>
<tr><td>工程名称</td><td colspan="5">××办公楼工程</td></tr>
<tr><td>隐检项目</td><td colspan="2">防雷接地引下线敷设</td><td>隐检日期</td><td colspan="2">2015 年 3 月 7 日</td></tr>
<tr><td>隐检部位</td><td colspan="5">一层　⑨～⑬/Ⓐ～Ⓖ　轴线　柱内　标高　0.000～3.600m</td></tr>
<tr><td colspan="6">隐检依据:施工图图号　电施－3　,设计变更/洽商(编号　/　)及有关国家现行标准等。
主要材料名称及规格/型号:　钢筋 HRB 335Φ25,圆钢 ϕ12</td></tr>
<tr><td colspan="6">隐检内容:
1. 利用 2 根Φ25 结构柱对角主筋作为避雷引下线。
2. 该部位柱避雷引下线共 8 处,分别为⑪/Ⓖ、⑬/Ⓖ、⑬/Ⓕ、⑬/Ⓓ、⑪/Ⓓ、⑫/Ⓐ、⑪/Ⓐ、⑨/Ⓐ轴柱主筋。
3. 2 根Φ25 柱对角主筋以 ϕ12 圆钢可靠焊接联通;柱主筋采用直螺纹套筒连接,连接牢固。
4. 焊接长度大于Φ25 钢筋直径的 6 倍,双面施焊,焊药清除干净,焊接饱满,无咬肉、夹渣等现象。
5. 每根避雷引下线均用白色油漆涂刷标识。
如下图所示。
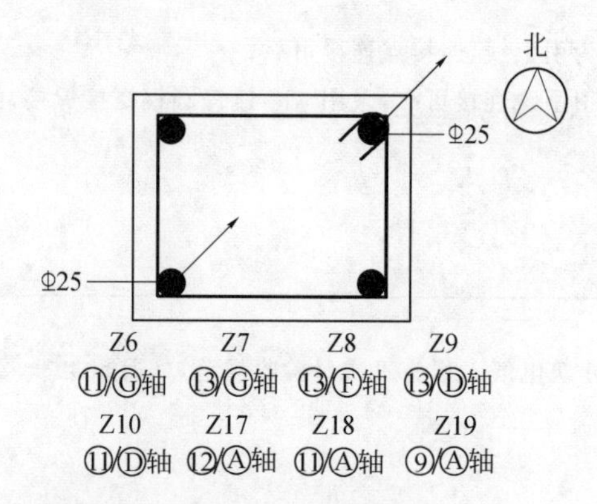

影像资料的部位、数量:
申报人:×××</td></tr>
<tr><td colspan="6">检查意见:
经检查,符合设计要求及《建筑电气工程施工质量验收规范》(GB 50303)的规定。

检查结论:　☑同意隐蔽　□不同意,修改后进行复查</td></tr>
<tr><td colspan="6">复查结论:
复查人:　复查日期:</td></tr>
<tr><td rowspan="3">签字栏</td><td rowspan="2">施工单位</td><td rowspan="2">××建设集团有限公司</td><td>专业技术负责人</td><td>专业质检员</td><td>专业工长</td></tr>
<tr><td>×××</td><td>×××</td><td>×××</td></tr>
<tr><td>监理(建设)单位</td><td colspan="2">××工程建设监理有限公司</td><td>专业工程师</td><td>×××</td></tr>
</table>

本表由施工单位填写,并附影像资料。

<table>
<tr><td colspan="2">工序交接检查记录</td><td>编　号</td><td>×××</td></tr>
<tr><td>工程名称</td><td colspan="3">××工程</td></tr>
<tr><td>上道工序名称</td><td>避雷引下线安装</td><td>下道工序名称</td><td>支模</td></tr>
<tr><td>交接部位</td><td>二层</td><td>检查日期</td><td>2015 年×月×日</td></tr>
<tr><td colspan="4">交接内容：
二层避雷引下线共×处，分别利用轴Ⓐ、①、轴Ⓐ、③……处 2 根Φ 25 柱内主筋作引下线，在柱内主筋绑扎后，按设计要求施工完成，经检查确认，才能支模。</td></tr>
<tr><td colspan="4">检查结果：
避雷引下线位置、施工做法符合设计要求和《建筑电气工程施工质量验收规范》(GB 50303－2002)的规定。</td></tr>
<tr><td colspan="4">复查意见：
复查人：　　　　复查日期：</td></tr>
<tr><td colspan="4">见证单位意见：
同意工序交接，可进行下道工序。</td></tr>
<tr><td rowspan="2">签字栏</td><td>移交单位</td><td>接收单位</td><td>见证单位</td></tr>
<tr><td>×××</td><td>×××</td><td>×××</td></tr>
</table>

1. 本表由移交、接收和见证单位各保存一份。

2. 见证单位应根据实际检查情况，并汇总移交和接收单位意见形成见证单位意见。

<table>
<tr><td colspan="3">电气接地电阻测试记录</td><td>编　号</td><td colspan="3">×××</td></tr>
<tr><td colspan="2">工程名称</td><td>××工程</td><td>测试日期</td><td colspan="3">2015年×月×日</td></tr>
<tr><td colspan="2">仪表型号</td><td>ZC－8</td><td>天气情况</td><td>晴</td><td>气温(℃)</td><td>12</td></tr>
<tr><td>接地类型</td><td colspan="6">□防雷接地　□计算机接地　□工作接地
□保护接地　□防静电接地　□逻辑接地
□重复接地　☑综合接地　□医疗设备接地</td></tr>
<tr><td>设计要求</td><td colspan="6">□≤10Ω　☑≤4Ω　□≤1Ω
□≤0.1Ω　□≤　Ω　□</td></tr>
<tr><td colspan="7">测试结论：
经测试计算，接地电阻值为0.6Ω，符合设计要求和《建筑电气工程施工质量验收规范》(GB 50303－2002)规定。</td></tr>
<tr><td rowspan="3">签字栏</td><td rowspan="2" colspan="2">建设(监理)单位</td><td>施工单位</td><td colspan="3">××机电工程有限公司</td></tr>
<tr><td>专业技术负责人</td><td>专业质检员</td><td colspan="2">专业工长</td></tr>
<tr><td colspan="2">×××</td><td>×××</td><td>×××</td><td colspan="2">×××</td></tr>
</table>

本表由施工单位填写，建设单位、施工单位、城建档案馆各保存一份。

<table>
<tr><td colspan="4">避雷带支架拉力测试记录</td><td colspan="2">资料编号</td><td colspan="2">×××</td></tr>
<tr><td colspan="2">工程名称</td><td colspan="6">××办公楼工程</td></tr>
<tr><td colspan="2">测试部位</td><td colspan="2">屋顶</td><td colspan="2">测试日期</td><td colspan="2">2015 年 8 月 18 日</td></tr>
<tr><td>序号</td><td>拉力(kg)</td><td>序号</td><td>拉力(kg)</td><td>序号</td><td>拉力(kg)</td><td>序号</td><td>拉力(kg)</td></tr>
<tr><td>1</td><td>5.5</td><td>17</td><td>5.5</td><td>33</td><td>5.5</td><td>49</td><td>5.5</td></tr>
<tr><td>2</td><td>5.5</td><td>18</td><td>5.5</td><td>34</td><td>5.5</td><td>50</td><td>5.5</td></tr>
<tr><td>3</td><td>5.5</td><td>19</td><td>5.5</td><td>35</td><td>5.5</td><td>51</td><td>5.5</td></tr>
<tr><td>4</td><td>5.5</td><td>20</td><td>5.5</td><td>36</td><td>5.5</td><td>52</td><td>5.5</td></tr>
<tr><td>5</td><td>5.5</td><td>21</td><td>5.5</td><td>37</td><td>5.5</td><td>53</td><td>5.5</td></tr>
<tr><td>6</td><td>5.5</td><td>22</td><td>5.5</td><td>38</td><td>5.5</td><td>54</td><td>5.5</td></tr>
<tr><td>7</td><td>5.5</td><td>23</td><td>5.5</td><td>39</td><td>5.5</td><td>55</td><td>5.5</td></tr>
<tr><td>8</td><td>5.5</td><td>24</td><td>5.5</td><td>40</td><td>5.5</td><td>56</td><td>5.5</td></tr>
<tr><td>9</td><td>5.5</td><td>25</td><td>5.5</td><td>41</td><td>5.5</td><td>57</td><td>5.5</td></tr>
<tr><td>10</td><td>5.5</td><td>26</td><td>5.5</td><td>42</td><td>5.5</td><td>58</td><td>5.5</td></tr>
<tr><td>11</td><td>5.5</td><td>27</td><td>5.5</td><td>43</td><td>5.5</td><td>59</td><td>5.5</td></tr>
<tr><td>12</td><td>5.5</td><td>28</td><td>5.5</td><td>44</td><td>5.5</td><td>60</td><td>5.5</td></tr>
<tr><td>13</td><td>5.5</td><td>29</td><td>5.5</td><td>45</td><td>5.5</td><td>61</td><td>5.5</td></tr>
<tr><td>14</td><td>5.5</td><td>30</td><td>5.5</td><td>46</td><td>5.5</td><td>62</td><td>5.5</td></tr>
<tr><td>15</td><td>5.5</td><td>31</td><td>5.5</td><td>47</td><td>5.5</td><td>63</td><td>5.5</td></tr>
<tr><td>16</td><td>5.5</td><td>32</td><td>5.5</td><td>48</td><td>5.5</td><td>64</td><td>5.5</td></tr>
<tr><td colspan="8">检查结论：

屋顶避雷带安装平正顺直，固定点支持件间距均匀，经对全楼避雷带支架(共计××处)进行测试，每个支持件均能承受大于 49N(5kg)的垂直拉力，固定牢固可靠，符合设计及施工规范要求。</td></tr>
<tr><td rowspan="3">签字栏</td><td rowspan="2">施工单位</td><td colspan="2" rowspan="2">××建设集团有限公司</td><td>专业技术负责人</td><td colspan="2">专业质检员</td><td>专业工长</td></tr>
<tr><td>×××</td><td colspan="2">×××</td><td>×××</td></tr>
<tr><td>监理(建设)单位</td><td colspan="3">××工程建设监理有限公司</td><td colspan="2">专业工程师</td><td>×××</td></tr>
</table>

本表由施工单位填写。

防雷引下线及接闪器安装检验批质量验收记录

07070201001

单位（子单位）工程名称	××大厦	分部（子分部）工程名称	建筑电气/防雷及接地	分项工程名称	防雷引下线及接闪器安装
施工单位	××建筑有限公司	项目负责人	赵斌	检验批容量	6处
分包单位	/	分包单位项目负责人	/	检验批部位	屋面接闪器
施工依据	××大厦防雷接地施工方案		验收依据	《建筑电气工程施工质量验收规范》GB50303-2002	

		验收项目	设计要求及规范规定	最小/实际抽样数量	检查记录	检查结果
主控项目	1	引下线的敷设、明敷引下线焊接处的防腐	第25.1.1条	/	/	
	2	利用金属构件、金属管道作接地线时与接地干线的连接	第25.1.3条	/	/	
	3	避雷针、带与顶部外露的其他金属物体的连接	第26.1.1条	全/6	共6处，全部检查，合格6处	√
一般项目	1	钢制接地线的连接和材料规格、尺寸	第25.2.1条	/	/	
	2	明敷接地引下线持件的设置	第25.2.2条	/	/	
	3	接地线穿越墙壁、楼板和地坪处的保护	第25.2.3条	/	/	
	4	幕墙金属框架和建筑物金属门窗与接地干线的连接	第25.2.7条	/	/	
	5	避雷针、带的位置及固定	第26.2.1条	全/6	共6处，全部检查，合格6处	100%
	6	避雷带的支持件间距、固定及承力检查	第26.2.2条	/	试验合格，试验编号××××	√

施工单位检查结果	符合要求 专业工长：王宏民 项目专业质量检查员：王哲 2015年××月××日
监理单位验收结论	合格 专业监理工程师：[illegible] 2015年××月××日

防雷引下线及接闪器安装检验批质量验收记录填写说明

1. 填写依据

(1)《建筑电气工程质量验收规范》GB 50303－2002。

(2)《建筑工程施工质量验收统一标准》GB 50300－2013。

2. 规范摘要

以下内容摘自《建筑电气工程质量验收规范》GB 50303－2002。

主控项目

(1)暗敷在建筑物抹灰层内的引下线应有卡钉分段固定；明敷的引下线应平直、无急弯，与支架焊接处，油漆防腐，且无遗漏。

(2)变压器室、高低压开关室内的接地干线应有不少于2处与接地装置引出干线连接。

(3)当利用金属构件、金属管道做接地线时，应在构件或管道与接地干线间焊接金属跨接线。

一般项目

(1)钢制接地线的焊接连接应符合《建筑电气工程质量验收规范》GB 50303－2002第24.2.1条的规定，材料采用及最小允许规格、尺寸应符合《建筑电气工程质量验收规范》GB 50303－2002第24.2.2条的规定。

(2)明敷接地引下线及室内接地干线的支持件间距应均匀，水平直线部分0.5～1.5m；垂直直线部分1.5～3m；弯曲部分0.3～0.5m。

(3)接地线在穿越墙壁、楼板和地坪处应加套钢管或其他坚固的保护套管，钢套管应与接地线做电气连通。

(4)变配电室内明敷接地干线安装应符合下列规定：

1)便于检查，敷设位置不妨碍设备的拆卸与检修；

2)当沿建筑物墙壁水平敷设时，距地面高度250～300mm；与建筑物墙壁间的间隙10～15mm；

3)当接地线跨越建筑物变形缝时，设补偿装置；

4)接地线表面沿长度方向，每段为15～100mm，分别涂以黄色和绿色相间的条纹；

5)变压器室、高压配电室的接地干线上应设置不少于2个供临时接地用的接线柱或接地螺栓。

(5)当电缆穿过零序电流互感器时，电缆头的接地线应通过零序电流互感器后接地；由电缆头至穿过零序电流互感器的一段电缆金属护层和接地线应对地绝缘。

(6)配电间隔和静止补偿装置的栅栏门及变配电室金属门铰链处的接地连接，应采用编织铜线。变配电室的避雷器应用最短的接地线与接地干线连接。

(7)设计要求接地的幕墙金属框架和建筑物的金属门窗，应就近与接地干线连接可靠，连接处不同金属间应有防电化腐蚀措施。

防雷引下线及接闪器安装　分项工程质量验收记录

<table>
<tr><td colspan="2">单位(子单位)工程名称</td><td colspan="2">××综合楼</td><td>结构类型</td><td>框架剪力墙</td></tr>
<tr><td colspan="2">分部(子分部)工程名称</td><td colspan="2">防雷及接地</td><td>检验批数</td><td>13</td></tr>
<tr><td>施工单位</td><td colspan="3">××建设集团有限公司</td><td>项目经理</td><td>×××</td></tr>
<tr><td>分包单位</td><td colspan="3">××机电工程有限公司</td><td>分包项目经理</td><td>×××</td></tr>
<tr><td>序号</td><td colspan="2">检验批名称及部位、区段</td><td>施工单位检查评定结果</td><td colspan="2">监理(建设)单位验收结论</td></tr>
<tr><td>1</td><td colspan="2">一层柱筋引下线</td><td>√</td><td colspan="2" rowspan="13">验收合格</td></tr>
<tr><td>2</td><td colspan="2">二层柱筋引下线</td><td>√</td></tr>
<tr><td>3</td><td colspan="2">三层柱筋引下线</td><td>√</td></tr>
<tr><td>4</td><td colspan="2">四层柱筋引下线</td><td>√</td></tr>
<tr><td>5</td><td colspan="2">五层柱筋引下线</td><td>√</td></tr>
<tr><td>6</td><td colspan="2">六层柱筋引下线</td><td>√</td></tr>
<tr><td>7</td><td colspan="2">七层柱筋引下线</td><td>√</td></tr>
<tr><td>8</td><td colspan="2">八层柱筋引下线</td><td>√</td></tr>
<tr><td>9</td><td colspan="2">九层柱筋引下线</td><td>√</td></tr>
<tr><td>10</td><td colspan="2">十层柱筋引下线</td><td>√</td></tr>
<tr><td>11</td><td colspan="2">十一层柱筋引下线</td><td>√</td></tr>
<tr><td>12</td><td colspan="2">十二层柱筋引下线</td><td>√</td></tr>
<tr><td>13</td><td colspan="2">电梯机房层柱筋引下线</td><td>√</td></tr>
<tr><td colspan="6">说明：</td></tr>
<tr><td>检查结论</td><td colspan="2">一层至电梯机房层柱筋引下线施工质量符合《建筑电气工程施工质量验收规范》(GB 50303－2002)的要求，防雷引下线及接闪器安装分项工程合格。
项目专业技术负责人:×××
2015年×月×日</td><td>验收结论</td><td colspan="2">同意施工单位检查结论，验收合格。
监理工程师:×××
(建设单位项目专业技术负责人)
2015年×月×日</td></tr>
</table>

注：地基基础、主体结构工程的分项工程质量验收不填写“分包单位”、“分包项目经理”。

<table>
<tr><td colspan="2">分项/分部工程施工报验表</td><td>编 号</td><td>×××</td></tr>
<tr><td>工 程 名 称</td><td>××工程</td><td>日 期</td><td>2015年×月×日</td></tr>
<tr><td colspan="4">现我方已完成 / (层) / 轴(轴线或房间) / (高程) / (部位)的 防雷引下线及接闪器安装 工程,经我方检验符合设计、规范要求,请予以验收。
附件: 名 称 页 数 编 号
1. □质量控制资料汇总表 ____页 ____
2. □隐蔽工程验收记录 ____页 ____
3. □预检记录 ____页 ____
4. □施工记录 ____页 ____
5. □施工试验记录 ____页 ____
6. □分部(子分部)工程质量验收记录 ____页 ____
7. ☑分项工程质量验收记录 1 页 ×××
8. □____ ____页 ____
9. □____ ____页 ____
10. □____ ____页 ____
质量检查员(签字):×××

施工单位名称:××建设集团有限公司 技术负责人(签字):×××</td></tr>
<tr><td colspan="4">审查意见:
1. 所报附件材料真实、齐全、有效。
2. 所报分项工程实体工程质量符合规范和设计要求。

审查结论: ☑合格 □不合格

监理单位名称:××建设监理有限公司 (总)监理工程师(签字):××× 审查日期:2015年×月×日</td></tr>
</table>

本表由施工单位填报,监理单位、施工单位各存一份。分项、分部工程不合格,应填写《不合格项处置记录》,分部工程应由总监理工程师签字。

8.3 建筑物等电位连接

8.3.1 建筑物等电位连接资料列表

(1)施工技术资料

1)建筑物等电位连接技术交底记录

2)设计变更、工程洽商记录

(2)施工物资资料

1)镀锌钢材、铜材等材质证明及产品出厂合格证、镀锌质量证明书,绝缘线缆产品出厂合格证、生产许可证、"CCC"认证标志及认证证书复印件

2)材料、构配件进场检验记录

3)工程物资进场报验表

(3)施工记录

1)隐蔽工程验收记录

2)工序交接检查记录

(4)施工试验记录及检测报告

电气接地电阻测试记录

(5)施工质量验收记录

1)建筑物等电位连接检验批质量验收记录

2)建筑物等电位连接分项工程质量验收记录

3)分项/分部工程施工报验表

(6)住宅工程质量分户验收记录表

建筑物等电位连接质量分户验收记录表

8.3.2 建筑物等电位连接资料填写范例及说明

<table>
<tr><td colspan="3">隐蔽工程验收记录</td><td>编　号</td><td colspan="2">×××</td></tr>
<tr><td colspan="2">工程名称</td><td colspan="4">××工程</td></tr>
<tr><td colspan="2">隐检项目</td><td colspan="2">均压环，金属门窗连接</td><td>隐检日期</td><td>2015 年×月×日</td></tr>
<tr><td colspan="2">隐检部位</td><td colspan="4">十　层　　建筑结构圈梁　轴线　30m　标高</td></tr>
<tr><td colspan="6">隐检依据：施工图图号 电施-20 ，设计变更/洽商(编号 /)及有关国家现行标准等。
主要材料名称及规格/型号：钢筋 $\phi 18$，圆钢 $\phi 12$</td></tr>
<tr><td colspan="6">隐检内容：
1. 均压环利用建筑结构圈梁两根 $\phi 18$ 主钢筋贯通连接，建筑外侧圈梁主钢筋与防雷引线进行焊接连接。
2. 圈梁主钢筋间的连接采用搭接焊；圈梁主钢筋与防雷引线(柱主筋)的交叉处的连接，采用 $\phi 12$ 圆钢搭接焊接。
3. 建筑外侧有金属门、窗处，已采用 $\phi 12$ 圆钢与柱主筋或圈梁钢筋进行焊接连接，并引至门、窗位置并与金属门、窗的预埋件焊接牢固。
4. 钢筋搭接焊接长度大于钢筋直径的 6 倍，且两面施焊。焊接处药皮清除干净，焊接无夹渣咬肉现象。
申报人：×××</td></tr>
<tr><td colspan="6">检查意见：
经检查：符合设计要求及《建筑电气工程施工质量验收规范》(GB 50303—2002)规定。
检查结论：　☑同意隐蔽　　□不同意，修改后进行复查</td></tr>
<tr><td colspan="6">复查结论：
复查人：　　　　复查日期：</td></tr>
<tr><td rowspan="3">签字栏</td><td rowspan="2" colspan="2">建设(监理)单位</td><td>施工单位</td><td colspan="2">××机电工程有限公司</td></tr>
<tr><td>专业技术负责人</td><td>专业质检员</td><td>专业工长</td></tr>
<tr><td colspan="2">×××</td><td>×××</td><td>×××</td><td>×××</td></tr>
</table>

本表由施工单位填写，建设单位、施工单位、城建档案馆各保存一份。

建筑物等电位连接检验批质量验收记录

07070301001

单位（子单位）工程名称	××大厦	分部（子分部）工程名称	建筑电气/防雷及接地	分项工程名称	建筑物等电位连接
施工单位	××建筑有限公司	项目负责人	赵斌	检验批容量	8 处
分包单位	/	分包单位项目负责人	/	检验批部位	13F
施工依据	××大厦防雷接地施工方案		验收依据	《建筑电气工程施工质量验收规范》GB50303-2002	

		验收项目	设计要求及规范规定	最小/实际抽样数量	检查记录	检查结果
主控项目	1	建筑物等电位联结干线的连接及局部等电位箱间的连接	第 27.1.1 条	全/8	共 8 处，全部检查，合格 8 处	√
	2	等电位联结的线路最小允许截面积	第 27.1.2 条	全/8	共 8 处，全部检查，合格 8 处	√
一般项目	1	等电位联结的可接近裸露导体或其他金属部件、构件与支的连接可靠，导通正常	第 27.2.1 条	全/8	共 8 处，全部检查，合格 8 处	100%
	2	需等电位联结的高级装修金属部件或零件等电位联结的连接	第 27.2.2 条	全/8	共 8 处，全部检查，合格 8 处	100%

施工单位检查结果	符合要求 专业工长： 项目专业质量检查员： 2015 年××月××日
监理单位验收结论	合格 专业监理工程师： 2015 年××月××日

建筑物等电位连接检验批质量验收记录填写说明

1. 填写依据

(1)《建筑电气工程质量验收规范》GB 50303－2002。

(2)《建筑工程施工质量验收统一标准》GB 50300－2013。

2. 规范摘要

以下内容摘自《建筑电气工程质量验收规范》GB 50303－2002。

主控项目

(1)建筑物等电位联结干线应从与接地装置有不少于2处直接连接的接地干线或总等电位箱引出，等电位联结干线或局部等电位箱间的连接线形成环形网路，环形网路应就近与等电位联结干线或局部等电位箱连接。支线间不应串联连接。

(2)等电位联结的线路最小允许截面应符合表8-1的规定：

表8-1　　**线路最小允许截面(mm^2)**

材料	截面	
	干线	支线
铜	16	6
钢	50	16

一般项目

(1)等电位联结的可接近裸露导体或其他金属部件、构件与支线连接应可靠，熔焊、钎焊或机械紧固应导通正常。

(2)需等电位联结的高级装修金属部件或零件，应有专用接线螺栓与等电位联结支线连接，且有标识；连接处螺帽紧固、防松零件齐全。

建筑物等电位联结质量分户验收记录表

<table>
<tr><td colspan="3">单位工程名称</td><td colspan="2">××住宅楼</td><td>结构类型</td><td>剪力墙</td><td>层数</td><td>12层</td></tr>
<tr><td colspan="3">验收部位(房号)</td><td colspan="2">101 户</td><td>户型</td><td>三居室</td><td>检查日期</td><td>2015 年×月×日</td></tr>
<tr><td colspan="3">建设单位</td><td colspan="2">××房地产开发有限公司</td><td>参检人员姓名</td><td>×××</td><td>职务</td><td>建设单位代表</td></tr>
<tr><td colspan="3">总包单位</td><td colspan="2">××建设工程有限公司</td><td>参检人员姓名</td><td>×××</td><td>职务</td><td>质量检查员</td></tr>
<tr><td colspan="3">分包单位</td><td colspan="2">××机电工程有限公司</td><td>参检人员姓名</td><td>×××</td><td>职务</td><td>质量检查员</td></tr>
<tr><td colspan="3">监理单位</td><td colspan="2">××建设监理公司</td><td>参检人员姓名</td><td>×××</td><td>职务</td><td>电气监理工程师</td></tr>
<tr><td colspan="4">施工执行标准名称及编号</td><td colspan="5">建筑电气工程施工工艺标准(QB ×××－2005)</td></tr>
<tr><td colspan="4">施工质量验收规范的规定(GB 50303－2002)</td><td colspan="2">施工单位检查评定记录</td><td colspan="3">监理(建设)单位验收记录</td></tr>
<tr><td rowspan="3">主控项目</td><td>1</td><td>建筑物等电位联结干线的连接及局部等电位箱间的连接</td><td>第 27.1.1 条</td><td colspan="2">等电位联结干线与接地装置有 4 处直接连接，符合设计和规范要求</td><td colspan="3">合格</td></tr>
<tr><td>2</td><td>等电位联结的线路最小允许截面积</td><td>第 27.1.2 条</td><td colspan="2">等电位联结的干线是 25mm² 铜导线，支线是 6mm² 铜导线</td><td colspan="3">合格</td></tr>
<tr><td></td><td></td><td></td><td colspan="2"></td><td colspan="3"></td></tr>
<tr><td rowspan="3">一般项目</td><td>1</td><td>等电位联结的可接近裸露导体或其他金属部件、构件与支线的连接可靠，导通正常</td><td>第 27.2.1 条</td><td colspan="2">等电位联结的金属部件和构件与各支线连接完整、可靠</td><td colspan="3">合格</td></tr>
<tr><td>2</td><td>需等电位联结的高级装修金属部件或零件等电位联结的连接</td><td>第 27.2.2 条</td><td colspan="2">所有的金属部件、零件与等电位有可靠的连接。连接处的防松装置齐全，接地标准清晰</td><td colspan="3">合格</td></tr>
<tr><td></td><td></td><td></td><td colspan="2"></td><td colspan="3"></td></tr>
<tr><td colspan="3">复查记录</td><td colspan="6">监理工程师(签章)：　　年　月　日
建设单位专业技术负责人(签章)：　　年　月　日</td></tr>
<tr><td colspan="3">施工单位检查评定结果</td><td colspan="6">经检查，主控项目、一般项目均符合设计和《建筑电气工程施工质量验收规范》(GB 50303－2002)的规定。
总包单位质量检查员(签章)：×××　2015 年×月×日
分包单位质量检查员(签章)：×××　2015 年×月×日</td></tr>
<tr><td colspan="3">监理单位验收结论</td><td colspan="6">验收合格。
监理工程师(签章)：×××　2015 年×月×日</td></tr>
<tr><td colspan="3">建设单位验收结论</td><td colspan="6">验收合格。
建设单位专业技术负责人(签章)：×××　2015 年×月×日</td></tr>
</table>

附表　建筑工程的分部工程、分项工程划分

序号	分部工程	子分部工程	分项工程
1	地基与基础	地基	素土、灰土地基，砂和砂石地基，土工合成材料地基，粉煤灰地基，强夯地基，注浆地基，预压地基，砂石桩复合地基，高压旋喷注浆地基，水泥土搅拌桩地基，土和灰土挤密桩复合地基，水泥粉煤灰碎石桩复合地基，夯实水泥土桩复合地基
		基础	无筋扩展基础，钢筋混凝土扩展基础，筏形与箱形基础，钢结构基础，钢管混凝土结构基础，型钢混凝土结构基础，钢筋混凝土预制桩基础，泥浆护壁成孔灌注桩基础，干作业成孔桩基础，长螺旋钻孔压灌桩基础，沉管灌注桩基础，钢桩基础，锚杆静压桩基础，岩石锚杆基础，沉井与沉箱基础
		基坑支护	灌注桩排桩围护墙，板桩围护墙，咬合桩围护墙，型钢水泥土搅拌墙，土钉墙，地下连续墙，水泥土重力式挡墙，内支撑，锚杆，与主体结构相结合的基坑支护
		地下水控制	降水与排水，回灌
		土方	土方开挖，土方回填，场地平整
		边坡	喷锚支护，挡土墙，边坡开挖
		地下防水	主体结构防水，细部构造防水，特殊施工法结构防水，排水，注浆
2	主体结构	混凝土结构	模板，钢筋，混凝土，预应力，现浇结构，装配式结构
		砌体结构	砖砌体，混凝土小型空心砌块砌体，石砌体，配筋砌体，填充墙砌体
		钢结构	钢结构焊接，紧固件连接，钢零部件加工，钢构件组装及预拼装，单层钢结构安装，多层及高层钢结构安装，钢管结构安装，预应力钢索和膜结构，压型金属板，防腐涂料涂装，防火涂料涂装
		钢管混凝土结构	构件现场拼装，构件安装，钢管焊接，构件连接，钢管内钢筋骨架，混凝土
		型钢混凝土结构	型钢焊接，紧固件连接，型钢与钢筋连接，型钢构件组装及预拼装，型钢安装，模板，混凝土
		铝合金结构	铝合金焊接，紧固件连接，铝合金零部件加工，铝合金构件组装，铝合金构件预拼装，铝合金框架结构安装，铝合金空间网格结构安装，铝合金面板，铝合金幕墙结构安装，防腐处理
		木结构	方木与原木结构，胶合木结构，轻型木结构，木结构的防护
3	建筑装饰装修	建筑地面	基层铺设，整体面层铺设，板块面层铺设，木、竹面层铺设
		抹灰	一般抹灰，保温层薄抹灰，装饰抹灰，清水砌体勾缝
		外墙防水	外墙砂浆防水，涂膜防水，透气膜防水
		门窗	木门窗安装，金属门窗安装，塑料门窗安装，特种门安装，门窗玻璃安装
		吊顶	整体面层吊顶，板块面层吊顶，格栅吊顶

续表

序号	分部工程	子分部工程	分项工程
3	建筑装饰装修	轻质隔墙	板材隔墙,骨架隔墙,活动隔墙,玻璃隔墙
		饰面板	石板安装,陶瓷板安装,木板安装,金属板安装,塑料板安装
		饰面砖	外墙饰面砖粘贴,内墙饰面砖粘贴
		幕墙	玻璃幕墙安装,金属幕墙安装,石材幕墙安装,陶板幕墙安装
		涂饰	水性涂料涂饰,溶剂型涂料涂饰,美术涂饰
		裱糊与软包	裱糊,软包
		细部	橱柜制作与安装,窗帘盒和窗台板制作与安装,门窗套制作与安装,护栏和扶手制作与安装,花饰制作与安装
4	屋面	基层与保护	找坡层和找平层,隔汽层,隔离层,保护层
		保温与隔热	板状材料保温层,纤维材料保温层,喷涂硬泡聚氨酯保温层,现浇泡沫混凝土保温层,种植隔热层,架空隔热层,蓄水隔热层
		防水与密封	卷材防水层,涂膜防水层,复合防水层,接缝密封防水
		瓦面与板面	烧结瓦和混凝土瓦铺装,沥青瓦铺装,金属板铺装,玻璃采光顶铺装
		细部构造	檐口,檐沟和天沟,女儿墙和山墙,水落口,变形缝,伸出屋面管道,屋面出入口,反梁过水孔,设施基座,屋脊,屋顶窗
5	建筑给水排水及供暖	室内给水系统	给水管道及配件安装,给水设备安装,室内消火栓系统安装,消防喷淋系统安装,防腐,绝热,管道冲洗、消毒,试验与调试
		室内排水系统	排水管道及配件安装,雨水管道及配件安装,防腐,试验与调试
		室内热水系统	管道及配件安装,辅助设备安装,防腐,绝热,试验与调试
		卫生器具	卫生器具安装,卫生器具给水配件安装,卫生器具排水管道安装,试验与调试
		室内供暖系统	管道及配件安装,辅助设备安装,散热器安装,低温热水地板辐射供暖系统安装,电加热供暖系统安装,燃气红外辐射供暖系统安装,热风供暖系统安装,热计量及调控装置安装,试验与调试,防腐,绝热
		室外给水管网	给水管道安装,室外消火栓系统安装,试验与调试
		室外排水管网	排水管道安装,排水管沟与井池,试验与调试
		室外供热管网	管道及配件安装,系统水压试验,土建结构,防腐,绝热,试验与调试
		建筑饮用水供应系统	管道及配件安装,水处理设备及控制设施安装,防腐,. 绝热,试验与调试
		建筑中水系统及雨水利用系统	建筑中水系统、雨水利用系统管道及配件安装,水处理设备及控制设施安装,防腐,绝热,试验与调试
		游泳池及公共浴池水系统	管道及配件系统安装,水处理设备及控制设施安装,防腐,绝热,试验与调试

续表

序号	分部工程	子分部工程	分项工程
5	建筑给水排水及供暖	水景喷泉系统	管道系统及配件安装,防腐,绝热,试验与调试
		热源及辅助设备	锅炉安装,辅助设备及管道安装,安全附件安装,换热站安装,防腐,绝热,试验与调试
		监测与控制仪表	检测仪器及仪表安装,试验与调试
6	通风与空调	送风系统	风管与配件制作,部件制作,风管系统安装,风机与空气处理设备安装,风管与设备防腐,旋流风口、岗位送风口、织物(布)风管安装,系统调试
		排风系统	风管与配件制作,部件制作,风管系统安装,风机与空气处理设备安装,风管与设备防腐,吸风罩及其他空气处理设备安装,厨房、卫生间排风系统安装,系统调试
		防排烟系统	风管与配件制作,部件制作,风管系统安装,风机与空气处理设备安装,风管与设备防腐,排烟风阀(口)、常闭正压风口、防火风管安装,系统调试
		除尘系统	风管与配件制作,部件制作,风管系统安装,风机与空气处理设备安装,风管与设备防腐,除尘器与排污设备安装,吸尘罩安装,高温风管绝热,系统调试
		舒适性空调系统	风管与配件制作,部件制作,风管系统安装,风机与空气处理设备安装,风管与设备防腐,组合式空调机组安装,消声器、静电除尘器、换热器、紫外线灭菌器等设备安装,风机盘管、变风量与定风量送风装置、射流喷口等末端设备安装,风管与设备绝热,系统调试
		恒温恒湿空调系统	风管与配件制作,部件制作,风管系统安装,风机与空气处理设备安装,风管与设备防腐,组合式空调机组安装,电加热器、加湿器等设备安装,精密空调机组安装,风管与设备绝热,系统调试
		净化空调系统	风管与配件制作,部件制作,风管系统安装,风机与空气处理设备安装,风管与设备防腐,净化空调机组安装,消声器、静电除尘器、换热器、紫外线灭菌器等设备安装,中、高效过滤器及风机过滤器单元等末端设备清洗与安装,洁净度测试,风管与设备绝热,系统调试
		地下人防通风系统	风管与配件制作,部件制作,风管系统安装,风机与空气处理设备安装,风管与设备防腐,过滤吸收器、防爆波活门、防爆超压排气活门等专用设备安装,系统调试
		真空吸尘系统	风管与配件制作,部件制作,风管系统安装,风机与空气处理设备安装,风管与设备防腐,管道安装,快速接口安装,风机与滤尘设备安装,系统压力试验及调试
		冷凝水系统	管道系统及部件安装,水泵及附属设备安装,管道冲洗,管道、设备防腐,板式热交换器,辐射板及辐射供热、供冷地埋管,热泵机组设备安装,管道、设备绝热,系统压力试验及调试

续表

序号	分部工程	子分部工程	分项工程
6	通风与空调	空调(冷、热)水系统	管道系统及部件安装，水泵及附属设备安装，管道冲洗，管道、设备防腐，冷却塔与水处理设备安装，防冻伴热设备安装，管道、设备绝热，系统压力试验及调试
		冷却水系统	管道系统及部件安装，水泵及附属设备安装，管道冲洗，管道、设备防腐，系统灌水渗漏及排放试验，管道、设备绝热
		土壤源热泵换热系统	管道系统及部件安装，水泵及附属设备安装，管道冲洗，管道、设备防腐，埋地换热系统与管网安装，管道、设备绝热，系统压力试验及调试
		水源热泵换热系统	管道系统及部件安装，水泵及附属设备安装，管道冲洗，管道、设备防腐，地表水源换热管及管网安装，除垢设备安装，管道、设备绝热，系统压力试验及调试
		蓄能系统	管道系统及部件安装，水泵及附属设备安装，管道冲洗，管道、设备防腐，蓄水罐与蓄冰槽、罐安装，管道、设备绝热，系统压力试验及调试
		压缩式制冷(热)设备系统	制冷机组及附属设备安装，管道、设备防腐，制冷剂管道及部件安装，制冷剂灌注，管道、设备绝热，系统压力试验及调试
		吸收式制冷设备系统	制冷机组及附属设备安装，管道、设备防腐，系统真空试验，溴化锂溶液加灌，蒸汽管道系统安装，燃气或燃油设备安装，管道、设备绝热，试验及调试
		多联机(热泵)空调系统	室外机组安装，室内机组安装，制冷剂管路连接及控制开关安装，风管安装，冷凝水管道安装，制冷剂灌注，系统压力试验及调试
		太阳能供暖空调系统	太阳能集热器安装，其他辅助能源、换热设备安装，蓄能水箱、管道及配件安装，防腐，绝热，低温热水地板辐射采暖系统安装，系统压力试验及调试
		设备自控系统	温度、压力与流量传感器安装，执行机构安装调试，防排烟系统功能测试，自动控制及系统智能控制软件调试
7	建筑电气	室外电气	变压器、箱式变电所安装，成套配电柜、控制柜(屏、台)和动力、照明配电箱(盘)及控制柜安装，梯架、支架、托盘和槽盒安装，导管敷设，电缆敷设，管内穿线和槽盒内敷线，电缆头制作、导线连接和线路绝缘测试，普通灯具安装，专用灯具安装，建筑照明通电试运行，接地装置安装
		变配电室	变压器、箱式变电所安装，成套配电柜、控制柜(屏、台)和动力、照明配电箱(盘)安装，母线槽安装，梯架、支架、托盘和槽盒安装，电缆敷设，电缆头制作、导线连接和线路绝缘测试，接地装置安装，接地干线敷设
		供电干线	电气设备试验和试运行，母线槽安装，梯架、支架、托盘和槽盒安装，导管敷设，电缆敷设，管内穿线和槽盒内敷线，电缆头制作、导线连接和线路绝缘测试，接地干线敷设
		电气动力	成套配电柜、控制柜(屏、台)和动力配电箱(盘)安装，电动机、电加热器及电动执行机构检查接线，电气设备试验和试运行，梯架、支架、托盘和槽盒安装，导管敷设，电缆敷设，管内穿线和槽盒内敷线，电缆头制作、导线连接和线路绝缘测试

续表

序号	分部工程	子分部工程	分项工程
7	建筑电气	电气照明	成套配电柜、控制柜(屏、台)和照明配电箱(盘)安装,梯架、支架、托盘和槽盒安装,导管敷设,管内穿线和槽盒内敷线,塑料护套线直敷布线,钢索配线,电缆头制作、导线连接和线路绝缘测试,普通灯具安装,专用灯具安装,开关、插座、风扇安装,建筑照明通电试运行
		备用和不间断电源	成套配电柜、控制柜(屏、台)和动力、照明配电箱(盘)安装,柴油发电机组安装,不间断电源装置及应急电源装置安装,母线槽安装,导管敷设,电缆敷设,管内穿线和槽盒内敷线,电缆头制作、导线连接和线路绝缘测试,接地装置安装
		防雷及接地	接地装置安装,防雷引下线及接闪器安装,建筑物等电位连接,浪涌保护器安装
8	智能建筑	智能化集成系统	设备安装,软件安装,接口及系统调试,试运行
		信息接入系统	安装场地检查
		用户电话交换系统	线缆敷设,设备安装,软件安装,接口及系统调试,试运行
		信息网络系统	计算机网络设备安装,计算机网络软件安装,网络安全设备安装,网络安全软件安装,系统调试,试运行
		综合布线系统	梯架、托盘、槽盒和导管安装,线缆敷设,机柜、机架、配线架安装,信息插座安装,链路或信道测试,软件安装,系统调试,试运行
		移动通信室内信号覆盖系统	安装场地检查
		卫星通信系统	安装场地检查
		有线电视及卫星电视接收系统	梯架、托盘、槽盒和导管安装,线缆敷设,设备安装,软件安装,系统调试,试运行
		公共广播系统	梯架、托盘、槽盒和导管安装,线缆敷设,设备安装,软件安装,系统调试,试运行
		会议系统	梯架、托盘、槽盒和导管安装,线缆敷设,设备安装,软件安装,系统调试,试运行
		信息导引及发布系统	梯架、托盘、槽盒和导管安装,线缆敷设,显示设备安装,机房设备安装,软件安装,系统调试,试运行
		时钟系统	梯架、托盘、槽盒和导管安装,线缆敷设,设备安装,软件安装,系统调试,试运行
		信息化应用系统	梯架、托盘、槽盒和导管安装,线缆敷设,设备安装,软件安装,系统调试,试运行
		建筑设备监控系统	梯架、托盘、槽盒和导管安装,线缆敷设,传感器安装,执行器安装,控制器、箱安装,中央管理工作站和操作分站设备安装,软件安装,系统调试,试运行
		火灾自动报警系统	梯架、托盘、槽盒和导管安装,线缆敷设,探测器类设备安装,控制器类设备安装,其他设备安装,软件安装,系统调试,试运行

续表

序号	分部工程	子分部工程	分项工程
8	智能建筑	安全技术防范系统	梯架、托盘、槽盒和导管安装,线缆敷设,设备安装,软件安装,系统调试,试运行
		应急响应系统	设备安装,软件安装,系统调试,试运行
		机房	供配电系统,防雷与接地系统,空气调节系统,给水排水系统,综合布线系统,监控与安全防范系统,消防系统,室内装饰装修,电磁屏蔽,系统调试,试运行
		防雷与接地	接地装置,接地线,等电位联接,屏蔽设施,电涌保护器,线缆敷设,系统调试,试运行
9	建筑节能	围护系统节能	墙体节能,幕墙节能,门窗节能,屋面节能,地面节能
		供暖空调设备及管网节能	供暖节能,通风与空调设备节能,空调与供暖系统冷热源节能,空调与供暖系统管网节能
		电气动力节能	配电节能,照明节能
		监控系统节能	监测系统节能,控制系统节能
		可再生能源	地源热泵系统节能,太阳能光热系统节能,太阳能光伏节能
10	电梯	电力驱动的曳引式或强制式电梯	设备进场验收,土建交接检验,驱动主机,导轨,门系统,轿厢,对重,安全部件,悬挂装置,随行电缆,补偿装置,电气装置,整机安装验收
		液压电梯	设备进场验收,土建交接检验,液压系统,导轨,门系统,轿厢,对重,安全部件,悬挂装置,随行电缆,电气装置,整机安装验收
		自动扶梯、自动人行道	设备进场验收,土建交接检验,整机安装验收

参考文献

1 中国建筑工业出版社. 新版建筑工程施工质量验收规范汇编. 2014年版. 北京:中国建筑工业出版社. 中国计划出版社,2014

2 中华人民共和国住房和城乡建设部. JGJ/T185－2009 建筑工程资料管理规程. 北京:中国建筑工业出版社,2010

3 中华人民共和国住房和城乡建设部. GB/T 50328－2014 建设工程文件归档规范. 北京:中国建筑工业出版社,2014

4《建筑工程施工质量验收统一标准》GB50300－2013编写组. 建筑工程施工质量验收统一标准解读与资料编写指南. 北京:中国建筑工业出版社,2014

5 中华人民共和国住房和城乡建设部. GB50268－2008 给水排水管道工程施工及验收规范. 北京:中国建筑工业出版社,2009

6 中华人民共和国住房和城乡建设部. GB50273－2009 锅炉安装工程施工及验收规范. 北京:中国建筑工业出版社,2009

7 中华人民共和国住房和城乡建设部. GB50738－2011 通风与空调工程施工规范. 北京:中国建筑工业出版社,2012

8 中华人民共和国住房和城乡建设部. JGJ141－2004 通风管道技术规程. 北京:中国建筑工业出版社,2004

9 中华人民共和国住房和城乡建设部. GB50617－2010 建筑电气照明装置施工与验收规范. 北京:中国计划出版社,2011

10 中华人民共和国住房和城乡建设部. GB50575－2010 1kV及以下配线工程施工与验收规范. 北京:中国计划出版社,2010